深圳博瑞兰特 甲醇甲醛仪表 专业设计与制造

DZK－J智能温度补偿型流量计（专利：ZL200520118064.8）

- 全屏显示流体摄氏温度、瞬时流量、累积流量；
- 分别显示总累积流量和当次累积流量；
- 正常流量范围：0.2～2500（t/h或m³/h）；
- 在线温度补偿范围：-40～180℃；
- 精度：≤±0.2%，经多段线性修正后达±0.1%；
- 内置专用锂电池，无需外接电源，防爆壳体；
- 输出信号：4～20mA，脉冲，RS-485，开关量；
- 测量管材质：304不锈钢，电器连接：M20X1.5；
- 适用于甲醇、甲醛生产单耗计量、甲缩醛、乙醇、乙醛、二甲醚、液氨和反应釜配料的精密计量。

公称通经 （DN）	常用流量范围 /（t/h或m³/h）
25	1～10
40	2～20
50	4～40
65	7～70
80	10～100
100	20～200
125	30～300
150	40～400

垂直安装方式

MDY－C在线式甲醇甲醛含量分析系统（专利：ZL 2010 2 0626098.9）

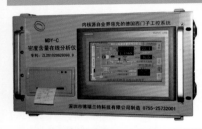

- 由四部分组成，西门子触摸屏分析仪、软件、含量传感器、温度传感器。
- 在线连续测量液体浓度（%）、密度（g/cm³）、温度（℃）、酸度pH测量，各项参数0.5s采样并计算一次，随时观察含量，无过程中断；
- 甲醛浓度范围：18-37-50（%），分辨率0.01（%），准确度：±0.15～0.5（%）；
- 密度测量范围：0～1.5（g/cm³），分辨率0.0001，准确度：±0.001（g/cm³）；
- 有越限报警功能，当含量值超过给定定量时，会自动声光警示，保证含量不超标；
- 2线制电流4～20mA24VDC输出，连接DCS控制系统，自动控制2塔加水量；
- 对甲醛生产有一定指导作用，减少化验频度，减轻劳动强度，提高产品控制精度。
- 适用于甲醇、甲醛含量在线分析、甲醇卸车入库质量检验、甲醛生产单耗在线计算、甲缩醛、乙醇、乙醛、二甲醚、液氨密度在线测量。

DZK－B智能定值批量装桶、自动装车灌装控制、多路自动配料系统（专利：ZL01222782.X）

防爆型DZK－B

台式DZK－T

多路DZK－C

防爆多路DZK－BC

- 由流量传感器、定值控制仪（西门子多路）、电动阀门组成，可预置定值量、提前量、批次、换桶间隔时间（秒）；
- 动态显示瞬时（t/h）、当次流量、总累积流量（t），停电后能对各种数据进行保护；
- 有比例P积分I微分D功能；
- 当储罐液位低于下限时，会报警停泵；
- 适用于液体成品定值批量装桶、自动装车与检测。也可实现液位监测与控制、含量检测与控制、比值配料检测与控制。

装车系统组成

流量计

定值控制仪

警示器

联锁箱

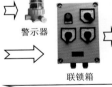

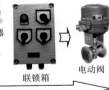

电动阀

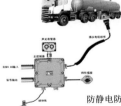

成品槽车

防静电防溢流控制器

联 系 方 式

深圳市 博 瑞 兰 特 科 技 有 限 公 司
地　址：深圳市龙岗区龙城路万象天成1栋2008、2009
网　址：http://www.szbrtyb.com/
电　话：0755- 25732001　　传　真：0755- 25732001
电子邮箱：szbrt@163.com　　　QQ：562316501
联系人：齐全福 13632588916　　QQ：929277290
邮　编：518172

部分工程案例

- 四川广安诚信化工有限公司（甲醛含量分析技改）
- 北京消防部队战勤保障基地（多路灌装新建）
- 乐山和邦农业科技有限公司（甲醛含量分析技改）
- 广东惠州利而安化工有限公司（灌装新建）
- 黄冈市楚雄化工有限公司（乙醛装置新建）
- 北京京华石油销售有限公司（油库新建）
- 河北冀州银河化工有限公司（多路灌装新建）
- 内蒙古金河兴安人造板有限公司（甲醛技改）
- 天津福泰榕石油制品有限公司（油库新建）
- 河南泌阳县金桥化工有限公司（甲醛新建）
- 黑龙江肇东龙顺达材料有限公司（甲醛新建）
- 辽宁中福石油集团股份有限公司（油库技改）

甲醇及其衍生物

JIACHUN JI QI YANSHENGWU

周万德 主编　　　向家勇　李 峰　副主编

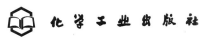
化学工业出版社

·北京·

本书针对甲醇和甲醛、二甲醚、乙酸等 20 多种衍生物，重点阐述了其理化性质、生产方法、产品分级和质量规格、危险性（毒性）与防护、包装储运、经济概况、用途等内容，对我国甲醇工业在广度和深度上向下游延伸发展有很大的促进作用，实用性强。

本书可供甲醇及其衍生物相关企业、研究院所的人员使用，同时可供化工等相关专业的师生参考。

图书在版编目（CIP）数据

甲醇及其衍生物 / 周万德主编. —北京：化学工业
出版社，2018.6
ISBN 978-7-122-31976-0

Ⅰ.①甲…　Ⅱ.①周…　Ⅲ.①甲醇-化学工业-
基本知识②甲醇-衍生物-化学工业-基本知识
Ⅳ.①TQ223.12

中国版本图书馆 CIP 数据核字（2018）第 077803 号

责任编辑：张　艳　刘　军　　　　　文字编辑：陈　雨
责任校对：边　涛　　　　　　　　　装帧设计：王晓宇

出版发行：化学工业出版社（北京市东城区青年湖南街 13 号　邮政编码 100011）
印　　装：中煤（北京）印务有限公司
710mm×1000mm　1/16　印张 34¾　字数 737 千字　2018 年 8 月北京第 1 版第 1 次印刷

购书咨询：010-64518888（传真：010-64519686）　售后服务：010-64518899
网　　址：http://www.cip.com.cn
凡购买本书，如有缺损质量问题，本社销售中心负责调换。

定　　价：188.00 元　　　　　　　　　　　　　版权所有　违者必究

京化广临字 2018——14

本 书 编 委 会

主 任 委 员：周万德　重庆大方合成化工有限公司　副总经理
副主任委员：王子敏　中国石油和化学工业协会信息与市场部　副主任
　　　　　　刘　谦　衡水市银河化工有限责任公司　总经理
　　　　　　陈永生　吉林森工化工有限责任公司　总经理
　　　　　　李　峰　北京苏佳惠丰化工技术咨询有限公司　总经理
秘 书 长：李　峰　北京苏佳惠丰化工技术咨询有限公司　总经理
副秘书长：彭　涛　成都联泰化工有限公司　副总经理
　　　　　　郑宝山　石油和化学工业规划院化工处　处长/高级工程师
　　　　　　许　引　江苏湖大化工科技有限公司　副总经理
编　　　委（按汉语拼音排序）：
　　　　　　白丽萍　陈永生　高喜斌　龚华俊　韩　利　胡　敏
　　　　　　黄建军　黄隆君　李　峰　李仕宇　李晓锋　李迎山
　　　　　　刘　谦　孟晓红　彭　涛　秦如浩　孙力力　田广裒
　　　　　　屠庆华　王　军　王子敏　韦　勇　魏洪斌　吴汉声
　　　　　　向家勇　许　引　杨科岐　张鸿伟　张黎莉　张月丽
　　　　　　张振利　郑宝山　周淑敏　周万德

本 书 编 写 人 员

主　　　编：周万德
副 主 编：向家勇　李　峰
编 写 人 员（按汉语拼音排序）
　　　　　　龚华俊　韩　利　胡　敏　黄建军　黄隆君　李　峰
　　　　　　李仕宇　李晓锋　孟晓红　彭　涛　秦如浩　孙力力
　　　　　　田广裒　屠庆华　王　军　韦　勇　吴汉声　向家勇
　　　　　　许　引　杨科岐　张鸿伟　张月丽　张振利　郑宝山
　　　　　　周淑敏

前言

甲醇是极其重要的有机化工原料，也是优质补充能源和近代 C_1 化工的基础产品，在国民经济中占有十分重要的地位。因其作为多种化工产品的原料，以及其应用的广泛性，甲醇的合成和应用研究越来越受到世界各国科学家的重视。特别是我国甲醇工业经过 60 年的发展，我国已成为全球甲醇生产大国，深度开发下游产品已势在必行。深度开发下游产品对发展中国甲醇合成工艺，推动甲醇衍生物深加工向高附加值发展具有深远意义。

为了满足我国甲醇和甲醛行业同仁多年来的夙愿，2008 年，北京苏佳惠丰化工技术咨询有限公司组织有关方面的专家共同编撰《甲醇及其下游产品》一书，以满足这方面的需求。

本书充分借鉴了 2008 年《甲醇及其下游产品》一书和相关资料，采用其中成熟的理论、工艺和实用技术，结合当今新的理论、工艺技术和实用技术，在查阅和参考许多资料的基础上进行取材，力求内容正确、可靠、有科学或实践依据。

本书充分反映了甲醇及其衍生物当代发展水平、技术成就及国内外成熟、先进的技术。力争将 2008 年至今甲醇及其衍生物工业的发展、生产理念和工艺技术的进步和提高，以及新工艺、新技术、新设备和先进的配套技术全面纳入新书之中。

本书针对我国甲醇及其衍生物生产企业、科研院所、大专院校及管理部门这些主要群体，注意理论联系实际，突出实用性，注重保护知识产权，并把先进技术尽量描述得清楚、具体，给出丰富的实用数据或实例。该书有很强的实用性，希望对甲醇生产企业起到很好的指导性作用，对相关的科学研究和生产技术发展有所帮助和启发。

本书以化学反应为基础，工业应用为背景，结合当前新的发展动向和生产与消费情况，较全面地介绍了甲醇及其衍生物的工业合成方法和基础研究成果。全书共 27 章。第 1 章简要介绍了甲醇的工业合成方法及进展，并对全球甲醇的生产和消费情况进行了分析。第 2 章至第 27 章分别讲述了甲醇的重要衍生物：甲醛、二甲醚、乙酸、乙酸甲酯、甲基丙烯酸甲酯、丙烯酸衍生物、甲酸、甲酸甲酯、氰化氢、乙二醇、甲硫醇、聚甲醛树脂、二苯基甲烷二异氰酸酯、1,4-丁二醇、甲基叔丁基醚、二甲氧基甲烷、甲醇汽油、甲醇燃料电池、甲醇制汽油、聚甲氧基二甲醚、碳酸二甲酯、甲醇蛋白、甲醇制氢、二甲基亚砜、甲醇制芳烃、甲醇制烯烃的工业合成方法和发展动向以及目前国内外的生产和消费情况。

本书第 2、5、8、21 章由江苏湖大化工科技有限公司副总经理许引先生审核；第 11

章由中国化工信息中心高级工程师张月丽女士审核；第 14、26、27 章由石油和化学工业规划院化工处处长/高级工程师郑宝山先生审核；其余章节由北京苏佳惠丰化工技术咨询有限公司总经理李峰先生审核。产品中的物理性质、化学性质和生化性质由煤炭总医院副主任药师张黎莉女士审核。

本书由周万德先生、向家勇先生、李峰先生等最终审定。

由于甲醇化学与化工的多学科性和新的内容不断出现以及作者水平所限，书中的纰漏甚至不妥之处在所难免，恳请读者和同行指正。

本书完稿之时恰逢我国甲醇工业 60 周年和北京苏佳惠丰化工技术咨询有限公司成立 20 周年华诞之际，谨以此书献给全国甲醇与甲醛行业和生产企业及相关单位。在此向为本书做出贡献的同仁和部分文章的共同作者表示感谢！

编　者
2018 年 5 月

目录
CONTENTS

第1章
甲醇

韦勇　中国氮肥工业协会甲醇分会　副会长

1.1　概述

甲醇（methanol，CAS 号：67-56-1）又名木酒精，是最简单的饱和一元醇。迄今为止，人类在太空中鉴别出的约 130 种有机物中就包括甲醇。甲醇存在于自然界中，只有某些树叶或果实内含有少量的游离甲醇。

1661 年，英国化学家 R・波义耳在木材干馏后的液体产物中发现甲醇，故甲醇俗称木醇或木精。

1857 年法国的 M・贝特洛采用一氯甲烷水解制得甲醇。

1923 年，德国 BASF 公司用合成气在高压下实现了甲醇的工业化生产，这种高压法工艺作为当时唯一的生产方法一直延续到 1965 年。

1966 年，英国 ICI 公司开发了低压法工艺，接着又开发了中压法工艺。

1971 年，德国的 Lurgi 公司相继开发了适用于以天然气-渣油为原料的低压法工艺。工业甲醇的生产经过 80 多年的发展历程，形成了以 ICI 工艺、Lurgi 工艺和三菱瓦斯化学公司(MGC)工艺为代表的先进生产方法，甲醇的工业生产已经具有规模大型化、投资少、热效率高、生产成本低等显著特点，这使甲醇的生产、应用成为化学工业一个不可或缺的重要组成部分。

2015 年，全球甲醇的产能为 12211 万吨，总产量为 8049 万吨，开工率仅为 66%。全球甲醇主要生产国和产能如表 1.1 所示。

表 1.1　全球甲醇主产国的概况[①]

国家	产能/(万吨/年)	比例/%	国家	产能/(万吨/年)	比例/%	国家	产能/(万吨/年)	比例/%
中国	7124.6	58.34	沙特阿拉伯	694.0	5.68	特立尼达和多巴哥	639.0	5.23
俄罗斯	531.4	4.35	伊朗	508.0	4.16	美国	385.1	3.15
新西兰	250.0	2.05	委内瑞拉	246.0	2.01	马来西亚	242.7	1.99
阿曼	210.0	1.72	智利	190.5	1.56	德国	185.0	1.51
卡塔尔	106.2	0.87	赤道几内亚	105.0	0.86	文莱	85.0	0.70
挪威	83.0	0.68	阿塞拜疆	69.0	0.57	印度尼西亚	66.0	0.54

① 全球甲醇主产国前 18 名。

1.2　性能

1.2.1　结构

结构式：

$$\begin{array}{c} HO \\ \diagdown \\ CH_3 \end{array}$$

分子式：CH_3OH

1.2.2　物理性质

常温常压下，纯甲醇是无色透明、易挥发、可燃、略带醇香气味的有毒液体。其高浓度蒸气能使人的嗅觉有被冲击感。甲醇蒸气能和空气形成爆炸性混合物。甲醇燃烧时无烟，火焰呈淡蓝色，在较强的日光下不易被肉眼发现。甲醇能和水以及常用有机溶剂（乙醇、乙醚、丙酮、苯等）任意比相溶，但不能和脂肪烃类化合物相溶。甲醇的一般物理性质见表 1.2。

1.2.3　化学性质

甲醇分子中含有 α-氢原子和羟基基因，化学性质较活泼，能与许多化合物反应，生成具有工业应用价值的化工产品。甲醇的主要化学反应有：氧化反应、脱氢反应、裂解反应、置换反应、脱水反应、羰基化反应、胺化反应、酯化反应、缩合反应、氯化反应等。

（1）氧化反应

$$CH_3OH + 1/2O_2 \longrightarrow HCHO + H_2O$$

在一定条件下，甲醇不完全氧化生成甲醛和水，这是工业上制取甲醛的主要反应之一。以下反应是甲醛工业生产中需要通过控制工艺条件加以抑制的反应：

甲醛进一步氧化生成甲酸：

$$HCHO + 1/2O_2 \longrightarrow HCOOH$$

表 1.2　甲醇的一般物理性质

性质	数据	性质	数据
密度（0℃）/(g/mL)	0.8100	蒸气压（20℃）/Pa	1.2879×10^4
相对密度 d_4^{20}	0.7913	热容	
熔点/℃	−97.8	液体（20～25℃）/[J/(g·℃)]	2.51～2.53
沸点/℃	64.5～64.7	气体（25℃）/[J/(mol·℃)]	45
闪点/℃		黏度（20℃）/Pa·s	5.945×10^4
开杯法	16	热导率/[J/(cm·s·K)]	2.09×10^3
闭杯法	12	熔融热/(kJ/mol)	3.169
自燃点/℃		燃烧热/(kJ/mol)	
空气中	473	25℃液体	238.798
氧气中	461	25℃气体	201.385
临界温度/℃	240	膨胀系数（20℃）	0.00119
临界压力/Pa	79.54×10^5	腐蚀性	常温无腐蚀性，铅、铝例外
临界体积/(mL/mol)	117.8		
临界压缩指数	0.224	空气中爆炸极限（体积分数）/%	6.0～36.5

甲醇部分氧化：

$$CH_3OH + 1/2O_2 \longrightarrow 2H_2 + CO_2$$

甲醇完全燃烧氧化，放出大量的热：

$$CH_3OH + O_2 \longrightarrow CO_2 + H_2O$$

（2）脱氢反应

在金属催化剂存在下，甲醇气相脱氢生成甲醛，这也是工业上制取甲醛的基本反应之一。

$$CH_3OH \longrightarrow HCHO + H_2$$

在一定温度、铜系催化剂存在下，两分子甲醇脱氢可生成甲酸甲酯。由此，可进一步制得甲酸、甲酰胺和二甲基甲酰胺等。

$$2CH_3OH \rightleftharpoons HCOOCH_3 + 2H_2$$

（3）裂解反应

在铜催化剂存在下，甲醇能裂解成一氧化碳和氢：

$$CH_3OH \longrightarrow CO + 2H_2$$

若裂解过程中有水蒸气存在，则发生水蒸气转化反应：

$$CO + H_2O \longrightarrow H_2 + CO_2$$

甲醇水蒸气重整反应：

$$CH_3OH + H_2O \longrightarrow 3H_2 + CO_2$$

（4）置换反应

甲醇能与活泼金属发生反应，生成甲氧基金属化合物，典型的反应有：

$$2CH_3OH + 2Na \longrightarrow 2CH_3ONa + H_2$$

（5）脱水反应

甲醇在 Al_2O_3 或沸石、分子筛催化剂作用下，分子间脱水生成二甲醚：

$$2CH_3OH \longrightarrow (CH_3)_2O + H_2O$$

（6）羰基化反应

甲醇和光气发生羰基化反应生成氯甲酸甲酯，进一步反应生成碳酸二甲酯：

$$CH_3OH + COCl_2 \longrightarrow CH_3OCOCl + HCl$$

$$CH_3OCOCl + CH_3OH \longrightarrow (CH_3O)_2CO + HCl$$

在压力 65MPa，温度 250℃下，以碘化钴作催化剂，或在压力 3MPa、温度 160℃下，以碘化铑作催化剂，甲醇和 CO 发生羰基化反应生成乙酸或乙酸酐：

$$CH_3OH + CO \longrightarrow CH_3COOH$$

$$2CH_3OH + 2CO \longrightarrow (CH_3CO)_2O + H_2O$$

在压力 3MPa，温度 130℃下，以 CuCl 作催化剂，甲醇和 CO、氧气发生氧化羰基化反应生成碳酸二甲酯：

$$2CH_3OH + CO + 0.5O_2 \longrightarrow (CH_3O)_2CO + H_2O$$

在碱催化剂作用下，甲醇和 CO_2 发生羰基化反应生成碳酸二甲酯：

$$2CH_3OH + CO_2 \longrightarrow (CH_3O)_2CO + H_2O$$

在压力 5～6MPa，温度 80～100℃下，以甲醇钠作催化剂，甲醇和 CO 发生羰基化反应生成甲酸甲酯：

$$CH_3OH + CO \longrightarrow HCOOCH_3$$

（7）胺化反应

在压力 5～20MPa，温度 370～420℃下，以活性氧化铝或分子筛作催化剂，甲醇和氨发生反应生成一甲胺、二甲胺和三甲胺的混合物，经精馏分离可得一甲胺、二甲胺和三甲胺产品。

$$CH_3OH + NH_3 \longrightarrow CH_3NH_2 + H_2O$$

$$2CH_3OH + NH_3 \longrightarrow (CH_3)_2NH + 2H_2O$$

$$3CH_3OH + NH_3 \longrightarrow (CH_3)_3N + 3H_2O$$

（8）酯化反应

甲醇可与多种无机酸和有机酸发生酯化反应。甲醇和硫酸发生酯化反应生成硫酸氢甲酯，硫酸氢甲酯经加热、减压蒸馏生成重要的甲基化试剂——硫酸二甲酯：

$$CH_3OH + H_2SO_4 \longrightarrow CH_3OSO_2OH + H_2O$$

$$2CH_3OSO_2OH \longrightarrow CH_3OSO_2OCH_3 + H_2SO_4$$

甲醇和硝酸作用生成硝酸甲酯：

$$CH_3OH + HNO_3 \longrightarrow CH_3NO_3 + H_2O$$

甲醇和甲酸反应生成甲酸甲酯：

$$CH_3OH + HCOOH \longrightarrow HCOOCH_3 + H_2O$$

（9）缩合反应

甲醇能与醛类发生缩合反应，生成甲缩醛或醚，例如：

$$2CH_3OH + HCHO \longrightarrow CH_3OCH_2OCH_3 + H_2O$$

$$CH_3OH + (CH_3)_3CHO \longrightarrow (CH_3)_3COCH_3 + H_2O$$

（10）氯化反应

甲醇和氯化氢在 ZnO/ZrO 催化剂存在下发生氯化反应生成一氯甲烷：

$$CH_3OH + HCl \longrightarrow CH_3Cl + H_2O$$

氯甲烷和氯化氢在 $CuCl_2/ZrO_2$ 催化剂作用下进一步发生氧氯化反应生成二氯甲烷和三氯甲烷。

$$CH_3OH + 2HCl + 1/2O_2 \longrightarrow CH_2Cl_2 + 2H_2O$$

$$CH_2Cl_2 + HCl + 1/2O_2 \longrightarrow CHCl_3 + H_2O$$

（11）烷基化反应

甲醇作为烷基化试剂的研究开发，是甲醇化学的一个新领域，包括碳烷基化、氮烷基化、氧烷基化、硫烷基化等，如：

甲醇与甲苯侧链烷基化生成乙苯，进一步脱氢可生成苯乙烯。

$$CH_3OH + PhCH_3 \longrightarrow PhCH_2CH_3 + H_2O$$

甲醇与甲苯在择形催化剂作用下合成二甲苯。

$$CH_3OH + PhCH_3 \longrightarrow Ph(CH_3)_2 + H_2O$$

甲醇与苯酚在磷酸盐催化剂作用下生成二甲基苯酚。

$$2CH_3OH + Ph\!-\!OH \longrightarrow (CH_3)_2PhOH$$

甲醇与苯胺反应生成 N-甲基苯胺、N,N-二甲基苯胺。

$$CH_3OH + PhNH_2 \longrightarrow PhNHCH_3 + H_2O$$

$$CH_3OH + PhNH_2 \longrightarrow PhNH(CH_3)_2 + H_2O$$

（12）其他反应

甲醇和异丁烯在酸性离子交换树脂的催化作用下生成甲基叔丁基醚：

$$CH_3OH + CH_2\!=\!CH(CH_3)_2 \longrightarrow CH_3\!-\!O\!-\!C(CH_3)_3$$

甲醇和二硫化碳在 γ-Al$_2$O$_3$ 的催化作用下生成二甲基硫醚，进一步氧化成二甲基亚砜：

$$4CH_3OH + CS_2 \longrightarrow 2(CH_3)_2S + CO_2 + 2H_2O$$

$$3(CH_3)_2S + 2HNO_3 \longrightarrow 3(CH_3)_2SO + 2NO + H_2O$$

甲醇在 $0.1\sim0.5$MPa，$350\sim500$℃条件下，在硅铝磷酸盐分子筛（SAPO-34）催化作用下生成低碳烯烃：

$$2CH_3OH \longrightarrow CH_2\!=\!CH_2 + 2H_2O$$

$$3CH_3OH \longrightarrow CH_2\!=\!CH\!-\!CH_3 + 3H_2O$$

甲醇在 750℃，Ag/ZSM-5 催化剂作用下生成芳烃：

$$CH_3OH \longrightarrow C_6H_6 + H_2O + H_2$$

甲醇在 $240\sim300$℃，$0.1\sim1.8$MPa 下，和乙醇在 Cu/Zn/Al/Zr 催化作用下生成乙酸甲酯：

$$CH_3OH + CH_3CH_2OH \longrightarrow CH_3COOCH_3 + H_2$$

甲醇在 220℃，20MPa 下，钴催化剂的作用下发生同系化反应生成乙醇：

$$CH_3OH + CO + H_2 \longrightarrow CH_3CH_2OH + H_2O$$

1.3 生产方法

气相法一氧化碳加氢合成甲醇是目前工业化合成甲醇的主要工艺。

甲醇合成反应是一个可逆的强放热反应过程，甲醇合成反应的两个基本化学反应式如下：

$$CO + 2H_2 = CH_3OH + 96.69kJ/mol（常压、25℃）$$

$$CO_2 + 3H_2 = CH_3OH + H_2O + 49.53kJ/mol（常压、25℃）$$

在工业生产中，甲醇气相法合成工艺的典型流程一般由原料气制造、原料气净化、甲醇合成、粗甲醇精馏等工序构成，甲醇合成气主要是指 CO、CO$_2$、H$_2$ 及少量的 N$_2$ 和 CH$_4$。当代甲醇合成工艺技术主要分三种：高压法（30.0MPa 以上）、中压法（15.0MPa）、低压法（$5.0\sim10.0$MPa），目前普遍采用的是后两种。

甲醇合成的原料有轻油(石脑油)、重油、焦油、天然气、焦炉气、炼厂气、各种煤、焦炭、有机废料、生物质(植物秆、壳)等。不同原料生产甲醇的差别主要体现在合成气的制造上,例如有天然气、水煤浆、焦炉气、黄磷尾气、乙炔尾气、城市煤气制合成气生产工艺等。

中国甲醇生产原料以煤为主,煤气化制甲醇、天然气、焦炉气制甲醇以及城市煤气联产甲醇、合成氨联产甲醇等各种工艺并存。全球各国对于液相甲醇合成新工艺和甲烷氧化制甲醇等具有潜在技术发展前景的研究开发也在不断进行中。

1.3.1 国外甲醇的工业生产方法

1.3.1.1 ICI 低压甲醇合成工艺

1966 年,ICI 公司使用 Cu-Zn-Al 氧化物催化剂,成功地实现了操作压力为 5MPa 的 CO 和 H_2 合成甲醇的生产工艺,该过程称为 ICI 低压法。1972 年,ICI 公司又成功地实现了 10MPa 的中压甲醇合成工艺。

ICI 低压法首先将 H_2、CO、CO_2 及少量 CH_4 组成的合成气经过变换反应以调节 CO 和 CO_2 的比例,然后用离心压缩机升压到 5MPa,送入温度为 270℃冷激式反应器,反应后的气体冷却分离出甲醇,未反应的气体经压缩升压与新鲜原料气混合再次进入反应器,反应中所积累的甲烷气作为弛放气返回转化炉制取合成气。低压工艺生产的甲醇中含有少量水、二甲醚、乙醚、丙酮、高碳醇等杂质,需要蒸馏分离才能得到精甲醇。

1.3.1.2 MGC 低压合成工艺

日本三菱瓦斯公司(Mitsubishi Gas Chemical)有与 ICI 类似的 MGC 低压合成工艺,该工艺流程以碳氢化合物为原料,脱硫后进入 500℃的蒸汽转化炉,生成的合成气冷却后经离心压缩与循环气体相混合进入反应器,使用的也是铜基催化剂,操作温度和压力分别为 200~280℃与 5~15MPa。

1.3.1.3 Lurgi 低压合成工艺

1970 年,德国 Lurgi 公司采用 Cu-Zn-Mn 或 Cu-Zn-Mn-V、Cu-Zn-Al-V 氧化物铜基催化剂,成功地建成了甲醇的低压生产装置,该法称为 Lurgi 低压法。

德国 Lurgi 低压合成甲醇的合成气是由天然气水蒸气重整制备的。天然气经脱硫至 0.1mg 以下,送入蒸汽转化炉中,天然气中所含的甲烷在镍催化剂作用下转化成含有 CO、CO_2 及惰性气体等的合成气。合成气经冷却后,送入离心式透平压缩机,将其压至 4.053~5.066MPa 后,送入合成塔。合成气在铜催化剂存在下,反应生成甲醇。合成甲醇的反应热用以产生高压蒸汽,并作为透平压缩机的动力。合成塔出口含甲醇的气体只与混合气换热冷却,再经空气或水冷却,使粗甲醇冷凝,在分离器中分离。冷凝的粗甲醇至闪蒸罐闪蒸后,送至精馏装置精制。粗甲醇首先在初馏塔中脱除二甲醚、甲酸甲酯及其他低沸点杂质。塔底物即进入第一精馏塔。经蒸馏后,50%的甲醇由塔顶出来,气体状态的精甲醇用来作为第二精馏塔再沸器加热的热源;由第一精馏塔底出来的含重组分的甲醇在第二精馏塔内精馏,塔顶部出精甲醇,底部为残液;第二精馏塔出来的精甲醇经冷却至常温后，送入储槽，即为纯甲醇成品。

Lurgi 低压法合成甲醇生产工艺流程图，见图 1.1。

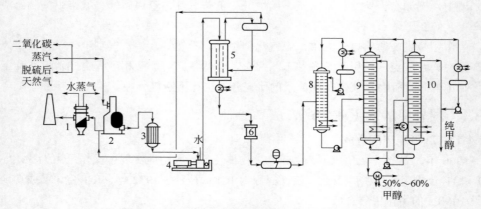

图 1.1　Lurgi 低压法合成甲醇生产工艺流程图

1—废热锅炉；2—转化炉；3—冷却器；4—透平压缩机；5—合成塔；6—分离器；
7—闪蒸塔；8—粗馏塔；9—第一精馏塔；10—第二精馏塔

1.3.1.4　合成氨"联醇"工艺

中国合成氨"联醇"工艺研究开发始于 20 世纪 60 年代，并迅速实现了工业化，这是化肥工业史上的一次创举，它使化肥企业的产品结构突破了单一的局面，节能降耗有了新的发展，还增强了企业的市场应变能力，这是一种优化的净化组合工艺，以替代中国不少合成氨生产用铜氨液脱除微量碳氧化物而开发的一种新工艺。

传统"联醇"工艺是以合成氨生产中需要清除的 CO、CO_2 及原料气中的 H_2 为原料，该工艺是在压缩机五段出口与铜洗工序进口之间增加一套甲醇合成装置，包括甲醇合成塔、循环机、水冷器、分离器和粗甲醇储槽等有关设备，工艺流程是压缩机五段出口气体先进入甲醇合成塔，大部分原先要在铜洗工序除去的中 CO 和 CO_2 在甲醇合成塔内与 H_2 反应生成甲醇，联产甲醇后进入铜洗工序的气体中 CO 含量明显降低，减轻了铜洗负荷，同时变换工序的 CO 指标可适当放宽，降低了变换的蒸汽消耗，而且压缩机前几段气缸输送的 CO 成为有效气体，压缩机电耗降低。

合成氨联产甲醇后能耗降低较明显。"联醇"工艺流程必须重视原料气的精脱硫和精馏等工序，以保证甲醇催化剂使用寿命和甲醇产品质量。

传统合成氨联合生产甲醇（联醇）工艺流程见图 1.2。

1.3.1.5　焦炉煤气制甲醇

焦炉煤气中的主要成分是 H_2，含量高达 55%～60%；甲烷次之，一般为 25%～26%；还有少量的 CO、CO_2、N_2、硫及其他烃类。采用焦炉煤气生产甲醇是炼焦企业废物综合利用、减少污染的极好方法。中国各单位设计的焦炉煤气制甲醇系统大致相同，焦炉煤气制甲醇参考工艺流程示意图见图 1.3。

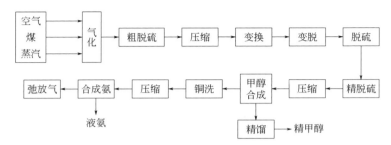

图 1.2　传统合成氨联合生产甲醇工艺流程示意图

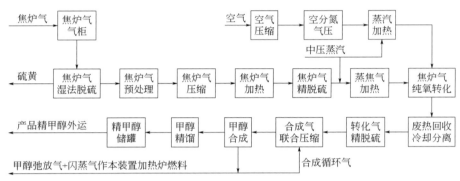

图 1.3　焦炉煤气制甲醇参考工艺流程示意图

1.3.2　甲醇合成反应催化剂

优良的甲醇合成催化剂，可使合成的粗甲醇杂质含量少，精馏单元易操作，是获得高质量、高产量甲醇的前提条件。好的甲醇合成催化剂必须具有高活性、高机械强度、显著的抗毒能力和热稳定性好等优点。

1.3.2.1　锌基和铜基催化剂

甲醇合成催化剂主要有锌基催化剂和铜基催化剂两大系列，锌基催化剂以氧化锌为主体，铜基催化剂以氧化铜为主体。

（1）锌铬催化剂

锌铬(ZnO/Cr_2O_3)催化剂是一种高压固体催化剂，是德国 BASF 公司于 1923 年首先成功开发研制的。锌铬催化剂的活性较低，为获得较高的催化活性，操作温度在 590～670K；为了获取较高的转化率，需在高压条件下操作，操作压力为 25～35MPa，因此被称为高压催化剂。

锌铬催化剂的耐热性、抗毒性以及力学性能都较令人满意。锌铬催化剂使用寿命长、使用范围宽、操作控制容易，在 20 世纪 80 年代以前，得到全球甲醇工业生产的普遍使用。20 世纪 80 年代以后，随着低压甲醇合成工艺的应用推广，铜基催化剂得到广泛使用，锌基催化剂逐步被淘汰。

（2）铜基催化剂

铜基催化剂是一种低压催化剂，其主要组分为 $CuO/ZnO/Al_2O_3$，是由英国 ICI 公司和德国 Lurgi 公司先后研制成功的。操作温度为 500～530K，压力却只有 5～10MPa，比传统的合成工艺温度低得多，对甲醇合成反应平衡有利。

国际上 20 世纪 70 年代中后期至今，新建的甲醇生产流程大多数采用低压法，广泛采用铜基催化剂，使用铜基催化剂已成为甲醇合成工业的主要方向。

1.3.2.2　国外合成甲醇催化剂

BASF、ICI、Dupont、Lurgi 等公司的研究人员不断地对铜基催化剂进行新的研究，他们在铜基催化剂中加入其他助剂，开发出具有工业价值的新一代铜基催化剂。这些新一代铜基催化剂根据加入的不同助剂可以分为以下 3 个系列：铜锌铬系 $CuO/ZnO/Cr_2O_3$；铜锌铝系 $CuO/ZnO/Al_2O_3$；其他铜锌系列催化剂，如 $CuO/ZnO/Si_2O_3$、$CuO/ZnO/ZrO$ 等。其中铜锌铝系和铜锌铬系催化剂应用得最多。由于铬对人体有毒，实际上 $CuO/ZnO/Cr_2O_3$ 有淘汰的趋势。

研究人员还进行了在铜基催化剂中加入其他助剂的研究，如加入 B、Mg、Ce、Cr、V 等，但是它们的活性、选择性等不如铜锌铝、铜锌铬。

目前，国外低压气相法甲醇合成催化剂已相继开发出诸多 Cu-Zn-Al 系催化剂，代表性的产品有 ICI5I-1、ICI5I-2、ICI5I-3、ICI5I-7 型的催化剂。第三代产品还有丹麦托普索公司的催化剂 MK-101、德国 BASF 公司的催化剂$86-3、德国 Lurgi 公司的催化剂 C79-5GL 等。

目前，全球最先进的催化剂有 ICI5I-7、ICI5I-8 和 MK-121 等型号。MK-121 型催化剂和保护催化剂 MG-901 配套使用更能发挥它的特点。丹麦托普索公司的 MK-121 型催化剂具有极高的活性、较宽的操作温度范围，具有良好的选择性，合成气成分适应性强，配合保护剂后抗中毒的能力更强。

1.3.2.3　中国合成甲醇催化剂

中国从 20 世纪 50 年代开始开发甲醇合成催化剂，几十年来，中国已研制开发出多种适合中国合成甲醇所需要的催化剂，有适合高温高压的 C-102 催化剂及其替代产品 C-301；适合"联醇"工艺的催化剂 C-207 及其替代产品 NC401、NC501，其中 C-302 是中国目前大、中型低压甲醇装置使用的主要催化剂。还有 C-306 型低压甲醇催化剂，QCM-01、XNC-98、C-307 等新型催化剂。中国研究和生产催化剂最有影响力的单位有西南化工研究设计院和南化集团研究院等。

西南化工研究设计院从事甲醇合成催化剂的研究和开发已有近 30 年的历史。先后研制开发出 C302、C302-1、C302-2、CNL101、CNJ206 等多种甲醇催化剂。该院从 1993 年开始研制的新型甲醇合成催化剂——XNC-98 型催化剂通过在以煤造气、天然气造气和炼厂富气造气等甲醇工业装置上使用证明，该催化剂在活性、选择性和稳定性等技术指标上均表现出良好的性能。

南化集团研究院是中国开展催化剂研究历史最久的单位之一，他们研制开发的甲醇合成催化剂有 C207、NC501-1 型"联醇"催化剂，C301 型、C301-1 型、NC501 型、NC501-1 型和 C306 型等，均广泛在中国大、中、小型甲醇装置和"联醇"装置上得到应用。新技术产品 C306 型低压甲醇催化剂自 1997 年投放市场以来已广泛应用于全国各低压甲醇装置，使用性能达到国际领先水平，成功地在几家大型低压甲醇装置上应用，代替了国外进口产品，实现了大型引进装置甲醇合成催化剂的国产化。目前，南化集团研究院通过优化催化剂组分配方和制造工艺，制备出了高活性和高热稳定性的新型催化剂 C307。

西北化工研究院开发了 LC210 型"联醇"催化剂和 LC308 型合成甲醇催化剂，工业生产运行表明其性能优良，各项性能指标达到工厂要求。

四川亚联瑞兴化工新型材料有限责任公司通过在传统的 Cu-Zn-Al 系催化剂中加入第四组分——Mn，采用新的制备方式，成功开发了 KC603 低温低压高活性甲醇合成催化剂，工业生产运行效果良好。

温州市复兴化学有限公司采用络合蒸馏法甲醇催化剂生产工艺，开发了主要特点是防结蜡的 FXC 系列甲醇合成催化剂，FXC-101、FXC-102、FXC-103 型催化剂，分别适用于"联醇"、单醇装置和高压"双甲"装置，该系列产品使用效果良好。

山东临朐大祥精细化工有限公司的 DC207、DC503 型甲醇催化剂均采用中国最先进的生产工艺流程——"硝酸法"进行生产。系圆柱形甲醇催化剂，主要适用于"联醇"装置，也可用于中、低压甲醇合成。

经过几十年的不断发展，中国已具有与大型国产化合成甲醇装置相匹配的相对成熟的催化剂技术和系列产品。

在中国的甲醇合成工业中，也有使用德国南方化学公司生产的 GL-104 型催化剂和 20 世纪 80 年代的新型催化剂 C79-4GL 以及丹麦托普索公司的 MK-101 催化剂。

1.3.3 合成技术的发展

目前，全球甲醇合成技术的发展可以归纳为气相法合成工艺的改进、液相法合成工艺的研究开发和新的原料路线的研究开发等几个方面。

中国合成甲醇技术的发展主要体现在"联醇"工艺的开发与改进、煤和天然气制甲醇大型装置和工艺技术的引进消化、焦炉煤气等多种原料制甲醇工艺的开发应用、反应器和催化剂的开发应用。通过这些方面的发展，中国目前已具有了用自主知识产权的专利技术建设大型甲醇生产装置的能力。

1.3.3.1 国外甲醇合成工艺的进展

（1）气相法合成工艺进展

首先，在一氧化碳和氢气合成甲醇的放热特性研究方面取得大量成果。这些成果的应用主要体现在甲醇合成反应器不断完善，并朝着生产规模大型化，能耗低，CO、CO_2 单程转化率高，碳综合转化率高，热利用率高，催化层温差小，塔压降小，操作稳定可靠，结构简单，催化剂装卸方便等方向发展，使反应尽量沿着最佳动力学和最佳热力学曲线进行，从而降低甲醇的生产成本。当今世界上工业甲醇合成反应器开发应用的主要成果如下：

① ICI 冷激型反应器。该塔内设四层催化剂，各层间有喷头喷入冷激气以降低温度，在压力 8.4MPa 和 12000h^{-1} 空速下，当出塔气甲醇浓度为 4%时，一、二两段升温约 50℃。它的优点是结构简单，易于大型化，缺点是绝热反应，催化床层温差大，反应曲线离平衡曲线较远，合成效率相对较低。近年来，ICI 提出新概念甲醇工艺（leading comcept mathanol，LCM），即冷管合成塔（TCC），冷气进催化层中的逆流冷管胆，被加热，出冷管后进催化层反应。在此基础上，ICI 又设计出了并流冷管反应器。冷管合成塔（TCC）的床层温差较冷激型有了很大改善，反应曲线也较平稳。ICI 认为冷管式合成塔投资低，操作简便，设计弹性大，因为没有冷气喷入，效率高，能耗低，可以造就高效率的全球一流甲醇工厂。

② Lurgi 的管壳式反应器。Lurgi 公司根据甲醇合成反应热大和现有铜基催化剂耐热性差的特点开发了列管式反应器。管内装催化剂，管间用循环沸水，用很大的换热面积来移去反应热，达到接近等温反应的目的，故其出塔气中甲醇含量和空时产率均比 ICI 冷激塔高，催化剂使用寿命也较长。Lurgi 列管式反应器的主要优点是：合成反应几乎在等温条件下进行，反应器除去有效的热量，可允许较高 CO 含量的气体，采用低循环气流限制了最高反应温度，使反应等温进行，可将甲醇合成副产品降到极低。

此外，Lurgi 公司开发了采用气冷反应器和水冷反应器的联合转化合成工艺，水冷反应器催化剂用量可减少 50%，可省去原料预热器并可减少其他设备，合成部分的投资可节省 40%。

③ 托普索（Topsoe）的管壳式反应器。托普索开发了管壳式反应器，它为管外走水移去反应热的甲醇合成反应器，其特点是：利用平衡曲线限制绝热升温，即控制各段出口温度，增大循环比，移动平衡曲线，使各段出口温度控制在催化剂耐热温度以内，允许使用小颗粒催化剂。

④ 东洋工程公司（TEC）的 MRF-Z 型甲醇反应器。MRF-Z 型甲醇反应器的冷管为双套管，管内走水，锅炉水由内管从下向上导入，然后经外套管向下流动，吸收管外催化床层中的反应热（汽包可产生 2.6MPa 的中压蒸汽），整个过程用泵进行强制循环，气体在催化层中呈径向流动。操作压力在 8MPa 左右。该类塔的特点是：由于合成气呈径向流动，阻力相对轴向流小；催化剂床层温差较小；反应基本沿着最佳温度曲线进行，故合成效率较高；热回收利用率高；单位体积的催化剂反应量大，同等反应量催化剂的使用量少。不足的是：结构相对较复杂，锅炉水需用泵强制打循环，增加了该部分的设备投资和能耗。但正因是强制循环，增强了换热效果。

⑤ 林德（Linde）螺旋管反应器。林德螺旋管反应器也称等温反应器，盘管内走锅炉水，移去管外催化剂层反应热。该类塔的特点是：使用螺旋冷管较好地解决了热应力问题；由控制蒸汽压力来调节反应器操作温度，使操作稳定可靠，且催化床层温差较小；基本在等温下操作，使反应器内的温度分布与理想的动力学条件相近。不足的是：设备加工难度大，投资相对较大，不利于放大。

⑥ 三菱瓦斯/三菱重工（MGC/MHI）的超转化反应器（SPC 型）。MGC/MHI 的 SPC 甲醇合成塔实际上是 Lurgi 管壳式的改进，其结构为双套管，催化剂装在内外套管间，冷气从塔底进入，然后通过冷管（内套管）与管外催化剂层逆流换热后，进入催化床层反应，管间为沸腾水，同 Lurgi 塔一样，外设蒸汽汽包。该类塔的特点是：反应器内气-气、气-液都是逆流换热，使催化床层温差较小（特别是降低了塔底部温度），提高了甲醇合成率，单程转化率高（在空速 5000h^{-1}、8MPa 的条件下出口甲醇浓度可达 14%）；以高位能形式回收热量，可副产蒸汽（每吨甲醇产 4MPa 的蒸汽 1t）；气体在合成塔内预热，相当于一个换热器，操作线接近最佳温度线。不足的是：结构复杂，冷管长 10m 以上，每根内冷管用挠管接到内封头；气体呈轴向流，阻力较大；要日产 2000t 以上的规模才能显示其综合优势。

⑦ 卡萨利（Casale SA）卧式甲醇反应器。卡萨利卧式甲醇合成塔属绝热式段间换热反应器，合成气为轴-径向流，与 ICI 不同的是卡萨利为卧式。合成塔一般由四个催化床层组成，床间采用间接换热（换热器设在合成塔里，两个工艺一个采用冷凝液换热，另一个采用气-气换热），工艺冷凝液用泵强制打循环，加热后供一段转化炉前的天然气饱和用或直接产生低压蒸汽供精馏用。合成塔操作压力为 7～10MPa。该卧式甲醇反应器的特点是床层阻力比 ICI 的小，但比完全意义上的径向流大；塔径小于 Lurgi 塔。不足的是：属绝热反应，反应曲线离平衡曲线较远，合成效率相对较低；床间一般只有三个换热器，同一床层的热点温差较大；与汽包式（如 TEC 的 MRF-z 型等）相比，属低位能回收。

⑧ Kvaemer 公司组合 BP 阿莫科 Kvaemer 紧凑式转化器。2004 年，该转化器与低压甲醇合成的甲醇新工艺推向工业化。紧凑式转化器采用模块化管式反应器设计，它将一侧的燃烧与另一侧的催化蒸汽转化紧密地组合在一起。由于有大的内部热循环，紧凑式转化器的热效率超过 90%，而常规装置为 60%～65%。

其次，全球甲醇合成工艺进展还体现在一些其他改进方面，例如：Lurgi 和 Synetix 公司的 LCM 工艺。LCM 工艺已用于 2006 年投产的 6500t/d 装置。LCM 工艺的目标之一是要完全取消蒸汽发生系统，工艺用蒸汽用一个饱和器回路来回收低等级热发生蒸汽。在 LCM 甲醇工艺中，饱和器回路的 30%～40%热源来自甲醇合成系统。因此，LCM 工艺的另一个特点是易于启动和停工。

（2）液相法甲醇合成工艺

甲醇的液相合成方法是 Sherwin 和 Blum 于 1975 年首先提出的。甲醇液相合成是在反应器中加入碳氢化合物的惰性油介质，把催化剂分散在液相介质中。在反应开始时合成气要溶解并分散在惰性油介质中才能到达催化剂表面，反应后的产物也要经历类似的过程才能被移走。这是化学反应过程中典型的气-液-固三相反应。

液相合成由于使用了热容高、热导率大的石蜡类长链烃类化合物，可以使甲醇的合成反应在等温条件下进行，同时，由于分散在液相介质中的催化剂的比表面积非常大，加速了反应进程，反应温度和压力也下降了许多。

由于气-液-固三相物料在过程中的流动状态不同，三相反应器主要有滴流床、搅拌釜、浆态床、流化床与携带床 5 种。目前在液相甲醇合成方面，采用最多的主要是滴流床和浆态床。

① 浆态床反应器在甲醇合成中的应用。在浆态床反应器中，催化剂粉末悬浮在液体中形成浆液，气体在搅拌桨或气流的搅动作用下形成分散的细小气泡在反应器内运动。美国化学系统公司（ChemSystem Inc.）在 1975 年提出液相法甲醇合成工艺（liquid-phase methanol synthesis）的新概念。并于 20 世纪 90 年代与美国空气与化学产品公司（Air Products and Chemicals Inc.）一起开发出使用液升式浆态床反应器的 LPMEOHTM 工艺，其主要技术经济指标与传统的气相合成比较见表 1.3。

表 1.3　气、液相合成工艺的技术经济指标比较

合成工艺	出口，$\phi(CH_4OH)$/%	热效率/%	甲醇相对成本	相对投资
气相合成	5.0	86.3	1.00	1.00
液相合成	14.5	97.9	0.705	0.77

在美国能源部（DOE）清洁煤技术计划支持下，1998 年美国空气与化学产品公司将液相甲醇合成工艺在伊士曼化学公司田纳西州的 Kingsport 煤气厂进行了工业试运行，取得了令人满意的结果。该公司认为，LPMEOHTM 工艺对煤制合成气的加工效率比通常的甲醇合成技术高。液相甲醇合成技术与"煤气-发电"工程相配套，甲醇的生产成本能够与天然气制甲醇的生产成本相竞争，同时还可以降低发电成本，调节用电峰谷。当用电量处于低谷时生产和储藏甲醇，处于高峰时用甲醇作为燃料来增加发电量。所生产的甲醇既可以作为发电厂燃气轮机和汽车等的清洁燃料，也可以作为化工原料。

南非的 Sasol 公司开发出工业化的料浆反应器，它比管式固定床反应器结构简单，容易放大，其最大的优点是混合均匀，可以在等温下操作，在较高的平均温度下运行，能获得较高的反应速率。其单位反应器体积的收率高，催化剂用量只是管式固定床的 20%～30%，造价低。

② 滴流床反应器在甲醇合成中的应用。浆态床反应器中催化剂悬浮量过大时，会出现催化剂沉降和团聚现象。要避免这些现象的发生，就得加大搅拌器功率，但这同时使得搅拌桨和催化剂的磨蚀加大，反应中的返混程度增加。Pass 等在 1990 年首先用滴流床进行合成甲醇的实验，此后关于这方面的研究迅速增多。

Tjandra 等对滴流床中合成甲醇的传质传热进行了一系列的研究，与同体积的浆态床相比，滴流床合成甲醇的产率几乎增加了一倍。但至今仍未见到该工艺流程工业放大的报道。从工业角度来看，滴流床中的液相流体中所含的催化剂粉末很少，输送设备易于密封且磨损小，长时间运行将更为可靠。

③ 其他合成方法。随着均相催化技术的发展，也出现了液相甲醇合成的均相合成工艺。1988 年 Mahajan 等于美国的 Brookhaven 国家实验室开发出甲醇均相合成工艺，此项工艺具有更高的合成气转化率和甲醇产率，合成反应可以在低温低压下进行。均相合

成工艺存在着巨大的市场潜力，但技术难度也更大，要实现工业化的突破还有许多工作要做。

Berty 等在 20 世纪 90 年代提出溶剂甲醇合成工艺（solvent methanol process，SMP）的概念，在保留三相床甲醇合成所有优势的基础上，将惰性液相改为能对产物甲醇与水进行选择性吸收的溶剂，从而将在反应过程中生成的产物同时转移到液体中，使反应更加有利于向生成甲醇的方向进行。他们采用了有很好的热稳定性的四亚乙基乙二醇二甲醚溶剂。实验结果表明，合成气转化率极高。

从全球范围来看，目前甲醇生产工艺主要采用气相甲醇合成工艺，德国 Lurgi 工艺和英国 ICI 工艺大约占 70%以上。液相甲醇合成工艺逐渐成为研究热点，但是目前还没有大规模成熟的工业化应用的先例。

（3）甲烷氧化制甲醇工艺

目前的 CO 加氢合成甲醇工艺能耗高，单程转化率低。较为理想的制甲醇方法是由甲烷直接氧化合成甲醇，它是一个很有潜在发展前景的技术。催化剂的选择性是该工艺的关键，许多学者做了大量的工作。有报道说，国外开发过甲醇收率 60%的甲烷选择氧化合成甲醇的方法，用铱作催化剂，在 2MPa 和 410～420K 下，以环辛烷作溶剂，甲烷氧化得到甲醇。目前已经有工业运行的实验示范装置，但仍未实现工业化。一旦选择性高的催化剂和相适合的反应器开发成功，甲烷直接氧化合成甲醇工艺将获得突破与发展。

1.3.3.2 中国甲醇合成工艺的进展

中国甲醇合成工艺进展的主要体现是多样性和先进性。多样性指工艺上有单产、联产、多联产，原料路线由石油产品、天然气向煤炭、煤层气、焦炉气等方面拓展；先进性指工艺上更加合理、催化剂更加先进、规模趋向大型化、操作实现电脑调控、能源消耗和生产成本大幅下降。

（1）进展历程

① 高压合成工艺。1957～1980 年，中国甲醇生产装置基本上都采用传统高压法合成工艺。在 30～32MPa 压力下，使用锌铬催化剂合成甲醇，反应器出口气甲醇含量 3%左右。中国自主开发在 25～27MPa 压力下，使用铜系催化剂合成甲醇的技术，反应温度230～290℃，反应器出口气甲醇含量 4%左右。

② 中压"联醇"工艺。20 世纪 60 年代末，中国开发了合成氨联产甲醇新工艺，充分利用氨生产中需脱除的 CO 和 CO_2，借用合成系统的压力设备，在 11～15MPa 下联产甲醇。这是中国自主开发的甲醇生产工艺。20 世纪 70 年代，南化公司研究院开发出"联醇"催化剂（C2O7），促进了中国"联醇"工艺的发展。"联醇"工艺投资省、见效快，为增加中国甲醇产量发挥了重要作用。

③ 引进低压合成工艺。20 世纪 70 年代末期，四川维尼纶厂引进英国 ICI 公司低压合成甲醇装置，规模为 9.5 万吨，采用天然气乙炔尾气制合成气生产甲醇，利用多段冷激式反应器，于 1979 年年底投产。随后，齐鲁石化公司第二化肥厂又引进德国 Lurgi 公

司低压合成甲醇装置，其规模为 10 万吨/年，用渣油为原料汽化制合成气生产甲醇，采用沸水型管壳式反应器，于 1986 年投产。

④ 锌铬催化剂改用铜系催化剂。1980 年，上海吴泾化工厂为了提高甲醇产量和甲醇质量，降低能耗，率先将"联醇"铜系催化剂用于高压法甲醇装置（8 万吨/年，石脑油造气），在华东化工学院和南化公司研究院等单位协作下顺利实现了催化剂的改用。运行结果表明：生产能力提高 50%，能耗下降 20%，产品 100% 为优级品。随后，南化公司甲醇装置、兰化公司甲醇装置、吉化公司甲醇装置、太化公司甲醇装置等先后都改用了铜系催化剂，为中国甲醇工业技术创新开辟了新路子。

⑤ 国产化低压工艺。20 世纪 80 年代，南京化工研究院和西南化工研究设计院分别成功开发 C301 型和 C302 型铜系低压合成甲醇催化剂，西南化工研究设计院还同时成功开发沸水型管壳式低压合成甲醇反应器及合成工艺，从而推动了中国大型化低压甲醇装置国产化的发展。

⑥ 大型化装置快速发展。进入 21 世纪，中国甲醇工业进入快速发展时期，以天然气为原料的甲醇装置建设跨入大型化时期，如苏里格天然气化工公司、海洋石油富岛股份有限公司大型甲醇装置相继建成。同时，以煤为原料的甲醇装置建设也在向大型化发展，杭州林达化工技术工程公司开发的气冷（水冷）均温型大型反应器，已成功用于内蒙古天野（20 万吨/年）、陕西渭化（20 万吨/年）和大连大化（30 万吨/年）等甲醇装置建设，促进了中国大型甲醇装置国产化的发展。与此同时，中国还建成了 30 万吨/年焦炉煤气制甲醇生产装置。湖南安淳高新技术有限公司开发的"联醇"新工艺进一步完善了氨工艺净化体系，增加了"联醇"产量，推动了"联醇"工艺的发展，其规模也在向中型化迈进。中国正以多种原料生产甲醇，齐头并进向甲醇大型化迈进。

（2）进展成果

① "联醇"工艺。自 20 世纪 90 年代以来，中国的研究者从"联醇"工艺操作中发现甲醇化后再进行甲烷化是解决合成气体净化的有效办法。先后有湖南安淳公司中压"双甲"工艺（5～15MPa，专利号：CN94110903.8）、河南省化肥公司高压深度净化"双甲"工艺（24.0～31.4MPa，专利号：CN96112370.2）、杭州林达公司等高压"双甲"工艺（专利号：ZL93105920.8）、南京国昌公司非等压"双甲"精制工艺（专利申请号：ZL200410014826.x）等开发成功。这些技术成果均以"联醇"工艺（甲醇化）配合甲烷化工艺开展研究。这些工艺技术吸收了当时的科技成果，在工艺技术流程、操作条件、合成关键技术（催化剂）和节能降耗等方面各有所长，在提高中国"联醇"工艺的技术水平和增加企业的经济效益等方面都做出了重要的贡献。

② 新型甲醇合成反应器

a. 均温（Jw）型甲醇反应器。杭州林达公司的均温（Jw）型甲醇合成塔是中国拥有自主知识产权的气-气换热型甲醇反应器。该类塔的特点是：结构较简单；催化床层温差相对较小；CO 单程转化率较高。他们还创造开发成功用于甲醇合成的反应器模拟计算软件——"Reactor Designer"，数学模型经过大量实际生产数据校正，更逼近实际效果。

该计算软件用于均温型单（联）醇反应器、管壳式反应器、ICI 冷激型反应器及大型甲醇装置的联合反应器，内含各种甲醇催化剂动力学数据，可方便地对反应器进行优化设计，为开发、优化、设计高性能甲醇合成反应器提供强有力的技术保障。采用中国低压甲醇塔技术及配件，为中国成功改造国外进口甲醇塔提供了可行的技术途径。

b. GC 型轴径向低压甲醇合成塔。南京国昌化工科技有限公司研发的 GC 型轴径向低压甲醇合成塔技术，通过了中国石油和化学工业联合会组织的鉴定。专家认为该甲醇合成塔结构新颖、设计合理，属中国首创，填补了中国轴径向低压甲醇合成塔的空白。该项目为中国甲醇工业提供了一种技术先进、造价低且易于大型化的新型合成装置。

c. 绝热-管壳复合型甲醇合成反应器。华东理工大学在调查研究大型甲醇合成反应器的基础上，研究开发了绝热-管壳复合型低压甲醇合成反应器（专利号：ZL 962 22256.9）。该研究成果开发了新型甲醇合成反应器形式与模拟计算方法，形成了中国专有的甲醇合成反应器技术，达到了国际先进水平。该项目拓展的研究成果可为年产 10 万～40 万吨甲醇合成反应器、50 万～80 万吨并联甲醇合成反应器、60 万～100 万吨串联甲醇合成反应器提供大型化单系列基础设计工艺软件包。

此外，还有卧式管壳水冷甲醇合成塔，浙江工业大学化学工程与材料学院开发的等温冷管型低压甲醇合成塔及工艺已用于天然气制甲醇老厂改造。

以上介绍的具有自主知识产权的大型甲醇合成反应器已经成功应用在中国改造国外装置、老厂改造和众多新建甲醇项目中，为中国进一步建设更大型的甲醇装置提供了技术和装备基础。

③ 城市煤气联产甲醇。河南省化工设计院承担的"城市煤气联产甲醇创新集成新工艺"项目，把甲醇生产工艺和城市煤气生产工艺科学地组合，对煤气和甲醇联产工艺进行了集成创新，既满足了城市煤气调峰、热值的要求，又脱除了有机硫，延长了甲醇合成催化剂的寿命；采用膜分离回收甲醇释放气中的氢，返回甲醇合成系统，将合成气氢碳比参数调整至最佳；使用甲醇分离专利技术等提高了甲醇收率。河南煤业集团义马气化厂日产净煤气（标准）120 万立方米，联产甲醇 8 万吨/年装置就是中国第一套完全采用该技术的工业化装置，投产以后，生产装置运行稳定，各项技术经济指标及装置能力达到或超过了设计指标，取得了显著的经济和社会效益。该项目被原中国石油和化学工业协会评为 2006 年科技进步一等奖。它为城市煤气联产甲醇项目的进一步推广应用开辟了新途径和提供了宝贵的经验。

④ 洁净煤气化技术。华东理工大学等单位开发的对置式四喷嘴水煤浆加压气化技术已成功用于大型化工装置，中科院山西煤化所、陕西秦晋矿业集团等开发的灰熔聚气化技术、加压气化工业装置已经建成，正在试运行。清华大学等单位开发的洁净煤气化技术正在进行工业装置建设，这些技术的开发成功，对中国建设大型煤头甲醇装置提供了条件。

⑤ 焦炉煤气制甲醇。近年来，焦炉煤气制甲醇引起了中国诸多科研院所和生产厂

家的高度关注，国家化工行业生产力促进中心、四川天一科技股份有限公司、化学工业第二设计院、华东理工大学洁净煤技术研究所、太原理工大学煤科学与技术教育部和山西省重点实验室、西南化工研究设计院等在这方面进行了深入的研究开发，并取得许多应用成果。中国目前已经有将近 70 个焦炉煤气制甲醇项目相继投产和在建，其中规模最大的已经达到 30 万吨/年。

在焦炉煤气制甲醇合成气制取方法与选择方面，化学工业第二设计院的研究人员为焦炉煤气制甲醇提供了全面的工艺设计参考方案。

焦炉煤气制甲醇的流程中，脱硫、压缩、甲醇合成、精馏相对成熟，而焦炉煤气制甲醇合成气的方法却处于发展初期，需要根据不同的情况做出合理选择。焦炉煤气制甲醇合成气的方法可分为两类。

第一类，非转化法。此类方法的典型是深冷分离法。本法不对气体中的甲烷等烃类进行转化，而是将其深冷分离。焦炉煤气经过净化并压缩到 1.3～1.5MPa 后，深度冷冻到 -190～$-180℃$，可以把其中的甲烷和少量其他烃类冷凝分离，甲烷如同天然气一样成为高热值燃料，剩余富氢气体作为合成甲醇的原料，此原料由于碳不足，需要补充碳。流程示意见图 1.4。

焦炉煤气深冷分离是 20 世纪国外成熟的技术，在焦炉煤气充足，需要高热值甲烷气，有碳来源的情况下可考虑此法是否划算。

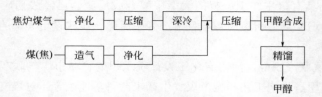

图 1.4　焦炉煤气深冷分离法制取甲醇合成气

第二类，转化法。所谓转化，就是焦炉煤气中的甲烷转化为 H_2 和 CO，使之成为甲醇合成气。转化法又分为非催化法和催化法两种方法。

a. 非催化转化法　焦炉煤气非催化部分氧化法就是在转化炉内不用催化剂的甲烷不完全氧化法。采用非催化法，转化炉内不需要装填催化剂，不需要脱除焦炉煤气中的无机硫和有机硫，就可进行甲烷高温转化。该法技术成熟，流程简单，转化操作管理方便，但氧气及焦炉煤气的消耗略高于催化法。此法在压力设计上，宜采用一个压力体系，如 6.0MPa 起始压力体系，有利于后面对硫化物的脱除。流程示意见图 1.5。

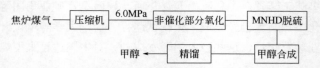

图 1.5　焦炉煤气非催化部分氧化法制取甲醇合成气

b. 催化转化法 催化法又可分为间歇催化转化法和连续催化转化法。

（a）间歇催化转化法。此种方法的特点是焦炉煤气中烃的转化所需热量用间歇加热来取得，该方法分吹风和制气两个阶段，各占 50%的时间。吹风阶段利用焦炉煤气与空气的燃烧使蓄热炉和转化催化剂升温蓄热，而且残氧使镍氧化放热。在制气阶段氧气与水蒸气被蓄热炉加热后，再与焦炉煤气混合，经短暂的高温反应，使温度升高至 950～980℃，再进入转化炉催化剂层进行转化反应。间歇催化转化法应采用双系统，以保证总管的转化气流量均匀、压力稳定。此法利用了燃烧蓄热和催化剂氧化放热的原理，可使氧耗减少，但工艺相对落后，能否提高压力操作，尚待研究。流程示意见图 1.6。

图 1.6　焦炉煤气间歇催化转化法制取甲醇合成气

对于已有煤焦造气炉系统的工厂可考虑利用旧设备进行焦炉煤气的间歇转化。

（b）连续催化转化法。

i. 焦炉煤气换热式加压催化部分氧化法。这是一种连续、一段、内混合、转化炉内有燃烧空间的方法，甲烷经转化后在转化炉出口 CH_4 含量≤0.4%。流程示意见图 1.7。

图 1.7　焦炉煤气换热式加压催化部分氧化法制取甲醇合成气

ii. 焦炉煤气加压蒸汽转化法。早在 20 世纪 70 年代中国已应用于焦炉煤气制合成氨生产中，该法为二段连续催化法。若用于生产甲醇，脱硫后的焦炉煤气与蒸汽先进入外热式的蒸汽转化炉（此法靠燃烧焦炉气或其他燃料供热）。在催化剂的作用下，一部分甲烷转化为 H_2 和 CO，剩余未转化的甲烷进入二段炉，并补入纯氧，进行部分氧化转化，使转化炉出口 CH_4 含量≤0.4%，生成甲醇合成气。此法氧耗少，技术成熟可靠，但总能耗大、投资多，操作复杂。实际上焦炉煤气中的甲烷远比天然气中的低得多，采用二段法的必要性大大减少，因此，可采用二段炉出口的高温转化气作为一段炉的热源，这样可以大幅度降低能耗。流程示意见图 1.8。

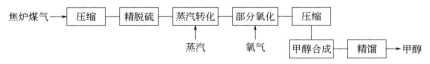

图 1.8　焦炉煤气加压蒸汽转化法制取甲醇合成气

ⅲ. 焦炉煤气部分氧化加水煤气补碳法。焦炉煤气部分氧化法所得甲醇合成气中氢多碳少，这是焦炉煤气的成分决定的，而水煤气用于生产甲醇，则氢少碳多，两种气体按一定比例混合即可配制$(H_2 - CO_2)/(CO + CO_2) = 2.05 \sim 2.1$ 的甲醇合成气，从而取长补短，相得益彰。流程示意见图1.9。

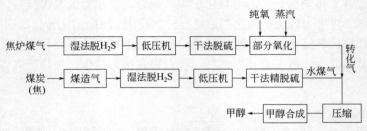

图1.9　焦炉煤气部分氧化加水煤气补碳法制取甲醇合成气

此法虽增加了原料煤（焦）消耗，但可减少每吨甲醇的焦炉煤气消耗和氧耗，减少了甲醇弛放气，适合于煤（焦）价格相对低廉的场合。

ⅳ. 焦炉煤气蒸汽转化加水煤气补碳法。此法由于采用了蒸汽转化，由外部燃料（如焦炉气）燃烧供热，又不设二段炉，故不需纯氧，节省了空分装置投资，这是该法的最大优点。其所产转化气与水煤气混合氢碳平衡后同样可以作甲醇合成气。但是，蒸汽转化的反应温度远低于部分氧化，转化气中仍含有百分之几未转化的甲烷经压缩进入合成圈而未被利用，显得不经济，另外蒸汽转化炉的投资比部分氧化转化炉高，且又消耗燃料。对于已有停产的蒸汽转化炉可以利用，煤气价格低廉的场合可以考虑采用此法。

ⅴ. 焦炉煤气部分氧化加灰熔聚气化补碳法。灰熔聚流化床气化由中科院山西煤炭化学研究所开发，该技术可用 0～8mm 粒度的各种粉煤，不同于间歇固定床气化炉，需要块状无烟煤和焦炭，从而扩大了煤源，降低了用煤成本。流程示意见图1.10。

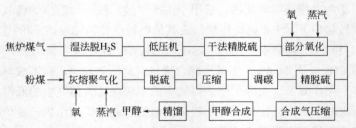

图1.10　焦炉煤气部分氧化加灰熔聚气化补碳法制取甲醇合成气

该法以氧气和蒸汽为气化剂，反应温度在 1100℃左右，该法适用于有大量低廉粉煤的场合，所生产的煤气含 N_2 及 CH_4 少，有利于甲醇合成。用这种方法合理补碳后生产规模可达年产 20 万～50 万吨甲醇。

vi. 焦炉煤气生产甲醇联产合成氨。对于生产甲醇来说，焦炉煤气中氢多碳少，若要充分利用焦炉煤气资源生产甲醇，应当采取补碳措施。另一条思路就是将多余的氢，即甲醇合成弛放气（含 H_2 达 80% 左右）与空分装置产生的氮气作为原料生产合成氨。这种方案适合于已有闲置压缩机及氨合成装置的企业。工艺流程示意见图 1.11。

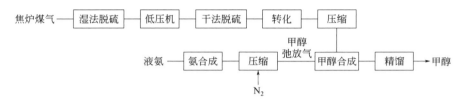

图 1.11　焦炉煤气生产甲醇联产合成氨工艺流程示意图

1.3.4　中国合成甲醇工艺的选择分析

从原料路线的选择来看，有人采用能值分析方法对天然气制甲醇、水煤浆制甲醇、焦炉煤气制甲醇、黄磷尾气制甲醇和乙炔尾气制甲醇进行了分析与比较。结果表明：水煤浆制甲醇工艺环境负荷率低，能值产出率适中，能值投资率高，可持续发展指数适中，而且所产甲醇能值置换比也较低，因此该工艺优于另外 4 种工艺。

在石油、天然气供需矛盾日益紧张的今天，中国应充分利用储量丰富的煤炭资源，大力发展水煤浆制甲醇工艺，以满足经济社会高速发展对甲醇的需求。其他 4 种工艺，应结合当地资源、工业布局和经济发展水平审慎发展，避免受一时经济利益驱动，导致资源的不合理利用，造成浪费。

2016 年，中国焦炭产量为 4.5 亿吨，所副产的焦炉煤气也跟着大量产生。采用焦炉煤气生产甲醇是炼焦企业废物综合利用、减少污染的极好方法。焦炉煤气制甲醇已经是中国炼焦行业持续关注的课题。

虽然天然气制甲醇流程短、投资少，但是它适合于中东和南美洲地区盛产石油及天然气的地区。中国天然气价格受国际油价和天然气价的影响，近年上升较快，即使富产天然气的西北、四川，天然气价格与煤制甲醇相比也没有优势。

焦炉煤气作为废气价格很低。实际上以焦炉煤气为原料制甲醇的生产厂就是焦化厂，焦炉煤气不是市场流通产品，价格完全由企业自定。焦炉煤气制甲醇具有很强的市场竞争力和抗风险能力，只要焦炉能够生存，焦炭能够生存，焦炉煤气制甲醇就能生存。

此外，用 $4.08×10^8 m^3$ 焦炉煤气制成 20 万吨甲醇，每年能少排放 CO_2 $1.228×10^7 m^3$、CO $2.856×10^7 m^3$，如果全国散放的焦炉煤气都制成甲醇，将大大减轻环境压力。焦炉煤气制甲醇具有很强的生命力和广阔的发展前景，应当大力发展。

从总体来看，中国不同地区应根据当地资源条件因地制宜地选择适合自己的原料路线与合成工艺生产甲醇。

1.4 产品的分级和质量规格

甲醇质量标准见表 1.4 和表 1.5。

表 1.4 工业用甲醇技术要求

项目		指标			试验方法
		优等品	一等品	合格品	
色度（铂-钴色号）/Hazen 单位	≤	5		10	GB/T 3143
密度 ρ_{20}/(g/cm^3)		0.791 ～ 0.792	0.791～0.793		GB/T 4472 或其他
沸程[①]（0℃，101.3kPa）/℃	≤	0.8	1	1.5	GB/T 7534
高锰酸钾试验/min	≥	50	30	20	GB/T 6324.3—2011
水混溶性试验		通过试验（1+3）	通过试验（1+9）	—	GB/T 6324.1
水，w/%	≤	0.1	0.15		GB/T 6283
酸（以 HCOOH 计），w/%	≤	0.0015	0.003	0.005	GB 338—2011 4. 试验方法 4.10
或碱，w/%	≤	0.0002	0.0008	0.0015	
羰基化合物（以 HCHO 计），w/%	≤	0.002	0.005	0.01	GB/T 6324.5—2008
蒸发残渣，w/%	≤	0.001	0.003	0.005	GB/T 6324.2
硫酸洗涤试验（铂-钴色号）/Hazen 单位	≤	50		—	GB 338—2011 4. 试验方法 4.13
乙醇，w/%	≤	供需双方协商	—		GB 338—2011 4. 试验方法 4.14

① 包括 64.6℃±0.1℃。

注：中华人民共和国工业用甲醇国家标准 GB 338—2011 代替 GB 338—2004。

表 1.5 工业甲醇美国联邦标准（O-M-232G）"AA"级

指标名称		指标
乙醇	≤	10×10^{-6}
丙酮	≤	10×10^{-6}
游离酸（以 HAc 计）	≤	30×10^{-6}
外观		无色透明
可炭化物（加浓 H$_2$SO$_4$）		不褪色
颜色		不暗于 ASTM 的铂-钴标度 5
馏程（101.325kPa，64.6℃±0.1℃）/℃	≤	1
相对密度 d_{20}^{20}	≤	0.7928
不挥发物（100mL 中）/mg	≤	10
气味		醇类特征，无其他气味
水分（质量分数）/%	≤	0.1
高锰酸钾试验		30min 内不褪色

1.5　危险性与防护

甲醇被划分为闪点易燃液体，有毒、易燃、易爆。甲醇在生产和消费过程中存在火灾爆炸危险性与对环境污染的可能性，而依据国家相关的法规，针对甲醇的特性运用相关的安全环保应对措施，可以做到安全生产、消费与保护环境。

1.5.1　生产过程的污染与治理

生产过程的污染与治理，首先要把着眼点放在如何防范污染和将污染减少到最低限度，其次才是如何治理产生的污染。

1.5.1.1　防范和减少污染的主要环节

（1）工艺路线的设计与选择

工艺路线的设计与选择是从源头上杜绝和减少甲醇生产污染物产生的首要环节。合成氨"联醇"工艺、甲醇联氨工艺、氮肥生产污水零排放技术，以及炼焦行业的焦炉煤气制甲醇工艺技术，都是中国自行开发设计的与甲醇生产相关联的先进技术成果，这些成果都有效地从工艺技术路线的选择与设计上做到了资源综合利用，减少了污染物排放。

2006 年中国天然气制甲醇的企业产能占甲醇总产能的 31.4%，产量比重占 28.6%；煤头甲醇企业产能比重占 67.3%，产量比重占 69.7%。中国目前甲醇生产的原料以煤为主，鉴于中国自身的资源结构和储量现状，今后很长的时期，煤也还将是中国甲醇生产的主要原料，继续选择、设计以煤为原料的甲醇生产节能减排的先进工艺路线，是中国甲醇行业进一步做到清洁生产的主要课题。

（2）采用新技术

针对关键设备和工序存在的污染源及时采用新技术，是解决甲醇生产过程污染治理的又一重要环节。例如天津大学研究开发出甲醇精馏系统模拟计算软件，为甲醇精馏系统的优化、设计、改造提供精确可靠的设计参数。该技术成功地应用于以煤和天然气为原料以及"联醇"工艺的 6 万～35 万吨/年等多套甲醇精馏系统的设计、改造中，产出的甲醇质量达到美国 AA 级或国优级标准，做到了节能和提高甲醇收率，废水中甲醇含量小于 30×10^{-6}。此例说明针对关键工序采用新技术是减少甲醇生产过程污染物产生的有效措施。

（3）针对污染源正确选择治理方案与措施

针对污染源正确选择治理方案与措施是做到甲醇生产过程最终不造成污染的重要环节。治理甲醇生产过程的污染，主要是针对污染源项、源种、源强，用物理方法、化学方法、生物方法进行治理。由于甲醇生产的原料路线、采用的工艺技术路线不同，所以需要针对具体情况制订不同的治理方案，才可以达到最佳治理效果。

1.5.1.2　甲醇生产过程的污染与治理

（1）煤制甲醇

煤制甲醇生产过程的污染物主要有废气、废水、废渣等，治理方法主要是除尘排放、焚烧、循环使用及废物综合利用等。

① 废气。主要有锅炉排放烟气粉尘；备煤系统中煤的输送、破碎、筛分、干燥等过程中产生的粉尘；脱碳工段 CO_2 排放气；甲醇合成尾气等。

处理措施：锅炉烟道气可先分离除尘，后送至备煤系统回转干燥机，利用烟道气余热加热原料煤粉，二次除尘后，经引风机送至烟囱排入大气；原料煤破碎、筛分产生的粉尘，可经布袋除尘后排入大气；脱碳再生气主要是 CO_2 气体，可考虑回收加工成较纯的液体 CO_2 商品出售；甲醇合成尾气可采用变压吸附回收尾气中的氢，再返回作原料气，回收氢后的废气可送至锅炉燃烧。

② 废水。甲醇生产过程中的废水有：造气洗涤废水、变换冷凝液、脱碳冷凝液、酸性气体脱除分离水、压缩分离水、甲醇精馏釜残液、空分分离水、分析化验废水、车间冲洗水、生活污水、软水站酸碱废水、软水站含盐废水、循环水系统排水。其中，甲醇残液是生产甲醇企业 COD 最大的污染源，必须重视对这部分废水的治理。

处理措施：变换冷凝液和脱碳冷凝液可补入造气洗涤水；软水站酸碱废水可再用于出渣补水；软水站含盐废水和循环水系统排水可直接外排；造气洗涤废水可经过预处理后排入污水处理站处理；甲醇精馏釜残液可采用三塔+回收塔精馏工艺使其中的甲醇含量小于 0.05%，从而使 COD_{Cr} 大大降低，然后就可与其他的废水一起送入污水处理站进行最后处理。

经过循环利用和预处理后进入污水处理站的废水中一部分属于可生化性好的废水，但含有醇类、酸类、醚类、氨类和氰化物等物质，且氨氮浓度相对较高。目前去除这些污染物使之达到排放指标的常用方法有厌氧、好氧或厌氧+好氧复合等多种生物处理工艺。具体有序列间歇式循环活性污泥法（CASS）、UASB 反应器工艺、A_2O 工艺、固定化微生物-曝气生物滤池（Gaia-BAF）生物处理工艺。也需要针对具体情况对处理工艺进行选择，通过对每个工艺在投资费用、运行费用、工艺效果、运行管理等方面的比较，最终确定较为合理的甲醇厂污水处理工艺。

③ 废渣。煤制甲醇厂的废渣主要来自气化炉炉底排渣及锅炉排渣、气化炉二旋排灰。

其处理措施是：气化炉炉渣及锅炉渣，经过高温煅烧，含残炭很少，可作为基建回填、铺路材料。气化炉二旋排灰，经增湿处理回收后，可作为经济附加值较高的炭黑加工材料。

（2）天然气制甲醇

中国大型天然气制甲醇项目的主要污染治理参考措施有以下几个方面：

① 废气。主要废气污染源为转化炉烟气。转化炉采用清洁燃料——天然气，设置低氮氧化物烧嘴，以减少废气污染物的排放；设置火炬系统，将开停车、事故状态下以及从系统内安全阀、油封排气槽等设备排出的可燃气体输送到火炬燃烧器进行焚烧。天然气制甲醇工艺可利用天然气中的 CO_2 调节氢碳比，这样可节省天然气的消耗，与用作燃料相比，可大大减少温室气体 CO_2 的排放量。

② 废水。主要是工艺冷凝液和含醇工艺水。处理措施是设置工艺冷凝液汽提塔，用以处理回收装置产生的大量废水，处理后的工艺水作为锅炉给水重复利用，避免了大量含醇废水的排放，还要配套建设规模相匹配的污水处理场，处理综合废水。

③ 固体废物。特殊固体废物主要是多种废催化剂，均属于《国家危险废物名录》中规定的危险废物。其中，属于含锌废物（HW23）的有 ZnO 脱硫槽废脱硫剂和废甲醇合成催化剂；属于含镍废物（HW46）的有废镍钼加氢脱硫剂、废转化催化剂。这些固体废物可集中送交当地国家危险废物处置中心处置。

一般工业固体废物包括自建净水厂和污水处理站产生的污泥。上述污泥可经压滤装置脱水后形成泥饼（含水率约 70%），集中放置在空地堆存，根据环评单位意见设置工业固体废物填埋场，并应符合《一般工业固体废物贮存、处置场污染控制标准》（GB 18599—2001）的要求，以解决甲醇项目和企业后续发展产生的一般工业固体废物处置问题。

④ 噪声。主要噪声设备包括压缩机、风机、机泵等，以及蒸汽放空噪声和火炬噪声。在设计上应选用低噪声产品，并安装消声器、隔声罩，设置隔声间等隔声降噪措施。

1.5.2 防火、防爆

1.5.2.1 甲醇的火灾、爆炸危险性

① 挥发性。甲醇的温度愈高，蒸气压愈高，挥发性愈强。即使在常温下甲醇也很容易挥发，而挥发产生的甲醇蒸气就是造成火灾和爆炸的危险源之一。

② 流动/扩散性。甲醇的黏度随温度升高而降低，有较强的流动性，同时由于甲醇蒸气的密度比空气密度略大（约 10%），有风时会随风飘散，即使无风时，也能沿着地面向外扩散，并易积聚在地势低洼地带。因此，在甲醇储存过程中，如发生溢流、泄漏等现象，就会很快向四周扩散，特别是甲醇储罐一旦破裂，又突遇明火，就可能导致火灾。

③ 高易燃性。甲醇属中闪点、甲类火灾危险性可燃液体。可燃液体的闪点越低，越易燃烧，火灾危险性就越大。由于可燃液体的燃烧是通过其挥发的蒸气与空气形成可燃性混合物，在一定的浓度范围内遇火源而发生的，因而液体的燃烧是其蒸气与空气中的氧气进行的剧烈、快速的反应。所谓液体易燃，实质上就是指其蒸气极易被引燃。甲醇的沸点为 64.5℃，自燃点为 473℃（空气中）、461℃（氧气中），开杯试验闪点为 16℃。应当指出，罐区常见的潜在点火源，如机械火星、烟囱飞火、电器火花和汽车排气管火星等的温度及能量都大大超过甲醇的最小引燃能量。

④ 蒸气的易爆性。由于甲醇具有较强的挥发性，在甲醇罐区通常都存在一定量的甲醇蒸气。当罐区内甲醇蒸气与空气混合达到甲醇的爆炸浓度范围 6.0%～36.5% 时，遇火源就会发生爆炸。此外，由于甲醇的引爆能量小，罐区内绝大多数的潜在引爆源，如明火、电器设备点火源、静电火花放电、雷电和金属撞击火花等，具有的能量一般都大于该值，因此决定了甲醇蒸气的易爆性。

⑤ 受热膨胀性。甲醇和其他大多数液体一样，具有受热膨胀性。若储罐内甲醇装

料过满，当体系受热，甲醇的体积增加，密度变小（如 20℃时 0.7915g/mL，30℃时 0.7820g/mL）的同时会使蒸气压升高，当超过容器的承受能力时（对密闭容器而言），储罐就易破裂。如气温骤变，储罐呼吸阀由于某种原因来不及开启或开启不够，就易造成储罐破坏或被吸瘪。对于没有泄压装置的罐区地上管道，物料输送后不及时部分放空，当温度升高时，也可能发生胀裂事故。另外，在火灾现场附近的储罐受到热辐射的高温作用，如不及时冷却，也可能因膨胀破裂，增大火灾的危险性。

⑥ 聚积静电荷性。静电的产生和聚积与物质的导电性能相关。一般而言，介电常数小于 10(特别是小于 3)、电阻率大于 $10^6\Omega\cdot cm$ 的液体具有较大的带电能力。而甲醇的介电常数为 30，电阻率为 $5.8\times10^6\Omega\cdot cm$，说明有一定的带电能力。因此，甲醇在管输和灌装过程中能产生静电，当静电荷聚积到一定程度则会放电，故有着火或爆炸的危险。

1.5.2.2 预防甲醇火灾、爆炸的措施

① 严禁明火。甲醇生产和使用区域严禁吸烟和带入火种，杜绝一切潜在点火源的存在，如机械火星、烟囱飞火、电器火花和汽车排气管火星等。必须发生的，如汽车进入禁火区域，必须按规定在排气口安装防火罩。

② 规范进行动火作业。在生产和使用甲醇的区域进行必需的设备检修和其他动火作业，应严格遵守国家的有关规定。例如：凡盛有或盛装过甲醇的容器、设备、管道等生产、储存装置，必须在动火作业前进行清洗置换，经分析合格后方可动火作业（取样分析与动火间隔不得超过 30min，超过 30min 要重新取样分析），办理相应级别的《动火安全作业证》等。

③ 防静电。甲醇在管内流动摩擦会产生静电，一般静电虽然电量不大，但电压很高，会因放电而产生电火花。甲醇的电阻率较低，一般情况下不容易产生静电，尽管如此，甲醇在生产和储运过程中为防止一旦产生和积蓄静电可能造成的火灾和爆炸危险，应采取防静电措施。防静电措施主要有：接地、控制流速、延长静电时间、改进灌注方式。

接地：接地是消除静电危害的最常见措施，车间的金属设备和管路应当接地，设备和管路的法兰应在螺栓处另加导电良好的金属片（铜或铝）来消除静电。

控制流速：产生静电荷的数量与物料流动速度有关，流动的速度越大，产生的静电荷越多，所以要控制甲醇的流速，以限制静电的产生。允许流速取决于液体的性质、管径和管内壁光滑的程度等条件，控制流速一般可通过选配合适的管道口径和输送泵来实现。

延长静电时间：甲醇等液体注入储槽时会产生一定静电荷。液体内的电荷将向器壁和液面集中并可慢慢泄漏、消散。完成这一过程需要一定时间，因此可采取适当增加静电时间的办法来消除静电。

改进灌注方式：为了减少从储槽顶部灌注液体时的冲击而产生的静电，通常都是将甲醇进液管延伸至靠近储槽底部或有利于减轻储槽底部沉淀物搅动的部位。

④ 防雷。雷电可造成停电甚至火灾、爆炸、触电等事故。一般采用避雷针等防雷装置。防雷装置就是利用高出被保护物的突出地位，把雷引向自身，然后通过引下线和接地装置，把雷电泄入大地，以保护人身和建筑物及生产设备免受雷电袭击。防雷装置应定期检查，并做好防腐蚀工作，以防接地引下线腐蚀中断。特别对甲醇储槽应加强防雷工作。

⑤ 消防措施。甲醇生产和使用场所必须按规定配置品种和数量齐全的消防器材，如二氧化碳、干粉、1211、抗溶性泡沫灭火器和雾状水灭火设施。从事甲醇生产和使用的人员要经过消防知识和实际操作培训，懂防火知识和会使用灭火器才能灭初期小火。消防人员必须配备和穿戴防护服和防毒面具。

⑥ 泄漏处理。遇到泄漏须穿戴防护用具进入现场；排除一切火情隐患；保持现场通风；用干砂、泥土等收集泄漏液，置于封闭容器内；不得将泄漏物排入下水道，以免爆炸。

1.5.3 防毒

甲醇属中等毒性物质，其毒性对人体的神经系统和血液系统影响最大，由于甲醇对视神经和视网膜有特殊的选择作用，故易引起视神经萎缩，其蒸气能损害人的呼吸道黏膜和视力。

（1）中毒途径

甲醇中毒一般有两个途径：一是职业性甲醇中毒，是指从业人员由于生产中吸入甲醇蒸气所致；二是误服含甲醇的酒或饮料引起急性甲醇中毒，这是近年来引发甲醇中毒事件的主要原因。

甲醇侵入人体的途径：主要经呼吸道和胃肠道吸收，皮肤也可部分吸收。

（2）毒理学简介

甲醇吸收至体内后，可迅速分布在机体各组织内，其中以脑脊液、血、胆汁和尿中的含量最高，眼房水和玻璃体液中的含量也较高，骨髓和脂肪组织中最低。

甲醇在肝内代谢，经醇脱氢酶作用氧化成甲醛，进而氧化成甲酸。甲醇在体内氧化缓慢，仅为乙醇的 1/7，排泄也慢，有明显蓄积作用。未被氧化的甲醇经呼吸道和肾脏排出体外，部分经胃肠道缓慢排出。

推测人吸入空气中的甲醇浓度 39.3～65.5g/m³，30～60min，可致中毒。人经口 5～10mL，可致严重中毒，一次经口 15mL，或 2 天内分次经口累计达 124～164mL，可致失明。有报道，一次经口 30mL 可致死。

甲醇的毒性与其代谢产物甲醛和甲酸的蓄积有关。以前认为毒性作用主要为甲醛所致，甲醛能抑制视网膜的氧化磷酸化过程，使膜内不能合成 ATP，细胞发生变性，最后引起视神经萎缩。近年研究表明，甲醛很快代谢成甲酸，急性中毒引起的代谢性酸中毒和眼部损害主要与甲酸含量相关。甲醇在体内抑制某些氧化酶系统，抑制糖的需氧分解，造成乳酸和其他有机酸积聚以及甲酸累积，而引起酸中毒。

（3）临床表现

急性甲醇中毒后主要受损靶器官是中枢神经系统、视神经及视网膜。吸入中毒潜伏期一般为1～72h，也有96h的，经口中毒多为8～36h，如同时摄入乙醇，潜伏期较长些。

刺激症状：吸入甲醇蒸气可引起眼和呼吸道黏膜刺激症状。

中枢神经症状：患者常有头晕、头痛、眩晕、乏力、步态蹒跚、失眠、表情淡漠、意识混浊等。重者出现意识不清、昏迷及癫痫样抽搐等。严重经口中毒者可有锥体外系损害症状或帕金森综合征。头颅CT检查发现豆状核和皮质下中央白质对称性梗死。少数病例出现精神症状，如多疑、恐惧、狂躁、幻觉、忧郁等。

眼部症状：最初表现眼前黑影、闪光感、视物模糊、眼球疼痛、畏光、复视等。严重者视力急剧下降，可造成持久性双目失明。检查可见瞳孔扩大或缩小，对光反应迟钝或消失，视乳头水肿，周围视网膜充血、出血、水肿，晚期有视神经萎缩等。

酸中毒：二氧化碳结合力降低，严重者出现紫绀、呼吸呈深而规则（Kussmaul呼吸）。

消化系统及其他症状：患者恶心、呕吐、上腹痛等，可并发肝脏损害。经口中毒者可并发急性胰腺炎。少数病例伴有心动过速、心肌炎、S-T段和T波改变，急性肾功能衰竭等。

严重急性甲醇中毒出现剧烈头痛、恶心、呕吐、视力急剧下降，甚至双目失明，意识不清、谵妄、抽搐和昏迷，最后可因呼吸衰竭而死亡。

（4）防护措施

从事甲醇生产的单位应采取各种技术与管理措施，使车间空气甲醇含量小于中国相关的甲醇生产车间空气卫生标准：MAC 50mg/m³；从业人员要定期进行肝功能、眼睛、视力检查，发现问题及早采取治疗和其他保护措施。

从事甲醇作业的人员可根据作业场所的情况，采取以下防护措施。

呼吸系统防护：佩戴过滤式防毒面具(半面罩)；眼睛防护：戴防护眼镜和面罩；身体防护：穿戴清洁完好的用橡胶制作的防静电工作服，戴橡胶手套等；其他：工作场所禁止吸烟、进食和饮水。

为防止误服甲醇造成的急性严重中毒事件的发生，凡盛装甲醇的容器都应按照国家有关标准，在明显位置标示出画有交叉骨头和头骨组合标志和"甲醇-剧毒品"字样。

（5）急救措施

发生甲醇中毒，应按照中华人民共和国国家职业卫生标准《职业性急性甲醇中毒诊断标准》（GBZ 53—2002）的规定与处理原则进行及时诊断处理。

现场人员可参照以下办法进行紧急预处理。

皮肤接触：用肥皂水或大量清水彻底冲洗，就医；眼接触：用大量清水或生理盐水冲洗15min以上，就医；吸入：将患者移至空气新鲜处，输氧，必要时进行人工呼吸；食入：给饮240～300mL温水，用清水或1%硫代硫酸钠溶液洗胃，就医。

1.6 包装与储运

甲醇的包装与储运应按照《常用化学危险品贮存通则》（GB 15603—1995）的相关规定执行。

1.6.1 甲醇的包装

甲醇应用干燥、清洁的铁制槽车、船、铁桶等包装，并定期清洗和干燥。槽车、船和铁桶装甲醇后应在容器口加胶皮垫片密封，避免泄漏。

包装容器上应标出危险品规定的标志：生产厂名称、产品名称、净重，按铁道部《危险货物包装标志》（GB190—2009）标志 7-易燃液体及标志 13-剧毒品标志，明确显示出画有交叉骨头和头骨组合标志和"甲醇-剧毒品"字样。标志要粘贴牢固、正确。

每一批出厂甲醇都应该附有质量证明书。证明书包括下列内容：生产厂名称、槽车号、批号、产品出厂日期、产品净重或件数。

1.6.2 甲醇的运输

甲醇的运输应遵守国家关于危险化学品运输的有关规定。具体注意事项有：

① 从事运输工作的人员应避免甲醇接触皮肤和吸入甲醇蒸气。如果溅到皮肤和眼睛里，应迅速用大量的水冲洗。甲醇作业区和运输车辆应备有防毒面具、橡皮手套、防护眼镜和消防等安全用具。

② 甲醇运输作业环境内严禁吸烟及动用明火。未清洗干净且经过检测容器内甲醇气体残余量不符合动火作业标准的槽车、储罐、桶等容器，严禁进行焊接、气割修理等明火作业。

③ 运输甲醇要合理规划运输路线、运输时间，尽量避开人员、车辆密集地和通行高峰，夏天高温季节应在早晚运输。公路运输时勿在居民区和人口稠密区停留；铁路运输时要禁止溜放。严禁用木船、水泥船散装运输。

④ 装运甲醇要使用危险品专用运输车辆，铁路运输甲醇时限使用钢制企业自备罐车装运，车辆应有明显的剧毒和严禁烟火标志，装运前需报有关部门批准。运输车辆应配备相应品种和数量的消防器材及泄漏应急处理设备。运输时所用的槽(罐)车应有接地链，槽内可设孔隔板以减少震荡产生的静电，车辆排气管必须配备阻火装置，禁止使用易产生火花的机械设备和工具装卸。要由经过培训的专业人员负责驾驶、装卸等工作。

⑤ 严禁将甲醇与氧化剂、酸类、碱金属、食用化学品等混装混运。运输途中应防暴晒、雨淋，防高温。中途停留时应远离火种、热源、高温区。

⑥ 储运桶装甲醇要注意轻装轻卸，防止容器破损，避免日光暴晒，严禁接触火源。

⑦ 甲醇运输过程一旦发生泄漏、倾洒等事故，应迅速用水冲洗，同时应迅速报告公安机关和环保等有关部门，疏散群众，妥善处理现场。

1.6.3 甲醇的储存

（1）甲醇储存容器的选用与相关问题

甲醇一般用储罐储存，储罐可以用碳钢制造，其顶部应有与大气相通的排气孔，气孔上应安装阻火器，罐体应设置液位计，以便于计量和随时知道罐内液面变化情况。甲醇注入的管口应紧贴内壁，使甲醇沿内壁流下，或将注入管延伸到距离罐底 200mm 处，以避免注入甲醇时产生静电引起火灾或爆炸事故。甲醇储罐的外壳，应进行静电接地，储罐应在避雷针的保护范围之内。甲醇罐区与生产车间的距离应大于 20m。甲醇的储罐应设防日晒的固定式水喷淋系统。储罐的基础、防火堤、隔堤均应采用非燃烧材料。

甲醇储罐如采用固定顶罐，储罐间的防火间距不应小于 0.6D（D 为相邻加大罐的直径）。两排立式储罐的间距不应小于 5m；两排卧式储罐的间距不应小于 3m；罐组的专用泵（或泵房）应布置在防火堤外，其与甲醇罐组的防火间距不应小于 12m。

规模较大的甲醇储罐区可按有关规定设计可燃气体检测报警系统。有条件的企业可安装"储油罐自力式防爆自动灭火装置"。

按照《安全标志及其使用导则》（GB 2894—2008）和《消防安全标志　第 1 部分：标志》（GB 13495.1—2015）的要求，甲醇储罐区周围及其入口处应设置"禁止吸烟""禁止烟火""禁止带火种"等永久性禁止标志，和"灭火器""灭火设备或报警装置方向""地下消火栓""消防水泵接合器""消防手动启动器"等消防安全提示标志。

（2）甲醇储存的注意事项

甲醇储存于阴凉、通风仓库内。远离火种、热源。仓库内温度不宜超过 30℃，防止阳光直射。保持容器密封。应与氧化剂分开存放。储存间内的照明、通风等设施应采用防爆型，开关设在仓外。配备相应品种和数量的消防器材。桶装堆垛不可过大，应留墙距、顶距、柱距及必要的防火检查走道；罐储时要有防火防爆技术措施。露天储罐夏季要有降温措施。禁止使用易产生火花的机械设备和工具。灌装时应注意流速（不超过 3m/s），且有接地装置，防止静电积聚。

（3）甲醇泄漏应急处理

发生甲醇泄漏应迅速将人员撤离泄漏污染区，转移至安全区，并将泄漏区进行隔离，严格限制人员出入。切断火源。应急处理人员应穿戴防毒服和自给正压式呼吸器，不要直接接触泄漏物。尽可能切断泄漏源，防止进入下水道、排洪沟等限制性空间。

小量泄漏：用砂土或其他不燃材料吸附或吸收。也可以用大量水冲洗，洗水稀释后放入废水系统。

大量泄漏：构筑围堤或挖坑收容。用泡沫覆盖，降低甲醇蒸气灾害和发生火灾的危险。用防爆泵将甲醇转移至槽车或专用收集器内，回收或运至废物处理场所处置。

1.7　经济概况

甲醇是基本有机原料，它对国民经济的发展具有十分重要的意义。

1.7.1 中国甲醇工业的发展

中国的甲醇生产始于 20 世纪 50 年代，经过 60 多年的发展，中国现已成为全球甲醇生产大国。截至 2016 年年底，中国有甲醇生产企业 355 家，甲醇生产能力 7730 万吨/年，甲醇产量 5276 万吨。2016 年中国甲醇生产能力占全球甲醇总生产能力的 60%，2016 年中国甲醇产量占全球甲醇总产量的 24.9%。中国甲醇生产能力及产量发展概况见表 1.6。

表 1.6 中国甲醇工业的发展　　　　　　　　　　　单位：万吨/年

年份	产能	产量	年份	产能	产量
2006	1365	886	2012	5149	3129
2007	1697	1218	2013	5696	3585
2008	2338	1285	2014	6893	4540
2009	2628	1130	2015	7454	4720
2010	4001	1716	2016	7730	5276
2011	4672	2637			

1957～2006 年期间，中国甲醇生产能力的年均增长率为 13.3%；1990～2006 年期间，中国甲醇生产能力的年均增长率为 18.5%，产量的年均增长率为 17.7%；2006～2016 年期间，中国甲醇生产能力的年均增长率为 18.9%，产量的年均增长率为 19.5%。

中国甲醇生产发展迅速的主要原因是：①中国甲醛、乙酸、甲醇汽油、MTBE、甲基丙烯酸甲酯等化工产品的发展；②中国甲醇生产工艺和生产装备的技术进步；③中国甲醇制烯烃的发展。

2016 年，中国甲醇产量在 60 万吨以上的生产企业见表 1.7。

表 1.7 2016 年中国甲醇产量 60 万吨以上的生产企业

序号	原料	公司名称	产能/(万吨/年)	产量/万吨
1	煤	中煤陕西榆林能源化工有限公司	180	180
2	煤	神华包头煤化工有限公司	180	179
3	煤	神华宁夏煤业集团有限责任公司	167	174
4	煤	陕西延长中煤榆林能源化工有限公司	180	172
5	煤	宁夏宝丰能源集团有限公司	150	160
6	煤	蒲城清洁能源化工有限责任公司	180	150
7	天然气	重庆卡贝乐化工有限责任公司	85	110
8	煤	久泰能源内蒙古有限公司	100	109
9	煤	新疆广汇新能源有限公司	120	101
10	煤	兖矿集团鄂尔多斯能化公司荣信化工	90	93
11	煤	神华宁夏煤业集团有限责任公司	85	92

序号	原料	公司名称	产能/(万吨/年)	产量/万吨
12	煤	上海焦化有限公司	100	88
13	煤	新奥集团新能凤凰（滕州）能源有限公司	72	86
14	天然气	中海石油化学股份有限公司	80	79
15	煤	安徽华谊化工有限公司	60	76
16	煤	新能能源有限公司	60	74
17	煤	陕西咸阳化学工业有限公司	60	73
18	煤	陕西长青能源化工有限公司	60	71
19	煤	内蒙古东华能源有限责任公司	60	70
20	煤	兖州煤业榆林能化有限公司	60	69
21	天然气	中国石化集团四川维尼纶厂	73	69
22	煤	陕西神木化学工业有限公司	60	68
23	煤	陕西榆林凯越煤化有限责任公司	60	61
24	煤	惠生（南京）清洁能源股份有限公司	60	61
25	煤	渭南高新区渭河洁能有限责任公司	60	60

据调查，2017 年中国拟投产甲醇项目有 10 个以上，其中包括在产厂家的扩建改造、焦炉煤气制甲醇、煤制烯烃配套甲醇等。2017 年中国拟投产甲醇项目见表 1.8。2015~2020 年中国甲醇生产发展预测见表 1.9。

表 1.8 2017 年中国拟投产甲醇项目

公司名称	地区	原料	产能/(万吨/年)	投产时间
华鲁恒升	山东	煤炭	100	2017 年下半年
鲁西化工	山东	煤炭	80	2017 年
明水大化	山东	煤炭	60	2017 年上半年
内蒙古家景镁业	内蒙古	焦炉煤气	30	2017 年上半年
新能凤凰	山东	煤炭	20	2017 年上半年
临涣焦化	安徽	焦炉煤气	20	2017 年
金石化工	河北	煤炭	10	2017 年

表 1.9 2015~2020 年中国甲醇生产发展预测

项目	实际				预测				
	2000 年	2005 年	2010 年	2015 年	2020 年	2000~2005 年	2005~2010 年	2010~2015 年	2015~2020 年
生产能力/(万吨/年)	348.2	1090	4000	7454	9200	25.6	38.4	13.3	4.3
产量/万吨	198.69	535.64	1716	4720	7800	21.9	33.8	22.4	10.6
开工率/%	57.1	49.1	42.9	63.3	84.8	−3	−2.7	8.1	6

中国甲醇生产的发展趋势是：煤、天然气、焦炉煤气等多种原料路线并存，以煤为主；新建装置大型化。

1.7.2 中国甲醇的消费与市场

（1）消费

2016 年，中国甲醇市场表观消费量为 6153 万吨，占全球甲醇消费总量的 63.7%。2000～2016 年中国甲醇市场表观消费量及其发展概况见表 1.10。

表 1.10 中国甲醇的市场表观消费量　　　　　　　　单位：万吨

年份	产量	进口量	出口量	表观消费量	年份	产量	进口量	出口量	表观消费量
2000	198.69	130.65	0.54	328.8	2009	1130	528.8	1.38	1657
2001	206.48	152.13	0.96	357.65	2010	1716	519	1.2	2270
2002	210.95	179.97	0.09	390.83	2011	2637.36	573.2	4.4	3195.8
2003	298.87	140.16	5.08	433.95	2012	3129.04	500.1	6.7	3622
2004	440.64	135.85	3.29	573.2	2013	3584.7	485.9	77.3	3993.2
2005	535.64	136.03	5.45	666.22	2014	4540	433.24	74.73	4898.4
2006	871.3	112.73	19	965.03	2015	4720	553.47	15.42	5258
2007	1218	84.5	56.3	1246	2016	5276	880	3.4	6153
2008	1285	143.37	36.4	1392					

2000～2006 年期间，中国甲醇市场表观消费量的年均增长率为 16.6%。中国甲醇市场消费量增长的主要原因是甲醇衍生产品快速发展对甲醇需求量的增加，特别是甲醛、乙酸、MTBE 对甲醇需求量增加迅速。2006～2016 年期间，中国甲醇市场表观消费量的年均增长率为 20.4%，主要是甲醇制烯烃和甲醇燃料的高速增长拉动。

2016 年，中国甲醇消费构成见表 1.11、图 1.12。

表 1.11　2016 年中国甲醇的消费构成

用途	消费量/万吨	消费构成/%
烯烃	2694	43.7835
甲醛	1260	20.4778
甲醇燃料	801	13.018
二甲醚	350	5.6883
乙酸	321	5.217
MTBE	225	3.6568
DMF	102	1.6577
其他	400	6.5009
总消费量	6153	100.00

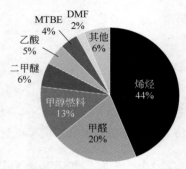

图 1.12　2016 年中国甲醇消费构成

据预测，2020 年中国甲醇需求量将达到 8600 万吨，甲醇制烯烃和甲醇燃料将是未来中国甲醇需求增长最快的领域。中国甲醇消费量预测见表 1.12。

表 1.12　中国甲醇消费量的预测

下游产品	2015 年甲醇消费量/万吨	2020 年甲醇消费量/万吨	年均增长率/%
甲醛	1089	1400	5
甲醇燃料	1003	1800	12
烯烃	1606	3800	19
二甲醚	656	650	—
乙酸	235	250	1
MTBE	200	250	5
DMF	94	100	1
其他	375	350	−1
合计	5258	8600	10

（2）价格

表 1.13　中国甲醇市场价格（平均价格）　　　　　单位：元/吨

年份	2006	2007	2008	2009	2010	2011	2012	2013	2014	2015	2016
价格	2440	2565	2910	1876	2368	2710	2565	2579	2478	2010	1881

表 1.13 为中国甲醇市场价格。影响中国甲醇市场价格的主要因素是：①原料煤炭、天然气等价格的变化；②生产工艺方法的不同；③国际市场的天然气和甲醇价格的影响。

2016 年，中国氮肥工业协会甲醇分会甲醇月报价格与走势见表 1.14。

表 1.14　2016 年中国氮肥工业协会甲醇分会甲醇月报价格与走势

阶段	1	2	3	4	5	6	7
日期	1.4～7.31	7.31～9.1	9.1～9.19	9.19～10.20	10.20～11.2	11.2～11.21	11.21～次年 1.4
价格/(元/吨)	2500	2955	2750	3360	3005	3420	3100

（3）贸易

自 20 世纪 50 年代以来，中国每年都进口甲醇，2002 年中国进口甲醇 179.97 万吨，创历史最高，1955～2002 年中国甲醇进口量的年均增长率为 20.7%。2006 年中国进口甲醇量下降为 112.7 万吨。2002～2006 年中国甲醇进口量的年均递减率为 11%。

2006 年，中国甲醇进口金额为 3.04 亿美元。2000～2006 年中国甲醇进口额的年均增长率为 8.3%。2009～2015 年甲醇进口量基本维持在 500 万吨左右，2016 年随着甲醇反倾销到期及沿海地区新增甲醇制烯烃装置的投产，中国甲醇进口量猛增，达到 880 万吨，同比增加 58.9%。

中国出口甲醇始于 20 世纪 80 年代中期，2006 年中国出口甲醇 19 万吨，1985～2006 年中国甲醇出口量的年均增长率为 24.8%，2000～2006 年中国甲醇出口量的年均增长率为 81%。2006 年以后中国甲醇出口量起伏不定，但最高不超过 100 万吨，最低仅几万吨。2016 年中国甲醇出口 3.4 万吨，同比降低 79.4%。

近年来，中国甲醇进出口概况见表 1.15。

表 1.15　中国甲醇进出口概况　　　　单位：万吨

年份	进口量	出口量	年份	进口量	出口量
2000	130.65	0.54	2009	528.8	1.38
2001	152.13	0.96	2010	519	1.2
2002	179.97	0.09	2011	573.2	4.4
2003	140.16	5.08	2012	500.1	6.7
2004	135.85	3.29	2013	485.9	77.3
2005	136.03	5.45	2014	433.24	74.73
2006	112.73	19	2015	553.47	15.42
2007	84.5	56.3	2016	880	3.4
2008	143.37	36.4			

1.7.3　全球甲醇工业

表 1.16 和表 1.17 分别表示 2015 年全球主要甲醇生产企业和全球甲醇生产消费与预测。

表 1.16　2015 年全球主要甲醇生产企业

生产企业	产能	占比/%
Methanex	936.3	7.67
Ar-Razi	476.0	3.9
Zagros Petrochemical Co.	330.0	2.7
兖州煤业榆林能源化工有限公司	240.0	1.97
Petronas	236.0	1.93
陕西延长中煤榆林能源化工有限公司	180.0	1.47

生产企业	产能	占比/%
包头神华煤化工有限公司	180.0	1.47
Methanol Holdings(Trinidad) Ltd	180.0	1.47
蒲城清洁能源化工有限责任公司	180.0	1.47
宁夏宝丰能源集团股份有限公司	170.0	1.39
Metor	169.0	1.39
大唐国际 MTP 项目	168.0	1.38
神华宁煤 MTP 项目	167.0	1.37
新疆广汇新能源有限公司	120.0	0.98
久泰集团	115.1	0.94
华电榆林天然气化工有限责任公司	111.0	0.91
Salalah Methanol Co.	110.0	0.90
Metrfrax	110.0	0.90
中国石油化工集团公司四川维尼纶厂	108.0	0.88

表 1.17　全球甲醇生产消费与预测

国家及地区	产能/万吨			产量/万吨	消费量/万吨		
	2012 年	2013 年	2018 年	2013 年	2012 年	2013 年	2018 年
美国	124	168	1337	123	619	645	740
加拿大	47	50	131	48	54	55	62
墨西哥	18	18	18	13	25	26	26
巴西	30	35	107	16	80	85	101
其他南美国家	1081	1081	1156	739	90	87	106
西欧	308	308	308	251	663	665	705
东欧	40	40	40	—	96	101	122
俄罗斯及波罗的海国家	416	416	723	361	218	222	256
中东	1611	1611	1619	1249	296	297	344
非洲	332	332	427	262	20	21	45
日本	—	—	—	—	184	182	195
印度	50	60	133	21	132	134	218
韩国	—	—	—	—	172	171	190
其他东南亚国家	550	605	653	362	243	250	298
中国大陆	4242	4939	6986	2629	2651	3011	5177
中国台湾	—	—	—	—	111	120	124
总计	8849	9662	12639	6073	5542	5953	8584

1.8 用途

近年来，甲醇生产规模迅速扩大，产能成倍增长，其下游产品的开发成为非常重要的问题。甲醇作为重要的有机化工原料，深加工产品已达 150 多种，在化工、医药、轻工、纺织及运输等行业都有广泛的应用，其衍生物产品发展前景广阔。甲醇的应用如图 1.13 所示。

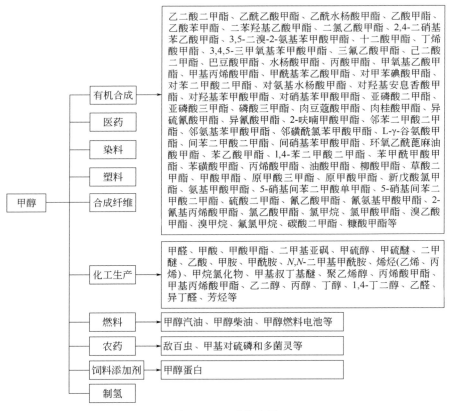

图 1.13　甲醇的应用

参 考 文 献

[1] 陈冠荣. 化工百科全书. 第 5 卷. 北京：化学工业出版社，1995：153.

[2] 谢克昌，李忠. 甲醇及其衍生物. 北京：化学工业出版社，2002.

[3] 全国甲醛行业协作组，戴自庚. 甲醛生产. 成都：电子科技大学出版社，1993.

[4] 李天文，曹永生. 甲醇合成工艺进展. 现代化工，1999，19（9）：8-10.

[5] 白添中. 焦炉煤气制取甲醇的若干方法. 北京：全国炼焦行业利用焦炉煤气生产甲醇集应用研讨会，2005.

[6] 王良辉. 焦炉煤气制甲醇工程设计中应注意的若干问题. 北京：全国炼焦行业利用焦炉煤气生产甲醇集应用研讨

会，2005.

[7] 王春荣，纪智玲，刘云义. 甲醇合成催化剂及其在甲醇合成工业中的应用. 甲醇与甲醛，2007，2.

[8] 杨挺，李生效，张文效. "联醇"工艺的进展. 煤化工，2004，32（6）：10-14.

[9] 梁建敏. 甲醇行业发展机会及融资途径. 2005 年全国甲醇及下游产品市场分析与发展研讨会专辑，2005.

[10] 刘淑兰. 深入贯彻科学发展观，促进甲醇工业健康发展. 北京：中国氮肥工业协会.

[11] 魏华，丁明公. 20 万吨/年焦炉煤气制甲醇. 2006 年甲醇、醇醚燃料及下游产品会议资料，2006.

[12] 刘鸿生，朱德林. 中国外低压甲醇合成塔简介. 2004 年全国甲醇及下游产品生产、技术、市场及发展研讨会论文集，2004.

[13] 王允生. 甲醇罐区的火灾爆炸危险性分析及防火防爆设计. 化工设计，2000，10（5）：32-37.

[14] 化学事故技术援助数据系统. v1.0. 上海市化工职业病防治院.

第2章
甲醛

张鸿伟　湖北三里枫香科技有限公司　工程师

2.1　概述

甲醛（formaldehyde，CAS 号：50-00-0）又名蚁醛，是当代社会重要的大宗基本有机化工原料之一。最早是由俄国化学家 A. M. Butlerov 于 1859 年首次发现的。

1868 年，A. W. Hoffmann 在铅催化剂存在下用空气氧化甲醇首次合成了甲醛，并且确定了它的化学性质。

1886 年，Loews 采用铜催化剂和 1910 年 Blank 使用银催化剂，使甲醛实现了工业化生产。20 世纪 30 年代，出现了三聚氰胺甲醛树脂的成功开发和应用为工业甲醛开辟了广阔的应用市场。

1923 年，工业合成甲醇的开发成功，又为工业甲醛提供了充足的原料基础，从而使全球甲醛工业化生产得到迅猛发展。此后，全球甲醛生产和消费一直稳步增长。

2015 年，全球甲醛的产能为 8008.20 万吨（以浓度 37%产品计），总产量为 4464.27 万吨，开工率为 55.74%。

全球甲醛主要生产商和产能，如表 2.1 所示。

表 2.1　全球甲醛主要生产商和产能的情况[①]

公司名称	产能/(万吨/年)	比例/%	生产地区
赫森(Hexion)	257.04	3.21	美国、加拿大、墨西哥
建滔集团	86.00	1.07	广东（中国，余同）、江苏
格鲁吉亚-太平洋(Georgia-Pacific)	85.20	1.064	美国
柏仕道普(Perstorp)	74.70	0.93	美国、瑞典
塞拉尼斯(Celanese)	73.00	0.91	美国
阿克林(Arclin)	67.40	0.84	美国、加拿大、墨西哥

公司名称	产能/(万吨/年)	比例/%	生产地区
河北凯跃化工集团有限公司	60.00	0.75	河北、四川
D.B.Western	54.50	0.68	美国
李长荣化学工业股份有限公司	53.00	0.66	台湾、江苏
上海申星化工有限公司	53.00	0.66	上海
文安县利隆生物科技有限公司	50.00	0.62	河北
河北新乐市东源金化有限公司	50.00	0.62	河北
新疆天业集团有限公司	40.00	0.50	新疆
江苏三木集团有限公司	36.00	0.45	江苏
杜邦(Du Pont)	34.10	0.43	美国、江苏
河北锦泰达化工有限公司	32.00	0.40	河北
宝理塑料	30.00	0.37	日本
江苏沭阳金辉化工有限公司	29.00	0.36	江苏
南通江天化学品有限公司	28.00	0.35	江苏
宁夏宁东能源化工基地	28.00	0.35	宁夏
安徽国星生物化学有限公司	26.00	0.32	安徽
中石化宁夏公司	26.00	0.32	宁夏
连云港盛力树脂材料有限公司	25.00	0.31	江苏
四川华源化工有限公司	25.00	0.31	四川
内蒙古东源科技有限公司	24.00	0.30	内蒙古
兖矿鲁南化肥厂	24.00	0.30	山东
陕西比迪欧化工有限公司	24.00	0.30	陕西
新疆天业集团有限公司	24.00	0.30	新疆
长春工程塑料集团有限公司	23.40	0.29	台湾
临沂市金源甲醛厂	23.00	0.29	山东
山西三维(集团)股份有限公司	23.00	0.29	山西
河南长葛市吉象木业有限公司	22.00	0.27	河南
山东拓展昊源化工有限公司	22.00	0.27	山东
临沂市泰尔化工有限公司	22.00	0.27	山东
MGC	21.80	0.27	日本
安徽金禾实业有限责任公司	20.00	0.25	安徽
广州高怡新化工有限公司	20.00	0.25	广东
贵港市浚港化工有限公司	20.00	0.25	广西
河北新化股份有限公司	20.00	0.25	河北
河北冀州市银河化工有限责任公司	20.00	0.25	河北

公司名称	产能/(万吨/年)	比例/%	生产地区
内蒙古林峰化工有限公司	20.00	0.25	内蒙古
中国海洋石油天野化工股份有限公司	20.00	0.25	内蒙古
青海盐湖海虹化工股份有限公司	20.00	0.25	青海
临沂市金秋化工科技有限公司	20.00	0.25	山东
乐山福华通达农药科技有限公司	20.00	0.25	四川
广安诚信化工有限责任公司	20.00	0.25	四川
浙江衢州爱立德化工有限公司	20.00	0.25	浙江
HAEIN	19.80	0.25	韩国
广荣	18.30	0.23	日本
广东榕泰实业股份公司	18.00	0.22	广东
广西玉林利而安化工有限公司	18.00	0.22	广西
河北宇航化工有限公司	18.00	0.22	河北
正定县腾飞化工有限公司	18.00	0.22	河北
河南武陟华宇油化有限公司	18.00	0.22	河南
榆林榆神清洁能源有限公司	18.00	0.22	陕西

① 产能在 18 万吨/年以上。

2.2 性能

2.2.1 结构

结构式：H — C — H（上方为 O，双键连接 C）

分子式：CH_2O

2.2.2 物理性质

甲醛水溶液俗称福尔马林。纯甲醛在常温下是一种具有窒息作用的无色气体，有强烈刺激性气味，特别是对眼睛和黏膜有刺激作用，甲醛气体可燃，与空气混合能形成爆炸混合物。甲醛能溶于水，可形成多种浓度的水溶液。

甲醛的物理性质见表 2.2。

2.2.3 化学性质

甲醛分子结构中存在羰基氧原子和 α-H，化学性质很活泼，具有很高的反应能力，能参与加成反应、缩合反应、聚合反应、羰基化反应、分解反应、氧化还原反应等多种化学反应，其中生成一些重要衍生产品的主要化学反应如下。

表 2.2　甲醛的物理性质

性质	数值	性质	数值
气体相对密度（空气密度=1）	1.067	生成热（25℃）/(kJ/mol)	−116
液体密度/(g/cm^3)		溶解热/(kJ/mol)	
−20℃	0.8153	在水中	62.0
−80℃	0.9151	在甲醇中	62.8
沸点（101.3kPa）/℃	−19.0	在正丙醇中	59.5
熔点/℃	−118.0	在正丁醇中	62.4
临界点		标准自由能（25℃）/(kJ/mol)	−109.7
温度/℃	137.2～141.2	比热容/[J/(mol·K)]	35.2
压力/MPa	6.81～6.66	熵/[J/(mol·K)]	218.6
密度/(g/cm^3)	0.266	燃烧热/(kJ/mol)	561～569
蒸发热/(kJ/mol)		黏度（−20℃）/mPa·s	0.242
−19℃	23.3	表面张力/(mN/m)	20.70
−109～−22℃	$27.384+14.56T-0.1207T^2$（K）	空气中爆炸下限/上限（摩尔分数）/%	7.0/73
蒸气压 Antoine 常数		着火温度/℃	430
A	9.28716		
B	959.43		
C	243.392		

2.2.3.1　加成反应

（1）甲醛与单炔烃加成反应生成炔属醇

在乙炔铜、乙炔银和乙炔汞催化剂的作用下，甲醛与单炔烃加成反应生成炔属醇。工业上，著名的 Reppe 反应就是 2mol 甲醛与 1mol 乙炔反应生成 1,4-丁炔二醇，加氢后制得 1,4-丁二醇。该反应是工业上生产 1,4-丁二醇的主要方法。

$$O \Longrightarrow + \equiv \longrightarrow HO\diagup\diagdown\diagup\diagdown OH$$

（2）甲醛与尿素加成反应生成脲醛树脂初期中间体

甲醛与尿素的加成反应生成脲醛树脂的初期中间体——羟甲基脲，这是工业上制造脲醛树脂的重要化学反应。

$$H_2NCONH_2 + HCHO \longrightarrow H_2NCONHCH_2OH \quad （一羟甲基脲）$$

$$H_2NCONH_2 + 2HCHO \longrightarrow HOCH_2NHCONHCH_2OH \quad （二羟甲基脲）$$

$$HOCH_2NHCONHCH_2OH + HCHO \longrightarrow HOCH_2NHCON(CH_2OH)_2 \quad （三羟甲基脲）$$

在酸的存在下，羟甲基脲之间和羟甲基脲与尿素之间进一步缩聚生成脲醛树脂。

（3）甲醛与乙醛加成反应生成季戊四醇

在碱存在下，甲醛与含 α-H 的醛和酮发生加成反应生成单羟甲基醛和多羟甲基醛，进一步还原生成多元醇。工业上，季戊四醇是由甲醛、乙醛在碱金属或碱土金属氢氧化物催化下合成的。

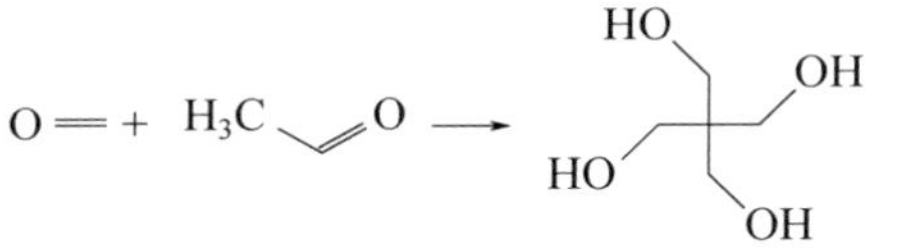

在 285℃ 下，甲醛与乙醛进行气相加成反应，生成羟基丙醛，再脱水生成丙烯醛。

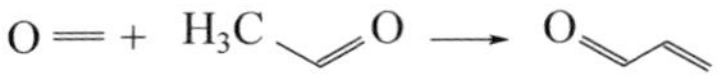

（4）甲醛和氢氰酸反应生成羟基乙腈

羟基乙腈的生成是以氢氰酸和甲醛为原料，在碱性催化剂作用下的加成反应。

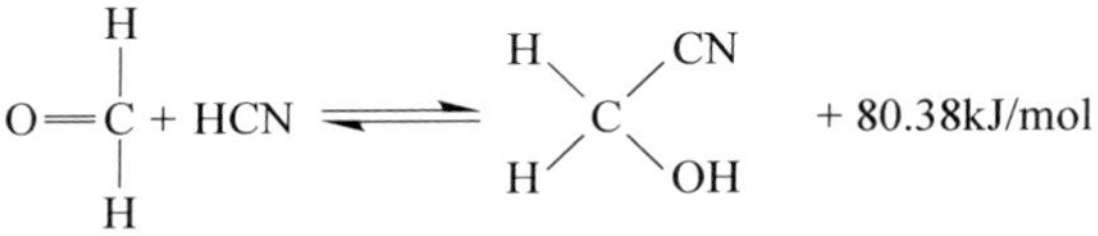

（5）甲醛与亚硫酸钠发生加成反应生成 $HOCH_2OSO_2Na$，然后用锌粉在乙酸蒸馏中还原生成 $HOCH_2SO_2Na$，在工业上被广泛用作纺织品拔染印花药剂。

$$CH_2O + Na_2SO_3 + H_2O \longrightarrow HOCH_2OSO_2Na + NaOH$$

2.2.3.2 缩合反应

（1）甲醛与异丁醛缩合生成新戊二醇

碱存在下，甲醛与异丁醛缩合生成新戊二醇（也称季戊二醇）。甲酸钠法是最早实现的 NPG 工业化生产方法，其反应原理是异丁醛（IBD）和甲醛在碱催化剂作用下经羟醛缩合反应生成中间体羟基新戊醛（HPA），HPA 再与过量的甲醛在强碱条件下发生康尼查罗（Cannizzaro）反应生成新戊二醇，而甲醛则被氧化，并与碱作用生成甲酸钠。

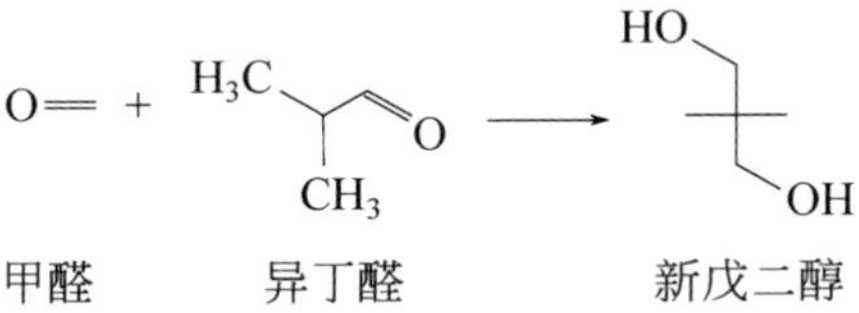

目前，国际上普遍采用的缩合加氢工艺主产新戊二醇，其工艺一般可分为：羟醛缩合、催化加氢、产品精制三个部分。

（2）甲醛与正丁醛缩合生成三羟甲基丙烷

碱存在下，甲醛与正丁醛缩合生成 2,2'-二羟甲基丁醛，进一步与过量的甲醛在碱性条件下还原为三羟甲基丙烷。

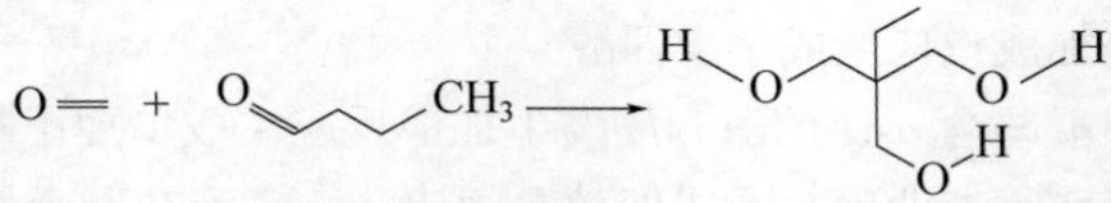

甲醛　　　　正丁醛　　　　　　三羟甲基丙烷

（3）甲醛与苯酚缩合生成酚醛树脂

酚醛树脂是由酚（苯酚、甲酚、二甲酚、间苯二酚等）与醛（甲醛、乙醛、糠醛等）在酸性或碱性催化剂存在下反应生成的。它是最早合成的一大类热固性树脂。

工业酚醛树脂通常是指苯酚和甲醛在碱性催化剂存在下，通过控制苯酚与甲醛物质的量的比（一般控制在 1∶1.5）进行反应，生成热固性酚醛树脂；苯酚和甲醛在酸性催化剂存在下，苯酚与甲醛的物质的量的比一般控制在(1∶0.8)～(1∶1)进行反应，生成热塑性酚醛树脂。

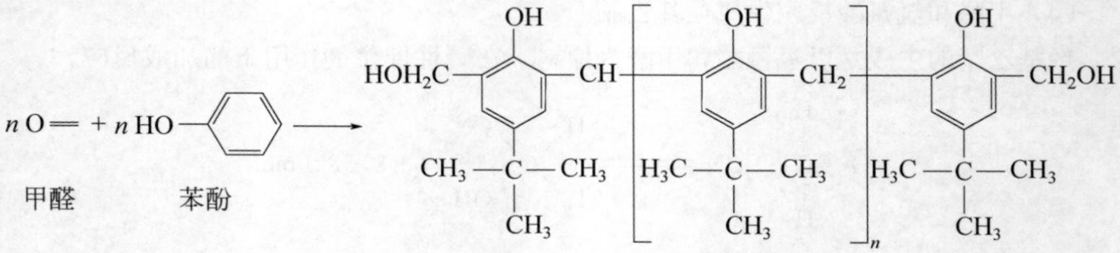

甲醛　　　苯酚　　　　　　　　　　　　　　　　　　　酚醛树脂

（4）甲醛与乙醛、氨缩合反应生成吡啶

在 SiO_2/Al_2O_3 催化剂存在条件下，于 500℃，甲醛与乙醛、氨缩合反应生成吡啶和3-甲基吡啶（皮考林）。这是工业上用合成法生产吡啶及其衍生物的重要方法。

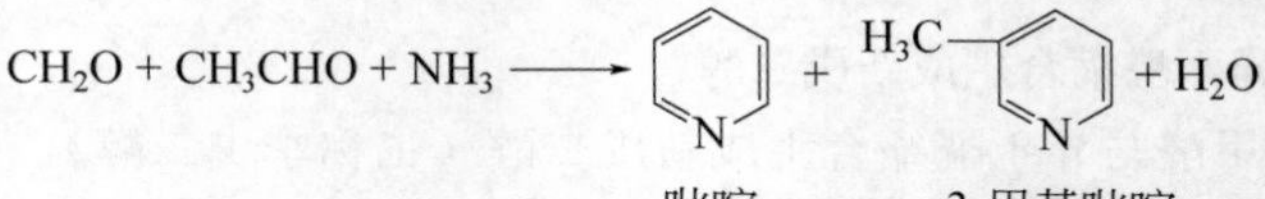

$$CH_2O + CH_3CHO + NH_3 \longrightarrow \text{吡啶} + \text{3-甲基吡啶} + H_2O$$

（5）甲醛与氨缩合反应生成乌洛托品

在碱性条件(pH=8～10)下，于 50～70℃，甲醛与氨缩合反应生成六亚甲基四胺(乌洛托品)，它是重要的化工产品。

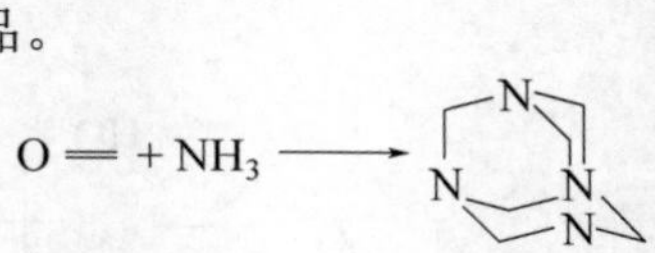

$$O = + NH_3 \longrightarrow$$

甲醛　　　氨　　　　　乌洛托品

（6）甲醛和甲醇缩合生成甲缩醛

在酸催化剂作用下，甲醛和甲醇缩合生成甲缩醛（二甲氧基甲烷）。这是一种常用的甲缩醛工业合成方法。

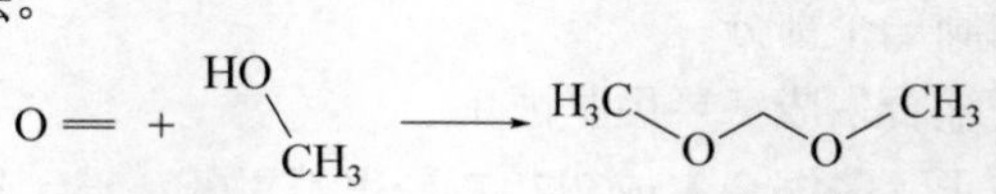

甲醛　　　甲醇　　　　　　　甲缩醛

（7）甲醛和乙醛缩合生成丙烯醛

通过研究发现，负载型/SiO$_2$ 催化剂用于甲、乙醛缩合合成丙烯醛的较佳条件为：MgO 负载量为 4%，温度为 300℃，空速为 2.0h^{-1}，甲、乙醛摩尔比为 2∶1。在此条件下合成丙烯醛的收率为 52.18%，乙醛的转化率为 55.24%。本法的优点是工艺条件简单，易于实现大规模工业化生产。

$$O = \quad + \quad H_3C \diagdown O \quad \longrightarrow \quad O \diagdown$$

甲醛　　　　　乙醛　　　　　丙烯醛

（8）甲醛缩合法生成乙二醇

乙二醇（EG）也能从甲醛自身缩聚生成羟基乙醛的方法制得，机理是在选择型催化剂 NaOH-沸石存在下，甲醛自缩合成羟基乙醛，催化加氢得到乙二醇；也有在引发剂和在 1,3—二氧杂戊烷存在的条件下，将甲醛加氢生成 EG，副产甲酸甲酯。美国 Electrosynthesis 公司开发了甲醛电化学加氢二聚法合成 EG 的工艺，反应如下：

$$2HCHO + 2H^+ + 2e^- \longrightarrow HOCH_2CH_2OH$$

实验结果表明，EG 的选择性和收率约为 90%，最优条件下甚至达到 99%，同时该工艺具有反应条件温和、三废易处理等优点，生产成本也比现有的环氧乙烷法至少降低 20%。但此方法耗电量大，产物 EG 浓度低，现正在进一步研究改进反应条件及电解槽结构。

2.2.3.3　聚合反应

（1）甲醛自身容易聚合

甲醛的特殊性质是自身容易聚合，但干燥的气体甲醛是相当稳定的，仅在温度低于 100℃时才会缓慢聚合。刚生产出来的甲醛水溶液静置时会自动生成低分子聚合物，形成聚氧甲烯基二醇的混合物，同时部分出现沉淀。甲醛水溶液在密闭的容器里置于室温下会迅速聚合并放出热量。气态甲醛在室温下、甲醛水溶液在浓缩操作过程中均能自聚，生成白色粉状线型结构的聚合体。

（2）二聚反应

在 SnO$_2$/WO$_3$ 催化剂存在下，甲醛能进行二聚反应生成甲酸甲酯，俗称 Tischenko 反应。

$$O = \quad \longrightarrow \quad O = \diagup O \diagdown CH_3$$

甲醛　　　　　甲酸甲酯

（3）三聚环化反应

甲醛除了可进行线型聚合反应外，还可进行环化聚合反应。在酸的存在下（如硫酸），甲醛同酸一起加热能发生三聚环化反应，生成三聚甲醛（三噁烷），同时伴有四噁烷、五噁烷生成。甲醛的环状三聚体比较稳定，在温度达到 224℃时仍不会分解，在水中的水解和解聚速率都较缓慢，但在强酸存在下在几乎无水的状态下将其加热时则易生成粉状聚甲醛。因此，工业上主要用三噁烷作聚甲醛工程塑料的原料。

$$3CH_2O \longrightarrow$$ （三噁烷结构式）

2.2.3.4　羰基化反应

① 在钴或铑催化剂作用下，于 110℃ 和 13～15MPa 条件下，甲醛与合成气（$H_2/CO=1\sim3$）能进行羰基化反应生成乙醇醛，进一步加氢可生成乙二醇，该反应也称甲醛氢甲酰化反应。

$$O= \ + \ CO \ + \ H_2 \longrightarrow \text{HO} \diagdown \diagup \text{OH}$$
甲醛　一氧化碳　氢气　　　　乙二醇

② 在过渡金属催化剂、液体或固体酸催化剂作用下，甲醛与一氧化碳进行羰基化反应生成乙醇酸，又称羟基乙酸。

$$O= \ + \ CO \ + \ H_2O \longrightarrow$$
甲醛　一氧化碳　　　　　　乙醇酸

③ 在 Co 或 Rh 过渡金属催化剂作用下，在醇类存在时甲醛与一氧化碳进行羰基化反应，生成丙二酸或丙二酸酯。

$$O= \ + \ 2CO \ + \ 2ROH \longrightarrow$$ 丙二酸 或 丙二酸二甲酯
甲醛　一氧化碳

在乙酰胺存在下，甲醛发生羰基化反应生成乙酰甘氨酸。

$$O= \ + \ CO \ +$$ 乙酰胺 $$\longrightarrow$$ 乙酰甘氨酸
甲醛　一氧化碳

④ 在羰基铑催化剂和卤化物促进剂作用下，甲醛与合成气能进行同系化反应生成乙醛，进一步加氢生成乙醇。

$$O= \ + \ CO \ + \ 2H_2 \longrightarrow \diagup \text{OH}$$
甲醛　一氧化碳　　　　　乙醇

2.2.3.5　分解反应

甲醛具有意想不到的稳定性，在低于 300℃、无催化剂作用时其分解速度非常慢；在 400℃甲醛的分解速度约为每分钟 0.44%（分解压力为 101.3kPa），分解的主要产物是

CO 和 H_2。最近研究发现在温度达 900℃时甲醛仍是稳定的物质。在工业条件下观察到的甲醛分解成 CO 和 H_2 的现象，应该是由反应器壁效应或催化剂的作用产生的，绝非是甲醛气相热分解产生的。

$$CH_2O \underset{\text{催化剂, } \triangle}{\overset{}{\rightleftharpoons}} CO + H_2$$

2.2.3.6 氧化还原反应

甲醛极易氧化成甲酸，进而氧化成 CO_2 和 H_2O。许多金属（如 Pt，Cr，Cu 等）以及金属氧化物（如 Cr_2O_3、Al_2O_3 等）都能使甲醛还原成甲醇、甲烷。

$$CH_2O + H_2 \longrightarrow CH_3OH$$

（1）氧化反应

$$CH_2O + 1/2O_2 \longrightarrow HCOOH$$

$$CH_2O + O_2 \longrightarrow CO_2 + H_2O$$

（2）康尼查罗（Cannizarro）反应

$$2CH_2O + NaOH \longrightarrow CH_3OH + HCOONa$$

（3）银镜反应

$$CH_2O + AgNO_3 + NH_3 \cdot H_2O \longrightarrow 2Ag \downarrow + HCOOH + NH_3 + H_2O$$

2.3 生产方法

甲醛的生产原料有甲醇、天然气（或甲烷）、二甲醚、甲缩醛等。天然气（或甲烷）、二甲醚生产甲醛在文献、专利上均有记载，甲缩醛氧化法生产甲醛在日本已建成工业装置。世界上绝大多数甲醛生产均以甲醇为原料，按催化剂不同又分为银法甲醛和铁钼法甲醛。

2.3.1 银法甲醛

银催化氧化法甲醛生产是在甲醇-空气的爆炸上限大于 36%以外操作，即在甲醇过量的条件下操作，在常压和 600～680℃条件下，通过银催化氧化反应将含有甲醇、空气、水蒸气等成分的原料气转化为甲醛气体，利用甲醛溶解于水的性质，通过冷却、冷凝、吸收过程将甲醛气体转变为溶液，控制吸收加水量得到一定甲醛含量的工业甲醛产品。

在银催化氧化生产甲醛的过程中，在反应器催化剂层发生氧化和脱氢两个主反应和若干个副反应，约有 50%～60%的甲醛是由氧化反应生成的，其余的甲醛则由脱氢反应生成。总反应是一个放热反应，副反应较多，其副产物有 CO、CO_2、H_2、HCOOH、$HCOOCH_3$ 等。

在液相中和产品甲醛中含有少量未反应的甲醇，甲醛产率约 86%～90%。

银催化氧化法甲醛生产主要通过控制原料气中氧气和甲醇的摩尔比、水蒸气与甲醇的比例等工艺条件达到产出合格产品，求得以最小的消耗获得最大收率的目的。

主要化学反应方程式：

主反应：$CH_3OH + 1/2O_2 \xrightarrow{\text{Ag, } 600\sim680℃} CH_2O + H_2O$ $-156.557kJ/mol$

$CH_3OH \xrightarrow{\text{Ag, } 600\sim680℃} CH_2O + H_2$ $+85.27kJ/mol$

$H_2 + 1/2O_2 \longrightarrow H_2O$ $-241.827kJ/mol$

副反应：$CH_3OH + O_2 \xrightarrow{\text{Fe}} CO + 2H_2O$ $-393.009kJ/mol$

$CH_3OH + 3/2O_2 \longrightarrow CO_2 + 2H_2O$ $-675.998kJ/mol$

$CH_3OH + 1/2O_2 \longrightarrow HCOOH + H_2$ $-246.73kJ/mol$

$HCOOH \longrightarrow CO + H_2O$ $+10.278kJ/mol$

此外，由于反应条件的变化，还可能发生下述反应中的一个或几个副反应：

$CH_2O \longrightarrow CO + H_2$ $+5.37kJ/mol$

$CH_2O + O_2 \longrightarrow CO_2 + H_2O$ $-519.441kJ/mol$

$CH_3OH \longrightarrow C + H_2O + H_2$ $-40.657kJ/mol$

$CH_3OH + H_2 \longrightarrow CH_4 + H_2O$ $-115.505kJ/mol$

$2CH_2O + H_2O \longrightarrow CH_3OH + HCOOH$ $-90.173kJ/mol$

（1）传统"银法"甲醛工艺

传统"银法"甲醛工艺：原料甲醇从甲醇储槽由甲醇输送泵送向甲醇中间槽，计量后用甲醇输送泵经过甲醇过滤器过滤后，送向甲醇高位槽，然后以一定流量进入甲醇蒸发器下部，其流量根据蒸发器内液位进行自动调节。同时，一定量的空气经空气过滤器过滤后由罗茨鼓风机送入甲醇蒸发器底部。蒸发器内甲醇经空气鼓泡和加热被蒸发，在维持确定的蒸发温度下，保持一定比例的甲醇、空气混合气体（正常生产时氧醇比在0.4～0.45左右）自蒸发器顶部流出，再混入一定量的水蒸气。由甲醇、空气、水蒸气组成混合气，经过热器加热到110～130℃。由此得到三元(尾气循环工艺为四元)气体的过热混合气进入阻火高效过滤器过滤，以进一步清除混合器中夹带的杂质。经过热、净化后的原料混合气进入氧化反应器，在600～680℃下，在电解银催化剂的作用下，绝大部分甲醇转化为甲醛，转化后的气体经反应器下部的废热锅炉和冷却列管段被迅速冷却到110℃左右以抑制副反应的发生。经过冷却后的转化气和反应后的冷凝液进入第一吸收塔的下部，气体与来自第二吸收塔的淡甲醛和第一吸收塔自身循环的甲醛逆流接触，大部分甲醛气体在第一吸收塔内被吸收下来，尚未被吸收的气体自塔顶排出进入第二吸收塔的下部，在塔内先与塔自身循环液逆流接触，被部分吸收后剩余的气体继续上升至泡罩层，被来自塔顶的稀甲醛和清水继续吸收。

为提高吸收效果,第二吸收塔的吸收液由二塔循环泵经二塔冷却器冷却后送入第二吸收塔中部作喷淋液循环吸收。第一吸收塔的吸收液经一塔循环泵,再经一塔冷却器冷却后送入第一吸收塔顶部作喷淋液循环吸收,并由冷却器出口根据一塔液位自动控制采出成品——37%甲醛水溶液,进入甲醛中间罐,最后由输送泵将调配合格成品自中间罐打入甲醛储槽储存。二塔液位通过塔顶加水自动控制,二塔返回一塔液流量根据一塔浓度用转子控制。

为保护环境和能源综合利用,未被吸收的微量甲醇、甲醛和其他废气自第二吸收塔顶部排出后,引入尾气锅炉作为燃料制取蒸汽并入生产蒸汽管网(尾气循环工艺的尾气有一部分经过风机被送入气体混合器),经燃烧后的尾气再排入大气中。

传统"银法"甲醛工艺流程示意图,见图2.1。

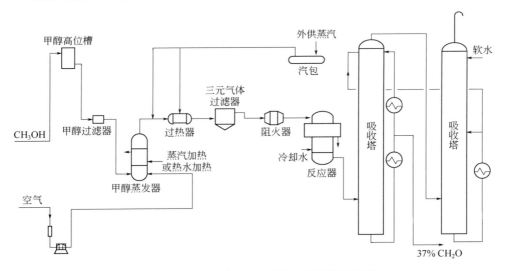

图2.1 传统"银法"甲醛生产工艺流程示意图

(2)尾气循环工艺

从甲醇计量槽出来的甲醇通过甲醇泵输送,经调节阀控制流量后进入再沸器底部,同时再沸器壳程加热蒸汽由调节阀调节加热甲醇气体进入甲醇蒸发器,甲醇气体从甲醇蒸发器顶部经丝网分离器除雾滴后,经蒸汽加热套管甲醇气体进入混合器,甲醇液回流再沸器。空气经过空气过滤器过滤,再由罗茨鼓风机送入空气加热器预热后进入混合器。水蒸气从蒸汽分配器经蒸汽过滤器,由调节阀调节流量进入混合器。

生产正常后,尾气系统用氮气置换合格后,开启尾气风机送部分尾气通过加热器预热后进入混合器。四元气体在混合器内均匀混合,经阻火过滤器进一步过滤后送入装有催化剂的氧化器中,自上而下通过催化剂层,在高温下发生甲醇的氧化和脱氢反应,生成甲醛气体。

为防止反应产物的热分解,生成的气体迅速通过氧化器的急冷段进行骤冷,然后送入吸收塔内进行吸收操作。甲醛成品由一级吸收塔采出，吸收用工艺水由二级吸收塔顶加入，二级吸收塔底的稀甲醛液，用泵打出后，部分塔内自循环吸收，部分送入一级吸收塔顶作一级吸收塔补充吸收液，二级吸收塔顶未被吸收的尾气经气液分离器一路送入尾气处理器中燃烧，放出的热量用于间接产生蒸汽，蒸汽供给系统外使用，另一路进入尾气风机经尾气加热器预热后进系统进行尾气循环。

尾气循环流程示意图见图2.2。

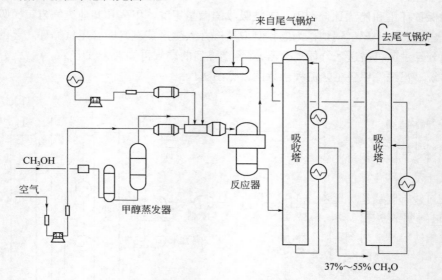

图 2.2　尾气循环流程示意图

（3）甲醇循环工艺

甲醇循环工艺是我国传统"银法"甲醛生产的改良工艺之一，它是以吸收后的过量甲醇经精馏脱醇或不经精馏直接脱醇后循环至蒸发器，以代替水蒸气作为热稳定剂来带走反应 过程中的多余热量，稳定控制反应温度。经精馏脱醇工艺在 20 世纪 70 年代在中国已有使用，不经精馏直接脱醇工艺则是近几年的工艺。

甲醇循环工艺具有反应温度较低、能有效控制副反应、产品浓度高、甲醇单耗低等特点。

甲醇循环工艺与传统银法工艺的不同之处主要有两点：①吸收塔内设有脱醇段或单设脱醇塔，热源为离开氧化器的废热锅炉的反应生成气。②蒸发器内蒸发的是甲醇与来自吸收塔的稀甲醇、甲醛的混合液。甲醇蒸发器可以用通常使用的中央循环管式蒸发器，也可以使用甲醇外循环加热的复合式蒸发器。

2.3.2　铁钼法甲醛生产

铁钼氧化物催化剂氧化法甲醛生产是在甲醇-空气的爆炸下限以外操作，即在空气过量的条件下操作，故也称之为"空气过量法"。

该反应是在常压和250～400℃下进行，从而能做到副反应少、甲醛产品分解量小、选择性高。在铁钼氧化物催化剂氧化生产甲醛的过程中，在反应器催化剂层只发生氧化反应一个主反应，甲醛全部由氧化反应生成，氧化反应是放热反应，反应热通过列管式固定床反应器管外的高沸点导热油移出，以保持反应温度的稳定。

铁钼法甲醛生产有几个副反应，副反应的产物除少量的二氧化碳和甲醇外，主要是CO和二甲醚。

铁钼法甲醛生产的甲醛产率为92.2%～93.1%。

主反应：$CH_3OH + 1/2O_2 \longrightarrow HCHO + H_2O$

副反应：$CH_3OH + O_2 \longrightarrow CO + 2H_2O$

$CH_3OH + O_2 \longrightarrow HCOOH + H_2O$

$2CH_3OH \longrightarrow CH_3OCH_3 + H_2O$

全球第一套商业化铁钼法装置于1959年在瑞典柏仕道普（Perstorp）建成，自此庄信万丰Formox™（原瑞典Formox™）成为了铁钼法甲醛工艺的发明者，也是第一家采用铁钼法工艺生产甲醛的生产者。

铁钼法甲醛生产的吸收工序原理与银法甲醛生产相同，也是利用甲醛溶解于水的性质，通过冷却、冷凝、吸收过程将甲醛气体转变为溶液，控制吸收加水量得到一定甲醛含量的工业甲醛产品。

铁钼法甲醛工艺（或称为氧化法工艺）的基本工艺路线为：新鲜空气被加压送入系统，甲醇原料在蒸发器内汽化并与空气混合，进入列管式反应器内反应生成甲醛气体，然后进入吸收塔内利用水吸收生产甲醛溶液或用尿素溶液吸收生产UFC（尿素甲醛预缩液）。

2.3.2.1 Formox™生产工艺

图2.3为Formox™典型的铁钼法甲醛工艺路线。该工艺路线中，甲醇的蒸发和加热

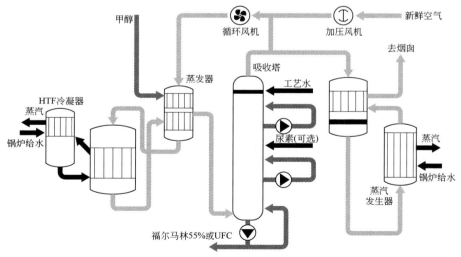

图2.3　Formox™铁钼法甲醛生产工艺流程示意图

无需外部热源，蒸发所需热量来自于吸收塔内的甲醛溶液，加热所需的热量来自于反应生成的甲醛气体。反应产生的热量通过一套导热油系统用来副产高压蒸汽。吸收塔经过详细计算并对填料、浮阀、泡罩等塔内结构件进行精心设计，确保甲醛被充分吸收，同时可调节气液平衡实现高浓度甲醛或 UFC 的生产。塔顶气体一部分循环回系统，以降低系统氧气浓度，从而提高甲醇原料的进料浓度，提高装置产率；另一部分进入尾气处理单元（ECS 单元），经贵金属催化剂处理达到洁净排放要求，同时产生的热量用来副产更多的蒸汽或进入过热反应器单元副产蒸汽。

Formox 工艺的特点：①甲醛收率高（>93%），甲醇消耗低；②甲醛溶液浓度55%～57%，无须额外的蒸馏工艺；③产品中甲醇含量低（<0.5%/37%甲醛），产品质量稳定，更适于下游工艺应用；④能副产高质量、高压力蒸汽（800kg/t 37%产品）；⑤装置寿命长达 50 年；⑥高度自动化控制，高安全性，环境友好；⑦催化剂使用寿命长；⑧能联产UFC；⑨能使用甲缩醛作为原料生产。

2.3.2.2　托普索（Topsoe）生产工艺

托普索甲醛工艺已有 40 余年的历史，工艺路线是采用空气过量法使甲醇在以铁-钼氧化物为基材的催化剂上发生部分氧化反应。托普索从 1970 年开始设计甲醛装置，托普索的第一套甲醛装置在 1973 年在日本开车成功，这套装置目前还在运行中。托普索的甲醛装置可以生产高浓度甲醛，甲醛浓度高达 55%（质量分数），也可以生产 UFC-85（脲醛预缩液），并且可以同时在同一套装置上生产甲醛及脲醛预缩液，也可以按客户的要求，在同一套装置上间歇的生产甲醛及脲醛预缩液。托普索依托自己的合成氨技术及客户资源，为大量客户提供了生产脲醛预缩液的装置设计。托普索甲醛装置使用托普索公司的FK 系列甲醛合成催化剂，对于尾气排放控制部分，托普索公司拥有自己的 CK 系列催化剂，可以通过客户的需求来提供不同的装填方案。通过不断的更新改进，托普索公司的甲醛催化剂不仅可以实现高的转化率，还具有较低的压降，从而获得最优的经济性能。

托普索铁钼法甲醛工艺在微正压下运行，这样既能抑制甲醛的聚合，又可以使用简单的单级风机。空气与循环气混合，经过循环风机。液态甲醇喷入工艺气混合气体中，随后一起流经气体预热器，在这里甲醇完全蒸发，并且被预热，然后进入甲醛反应器。甲醛反应器里有装满催化剂的列管，列管被沸腾油浴所包围，用以吸收甲醛合成过程产生的热量。油气经过废锅冷凝，产生最高 26kg 的蒸汽。反应器出口气态甲醛产物经过冷却后送自吸收塔进行甲醛产品吸收。吸收剂可以是水来生产甲醛水溶液，也可以是尿素溶液来生产脲醛预缩液（UFC-85）。吸收塔顶部气体分成两股气流，即循环气和尾气。尾气中微量的甲醇、甲醛、二甲醚和一氧化碳等挥发性有机物在尾气的催化氧化装置中处理，保证最少的有机组分排放。吸收塔顶部气体的大部分(循环气)进入循环风机，与新鲜空气混合，重复上面所述过程。其流程示意图见图 2.4。

托普索工艺的特点：①产率为 93%～94%。②很容易获得高甲醛含量。③在 37%甲醛水溶液产品中的甲醇含量低至约 0.3%。④托普索 FK-2 金属氧化催化剂对于除氨以外的毒物均不敏感，因此对于甲醇原料的质量要求不那么严格。⑤装置更容易操作，对断

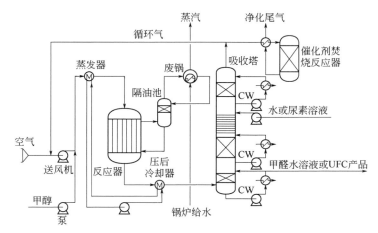

图 2.4 托普索(Topsoe)铁钼法甲醛生产工艺流程示意图

电不敏感。在断电持续几个小时后可很容易地重新开工。

2.3.2.3 美国 D.B.W 生产工艺

甲醇蒸气和空气及循环气体在固定床反应器中在铁钼催化剂的作用下进行反应。固定床反应器由一组内填催化剂的反应管组成，反应管外围是道森油。道森系统的作用是生产和开车时的热转换，在没有加热炉或外供蒸汽的情况下能迅速启动。甲醇的转化率达到 99%以上，甲醛的选择性达 94%。反应完的气体在一个独特的换热工艺中将其显热传回到原料气体而得到冷却。反应完的气体在吸收器中用水或尿素-水混合物吸收生产甲醛水溶液或尿素甲醛浓缩液。反应尾气经过一个特殊的尾气吸收器回收尾气中的大多数甲醇、甲醛等气体，然后进入尾气催化转化器后排放。在进入尾气催化转化器之前的尾气中甲醛浓度可以分别降到 10×10^{-6}（质量）以下（生产 UFC-85 产品时）和 25×10^{-6} 以下（生产 50%的甲醛产品时）。尾气催化转化器可以去除 99.9%的挥发性有机化合物，尾气排放甲醛浓度在 1×10^{-6} 以下。该转化器全部由尾气的热值支持。工艺设备材质全部为不锈钢。该工艺单个工厂的最大生产能力达到 54 万吨/年。

美国 D.B.W 铁钼法甲醛生产工艺流程示意图，见图 2.5。

美国 D.B.W 工艺的特点：①生产工艺由压缩、反应、吸收、蒸汽发生工序组成。工艺设计科学，设备布置紧凑，占地面积少，操作简便。②经过多年的使用实践，催化剂具有强度高、活性高、抗毒能力强、操作弹性大的优点。与工艺配合可以使催化剂使用寿命提高到 2 年左右。③甲醇消耗的期望值为每生产 1t 37%的甲醛消耗甲醇 426～428kg，即甲醛的收率大于 92%，这是甲醛收率最高的技术之一。④产品甲醛的浓度可以根据客户需要进行调节，最高可达 55%～58%。产品中甲醇含量小于 0.5%，甲酸含量小于 0.0038%。⑤D.B.W 铁钼法工艺设计紧凑，许多物料的输送不需要动力，因此采用的动设备少，能耗低。⑥该工艺技术的反应热、吸收热以及尾气催化焚烧回收的热量都得到充分利用。除满足工艺本身的热量需求外，每生产 1t 37%甲醛还可以副产蒸汽 808kg，

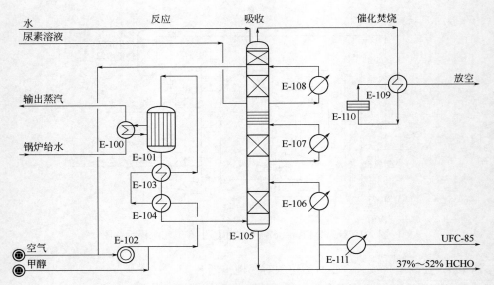

图 2.5　美国 D.B.W 铁钼法甲醛生产工艺流程示意图

蒸汽压力可以达到 24kg/m²。⑦由于先进的工艺和控制技术，严格的密封防泄漏措施，故对事故有预先警报系统。⑧工艺过程中没有废水和废渣排放。尾气中甲醛排放浓度在 $1×10^{-6}$ 以下，均能达到各国政府的环境保护要求。

2.3.2.4　南通江天化学股份有限公司铁钼法甲醛生产工艺

南通江天化学股份有限公司铁钼法甲醛生产工艺流程示意图，见图 2.6。

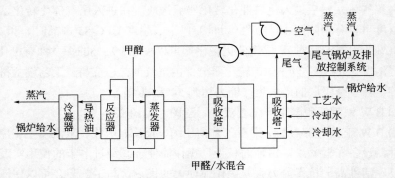

图 2.6　南通江天化学股份有限公司铁钼法甲醛生产工艺流程示意图

2.3.2.5　三里枫香稀甲醛浓缩回收技术

在多聚甲醛和聚甲醛的生产过程中，都需要高浓度甲醛作为原料。但是正常的甲醛生产，无论是银法还是铁钼法，产品浓度都不超过 55%。所以需要对原料甲醛进行脱水提浓，而提浓过程中会产生稀甲醛。稀甲醛通常会被用来生产对甲醛原料浓度要求不高的下游产品（如乌洛托品、甲缩醛等）和提浓回收利用。

常用的稀甲醛浓缩回收技术有两种：分别是减压闪蒸分离工艺和加压精馏浓缩工艺。前者在浓缩过程中会再次产生 8%左右的稀甲醛；后者可回收得到 36%～46%的甲醛溶液，但是在加压精馏过程中，随着压力的增加，甲醛易发生歧化反应生成甲酸，这不仅会造成甲醛损失，更重要的是甲酸会严重腐蚀设备，这一问题虽然可以通过选用等级更高的特种钢材来解决，但是投资过高，很不经济。

三里枫香稀甲醛浓缩回收技术，在加压精馏法的基础上对工艺及设备内件等进行了技术改进，从而生产腐蚀性降低，设备投资减少，并且集成了加压塔与预处理塔的热负荷，生产能耗大大降低。

以 95t/天 22%的稀甲醛浓缩回收为例，装置性能：

① 处理量：95t/天 22%稀甲醛溶液

② 运行时间：8000h/a

③ 操作弹性：60%～120%

④ 原料：22%稀甲醛

序号	组分（质量分数）	含量（质量分数）/%
1	甲醛	约 22
2	甲醇	≤3
3	水	≤78
4	甲酸	≤0.08

⑤ 产品：

序号	产品	规格	产能/(t/a)
1	甲醛	45%（质量分数）以上	15481
2	甲醇	95%（质量分数）	1000

⑥ 公用工程消耗（以生产每吨 45%甲醛产品计）

序号	项目	规格	消耗
1	循环水/m³	32～40℃	38.8
2	蒸汽/t	0.6MPa	2.28
3	电/kW·h	380V	12

三里枫香稀甲醛浓缩回收工艺流程示意图，见图 2.7。

2.3.2.6 生产单耗

（1）Formox™

Formox™铁钼法甲醛生产单耗，见表 2.3。

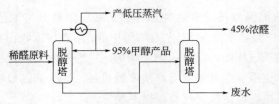

图 2.7 三里枫香稀甲醛浓缩回收工艺流程示意图

表 2.3 Formox™铁钼法甲醛生产单耗

项目	每吨甲醛产品（浓度 37%）的单耗
甲醇/(kg/t)	423～426
电耗/kW·h	30～60

（2）托普索

托普索铁钼法甲醛生产单耗，见表 2.4。

表 2.4 托普索铁钼法甲醛生产单耗

项目	每吨甲醛产品（浓度 37%）	
	单反应器	串联反应器
甲醇/(kg/t)	423	423
电/kW·h	68	49
脱氧水①/kg	618	646
工艺水②/kg	64	62
冷却水/m³	44	40

① 用作锅炉给水；蒸汽冷凝液质量若佳也可以使用。

② 消耗取决于产品浓度；对于单反应器和双反应器，37%指标均约为每吨产品消耗。

（3）美国 D.B.W

美国 D.B.W 铁钼法甲醛生产单耗，见表 2.5。

表 2.5 美国 D.B.W 铁钼法甲醛生产单耗

项目	每吨甲醛产品（浓度 37%）
甲醇/(kg/t)	420
电（催化剂寿命初期）/kW·h	50
电（催化剂寿命晚期）/kW·h	80

2.3.3 生产工艺评述

（1）工艺参数的比较

表 2.6 比较了银法与铁钼法基本工艺参数。

表 2.6 银法与铁钼法基本工艺参数比较

项目	银法	铁钼法
甲醇转化率/%	92～96	97～98
甲醛产率/%	87.7～89.7	92.2～93.1
甲醇单耗（37%CH$_3$O）/(kg/t)	440～450	424～428
甲醇含量/%	0.3～0.7	0.3～0.7
甲醛含量/%	37～54	37～55
反应温度/℃	600～660	250～400

（2）工艺对比

表 2.7 比较了银法与铁钼法的优缺点。

表 2.7 银法与铁钼法的优缺点

项目	银法	铁钼法
优点	a. 设备及催化剂全部国产化； b. 电耗低； c. 装置投资很低	a. 反应温度低； b. 收率高； c. 甲醇消耗低； d. 装置运行周期长
缺点	a. 甲醇消耗高； b. 装置运行周期短	a. 投资太高； b. 电耗高； c. 催化剂核心技术掌握在国外技术提供方手里

（3）主要技术难点

① 银法。甲醇对银法甲醛生产的影响：a. 甲醛生产中对甲醇的质量要求，甲醛用于制造多聚甲醛，对原料甲醇中乙醇的含量也要控制。如含有乙醇多的甲醇制成的甲醛在浓缩时黏度比较大，不容易造粒，并且会堵塞管道和设备。b. 粗甲醇中杂质对甲醛生产的影响，必须消除粗甲醇中的杂质对催化剂的影响，至少应该尽可能减少其影响，否则就很难达到理想效果。

② 铁钼法。影响铁钼法甲醛生产的因素：a. 导热油沸点温度变化的影响；b. 甲醇进料量变化的影响；c. 空气流量变化的影响。

（4）铁钼法制备甲醛技术的优势分析

① 生成的甲醛质量稳定。在利用甲醛进行胶黏剂生产的过程中，想要使胶黏剂生产过程保持一致，还要使用质量稳定的甲醛。而使用银法工艺生产甲醛，整个生产过程将涉及氧化和脱氢两个反应。在银催化剂的银晶体状态和温度发生变化的情况下，生产的甲醛量将会发生变化。此外，由于该生产工艺无法得到较好的控制，所以工艺的副反应也会发生变化。而使用铁钼法生产甲醛，整个工艺生产过程中只涉及一个氧化反应。

在甲醛生产的过程中，甲醛量不会受到生产因素变化的影响，同时也不会受到生产停车的影响，所以能够得到质量稳定的甲醛。

② 能够提供高浓度甲醛。胶黏剂的固体含量多少，主要取决于甲醛浓度。使用高浓度的甲醛，则能够得到固体含量较高的胶黏剂，从而使胶黏剂的生产效率和固化速率得到提升。使用固化速率较快的胶黏剂生产人造板，则能够缩短人造板生产时间，从而使人造板的生产成本得到降低。如果甲醛的浓度较低，则会导致胶黏剂固体含量较低，从而影响人造板的生产效率。

就目前来看，使用银法工艺技术生产的甲醛浓度约为 45%，使用铁钼法获得的甲醛浓度约为 55%。所以，相较于银法技术，利用铁钼法制备甲醛能够提供更高浓度的甲醛。

③ 产物中甲醇残留量低。在甲醛制备过程中，需要以甲醇为原料，所以得到的产物中将会残留一定量的甲醇。但是，甲醇无法与尿素和甲醛进行强键结合。因此在胶黏剂蒸馏的过程中，少量残留的甲醇将进入馏分，而较多的甲醇则会在胶黏剂热压过程中挥发。如果甲醇残留量较多，在胶黏剂和人造板生产的过程中就会释放大量的甲醇，从而使周围环境遭受污染，所以在制备甲醛时，应该尽量降低甲醇的残留量。使用银法技术，获得的甲醛中的甲醇残留量将达到总量的 0.8%～2.8%。使用铁钼法，获得的甲醛中的甲醇残留量为总量的 0.4%～1.0%。因此，使用铁钼法制备甲醛，将能使产物中甲醇含量得到降低。

④ 产物中甲酸含量稳定。在甲醛制备的过程中，会产生一定量的甲酸。而在胶黏剂生产的过程中，会使用氢氧化钠进行胶黏剂 pH 值的调节，从而生成一定量的甲酸钠。这些甲酸钠将成为胶黏剂的调节助剂，能够与硬化剂和木纤维酸度中和。而甲醛中的甲酸含量一旦发生变化，就会对胶黏剂的生产产生影响。使用银法技术进行甲醛制备，一旦遭遇生产停车问题，银催化剂床就会出现裂缝，从而导致甲酸含量出现较大的波动，所以使用银法制备甲醛，需要对甲醛中的甲酸含量进行分批测试。而使用铁钼法制备甲醛，并不会因为停车而出现甲酸含量变化，因此能够为胶黏剂的生产提供保障。

⑤ 余热开发利用潜力大。在甲醛制备的过程中，无论使用哪种工艺技术都需要放热。所以在甲醛生产的过程中，将产生大量的蒸汽。将这些热能回收利用，则有利于实现甲醛的节能生产。

在实际生产中，人造板生产需要大量的蒸汽进行木片热磨，而蒸汽的压力需要维持在 1.2～1.4MPa。但是，考虑到人造板生产厂与胶黏剂装置之间有蒸汽管道，所以还要使甲醛装置输出压力为 1.6MPa 的蒸汽，以满足管道的压降需求。但是，使用银法工艺取得的蒸汽为低压蒸汽，压力仅能达到 1.0MPa。而使用铁钼法工艺，则能够提供 1.6MPa 以上的蒸汽，因此能够更好地实现热量的回收利用。

总之，相较于银法技术，使用铁钼法制备甲醛能够为人造板胶黏剂的生产提供更多的便利。因为使用铁钼法进行甲醛制备，能够使甲醛保持较高的浓度，并能够减少甲醇的残留量。此外，使用该技术制备的甲醛质量和甲酸含量也比较稳定，并且能够实现余热回收利用。

2.3.4 科研成果与专利

2.3.4.1 专利

（1）低浓度甲醛废气氧化处理工艺及专用设备

本发明涉及一种低浓度甲醛废气氧化处理工艺及专用设备，设备有收集塔、喷淋管组件、甲醛液体循环槽、甲醛溶液氧化槽。所述收集塔上设有烟囱，所述收集塔均在底部设有甲醛液体循环槽，所述收集塔均在塔内上部设有喷淋管组件，所述收集塔在下部设有机废气进气管，所述有机废气进气管通过管道、鼓风机与有机废气管道相连接，所述甲醛液体循环槽的侧壁上设有出液口。本发明利用甲醛极易溶于水的特性，通过水吸收，降低甲醛废气浓度，可实现废气达标排放，同时吸收后可获得甲醛浓缩溶液，经过过氧化氢的氧化，甲醛被分解成无害的二氧化碳和水，工业废气中甲醛的吸收率可高达95%以上。

专利类型：发明专利

申请（专利）号：CN201610152727.0

申请日期：2016 年 3 月 17 日

公开（公告）日：2016 年 6 月 1 日

公开（公告）号：CN105617846A

申请（专利权）人：北京汉清节能技术有限公司

主权项：一种低浓度甲醛废气氧化处理工艺的专用设备，其特征在于，设有收集塔①、喷淋管组件②、甲醛液体循环槽③、甲醛溶液氧化槽④。所述收集塔上设有烟囱⑤；所述收集塔均在底部设有甲醛液体循环槽，所述收集塔均在塔内上部设有喷淋管组件，所述收集塔在下部设有有机废气进气管；所述有机废气进气管通过管道、鼓风机⑥与有机废气管道相连接；所述甲醛液体循环槽的侧壁上设有出液口；所述出液口通过管道、甲醛吸收循环泵⑦与喷淋管组件供液循环连接；所述出液口通过管道、甲醛吸收循环泵与喷淋管组件组成喷淋循环管路；所述喷淋循环管路通过管道、阀门与甲醛溶液氧化槽相连通；所述甲醛溶液氧化槽在顶部设有一延伸进槽内的搅拌器⑧，所述甲醛溶液氧化槽在顶部还设有过氧化氢管道接口、NaOH 管道接口；所述过氧化氢管道接口、NaOH 管道接口分别通过各自的管道、阀门与过氧化氢储罐⑨、NaOH 储罐⑩相连通；所述甲醛溶液氧化槽在侧壁设有一排放口，所述排放口通过管道、排液泵⑪与甲醛循环槽相连通；所述甲醛溶液氧化槽在顶部设有一微量甲醛废气管道⑫，所述微量甲醛废气管道与收集塔的下部相连通。

法律状态：公开

（2）甲醛自动计量装置

本实用新型公开了一种甲醛自动计量装置，包括触摸屏、PLC 控制器、甲醛泵、计量秤。所述甲醛泵的一端与存放甲醛的甲醛桶相连，另一端与放置在计量秤上的储液桶相连；所述储液桶与后端的甲醛反应锅相连；所述储液桶与甲醛反应锅之间设有光电总开关；所述触摸屏、甲醛泵、计量秤和光电总开关分别与 PLC 控制器连接。采用本技术方案后：①解决了人工称重不够精准的问题。②解决了倾倒时可能溢出的问题。③节约了人工成本，提供了工作效率。④实现了承重的自动化操作。

专利类型：实用新型

申请（专利）号：CN201620836688.1

申请日期：2016 年 8 月 3 日

公开（公告）日：2017 年 1 月 4 日

公开（公告）号：CN205861184U

申请（专利权）人：余姚市舜吉塑化有限公司

主权项：一种甲醛自动计量装置，其特征在于，包括触摸屏①、PLC 控制器②、甲醛泵③和计量秤④；所述甲醛泵③的一端与存放甲醛的甲醛桶⑤相连，另一端与放置在计量秤④上的储液桶⑥相连；所述储液桶⑥与后端的甲醛反应锅⑦相连；所述储液桶⑥与甲醛反应锅⑦之间设有光电总开关⑧；所述触摸屏①、甲醛泵③、计量秤④和光电总开关⑧分别与 PLC 控制器②连接。

法律状态：授权

（3）一种铁钼法甲醛生产装置

本实用新型涉及一种铁钼法甲醛生产装置，包括依次相连的空气过滤器、增压风机、循环风机、甲醇预热器、甲醇汽化器、甲醛反应器、甲醛吸收塔、导热油冷凝器和 ECS 尾气处理系统。本实用新型安全可靠，可适用于所有铁钼催化剂，包括国产的铁钼催化剂，可广泛应用于甲醛生产领域。

专利类型：实用新型

申请（专利）号：CN201620904611.3

申请日期：2016 年 8 月 19 日

公开（公告）日：2017 年 3 月 29 日

公开（公告)号：CN206051890U

申请（专利权）人：新疆天智辰业化工有限公司　新疆天业（集团）有限公司

主权项：一种铁钼法甲醛生产装置，其特征在于，包括依次相连的空气过滤器①、增压风机②、循环风机③、甲醇预热器④、甲醇汽化器⑤、甲醛反应器⑥、导热油冷凝器⑦，在甲醇汽化器⑤后设置甲醛吸收塔⑧，甲醛吸收塔⑧的下部与甲醇汽化器⑤的下部相连接，甲醛吸收塔⑧的塔顶与增压风机②的出口管相连接，甲醛吸收塔⑧后设置 ECS 尾气处理系统⑪，ECS 尾气处理系统⑪的顶部与甲醛吸收塔⑧的顶部相连接，甲醛吸收塔⑧的中下部依次连接甲醛循环泵⑩和循环甲醛换热器，甲醛吸收塔⑧的底部连接产品采出泵。

法律状态：授权

（4）一种甲醛吸收塔

本实用新型公开了一种甲醛吸收塔，包括塔釜，其特征在于：所述塔釜内设置有与甲醛溶液进口相连的液体分布器以及与甲醛蒸气进口相连的甲醛蒸气分布器。所述液体分布器包括长筒形的主管以及与该主管相连通的多个支管，所述主管横向布置于塔釜内且与甲醛溶液进口相连，所述主管和所述各个支管上面向塔釜底部的侧面开设有多个排液孔，所述甲醛蒸气分布器包括与甲醛蒸气进口相连的蒸气输送管，所述蒸气输送管的出气口处连接首尾相连的多个蒸气分布单元，所述蒸气分布单元包括内部中空的主体部以及连通于该主体部上交错布置的多个蒸气管，所述蒸气管上开设有多个蒸气孔。

专利类型：实用新型

申请（专利）号：CN201620340336.7

申请日期：2016 年 4 月 21 日

公开（公告）日：2016 年 9 月 28 日

公开（公告）号：CN205598905U

申请（专利权）人：江西绿丰新材料股份有限公司

主权项：一种甲醛吸收塔，包括塔釜①，该塔釜①的上部设置有甲醛溶液进口⑪，塔釜①的中部设置有填料④，塔釜①的下部设置有甲醛蒸气进口⑫。其特征在于，所述塔釜①内设置有与甲醛溶液进口⑪相连的液体分布器⑤以及与甲醛蒸气进口⑫相连的甲醛蒸气分布器③；所述液体分布器⑤包括长筒形的主管㉛以及与该主管㉛相连通的多个支管㉜，所述主管㉛横向布置于塔釜①内且与甲醛溶液进口⑪相连，所述主管㉛和所述各个支管㉜面向塔釜底部的侧面开设有多个排液孔，所述甲醛蒸气分布器③包括与甲醛蒸气进口⑫相连的蒸气输送管㉛，所述蒸气输送管㉛的出气口处连接有首尾相连的多个蒸气分布单元(311)，所述蒸气分布单元(311)包括内部中空的主体部(3111)以及连通于该主体部(3111)上交错布置的多个蒸气管(3112)，所述蒸气管(3112)上开设有多个蒸气孔(3113)。

2.3.4.2 成果

（1）农化行业甲醛废水资源化技术及设备

项目年度编号：1300240014

成果类别：应用技术

限制使用：国内

中图分类号：X703.1

成果公布年份：2012 年

成果简介：略

适用范围：农化行业。基本原理：项目自主开发了以膜分离技术为核心的甲醛废水资源化处理技术，解决了低浓度乌洛托品浓缩费用高的难题。项目利用废水中的低浓度甲醛和氨反应生成乌洛托品，再利用膜对混合物各组分的选择透过性来提浓乌洛托品，将浓度提高到 20%后经双效蒸发、结晶分离得到乌洛托品成品。技术关键：废水中甲醛资源化技术、膜分离浓缩乌洛托品技术、膜浓缩系统自净技术、连续氨化反应技术。典型规模：300t/天。主要技术指标及条件：技术指标，提高乌洛托品的质量使其含量达到

99.5%，进一步完善工艺技术，确定关键控制点，保证产品质量稳定。处理废水量，300m³/天。乌洛托品含量，≥98%；甲醛回收率，≥90%。条件要求，设备使用环境，温度5～40℃；压力常压。供气清洁干燥压缩空气，压力 0.4～0.6MPa。主要设备及运行管理：主要设备有原液的预处理装置、原液的膜浓缩装置、加药及清洗装置等。膜浓缩装置部分由增压泵、预过滤器、膜壳、高压泵、电器、仪表、自控等组成。运行管理，项目产品采用 PLC 全自动控制系统和人机界面操作，能可靠地控制和了解设备的运行状态和各种工艺参数，将复杂的工艺过程通过自动控制来实现。投资效益分析：投资情况，总投资 400 万元。其中，设备投资 300 万元。主体设备寿命：10 年。运行费用：10 元/t。经济效益分析：国内一些厂家对低浓度甲醛废水未进行回收利用，大都采用物化、生化等手段处理，排放。项目产品可以回收废水中的甲醛，回收率在 90%以上，废水中的甲醛含量以 2.0%计，则每天可回收 14.6t 含 37%的甲醛，每年回收 4816t，每吨甲醛以 1000 元计，则一年可节约费用 482 万元。环境效益分析：项目的实施有助于解决因农化行业造成的环境问题，实现资源化利用。节能降耗，与传统工艺相比可节约能源消耗 70%以上。清洁环保，在节能的同时降低了大气污染，而且设备常温无相变运行，消除了有毒蒸气的产生。推广情况：项目产品在大型农化生产厂家试点工程的带动下（如江山化工、扬农化工、嘉化集团等），公司在整个膜法处理农化废水行业形成了较高知名度，市场渠道、技术配套、售后服务都已趋于成熟。技术服务方式：公司培训大批专业的销售及售后技术人员，结合公司原有的各地方办事处，分布到各地和客户厂家进行一对一的咨询及售后服务。

推荐部门：浙江省环境保护产业协会

完成单位：杭州天创环境科技股份有限公司

（2）双金属催化制低醇度高浓度甲醛技术开发

项目年度编号：1300340505

成果类别：应用技术

限制使用：国内

中图分类号：TQ224.122

成果公布年份：2013 年

成果简介："双金属催化制低醇度高浓度甲醛技术开发"项目属于化学工程领域中的催化剂工程技术，是国家重点支持的领域，符合国家相关产业政策。甲醛是煤化工产业链中的大宗基础有机化工原料，用途广泛，是甲醇下游产品中的主干，世界年产量在 2500 万吨左右，30%左右的甲醇都用来生产甲醛。目前，一方面由于技术等原因绝大多数厂家生产出的甲醛均是浓度约 37%的水溶液，从经济角度考虑不便于长距离运输，只能在周边地区就近销售，进出口贸易也极少，产品种类较单一。另一方面，聚甲醛作为一种高精尖的工程塑料在悄然兴起，广泛用于机械设备、汽车制造、建筑器材、机械和日用消费品等领域。但是，聚甲醛的生产对原料要求很高，只有高浓度低醇度含量的甲醛才适用于生产。目前国内外厂家大都采用甲醇银法氧化工艺。但生产过程中床层温度偏高，催化剂寿命较短，单耗较高。产品中甲醛浓度低，醇含量高，适用领域窄。如何科学地生产低醇度高浓度甲醛，一直是同行业中的研究热点和难点。本项目针对目前甲醛生产技术的缺陷，研制出 Ag-Cu 双层催化床层的协同催化技术，同时加入 Cr 作为助催化剂，改变了国内外采用单一银催化剂的生产技术，将一次催化变为二次催化，同时研发出新型甲醛反应器，新增尾气循环装置，将甲醇、空气、蒸汽三元配气改为四元，从而优化反应条件，以达到降低单耗，提高浓度，降低醇含量的要求。在项目研发过程中形成发明专利 1 项"一种提高甲醛选择性的生产方法"（专利号：ZL200910177002.7），实用新型专利 1 项"一种甲醛反应器"（专利号：ZL201120095981.4）。两项专利均由本单位与山东拓博塑料制品有限公司共同开发，本单位拥有技术的全部所有权及该技术所产生的全部效益。项目产品的主要技术性能指标为：密度 1.16g/cm^3，甲醛含量 55%，酸度（以甲酸计）0.007%，色度 5 铂-钴号，铁含量 0.0001%，甲醇含量 0.5%。项目实施后，生产每吨甲醛消耗原料甲醇由 480kg 降至 430kg，相比单一银催化生产法，甲醇消耗降低了 50kg。

推荐部门：枣庄市科技局

完成单位：山东拓博昊源化工有限公司　山东拓博塑料制品有限公司

2.4　产品的分级和质量规格

（1）中国

表 2.8 为中国工业甲醛产品质量标准 GB/T 9009—2011。

表 2.8　中国工业甲醛产品质量标准

项目		50%级		44%级		37%级	
		优等品	合格品	优等品	合格品	优等品	合格品
密度（ρ_{20}）/(g/cm^3)		1.147～1.152		1.125～1.135		1.075～1.114	
甲醛含量（质量分数）/%		49.7～50.5	49.0～50.5	43.5～44.4	42.5～44.4	37.0～37.4	36.5～37.4
酸（以甲酸计）（质量分数）/%	≤	0.05	0.07	0.02	0.05	0.02	0.05
色度（铂-钴号）/Hazen 单位	≤	10	15	10	15	10	—
铁含量（质量分数）/%	≤	0.0001	0.0010	0.0001	0.0010	0.0001	0.0005
甲醇（质量分数）/%	≤	1.5	—	2.0	—	—	—

（2）Formox^{TM}

从表 2.9 可以看出 Formox^{TM} 甲醛产品质量标准。

表 2.9　Formox^{TM} 甲醛产品质量标准

项目	数值	备注
甲醛（质量分数）/%	37～57	最高可以达到 57%
甲醇（质量分数）/%	<0.8	在 37% 的甲醛中

（3）托普索

表 2.10 为托普索铁钼法甲醛产品质量标准。

表 2.10　托普索铁钼法甲醛产品规格

项目	数值	
甲醛（质量分数）/%	37	55
甲醇（质量分数）/%[①]	0.5	0.7
甲酸（质量分数）/%[②]	≤0.02	0.03
水	剩余	剩余

① 在串联反应器下，37%和55%产品分别对应为 0.3%和 0.4%。

② 没有用离子交换机。

（4）美国 D.B.W

表 2.11 为美国 D.B.W 铁钼法甲醛产品质量标准。

表 2.11　美国 D.B.W 铁钼法甲醛产品规格

项目	数值
甲醛（质量分数）/%	37～58
甲醇（质量分数）/%	<0.5
甲酸（质量分数）/%	<0.0035

（5）中国台湾省

表 2.12 为中国台湾省工业甲醛产品质量标准。

表 2.12　中国台湾省工业甲醛规格

项目	数值
外观	清澈透明
甲醛（质量分数）/%	37.0
甲醇（质量分数）/%	4.0～10.0（买卖双方商定）
甲酸（质量分数）/%	0.02
灰分（质量分数）/%	0.01
铁含量/(μg/mL)	1.0
相对密度（25℃）	1.080～1.114

（6）美国

表 2.13 为美国甲醛产品质量标准。

表 2.13　美国工业甲醛溶液规格（ASTM D2378—2007）

项目		50%级	37%级
密度（ρ_{20}）/(g/cm³)		1.1470～1.1520	1.0749～1.1139
甲醛含量/%		49.75～50.5	37.0～37.4
酸度（以甲酸计）/%	≤	0.05	0.02
色度（铂-钴号）/Hazen 单位	≤	10	10
铁含量/%	≤	0.0001	0.0001
甲醇含量/%		1.5	供需双方协商

（7）日本

日本工业标准（JIS）是日本国家级标准中最重要、最权威的标准。由日本工业标准调查会（JISC）制定。日本的工业甲醛标准属于日本工业标准中细分的 29 项中"化学"一项。

日本甲醛溶液工业标准见表 2.14。

表 2.14　日本甲醛溶液工业标准

项目		数值
甲醛含量/%		37.0
酸度（以甲酸计）/%	≤	0.03
氯化物含量/%	<	0.0025
灰分	<	0.01
硫酸盐含量/%		清澈或基本清澈

（8）俄罗斯

俄罗斯有关业内人士认为，国家标准反而会限制发展和给生产企业和用户之间带来纠纷。俄罗斯目前没有甲醛协会，甲醛的标准主要由甲醛的用户决定。根据 2010 年对业内人士的调查，俄罗斯目前通行采用的工业甲醛标准技术要求见表 2.15。

表 2.15　俄罗斯工业甲醛标准

项目		数值
色度		无色透明
甲醛含量/%		37～50
甲醇含量/%	<	0.5
甲酸含量/%	<	0.025
灰分/10^{-6}	<	0.5
铁含量/10^{-6}	<	0.2

（9）印度

印度的工业甲醛标准一般由企业制定，印度化学工业协会认可。印度工业甲醛标准的技术要求见表 2.16。

表 2.16　印度工业甲醛标准的技术要求

项目		数值
色度		无色透明
甲醛含量/%		37～50
甲醇含量/%	<	1.2
甲酸含量/%（质量计）	<	0.04
铁含量/10^{-6}		0.5

（10）浓甲醛企业标准

《高浓度工业甲醛溶液》联盟标准是等效采用美国试验与材料协会标准 ASTMD 2378—2007《规格标准　50%级非抑制甲醛及 37%级非抑制及抑制甲醛的标准规范》中"50%级抑制和非抑制甲醛"，参照 GB 9009—2011 进行修订而成。

浓甲醛企业联盟标准见表 2.17。

表 2.17　浓甲醛企业联盟标准

项目		指标		
		优等品	一等品	合格品
密度（ρ_{25}）/(g/cm³)		1.125～1.135		
甲醛含量/%		44.0～44.4	43.7～44.4	43.5～44.4
酸度（以甲酸计）/%	≤	0.02	0.04	0.05
色度（铂-钴号）/Hazen 单位	≤	10	—	—
铁含量/%	≤	0.0001	0.0003（槽装）	0.0005（槽装）
			0.0010（桶装）	0.0010（桶装）
甲醇含量/%		供需双方协商		

注：甲醛浓度可根据需方要求适当调整。

2.5　危险性与防护

2.5.1　危险性概述

健康危害：该物质严重刺激眼睛、皮肤、呼吸道，吸入可能引起肺水肿。长期或反复接触可能引起皮肤过敏、类似哮喘症状，该物质是人类致癌物。

环境危害：对环境有危害，对水生生物有极高毒性。

燃爆危险：气体与空气混合有爆炸性。

2.5.2　急救措施

吸入：迅速脱离现场至空气新鲜处，保持呼吸道通畅。如呼吸困难，给输氧；如呼吸停止，立即进行人工呼吸，就医。

皮肤接触：脱去污染的衣服，用大量水冲洗皮肤或淋浴，就医。

眼睛接触：用大量水冲洗几分钟，迅速就医。

2.5.3　消防措施

灭火方法：切断泄漏设备和管道阀门，引消防水进行灭火，同时冷却周边容器。

灭火剂：雾状水、抗溶性泡沫、干粉、二氧化碳。

2.5.4　泄漏应急处理

应急处理：迅速转移泄漏污染区人员至安全区，并进行隔离，严格限制人员出入。切断火源。建议应急处理人员戴自给正压式呼吸器，穿防毒服。从上风口进入现场，尽可能切断泄漏源。防止进入下水道、排洪沟等限制性空间。

小量泄漏：用砂土或其他不燃材料吸附或吸收。也可以用大量水冲洗，洗水放入废水系统。

大量泄漏：构筑围堤或挖坑收容；用泡沫覆盖，降低蒸气灾害。喷雾状冷却和稀释蒸气，保护现场人员，把泄漏物稀释成不燃物。用泵转移至槽车或专用收集器内，回收或运至废物处理场所处置。

2.6　环保

甲醛废水中除了含有大量的甲醛外，还含有醇、苯、酚、三聚甲醛、甲缩醛等物质。低浓度甲醛对微生物生长具有抑制作用，高浓度甲醛可以使蛋白质变性，微生物很难存活。

甲醛废水处理常见工艺介绍。

① 氧化法。氧化法有试剂氧化、臭氧氧化、微电解氧化、强电解氧化、光催化氧化、湿式氧化、超声/H_2O_2氧化、ClO_2氧化等。具体使用工艺需要根据实际情况定。

② 吹脱法。利用甲醛易溶于水、沸点低、易挥发的特点，对生产废水中的甲醛用蒸气进行吹脱预处理，减少了后续生化处理的负荷，可改善处理效果。

③ 生化法。利用甲醛作为微生物的营养，通过微生物自身代谢分解，将废水中的甲醛除去。

三里枫香含醛废水处理技术工艺介绍：三里枫香开发了复合高级氧化技术，可使废水中的甲醛一次性降低到 10mg/L 以内，再通过生化处理，将甲醛彻底降解，该工艺有着运行成本低，管理难度小等优点。污水处理指标可达到《石油化学工业污染物排放标准》（GB 31571—2015）最新标准对甲醛含量的要求。

三里枫香含醛废水处理工艺流程，见图 2.8。

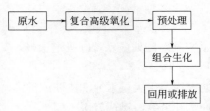

图 2.8　三里枫香含醛废水处理工艺流程

三里枫香含醛废水处理工艺案例：某公司生产废水中含甲醛 2%，通过原水调节后进入复合生化，然后经过预处理，甲醛含量降低到 10mg/L，然后再经过生化处理，最终出水甲醛含量小于 0.5mg/L。

污染物指标对比，见表 2.18。

表 2.18　污染物指标对比

指标 ＼ 项目	原水	预处理	生化后出水
COD/(mg/L)	50000	5000	300
氨氮/(mg/L)	1500	300	5
醛/(mg/L)	20000	10	0.5

2.7　包装运输与储运

2.7.1　包装运输容器

甲醛成品一般采用汽车槽车或防腐铁桶、塑料桶包装运输，也有采用专用火车槽车运输的。公路运输车辆应具有危险品货运资质，铁路运输的发站和到站分别应具有承运危险化学品甲醛名录的资格。

2.7.2　危险化学品包装运输要求

① 装卸运输人员，应佩戴相应的防护用品，做到轻装、轻卸。严禁摔、碰、撞、击、拖拉、倾倒和滚动，不得损毁包装容器，并注意标志，堆稳放妥。

② 包装要求密封，不可与空气接触，应与氧化剂、酸类、碱类物品分开存放，切记混储。

甲醛成品在使用大桶包装时应检查：a. 是否有残存的聚合物或其他物质，若有，必须清洗干净；b. 防腐层是否脱落，有脱落处必须修补完好；c. 是否渗漏，有损坏者不再使用；d. 商标、有毒、危险品标记印制是否完好，若有损则须补印。

③ 运输装置上必须有消防设施。

④ 运输危险化学品的车辆，必须保持安全车速，保持车距，严禁超车、超速和强行会车。运输危险化学品的行车路线，必须事先经当地公安交通部门批准，按指定的路

线和时间运输，不可在繁华街道行驶和停留。

⑤ 运输过程中发生泄漏或渗漏，应立即停止运输并进行应急处理。

⑥ 存储包装容器泄漏时，严禁带料焊接，如需焊接必须取出甲醛溶液并用清水将内部残留物清洗干净符合要求后方可焊接。

2.7.3 储运要求

① 甲醛的储存与包装容器宜采用塑料材料、不锈钢材料，当采用铝、碳钢材料时应在包装容器内做防腐处理，最好采用不锈钢。

② 储存甲醛溶液的仓库必须设专人管理，管理人员必须配备可靠的个人安全防护用品。

③ 储存甲醛的建筑物、区域内严禁吸烟和使用明火。

④ 储存的甲醛应有明显的标志，同一区域储存两种或两种以上不同级别的危险品时，应按最高等级危险品的性能标志。

2.7.4 储运的注意事项

① 储罐区应设置有毒有害气体检测仪，生产人员定时巡回安全检查。

② 储罐区应安装排风设施，确保储罐区内全面通风。

③ 生产人员工作时，正确穿戴劳动防护用品。

④ 定期检查甲醛气体防护装置，不符合要求应立即更换。

⑤ 定期检测储罐区的大气质量。

2.8 经济概况

甲醛是基本有机原料，它对国民经济的发展具有十分重要的意义。

2.8.1 全球

目前，全球甲醛工业总产能中，铁钼法工艺和银法工艺几乎各占一半，但近年来新增产能中，采用铁钼法工艺的越来越多，甚至一些传统的银法甲醛巨头也放弃了自己的银法甲醛工艺而采用铁钼法工艺，如巴斯夫在其亚洲的几个项目中，放弃了自己的银法甲醛工艺，改用 Formox^{TM} 铁钼法工艺。这正是由于越来越多的生产商认识到了铁钼法工艺在经济性、安全环保性等方面所具备的突出优势，以及其符合节约原料资源、能效综合利用、健康安全环保(HSE)等全球认可的发展理念。中国由于经济发展起步较晚，各行业仍处在快速发展阶段，现有甲醛产能中银法工艺仍占主导地位，约占 80%市场份额。但随着近 20 年来越来越多的铁钼法甲醛装置建成投产，业界逐渐认识到了其优势；以及中国对安全环保的要求越来越严格；加上产业升级的需要，业界也越来越关注铁钼法甲醛工艺在中国的应用。

2015 年，全球甲醛的总生产能力为 8008.20 万吨（以 37%浓度产品计），总产量为 4464.27 万吨。其中，中国占 60.48%，已成为全球最大的甲醛生产国和消费国。

从表 2.19 可以看出 2015 年全球甲醛产量前 10 排名。

表 2.19   2015 年全球甲醛产量前 10 排名

排名	国家	产量 /(万吨/年)	占比/%	排名	国家	产量 /(万吨/年)	占比/%
1	中国	2700.20	60.48	7	奥地利	103.95	2.33
2	美国	444.80	9.96	8	韩国	99.00	2.22
3	澳大利亚	213.10	4.77	9	日本	94.40	2.11
4	俄罗斯	160.08	3.59	10	巴西	78.12	1.75
5	印度	111.73	2.50	11	其他	349.07	7.82
6	德国	109.82	2.46		合计	4464.27	100.00

2015 年，全球甲醛产量前 10 排名的分布，见图 2.9。

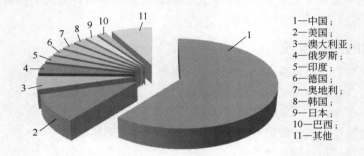

1—中国；
2—美国；
3—澳大利亚；
4—俄罗斯；
5—印度；
6—德国；
7—奥地利；
8—韩国；
9—日本；
10—巴西；
11—其他

图 2.9   2015 年全球甲醛产量前 10 排名的分布

2.8.2   中国甲醛行业总体情况

（1）产能和产量

据中国甲醛行业调查，2016 年中国已有甲醛生产企业 612 家（含台湾省），共有 890 套甲醛装置（5 万吨/年及以上有 556 套），总产能 4456 万吨，总产量 2800 万吨，开工率 62.84%，比 2015 年产量增长 3%。

从表 2.20 可以看出近几年中国甲醛行业的发展概况。

表 2.20   近几年中国甲醛行业的发展概况

年份	2011 年	2012 年	2013 年	2014 年	2015 年	2016 年
产能/(万吨/年)	2992	3157.2	3573.0	4604.5	4445	4456
产量/(万吨/年)	1954	2123.0	2422.6	2927.54	2720	2800
开工率/%	65.31	67.24	67.80	63.58	62.19	62.84

（2）产业分布

从地域分布来看，中国甲醛产能仍然主要集中在华北地区、华东地区和华中地区。近年来，西北地区、内蒙古、广西甲醛产能发展较快，产能年均增长 20% 以上，位居前列；华东地区甲醛产能年均增长 15% 以上。目前，中国西藏自治区仍未建设甲醛装置。

从表2.21可以看出2016年中国甲醛行业各地区的基本概况。

表2.21 2016年中国甲醛行业各地区的基本概况

序号	地区	企业个数/家	装置套数/套	5万吨/年及以上	2016年		在建产能/(万吨/年)
					产能/(万吨/年)	产量/(万吨/年)	
1	黑龙江	20	21	10	87	37	
2	吉林	7	8	2	25	16.75	
3	辽宁	12	14	5	64	48.3	
4	晋蒙	26	35	20	168	79.94	
5	京津冀	69	120	68	456	299.4	
6	山东	113	153	91	747.5	512.2	
7	河南	37	45	30	260.5	148.8	
8	苏沪	43	71	61	449	350.9	
9	浙江	23	37	24	165	127.5	
10	安徽	26	35	18	167.0	112	
11	江西	15	18	6	56.5	32.4	
12	湖南	12	19	3	61	31.5	
13	湖北	20	25	18	127	77.5	
14	粤海	32	56	37	237.5	178.1	
15	福建	26	27	12	119.5	81.26	
16	广西	30	38	20	211.5	187.5	
17	陕甘宁	25	47	37	266.5	105.4	64
18	新疆	20	27	20	223.5	72.9	64
19	川青	27	44	37	241.5	149.4	
20	渝滇黔	25	38	28	204	106.5	
21	台湾	4	12	9	119	45	
	合计	612	890	556	4456.5	2800.25	128

（3）中国铁钼法甲醛工业的发展

中国甲醛工业起步较晚，以银法工艺为主。中国第一套投入运行的铁钼法甲醛装置，由云天化集团于1995年建成投产，采用Formox™技术。目前为止，中国已建和在建铁钼法甲醛总产能约700万吨/年，技术由Formox™提供，约占70%的市场份额。

中国铁钼法甲醛工业应用主要集中于下游采用高浓度甲醛的产品，如聚甲醛（POM）、1,4-丁二醇（BDO）、4,4'-亚甲基二苯基二异氰酸酯（MDI）以及多聚甲醛（PF）等。

随着中国宏观经济的增长和中国建筑、建材行业的发展以及下游产品需求的增长，中国甲醛工业通过不断的技术进步和市场开拓，将继续发展壮大，中国甲醛市场前景总体看好。近几年甲醛工业都以10%左右的速度增长，但综合影响中国甲醛市场未来发展的因素来分析，预测今后几年的增长速度将会放缓。

2.9 用途

甲醛是大宗有机化工产品及中间体，在化工、木材加工、化纤、医药、农药等许多方面都有十分广泛的用途。

甲醛的下游主要产品可归纳为 19 大产业链：有机合成原料产业链、合成树脂产业链、橡胶助剂产业链、溶剂产业链、医药产业链、农药产业链、药物中间体产业链、工业表面活性剂产业链、日用化学品及中间体产业链、胶黏剂产业链、染料产业链、纺织染整助剂产业链、造纸化学品产业链、水处理化学品产业链、饲料和食品添加剂及中间体产业链、皮革化学品产业链、混凝土外加剂产业链、涂料产业链和缓释肥料。图 2.10，图 2.11 分别表示甲醛衍生物（一）和甲醛衍生物（二）。

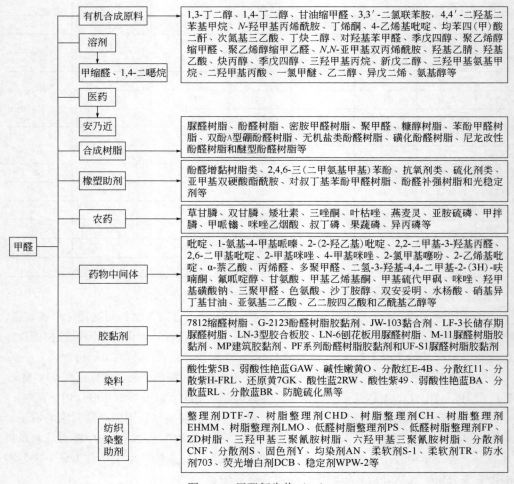

图 2.10　甲醛衍生物（一）

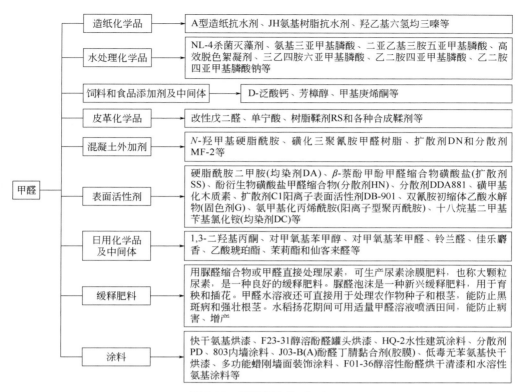

图 2.11 甲醛衍生物（二）

造纸化学品 → A型造纸抗水剂、JH氨基树脂抗水剂、羟乙基六氢均三嗪等

水处理化学品 → NL-4杀菌灭藻剂、氨基三亚甲基膦酸、二亚乙基三胺五亚甲基膦酸、高效脱色絮凝剂、三乙烯四胺六亚甲基膦酸、乙二胺四亚甲基膦酸、乙二胺四亚甲基膦酸钠等

饲料和食品添加剂及中间体 → D-泛酸钙、芳樟醇、甲基庚烯酮等

皮革化学品 → 改性戊二醛、单宁酸、树脂鞣剂RS和各种合成鞣剂等

混凝土外加剂 → N-羟甲基硬脂酰胺、磺化三聚氰胺甲醛树脂、扩散剂DN和分散剂MF-2等

表面活性剂 → 硬脂酰胺二甲胺(均染剂DA)、β-萘酚甲酚甲醛缩合物磺酸盐(扩散剂SS)、酚衍生物磺酸盐甲醛缩合物(分散剂HN)、分散剂DDA881、磺甲基化木质素、扩散剂C1阳离子表面活性剂DB-901、双氰胺初缩体乙酸水解物(固色剂G)、氨甲基化丙烯酰胺(阳离子型聚丙酰胺)、十八烷基二甲基苄基氯化铵(均染剂DC)等

日用化学品及中间体 → 1,3-二羟基丙酮、对甲氧基苯甲醇、对甲氧基苯甲醛、铃兰醛、佳乐麝香、乙酸琥珀酯、茉莉酯和仙客来醛等

缓释肥料 → 用脲醛缩合物或甲醛直接处理尿素，可生产尿素涂膜肥料，也称大颗粒尿素，是一种良好的缓释肥料。脲醛泡沫是一种新兴缓释肥料，用于育秧和插花。甲醛水溶液还可直接用于处理农作物种子和根茎，能防止黑斑病和强壮根茎。水稻扬花期间可用适量甲醛溶液喷洒田间，能防止病害、增产

涂料 → 快干氨基烘漆、F23-31醇溶酚醛罐头烘漆、HQ-2水性建筑涂料、分散剂PD、803内墙涂料、J03-B(A)酚醛丁腈黏合剂(胶膜)、低毒无苯氨基快干烘漆、多功能蜡刚墙面装饰涂料、F01-36醇溶性酚醛烘干清漆和水溶性氨基涂料等

参 考 文 献

[1] 陈冠荣. 化工百科全书：第8卷. 北京：化学工业出版社，1995：223.

[2] 2016年中国甲醛行业年会暨国内外交流会报告集. 中国甲醛行业协会，2016.

[3] 中国工业气体工业协会. 中国工业气体大全：第3卷. 大连:大连理工大学出版社，2008:2515.

[4] 朱永健. 甲醇、甲醛合成乙二醇的研究. 青岛：青岛科技大学，2010.

[5] 周梅，等. MgO/SiO₂催化甲乙醛缩合制丙烯醛的研究. 广东石油化工学院学报，2008，18（1）：17-19.

[6] 周万德. 新编甲醛生产. 北京:化学工业出版社，2012.

[7] 2015年中国甲醛行业年会暨国内外交流会报告集. 中国甲醛行业协会，2016.

[8] 周万德. 中国甲醛行业协会2017年工作报告. 甲醛与甲醇，2017，（2）.

[9] 宋龙飞. 铁钼法制备甲醛技术的优势分析. 中国石油和化工标准与质量，2016，36（9）：115-116.

[10] 周万德. 甲醛衍生物手册. 北京:化学工业出版社，2010.

第3章
二甲醚

王军 辽河石油勘探局油气工程技术处 科长

3.1 概述

二甲醚又名甲醚（dimethyl ether，DME）、氧二甲（dimethyl oxide，CAS 号：115-10-6），是最简单的脂肪醚。常温下为无色气体，有醚类特有的气味。

1948 年，德国 DEA Minaraloel AG 采用高压合成甲醇时副产 DME，1984 年开发成功一种合成 DME 的新工艺，并投入生产。

1965 年，美国 Mobil 公司最早报道了气相甲醇脱水制 DME 的方法。此后，全球 DME 的生产和消费一直稳步增长。

2014 年，全球 DME 的产能达到 1400 万吨。

全球 DME 生产商、技术来源和产能如表 3.1 所示。

表 3.1 全球主要 DME 生产商的情况

国家	生产商	产能/(万吨/年)	生产技术	技术来源
美国	Du Pont 公司	3.0		Du Pont 公司
美国	美国 APCI 公司	8.0		美国 APCI 公司
荷兰	AKZO	3.0		
德国	United Rhine Lignite Fuel	3.0		
德国	德国联合莱茵褐煤燃料公司	6.5		DEA（现改名为 Shell/RWE 公司）
澳大利亚	日本 DME 公司	150.0		Mitsui
日本	NKK	150.0		NKK
伊朗	格络斯石化公司	80.0		日本东洋工程公司（TEC）和 Mitsui

国家	生产商	产能 /(万吨/年)	生产技术	技术来源
印度	英国 BP 公司	180.0		丹麦托普索（Topsoe）
丹麦	托普索(Topsoe)	210.0		丹麦托普索（Topsoe）
中国	黑龙江远东建业燃料有限公司	15.0		自有技术
中国	黑龙江黑化集团有限公司	10.0		
中国	吉林鸿钧工贸集团有限责任公司	10.0		中国科学院山西煤炭化学研究所
中国	内蒙古天河醇醚有限责任公司	20.0		
中国	内蒙古西洋煤化工有限公司	10.0		
中国	内蒙古协鑫锡林能源投资有限公司	15.0		中国科学院山西煤炭化学研究所
中国	新希望集团（内蒙古基地）	10.0		西南化工研究设计院
中国	河北凯跃化工集团有限公司	20.0		西南化工研究设计院
中国	河北金源化工股份有限公司	2.0		西南化工研究设计院
中国	中海石油中捷石化有限公司	10.0		西南化工研究设计院
中国	河北冀春化工有限公司	10.0	甲醇气相脱水	
中国	河北裕泰实业集团有限公司	10.0		西南化工研究设计院
中国	湖北天茂实业集团股份有限公司	50.0		西南化工研究设计院
中国	河南安阳市贞元（集团）有限责任公司	10.0		西南化工研究设计院
中国	昊华骏化集团有限公司	20.0		西南化工研究设计院
中国	平煤神马集团蓝天化工股份有限公司	20.0		
中国	河南金鼎化工有限公司	20.0	气相催化脱水	西南化工研究设计院
中国	河南新红石化有限公司	5.0		西南化工研究设计院
中国	久泰集团有限公司（包括临沂、广州、张家港和鄂尔多斯）	100.0	甲醇液相脱水（复合酸催化法）	
中国	山东玉皇化工（集团）有限公司	3.0		
中国	山东清大新能源有限公司	10.0		清华大学先进专利技术
中国	山西阳煤丰喜集团（肥业）有限公司	2.0	气相催化脱水	中国科学院山西煤化所
中国	山西兰花科技创业股份有限公司	10.0		中国科学院山西煤化所
中国	山西长子丹峰化工有限责任公司	10.0		西南化工研究设计院
中国	山西临汾市同世达实业有限公司	10.0		西南化工研究设计院
中国	陕西渭河煤化工集团有限责任公司	15.0	气相催化脱水	中国科学院山西煤化所
中国	湖北华强化工集团股份有限公司	10.0		

国家	生产商	产能/(万吨/年)	生产技术	技术来源
中国	湖北潜江金华润化肥有限公司	15.0	气相催化脱水	
中国	湖北新洪磷化工股份有限公司	1.0		
中国	湖北三宁化工股份有限公司	20.0	气相催化脱水	
中国	湖南雪纳新能源有限公司	2.0	气相催化脱水	
中国	岳阳汉臣石化有限公司	10.0		
中国	中山凯中有限公司	1.0	气相催化脱水	西南化工研究设计院
中国	云南解化清洁能源开发有限公司	15.0	气相催化脱水	
中国	宁夏宝塔集团	10.0		中国科学院大连物化所
中国	四川泸天化股份有限公司	10.0	气相催化脱水	日本东洋工程公司(TEC)
中国	四川化工控股（集团）有限责任公司	30.0		西南化工研究设计院
中国	四川隆桥化工集团有限公司	15.0		西南化工研究设计院
中国	重庆民生燃气有限公司	15.0		丹麦托普索(Topsoe)
中国	重庆万盛煤化有限责任公司（东方希望集团）	20.0		西南化工研究设计院

3.2 性能

3.2.1 结构

结构式：C_2H_6O

分子式：$CH_3—O—CH_3$

3.2.2 物理性质

DME 的物理性质如表 3.2 所示。

3.2.3 化学性质

DME 是最简单的脂肪醚，它的化学性质较为稳定，常温下不与金属钠反应，对碱、氧化剂和还原剂也比较稳定，具有醚类的一般化学性质。DME 在辐射或加热条件下会分解成甲烷、乙烷、甲醛、二氧化碳及一氧化碳，其产物的分布取决于反应条件和催化剂。从化学反应角度来看，它可提供的基团为 $CH_3—$、$CH_3O—$、$CH_3OCH_2—$，可分别同各种化学物质反应生成各种衍生物。

3.2.3.1 甲基化反应

（1）同 SO_3 反应制硫酸二甲酯（dimethyl sulfate）

DME 与发烟硫酸或 SO_3 进行液相反应，在 35～45℃反应 10～15min，生成硫酸二甲酯，蒸馏后可制得纯度为 98%的硫酸二甲酯。它是农药、染料、医药、香料工业等有

表 3.2 DME 的物理性质

项目	数值	项目	数值
沸点（101.325kPa）/℃	−24.84	气体密度（25℃，101.325kPa）/(kg/m³)	1.908
熔点/℃	−141.49	气体相对密度（21.1℃，101.325kPa，空气=1）	1.591
闪点（开杯法）/℃	−41.1	表面张力（气体）/(mN/m)	
液体密度（25℃）/(g/cm³)	0.655	−40℃	21
液体热膨胀系数（25℃）/℃⁻¹	0.0025	−20℃	18
临界点		−10℃	16
压力/MPa	5.37	25℃	11.36
温度/℃	126.95	介电常数（25℃）	5.02
摩尔体积/(cm⁻³/mol)	170	气体黏度/μPa·s	
密度/(g/cm³)	0.271	0℃	82.5
压缩因子	0.274	20℃	85.5
偏心因子	0.204	25℃	91.6
偶极矩/C·m	4.30×10³⁰	液体黏度（25℃）/mPa·s	0.145
自燃温度/℃	350	热导率（25℃）/[W/(m·K)]	
空气中爆炸极限/%	3.45~26.7（中国）	气体	0.01344
	3.4~18（美国）	液体	0.1453
蒸气压（20℃）/MPa	0.530	DME 在水中的溶解度/g	
燃烧热（气体）/(kJ/mol)	1445	18℃	6.518
生成热（气体）/(kJ/mol)	−185.5	24℃	35.3[①]
熔化热/(kJ/kg)	107.3	水在 DME 中的溶解度（24℃）/g	7.0[①]
蒸发热（−24.8℃）/(kJ/kg)	467.4	在辛醇-水中的分配系数 lgK_{ow}	0.1
气体定压比热容（25℃）c_p/[kJ/(kg·K)]	1.433	在水中的亨利定律常数（18℃）/MPa	6604
气体定容比热容（25℃）c_v/[kJ/(kg·K)]	1.253	在汽油中的溶解度/g	
气体比热容比 c_p/c_v	1.144	−40℃	64
液体比热容（25℃）/[kJ/(kg·K)]	2.634	0℃	19
固体比热容（−183℃）/[kJ/(kg·K)]	1.169	20℃	7
气体摩尔熵（25℃）/[J/(mol·K)]	266.69	在四氯化碳中的溶解度（25℃）/g	16.33
气体摩尔生成熵（25℃）/[J/(mol·K)]	−238.54	在丙酮中的溶解度（25℃）/g	11.83
气体摩尔生成焓（25℃）/(kJ/mol)	−184.05	在苯中的溶解度（25℃）/g	15.29
气体摩尔吉布斯生成能（25℃）/(kJ/mol)	−112.93	在氯苯中的溶解度（25℃，106kPa）/g	18.55
溶解度参数 δ/(J/cm³)⁰·⁵	17.572	在乙酸甲酯中的溶解度（25℃，93.86kPa）/g	11.1
液体摩尔体积/(cm³/mol)	63.147		

① 应是在 24℃饱和蒸气压下的数据。

机合成中广泛应用的甲基化剂。

$$CH_3OCH_3 + SO_3 \longrightarrow (CH_3)_2SO_4$$

（2）同 NH_3 反应制甲胺（methylamines）

DME（或 CH_3OH）和 NH_3 以一定比例混合，在 325℃下通过 ZK-5（或活性氧化铝催化剂）催化，得到一、二、三甲胺混合物，再精馏分别得 80%二甲胺、16%一甲胺和 4%三甲胺。

$$CH_3OCH_3 + NH_3 \longrightarrow CH_3NH_2 + (CH_3)_2NH + (CH_3)_3N$$

（3）同 HCl 反应制氯甲烷（chloromethane）

在液相，DME 与 HCl 在水存在下，于 80～240℃下反应，催化剂可采用 γ-Al_2O_3 或 $ZnCl_2$/活性炭，高收率地制得氯甲烷。

$$CH_3OCH_3 + 2HCl \longrightarrow 2CH_3Cl + H_2O$$

（4）同 1,2,4-三甲苯反应制均四甲苯（1,2,4,5-tetramethylbenzene）

DME 与 1,2,4-三甲苯在 ZSM-5 沸石催化剂上于 300℃反应，生成均四甲苯。均四甲苯氧化成均苯四酸或均苯四酸二酐，用于制聚酰亚胺树脂、增塑剂、染料、农药、表面活性剂等。

（5）同 1-丁烯反应制富支链烯烃（α-olefin）

DME 与 1-丁烯在 TON 型沸石催化剂存在下，在大于 200℃时反应得到 3-甲基-1-丁烯，其可以脱氢得异戊二烯，是合成橡胶的重要原料。

$$CH_3OCH_3 + CH_2 = CH - CH_2 - CH_3 \longrightarrow \overset{CH_2}{\underset{|}{C}} = CH_2 - CH_2 = C$$

（6）同苯胺反应制 N,N-二甲基苯胺（N,N-dimethylaniline）

DME 与苯胺在催化剂存在下，发生烷基化反应生成 N,N-二甲基苯胺。

$$CH_3OCH_3 + \text{（苯胺）} - NH_2 \longrightarrow H_3C - \overset{CH_3}{\underset{|}{N}} - \text{（苯环）}$$

（7）同苯反应制甲苯（methylbenzene）、二甲苯（xylene）及多烷基苯（industrial linear alkylbenzene）

DME 与苯在硅酸铝催化剂存在下，发生烷基化反应生成甲苯、二甲苯及多烷基苯。

$$CH_3OCH_3 + C_6H_6 \longrightarrow C_6H_5CH_3 \text{ 或 } C_6H_4(CH_3)_2 \text{ 或 } C_{18}H_{30}$$

3.2.3.2 羰基化反应

（1）合成乙酐（aceticanhydride）

DME 在 $RhCl_3 \cdot 3H_2O$（3.5mmol）、CH_3I（30mmol）、CH_3COOH（340mmol）和 N-甲基吡咯烷酮（170mmol）存在下，于温度 200℃，压力 9MPa 下，在高压釜中与

CO 反应 3h，得到乙酐，含量 85.3%。乙酐主要用作生产乙酸纤维、医药、染料和香料的中间体。

$$CH_3OCH_3 + 2CO \longrightarrow (CH_3CO)_2O$$

（2）合成乙酸（acetic acid）和乙酸甲酯（methyl acetate）

DME 在温度 200℃，压力 50MPa 下，以钴、碘化合物为催化剂，与 CO 反应生成 40%乙酸和 23%乙酸甲酯。乙酸甲酯广泛应用于香料、医药及油漆工业。

$$CH_3OCH_3 + CO \longrightarrow CH_3COOH + CH_3COOCH_3$$

（3）合成乙酸甲酯和乙酸乙酯（acetic ether）

DME 在钌催化剂存在下，温度 200℃，压力 5MPa 下，发生羰基化和同系化反应生成乙酸甲酯和乙酸乙酯。

（4）合成乙酸乙烯（vinyl acetate）

华东理工大学化学工程联合国家重点实验室采用 DME 与合成气为原料，碘化铑、碘甲烷（CH_3I）、乙酸锂、对甲苯磺酸为催化体系，乙酸为溶剂，在高压反应釜中合成乙酸乙烯（VAC），研究了反应温度、反应时间、对甲苯磺酸用量、CO/H_2 摩尔比对反应的影响。最优条件为：反应温度 180℃，对甲苯磺酸 0.002 mol，反应时间 5 h，CO/H_2 摩尔比为 1，总压 4.6MPa。乙酸乙烯在工业上主要用于生产涂料、黏合剂的中间体聚乙酸乙烯酯。

$$2CH_3OCH_3 + 4CO + H_2 \longrightarrow CH_3COOCH{=}CH_2 + 2CH_3COOH$$

20 世纪 80 年代，美国哈尔康(Halcon)公司和英国石油(BP)公司率先开发出以甲醇和合成气为原料合成乙酸乙烯的新工艺，但因成本高等因素未能实现工业化。目前，已知的羰基化法制乙酸乙烯的报道比较少，我国有华东理工大学化学工程联合国家重点实验室所做的研究；国外的专利有过报道，而且以欧美专利为主，比较有代表性的是 Halcon、Eastman 以及 Monsanto 等跨国公司的专利，这些公司对加氢甲酰化反应的催化体系做了大量研究。

（5）合成乙醇（ethanol）

天津大学化工学院采用 DME 羰基化合成乙酸甲酯［式（1）］、乙酸甲酯进一步加氢［式（2）］得到目标产物乙醇。

$$CH_3OCH_3 + CO \longrightarrow CH_3COOCH_3 \qquad\qquad (1)$$

$$CH_3COOCH_3 + 2H_2 \longrightarrow CH_3CH_2OH + CH_3OH \qquad\qquad (2)$$

3.2.3.3 氧化反应

（1）氧化制甲醛（formaldehyde）

含 DME 的混合物在 460～530℃下，采用 $WO_3/\alpha\text{-}Al_2O_3$ 催化剂，可制得甲醛。

$$CH_3OCH_3 + O_2 \longrightarrow 2CH_2O + H_2O$$

太原化学工业集团有限公司化肥厂曾利用空气与甲醇生产排放气中 DME（含量 2.5%～3.5%）的混合物，利用催化剂氧化成甲醛，收率为 63% 以上，转化率为 80% 以上，选择性在 85% 以上，达到国外同类技术水平。

（2）DME 氧化羰基化法制碳酸二甲酯（DMC）

$$CH_3OCH_3 + CO + 1/2O_2 \longrightarrow (CH_3O)_2CO$$

据计算，该反应在热力学上十分有利，100℃时其 ΔG 为 $-189kJ/mol$。但该反应还处于探索阶段。作为新反应，其反应途径是一种理想的合成路径。碳酸二甲酯是一种十分有用的非毒绿色化学品。

（3）DME 氧化合成甲缩醛（methylal）催化剂的应用方法

中国科学院山西煤炭化学研究所是将原料 DME 和 O_2 的摩尔比控制在 $(1:3)\sim(3:1)$，在固定床反应器中进行反应，反应空速为 $1500\sim2000h^{-1}$，反应温度为 $250\sim400℃$，反应压力为 $1\sim3MPa$，反应时间为 $10min\sim10h$，得到甲缩醛。催化剂的改性组分占催化剂质量百分比为 0.99%～28.58%，杂多酸占催化剂质量百分比为 9.90%～35.71%，载体组分占催化剂质量百分比为 35.71%～89.11%。

$$CH_3OCH_3 + O_2 \longrightarrow CH_2(OCH_3)_2$$

3.2.3.4 加成反应

DME 可以按 Me—、MeO—、MeOCH$_2$—、H—与环氧乙烷、烯烃进行加成反应以增长碳链，形成所需化合物。

（1）生成乙二醇二醚（ethylene glycol dimethyl ether）

5mol DME 和 2mol 环氧乙烷在 0.001mol BF_3 和 0.024 mol H_3PO_3 存在下于 50～55℃反应 30min，得到 150g Me(OCH$_2$CH$_2$)$_n$OMe（其中：$n=1$ 占 54.5%，$n=2$ 占 24.7%，$n=3$ 占 10.4%，$n=4$ 占 2.8%，$n=5$ 占 1.4%）。

（2）DME 和甲醛转化为聚甲醛二甲醚（polyoxymethylene dimethyl ethers）

DME 和甲醛在 100～164℃下通过具有 MFI 结构的硼硅酸盐催化剂反应生成聚甲醛二甲醚，分子式为 $CH_3O(CH_2O)_nCH_3$，其中 $n=1\sim10$。聚甲醛二甲醚是柴油添加剂。

3.2.3.5 脱水反应制烯烃（olefins）

DME 在 361～482℃，常压下通过 ZSM-5 沸石时，得到 15%～32.9%（体积分数）乙烯的混合气；在 370℃下通过 ZSM-34 沸石催化剂时，得到含乙烯 32.93%（体积分数）、丙烯 16.79%（体积分数）的混合气；DME 在 300～350℃下通过 ZSM-5 沸石与二氧化钛（或叙永石）混合催化剂时，得到含乙烯 44%～50%（体积分数），丙烯 30%～40%（体积分数）的混合气。

3.2.3.6 芳构化反应制芳烃（BTX aromatics）

DME 和烃可在沸石催化剂上进行芳构化反应。例如，DME 与丙烯在 ZSM-5 沸石上，于 550℃下进行芳构化反应，生成苯（$w=21.3\%$），$C_6\sim C_8$ 芳烃（$w=38.2\%$）和 C_9^+ 芳烃（$w = 3.4\%$）。

3.2.3.7　合成氢氰酸（hydrogen cyanide）

DME 与 NH_3 和 O_2 在 MoO_3 或 WO_3 催化剂上，于 500℃反应生成 HCN。

3.2.3.8　其他反应

DME 作为偶联剂，与可溶性硅烷、三氯化铝、氨反应制取陶瓷材料的方程式如下：

$$SiCl_4 + AlCl_3 \xrightarrow{[Me_2O,NH_3]} B\text{-硅铝粉}$$

利用 DME 作偶联剂与可溶性硅烷、$AlCl_3$、NH_3 反应可制得一种高密度的氮化铝-氧化铝-氧化硅陶瓷材料。该陶瓷材料具有很高的耐热、耐腐蚀、耐氧化性能，且具有很高的强度，特别适用于制造切割工具，发动机引擎和透平机的部件等。DME 还可以与 O_2、NH_3 反应生成氢氰酸，与 P_2O_5 反应生成磷酸烷基酯等。

3.2.4　生化性质

二甲醚的 RTECS 号：PM4780000。可经呼吸道吸入体内，对眼睛和呼吸道有刺激作用，对中枢神经系统麻醉作用弱，对皮肤有刺激作用，吸入可引起麻醉、窒息。浓度在 7.5mg/L 以下时，可引起人体轻度的不适感，但无其他明显变化；当浓度达到 14mg/L 时，26min 即使人体陷入昏迷；人吸入 940.5g/m³，有极不愉快的感觉，有显著的窒息感；吸入 145.5g/m³ DME 30min，轻度麻醉。中毒时能引起咳嗽、呼吸困难、头疼、困倦；能引起皮肤和眼睛冻伤，产生红肿和视力模糊。液体迅速蒸发可引起冻伤。工作区（OES TWA）允许浓度在 500×10^{-6}。

3.3　生产方法

DME 最早由高压甲醇生产中的副产物精馏后制得。随着甲醇合成技术的进步，甲醇脱水和合成气合成 DME 生产技术很快发展起来。根据反应器的不同，合成气合成 DME 又分为固定床反应器和浆态床反应器两种形式。众多合成工艺路线均存在不同程度的优点及不足。我们应接受其优点，改进不足点，更好、更有效地将这些合成工艺利用到工业化生产中。

3.3.1　甲醇液相脱水法

传统的 DME 生产方法是以甲醇为原料，在浓硫酸的催化作用下，生成硫酸氢甲酯，硫酸氢甲酯再与甲醇反应生成 DME。甲醇脱水制 DME 最早采用浓硫酸作催化剂，反应在液相中进行，同时生成 CO、CO_2、H_2、C_2H_2 等副产物。

$$CH_3OH + H_2SO_4 \longrightarrow CH_3HSO_4 + H_2O$$

$$CH_3OH + CH_3HSO_4 \longrightarrow CH_3OCH_3 + H_2SO_4$$

甲醇液相脱水法制 DME 用硫酸作催化剂，将甲醇与浓硫酸混合加热至 140℃脱水制得 DME。该工艺反应温度低于 100℃，甲醇单程转化率高达 85%以上，DME 纯度高达

99.6%，可间歇或连续生产，投资少、操作简单。但是，由于使用硫酸作为催化剂腐蚀设备，催化剂的使用周期短，釜残液及污水严重污染环境，中间体硫酸氢甲酯毒性大，产品后处理困难，生产规模相对较小，在国外已逐渐被淘汰。

3.3.2　甲醇气相脱水法

气相甲醇通过固体酸催化剂脱水反应制得 DME：

$$2CH_3OH \longrightarrow CH_3OCH_3 + H_2O$$

1965 年，美国 Mobil 公司和意大利 ESSO 公司都曾采用气相甲醇脱水制 DME 的方法。其基本原理是在固定床催化反应器中将甲醇蒸气通过固体酸性催化剂（氧化铝或结晶硅酸铝），发生非均相反应，甲醇脱水生成 DME，脱水后的混合物再进行分离、提纯，得到燃料级或气雾剂级的 DME。

西南化工研究设计院进行了气相甲醇脱水制 DME 的研究和开发研究了 13X 分子筛、活性氧化铝及 ZSM-5 催化剂性能，当采用 ZSM-5 在 200℃下，甲醇转化率可达 75%～85%，选择性大于 99%；甲醇制气溶胶级 DME 扩大实验研究于 1992 年通过鉴定，甲醇转化率可达 70%，选择性约 99%，产品 DME 的含量大于 99.9%；1995～1999 年先后建成 2500t/a 和 5000t/a 生产装置，并一次投产成功。

云南解化清洁能源开发有限公司解化化工分公司 DME 装置于 2008 年投产，设计生产能力为 15 万吨/年。装置自投产以来，因 DME 反应副产物较多、设备腐蚀等多次进行改造。改造后，装置产能得到提升，但仍未能实现达标达产，消耗较高。为此，从 2013 年开始，云南解化清洁能源开发有限公司解化化工分公司进行了一系列技术改进，最终于 2014 年实现了达标生产。

云南解化清洁能源开发有限公司解化化工分公司 DME 合成工艺是从丹麦托普索（Topsoe）公司整体引进的，采用气相甲醇脱水法生产 DME，选用托普索（Topsoe）公司 DMK-10 催化剂，利用 DME 反应热预热原料甲醇。其工艺流程见图 3.1。

气相甲醇脱水法的关键是催化剂的研制。气相法生产工艺最常用的催化剂是氧化铝或硅酸铝、沸石、阳离子交换树脂，也可用锌、铜、锰、铝等金属的盐酸盐，铜、铝、铬等金属的硫酸盐，钛、钡等金属氧化物，矾钍化合物，硅胶和磷酸铝等。催化剂的基本特征是呈酸性，对主反应选择性高，副反应少，并具有避免 DME 深度脱水生成烯烃或析炭等作用。

3.3.3　合成气一步合成 DME

合成气直接制备 DME 的合成工艺，按催化反应器类型可分为固定床工艺和浆态床工艺。固定床工艺中，合成气在固体催化剂表面进行反应，又称为气相法；浆态床工艺中，合成气扩散到悬浮于惰性溶液中的固体催化剂表面进行反应，又称为液相法。

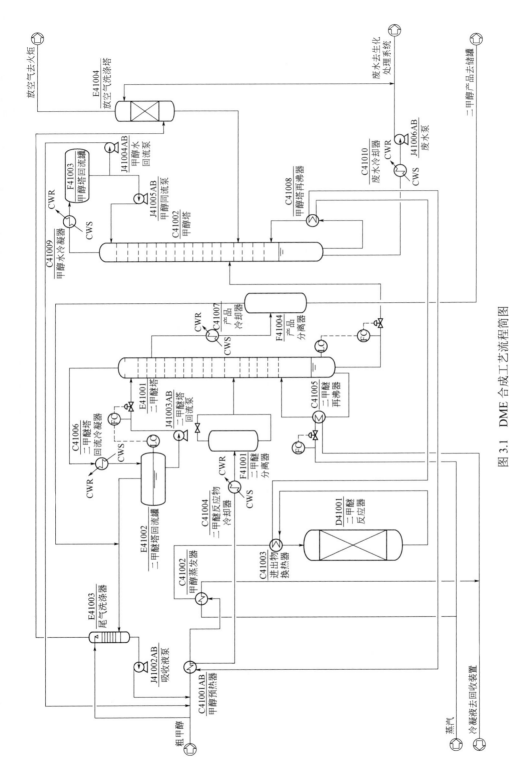

图 3.1 DME 合成工艺流程简图

合成气一步合成 DME 实际上由下述三步反应构成：

$$4H_2 + 2CO \longrightarrow 2CH_3OH$$

$$2CH_3OH \longrightarrow CH_3OCH_3 + H_2O$$

$$CO + H_2O \longrightarrow CO_2 + H_2$$

总反应式为：　　　　　$$3CO + 3H_2 \longrightarrow CH_3OCH_3 + CO_2$$

（1）气相法

合成气一步制 DME 实际上是把合成甲醇和甲醇脱水两个反应合在一个反应器内进行，其关键在于选择高活性及高选择性的双功能催化剂。

丹麦 Topsoe 公司的 TIGAS 工艺、日本三菱重工业公司和 COSMO 石油公司联合开发的 ASMTG 工艺及中国科学院大连化学物理研究所的工艺均为固定床工艺。

丹麦 Topsoe 公司的 TIGAS 工艺是将脱硫天然气加入水蒸气混合后，进入自热式转化器(由高压反应器、燃烧室和催化剂床层三部分组成)一步生成 DME。1995 年，丹麦 Haldor Topsoe 公司已建成 50kg/天的中试装置，并完成 1200h 的连续运行。所用催化剂由水气变换催化剂、Cu 基甲醇合成催化剂、甲醇脱水（氧化铝和硅酸铝）催化剂混合构成。当反应温度为 240～290℃、压力为 4.2 MPa 时，CO 单程转化率达到 70%。

中国科学院大连化学物理研究所开发的工艺采用金属-沸石双功能催化剂体系，将合成气高选择性地转化为 DME。小试结果表明，CO 单程转化率在 75% 左右，总转化率大于 90%，DME 选择性为 95%。1997 年，浙江大学在湖北电力实业公司建成 1500t/a 的生产装置，采用 Cu-Mn 催化剂系统，稳定性较好，CO 转化率为 70%～80%，既可生产醇醚燃料，也可生产纯度达 99.9% 的 DME。

（2）液相法

1991 年美国空气化学品公司（Air products）开发了合成气浆态床一步合成 DME 技术，1999 年建成 15t/天的中试装置。浆态床一步合成 DME 技术，是目前最新开发的技术。它可直接利用 CO 含量高的煤基合成气，还可在线装卸催化剂。其突破是甲醇合成过程中热力学平衡的限制，具有较高的 CO 单程转化率和 DME 产率，使 DME 在成本上更具优势；另外，该工艺可将甲醇装置经适当改造后直接生产，容易组织较大规模生产。

目前，美国空气化学品公司（Air products）、日本 NKK 公司以及清华大学作为浆态床一步合成 DME 工艺的典型代表已进行了中试研究，并成功开发了浆态床合成 DME 的产业化技术。美国空气化学品公司开发的浆态床 DME 生产工艺选用高 15.24m、内径 0.475m 的浆态床反应器，反应器内有 12 根 U 形换热管。该工艺的操作温度为 200～290℃，压力为 3.5～6.0MPa，空速为 1000～10000L/(h·kg)，以 $Cu-Al_2O_3-SiO_2$ 为催化剂，合成气单程转化率大于 30%，热交换效率高，适合配比不同的原料。另外，中科院山西煤炭化学所、华东理工大学、中科院大连化学物理研究所和太原理工大学等科研单位和高校在浆态床一步合成 DME 合成方面做了相关研究，取得了一定进展。

清华大学从 1998 年开始与美国空气化学品公司合作研究浆态床生产技术。目前，清华大学开发的循环浆态床一步合成 DME 技术已经进行了中试研究，该工艺中试的操作压力为 4.5MPa，温度为 250℃，H_2/CO 约为 1，一氧化碳的转化率高达 60%，DME 的选择性超过 95%。

中国科学院大连化学物理研究所研制出了用于合成气一步合成 DME 的性能良好的双功能催化剂，并在此基础上开发了固定床合成气一步合成 DME 新工艺。该工艺采用固定床反应器，合成气原料 H_2/CO 为 1~2，CO/CO_2 为 15~25，操作压力为 2.5~4.0MPa，反应温度为 230~300℃，原料合成气进气空速为 700~1500h^{-1}，所用催化剂为该所自己研制的金属沸石催化剂；他们还开展了甲烷化空气催化氧化制合成气与含氮合成气制 DME 技术的研究，希望得到廉价合成气，从而降低 DME 合成生产成本。

3.3.4　CO_2 加氢直接合成 DME

近年来，利用 CO_2 加氢制含氧化合物的研究因可有效地利用 CO_2 越来越受到人们的重视，采用该技术可减轻 CO_2 对大气的污染。其中，CO_2 催化加氢合成甲醇得到了广泛的研究。然而，由于该反应受热力学平衡的限制，CO_2 转化率较低。同时，由于存在逆水煤气变换反应，有相当一部分 CO_2 转变成 CO，从而使甲醇的选择性不高。如果反应所生成的甲醇能进一步脱水生成 DME，则不仅会打破热力学平衡的限制，获得较高的 CO_2 转化率，而且与 DME 同时生成的水又可抑制逆水煤气变换反应，从而减少 CO 的生成。基于以上原因，CO_2 加氢制 DME 成为 CO_2 化工利用的一个热点。

CO_2 加氢制 DME 打破了 CO_2 加氢制甲醇热力学的限制，使 CO_2 转化率得以提高。目前，世界上许多国家都在进行 CO_2 加氢制 DME 的催化剂及工艺研究，但大多处于探索阶段，CO_2 的转化率及 DME 的选择性均较低。

截至目前，对 CO_2 加氢直接制 DME 的研究集中在对反应机理的推测以及催化剂的研究上。对 CO_2 催化加氢合成 DME 的反应机理主要有两种观点：一种认为 CO_2 首先加氢得到甲酸盐中间产物，甲酸盐中间产物可分解生成 CO，也可进一步加氢经甲酰基和甲氧基得到甲醇，甲醇再脱水生成 DME；另一种认为，DME 由 CO 加氢制得，即 CO_2 首先被 H_2 还原成 CO，再由 CO 加氢生成甲醇，甲醇脱水得到 DME。浙江大学采用煤基工业合成气一步合成 DME。

3.3.5　生产工艺评述

（1）性能对比

表 3.3 比较了 DME、柴油、LPG 和压缩天然气(CNG)的物化特性。随着原油价格的不断上涨，DME 优良的物理性能使其在民用燃料和车用原料的替代方面显示出巨大的潜力。

表 3.3　DME、柴油、LPG 和 CNG 的物化特性比较

性质	DME	柴油	LPG	CNG
化学式	CH_3OCH_3	C_xH_y	C_3H_8、C_4H_{10}	CH_4
分子量	46.07	190～220	44～56	16.04
液态密度/(kg/m³)	667	820～880	501	445
沸点/℃	−24.9	175～360	−42	−162
十六烷值	55～60	40～55	<10	<10
自燃温度/℃	235	250	470	650
低位发热量（气态）/(MJ/kg)	28.9	42.5	46.4	50.0
汽化潜热/(kJ/kg)	467.7	250～300	426.0	510.0
动力黏度（20℃）/μPa·s	0.15	2～4	0.15	—
蒸气压（20℃）/MPa	0.51	<0.001	0.84	—
空气中爆炸极限/%	3.4～17	0.6～0.65	2.1～9.4	4.7～15

　　DME 是迄今为止最有可能补充柴油的合成燃料，因此近年来备受关注。研究表明，DME 的十六烷值较高，自燃温度低，含氧量高，燃烧后生成的碳烟少，对金属无腐蚀性，对燃油系统的材料也没有特殊要求，其直接作为车用燃料燃烧效果好。DME 与柴油的性能对比见表 3.4。

表 3.4　柴油和燃用 DME 燃料的性能对比

项目	柴油	DME
功率/转矩	相等	
燃料经济性	相等	
瞬态循环排放物/(g/kg)	3.8	1.6
氮氧化物/[g/(bhp·h)]	0.3	0.3
总碳氢/[g/(bhp·h)]	0.3	0.3
总微粒量/[g/(bhp·h)]	0.08	0.02
最高加速烟度/%	5	0
最大燃烧噪声/dB(A)	88	78

　　注：重型卡车柴油机涡轮增压，中冷无废气后处理或废气再循环。

　　DME 在常温下为无色无味气体，在一定压力下为液体，其液化气的物理性能与石油液化气 LPG 相似，可代替煤气、LPG 用作民用燃料。DME 可单独作燃料，也可掺入液化气中使用，还可将 DME 掺入城市煤气或天然气中混烧。DME 燃烧完全、无残液，燃烧尾气中 CO 含量低，是一种理想的清洁燃料。DME 与 LPG 的性能比较见表 3.5。

表 3.5　液化石油气（LPG）与二甲醚（DME）的性能比较

项目	LPG	DME
分子量	56.6	46.0
压力（60℃）/MPa	1.92	1.35
平均热值/(kJ/kg)	45760	31450
空气中爆炸下限（体积分数）/%	1.7	3.5
理论空气量/(m³/kg)	11.32	6.96
理论烟气量/(m³/kg)	12.02	7.46
预混气热值/(kJ/m³)	3909	4219
理论燃烧温度/℃	2055	2250

从表 3.5 可见，同等温度下，DME 饱和蒸气压低于 LPG，因而其储存、运输比 LPG 更安全；DME 在空气中爆炸下限比 LPG 高 1 倍，因而在使用过程中，DME 也比 LPG 安全；虽然 DME 的热值比 LPG 低，但由于 DME 自身含氧，燃烧过程中需要空气量远低于 LPG，因此 DME 的预混气热值及理论燃烧温度均高于 LPG。

（2）工艺对比

DME 生产工艺主要有硫酸法、甲醇气相催化脱水法、合成气一步直接合成 DME 法。硫酸法因其工艺落后，操作难度大，转化率低等问题，属淘汰工艺。

目前，我国大部分企业的 DME 生产工艺采用甲醇气相催化脱水法。

从表 3.6 可以看出 DME 各种生产工艺的比较。合成气一步合成 DME 法与甲醇气相脱水法相比，具有流程简单、车间成本低、能耗低、CO 单程转化率高等优点。合成气法制 DME 的原料合成气有广泛的来源，例如通过煤、重油、渣油气化或天然气直接转化而得到，同时原料成本低廉。此外，在设备方面，该工艺可用化肥和甲醇装置经适当改造后直接生产，容易组织较大规模生产。

表 3.6　DME 各种生产工艺的比较

项目	甲醇液相法	甲醇气相法	一步合成法
催化剂	硫酸	固体酸	多功能催化剂
温度/℃	130~160	200~400	250~300
压力/MPa	常压	0.1~1.5	3.5~6.0
转化率/%	~90	75~85	90
选择性/%	>90	>99	>65
1000t 每年投资/万元	280~320	400~500	700~800
车间成本/(元/t)	4500~4800	4600~4800	3400~3600
DME 纯度/%	≤99.6	≤99.9	~99

（3）主要技术难点

① 甲醇气相脱水。甲醇气相脱水制 DME 装置存在的问题：a. 在整个 DME 生产装置中，废水管道结蜡问题较为严重，部分管道甚至出现了堵塞现象，出现大团白色黏稠状物质，清理过程需要大量时间，需要消耗一定的人力、物力和财力，尤其在停车降温之后出现的结蜡问题较为明显；b. 在连续生产 30 天之后 DME 装置呈现出高负荷运行状态，汽化塔釜管线由于泄漏问题而停工一次。究其原因发现，塔釜管道（碳钢材质）出现了腐蚀裂缝，釜液的 pH 值维持在 4～5，呈现出酸性状态。

② CO_2 加氢直接合成 DME。与 CO 加氢制甲醇不同，CO_2 制 DME 反应产生大量的水，而水的存在会导致 Cu 的晶化，从而降低催化剂的活性和稳定性。因此，对适合于 CO_2 加氢的甲醇合成活性组分做进一步研究，以提高催化剂的活性、选择性和稳定性，是实现 CO_2 加氢制 DME 工业化首先需要解决的问题。

③ 合成气一步合成 DME。由于含氮合成气要求具有更高的转化率以降低分离费用，浆态床反应器难以满足要求，开发新的反应器成为使用含氮合成气的关键。

综上所述，DME 作为一种重要的清洁能源和环保产品，非常适合我国的能源结构，符合我国能源优化利用的大方向。由合成气一步制 DME 使 DME 的生产在经济上更具有竞争力。浆态床工艺由于具有传热、传质效果好，反应器结构简单，更适合于富 CO 的煤基合成气等特点，将是 DME 生产工艺的发展方向。

3.3.6 科研成果（2008～2014 年期间）

从表 3.7 可以看出，2008～2014 年期间我国 DME 的科研成果。

表 3.7 2008～2014 年期间我国 DME 的科研成果[①]

完成单位	项目	项目年度编号	成果公布年份
湖北三宁化工股份有限公司	DME 催化剂升温新工艺研发及产业化	1500230306	2014
	反应精馏一体化生产 DME 的新工艺研发及产业化应用	1100240456	2010
中国科学院大连化学物理研究所	DME 羰基化制乙酸甲酯	1500152403	2014
	甲醇/DME 制低碳烯烃(DMTO)	hg08026128	2008
亚申科技研发中心（上海）有限公司	尿素醇解法联产碳酸二甲酯（DMC）/DME 工艺技术	1500161466	2014
西南化工研究设计院	甲醇制 DME 催化剂开发与产业化	1400191964	2013
河北省产品质量监督检验院	液化石油气-DME 复合燃料	1300280307	2013
邯郸学院	新能源 DME 合成技术方法的研究	1300280147	2013
鹤壁宝发能源科技股份有限公司 河南天一化工科技有限公司	30 万吨/年 DME 关键技术应用及产业化	1400211218	2012
中国平煤神马能源化工集团有限责任公司	焦炉煤气提氢后经粗甲醇直接合成 DME 关键技术研究	1100380105	2011

完成单位	项目	项目年度编号	成果公布年份
中国科学院山西煤炭化学研究所	煤层气经部分氧化/重整制 DME 液体燃料的研究	gkls133685	2011
	两步法生产 DME 洁净燃料	gkls123669	2010
	合成气制 DME 醇醚燃料	0900270023	2008
	DME 氧化合成甲缩醛催化剂的应用方法	0801060541	2008
中国科学院广州能源研究所	生物质气化合成 DME 中试系统研制	gkls133533	2011
	生物质气化合成 DME	gkls086775	2008
东北石油大学	合成气直接制 DME 技术研究	1200230120	2011
山东省科学院能源研究所	生物质气化合成 DME 技术的研究	1200161238	2010
安徽建筑工业学院	新型纳米微孔催化剂合成 DME 新工艺技术	gkls083510	2009
四川泸天化（集团）有限责任公司	10 万吨/年气相法生产 DME 装置	0900230160	2009
	1350t/d 甲醇、340t/d DME 装置安全技术优化应用	0900850367	2008
北京理工大学珠海学院	燃料用 DME 产业化工程技术开发	hg08016397	2008
南开大学	甲醇直接法合成 DME 新型反应工艺技术	1000460003	2008
浙江大学	CO 加氢一步合成 DME	hg08019477	2008
中国石油大学（北京）吐哈油田	DME 生产工艺的优选与评价	0801060541	2008

① 限制使用：国内；成果类别：应用技术。

3.4 产品的分级和质量规格

3.4.1 产品的分级

从表 3.8 为广东省 DME 企业产品标准。

表 3.8 广东省 DME 企业产品标准

项目	优级	一级	二级
感观	无色，无异味，常温下为压缩液体		
DME 含量（质量分数）/%	≥99.9	≥99.5	≥99.0
水分（质量分数）/10^{-6}	≤100	≤200	≤300
甲醇含量（质量分数）/10^{-6}	≤50	≤100	≤200

从表 3.9 为燃料级 DME（液化气级）标准。

表 3.9　燃料级 DME（液化气级）标准

项目	指标
DME 含量（质量分数）/%	≥93
甲醇含量（质量分数）/%	≤3
残留物（质量分数）/%	≤1
硫含量/(mg/m)	≤100
水分（质量分数）/%	≤1
热值/(kJ/kg^3)	≥28000

从表 3.10 为德国 EDA、美国杜邦和中山凯中有限公司等公司的产品质量标准。

表 3.10　德国 EDA、美国杜邦和中山凯中有限公司的产品质量标准

指标	德国 EDA	美国杜邦	中山凯中有限公司
DME 含量（质量分数）/%	>99.99	>99.80	>99.98
甲醇含量（质量分数）/10^{-6}	<1	<200	73
水分（质量分数）/10^{-6}	<50	<500	80
空气含量（质量分数）/10^{-6}	—	<100	2
CO_2 含量（质量分数）/10^{-6}	<50	—	9
蒸发残渣 w/10^{-6}	—	<50	15

3.4.2　标准类型

从表 3.11 为全球 DME 的标准类型。

表 3.11　全球 DME 的标准类型

项目	标准编号	国别
DME	HG/T 3934—2007	中国
车用燃料 DME	GB/T 26605—2011	中国
DME 单位产品能源消耗限额	GB 31535—2015	中国
石油产品.燃料（F 类）.DME	BS ISO 16861—2015	英国
燃料用 DME	ASTM D7901—2014	美国
用作燃料的 DME	ASTM D7901—2014a	美国
用作燃料的 DME	ASTM D7901—2014b	美国
石油产品，燃料（F 类）.DME	NF M40—003—2015	法国
石油产品.燃料（F 类）.DME	BS ISO 16861—2015	国际

3.4.3 产品分析

从表 3.12 为全球 DME 的产品分析。

表 3.12 全球 DME 的产品分析

项目	标准编号	国别
冷藏的基于非石油的液化气体燃料 DME.陆上终端的手动抽样方法	ISO 29945—2009	国际
燃料用 DME.杂质的测定.气相色谱法	ISO 17196—2014	国际
燃料用 DME.水含量的测定.卡尔·费休滴定法	ISO 17197—2014	国际
燃料用 DME.使用紫外荧光法测定总含硫量	ISO 17198—2014	国际
燃料用 DME.高温（105℃）蒸发残留物的测定.质量分析法	ISO 17786—2015	国际
冷藏的基于非石油的液化气体燃料 DME.陆上终端的手动抽样方法	NF M07—005—2010	法国
燃料用 DME. 使用紫外荧光法测定总硫量	NF M41—020—2015	法国
冷藏的基于非石油的液化气体燃料 DME.陆上终端的手动抽样方法	BS ISO 29945—2009	英国
冷藏的基于非石油和碳氢化合物的液化气体燃料 DME.船舶上的测量和计算	BS ISO 16384—2012	英国
燃料用 DME.杂质的测定. 气相色谱法	BS ISO 17196—2014	英国
燃料用 DME.水含量的测定.卡尔·费休滴定法	BS ISO 17197—2014	英国
燃料用 DME.使用紫外荧光法测定总含硫量	BS ISO 17198—2014	英国
燃料用 DME.高温（105℃）蒸发残留物的测定. 质量分析法	BS ISO 17786—2015	英国
工业用乙烯、丙烯中微量含氧化合物的测定 气相色谱法	GB/T 12701—2014	中国

3.5 危险性与防护

在 DME 生产过程中必须注意安全和劳动保护。

3.5.1 燃烧爆炸的危险性

DME 易燃，其闪点−41℃，自燃点 350℃。火险分级：甲。爆炸下限 $\varphi = 3.4\%$；爆炸上限 $\varphi = 27.0\%$。与空气混合能形成爆炸混合物，遇明火、高热能引起燃烧爆炸。DME 蒸气比空气重，可沿地面扩散到相当远的地方，遇火源会引燃，生产的地方要严禁明火、火花及吸烟。由于其电导率低，流动或搅动时能产生静电蓄积，不能用压缩 DME 气充瓶运输及处理。在氧气存在下，长期放置或在玻璃瓶里受日光照射，都能产生不稳定的过氧化物，受热立即爆炸。若遇高温，容器内压力增大，有开裂和爆炸的危险。燃烧（分解）产物为 CO、CO_2。禁忌物：强氧化物、强酸、卤素。

3.5.2 应急措施

要戴防冻隔热手套和防毒面具进行操作，DME 泄漏时戴隔离式防毒面具清理漏液，喷嘴口不能与水接触。

工程运行中，DME 要单独使用不会产生火花且通风的系统，排风口直接通到室外，供给充分新鲜空气以补充排气系统抽出的空气。如遇泄漏事故，需迅速撤离事故区人员至上风处，并进行隔离，严格限制人员出入。切断火源。建议应急处理人员戴自给正压式呼吸器，穿消防防护服。尽可能切断泄漏源。用工业覆盖层或吸附/吸收剂盖住泄漏点附近的下水道等地方，防止气体进入。合理通风，加速扩散。喷雾状水稀释、溶解。构筑围堤或挖坑收容产生的大量废水。漏气容器要妥善处理，修复、检验后再用。发生燃爆事故，要采用雾状水、抗溶性泡沫、干粉、CO_2、砂土等灭火剂处理。

3.6　毒性与防护

DME 有轻微麻醉作用，高浓度吸入可致人窒息。侵入人体的途径主要是吸入，长期吸入可能导致协调功能丧失、视力模糊、头痛、眼花、兴奋及情绪不稳，严重时可导致中枢神经系统受抑制，甚至缺氧而死。皮肤接触 DME 会导致龟裂和干燥，接触到液体可能导致冻伤。高浓度 DME 蒸气会刺激眼睛，如眼睛接触到液体可能导致冻伤。误食 DME 液体后，可能会造成口、唇冻伤，协调功能丧失，视力模糊，头痛，痛觉丧失，丧失意识及呼吸不畅。DME 常温下为气态，属易燃、易爆气体。与空气混合能形成爆炸性混合物。接触热、火星、火焰或硝化剂易燃烧爆炸。接触空气或在阳光下可生成具有潜在爆炸危险性的过氧化物。气体比空气重，能在较低处扩散到相当远的地方，遇明火会引起回燃。若遇高热，容器内压力增大，有开裂和爆炸危险。

如吸入 DME 需将患者移至空气新鲜的地方，若停止呼吸，则立刻实施人工呼吸后就医。皮肤接触到 DME 液体时，立刻用温水（不超过 40℃）使冻伤处回暖，严重时立刻就医。眼睛溅入本品，立刻用水彻底冲洗，然后立刻就医。

3.7　包装与储运

工业 DME 要用钢瓶、槽车包装，且要标明危险、易燃易爆；灌装适量，严禁超装，搬运时轻装轻卸，防止钢瓶及附件破损。产品要储存于阴凉、干燥、通风良好的仓间；远离火种、热源，防止阳光直射；罐储时要有防火防爆技术措施；配备相应品种和数量的消防器材；充装压力小于钢瓶规定压力。

DME 用作民用燃料，其压力等级符合液化气的要求，可用现有的液化气灌装设备集中统一灌装，灶具也可通用。储存灌装设备都可与液化石油气通用。

3.8　经济概况

DME 工业是一个具有发展前景的新兴产业，它对国民经济的发展，能源结构调整，环境保护都具有十分重要的意义。

DME 是最简单的脂肪醚，也是重要的甲醇下游产品。DME 作为一种清洁化学品在制药、燃料、农药、化学品的合成方面有许多独特的用途。国外许多国家正在开发 DME

代替氟氯烃制冷剂和发泡剂；开发利用 DME 作为聚乙烯、聚氨基甲酸乙酯、热塑性聚酯泡沫的发泡剂。DME 原料来源也十分广泛，可以由石油、天然气、煤和生物物质（如稻草、高粱及米糠等物质）制得。

全球的 DME 需求量多年来一直不断增长，2014 年全球 DME 的产能达到 1400 万吨，2014 年全球 DME 产能分布概况见图 3.2。然而这种增长在各地区分布不均，如欧洲的增长率大约是 3%，而中国的数字是其两倍多，这得益于电子产品生产厂向中国的转移以及中国汽车工业的强劲增长。中国现已发展成最大的 DME 生产国，其产能达到 616 万吨/年，占全球 DME 产能的 44%。同时，中国成为最大的 DME 消费国。日本位居第二，占全球 DME 产能的 21.43%；丹麦位居第三，占全球 DME 产能的 15%。

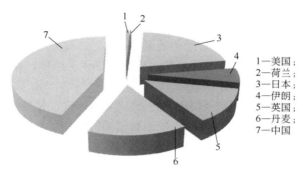

1—美国；
2—荷兰；
3—日本；
4—伊朗；
5—英国；
6—丹麦；
7—中国

图 3.2   全球 DME 产能的分布概况

在我国，DME 作为气雾推进剂、制冷剂、发泡剂仅仅是其用途的一少部分，其主要用途是补充汽车燃油、液化石油气和应用于城市补充燃料，是解决我国能源、经济与环境保护问题，坚持可持续发展的关键。

DME 燃料的环保性和对国家能源安全的重要性已引起我国政府有关部门的高度重视，发展 DME 已列入国家中长期科技发展规划，国家科技部、教育部、国家自然科学基金委员会、中科院和政府有关部委已经先后启动了一批 DME 制备技术和 DME 发动机、汽车研发项目。我国山东、陕西、四川、内蒙古、新疆、安徽、上海等地已建成或正在建一批规模不等的 DME 生产基地。

3.9 用途

DME 的用途很多：①清洁能源燃料；②清洁柴油燃料；③补充 LPG；④补充城市用天然气；⑤DME→汽油；⑥DME→烯烃（乙烯，丙烯）；⑦DME→乙酸；⑧推进燃料；⑨其他（锅炉、小型热电冷联供、发动机热泵、燃料电池及热水器等）。DME 作为汽车燃料和清洁民用燃料是最有应用前景的，将形成一个新的 DME 能源经济，DME 作为一种新型二次能源具有巨大的发展潜力，有望成为我国能源经济的主要支柱之一。

① 作为清洁燃料，DME 的用途非常广泛，在不能马上用于汽车之前，可以用于日

常炊事或取暖等。专家认为，用 DME 替代液化石油气在排放和燃烧效率方面都具有优势，只要价格有竞争力，大量替代不成问题。作为清洁燃料，DME 具有极大的市场潜力和发展前景。低压下 DME 变为液体，与液化石油气有相似之处。

用 DME 作燃料有诸多优点：a. 在同等温度条件下，DME 的饱和蒸气压低于液化气，其储存、运输比液化气安全；b. DME 在空气中的爆炸极限比液化气高一倍，因此在使用中比液化气安全；c. 虽然 DME 的热值比液化气低，但由于本身含氧，燃烧过程所需空气量远低于液化气，从而使得 DME 的预混合热值理论燃烧温度均高于液化气。

DME 自身含氧，组分单一，碳链短，燃烧性能良好，热效率高，燃烧过程中无残液，无黑烟，是一种优质、清洁的燃料。陕西新型燃料燃具公司创建初期就是利用 DME 和 C_5 混合作燃料推广；鲁明化工有限公司生产的 DME 重点作为民用燃料推广，并配套开发了燃具。DME 同液化石油气混配，可燃烧更充分且无残液。

② 作为车用燃料，DME 比甲醇的蒸发潜热小，燃烧更充分，克服了甲醇燃料冷启动性能差和加速性能差等缺点，是柴油发动机的理想代用燃料，并能降低发动机噪声 5%～10%，尾气符合欧洲 III 级排气标准。

我国西安交通大学进行 DME 代替柴油发动机实验研究，并与一汽合作成功开发了中国第一辆 DME 代替柴油发动机汽车；陕西新型燃料燃具公司同长安大学合作开发车用 DME，已经通过有关部门的鉴定。据西安交通大学的专家介绍，同样的柴油发动机，用 DME 燃料，发动机功率可提高 16%，热功率提高 2～3 个百分点；所有工作过程基本上可做到无烟运行，无可见微颗粒排放，尾气排放达到欧 III 标准；氮氧排放是燃用柴油的 60% 以下；一氧化碳排放可下降 40% 左右，工作时噪声下降 10～15dB。

2003 年上海交通大学燃烧与环境技术中心与上海汽车工业（集团）公司共同承担了 DME 汽车国家科技攻关项目，在上海申沃客车有限公司、上海柴油机股份有限公司、上海华谊集团公司、上海焦化有限公司等协作下，成功研制了我国第一台 DME 城市客车样车，见图 3.3。经国家重型汽车质量监督检测中心测试，该车动力强劲，排放远优于欧 III 排放限值、碳烟排放为零，彻底解决了城市公交车冒黑烟的问题。

图 3.3　我国首台 DME 城市客车样车

③ 直接 DME 燃料电池（DDFC）

DME 作为燃料电池的燃料，也受到人们的关注。目前主要有三种方式实现 DME 燃料电池：a．DME 重整制氢，替代甲醇或汽油，用于质子交换膜燃料电池；b．DME 固体氧化物燃料电池（SOFC）；c．直接 DME 燃料电池（DDFC）。运用 DME 氧化反应的 Gibbs 自由能，可以算出 DDFC 的理论电动势为 1.20V，与 DMFC（直接甲醇燃料电池）的 1.21V 相当，单从这方面就保证了 DDFC 与 DMFC 竞争的能力。

在日本和美国，均有 DDFC 的研究，而在中国尚未见有关研究报道。日本的研究单位主要在新能源与工业技术发展组织（the New Energy and Industrial Technology Development Organization，NEDO）的支持下开展了 DDFC 的研究工作。其中，有日本茨城大学、日本横滨国立大学。

美国宾夕法尼亚州立大学电化学引擎中心（The Electrochemical Engine Center，The Pennsylvania State University，USA）的 Mench 等也在进行 DDFC 研究，他们把研究目标放在便携式 DDFC 上。戴姆勒-克莱斯勒公司的 Muller 等比较了 DDFC 和 DMFC 的性能，他们用相同的电池硬件，分别用 DME 和甲醇给燃料电池供料，研究各自的性能。

参 考 文 献

[1] 中国工业气体工业协会. 中国工业气体大全：第 4 卷. 大连：大连理工大学出版社，2008：3214.
[2] 王丹，等. DME 合成技术及深加工利用现状及发展趋势. 广州化工，2010，38（11）：42-43.
[3] 魏文德. 有机化工原料大全：第 2 卷. 北京：化学工业出版社，1991：177-180.
[4] 艾伯特·梅兰. 工业溶剂手册：第 7 版. 陶鹏万，等译. 北京：冶金工业出版社，1984:372.
[5] 上海市化工轻工供应公司. 化学危险品使用手册. 北京：化学工业出版社，1992：96-97.
[6] 刘殿华，等. 二甲醚与合成气制备乙酸乙烯的研究. 天然气化工，2015，（4）：1-5.
[7] 庞冬，等. 甲醇气相脱水制二甲醚装置的运行总结. 化工管理，2012，（17）：45-46.
[8] 郑晓斌，等. 新型能源二甲醚合成催化剂和工艺发展综述. 化工进展，210，29（s2）：149-156.
[9] DME 科技成果. 国家图书馆，2017.
[10] 李峰. 甲醇及下游产品. 北京：化学工业出版社，2008.
[11] 倪维斗，靳晖，李政. 二甲醚经济：解决中国能源与环境问题的重大关键. 2003 国际 DME 论坛论文集. 2003，上海.
[12] 张光德，黄震，乔信起. 二甲醚燃料喷射过程的试验研究. 内燃机学报，2002，20（5）：395-398.
[13] 张光德，黄震，乔信起. 二甲醚发动机的燃烧与排放研究. 汽车工程，2003，25（2）：124-127.
[14] 邵玉艳，等. 直接二甲醚燃料电池. 化学通报，2004，67：w78.

第4章
乙酸

田广衷　临沂市海天化工有限公司　总工程师

4.1　概述

醋酸（acetic acid，HAc），学名乙酸（ethanoic acid，CAS：64-19-7），是一种典型的脂肪族一元羧酸。纯乙酸为无色透明液体，具有浓烈刺激性气味、酸味和腐蚀性，其中 10%左右的乙酸水溶液腐蚀性最大。高纯度乙酸（> 99%）凝固点较高，在环境温度低于 16℃时即凝结成片状晶片，故俗称为冰醋酸。

1911 年，德国建成了第一套采用粮食和糖蜜发酵生成乙醇，乙醇经过氧化得到乙醛，再经过乙醛氧化合成乙酸的工业装置，并迅速推广到其他国家。

1928 年，德国以乙炔法取代酒精法制备乙醛，通过电石乙炔进行水解反应生成乙醛，再进一步氧化合成乙酸。

1959 年，德国 Wacker-Chemie 和 Hoechst 联合开发了乙烯直接氧化法，乙烯-乙醛-乙酸路线迅速发展为主要的乙酸生产方法。

1960 年，德国 BASF 公司开发的以甲醇为原料、钴为催化剂在高压高温的甲醇羰基化合成乙酸工艺实现工业化。

1971 年，美国 Monsanto 公司的甲醇低压羰基化合成乙酸装置投产成功。

1983 年，美国 Eastman 公司建成乙酸-乙酐联产技术工业装置。近年来，传统甲醇羰基化等工艺不断得到改进，新工艺、新技术层出不穷，从而促进乙酸生产技术不断升级换代。

2014 年，全球甲醇羰基化合成乙酸的产能达 1681.6 万吨。

全球主要乙酸生产商和产能如表 4.1 所示。

表 4.1　全球主要乙酸生产商和产能的情况

公司名称	产能/(万吨/年)	比例/%	生产地区
塞拉尼斯（Celanese）	315.0	18.73	美国、新加坡和江苏省南京市
BP 化学	279.5	16.62	中国台湾省、江苏省南京市，英国、韩国、马来西亚
USI	41.0	2.44	美国
Millennium	55.0	3.27	美国第亚帕克
Sterling	54.6	3.25	美国德克萨斯
SIPCHEM	46.0	2.74	沙特
Kyodo Sakusan	22.5	1.34	日本
Daicel Chemicals	38.0	2.26	日本
Rhone-Poulenc	30.0	1.78	法国
Techmashimport	15.0	0.89	俄罗斯
GNVF	55.0	3.27	印度
MSK	10.0	0.59	前南斯拉夫地区
江苏索普（集团）	140.0	8.33	江苏省镇江市
上海吴泾化工有限公司	130.0	7.73	上海市吴泾、安徽省芜湖市
山东兖矿国泰化工有限公司	80.0	4.76	山东省枣庄市
山东华鲁恒升化工有限公司	50.0	2.97	山东省德州市
河北英都气化有限公司	50.0	2.97	河北省邢台市
河南顺达化工科技有限公司	40.0	2.38	河南省驻马店市
河南煤业化工集团有限责任公司	40.0	2.38	河南省郑州市
扬子江乙酰化工有限公司	35.0	2.08	重庆市
陕西延长石油能源化工有限公司	30.0	1.78	陕西省榆林市
长城能源化工（宁夏）有限公司	30.0	1.78	宁夏灵武市
天津天碱化工有限公司	20.0	1.19	天津市临港工业区
云南云维集团	20.0	1.19	云南省曲靖市

4.2　性能

4.2.1　结构

结构式：

分子式：$C_2H_4O_2$

4.2.2 物理性质

乙酸的物理性质如表 4.2 所示。

表 4.2 乙酸的物理性质

名称	数值	名称	数值
沸点/℃	117.87	热导率/[W/(m·K)]	0.158
凝固点/℃	16.635±0.002	闪点（开杯）/℃	57
密度（293K）/(g/mL)	1.04928	自燃点/℃	465
折射率 n_d^{25}	1.36965	燃烧上限（体积分数）/%	40
黏度/[mPa·s(cP)]		燃烧下限（100℃，空气中体积分数）/%	5.4
293K	11.83	表面张力/(N/m)	
298K	10.97	293.1K	0.2757
313K	8.18	303K	0.2658
373K	4.3	磁化常数/(cm³/mol)	
临界温度/℃	321.6	固体	32.05×10⁻⁶
临界压力/MPa（1atm）	57.87（571.1）	液体	31.80×10⁻⁶
临界密度/(g/mL)	0.351	介电常数，	
液体比热容（293K）/[J/(g·K)]	1.98	固体，−10℃	2.665
固体比热容（100K）/[J/(g·K)]	0.837	液体，20℃	6.170
蒸气比热容（397K）/[J/(g·K)]	5.029	离解常数	1.845×10⁻⁵
溶解热/(J/g)	207.1	膨胀系数/℃⁻¹	0.001433
汽化热（沸点时）/(J/g)	394.5	扩散系数/(cm²/s)	
稀释热(H₂O，296K)/(kJ/mol)	1.0	1mol/L(H₂O)，18℃	(0.96±0.04)%
熔化热/(J/g)	187.1±6.7	空气	0.1064
生成热/(kJ/mol)	471.4	压缩熔化变形（101.3kPa）/(cm³/kg)	156.0
燃烧热（CO₂+H₂O，293K）/(kJ/mol)	876.5		

4.2.3 化学性质

乙酸在水溶液中能离解产生氢离子，其离解常数 $K_a = 1.75×10^{-5}$，能进行一系列脂肪族一元羧酸的典型反应，如酯化反应、与金属及其氧化物反应、α-氢原子卤代反应、胺化反应、腈化反应、酰化反应、还原反应、醛缩合反应以及氧化酯化反应等。

（1）和金属及其氧化物反应

乙酸可以和很多金属及其氧化物反应生成乙酸盐，碱金属的氢氧化物或碳酸盐能与乙酸直接反应生成乙酸盐，其反应速率较硫酸或盐酸慢，但较大多数有机酸则快得多。氧化剂（如硝酸钴、过氧化氢等）可加速碱金属与乙酸的反应速率。乙酸溶液中通入电流能加速铅电极的溶解，甚至可溶解一些贵金属。

某些金属的乙酸盐能溶于乙酸，与一个或多个乙酸分子结合形成乙酸的酸式盐，如 $CH_3COONa \cdot CH_3COOH$。

（2）酯化反应

乙酸与醇进行酯化反应是乙酸的重要反应之一，生成多种乙酸酯，并在工业上有广泛用途。一般情况下乙酸的酯化反应速率较慢，所以常采用高氯酸、磷酸、硫酸、苯磺酸、甲烷基硫酸、三氟代乙酸等酸类作为催化剂加速反应。非酸性的盐、氧化物、金属在特定的条件下也能催化酯化反应。乙酸也可以与不饱和烃进行酯化反应，例如烯烃与无水乙酸反应可得到相应的乙酸酯，工业上常利用乙烯与乙酸的酯化反应生产乙酸乙烯酯（俗称乙酸乙烯），反应式如下：

$$CH_2{=\!=}CH_2 + \frac{1}{2}O_2 + CH_3COOH \longrightarrow CH_3COOCH_2 + H_2O$$

丙烯及其他不饱和烃均可发生类似的反应，改变工艺条件或催化剂可制备多种乙酸酯，如乙酸异丙酯、乙酸叔丁酯、乙二醇二乙酸酯，乙二醇二乙酸酯可热解为乙酸乙烯酯。另外，少量的水可抑制酯化反应的进行。

乙酸与乙炔在乙酸汞的作用下，叔丁基过氧化物存在时，也可进行酯化反应生成己二酸。

（3）卤代反应

卤代反应是乙酸的重要反应之一，利用该反应可生成多种乙酸卤代物。例如，在光催化下，乙酸能与氯气发生反应，生成 α-氯代乙酸。

（4）醇醛缩合反应

以硅铝酸盐或负载氢氧化钾的硅胶为催化剂时，乙酸与甲醛缩合生成丙烯酸，甲醛单程转化率可达 50%～60%，收率可达 80%～100%。

$$CH_3COOH + HCHO \longrightarrow CH_2{=\!=}CH{-}COOH + H_2O$$

（5）分解反应

乙酸在 500℃ 高温下受热分解为乙烯酮、水，高温下催化脱水生成乙酸酐。

生成乙烯酮反应式：$CH_3COOH \longrightarrow CH_2{=\!=}C{=\!=}O + H_2O$

生成乙酸酐反应式：$2CH_3COOH \longrightarrow (CH_3CO)_2O + H_2O$

（6）乙酸直接加氢

乙酸直接加氢的反应原理为：$CH_3COOH + 2H_2 \longrightarrow C_2H_5OH + H_2O$

理论上，生产 1t 乙醇需消耗 1.304t 乙酸、973m³ 氢气（标准状态）并产生 391kg 水。

4.3 生产方法

20 世纪 80 年代以来，各国新建的乙酸装置基本采用低压甲醇羰基化合成法，并随着生产规模的扩大和高效催化剂的采用，优势更加明显。目前，甲醇羰基化法生产乙酸的典型工艺主要有 Monsanto/BP 工艺、Celanese 公司 AO Plus 工艺、BP 化学 Cativa 工艺以及日本千代田 Acetica 工艺等。

如今，甲醇羰基化法是世界上乙酸生产最为主流的技术，其产能约占乙酸总产能的95%，全球乙酸产量占 65% 以上，装置最大产能达 120 万吨/年。

4.3.1 甲醇羰基化法

甲醇羰基化法采用精制的一氧化碳（CO）和甲醇作为原料。目前这种方法分为高压法和低压法两种。高压法因为投资和能耗都很高，已经逐渐被低压法取代。碘化铑是低压甲醇羰基化合成法的催化剂，低压甲醇羰基合成法的工艺条件十分温和，同时这种方法的收率高、生产成本低，所以很快就被推广并被广泛采用，这种方法在经济上比其他方法更具优势，而且因为生产规模的扩大以及采用了更为高效的催化剂，所以优势更为明显。

甲醇羰基化合成法中较为典型的生产工艺有 Monsanto/BP 和 Halcon/Eastman 两种。前者采用铑催化剂，后者采用非贵金属催化剂即乙酸镍/甲基碘/四苯基锡系催化剂。近年来又出现两种新工艺，即 Celanese 的 AO Plus 工艺（酸优化工艺）和 BP 化学基于铱催化剂的 Cativa 工艺。

日本千代田公司开发的"Acetica"甲醇羰基化制乙酸技术，采用固载化多相催化剂体系和泡罩塔反应器。与传统均相甲醇羰基化工艺相比，铑催化剂固载于聚乙烯基吡啶树脂相络合物上，从而克服了昂贵的金属铑的流失。该工艺同样以聚乙烯基吡啶树脂相络合的铑为催化剂，碘甲烷为助催化剂。据报道，该工艺以甲醇计，乙酸收率大于 99%，以 CO 计，乙酸收率大于 92%。

早在 20 世纪 70 年代，清华大学、西南化工研究设计院、中国科学院化学所就已经针对低压甲醇羰基化法进行研究，由于以往材料质量不佳，且无法从国外大规模进口，因此一直未实现工业化生产。进入 20 世纪 90 年代，江苏索普（集团）有限公司联合多家单位实施低压甲醇羰基化法装置的建设工作，取得了良好的进展，在此基础上完成300t/a 乙酸装置的研究，并在 1998 年投产成功。至此，这一工艺技术在国内逐步走上正轨，并且迅速发展起来。

4.3.2 乙烯氧化法

该工艺采用乙烯为基本原料，在催化剂负载钯的催化下，于多管夹套的反应器中进行一系列化学反应，最终氧化合成乙酸。工艺过程中，乙烯、蒸汽、氧气和稀释过的氮气作为反应器中的进料。为了使乙酸的选择性得以提高，进而使用蒸汽。因为该反应的放热强度很大，所以在反应器中壳层的水就被转化成了蒸汽。这时乙酸的选择性可以超过 86%，而且生成乙醛，同时乙醛再在氧化反应器中循环发生反应就更提高了乙酸的总收率。

乙烯氧化法有间接法与直接法之分，间接法即乙烯-乙醛氧化法，在 20 世纪 60 年代发展迅速，但是随着 Monsanto 甲醇羰基化工艺的发展，乙烯-乙醛法的比重逐步减少，这是因为该法在技术经济各项指标上不及甲醇羰基化工艺。目前，该工艺在我国乙酸生产企业中开工率逐年下降，甚至有逐步被淘汰的趋势。

4.3.3 丁烷氧化法

采用正丁烷或轻油为原料是轻烃液相氧化法的主要路线。以 $C_5 \sim C_7$ 范围内的轻油为原料，采用乙酸钴、乙酸铬、乙酸钒或乙酸锰催化剂，在 $170 \sim 200℃$，$1.0 \sim 5.0MPa$ 下使正丁烷和轻质石脑油发生氧化反应，此反应可以使用催化剂，也可以不借助于催化剂。这种方法的主要产物是乙酸和甲乙酮，与此同时还会生成乙醇、甲醇、甲酸等一些有机物。

4.3.4 乙烷合成工艺

Union Carbide 于 20 世纪 80 年代开发的以乙烷和乙烯混合物为原料催化氧化制乙酸工艺（Ethoxene 工艺）具有较高的选择性，其主要特征是除乙酸之外，还伴随大量副产品乙烯。

SABIC 公司开发了其专有的乙烷催化氧化制乙酸技术，即乙烷与纯氧或空气在 $150 \sim 450℃$、$0.102 \sim 5.1MPa$ 下可反应生成乙酸。催化剂体系由 Mo、V、Nb 与 Pd 的氧化物混合物焙烧制成，乙酸选择性高达 71%。由于该工艺中乙烷成本较低，其生产经济性可与甲醇羰基化技术相竞争。SABIC 乙酸技术工艺包括一套工业化装置的催化剂、新型氧化反应器设计、一体化的工艺流程及基础工程设计。SABIC 已在沙特延布 Ibn Rushd 地区兴建一套 3 万吨/年的乙酸工业装置，在 2003 年末已投入运转。SABIC 公司将继续改进此技术以提高性能，希望进入世界规模的生产，并计划建设一套 20 万吨/年的装置。

4.3.5 由合成气制乙酸工艺

Union Carbide 公司透露，采用单个反应器和多组分催化剂体系可使合成气转化成乙酸。此多组分催化剂包括合成甲醇催化剂和甲醇羰基化催化剂。这些催化剂可以用在分开的反应床中或者是以两种催化剂的掺合剂形式使用。合成甲醇催化剂是一种金属基的固体催化剂，例如 Cu/ZnO、铜-稀土金属和负载型元素周期表中ⅦB、Ⅷ族金属元素。甲醇羰基化催化剂可选用固体超强酸、杂多酸、黏土、沸石、分子筛及其他同类物。该催化剂体系本身具有以下几个重要特点：不需要卤化物；甲醇羰基化反应中氢气的存在可提高和延长催化剂活性和寿命；不用碘甲烷（MeI）可以在工艺设计、装置建材和产物提纯方面节省一些费用。

此外，乙醇乙醛氧化法主要包括乙醇氧化脱氢为乙醛和乙醛氧化为乙酸两个过程。目前在部分发展中国家仍保持这种生产技术，但由于技术经济指标差，我国乙醇乙醛氧化法生产乙酸的生产企业开工率逐年下降，部分企业已改为生产乙醛及其衍生物。

4.3.6 技术进展

目前，乙酸的研发方向主要集中在羰基化合成工艺的改进、催化剂的开发以及新原料合成技术等方面。具体包括：通过过程强化、物料循环，实现资源优化利用；研究开发新型配合物催化剂、功能化离子液体催化剂以及添加咪唑鎓阳离子盐作为稳定剂等方法，提高催化剂活性及稳定性；研究以乙烷、微藻、厨余垃圾为原料制备乙酸的工艺。研发公司及机构主要为 Celanese、BP、Lyondell、日本大赛璐化工、中国科学院、上海交通大学、南京工业大学等。

（1）甲醇羰基化合成工艺的改进

Celanese 公司的研究主要集中在工艺改进方面，如通过循环未反应的 CO，提高甲醇羰基化制乙酸催化剂的稳定性，同时使反应效率达到最大化。通过在反应塔和闪蒸塔之间进行热量集成，使闪蒸塔塔顶得到的粗产品温度与入口温度的差值低于 50K，可显著增加粗产品中乙酸的质量分数（80%～85%），降低提纯和循环的需求，进而降低成本。有效利用在粗乙酸分离和提纯过程中产生的含 CO 的排放气制备乙酸，提高了 CO 总转化率及乙酸生产效率；采用带喷射混合器的反应器及物料循环系统，通过循环物料的方式回收反应热，改进了乙酸生产体系。

日本大赛璐公司提出了一种去除乙酸中金属杂质和含羰基化杂质的方法。含杂质的乙酸物流进入第一闪蒸塔，经分离得到气相产物，气相产物再进入精馏塔，在 30～210℃、3～1000kPa 下，分离得到富含乙酸的组分，以及富含高挥发性或低沸点杂质的组分。前者进入第二闪蒸塔提纯，后者进入吸附塔分离，去除低挥发性杂质，或进入醛分离体系，经离子交换树脂去除含高挥发性杂质的物流。

Lyondell 公司提出一种脱除乙酸中乙醛的方法。甲醇羰基化产物经闪蒸分离得到的气相产物进入轻馏分柱，塔顶产物经冷凝得到轻、重基组分，其中重组分包括甲基碘、乙酸、水和乙醛。将部分重组分与强酸性离子交换树脂或甲基磺酸催化剂进行接触，使其中的乙醛转化为低聚物如丁烯醛，然后通过离子交换树脂的再生或蒸馏分离出丁烯醛。在具体实施例中，采用 Amberlyst 15 交换树脂，乙醛和离子交换树脂的质量比为 (0.1～2.0)∶1，接触 80min 后，生成的 90% 丁烯醛吸附在树脂上，树脂再生温度大于 80℃。

（2）羰基化合成催化剂的改进

Celanese 公司通过添加咪唑鎓阳离子盐配合无机碘盐一起作为稳定剂，用以提高均相铑基催化剂的稳定性。咪唑鎓阳离子盐质量分数保持在 1.5%～28%，总碘离子的质量分数保持在 3%～35%。此外，卤代烷促进剂的质量分数在 5% 以上，介质中水的质量分数为 0.1%～8%，乙酸甲酯的质量分数为 0.5%～10%。当全部采用质量分数为 13.7% 的咪唑鎓阳离子盐作稳定剂，反应时间为 136h 时，乙酸时空收率为 28.2mol/(L·h)。

北京众智创新科技开发公司提出甲醇羰基化制乙酸的功能化离子液体催化剂体系。采用铱配合物功能化离子液体作为主催化剂，卤素作为助催化剂，钌/铼以及至少一种稀土金属乙酸盐作为促进剂，其中离子液体的阳离子为铱配位的苯并噻唑离子，阴离子为双三氟甲基磺酰亚胺离子。该催化剂体系能够提高甲醇羰基化反应速率，增强催化剂体系的稳定性，且催化剂体系极易与产物分离。在压力 3.0MPa、温度 190℃下反应 2h，乙酸时空收率可达 36mol/(L·h)。

中国科学院研发出一种铱配合物催化剂。采用 3-哒嗪酮 Ir(OAc)配合物为催化剂，碘甲烷为助催化剂，氧化铽为促进剂，在 170℃、5.0MPa 下反应 17min，甲醇转化率为 100%，乙酸时空收率为 18.9mol/（L·h）。采用 4-甲基咪唑 Ir（Oac）配合物，甲醇转化率为 100%，乙酸时空收率为 19.1mol/（L·h）。

中国石油天然气集团公司采用 $Bu_4N[Ir（Co）_2I_2]$催化剂，环戊二烯基羰基锰为促进剂，乙酸时空收率达 21.7mol/（L·h），收率是不添加环戊二烯基羰基锰促进剂的 3～4 倍。由于采用了环戊二烯基羰基锰替代贵金属，解决了贵金属促进剂成本较高的问题。

（3）二氧化碳（CO_2）转化法

二氧化碳（CO_2）还原也是一种制备乙酸的途径。南京工业大学提供了一种微生物电化学系统还原 CO_2 制乙酸的装置，包括由隔膜分隔开的阳极室和阴极室，阳极和阴极分别在阳极室和阴极室外部通过电源串联形成回路。阴极为气体扩散电极，由一边为电极扩散层和防水层、一边富含钴催化剂的碳布制成，钴负载量为 1～5mg/cm²。阳极为碳毡制成，隔膜材料为阳离子交换膜。采用气体扩散电极可以大大提高 CO_2 的传质速率，钴催化剂可加速 CO_2 还原生成乙酸的速率。

（4）生物法

将生物质转化为乙酸的技术也取得了一定进展。Direvo 工业生物技术公司提出一种新型极端嗜热、可降解纤维素的细菌发酵木质纤维素类生物质制备乙酸的方法。该细菌为热解纤维素果汁杆菌属 DIB004C，在经预处理后的芒草上，经 136h 发酵后，得到乙酸、乙醇及乳酸混合物。

日本王子制纸公司提出一种生物质制乙酸工艺。在加压或加热条件下，生物质经初级预水解处理，得到单糖、低聚糖和糠醛，然后将悬浮液连续转移至栽培槽中培养产乙酸菌，具体为梭状芽孢杆菌，其中悬浮液中的糠醛质量分数低于 0.5%，温度为 50～70℃，最后在梭状芽孢杆菌的作用下，生成乙酸。

广西科技大学提出一种生物质快速热裂解制备乙酸的方法。生物质经除杂、粉碎和干燥后，在氮气环境中，于 500～800℃、0.10～0.15MPa 条件下发生热裂解反应，反应时间 2～3 s；然后反应生成气进入冷凝器，在-20～-5℃下实施分级冷凝，所得的含乙酸液体再经离心分离、有机膜过滤、脱水处理和精馏，即得乙酸。以原料质量为基准，乙酸的质量分数可达 5%～16%。

上海交通大学提出一种氧化态金属化合物水热氧化微藻制备乙酸的方法。氧化态金属化合物包括金属氧化物、氢氧化物及其盐，其中金属为 Cu、Ni、Fe、Ti、Zn、Mn 或 Mg，金属盐阴离子为 NO_3^-、SO_4^{2-} 或 Cl^-，优选 CuO。水热氧化反应在碱性条件下进行，在生成乙酸的同时还可得到还原金属单质。在具体实施例中，CuO 粉和微藻按物质的量比 0.5∶1 放入管式间歇性水热反应器中，用 NaOH 调节碱性，加水使填充率为 20%～60%，在反应温度为 250～325℃、压力为 5～20MPa、反应时间为 0.5～4h 的条件下，乙酸产率最高达 30.9%。

中国环境科学研究院提出一种促进剩余污泥厌氧发酵生产乙酸的方法。以污水处理厂副产物剩余污泥为原料，通过添加产乙酸菌所必需的微量水和金属化合物，促进有机物质生成乙酸的转化率。与未添加水合金属化合物的普通厌氧发酵相比，乙酸产量提高了 61.8%。

4.3.7 生产工艺评述

我国乙酸生产主要采用甲醇羰基化合成技术，但与 Celanese、BP 化学等跨国企业相比，无论在规模、质量、原材料、催化剂性能及成本控制方面都存在很大差距，并且国内大都采用煤制甲醇工艺，与国外采用廉价天然气作原料相比，成本较高。

（1）工艺路线的技术经济比较

表 4.3 是 ChemSystems 对三种不同原料的乙酸生产工艺路线做了技术经济比较。

表 4.3　三种不同原料的乙酸生产路线技术经济指标比较

项目	乙烷直接氧化法	乙烯直接氧化法	甲醇羰基化法		
	Hoechst 工艺	昭和电工工艺	传统 BP 工艺	Celanese AO 工艺	BP Chemicals Cativa 工艺
装置生产能力/(kt/a)	200	200	200	500	500
总投资/百万美元	166.1	124.1	130.4	116.7	145.2
界区内	117.6	91.9	103.1	66.4	94.9
界区外	48.5	32.2	27.3	50.3	50.3
生产成本/(美元/kg)	0.346	0.528	0.394	0.297	0.310
现金成本	0.242	0.451	0.317	0.268	0.275
可变成本	0.183	0.383	0.266	0.251	0.255
净原料	0.187	0.348	0.238	0.231	0.233
净公用工程	(0.004)	0.035	0.029	0.020	0.022
直接固定成本	0.029	0.035	0.024	0.009	0.011
间接固定成本	0.031	0.033	0.024	0.009	0.011
折旧	0.103	0.077	0.079	0.029	0.035
10%投资回报率（ROI）/(美元/kg)	0.103	0.077	0.079	0.029	0.035
总生产成本（生产成本+10%ROI）/(美元/kg)	0.449	0.605	0.473	0.326	0.345

甲醇羰基化法的优点：转化率高、副产物少、产品质量好。在用碘甲烷和碘化氢为助催化剂的羰基合成乙酸工艺中，碘化物存在于乙酸生产的全过程，在乙酸产品中不可避免地含有少量的碘化物。通过传统的精馏和化学处理，乙酸产品中碘化物含量为 $10 \times 10^{-9} \sim 40 \times 10^{-9}$。微量碘化物的存在会影响该工艺产品乙酸的应用，如以乙酸为原料

生产乙酸乙烯中用钯系列催化剂要求原料乙酸中碘化物含量控制在 $10×10^{-9}$ 以下。将碘化物含量进一步降低，以使乙酸品质适应更广泛的领域。

（2）催化剂体系性能的比较

表 4.4 是羰基化合成乙酸催化剂体系性能的比较。

表 4.4　羰基化合成乙酸催化剂体系性能的比较

项目	BASF	Monsanto	中国科学院化学所
催化剂体系	Co 系	Rh 系，均相	Rh 系，均相或多相
原料	MeOH	MeOH	MeOH
反应温度/℃	210～250	175～200	140～180
反应压力/MPa	50～702	2.8～6.8	3～6
产物	AcOH	AcOH	AcOH
选择性/%	—	>99	>99
时空收率/[mol/(L·h)]	—	4.2～5.4	6～15
催化速率（每摩尔铑的）/(mol/h)	—	$1.1×10^3$	$1.1×10^3$～$6.6×10^3$

（3）主要技术难点

① 脱除羰基化合成乙酸中的微量碘。脱碘技术分为化学处理法和吸附法。化学处理法是将烷基碘转化为无机碘，结合对无机碘具有较强吸附作用的吸附剂。该方法工序复杂，成本高，在实际工业中很少使用。吸附法是目前普遍采用的方法，主要包括载银分子筛、高分子碳小球、活性碳纤维、载银离子交换树脂等脱碘方法。

在脱碘技术中，每种方法都有各自的特点，随着对乙酸产品质量的要求越来越高，首先是加强脱碘新技术的研究开发，其次考虑将不同脱碘吸附剂多级组合，从而达到最佳的脱碘效果。通过吸附剂的满吸附和再生来降低成本，有效促进了乙酸在更广领域的应用和发展。

② 物料平衡和热量平衡过程控制参数过多。由于甲醇低压羰基化工艺流程中回路复杂，物料平衡和热量平衡过程控制参数多，且相互关联、制约和影响，使羰基化合成乙酸装置的操作和控制非常困难，因而使用动态模拟技术必将提高甲醇低压羰基化乙酸清洁生产的水平。

③ 催化剂体系的改进。从低压羰基化合成技术诞生至今，有很多重大的改进，但主要表现在催化剂体系方面。

甲醇羰基化催化剂的研究着重在两个方面：一方面是改良铑系催化剂；另一方面采用稳定性更好、相对更便宜、催化效率更高的其他金属催化剂。

综上所述，随着化工技术的不断发展和完善，特别是理论计算和生产实践的不断深入，传统工艺改进的必要性和空间日益显现。甲醇羰基化合成乙酸工艺的特殊性，使得其装置的投资（如特材设备）、操作（催化剂的流失）、控制等所付出的代价极为昂贵。因此，缩短流程，减少特材使用量，使流程布置更为合理，有效降低装置能耗以及设备的集约化和结构改进成为现阶段甲醇羰基化合成乙酸改进的方向。

4.3.8 专利

从表 4.5 可以看出，2016 年我国乙酸的专利。

表 4.5 2016 年期间我国乙酸的专利

申请（专利权）人	项目	申请（专利）号	公开（公告）日	法律状态
上海华谊（集团）公司	乙酸加氢制备乙醇的方法	CN201610097369.8	2016 年 4 月 20 日	公开
上海华谊（集团）公司	乙酸制乙醇联产乙酸乙酯的方法	CN201610097368.3	2016 年 6 月 8 日	公开
江苏索普（集团）有限公司	一种乙酸、乙酸乙酯加氢反应一体化制乙醇的装置及方法	CN201610456928.X	2016 年 10 月 12 日	公开
河南龙宇煤化工有限公司	利用煤制甲醇、煤制乙酸过程减排 CO_2 的联合装置减排 CO_2 并增产甲醇及乙酸的方法	CN201610605117.1	2016 年 11 月 9 日	公开
河南顺达化工科技有限公司	一种乙醇耦合合成装置	CN201620482714.5	2016 年 11 月 30 日	公开

4.4 产品的分级和质量规格

4.4.1 产品的分级

乙酸质量标准分为工业级、食品级、药用级及试剂级。本节介绍工业级和食品级标准。

（1）工业级乙酸标准

国内外乙酸标准差异较大，国外标准的差异主要体现在残留碘含量上，国内标准没有残留碘的强制指标，企业执行的工业级乙酸标准有 GB/T 1628—2008。

从表 4.6 可以看出工业冰乙酸国家标准（GB/T 1628—2008）。

表 4.6 工业冰乙酸国家标准（GB/T 1628—2008）

指标		规格		
		优等品	一等品	合格品
外观		透明液体，无悬浮杂质		
色度（Hazen 单位）（铂-钴号）	≤	10	20	30
乙酸含量/%	≥	99.5	99.0	98.0
甲酸含量/%	≤	0.10	0.15	0.35
乙醛含量/%	≤	0.05	0.05	0.10
蒸发残渣含量/%	≤	0.01	0.02	0.03
铁含量（以 Fe 计）/%	≤	0.0001	0.0002	0.0004
重金属含量（以 Pb 计）/%	≤	0.0001	0.0002	0.0004
还原高锰酸钾时间/min	≥	20	5	—

从表 4.7 可以看出 BP 工业冰乙酸生产内控标准。

表 4.7　BP 工业冰乙酸生产内控标准

指标		规格
外观		透明液体，无悬浮杂质和机械杂质
色度（Hazen 单位）（铂-钴号）	≤	10
乙酸含量（质量分数）/%	≥	99.85
水含量（质量分数）/%	≤	0.15
甲酸含量（质量分数）/%	≤	0.10
羰基含量（以乙醛计，质量分数）/%	≤	0.05
蒸发残渣（质量分数）/%		—
铁含量（以 Fe 计，质量分数）/%	≤	0.00004
重金属含量（质量分数）/%	≤	0.00005
还原高锰酸钾时间/min	≥	120
丙酸含量（质量分数）/%	≤	0.03
碘含量（质量分数）/10^{-9}	≤	40

（2）食品级乙酸标准

食品级乙酸是指以粮食或糖类物质为初级原料，采用发酵法生产的乙酸产品，其他方式及原料生产的乙酸不能作为食用乙酸。

乙酸作为食品调味剂，目前适用标准比较混乱，有的地区适用 GB/T 676—2007，大部分食用乙酸生产厂适用 GB/T 676—2007。

从表 4.8 可以看出我国食品添加剂乙酸的各项指标（GB/T 676—2007）。

表 4.8　食品添加剂乙酸的各项指标（GB/T 676—2007）

指标名称		指标
外观		无色透明液体
乙酸含量/%	≥	99.0
还原高锰酸钾时间/min	≥	5
甲酸含量/%	≤	0.15
乙醛含量/%	≤	0.05
蒸发残渣含量/%	≤	0.02
甲醛含量/%	≤	0.003
异臭		符合规定
铁（Fe）含量/%	≤	0.0002
重金属含量（以 Pb 计）/%	≤	0.0002
砷（As）含量/%	≤	0.0001

4.4.2 标准类型

从表 4.9 可以看出全球乙酸的标准类型。

表 4.9 全球乙酸的标准类型

项目	标准编号	发布单位	发布日期	状态	中图分类号	国际标准分类号	国别
化学试剂乙酸（冰醋酸）	GB/T 676—2007	CN-GB	2007 年 1 月 1 日	现行	TQ421	71.040.30	中国
工业冰醋酸单位产品能源消耗限额	GB 29437—2012	CN-GB	2012 年 1 月 1 日	现行	TK TL	27.010	中国
酸类物质泄漏的处理处置方法第 6 部分：冰醋酸	HG/T 4335.6—2012	CN-HG	2012 年 1 月 1 日	现行	X	13.030.20	中国
羰基化合成法制乙酸用甲醇	HG/T 4773—2014	CN-HG	2014 年 1 月 1 日	现行	TQ204	71.080.60	中国
醋、水和乙酸的同位素分析第 1 部分：乙酸的 H-NMR 分析	DIN EN 16466-1—2013	DE-DIN	2013 年 1 月 1 日	现行	TS26	67.220.10	德国
醋、乙酸和水的同位素分析酒中水的 ^{18}O-IRMS 分析	BS EN 16466-3—2013	GB-BSI	2013 年 1 月 1 日	现行	TS26	67.220.10	英国
乙酸	JIS K1351—2007	JP-JISC	2007 年 1 月 1 日	现行	TQ111 TQ1	71.060.30	日本

4.5 环保与安全

在乙酸生产中必须注意安全和劳动保护。

4.5.1 环保

乙酸对环保的影响主要在生产和储运两个方面。不同的生产工艺对环境的影响不一样，我国目前主要的乙酸生产工艺有酒精乙醛法和甲醇羰基化合成法。

4.5.1.1 酒精乙醛法对环境的影响

（1）废水

乙酸装置废水排放情况见表 4.10。

（2）废气

废气的主要排放位置有尾气冷凝器和冷凝液储罐，排放位置不同，废气组分和组成相差较大。因排放量较小，废气回收利用的可能性较小。表 4.11 是乙酸生产、储存废气排放情况。

表 4.10　乙酸装置废水排放情况

排放位置	温度/℃	pH 值	污染物组成及浓度/%
稀乙酸回收塔顶	85	4～5	乙酸　5 乙醛　5 甲醛　5 乙酸酯类　32 水　53

表 4.11　乙酸生产、储存废气排放情况

排放位置	排放温度/℃	排放高度/m	废气组成及浓度/%
尾气冷凝器	常温	20	氮气　58 二氧化碳　32 乙酸　2 乙醛　5 甲烷和 CO　2
冷凝液储罐	常温	20	乙酸　50 乙醛　15 乙酸酯类　15 水　20

废气经冷凝器吸收后，排入酸碱中和池，除去其中的酸性物质后，不凝气体放空。

（3）废液

酒精乙醛法装置的废液主要是乙酸釜液和废催化剂液体。乙酸釜液经回收乙酸后，可送皂化厂进行综合利用，催化剂残液经回收其中的乙酸锰后送废水处理装置处理，达标排放。

4.5.1.2　甲醇羰基化合成法对环境的影响

（1）废水

废水包括工艺冷凝液、锅炉废水和乙酸生产废水，表 4.12 为 CO 和乙酸装置废水排放情况。

表 4.12　CO 和乙酸装置废水排放情况

污染源	组成	
工艺冷凝液	CO_2、微量 NH_3 和甲酸	
锅炉废水	pH 值 10～11	
乙酸装置废水	乙酸	3.0%（质量分数）
	CH_3I	痕量
	乙酸甲酯	痕量
	H_2O	97.0 %（质量分数）
	COD	10000mg/L

第 4 章　乙酸　109

（2）废气

废气主要有一氧化碳装置产生的烟道气和乙酸装置轻组分回收单元排放的气体。烟道气可回收氢气后高空排放。

表 4.13 是 CO 和乙酸装置废气排放情况。

表 4.13　CO 和乙酸装置废气排放情况

污染源	摩尔分数/%	
CO 装置产生的烟道气	CO_2	0.04
	N_2	65.0
	O_2	1.1
	H_2	33.86
乙酸装置轻组分回收单元	H_2	11.0
	N_2	8.0
	CO	70.0
	CO_2	8.0
	乙酸	3.0
	CH_3I	微量

（3）废液

乙酸装置的废液主要是乙酸精馏单元的釜液（废酸）。目前韩国三星公司将釜液中的丙酸进行了回收，国内尚无丙酸回收技术。表 4.14 是乙酸装置废酸排放情况。

表 4.14　乙酸装置废酸排放情况

污染源	组成（质量分数）/%		备注
废酸	乙酸	20	可回收其中的乙酸和丙酸
	丙酸	70	
	其他	10	

（4）废渣

废渣主要指废催化剂残渣，一般采用焚烧后填埋。

4.5.2　安全

（1）乙酸的毒性与危险性

乙酸为二级有机酸性腐蚀物品，可经消化道、呼吸道、皮肤吸收，对眼、皮肤和上呼吸道有刺激作用。空气最大允许浓度为 $25mg/m^3$，浓度在 $100mg/m^3$ 左右时慢性作用可使人的鼻、鼻咽、眼睑和咽喉发生炎症反应，甚至引起支气管炎。吸入（200～490）$mg/m^3 \times$（7～12）年，有眼睑水肿、结膜充血、慢性咽炎、支气管炎等症状。

（2）火灾和爆炸

乙酸蒸气易燃，可与空气生成爆炸性混合物，爆炸极限为 4.0%～16.0%，与铬酸、过氧化钠、硝酸或其他氧化剂接触均有爆炸危险。着火时，可用雾状水、干粉、抗醇泡沫、CO_2 灭火，并用水保持火场中的容器冷却。

（3）急救

吸入：将患者移入新鲜空气处，如呼吸停止，应立即进行人工呼吸。

眼睛接触：使眼睑张开，用生理盐水或微温水流缓慢冲洗伤患处至少 20min。

皮肤接触：迅速脱去污染衣服，用大量清水充分冲洗污染皮肤。

经口：应以碳酸氢钠稀溶液作催吐剂。

操作现场要求有良好的通风条件，操作人员要求佩戴有效的防护用品，乙酸泄漏或溅污时，应以碱液中和，然后用水冲洗，经稀释的污水应有组织地排入废水系统。

（4）泄漏应急处理

一旦发现泄漏，应迅速将事故区人员撤至安全区，并进行隔离，严格限制人员出入，切断火源。应急处理人员应佩戴自给正压式呼吸器，穿防酸碱工作服，尽可能不直接接触泄漏物，迅速切断泄漏源，防止泄漏物流入下水道、排洪沟等限制性空间。

小量泄漏：用砂土、干燥石灰或苏打灰混合。

大量泄漏：用雾状水冷却和稀释蒸气，尽快把泄漏物稀释成不燃物。泄漏处无围堤时，应修建临时围堤或挖坑收容，然后用防爆泵转移至槽车或专用收集器内，回收或运至废物处理场所处置。

4.6 包装与储运

按照 GB 190—2009、GB/T 10479—2009 及 GB 1628—2008 有关规定（请参照最新标准），采用专用不锈钢槽车或铝制桶或不锈钢制船罐装。包装桶应有明显的牢固标志，其内容包括生产厂家、产品名称、商标、生产日期、批号、净重和"腐蚀性物品"的专用标志。铝桶系用 2mm 厚、A0 型铝板焊接而成的圆形铝桶，以合适的耐酸橡胶作垫圈，严密封固，铝桶外有宽 80mm、厚 1.5mm 的具有两道箍线的铁质箍圈 4 个（上下各 1 个，中间等距离 2 个），铝桶侧面应有波纹，经气密性试验合格后才能用于乙酸包装，每桶净重不得超过 50kg。

包装容器应清洁干燥，在运输及装卸时应轻拿、轻放，防止碰撞。

储存于阴凉、通风、干燥的场所，避免日晒，远离火源和热源，不能与碱类物质一起储存。

4.7 经济概况

2014 年，全球甲醇羰基化合成乙酸的产能达到 1681.6 万吨。其中，主要集中在塞拉尼斯(Celanese)、BP 化学、江苏索普(集团)以及上海吴泾化工等企业。其中，Celanese 是目前全球最大的乙酸生产厂家，生产能力为 315.0 万吨/年，占世界总生产能力的 18.73%，其在美国、新加坡和我国江苏南京建有生产装置；BP 化学公司是世界第二大乙酸生产厂家，生产能力为 279.5 万吨/年，占 16.62%，在我国江苏南京和台湾、英国、韩国、马来西亚建有生产装置；江苏索普（集团）的生产能力为 140.0 万吨/年，占 8.33%。图 4.1 表示 2014 年全球前 16 家大型乙酸企业（甲醇羰基化合成乙酸）产能的分布。

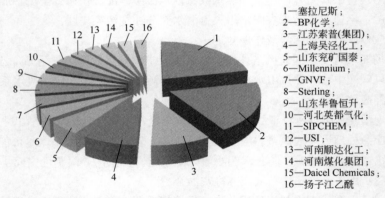

1—塞拉尼斯；
2—BP化学；
3—江苏索普(集团)；
4—上海吴泾化工；
5—山东兖矿国泰；
6—Millennium；
7—GNVF；
8—Sterling；
9—山东华鲁恒升；
10—河北英都气化；
11—SIPCHEM；
12—USI；
13—河南顺达化工；
14—河南煤化集团；
15—Daicel Chemicals；
16—扬子江乙酰

图 4.1　2014 年全球前 16 家大型乙酸企业产能的分布

　　2014 年年底，我国的乙酸总产量已达到 449.6 万吨。使用甲醇羰基化合成法生产的乙酸占总产量的 82.59%，使用乙烯-乙醛法生产的乙酸占总量的 9.0%，而使用乙醇-乙醛法生产的乙酸占总量的 8.38%。2014 年，我国使用羰基化法生产乙酸共消耗甲醇 122.5 万吨。

　　目前，我国的乙酸市场已经出现了供大于求的情况。在这种局面之下，我国建设乙酸的新装置就需要极为慎重的评估，并且要根据实际情况来对工艺技术进行选择。近两年来，我国乙酸装置的建设已经开始逐步向大型化的方向发展，可以这样说，我国的乙酸行业已经开始达到相当大的规模。但是在国内依然存在很多小规模的生产装置，这些小规模生产线依然会出现生产的产品质量差，生产过程中原料的消耗大的问题。所以国内的企业今后必须加快乙酸生产技术的改进，提高产品的质量同时降低成本。

　　中国乙酸近年来供需情况见表 4.15。

表 4.15　中国乙酸近年来供需情况

年份	产能/(万吨/年)	产量/(万吨/年)	开工率/%	进口量/(万吨/年)	出口量/(万吨/年)	表观消费量/(万吨/年)	自给率/%
2012	760.0	427.0	56.2	2.14	33.1	396.08	107.8
2013	757.0	430.0	56.8	1.68	17.9	413.78	103.9
2014	800.0	535.0	66.9	1.74	18.1	518.64	103.2
2015	825.0	587.2	71.2	5.3	39.3	553.2	106.1
2016	862.0	595.0	69.0	6.7	24.0	578.0	103.0

4.8 用途

我国乙酸行业的下游产业链基本成型,乙酸主要用于生产乙酸乙烯单体、乙酸酯和PTA(精对苯二甲酸),其中乙酸乙烯消耗比例基本保持稳定,而 PTA 对于乙酸的需求增长较快,乙酸酯类对乙酸的需求主要是用于生产乙酸乙酯和乙酸丁酯。乙酐、氯乙酸、双乙烯酮对乙酸的消耗较小,市场已成熟,未来增长缓慢,因而对乙酸的需求影响有限。目前,以乙酸为原料合成乙醇、丙烯酸是一条技术经济性非常好的乙酸消耗途径。

4.8.1 乙酸乙烯

虽然乙烯法生产乙酸乙烯占乙酸乙烯生产总量的70%以上,但由于我国石油资源相对贫乏而电石资源丰富,在我国乙酸乙烯的生产以乙炔法为主。乙炔和乙酸在催化剂作用下发生气相反应生成乙酸乙烯单体的反应式如下:

$$CH\!=\!CH + CH_3COOH \longrightarrow CH_3COOCH\!=\!CH_2$$

该反应表明理论上每生产 1t 的乙酸乙烯需要消耗约 0.7t 乙酸。乙酸乙烯是乙酸下游产品的重要消耗途径,并能直接促进 C_1 化学的发展。2013 年我国乙酸乙烯的消耗量达200 万吨/年,但由于国内乙酸乙烯的产能扩增,在 2013 年产能达 270 万吨/年,其中乙炔法生产约 200 万吨/年,乙酸乙烯占乙酸总消耗量的比例较高,约 22%。虽然乙酸乙烯也出现了产能过剩情况,但乙酸乙烯单体仍被看好。

4.8.2 精对苯二甲酸(PTA)

乙酸在 PTA 生产过程中作为溶剂使用,每吨 PTA 生产需要消耗约 0.05t 乙酸。近年来,世界 PTA 产能和需求增长迅猛,我国也已迅速成为世界第一大 PTA 生产和需求国。2003～2013 年,我国 PTA 产业以年均 20%的增长率发展,产能由 438 万吨/年增加到3310 万吨/年;市场消耗从 848 万吨/年增加到 2800 万吨/年;自给率由 46%增加到 90%。PTA 产业的迅猛发展也带动了乙酸消耗的较快增长,2007～2012 年,PTA 生产所消耗的乙酸量占乙酸消耗总量的 20%左右,成为重要的乙酸下游消耗产品。2013 年我国 PTA产业进一步扩大,产量达 2700 万吨,计算需要消耗乙酸约 135 万吨,占乙酸总消耗量的30%。PTA 下游产品的聚酯行业依然处于产能增长状态,且近年来 PTA 市场价格走高,因此 PTA 行业对乙酸的消耗仍保持在较高水平。

4.8.3 乙酸酯

乙酸酯的工业化生产主要利用乙酸和相应的醇进行酯化反应,乙酸酯类主要包括乙酸乙酯和乙酸丁酯,占醋酸总消耗量的20%以上。随着我国乙酸酯类的发展,该行业对乙酸的消耗逐渐增加。2005 年前,我国乙酸乙酯主要依赖进口,而据统计,2013 年我国乙酸乙酯产能达 340 万吨,产量约 150 万吨,出口约 50 万吨;2013 年国内乙酸丁酯产能达 150 万吨,产量约 100 万吨。随着环保要求的提高,乙酸酯类可成为在涂料、黏合剂中使用的芳烃类溶剂（如混二甲苯）的替代品，具有重要的应用前景。

4.8.4　乙醇

乙酸加氢制乙醇技术路线相比发酵法生产具有成本优势，同时也能缓解我国乙酸和甲醇产能过剩的问题。国内外主流技术包括乙酸酯化加氢和乙酸直接加氢制乙醇两种。Celanese 公司成功研发出利用乙酸直接加氢生产乙醇的 TCX 技术，并已在中国南京启用了该技术，产能达 40 万吨；西南化工研究设计院对两步法乙酸合成乙醇技术形成了具有自主知识产权的新工艺和新技术，并完成了 20 万吨级乙酸经酯化加氢制乙醇的工艺软件包设计，首套工业装置在河南顺达化工科技有限公司建设。

上海浦景化工自主开发的 300t/a 乙酸直接加氢制乙醇中试项目于 2013 年 5 月通过中国石化联合会组织的 72h 现场考核，单程乙酸转化率达 99%以上，乙醇选择性大于97%，装备实现 100%国产化。中国石化以雷尼铜催化剂及乙酸加氢制乙醇单管试验为基础，针对乙酸介质，通过流程优化研究，开发了降低乙酸腐蚀的反应工艺和乙醇三塔分离流程。江苏索普采用中国科学院大连化学物理研究所研发的催化加氢技术和低能耗的分子筛膜脱水技术建设的 3 万吨/年乙酸加氢制乙醇工业示范装置也于 2016 年 4 月一次开车成功并实现平稳运行，装置产出的无水乙醇产品纯度达到 99.6%，高于工业乙醇国家标准。另外，上海戊正、丹化分别独立开发的间接法乙酸加氢制乙醇催化剂和工艺技术均已完成中试，取得了较好的效果，具备了开展相关规模产业化示范的能力。

4.8.5　丙烯酸

全球所有丙烯酸大型生产装置均采用丙烯两步氧化法生产，且专利技术及生产装置多为国外掌握。但随着石油资源的日益减少，丙烯原料来源受到很大影响，而采用乙酸和甲醛为原料制备丙烯酸具有原料价格低廉且来源丰富的优势。乙酸（或乙酸酯）与甲醛在催化剂作用下经羟醛缩合得到丙烯酸（或丙烯酸酯）。

由于丙烯酸市场需求的增加，近 10 年我国丙烯酸产能迅速扩增，2012 年产能约 184万吨，产量 140 万吨，而消耗量达 180 万吨左右。丙烯酸的下游产品中高吸水性树脂(SAP)以及丙烯酸涂料的市场需求不断增加，丙烯酸行业一直维持着较好的发展势头。而乙酸/甲醛经羟醛缩合制丙烯酸的工艺路线相比丙烯氧化法具有成本优势，故具有重要的潜在价值与研究意义。

4.8.6　其他

乙酐是重要的乙酸衍生物，性质非常活泼，能发生很多化学反应，是重要的乙酰化剂和脱水剂。国内主要用于乙酸纤维素、医药、农药、染料等行业，采用羰基化法合成乙酐是乙酐生产的主要方法，乙酸消耗量约 30 万吨/年。

氯乙酸是重要的有机化工中间体，应用于医药、农药、染料、香料、油田化学品、造纸、纺织助剂、表面活性剂等方面，乙酸消耗量约 25 万吨/年。

双乙烯酮是重要的精细化工中间体，应用于有机合成、医药、农药、染料、食品和饲料领域，乙酸消耗量约 15 万吨/年。上述三种产品对乙酸的消耗所占比例较小，因而对乙酸市场影响甚微。

参 考 文 献

[1] 陈冠荣. 化工百科全书：第 2 卷. 北京：化学工业出版社，1995：714.

[2] 崔小明. 国内外醋酸的供需现状及发展前景分析. 煤化工，2015，43（2）：69-74.

[3] 李峰. 甲醇及下游产品. 北京：化学工业出版社，2008.

[4] 顾佳杰. 醋酸(酯)加氢制乙醇生产技术及市场分析. 上海化工，2015，40（8）：38-41.

[5] 王俐. 甲醇羰基化制醋酸技术进展. 精细石油化工进展，2011，12（6）：32-37.

[6] 周颖霏，钱伯章. 醋酸生产技术进展及市场分析. 化学工业，2010，28（9）：19-23.

[7] 邱明荣. 甲醇羰基化合成醋酸脱碘技术进展. 中国化工贸易. 2014，（18）.

[8] 醋酸科技成果. 国家图书馆，2017.

[9] 张丽平. 醋酸生产技术研究进展及市场分析. 石油化工技术与经济. 2016，32（1）：23-28.

[10] 醋酸标准. 国家图书馆，2017.

[11] 陶川东，谭平华，王小莉. 醋酸产能过剩的思考和发展. 河南科技，2014，（23）：73-75.

第5章
乙酸甲酯

周淑敏　湖北三里枫香科技有限公司　工程师

5.1　概述

醋酸甲酯（methyl acetate，MeOAc），学名乙酸甲酯（CAS 号：79-20-9），是一种重要的溶剂和有机化工原料，在工业上常用作硝酸纤维素和乙酸纤维素的快干性溶剂。近些年，乙酸甲酯在国际上逐渐成为一种成熟的产品，用于代替丙酮、丁酮、乙酸乙酯、环戊烷等。

20 世纪 80 年代初，Eastman Kodak 公司开发了乙酸与甲醇直接酯化法合成乙酸甲酯。2005 年，美国伊士曼公司就用乙酸甲酯代替丙酮溶剂，可达到涂料、油墨、树脂、胶黏剂新的环保标准。

5.2　性能

5.2.1　结构

结构式：

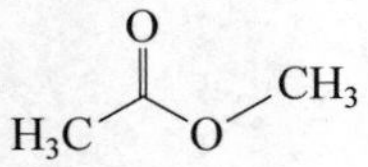

分子式：$C_3H_6O_2$

5.2.2　物理性质

乙酸甲酯的物理性质如表 5.1 所示。

5.2.3　化学性质

乙酸甲酯容易水解，在常温下与水长时间接触会水解生成乙酸而呈酸性。乙酸甲酯能与某些盐类，如三氟化硼、三氯化铝、三氯化铁、氯化镍等形成复合物，与氯化钙也

表 5.1　乙酸甲酯的物理性质

名称	数值	名称	数值
沸点/℃	31.5	燃烧热/(kJ/mol)	1593.4
熔点/℃	−99	蒸气压/kPa	13.33
密度（20℃）/(g/cm^3)	0.9742	闪点/℃	−10
折射率 n^{20}	1.3433	空气中爆炸上限体积分数/%	16.0
引燃温度/℃	454	空气中爆炸下限体积分数/%	3.1
溶解度（水，20℃）/(g/100mL)	24.5		

能形成结晶性的复合物，故氯化钙不宜用作乙酸甲酯的干燥剂。

（1）高温加热

在镍存在下，将乙酸甲酯加热，150℃以下不发生分解，超过150℃分解成 CH_4、CO 和 H_2O。

$$CH_3COOCH_3 \xrightarrow{Ni,\triangle} CH_4 + CO + H_2O$$

用铜、银、钼等金属或其氧化物作催化剂与空气一同加热时，分解成甲醛与乙酸。

$$CH_3COOCH_3 + O_2 \xrightarrow{催化剂,\ \triangle} HCHO + CH_3COOH$$

乙酸甲酯经紫外线照射分解成甲醇、丙酮、联乙酰、乙烷、CH_4、CO、H_2 和 CO_2 等。

（2）光作用

在光作用下与氯反应，生成氯代乙酸甲酯。在甲醇钠存在下，乙酸甲酯于57～80℃自行缩合，生成乙酰乙酸甲酯。

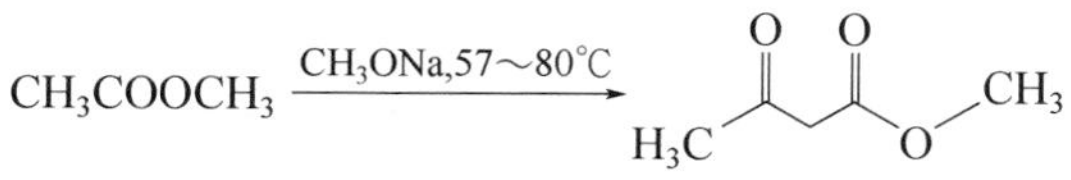

（3）乙酸甲酯羰基化合成乙酸乙烯酯

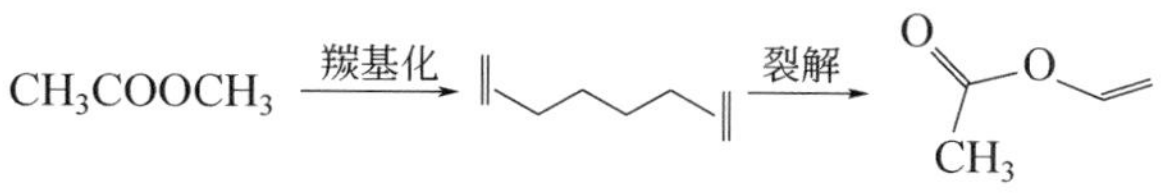

以乙酸甲酯为原料，经羰基化合成亚乙基二乙酸酯中间产物、再裂解生成乙酸乙烯的技术方法是一种新型煤化工合成乙酸乙烯工艺路线。

（4）乙酸甲酯加氢制乙醇

1994 年，韩国科学技术研究所在专利 US5414161 中公开了甲醇气相羰基化，生成乙酸/乙酸甲酯，分离乙酸与乙酸甲酯，分离乙酸甲酯与催化剂，乙酸甲酯加氢制乙醇工艺研究。另外，辽宁石油化工大学开展了采用乙酸甲酯催化加氢制备燃料乙醇的研究。

（5）乙酸甲酯与甲醛合成丙烯酸甲酯

采用硝酸钾作为钾源，催化剂具有较好的性能，乙酸甲酯的转化率为19.94%，丙烯酸甲酯的收率为4.56%。K负载量低于15%时，增加负载量有利于提高催化活性，K负载量为15%时，催化活性最高，乙酸甲酯转化率为23.5%，丙烯酸甲酯收率为6.8%。

$$CH_3COOCH_3 + HCHO \longrightarrow CH_2{=}CHCOOCH_3$$

乙酸甲酯与甲醛合成丙烯酸甲酯是典型的羟醛缩合反应，固体碱催化剂是羟醛缩合反应常用的催化剂，对于乙酸甲酯与甲醛合成丙烯酸甲酯反应的催化剂，国内外学者进行了一些相关研究。

（6）乙酸甲酯和甲醛合成甲基丙烯酸甲酯

合成甲基丙烯酸甲酯包括以下步骤：

① 在流化床反应器中使乙酸甲酯和甲醛在甲醇或流化气存在条件下、在缩醛催化剂的催化下进行第一缩醛反应：

$$CH_3COOCH_3 + HCHO \longrightarrow CH_2{=}CHCOOCH_3 + H_2O$$

② 在固定床反应器中使含有丙烯酸甲酯的中间产物在氢气存在条件下、在加氢催化剂的催化下进行加氢反应：$CH_2{=}CHCOOCH_3 + H_2 \longrightarrow CH_3CH_2COOCH_3$，所述加氢催化剂为三氧化二铝负载的金属催化剂，其活性成分包括选自Pt、Pd、Rh、Ir、Ru、Ag、Cu、Ni中的一种或多种金属。

③ 在流化床反应器中使丙酸甲酯和甲醛在甲醇或流化气存在条件下、在缩醛催化剂的催化下进行第二缩醛反应：

$$CH_3CH_2COOCH_3 + HCHO \longrightarrow CH_2{=}C(CH_3)COOCH_3 + H_2O$$

（7）甲酸甲酯合成碳酸二甲酯

2005年，华东理工大学开展甲酸甲酯合成碳酸二甲酯反应研究。

① 甲酸甲酯氢甲酰化法。甲酸甲酯氢甲酰化合成碳酸二甲酯采用间歇反应流程，在三苯基膦羰基氢化铑作催化剂，三水合碘化锂作助剂，1-甲基-2-吡咯烷酮作溶剂的情况下，CO或合成气（H_2，CO的摩尔比为1）与甲酸甲酯发生反应生成少量的碳酸二甲酯以及副产物甲醇和乙酸甲酯等。

② 甲酸甲酯与甲醇钠合成法。甲酸甲酯与甲醇钠、氧气反应生成碳酸二甲酯。

（8）乙酸甲酯和碳酸二甲酯合成丙二酸二甲酯

$$CH_3COOCH_3 + CO(OCH_3)_2 \xrightarrow{\text{催化剂}} CH_2(COOCH_3)_2$$

安徽理工大学对以乙酸甲酯和碳酸二甲酯为原料，通过克莱森酯缩合反应生成目标产物丙二酸二甲酯的工艺条件进行了研究。

（9）乙酸甲酯羰基化合成双乙酸亚乙酯

乙酸甲酯羰基化合成双乙酸亚乙酯，主要解决现有技术中采用有机氮或者有机磷作促进剂，乙酸甲酯羰基化合成双乙酸亚乙酯的乙酸甲酯转化率低、双乙酸亚乙酯的产率低和选择性不高的问题。

5.3　生产方法

乙酸甲酯的主要生产方法按原料路线分为以下 4 种：①甲醇与乙酸直接酯化法；②甲醇与一氧化碳羰基化法；③浆料催化精馏法；④用工业中间产品和副产物的粗乙酸甲酯进行分离提纯。

目前，合成乙酸甲酯的主要方法有采用甲醇与乙酸为原料的反应精馏法，以甲醇和 CO 为原料的甲醇羰化一步法，以甲醇为原料的甲醇脱氢合成法，以及甲酸甲酯的同系化反应和二甲醚羰化法。

5.3.1　乙酸与甲醇直接酯化法

乙酸与甲醇以硫酸为催化剂直接进行酯化反应生成乙酸甲酯粗制品，再用氯化钙脱水，碳酸钠中和，分馏得成品。乙酸甲酯的生产，因为它与水互溶，可不用催化剂，但须加溶剂转移水相。精制方法：由于乙酸甲酯容易水解，主要的杂质是游离的乙酸和甲醇，甲醇的存在可从其在水中的溶解度看出。常温下乙酸甲酯在水中溶解24%，若有1%甲醇存在时则可与水混溶。精制时，在1000mL乙酸甲酯中加入85mL乙酸酐，回流6h后分馏。酸性杂质可用无水碳酸钾一起振摇，再蒸馏除去。甲醇也可用乙酰氯处理除去。高纯度的乙酸甲酯可用浓食盐水洗涤，氧化钙或硫酸镁干燥后蒸馏精制。

由于乙酸和甲醇的酯化受化学平衡限制，且物系中存在乙酸甲酯-甲醇及乙酸甲酯-水两种最低共沸物，故传统流程十分复杂，需多个反应器和精馏塔。20 世纪 80 年代初，Eastman Kodak 公司开发了反应精馏工艺，在酸性催化剂（最好是硫酸）存在下，乙酸和甲醇在反应精馏塔内逆流接触，乙酸既是反应物，又是萃取剂，塔顶连续移走产品，塔釜连续移走水。其装置生产能力为 18 万吨/年，甲醇转化率约为 99.5%，乙酸转化率高达 99.8%，产品纯度达到 99.5%。20 世纪 90 年代初，Eastman Kodak 公司在原有工艺基础上进行改造，即通过在萃取精馏段上方加入乙酸酐，使塔顶乙酸甲酯的纯度高达99.7%。

5.3.2　甲醇与一氧化碳羰基化法

醇羰基化合成酯在化学工业中是一个极具吸引力且是原子经济性的过程，但目前国内外甲醇羰基化存在贵金属铑催化剂的昂贵与紧缺、卤素促进剂的强腐蚀、液相中催化剂与产物的难分离三大问题，绿色化学的发展对其提出了新的挑战。许多研究者都在致力于寻找一种能在常压下气相羰基化的催化剂，虽然碘化物作促进剂下的 Ni/C 催化剂对于甲醇气相羰基化具有较好的活性及选择性，但它们仍然存在严重的缺点：一方面腐蚀非常严重；另一方面产物分离十分困难，目前很难找到一种多相催化剂在没有卤素促进剂下能有效地进行羰基化反应。彭峰等提出了不需添加任何助剂的直接气相羰基化研究，是在无任何促进剂条件下，CO 与甲醇直接进行羰基化反应，不仅突出了气相反应的优点，而且突破了甲醇必须在碘化物作用下发生催化循环的观点。作者研究发明了一种新型的硫化 Mo/C 催化剂，对甲醇直接气相羰基化合成乙酸甲酯具有高的活性与选择性，在反应温度为 300℃，甲醇进料质量分数为 23%，CO 空速为 3000L/（kg·h）时，甲醇转化率达 50%，乙酸甲酯选择性达 80%（摩尔分数），产物时空收率为 8mol/（kg·h）。

5.3.3　浆料催化精馏法

催化精馏技术是 20 世纪 80 年代发展起来的一种新型化工技术。它将催化反应和精馏过程有机地结合起来，由于精馏过程的存在，使得反应产物及时分离出反应区，从而强化了反应过程。目前，催化精馏技术已在醚化、醚分解、酯化、酯交换、烷基化、水合、脱水、烯烃叠合和选择加氢等反应中获得了广泛的应用。催化精馏一般使用固体催化剂。一种装填方式催化剂颗粒可以直接堆放在塔板上，该装填方式压降大并易造成催化剂破损和流失。另一种装填方式是用多孔惰性材料包裹催化剂制成各种形状的催化精馏元件，以一定的方式填充在催化精馏塔内。这种方式生产成本相对较高，工艺复杂，催化精馏元件内的传质传热阻力较大，且需经常停车更换催化剂。为克服通常催化精馏所存在的缺陷，近年来出现了浆料催化精馏新工艺。将催化剂做成细粉状悬浮于进料中，从反应段上部加入塔中，使其与物料形成浆料，在塔内流动。曲宇霞等在内径为 76mm 的常压玻璃塔内，精馏段填充 θ 环，反应段为筛板，以甲醇与乙酸酯化反应合成乙酸甲酯为模型反应，采用平均粒径为 4μm 的强酸件大孔型离子交换树脂为催化剂，对浆料催化精馏工艺制备乙酸甲酯进行了试验研究。当进料中催化剂的乙酸用量为 0.03 g/g，酸/醇摩尔比为 1.88，回流比为 2.5 时，乙酸甲酯收率可达 86.4%，塔顶产品纯度可达 92.95%（质量分数）。

乙酸与甲醇直接酯化法主要是指反应精馏法制备乙酸甲酯，该方法与传统工艺相比，流程比较简单，只需一个反应精馏塔，操作简单，乙酸甲酯的纯度能达到 99.5%。甲醇与一氧化碳羰基法是一种气相反应，该方法合成乙酸甲酯不仅突出了气相反应的优点，而且突破了甲醇必须在碘化物作用下发生催化循环的瓶颈，但该方法乙酸甲酯的选择性不是很高，不适合高纯度乙酸甲酯的生产。浆料催化精馏法是以大孔型离子交换树脂为催化剂，并将催化剂做成细粉状悬浮于进料中，从反应段上部加入塔中，使其与物料形成浆料在塔内流动，从而制备乙酸甲酯，该方法可制得质量分数为 92.95% 的乙酸甲酯。但浆料催化精馏是一个复杂的过程，浆料体系中的反应与精馏的耦合以及浆料对塔中气液两相流动、传质、传热及反应过程的影响还有待进一步研究，工业化生产还有一定距离。

5.3.4　用工业中间产品和副产物的粗乙酸甲酯进行分离提纯

乙酸甲酯在工业上多以中间产品和副产物的形式出现，比如一些酯交换反应，具体如 PTA（精对苯二甲酸）过程的副产物，羰基化法乙酐生产过程的中间产品，等等。乙酸甲酯的关键在分离，工艺方法是将乙酸甲酯溶液经过分离、萃取、精馏、甲醇回收步骤：乙酸从反应精馏塔上部加入，甲醇从反应精馏塔底部加入，反应精馏塔顶部得到较高纯度的乙酸甲酯；塔顶的较高纯度的乙酸甲酯从中部加入精制塔，顶部物料返回反应精馏塔，底部采出成品乙酸甲酯；反应精馏塔底部物料进入回收塔的中下部，回收塔顶部物料返回反应精馏塔。

5.3.5　三里枫香乙酸甲酯技术

　　虽然通过甲醇或二甲醚羰基化可直接合成乙酸甲酯，在聚乙烯醇等工业生产中也会副产乙酸甲酯，但乙酸和甲醇直接酯化法仍是工业生产乙酸甲酯的重要途径。传统的酯化蒸馏法存在如下问题：①使用浓硫酸作催化剂，副反应多，介质腐蚀性强，装置投资大；②乙酸甲酯合成过程可逆，由于化学平衡的限制，传统工艺反应转化率低，循环量大，能耗高；③由于系统共沸组成复杂，产品分离纯化难度较大，通常需要 9 个精馏塔才能得到高纯度的乙酸甲酯产品。

　　为了解决以上问题，三里枫香采用了固体酸催化的反应精馏工艺，该工艺的优势如下：①采用阳离子树脂固体酸代替传统的硫酸作催化剂，一方面减少了副反应的发生，降低了后续分离的难度；另一方面对设备材料要求降低可节约设备投资。②在正常操作条件下，固体酸催化剂的使用寿命可达 3 年，污染较少。③反应精馏过程将反应与精馏结合在一起，即在反应发生的同时将未反应的原料与产物分离，如此，合成塔中的产品浓度增大，反应速率加快；同时，由于产品及时从合成塔中分离出去，副反应得到了抑制，主反应选择性大大提高。④反应的酯化热被用作蒸发热源，节约了能耗。

　　三里枫香乙酸甲酯生产技术工艺流程和生产装置，见图 5.1 和图 5.2。

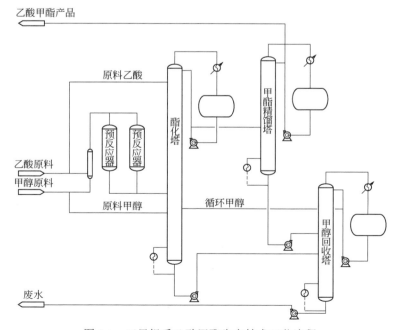

图 5.1　三里枫香乙酸甲酯生产技术工艺流程

图 5.2　三里枫香 2 万吨/年乙酸甲酯生产装置

三里枫香乙酸甲酯生产工艺消耗指标，见表 5.2。

表 5.2　三里枫香乙酸甲酯生产工艺消耗指标

序号	项目	规格	消耗指标
1	甲醇/t	99.5%（质量分数）	0.435
2	乙酸/t	99.5%（质量分数）	0.85
3	催化剂		视产能而定
4	蒸汽/t		0.77
5	电/kW·h	380V	50
6	循环水/t	32～40℃	90

注：以生产每吨 99.5%乙酸甲酯计。

5.3.6　乙酸甲酯合成新体系

借鉴甲烷在发烟硫酸试剂中液相部分氧化生成硫酸甲酯的合成体系，提出了甲烷在乙酸混合试剂中一步合成乙酸甲酯的新合成体系。

（1）甲烷液相部分氧化反应中的溶剂作用理论

陈立宇从发烟硫酸溶剂的性质和作用出发，根据对实验室发烟硫酸溶剂体系的实验结果和发烟硫酸溶剂体系中溶剂的作用所做的分析，提出了甲烷液相部分氧化反应过程中，发烟硫酸作为甲烷液相部分氧化反应的溶剂体系，其在反应过程中所起的主要作用有三个：①发烟硫酸具有较强的酸性。在强酸环境中，甲烷易通过与质子的配位而活化，因此发烟硫酸溶剂体系为亲电反应提供了较优的亲电环境，使得甲烷的亲电反应可在较温和的反应条件下进行，并将催化剂种类选择的范围大大拓宽。②发烟硫酸体系具有较强的氧化性，可以将甲烷催化体系中的低价态催化离子氧化成高价态离子，从而使得甲烷反应过程中氧化还原性催化剂形成一个完整的催化循环过程。③在发烟硫酸体系的甲烷液相部分氧化反应中，首先甲烷与催化剂进行亲电反应生成中间产物 CH_3-M^+，随后发烟硫酸作为亲核试剂，与中间产物 CH_3-M^+ 进行亲核取代反应，生成较为稳定的硫酸单甲酯 CH_3OSO_3H，由于—OSO_3H 基团的拉电子效应，可以避免产物 CH_3OSO_3H 进一步被深度氧化为 CO_2。

甲烷在发烟硫酸试剂中可以一步反应制备得到硫酸单甲酯产物。通过以上溶剂作用分析，西北大学提出甲烷部分氧化反应中溶剂的作用十分重要，溶剂作用主要体现在以下几方面：

其一，酸性环境可提供甲烷转化较好的亲电环境，使甲烷部分氧化反应较易进行。在酸性水溶液中甲烷部分氧化反应多采用贵金属的配合物为催化剂，反应条件比较苛刻，但甲烷部分氧化反应的甲烷转化率和收率都很低。而在强酸溶剂体系中进行的甲烷部分氧化反应，可以采用的催化剂种类比较多，有过渡金属配合物催化剂、无机盐催化剂、贵金属催化剂等。尤其在发烟硫酸溶剂体系中，几乎标准电势电位在 $0.5 \sim 1.4V$ 的物质都有可能成为甲烷液相部分氧化反应的催化剂。这些实验结果都说明强酸性溶剂对甲烷液相部分氧化反应的重要性，因此选择的替代发烟硫酸的新型溶剂应有较强的酸性，才可能使得甲烷部分氧化反应在较温和的条件下进行，使得反应催化剂的选择范围较为宽广，反应体系的建立较为容易。

其二，甲烷液相转化的试剂应使得反应有较高的选择性。甲烷部分氧化反应研究的一个难点就是反应的选择性较低，这主要是由于反应生成物甲醇较甲烷的活性高，因此生成物更易被进一步深度氧化成 CO_2。之所以硫酸和发烟硫酸溶剂体系中甲烷部分氧化反应能取得较高的选择性，是因为硫酸作为亲核试剂参与了反应，硫酸与甲烷部分氧化产物甲醇生成了硫酸甲酯。由于硫酸甲酯是一个稳定的化合物，不易被进一步氧化为含氧化合物，因此在选择替代发烟硫酸的新型溶剂时，应使反应生成较为稳定的产物，这样才能够使得反应有可能得到较高的选择性。为达到此目的，可考虑采用具有亲核性能的试剂，同时亲核试剂应具有较大的、较稳定的基团，具有较大的拉电子效应，这样可使得亲核反应生成的产物较为稳定，不易进一步发生深度氧化反应，对于提供的亲核试剂，应避免使用生成醇类的水、醇等含 OH^- 的试剂，而应选择生成酯类、酸类等的试剂，以便生成较为稳定的中间产物。

借鉴发烟硫酸体系甲烷部分氧化反应生产硫酸单甲酯的合成方法，西北大学提出了探寻甲烷与乙酸一步反应制备乙酸甲酯的全新反应路线和反应体系。西北大学提出在乙酸混合试剂体系中，甲烷一步反应制备乙酸甲酯反应的乙酸混合试剂作用以及机理，并在实验室中进行了该实验，证明该合成乙酸甲酯的方法是可行的。

（2）乙酸混合试剂体系

乙酸是一种典型的脂肪酸。乙酸易溶于水及许多有机试剂。乙酸有强烈的腐蚀性。乙酸的化学性质主要有两点：①乙酸具有明显的酸性，在水溶液里能电离出部分氢离子，乙酸是一种弱酸，pK_a 值为 4.76，具有酸的通性；②乙酸作为亲核试剂，能够在强酸存在的条件下发生酯化反应。

通过对乙酸性质的了解可知，乙酸具有一定酸性，属于亲核试剂，有可能在一定条件下实现甲烷与乙酸一步反应生成乙酸甲酯的反应。

（3）乙酸混合试剂体系的酸性改善

通过对发烟硫酸溶剂体系的分析可以看出，溶剂的酸性是影响甲烷部分氧化的一个比较重要的因素，而乙酸的酸度较发烟硫酸弱，为了进一步提高乙酸的酸性，可以采取以下增强酸性的方法：添加酸性试剂，添加某种盐，增加电离效果等。西北大学考虑在乙酸溶剂中添加酸性较强的试剂，如杂多酸、有机酸等。

（4）乙酸混合试剂体系中催化剂的选择

催化剂是甲烷氧化催化反应的一个非常重要的因素，催化剂选择的正确与否关系着整个反应的成功与否。目前提出的甲烷的液相催化氧化机理有亲电反应机理、外层电子转移机理和自由基机理，其中亲电反应机理被越来越多的研究者所认同。

1983 年，Shilove 提出过渡金属化合物催化甲烷亲电反应机理，并被以后的研究者广泛接受。反应过程为过渡金属离子作为亲电试剂进攻甲烷形成中间络合物 $CH_3^-M^+$，该中间络合物与亲核试剂反应生成中间产物 $CH_3^-M^+$。由于 M^+ 的拉电子效应，中间产物的性质较为稳定，可以避免被进一步氧化，该类反应过程生成中间产物 $CH_3^-M^+$。

在硫酸等强酸溶剂中采用 $HgSO_4$ 催化体系、Pt(bmpy)Cl_2 催化体系、Pd 催化体系、碘系列催化体系进行的甲烷液相催化氧化反应均被认为是亲电反应机理。实验表明，以上各种形式的过渡金属化合物均可起催化作用，但离子形式的过渡金属被认为是具有催化活性的状态，各种形式的过渡金属化合物应首先被氧化为离子形态而起催化作用。

实验借鉴发烟硫酸体系中甲烷液相部分氧化催化反应，乙酸混合试剂中乙酸和发烟硫酸试剂均为亲核试剂，所以本实验采用的催化剂体系可以借鉴发烟硫酸体系中采用的催化剂体系。已报道的发烟硫酸试剂体系甲烷液相部分氧化采用的催化剂，性能较好的有 $HgSO_4$ 催化体系、Pt（bmpy）Cl_2、碘系列催化体系，其中以 $HgSO_4$ 和 Pt（bmpy）Cl_2 催化效果最为显著，但是催化剂 $HgSO_4$ 毒性很强，对环境造成很大威胁，Pt（bmpy）Cl_2 成本太高而且稳定性差。

（5）乙酸混合试剂体系中氧化剂的选择

氧化剂的使用在甲烷液相部分氧化反应中十分重要。甲烷部分氧化反应中常用的氧化剂种类主要有氧气、硫酸、三氧化硫、硝酸、砷酸等，在进行乙酸混合试剂甲烷氧化反应研究时，首先依据氧化剂的标准电势电位数据对几种常用的氧化剂进行分析。

5.3.7　生产工艺评述

（1）技术特点的比较

乙酸甲酯各种工艺优缺点的比较，见表 5.3。

表 5.3　乙酸甲酯各种工艺的优缺点

工艺	优点	缺点
乙酸和甲醇在催化剂的作用下发生酯化反应	能耗、物耗明显降低	
用甲醇与一氧化碳合成气制备		需要副产的合成气
用工业中间产品和副产物的粗乙酸甲酯分离提纯	原料价格优势	
三里枫香 乙酸甲酯 技术	a. 采用阳离子树脂固体酸代替传统的硫酸作催化剂，一方面减少了副反应的发生，降低了后续分离难度，另一方面对设备材料要求降低，可节约设备投资； b. 在正常操作条件下，固体酸催化剂的使用寿命可达 3 年，污染较少； c. 反应精馏过程将反应与精馏结合在一起，即在反应发生的同时将未反应的原料与产物分离，如此，合成塔中的产品浓度增大，反应速率加快；同时，由于产品及时从合成塔中分离出去，副反应得到了抑制，主反应选择性大大提高； d. 反应的酯化热被用作蒸发热源，节约了能耗	

（2）主要技术难点

① 乙酸甲酯与水，乙酸甲酯与甲醇，乙酸甲酯、甲醇、水三者分别形成与乙酸甲酯沸点接近的共沸物，难于分离，产品精制系统十分复杂。

② 乙酸甲酯的合成是可逆反应，受化学平衡限制，反应转化率低。

③ 系统中有大量未反应的甲醇与乙酸需循环，分离流程复杂，设备投资大，能耗高。

5.3.8　专利和科研成果

5.3.8.1　专利

（1）一种高纯度乙酸甲酯的生产工艺装置

本实用新型公开了一种高纯度乙酸甲酯的生产工艺装置，包括反应精馏塔和多个外挂反应器。所述反应精馏塔从下至上分为甲醇分离段、多层反应段、萃取段和精馏段，所述多层反应段由多层塔板构成，每层塔板的反应段通过管道与对应的外挂反应器循环连接；所述萃取段与多层反应段连通，并设有乙酸入口；所述精馏段的顶部还连接有冷凝器和回流罐；所述分离段设有甲醇入口，且分离段的底部循环连接有再沸器。本实用新型将反应和分离有机地结合起来，从而提高了反应速率，又抑制了逆反应的发生，有效地提高了转化率，从而实现了乙酸甲酯产品质量浓度的提升，可用于生产高纯度（97%

以上）乙酸甲酯产品，具有简单、高效、经济效益显著等特点。

专利类型：实用新型

申请（专利）号：CN201620700649.9

申请日期：2016 年 7 月 6 日

公开（公告）日：2016 年 12 月 21 日

公开（公告）号：CN205821214 U

申请（专利权）人：湖北三里枫香科技有限公司

主权项：①一种高纯度乙酸甲酯的生产工艺装置，其特征在于，包括反应精馏塔和多个外挂式反应器。所述反应精馏塔从下至上分为甲醇分离段、多层反应段、萃取段和精馏段，所述多层反应段由多层塔板构成，每层塔板的反应段通过管道与对应的外挂反应器循环连接；所述萃取段与多层反应段连通，并设有乙酸入口；所述精馏段的顶部还连接有冷凝器和回流罐；所述分离段设有甲醇入口，且分离段的底部循环连接有再沸器。②根据权利要求 1 所述高纯度乙酸甲酯的生产工艺装置，其特征在于：所述反应精馏塔的底部还连接有甲醇回收塔。③根据权利要求 2 所述高纯度乙酸甲酯的生产工艺装置，其特征在于：所述甲醇入口与最底层的反应段接入口连接。

法律状态：公开

（2）一种乙酸甲酯的精制方法

本发明涉及化学领域，尤其是涉及一种乙酸甲酯的精制方法。用盐效分离和精馏相结合的工艺来提纯乙酸甲酯，以聚乙烯醇（PVA）生产中经二塔处理后的醇解废液为原料，其中乙酸甲酯的含量约为93%（质量分数，下同），水含量约为6%，还有微量甲醇。采用无水氯化钙作为盐析剂，先将部分水和甲醇从乙酸甲酯中分离出来，将得到的母液再进行精馏提纯，从而得到高纯度的乙酸甲酯。有益效果是：价格便宜，无毒、无害且易于回收，产率高，能够满足工业需求。

专利类型：发明专利

申请（专利）号：CN2015110351992

申请日期：2015 年 12 月 31 日

公开（公告）日：2016 年 5 月 4 日

公开（公告）号：CN105541627A

申请（专利权）人：天津中福工程技术有限公司

主权项：一种乙酸甲酯的精制方法，其工艺步骤为，称取一定量的乙酸甲酯原料，放入反应器中，按配比加入一定量的盐，在 45℃恒温水浴下通过搅拌使盐溶解，并充分混合 10min，静置 20min 以上，使物系达到平衡；分相，对有机相取样，用气相色谱分析其组成。将盐效分离后的有机相称重，倒入蒸馏烧瓶中，加入少量沸石，通冷却水，打开塔釜加热电源，接通塔体加热电源，待塔釜物料沸腾后，全回流操作 10～20min；调节回流比，观察塔顶温度变化，并取样分析，当塔顶温度达到 57.8℃时，停止加热，从塔釜分离出产品。

法律状态：公开，实质审查的生效

（3）乙酸甲酯加氢生产乙醇的反应精馏方法及装置

本发明涉及乙酸甲酯加氢生产乙醇的反应精馏方法及装置。装置包括反应精馏塔、甲醇精制塔、乙酸甲酯回收塔、冷凝器、再沸器、压缩机、泵及连接以上设备的管线。反应精馏塔、甲醇精制塔和乙酸甲酯回收塔塔顶和塔底均设置冷凝器和再沸器，塔顶冷凝器气相出口连接压缩机，液相出口连接甲醇精制塔进料口，塔底为乙醇产品；压缩机出口连接反应精馏塔氢气进料处；甲醇精制塔塔顶出料进入乙酸甲酯回收塔，塔底产品为甲醇；乙酸甲酯塔顶出料返回甲醇精制塔，塔底出料返回反应精馏塔乙酸甲酯进料处。此方法的优点是将乙酸甲酯加氢反应与乙醇提纯精馏分离两个单元操作耦合于一个设备中同时进行，反应完成的同时得到高纯度的乙醇产品，节省设备投资，减少后续的操作费用。

专利类型：发明专利

申请（专利）号：CN201310593601.3

申请日期：2013 年 11 月 20 日

公开（公告）日：2014 年 2 月 19 日

公开（公告）号：CN103588618A

申请（专利权）人：天津大学

主权项：一种乙酸甲酯加氢生产乙醇的反应精馏装置，包括反应精馏塔、甲醇精制塔、乙酸甲酯回收塔、冷凝器、再沸器、压缩机、泵以及相关进料管线和连接以上设备的管线。其特征是：反应精馏塔、甲醇精制塔和乙酸甲酯回收塔塔顶和塔底均设置冷凝器和再沸器，反应精馏塔塔顶冷凝器气相出口连接压缩机，液相出口连接甲醇精制塔进料口，塔底为乙醇产品；压缩机出口连接反应精馏塔氢气进料处；甲醇精制塔塔顶出料进入乙酸甲酯回收塔，塔底产品为甲醇；乙酸甲酯回收塔塔顶出料返回甲醇精制塔，塔底出料返回反应精馏塔乙酸甲酯进料处。

法律状态：公开

（4）一种变压精馏提纯乙酸甲酯的方法及其生产设备

本发明涉及一种变压精馏提纯乙酸甲酯的方法及其生产设备。该方法主要是通过加压精馏塔、常压精馏塔和乙酸甲酯精制塔对乙酸甲酯、甲醇和水混合液进行变压精馏分离，其基本原理是利用乙酸甲酯-甲醇、乙酸甲酯-水的共沸组成随压力变化灵敏的特点，采用操作压力不同的精馏塔实现乙酸甲酯、甲醇和水混合液的分离提纯，并通过热量集成，实现节能降耗的目的，从而解决了目前加盐萃取和萃取精馏等工艺存在的产品纯度低、溶剂回收难、引入第三组分和能耗较高等问题。因此，本发明具有乙酸甲酯收率高、产品纯度高、工艺简单和能耗低等优点。

专利类型：发明专利

申请（专利）号：CN201310070131.2

申请日期：2013 年 3 月 6 日

公开（公告）日：2013 年 5 月 15 日

公开（公告）号：CN103102265A

申请（专利权）人：福州大学

主权项：一种变压精馏提纯乙酸甲酯的方法，其特征在于，变压精馏分离乙酸甲酯、甲醇和水混合液的方法按如下步骤进行：①乙酸甲酯、甲醇和水混合液泵入进料预热器预热后进入加压精馏塔精馏，经分离后塔釜得到含少量甲醇、水的乙酸甲酯粗品，将其泵入乙酸甲酯精制塔精馏分离；塔顶得到加压下乙酸甲酯与水共沸物及少量甲醇蒸气，将其分成两股，一股经冷凝器冷凝后回流，另一股作为常压精馏塔的热源；冷凝器冷凝后的物料，一部分回流至加压精馏塔顶部，另一部分泵入常压精馏塔分离。②加压精馏塔塔顶采出的物料泵入常压精馏塔，经分离后塔釜得到含乙酸甲酯的水溶液；塔顶得到常压下乙酸甲酯和水的共沸物蒸气，经冷凝器冷凝后，并经泵加压后一部分回流至常压精馏塔塔顶，另一部分返回加压精馏塔进料口。③从加压精馏塔塔釜采出的物料泵入乙酸甲酯精制塔进行精馏分离，加压操作，经分离后塔顶得到加压下乙酸甲酯、水和甲醇蒸气，经冷凝器冷凝后，一部分回流至乙酸甲酯精制塔塔顶，另一部分采出；塔釜得到含乙酸甲酯和杂质的混合物，塔中下部侧线气相采出经冷凝冷却后得到质量分数大于 99.5% 的乙酸甲酯产品。

法律状态：公开，实质审查的生效

（5）乙酸甲酯氢甲酰化合成乙酸乙烯的方法

本发明涉及乙酸甲酯氢甲酰化合成乙酸乙烯的方法，主要解决乙酸甲酯先后经羰基化、裂解路线制备乙酸乙烯时乙酸乙烯的收率和选择性低的问题。通过采用乙酸甲酯氢甲酰化合成乙酸乙烯的方法，包括以下步骤：乙酸甲酯羰基化获得双乙酸亚乙酯，双乙酸亚乙酯经裂解获得乙酸乙烯。所述羰基化催化剂采用 SiO_2、Al_2O_3 或者其混合物为载体，活性组分包括选自铁系元素的至少一种、选自 ⅢB 元素的至少一种以及选自 ⅣA 和碱金属中的至少一种金属元素，较好地解决了上述技术问题，可用于乙酸乙烯的工业生产中。

专利类型：发明专利

申请（专利）号：CN201410573622.3

申请日期：2014 年 10 月 24 日

公开（公告）日：2016 年 4 月 27 日

公开（公告）号：CN105523929A

申请（专利权）人：中国石油化工股份有限公司

中国石油化工股份有限公司　上海石油化工研究院

主权项：乙酸甲酯氢甲酰化合成乙酸乙烯的方法，包括以下步骤，①以乙酸甲酯、一氧化碳和氢气为原料，在羰基化催化剂、助催化剂存在下进行羰基化反应获得双乙酸亚乙酯；②在裂解催化剂存在下，使双乙酸亚乙酯裂解获得乙酸乙烯。其中，所述羰基化催化剂采用 SiO_2、Al_2O_3 或者其混合物为载体，活性组分包括选自铁系元素的至少一种、选自ⅢB元素的至少一种以及选自ⅣA和碱金属中的至少一种金属元素，所述助催化剂为碘化物。

法律状态：实质审查的生效

（6）一种高纯度精乙酸甲酯的生产系统

本实用新型提供了一种高纯度精乙酸甲酯生产系统，其特征在于，包括第一精馏塔①、第二精馏塔②、第三精馏塔③。第一精馏塔①分别与第二精馏塔②和第三精馏塔③相连。本实用新型以醇解废液回收的粗乙酸甲酯为原料，以乙二醇为萃取剂，采用三塔精馏的方式，得到了纯度99.90%以上的精乙酸甲酯，解决了传统工艺中0.1%左右的乙醛和丙酮等轻组分杂质无法除去的问题，达到了国内外先进水平，拓宽了产品的应用范围。

专利类型：实用新型

申请（专利）号：CN201520398172.9

申请日期：2015年6月10日

公开（公告）日：2016年2月17日

公开（公告）号：CN205035300U

申请（专利权）人：中国石油化工集团公司　中国石化集团四川维尼纶厂

主权项：一种高纯度精乙酸甲酯生产系统，其特征在于：包括第一精馏塔①、第二精馏塔②、第三精馏塔③。第一精馏塔①分别与第二精馏塔②和第三精馏塔③相连。

法律状态：授权

（7）一种乙酸甲酯制丙烯酸甲酯的产品分离工艺

本发明涉及一种乙酸甲酯制丙烯酸甲酯的产品分离工艺。本工艺采用由甲醛分离塔、萃取塔、丙烯酸甲酯精制塔和甲醇回收塔组成的装置系统进行分离，包括以下步骤：从反应系统出来的反应器流出物经冷却后进入甲醛分离塔，分离出塔底物流，排出系统或进一步处理；将甲醛分离塔的塔顶物流用泵输送到萃取塔，将萃取塔分离得到的主要含乙酸甲酯和丙烯酸甲酯的物料用泵输送到丙烯酸甲酯精制塔，该丙烯酸甲酯精制塔塔顶得到主要含乙酸甲酯的物料，返回反应系统；塔底得到丙烯酸甲酯产品。与现有技术相比，本发明实现了乙酸甲酯、丙烯酸甲酯和甲醛的高效分离和回收。

专利类型：发明专利

申请（专利）号：CN201310504843.0

申请日期：2013年10月23日

公开（公告）日：2014年1月22日

公开（公告）号：CN103524345A

申请（专利权）人：上海浦景化工技术有限公司

主权项：一种乙酸甲酯制丙烯酸甲酯的产品分离工艺，其特征在于，采用由甲醛分离塔、萃取塔、丙烯酸甲酯精制塔和甲醇回收塔组成的装置系统进行分离；具体包括以下步骤，从反应系统出来的反应器流出物经冷却后进入甲醛分离塔，分离出塔底物流，排出系统或进一步处理；将甲醛分离塔的塔顶物流用泵输送到萃取塔，将萃取塔分离得到的主要含乙酸甲酯和丙烯酸甲酯的物料用泵输送到丙烯酸甲酯精制塔，该丙烯酸甲酯精制塔塔顶得到主要含乙酸甲酯的物料，返回反应系统；塔底得到丙烯酸甲酯产品。

法律状态：公开，实质审查的生效

（8）乙酸甲酯加氢制乙醇并联产甲醇的分离方法

本发明涉及一种乙酸甲酯加氢制乙醇并联产甲醇的分离方法，主要解决以往技术中存在的工艺复杂、经济效益低、产品收率低的问题。本发明采用包括第一蒸馏塔、第二蒸馏塔、第三蒸馏塔、脱醛反应器和第四蒸馏塔的分离工艺，通过采用三塔顺序分离工艺与甲醇精制脱醛工艺相耦合的技术方案，较好地解决了上述问题，在满足产品质量的同时大大降低了分离能耗，全工艺流程简单、经济实用、产品收率高，可用于乙酸甲酯加氢制乙醇并联产甲醇的工业应用。

专利类型：发明专利

申请（专利）号：CN2014104287867

申请日期：2014 年 8 月 27 日

公开（公告）日：2016 年 3 月 2 日

公开（公告）号：CN105367385A

申请（专利权）人：中国石油化工股份有限公司

　　　　　　　　中国石油化工股份有限公司　　上海石油化工研究院

主权项：一种乙酸甲酯加氢制乙醇并联产甲醇的分离方法，所述方法包括以下步骤，①将乙酸甲酯加氢反应得到的反应产物（S1）由第一蒸馏塔 T_1 加入，分离后塔顶采出含未反应的乙酸甲酯、甲醇和轻烃的物流（S2），塔釜得到含甲醇、乙醇及重醇的物流（S3）；②上述含甲醇、乙醇及重醇的物流（S3）由第二蒸馏塔 T_2 加入，分离后塔顶采出含乙醛的甲醇物流（S4），塔釜得到含重醇的乙醇物流（S5）；③上述含重醇的乙醇物流（S5）由第三蒸馏塔 T_3 加入，分离后塔顶采出乙醇产品（S6），塔釜得到含重醇的物流（S7）；④将步骤②第二蒸馏塔顶得到的含乙醛的甲醇物流（S4）由脱醛反应器 D_1 加入，乙醛组分在反应器中发生缩醛反应，含甲醇的脱醛反应器出口物流（S8）进入第四蒸馏塔 T_4，第四蒸馏塔顶得到甲醇产品（S9），塔釜得到缩醛反应产物（S10）。

法律状态：公开，实质审查的生效

（9）一种制备乙酸甲酯和乙酸丁酯的耦合生产工艺

本发明公开了一种制备乙酸甲酯与乙酸丁酯的耦合生产工艺，包括乙酸甲酯反应段、闪蒸段和乙酸丁酯酯化反应精馏工段。于乙酸甲酯反应段中，乙酸与甲醇进入甲酯酯化釜进行酯化反应，反应后一部分酯化釜液经采出进入闪蒸段进行分离，闪蒸塔塔顶蒸出物为乙酸甲酯和少量水，蒸出物接入甲酯再沸器后的插管，闪蒸塔塔底采出物料为不含或含有少量乙酸甲酯的乙酸与水的混合物料；该混合物料与原料丁醇经加热后通入乙酸丁酯酯化釜进行乙酸丁酯酯化反应，从而实现乙酸甲酯与乙酸丁酯的耦合生产，达到加强甲酯酯化反应、降低产品能耗的目的。

专利类型：发明专利

申请（专利）号：CN201210198115.7

申请日期：2012 年 6 月 15 日

公开（公告）日：2012 年 10 月 3 日

公开（公告）号：CN102701968A

申请（专利权）人：江门天诚溶剂制品有限公司

主权项：一种制备乙酸甲酯与乙酸丁酯的耦合生产工艺，其特征在于，包括乙酸甲酯反应段、闪蒸段和乙酸丁酯酯化反应精馏工段。于乙酸甲酯反应段中，乙酸与甲醇进入甲酯酯化釜进行酯化反应，反应后一部分酯化釜液经采出进入闪蒸段进行分离，闪蒸塔塔顶蒸出物为乙酸甲酯和少量水，蒸出物接入甲酯再沸器后的插管，闪蒸塔塔底采出物料为不含或含有少量乙酸甲酯的乙酸与水的混合物料，该混合物料与原料丁醇经加热后通入乙酸丁酯酯化釜进行乙酸丁酯酯化反应，实现耦合生产。

法律状态：公开，实质审查的生效

（10）一种由乙酸甲酯和甲醛生产甲基丙烯酸甲酯的方法

本发明涉及一种生产甲基丙烯酸甲酯的方法，具体涉及一种由乙酸甲酯和甲醛作为原料生产甲基丙烯酸甲酯的方法。本发明采用的方法联合使用流化床反应器和固定床反应器，未反应的乙酸甲酯原料在分离之后循环利用，反应生成的丙烯酸甲酯加氢生成丙酸甲酯后，既可以作为副产品进行销售，又可以作为过程原料与乙酸甲酯共同循环利用。本发明的缩醛反应催化剂在流化床反应器和催化剂再生器间连续流动实现反应再生过程，大大提高了催化剂的利用效率，实现了生产的连续性。该流化床工艺满足工业生产要求，可长期维持催化剂的高活性，提高催化剂的使用效率，未反应原料的循环提高了整体转化率，增加了经济效益。

专利类型：发明专利

申请（专利）号：CN2014107842481

申请日期：2014 年 12 月 16 日

公开（公告）日：2015 年 4 月 15 日

公开（公告）号：CN104513163A

申请（专利权）人：北京旭阳化工技术研究院有限公司

主权项：一种生产甲基丙烯酸甲酯的方法，该方法包括以下步骤，①在流化床反应器中使乙酸甲酯和甲醛在甲醇或流化气存在条件下、在缩醛催化剂的催化下进行第一缩醛反应：$CH_3COOCH_3 + HCHO \longrightarrow CH_2{=}CHCOOCH_3 + H_2O$，其中，所述流化气为氮气、氩气和氦气中的一种气体或者多种气体的混合气，所述缩醛催化剂包括以二氧化硅作为载体或以二氧化硅和三氧化二铝混合物作为载体负载的碱金属催化剂，其中，所述碱金属催化剂具体包括 Cs、Na、K 或 Li，并包括选自氧化锑、氧化锆、氧化镁、氧化镧、氧化铈、氧化钙等中的一种或多种作为助剂；②在固定床反应器中使含有丙烯酸甲酯的中间产物在氢气存在条件下、在加氢催化剂的催化下进行加氢反应：$CH_2{=}CHCOOCH_3 +$

$H_2 \longrightarrow CH_3CH_2COOCH_3$，所述加氢催化剂为三氧化二铝负载的金属催化剂，其活性成分包括选自 Pt、Pd、Rh、Ir、Ru、Ag、Cu、Ni 中的一种或多种金属；③在流化床反应器中使丙酸甲酯和甲醛在甲醇或流化气存在条件下、在缩醛催化剂的催化下进行第二缩醛反应：$CH_3CH_2COOCH_3 + HCHO \longrightarrow CH_2{=}C(CH_3)COOCH_3 + H_2O$，所述流化气为氮气、氩气和氦气中的一种气体或者多种气体的混合气，所述缩醛催化剂包括以二氧化硅作为载体或者以二氧化硅和三氧化二铝混合物作为载体负载的碱金属催化剂，其中，所述碱金属催化剂具体包括 Cs、Na、K 或 Li，并包括选自氧化锑、氧化锆、氧化镁、氧化镧、氧化铈、氧化钙等中的一种或多种作为助剂。

法律状态：公开

（11）一种生产乙酸甲酯的新工艺

本发明公开了一种生产乙酸甲酯的新工艺，该工艺将用乙酸酯类回流以带出工业生产过程中酯化釜内残存的过量水，通过反应精馏、循环利用乙酸酯类、甲酯精馏和废水处理等连续过程，方便而高效地制得高纯度的乙酸甲酯。本方法克服了由乙酸和甲醇酯化反应生产乙酸甲酯过程中难以对产物乙酸甲酯进行分离和提纯的不足。该工艺设备要求低，能耗低，工艺简单。本方法制得的产品适用于树脂、涂料、油墨、油漆、胶黏剂、皮革生产过程所需的有机溶剂、聚氨酯泡沫发泡剂、天那水等。

专利类型：发明专利

申请（专利）号：CN201310036069.5

申请日期：2013 年 1 月 31 日

公开（公告）日：2013 年 5 月 22 日

公开（公告）号：CN103113222A

申请（专利权）人：江门谦信化工发展有限公司

主权项：一种生产乙酸甲酯的新工艺，其特征在于，首先进行酯化反应精馏，然后进行脱乙酸酯类，最后进行乙酸甲酯精馏，同步进行废水处理，得到乙酸甲酯成品和副产物甲醇、乙酸酯类，循环利用副产品回流继续生产乙酸甲酯。

法律状态：公开，实质审查的生效

（12）一种反应精馏生产乙酸甲酯的节能工艺

本发明涉及一种反应精馏生产乙酸甲酯的节能工艺。所述工艺在低压精馏塔和高压精馏塔中同时反应精馏生产乙酸甲酯，将高压精馏塔的塔顶蒸气与低压精馏塔的塔釜液进行换热，以满足各自的能量需求。本发明充分利用了输入反应精馏塔的能量，对其进行了二次利用，从而大幅度降低了能耗，具有显著的实用性和经济性。

专利类型：发明专利

申请（专利）号：CN2014103643811

申请日期：2014 年 7 月 28 日

公开（公告）日：2014 年 11 月 12 日

公开（公告）号：CN104140370A

申请（专利权）人：河北工业大学

主权项：一种反应精馏生产乙酸甲酯的节能工艺，其特征在于，所述工艺在低压精馏塔（104）和高压精馏塔（105）中同时反应精馏生产乙酸甲酯，将高压精馏塔（105）的塔顶蒸气与低压精馏塔（104）的塔釜液进行换热。

法律状态：公开

（13）甲醇羰基化合成乙酸甲酯的催化剂及制法和应用

本发明涉及一种甲醇羰基化合成乙酸甲酯的催化剂，其是由 HZSM-5，氧化铜及助剂金属 M 氧化物组成，催化剂质量比组成为：HZSM-5：CuO：M 氧化物 = 100：（3～15）：（0.2～5）。本发明具有工艺流程简单，过程绿色，乙酸甲酯选择性高，催化剂稳定性好的优点。

专利类型：发明专利

申请（专利）号：CN201410546403.6

申请日期：2014 年 10 月 15 日

公开（公告）日：2015 年 3 月 11 日

公开（公告）号：CN104399517A

申请（专利权）人：中国科学院山西煤炭化学研究所

主权项：一种甲醇羰基化合成乙酸甲酯的催化剂，其特征在于，催化剂是由 HZSM-5，氧化铜及助剂金属 M 氧化物组成，催化剂质量比组成为：HZSM-5：CuO：M 氧化物=100：（3～15）：（0.2～5）。

法律状态：公开，实质审查的生效

（14）双乙酸亚乙酯的合成方法

本发明涉及一种乙酸甲酯羰基化合成双乙酸亚乙酯的方法，主要解决现有技术中采用有机氮或者有机磷作促进剂，乙酸甲酯羰基化合成双乙酸亚乙酯反应乙酸甲酯的转化率低、双乙酸亚乙酯的产率低和选择性不高的问题。本方法以乙酸甲酯、一氧化碳和氢气为原料，溶剂为乙酸，在反应温度为 130～200℃，反应压力为 2～10MPa，反应时间为 3～10h 的条件下合成双乙酸亚乙酯，主催化剂采用铁系金属或者它们的化合物，助催化剂为碘化物和促进剂为冠醚的技术方案，较好地解决了上述问题，可用于双乙酸亚乙酯的生产中。

专利类型：发明专利

申请（专利）号：CN201310512763.X

申请日期：2013 年 10 月 28 日

公开（公告）日：2014 年 2 月 5 日

公开（公告）号：CN103553913A

申请（专利权）人：中国石油化工股份有限公司

中国石油化工股份有限公司　　上海石油化工研究院

主权项：双乙酸亚乙酯的合成方法，以乙酸甲酯、一氧化碳和氢气为原料，以乙酸为溶剂，在催化剂存在下，在反应温度为 130～200℃，反应压力为 2～10MPa，反应时间为 3～10h 的条件下生成双乙酸亚乙酯；所述的催化剂包括主催化剂、助催化剂和促进剂；所述的主催化剂采用铁系金属或者它们的化合物；所述的助催化剂为碘化物；所述的促进剂为冠醚。

法律状态：公开

（15）一种由乙酸甲酯与甲醛合成丙烯酸甲酯的方法

本发明涉及一种由乙酸甲酯和甲醛合成丙烯酸甲酯的方法。该方法使催化剂在催化剂再生器中再生，并通过流化床反应器与催化剂再生器的耦合解决了催化剂快速失活的问题，实现了连续生产。

专利类型：发明专利

申请（专利）号：CN201310280786.2

申请日期：2013 年 7 月 5 日

公开（公告）日：2013 年 12 月 11 日

公开（公告）号：CN103435483A

申请（专利权）人：北京旭阳化学技术研究院有限公司

主权项：一种由乙酸甲酯和甲醛合成丙烯酸甲酯的方法，该方法包括以下步骤，使乙酸甲酯和甲醛或非必需甲醇和非必需流化气在混合预热器中混合和预热后，以气态进入流化床反应器进行反应以得到丙烯酸甲酯，其中，通过控制在流化床反应器和催化剂再生器之间的阀门，使失活催化剂从流化床反应器移出或者使再生后的催化剂进入流化床反应器，从而使得失活催化剂进入催化剂再生器进行再生，而再生后的催化剂进入流化床反应器重新使用。

法律状态：公开，实质审查的生效

（16）乙酸甲酯精馏装置

本实用新型涉及一种乙酸甲酯精馏装置，包括甲酯萃取塔和甲酯提浓塔。甲酯提浓塔的底部与甲酯萃取塔再沸器连接，甲酯萃取塔再沸器与甲酯萃取塔釜出泵连接，甲酯提浓塔的顶部分别与甲酯萃取塔冷凝器和甲酯萃取塔馏出泵连接，甲酯萃取塔冷凝器与甲酯萃取塔馏出槽连接，甲酯萃取塔馏出槽与甲酯萃取塔馏出泵连接，甲酯萃取塔馏出泵与甲酯提浓塔连接，甲酯提浓塔的底部与甲酯提浓塔再沸器连接，甲酯提浓塔再沸器与甲酯提浓塔釜出泵连接，甲酯提浓塔的顶部分别与甲酯提浓塔冷凝器和甲酯提浓塔馏出泵连接。本实用新型的有益效果为：精馏塔无需真空操作，同时设备投资少，能耗、消耗小；显著提高乙酸甲酯产品纯度、生产效率。

专利类型：实用新型

申请（专利）号：CN2013201139667

申请日期：2013 年 3 月 14 日

公开（公告）日：2013 年 8 月 7 日

公开（公告）号：CN203108245U

申请（专利权）人：内蒙古双欣环保材料股份有限公司

主权项：一种乙酸甲酯精馏装置，包括甲酯萃取塔①和甲酯提浓塔②。其特征在于：甲酯提浓塔①的底部与甲酯萃取塔再沸器③连接，甲酯萃取塔再沸器③与甲酯萃取塔釜出泵④连接，甲酯提浓塔①的顶部分别与甲酯萃取塔冷凝器⑤和甲酯萃取塔馏出泵⑥连接，甲酯萃取塔冷凝器⑤与甲酯萃取塔馏出槽⑦连接，甲酯萃取塔馏出槽⑦与甲酯萃取塔馏出泵⑥连接，甲酯萃取塔馏出泵⑥与甲酯提浓塔②连接，甲酯提浓塔②的底部与甲酯提浓塔再沸器⑧和不合格精甲酯槽⑬连接，甲酯提浓塔再沸器⑧与甲酯提浓塔釜出泵⑨连接，甲酯提浓塔②的顶部分别与甲酯提浓塔冷凝器⑩和甲酯提浓塔馏出泵⑪连接，甲酯提浓塔冷凝器⑩与甲酯提浓塔馏出槽⑫连接，甲酯提浓塔馏出槽⑫与甲酯提浓塔馏出泵⑪连接。

法律状态：授权

5.3.8.2　科研成果

（1）催化精馏技术在乙酸甲酯水解工艺中的应用及设备优化研究

项目年度编号：1001140054

成果类别：应用技术

中图分类号：TQ028.31

成果公布年份：2010 年

成果简介：课题组采用化学工程新技术和催化精馏水解新工艺取代固定床水解老工艺。2000 年在福建纺织化纤集团公司成功实现了乙酸甲酯催化精馏水解新工艺工业化装置的正常运行，成为中国首家在不改变回收车间总工艺流程和保持水解液中酸水比不变的条件下，使 MeOAc 水解率由 23%提高到 57%～60%，节能达 30%。该成果在国内外首次成功设计制造出用于乙酸甲酯催化精馏水解的全套工业化生产装置及控制系统。专家鉴定达到国际领先的技术水平。该成果不但开拓了乙酸甲酯催化精馏水解新工艺，而且推动了催化精馏新技术的应用和发展。其特点是技术新、水平高、效益好。2000 年在福建纺织化纤集团公司应用之后带来经济效益达 1000 多万元/年。其社会和环保效益表现为，用于年产 3.3 万吨 PVA 企业，可节省蒸汽约 12.9 万吨/年，相当于节省标准煤 2.58 万吨/年，相当于少向大气排放 SO_x 1561t/a、NO_x 192.3t/a 和颗粒物 50.2t/a。该成果于 2000 年获得国家发明专利授权（ZL97101306.3）。该项目获 2001 年度福建省科学技术一等奖。

完成单位：福州大学　天津大学　福建纺织化纤集团有限公司

（2）甲醇气相羰基化合成乙酸和乙酸甲酯技术

项目年度编号：0800320367

成果类别：应用技术

中图分类号：TQ225.122　TQ225.241

成果公布年份：2007 年

成果简介：对甲醇和一氧化碳气相羰基化合成乙酸的反应机理和工艺条件进行了系统的研究，开发了气相甲醇羰基化制乙酸和乙酸甲酯的新工艺，获得了高活性和高分散度的 Ni/C 基催化剂。以高活性 Ni-Pd/AC 为催化剂体系，在 260℃，1.5MPa，甲醇空速

$1.23h^{-1}$ 的反应条件下，甲醇的单程转化率达到 86%，羰基化产物收率达 35.4%。该技术克服了 Monsanto 均相甲醇羰基化法存在主催化剂铑价格昂贵、液相介质对设备腐蚀严重以及产物与催化剂分离困难等问题。由于镍价格低廉、来源广泛，因而具有投资费用节省、副产物较少、分离净化费用大大降低等优点，在经济上更具吸引力。主要设备及总投资，主要设备是普通材质的固定床反应装置，10000t/a 乙酸工业示范厂，总投资约为 2000 万元。

完成单位：中国科学院山西煤炭化学研究所

5.4　产品的分级

5.4.1　乙酸甲酯的产品规格

从表 5.4 可以看出乙酸甲酯的产品规格及质量标准。

表 5.4　乙酸甲酯的产品规格及质量标准

项目	优级品指标
含量/%	≥99.97
甲醇含量/(mg/kg)	≤100
水分/%	≤0.02
酸度（以 H^+ 计）/(mmol/100g)	0.005
密度（20℃）/(g/cm³)	0.93
蒸发残渣/%	≤0.005
色度（铂-钴）号	≤10
外观	无色透明，无机械杂质

表 5.5 是三里枫香乙酸甲酯的产品规格及质量标准。

表 5.5　三里枫香乙酸甲酯的产品规格及质量标准

序号	检验项目	技术指标
1	外观	无色透明液体
2	纯度（质量分数）/%	≥99.5
3	水分/1×10⁻⁶	≤500
4	酸度（质量分数）/%	≤0.05
5	色度/APHA	10
6	甲醇（质量分数）/%	≤0.1
7	醛（质量分数）/%	—
8	密度/(g/cm³)	0.93
9	非挥发性物质/(g/mL)	≤50

5.4.2 分析方法

气相色谱分析条件：载气为氢气，柱压为 0.24 MPa；GDX103 填充柱，柱长为 6m；汽化室温度为 180℃，柱箱温度为 180℃，热导池温度为 160℃。

5.5 毒性与防护

5.5.1 危险性概述

① 急性毒性：$LD_{50}5450$ mg/kg（大鼠经口）；3700mg/kg（兔经口）。吸入或皮肤接触可引起流泪、咳嗽、胸闷、头晕等。

② 亚急性和慢性毒性：表现为神经衰弱症状，植物神经功能失调，慢性支气管炎，视神经萎缩。

③ 刺激性：家兔经眼，100mg，中度刺激。家兔经皮开放性刺激试验，360mg，轻度刺激。

④ 致突变性：性染色体缺失和不分离，啤酒酵母菌 33800×10^{-6}。

⑤ 环境危害：该物质对环境可能有危害，对水体的影响应给予特别注意。

⑥ 燃爆危险：本品易燃，具有刺激性。

5.5.2 急救措施

① 皮肤接触：脱去污染的衣服，用肥皂水和清水彻底冲洗皮肤。

② 眼睛接触：提起眼睑，用流动清水或生理盐水冲洗，就医。

③ 吸入：迅速脱离现场至空气新鲜处。保持呼吸道通畅。如呼吸困难，给输氧。如呼吸停止，立即进行人工呼吸，就医。

④ 食入：饮足量温水，催吐，就医。

5.5.3 防护措施

① 呼吸系统防护：可能接触其蒸气时，应该佩戴自吸过滤式防毒面具（半面罩）。紧急事态抢救或撤离时，建议佩戴空气呼吸器。

② 眼睛防护：戴化学安全防护眼镜。

③ 身体防护：穿防静电工作服。

④ 手防护：戴橡胶耐油手套。

⑤ 其他防护：工作现场严禁吸烟。工作完毕，淋浴更衣。注意个人清洁卫生。

5.5.4 处理原则

① 中毒患者应迅速移离现场。用清水冲洗眼部，用肥皂水和清水冲洗身体的其他污染部位，可用 4%碳酸氢钠洗胃。

② 对症处理，若出现甲醇中毒症状，则按甲醇中毒处理。

5.5.5 消防措施

① 有害燃烧产物：一氧化碳、二氧化碳。

② 灭火方法：采用抗溶性泡沫、二氧化碳、干粉、砂土灭火。用水灭火无效，但可用水保持火场中容器冷却，可能的话将容器从火场移至空旷处。

5.5.6 泄漏应急处理

迅速撤离泄漏污染区人员至安全区，并进行隔离，严格限制出入。切断火源。建议应急处理人员戴自给正压式呼吸器，穿防静电工作服。尽可能切断泄漏源。防止流入下水道、排洪沟等限制性空间。

小量泄漏：用活性炭或其他惰性材料吸收。也可以用大量水冲洗，洗水稀释后放入废水系统。

大量泄漏：构筑围堤或挖坑收容。用泡沫覆盖，降低蒸气灾害。用防爆泵转移至槽车或专用收集器内，回收或运至废物处理场所处置。

5.6 包装与储运

5.6.1 包装

包装标志：易燃液体（有毒液体）。

包装方法：密封容器。

警示：乙酸甲酯为有毒、可燃性液体，吸入有害。使用时应避免与眼睛接触。使用现场禁止吸烟。

5.6.2 操作处置与储存

密闭操作，全面通风。操作人员必须经过专门培训，严格遵守操作规程。建议操作人员佩戴自吸过滤式防毒面具（半面罩），戴化学安全防护眼镜，穿防静电工作服，戴橡胶耐油手套。远离火种、热源，工作场所严禁吸烟。使用防爆型的通风系统和设备。防止蒸气泄漏到工作场所空气中。避免与氧化剂、酸类、碱类接触。灌装时应控制流速，且有接地装置，防止静电积聚。搬运时要轻装轻卸，防止包装及容器损坏。配备相应品种和数量的消防器材及泄漏应急处理设备。倒空的容器可能残留有害物。

5.6.3 储运条件

储存于阴凉、通风的库房。远离火种、热源。库温不宜超过 30℃。保持容器密封。应与氧化剂、酸类、碱类分开存放，切忌混储。采用防爆型照明、通风设施。禁止使用易产生火花的机械设备和工具。储区应备有泄漏应急处理设备和合适的收容材料。

5.7 经济概况

美国伊士曼公司以乙酸甲酯作为主要中间产物，开发了乙酸-乙酐联产技术。在对乙酸甲酯单元的工艺开发中，最先拟采用常规酯化的方法，但在对该物系的特征有了新的认识后，大胆地采用反应精馏工艺合成乙酸甲酯，取得了成功。

乙酸甲酯提纯新工艺的应用将市场价格较低的低纯度乙酸甲酯用较低的成本提纯至 99.6%以上的高纯度产品，不仅带来了较大的经济效益，而且提高了我国在乙酸甲酯生产领域的竞争力，带来了良好的社会效益。

中国乙酸甲酯企业概况，见表 5.6。

表 5.6　中国乙酸甲酯企业概况　　　　　　　　　　　　　单位：万吨

企业名称	装置能力		生产工艺
	精乙酸甲酯	粗乙酸甲酯	
中国石化集团四川维尼纶厂	2.5	5.0	聚乙烯醇生产中回收
安徽皖维高新材料股份有限公司	2.5	5.0	聚乙烯醇生产中回收
石家庄化工化纤有限公司	2.0	4.0	聚乙烯醇生产中回收
内蒙古蒙维科技有限公司	1.5	3.0	聚乙烯醇生产中回收
江西江维高科股份有限公司	1.2	2.5	聚乙烯醇生产中回收
辽阳石油化纤公司金兴化工厂	1.2	2.5	聚乙烯醇生产中回收
迪邦(泸州)化工有限公司	1.0		
湖北三里枫香科技有限公司	2.0		乙酸和甲醇合成

5.8　用途

乙酸甲酯是一种无色的易燃液体，具有芳香气味，它能与大多数有机溶剂混溶，因而工业上广泛用作溶剂。它可用于油漆涂料中，还用于人造革和香料的制造以及用作油脂的萃取剂。高纯度乙酸甲酯是用途广泛的重要有机原料，可用于合成乙酸、乙酐、丙烯酸甲酯、乙酸乙烯和乙酰胺等，特别是乙酸甲酯羰基化制乙酐，是目前制乙酐的四种工艺中最经济的一种，这种工艺与传统的烯酮法、乙酰氧化法相比，在降低能耗和减少环境污染等方面有显著的优越性，它摆脱了对石油原料的依赖，是碳一化学大型工业化技术开发的重大突破。

乙酸甲酯羰基化合成乙酸乙烯是一种新型煤化工合成乙酸乙烯工艺路线。随着煤化工技术的发展，用廉价乙酸甲酯为原料开发高附加值的下游产品，充分挖掘乙酸甲酯的经济效益，减少对苯二甲酸和聚乙烯醇生产成本势在必行。合成气在我国来源丰富，将乙酸甲酯羰基化生产乙酸乙烯更符合我国石油化工生产的现状，既降低了乙酸乙烯生产厂家的生产成本，创造了经济效益，也对社会产生良好的环境效益。图 5.3 为乙酸甲酯的衍生物。

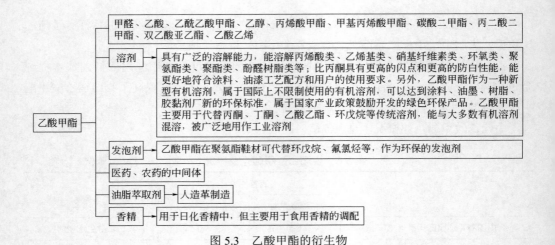

图 5.3　乙酸甲酯的衍生物

参　考　文　献

[1] 陈冠荣. 化工百科全书：第 19 卷. 北京:化学工业出版社, 1995：231.

[2] 李群生，等. 乙酸甲酯生产新工艺的研究与探讨.《维纶通讯》编委会第 26 次会议学术技术交流论文集, 2012.

[3] 吴文炳，张世玲. 乙酸甲酯合成研究新进展. 天然气化工, 2004.

[4] 高伟伟，等. K/SiO$_2$ 催化乙酸甲酯与甲醛合成丙烯酸甲酯. 当代化工, 2016, 45（11）：2500-2504.

[5] 施建林. 乙酸甲酯合成丙二酸二甲酯的工艺研究. 安徽理工大学，硕士学位论文, 2016.

[6] 张春雷. 乙酸甲酯加氢制乙醇工艺研究. 上海：上海师范大学, 2013.

[7] 查晓钟. 乙酸甲酯羰基化合成乙酸乙烯研究进展. 工业催化, 2014, 22（7）：500-504.

[8] 顾美娟. 乙酸甲酯提纯的研究进展. 现代化工, 2010, 30s（1）：76-78.

[9] 李崇. 甲烷氧化酯化制乙酸甲酯新合成工艺研究. 西安：西北大学, 2010.

第6章
甲基丙烯酸甲酯

秦如浩　湖北三里枫香科技有限公司　工程师

6.1　概述

甲基丙烯酸甲酯（methyl methacrylate，MMA，CAS 号：80-62-6），是一种重要的有机化工原料，是一种纯色、易挥发液体。

1934 年，英国 ICI 公司的 J. W. C. Crawford 确定了采用丙酮氰醇(ACH)法生产 MMA 的工业技术路线，并于 1937 年实现了工业化生产。

1955 年，我国开始采用 ACH 法生产 MMA 单体和浇注板材。

1982 年，日本触摸化学公司率先采用异丁烯为原料，经两步法氧化生产 MMA。

1983 年，日本三菱人造丝在大竹建成了以叔丁醇为原料的 4 万吨/年的 MMA 生产装置。

1989 年，德国 BASF 公司在 Ludwigshafen 建设了以乙烯为原料的3.6 万吨/年的 MMA 生产装置。此后，全球 MMA 生产和消费一直稳步增长。

2015 年，全球 MMA 的产能达到 443.5 万吨。

全球主要 MMA 生产商和产能如表 6.1 所示。

表 6.1　全球主要 MMA 生产商的情况　　　单位：万吨/年

国家/地区	生产商	产能	生产方法
美国	美国陶氏（Dow）化学公司	47.5	ACH 法
美国	美国三菱丽阳璐彩特国际公司	33.3	ACH 法
德国	德国赢创德固赛股份有限公司	32.5	ACH 法
新加坡	新加坡 MMA 单体公司	22.3	异丁烯法
中国	吉林石化公司	20.0	ACH 法
英国	英国三菱丽阳璐彩特国际公司	20.0	ACH 法

国家/地区	生产商	产能	生产方法
中国	三菱丽阳璐彩特国际(中国)化工有限公司	18.3	ACH 法
韩国	韩国 LG-MMA 公司	18.0	异丁烯法
韩国	韩国湖南石化与三菱丽阳公司	18.0	异丁烯法
泰国	泰国 MMA 公司	18.0	异丁烯法
美国	美国赢创德固赛股份有限公司	14.9	ACH 法
新加坡	新加坡三菱丽阳璐彩特国际公司	12.0	乙烯法
日本	日本三菱丽阳化工公司	11.0	异丁烯法和丁烷法
中国台湾省	高雄单体化工公司	10.8	ACH 法
日本	日本三菱丽阳化工公司	10.7	ACH 法
日本	日本旭化成化学公司	10.0	异丁烯法
中国	江苏斯尔邦石化公司	10.0	ACH 法
中国	赢创德固赛（中国）投资有限公司	10.0	异丁烯法
中国台湾省	台塑（FPC）公司	9.8	ACH 法
巴西	Proquigel Quimica SA	9.0	ACH 法
意大利	意大利阿科玛公司	9.0	ACH 法
中国	惠州惠菱化成有限公司	9.0	异丁烯法
中国	黑龙江中盟龙新化工有限公司	7.5	ACH 法
泰国	泰国 PTT 旭化成化学公司	7.0	ACH 法
日本	日本可乐丽公司	6.7	ACH 法
韩国	韩国湖南石化公司	6.0	异丁烯法
日本	日本三菱瓦斯化学(MGC)公司	5.1	改进 ACH 法
日本	日本住友化学公司	5.0	异丁烯法
中国	山东宏旭化学股份有限公司	5.0	ACH 法
中国	东营达伟晟荣化工有限责任公司	5.0	ACH 法
中国	中安华谊新材料公司	5.0	ACH 法
日本	日本甲基丙烯酸（MMA）单体公司	4.0	异丁烯法
日本	日本共同单体（Kyodo Monomer）公司	4.0	异丁烯法

6.2 性能

6.2.1 结构

结构式：

分子式：$C_5H_8O_2$

6.2.2　物理性质

MMA 的物理性质如表 6.2 所示。

表 6.2　MMA 的物理性质

项目	数值	项目	数值
色度 APHA	<5	沸点（1.01×10⁵Pa）/℃	100.8
相对密度 $d_4^{20\sim25}$	0.944	折射率 n_D^{25}	1.412
黏度（25℃）/mPa·s	0.58	闪点（开杯法）/℃	30
分子量	100.12	游离酸（MMA）/%	0.001
水分/%	0.03～0.10	纯度/%	99.2

6.2.3　热力学性质

MMA 的热力学性质如表 6.3 所示。

表 6.3　MMA 的热力学性质

项目	汽化热	比热容/[J/(g·K)]	聚合热/(kJ/mol)
数值	0.36	1.9	57.7

6.2.4　化学性质

甲基丙烯酸及其衍生物的化学性质主要取决于分子结构中所含的双键及活性基团。

（1）端乙烯基碳原子的反应

脂肪胺类的亲核试剂，如乙二胺，可取代端乙烯基碳原子上的卤素，生成烯胺。

$$HBrC=C(CH_3)CO_2CH_3 + NH(C_2H_5)_2 \longrightarrow [(C_2H_5)_2N]HO=C(CH_3)CO_2CH_3 + HBr$$

（2）双键加成反应

各种含易被取代氢原子的亲核试剂，如氢氰酸、硫醇、烷基胺、醇类、酚类、磷化氢等(以 ZH 代表)加至双键，使之生成 β-取代的 α-甲基丙酸酯。

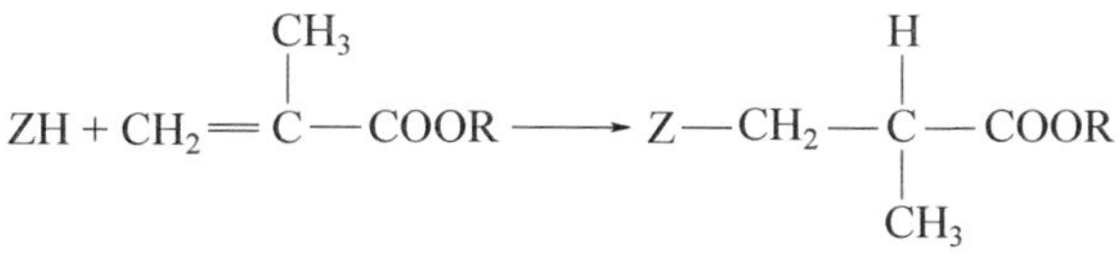

（3）Diels-Alder 反应

一个双键化合物如 MMA 与一个共轭双烯如丁二烯、环戊二烯、反式间戊二烯发生 1,4-加成反应，生成一个六元环化合物，称之为 Diels-Alder 反应。

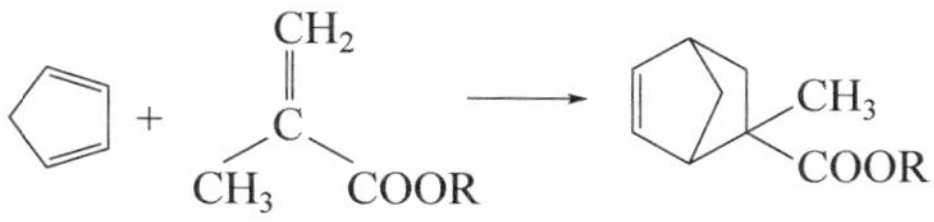

（4）烯丙基的甲基反应

甲基丙烯酸甲酯与不同浓度的硝酸反应，导致烯丙基（$CH_2=CH-CH_2-$）上的氢原子被硝基或亚硝基所取代。

$$CH_2=\overset{\overset{\displaystyle CH_3}{|}}{C}-COOCH_3 + HNO_3(N_2O_3) \longrightarrow$$

$$CH_2=C(CH_2NO_2)COOCH_3 + CH_2=C(CH_2NO)COOCH_3$$

甲基丙烯酸羟丙酯适用的催化剂为离子交换树脂、三氯化铁和锂盐。

$$CH_2=\overset{\overset{\displaystyle CH_3}{|}}{C}-COOH + CH_2\overset{\displaystyle O}{-\!\!\frown\!\!-}CH_2 \longrightarrow CH_2=\overset{\overset{\displaystyle CH_3}{|}}{C}-COOCH_2CH_2OH$$

（5）氧化反应

当缺少具有游离基的聚合阻聚剂时，MMA 易被空气中的氧所氧化，导致聚合的过氧化物分解为甲醛和甲基丙酮酸盐。

（6）聚合反应

甲基丙烯酸和它的酯类以及其他甲基丙烯酸酯的衍生物，在游离基的引发下，当加热时，可迅速聚合。通常使用的苯二酚阻聚剂是过氧自由基起作用，而不是碳的自由基起作用，因而它不会影响引发聚合。但在聚合工艺过程中，要尽量避免氧化，因为它可使烷基自由基转化为羟基自由基。

（7）羧基官能团反应

在大量的硫酸或磺酸催化剂的存在下，甲基丙烯酸与醇类进行酯化反应，可得到相应的酯；同样在酸的催化下，烯烃与甲基丙烯酸进行加成反应，也能生成相应的酯类。

$$CH_2=\overset{\overset{\displaystyle CH_3}{|}}{C}-COOH + CH_3CH=CH_2 \longrightarrow CH_2=\overset{\overset{\displaystyle CH_3}{|}}{C}-COO-\overset{\overset{\displaystyle CH_3}{|}}{\underset{\underset{\displaystyle CH_3}{|}}{CH}}$$

6.3　生产方法

目前，MMA 的工业生产方法主要有丙酮氰醇法（ACH 法）、改进丙酮氰醇法（MGC法）、异丁烯法（i-C_4法）、乙烯羰基化法（BASF 法）、赢创 ACH 法（Aveneer）以及改进 BASF 法（Alpha）等。其中，ACH 法和异丁烯法是主要的生产方法。

6.3.1　丙酮氰醇法（传统 ACH 法）

传统 ACH 法生产 MMA 由英国 ICI 公司于 1937 年首次工业化，是最早工业化生产MMA 采用的工艺。该工艺使用丙酮和丙烯腈副产的氢氰酸（HCN）为原料，HCN 先与丙酮在 30%（w）的氢氧化钠水溶液中进行氰化反应生成 ACH；然后 ACH 与浓硫酸进行酰胺化反应，生成甲基丙烯酰胺硫酸盐，反应过程中硫酸加入过量，并分别在 90℃、

130℃下进行控温；最后甲基丙烯酰胺硫酸盐再与水、甲醇在 100℃下进行水解和酯化反应生成 MMA。该工艺 MMA 收率高，西欧、北美和我国的 MMA 生产装置主要采用此法进行生产，如德国赢创集团、美国陶氏化学公司、英国璐彩特国际有限公司（现三菱丽阳璐彩特公司）和我国的中国石油吉林石化公司、台湾台塑集团等。但由于工艺中使用浓硫酸，工艺装置必须采用耐酸设备。原料 HCN 有剧毒，随着全球对环保的要求越来越严格，该工艺也因环境污染问题需要改进。

6.3.2 改进丙酮氰醇法（MGC 法）

1989 年，日本三菱瓦斯化学公司（MGC 公司）对传统的 ACH 法进行了改进，称为 MGC-ACH 法，原料是丙酮、甲醇和少量 HCN，不使用浓硫酸，省去了酸性残液的回收装置，主要的反应过程为：ACH 水合制得羟基异丁酰胺，羟基异丁酰胺与甲酸甲酯反应得到羟基异丁酸甲酯和甲酰胺，羟基异丁酸甲酯脱水制 MMA，甲酰胺脱水制 HCN，再生回收的 HCN 和丙酮反应制 ACH，甲酸和甲醇经酯化反应制甲酸甲酯。

改进的 ACH 法（又名 MGC 法）由日本三菱瓦斯化学公司开发成功，并于 1997 年实现工业化生产。它是由丙酮氰醇发生水合反应生成 α-羟基异丁酰胺（HBD），HBD 与甲酸甲酯发生反应生成 α-羟基异丁酸甲酯（HBM）和甲酰胺，HBM 在固体酸催化剂 $Al_2O_3\text{-}SiO_2$ 存在下脱水得到 MMA。该法工艺简单，原料可以循环利用，无废酸产生，对环境影响小；但副产多，对设备的要求高，能耗相对较高，制约了该工艺的推广应用。

德国赢创集团也对传统 ACH 法进行了改进，称为 Aveneer 法，该方法以氨、甲烷、丙酮和甲醇为原料，生产中同样不使用浓硫酸，具体生产过程包括：①与传统 ACH 法相似，以丙酮和 HCN 为原料在碱催化作用下生成 ACH；②在固定床反应器或悬浮式反应器中，30～80℃下 ACH 水解得 α-羟基异丁酰胺，该反应以 MnO_2 为催化剂，以 Ti，Zr，V 等为促进剂；③α-羟基异丁酰胺在碱催化剂的作用下醇解得 α-羟基异丁酸酯，副产物氨被回收后用于与甲烷反应生产 HCN，并作为第一步反应的原料；④α-羟基异丁酸酯与甲基丙烯酸（MAA）进行酯交换反应生成 MMA 和 α-羟基异丁酸，n（MAA）：n（α-羟基异丁酸酯）$= 2\sim0.5$，反应温度为 90～110℃，反应压力为 30～80 kPa，反应在固定床反应器上进行，催化剂为酸、碱或离子交换树脂。所得 α-羟基异丁酸脱水后可生成 MAA，既可作为单独产品也可用于酯交换反应制备 MMA。反应过程中少量水的存在可增加产物的选择性，减少副产物甲醇的生成。该工艺于 2007 年建成示范装置，并在美国建成 12 万吨/年的工业装置，但还未投产。该工艺的特点在于 MAA 可作为独立的产品进行生产，通过调节反应体系中的水含量或反应温度可调整生成的 MMA 和 MAA 的比例，从而使生产装置具有较大的灵活性。相比于传统 ACH 法，Aveneer 工艺具有较低的投资成本和设备维护费用，同时具有较温和的反应条件和较高的产品收率。此工艺还可以同时生产 MMA 和 MAA 两种产品，资源利用率高，具有较好的发展前景。

6.3.3　乙烯羰基化法（BASF 法）

乙烯羰基化法由德国 BASF 公司开发成功，它是以乙烯和合成气为原料，在 110℃、3MPa 及 Rh-Pt 络合物催化剂作用下进行羰基化生成丙醛。丙醛和甲醛在仲胺催化剂的作用下进行缩合反应生成甲基丙烯醛（MAL），MAL 在列管式固定床反应器中进行氧化生成甲基丙烯酸（MAA），MAA 经分离提纯后与甲醇发生酯化反应生成 MMA。该方法的优点是工艺较为简单，原料易得，原子利用率相对较高（达到 64%），对环境没有污染。但乙烯羰基化制丙醛的收率太低，产品成本较高；催化剂选择性差，使用寿命短；中间产物 MAL 的氧化成本较高。更为关键的是该技术被 BASF 公司所垄断，实施比较困难。

6.3.4　丙酸甲酯法

乙烯-丙酸甲酯法（Alpha 路线）采用乙烯、甲醇和 CO 等作为原料，主要由 Shell 公司开发，其他公司如 BASF 公司、Monsanto 公司、SD 公司、Rohm&Haas 公司（现为 Dow 全资子公司）也进行了相关研究。Shell 公司将该成果通过 ICI 公司转移给璐彩特国际公司。璐彩特国际公司进一步开发，于 2006 年首次将该路线实现了工业化。该工艺反应条件温和，产物收率相对较高，生产过程不涉及有毒物和腐蚀性化学品，仅有的副产品是水和重酯，重酯又可用于燃料加以利用，维护成本也低于现有工艺，是目前工业化生产 MMA 技术路线中较优的一种。该技术现为三菱丽阳璐彩特国际公司所有，是其新建装置的首选技术路线。工艺流程分两步：①乙烯与 CO、甲醇在 Pd 基均相羰基化合成催化剂作用下反应生成丙酸甲酯（MP）。Fanjul 等合成了一系列不对称双齿膦配体 $o\text{-}C_6H_4(CH_2PR_2)(CH_2PR_2')$，并与 Pd 形成络合物，用于催化乙烯的氢甲氧基羰基化反应生成 MP，研究了配体中与 P 原子相连的基团 R 和 R′的种类对均相 Pd 基催化剂活性的影响。实验结果表明，配体中 R 和 R′的空间体积对催化剂的选择性具有显著的影响，当 R 和 R′均为体积较小的苯基时，所得催化剂具有较低的选择性（MP 选择性仅为 10%）；当 R 或 R′中的某一基团为体积较大的叔丁基时，所得催化剂的选择性大幅提高（MP 选择性大于99%）；当 R 为叔丁基，R′为空间体积更大的基团时，例如 $o\text{-}CH_3C_6H_5$ 或 $o\text{-}CH_3CH_2C_6H_5$，所得催化剂的选择性进一步提高。该研究结果可为 Pd 基均相催化剂中配体的设计提供帮助。②MP 与甲醛在无水条件下进行羟醛缩合反应，脱水得产物 MMA。李洁等以二氧化硅为载体，制备了负载型 $Cs\text{-}ZrO_2/SiO_2$ 催化剂，其中，ZrO_2 为助剂，Cs 为活性组分，用于 MP 与甲醛反应生成 MMA。实验结果表明，在无水条件下，当 ZrO_2 含量为 0.5%（w），反应温度为 340℃，n（MP）：n（甲醛）= 3 时，催化剂活性最好，目标产物 MMA 的选择性可达 94%，同时反应体系中水含量的增加将导致 MMA 的选择性降低。除以 Cs 作为催化 MP 与甲醛反应的活性组分外，冯裕发等以 $\gamma\text{-}Al_2O_3$ 为载体，通过负载金属 K 制备了 MP 与甲醛反应的催化剂。实验结果表明，当金属 K 的负载量为 12.5%（w）、反应温度为 320℃、n（MP）：n（甲醛）= 1 时，所得催化剂具有最高的反应活性，目标产物 MMA 的选择性为 76.1%。当提高催化剂的煅烧温度时，由于载体 Al_2O_3 发生晶型转变，生成活性较低的 $\alpha\text{-}Al_2O_3$ 载体，因此，所得催化剂的活性降低，从而确定催化剂的最佳煅烧温度为1100℃。

该工艺原料易得，安全，无污染，反应条件温和，无需特殊材质设备，催化剂活性高且使用寿命长。

6.3.5 异丁烯（叔丁醇）氧化法

以异丁烯为原料生产MMA主要有以下几种工艺路线：第一种是异丁烯（或叔丁醇）两步气相直接氧化法，即叔丁醇脱水生成异丁烯（或直接由甲基叔丁基醚裂解制得异丁烯），异丁烯发生催化氧化反应生成甲基丙烯醛（MAL），MAL再经氧化生成MAA，MAA经分离后与甲醇发生酯化反应生成MMA。该法原料来源广泛，生产过程简单，催化剂活性高、选择性好、寿命长，MMA的收率高，无污染，生产成本低于丙酮氰醇法，在较小规模装置上也具有很强的竞争力，是目前应用最为广泛的C_4工艺路线。不足之处在于装置折旧费用高，对催化剂要求高。第二种是异丁烯直接甲基化法，即将异丁烯（或叔丁醇）直接氧化生成甲基丙烯醛（MAL），然后以金属Pd化合物为催化剂，在40～100℃下与甲醇进行液相酯化反应制得MMA。该法的特点是工艺较为简单，产品收率高，甲醇可以循环使用；但催化剂寿命短，副产物异丁酸甲酯与MMA分离困难。第三种是异丁烯氨氧化法（又名甲基丙烯腈法，MAN法），异丁烯或叔丁醇（TBA）在Mo-Bi催化剂作用下与氨发生氧化反应生成甲基丙烯腈，然后在硫酸存在下，甲基丙烯腈水合生成甲基丙烯酰胺硫酸盐，甲基丙烯酰胺硫酸盐再与甲醇发生酯化反应生成MMA。该方法要使用大量的氨，原料费用高，加上需要处理大量废酸液，生产成本较高，目前还没有实现工业化生产。

6.3.6 其他方法

除上述方法之外，还有甲基丙烯腈法、丙烯羰基化法、异丁醛氧化法、异丁烷氧化法和裂解回收法等，但这些方法大多存在收率低、催化剂选择性低、寿命短以及原料消耗大等问题，目前尚不具备工业化条件。

6.3.7 生产工艺评述

（1）工艺对比

目前，我国大部分企业的MMA生产主要采用ACH法，与目前国际的异丁烯法等先进工艺路线相比，在技术水平、生产成本、环境影响、市场竞争力等方面都处于劣势。异丁烯氧化法生产MMA具有成本低、污染小、经济效益好的优势。日本多家公司拥有生产技术。多年来处于垄断状况，表6.4为MMA各生产方法物料单耗，表6.5为10万吨/年MMA装置各生产方法投资及生产成本对比。

（2）主要技术难点

目前，我国MMA生产技术难点：①以C_4资源为原料的异丁烯（叔丁醇）氧化法生产收率较低，但该工艺具有较好的应用前景；②开发性能优良且使用寿命长的催化剂，催化剂是异丁烯（叔丁醇）氧化法工艺发展的关键；③MMA萃取塔作为MMA装置中

表 6.4 MMA 各生产方法物料单耗

丙酮氰醇法		异丁烯氧化法		烯醛法		改进型丙酮氰醇法	
物料	单耗	物料	单耗	物料	单耗	物料	单耗
氢氰酸	0.302t	异丁烯	0.86t	乙烯	0.35t	甲酸甲酯	0.663t
丙酮	0.68t	甲醇	0.34t	CO	256m³	丙酮	0.645t
硫酸98%	1.624t	蒸汽	-1t	甲醇	0.37t	氢氰酸	0.012t
甲醇	0.372t			甲醛	0.36t		
烧碱50%	0.01t			催化剂1	0.0004t		
硫酸氢铵	-1.2t			催化剂2	0.003t		
硫酸	-0.4t			H₂	-321m³		
				丙酸	-0.038t		

注：以 10 万吨/年装置计，以每吨 MMA 产品计，负号表示副产物。

表 6.5 10 万吨/年 MMA 装置各生产方法投资及生产成本对比

项目	ACH 法	异丁烯氧化法	Alpha 法	MGC 法
建设投资/亿元	8.5	10.0	7.0	7.5
总投资/亿元	9.7	11.3	8.2	8.7
原料及动力成本/（元/t）	8319	9352	6474	8102
折旧费/（元/t）	582	678	522	492
修理费/（元/t）	291	339	261	246
生产成本/（元/t）	9222	10399	7287	8870

注：以 2016 年 2 月份市场价格为依据，HCN 5500 元/t、丙酮 3650 元/t、甲醇 1700 元/t、乙烯 6880 元/t、50%烧碱 1000 元/t、98%硫酸 380 元/t、异丁烯 9900 元/t、无水甲醛 2700 元/t、甲酸甲酯 6000 元/t、合成气 1 元/m³、蒸汽 100 元/t、电 0.57 元/(kW·h)、工艺水 3 元/t、冷却水 0.25 元/t。

的关键设备之一，具有结构复杂、动静结合及设计计算难度大等特点；④MMA 项目建设难度较大，且异丁烯法在我国的生产技术还不够完善，引进技术较为困难，费用高；⑤采用丙酮氰醇（ACH）法生产 MMA 会产生大量 40% H_2SO_4（w）废硫酸。

6.4 产品的分级

工业上使用的 MMA 纯度为 99.9%，酸度按甲基丙烯酸（MAA）计<0.003%，水含量<0.05%。运输和储存时，通常加入阻聚剂氢醌甲醚（MEHQ）$10 \times 10^{-6} \sim 15 \times 10^{-6}$ 或氢醌（HQ）$25 \times 10^{-6} \sim 60 \times 10^{-6}$。美国 Rohm&Haas 公司的 MMA 产品质量指标为 MMA 含量（气液色谱分析值）>99.8%，酸度（按 MMA 计）<0.005%，水分<0.05%，色度 APHA<10。黑龙江龙新化工有限公司的 MMA 产品质量指标列于表 6.6。

表 6.6　黑龙江龙新化工有限公司 MMA 产品质量标准

项目	含量/%	酸度（以 MMA 计）/%	水分/%	低沸物/%	高沸物/%	色度（APHA）
指标	≥99.8	≤0.001	≤0.01	≤0.05	≤0.05	≤10

6.5　毒性与防护

毒理学活性测定的结果证明，MMA 的毒性比丙烯酸酯的毒性小，呈现出由低至中等的急性毒性。MMA 的毒性见表 6.7。

表 6.7　MMA 的毒性测试结果

毒性	MMA
鼠（经口）LD_{50}/(g/kg)	7.9，9.4
鼠（吸入）LD_{50}/(mg/kg)	7093
兔（经皮）LD_{50}/(g/kg)	>9.4
兔表面刺激	轻微至中等
兔眼刺激	轻微至中等
TWA 容许最大浓度/(mg/m³)	410
/(mg/kg)	100
气味（临界值）/(mg/kg)	0.083

注：TWA 为暂时工作区。

若较长时间在甲基丙烯酸酯类的蒸气中停留，会造成眼睛永久损伤甚至失明。一般会引起鼻、喉的刺激，头部眩晕嗜睡，在高浓度蒸气中停留，严重者会引起中枢神经系统能力的降低。若不慎吸入口中，会导致口、喉、食道、胃的严重腐蚀，致使人发生心慌不安、呕吐、腹泻、眩晕等症状。直接与单体接触，刺激皮肤并产生红肿。实践证明，在 MMA 生产场所，暂时工作区的允许极限为 100×10^{-6}，老鼠吸入 MMA 400×10^{-6} 2 年及仓鼠吸入 MMA 400×10^{-6} 18 个月后未发现畸形变化。这是因为 MMA 发生迅速而广泛的降解作用，大部分变成 CO_2 和少量的丙二酸二甲酯，从肺部排出。

6.6　储运

MMA 易聚合，MMA 的聚合热为 57.7kJ/mol。放出的热量促进聚合的发生，因此，必须对 MMA 单体进行适当的阻聚，避免聚合的发生。一般加入的阻聚剂为氢醌甲醚（hydroquinone monomethyl ether，MEHQ）或氢醌（hydroquinone，HQ），以保证产品质量和储运的安全。MMA 的爆炸极限为 2.1%～12.5%，因而应作为易燃物质进行运输。

6.7 经济概况

全球的 MMA 需求量多年来一直不断增长，2015 年全球 MMA 的产能达到 443.5 万吨，2015 年全球 MMA 产能分布概况，见图 6.1。

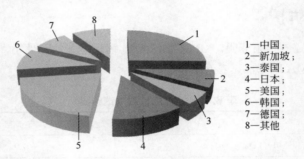

1—中国；
2—新加坡；
3—泰国；
4—日本；
5—美国；
6—韩国；
7—德国；
8—其他

图 6.1　2015 年全球 MMA 产能的分布概况

全球大公司 MMA 产能概况，见表 6.8。

表 6.8　全球大公司 MMA 产能概况

公司	产能/(万吨/年)	所占比例/%
三菱丽阳	123.3	27.80
MMA Monomer	59.1	13.33
赢创	57.4	12.94
陶氏化学	47.5	10.71
旭化成	26.0	5.86
中国石化	20.0	4.51

我国 MMA 的工业生产始于 20 世纪 50 年代末期，当时均采用国内自行开发的 ACH 法，装置规模小、技术落后，发展相对缓慢。2004 年，中国石油吉林石化公司建成投产了当时国内最大的单套 5 万吨/年 MMA 生产装置，使我国 MMA 生产跃上一个新台阶。截至 2015 年 12 月底，我国 MMA 的总生产能力达到 113.4 万吨/年，占全球 MMA 产能的 25.57%。其中，中国石油吉林石化公司是目前我国最大的 MMA 生产企业，生产能力为 20 万吨/年，约占国内总生产能力的 25.57%。

近年来，我国 MMA 行业经过多年的发展，生产工艺已多元化。以前，我国 MMA 采用 ACH 法进行生产，赢创德固赛(中国)投资有限公司异丁烯氧化法装置的建成投产，改变了我国 MMA 生产工艺单一的局面。目前，我国 MMA 生产工艺是 ACH 法和异丁烯氧化法两种生产工艺并存，异丁烯法的生产能力约占总生产能力的 18.52%，ACH 法的生产能力约占总生产能力的 81.48%。其中，国产异丁烯法装置生产能力普遍较小，只占国内总生产能力的 1.76%。

近年来，我国 MMA 产不足需，在近两年国内有机原料整体低迷的情况下，MMA 的经济效益仍较为乐观，故仍有山东易达利化工有限公司、山东天弘化学有限公司、上海华谊集团公司、山东玉皇化工（集团）有限公司组建的东明华谊玉皇新材料有限公司等不少企业计划新建或者扩建 MMA 生产装置。新建装置大多配套有下游 PMMA 生产装置。但由于 MMA 项目建设难度较大，且异丁烯法在我国的生产技术还不够完善，引进技术较为困难，费用高，故只有部分项目会按照计划实施，部分项目有可能会延迟。预计到 2020 年，我国 MMA 将新增产能 79.0 万吨。其中，采用 ACH 法的产能占 65.82%；异丁烯法占 34.18%。2016～2020 年我国 MMA 新建/扩建情况见表 6.9。

表 6.9　2016～2020 年我国 MMA 新建/扩建情况

生产厂家名称	厂址	产能/(万吨/年)	生产工艺	计划投产年份
江苏斯尔邦石化有限公司	江苏连云港	10.0	ACH 法	2016
东营宏旭化学股份有限公司	山东东营	4.0	ACH 法	2016
山东易达利化工有限公司	山东菏泽	10.0	异丁烯法	2016
东明华谊玉皇新材料有限公司	山东东明县	10.0	ACH 法	2017
山东天弘化学有限公司	山东东营	9.0	ACH 法	2018
山东利华益维远化工有限公司	山东东营	10.0	ACH 法	2018
中海油东方石化有限责任公司	海南东方	7.0	异丁烯法	2017
华谊安庆新材料有限公司	安徽安庆	10.0	异丁烯法	2018
中国北方工业集团公司	辽宁盘锦	9.0	ACH 法	2019

我国新建、拟建 MMA 生产装置具有以下 3 个特点：①新建、拟建装置规模均较大，年产均在 10 万吨；②新建、拟建装置均为国内私营、民营企业投资所建；③从地域上看，我国新建、拟建 MMA 生产装置主要位于山东省，因为该地区石油化工产业较为发达，而大部分新建 MMA 生产装置是以原有化工生产装置的副产品为原料进行生产的，例如裂解装置的副产混合 C_4，丙烯腈装置的副产 HCN 等。

6.8　用途

近年来，我国 MMA 的需求量稳步增长。2005 年我国 MMA 的表观消费量为 26.05 万吨，2010 年增加到 38.69 万吨，2015 年为 62.44 万吨，2010～2015 年表观消费量的年均增长率约为 10.04%。相应产品自给率 2005 年为 80.61%，2010 年为 89.95%，2015 年为 71.27%。2005～2015 年我国 MMA 的供需变化情况，见表 6.10。

表 6.10　2005～2015 年我国 MMA 的供需情况

年份	产量/(万吨/年)	进口量/(万吨/年)	出口量/(万吨/年)	表观消费量/(万吨/年)	产品自给率/%
2005	21.0	7.54	2.49	26.05	80.61
2006	24.3	7.81	3.52	28.59	84.99
2007	29.4	7.26	5.65	31.01	94.81
2008	30.0	8.26	4.76	33.50	89.55
2009	26.9	14.31	2.13	39.08	68.83
2010	34.8	9.83	5.94	38.69	89.95
2011	37.9	13.95	6.85	45.00	84.22
2012	38.1	23.85	4.71	57.24	66.56
2013	40.5	24.53	4.91	60.12	67.37
2014	42.5	27.48	3.25	66.73	63.69
2015	44.5	21.01	3.07	62.44	71.27

　　MMA 是一种重要的有机化工原料和化工产品，主要用于生产聚甲基丙烯酸甲酯（PMMA），聚氯乙烯改性剂 ACR、甲基丙烯酸甲酯-苯乙烯-丁二烯共聚物（MBS），也可用作树脂、胶黏剂、涂料、离子交换树脂、纸张上光剂、纺织印染助剂、皮革处理剂、润滑油添加剂、原油降凝剂、木材和软木材的浸润剂、电机线圈的浸透剂、绝缘灌注材料和塑料型乳液的增塑剂等，用途十分广泛。

　　2015 年，我国 MMA 主要集中消费在聚甲基丙烯酸甲酯（PMMA），占总消费量的64.5%；表面涂料占 13.0%；聚氯乙烯改性剂（ACR 和 MBS）占 12.5%；其他占 10.0%。消费量主要集中在华东和华南地区，华东和华南地区是我国 PMMA 的主要加工和消费地区，以温州为中心的浙江南部、扬州、无锡、常州、上海、宁波以及广东的佛山、顺德和汕头等地区是我国 PMMA 制品的重要加工基地，该基地拥有大量国营和民营 PMMA 加工企业。高端 PMMA 产品在国内刚刚起步，MMA 衍生物最具发展潜力的应用领域是中、高档 PMMA，对 MMA 质量要求很高。高档 PMMA 产品在国内市场的快速渗透，必将带动我国 MMA 进入新一轮的高速增长。

6.8.1　PMMA

　　PMMA 是我国 MMA 的主要应用领域，通常可分为 PMMA 模塑料、浇铸型板材和挤出型板材等。目前我国 PMMA 主要消费领域为广告灯箱、标牌、灯具、浴缸、仪表、生活用品、家具等中低端市场，而特种 PMMA，如光学级 PMMA 浇铸板、防射线 PMMA板、抗静电板、耐磨 PMMA 板、阻燃 PMMA 板等工艺均较为落后，主要依赖进口。随着国内广告业、中高档家具业、建筑业、交通业、光学领域 IT 业的迅猛发展，PMMA产品将逐步由低端市场向中、高端市场扩展，加之汽车产量的增加，必将带动 MMA 进入新一轮的增长。但由于我国 PMMA 产品低端市场供应过剩，高端市场依赖进口，这种结构性失衡现象很难在短期内改善;加上还将面临来自聚苯乙烯(PS)和聚碳酸酯(PC)等替代产品的竞争,我国 PMMA 行业未来的竞争将十分激烈,相应对 MMA 的需求量也会受到一定影响。未来 PMMA 虽然仍是我国 MMA 的主要消费领域,但所占比例将会有所下降。

6.8.2 表面涂料

MMA 在表面涂料领域主要用于生产溶剂型涂料、水性涂料以及乳胶漆,广泛应用于汽车、家具以及建筑等行业。随着我国人民生活水平的提高,我国高档涂料,特别是高档水性涂料的比例和产量都将会有较大的增长,工艺配方将逐步与国际接轨,对 MMA 的需求量也将相应增加。

6.8.3 ACR 和 MBS

我国已经成为全球 PVC 生产与加工的第一大国,作为 5 大通用树脂之一的 PVC,其在作为硬制品加工时,加工和耐冲击性能不好。若加入一定量的 ACR,不仅能增强 PVC 在常温及低温下的抗冲击强度,而且能够改善 PVC 的加工性能,广泛应用于无毒透明及彩色 PVC 瓶、片、膜、板以及管材等制品中。MBS 与 PVC 具有良好的相容性和热稳定性,可提高 PVC 制品在常温及低温下的抗冲击强度,并可改善 PVC 的加工性能,使树脂的塑化时间缩短,防止聚氯乙烯热分解,改善熔体流动性、热变形性和制品表面的光泽度,此外还可以改善 PVC 制品的刚性和韧性、尺寸稳定性、加工性和色调等,广泛应用于透明及彩色 PVC 片材、薄膜、板材、管材以及 PVC 瓶制品中。

随着人民生活水平的不断提高和环境保护力度的加大,以塑代木、以塑代钢已成为必然,PVC 制品的需求量将不断增长,进而必将带动加工和抗冲击改性剂的发展;另外 MMA 在纺织浆料、丙烯酸类胶黏剂、不饱和聚酯交联剂、润滑剂以及人造大理石台面等方面也有广泛的应用。

参 考 文 献

[1] 陈冠荣. 化工百科全书:第 8 卷. 北京:化学工业出版社,1995:171.
[2] 周春艳. 甲基丙烯酸甲酯市场分析. 化学工业,2015,33(5):46-49.
[3] 崔小明. 国内外甲基丙烯酸甲酯的供需现状及发展前景分析. 石油化工技术与经济,2016,32(4):27-33.
[4] 李峰. 甲醇及下游产品. 北京:化学工业出版社,2008.
[5] 何海燕,等. 国内外甲基丙烯酸甲酯的生产现状及市场分析. 石油化工,2016,45(6):756-763.
[6] 徐红娟. 甲基丙烯酸甲酯的生产技术及国内外发展现状. 中氮肥,2016(4):77-80.
[7] 张新建. MMA 萃取塔结构设计与应力分析. 化工机械,2016,43(3):315-319.
[8] 桑建新. 我国废硫酸的来源、处理方法及利用现状浅析. 硫酸工业,2016,(1):62-66.
[9] 谭捷. 甲基丙烯酸甲酯生产技术研究进展. 精细与专用化学品,2016,24(10):45-47.

第7章
丙烯酸衍生物

胡敏　江苏湖大化工科技有限公司　市场部经理

7.1　概述

丙烯酸衍生物（acrylic acid derivatives）主要是指丙烯酸的各种酯类衍生物，最重要的有丙烯酸甲酯（MA），丙烯酸乙酯（EA），丙烯酸正丁酯（n-BA）和丙烯酸 2-乙基己酯（2-EHA）。它们被认为是丙烯酸系单体中的基本单体。1931 年，美国罗姆-哈斯（Rohm & Hass）公司开始小批量生产丙烯酸、丙烯酸甲酯（MA）和丙烯酸乙酯（EA）。

全球丙烯氧化法生产丙烯酸工业化研究始于 20 世纪 60 年代，在 20 世纪 70 年代后期形成一定规模的工业化生产，到 20 世纪 80 年代才得到了迅猛发展。自 20 世纪 90 年代后期以来由于高吸水性树脂高速发展的需求，全球丙烯酸行业又兴起了新一轮发展高潮。

据了解，2012 年全球丙烯酸产能 584.5 万吨；丙烯酸酯类产能 522.5 万吨。

我国的丙烯酸及其酯类工业虽然起步较晚，但发展迅速，在国内丙烯酸下游产业链不断完善升级的背景下和国内日益增长的强劲市场需求的刺激下，丙烯酸及其酯类产能逐年增加。2016 年，我国已有 15 家丙烯酸及其酯类生产企业。

全球丙烯酸衍生物主要生产商的情况，如表 7.1 所示。

表 7.1　全球丙烯酸衍生物主要生产商的情况　　单位：万吨/年

公司	粗丙烯酸产能	精丙烯酸产能	MA 产能	EA 产能	n-BA 产能
浙江卫星石化股份有限公司	48.0	25.0	3.0	4.0	38.0
沈阳石蜡化工有限公司	8.0	0.0	0.0	2.0	8.0
江苏裕廊化工有限公司	52.5	20.0	4.0	4.0	18.0
吉联（吉林）石油化学有限公司	2.7	0.0	1.0	0.5	1.5
上海华谊丙烯酸有限公司	19.0	5.0	0.0	3.5	18.0
巴斯夫-扬子石化有限公司	35.0	26.0	7.0	0.0	10.0

公司	粗丙烯酸产能	精丙烯酸产能	MA 产能	EA 产能	n-BA 产能
台塑丙烯酸酯（宁波）有限公司	16.0	3.0	3.0	1.0	12.0
山东开泰石化丙烯酸有限公司	11.0	2.0	6.0	0.0	8.0
正和集团股份有限公司	4.0	0.0	0.0	0.0	0.0
中国石油兰州石化公司	8.0	0.0	1.0	1.0	8.0
江苏三木化工股份有限公司	14.0	4.0	0.0	0.0	6.0
惠州市中海九方实业有限公司	14.0	0.0	2.0	2.0	10.0
万洲石化（江苏）有限公司	8.0	2.0	0.0	0.0	6.0
山东宏信化工股份有限公司	8.0	2.0	0.0	0.0	8.0
福建滨海化工有限公司	6.0	2.0	0.0	0.0	6.0
罗姆-哈斯（Rohm & Hass）/斯托哈斯		84.5		44.6	
巴斯夫（BASF）		69.5		66.1	
陶氏化学（Dow Chemical）		55.5		54.6	
America/Acryl		12.0		5.0	
阿科玛		27.6		27.0	
日本催化合成公司		59.3		31.2	
台湾塑料工业股份有限公司		14.5		20.2	
三菱化学		11.0		11.6	
LG 化学		16.0		23.0	

7.2 性能

7.2.1 结构

丙烯酸酯的结构式为 $CH_2=CHCOOR$，其中 R 可以是 1～18 个碳原子的烷基，也可以是带有各种官能团的结构。

R = —CH_3（甲基），丙烯酸甲酯（MA）；

R = —CH_2CH_3（乙基），丙烯酸乙酯（EA）；

R = —$CH_2CH_2CH_2CH_3$（正丁基），丙烯酸正丁酯（n-BA）；

R = —$CH_2CH(C_2H_5)CH_2CH_2CH_3$（2-乙基己基），丙烯酸 2-乙基己酯（2-EAH），亦称丙烯酸辛酯。

丙烯酸酯类按分子结构与应用可分为通用丙烯酸酯和特种丙烯酸酯。

丙烯酸甲酯、丙烯酸乙酯、丙烯酸正丁酯和丙烯酸 2-乙基己酯四种丙烯酸酯为通用丙烯酸酯，能大规模生产。多官能丙烯酸酯、丙烯酸羟烷基酯、丙烯酸烷氨基烷基酯、丙烯酸异丁酯等丙烯酸烷基酯为特种丙烯酸酯，其产量相对较低，生产规模相对较小，但其品种却很多。例如：CH₂＝CHCOOCH₂CH₂OH 丙烯酸羟乙酯，CH₂＝CHCOOCH₂CH(OH)CH₃ 丙烯酸羟丙酯（HPA），CH₂＝CHCOOCH₂CH₂OCH₂CH₂OCOCH＝CH₂ 二乙二醇二丙烯酸酯，CH₂＝CHCOOCH₂CH₂N(CH₃)₂ 丙烯酸二甲氨基乙酯。

7.2.2　物理性质

丙烯酸衍生物的物理性质如表 7.2 所示。

表 7.2　丙烯酸衍生物的物理性质

性质	MA	EA	n-BA	2-EHA
CAS 号	96-33-3	140-88-3	141-32-2	103-11-7
分子式	$C_4H_6O_2$	$C_5H_8O_2$	$C_7H_{12}O_2$	$C_{11}H_{20}O_2$
熔点/℃	−76	−72	−64.6	−90
沸点（101.3kPa）/℃	80.3	99.4	147.4	216
摩尔热容/[kJ/(mol·K)]	0.48	0.47	0.46	0.46
溶解度（25℃）/(g/100g)				
酯在水中	5	1.5	0.2	0.01
水在酯中	2.5	1.5	0.7	0.15
共沸物				
与水，沸点/℃	71	81.1	94.5	
水含量（质量分数）/%	7.2	15	40	
与甲醇，沸点/℃	62.5	64.5		
甲醇含量（质量分数）/%	54	84.4		
与乙醇，沸点/℃	73.5	77.5		
乙醇含量（质量分数）/%	42.4	72.5		
与正丁醇，沸点/℃			119	
正丁醇含量（质量分数）/%			89	
汽化热（沸点）/(kJ/mol)	33.2	34.8	36.5	47.0
聚合热/(kJ/kg)	84.7	77.9	77.3	60.1
蒸气压/kPa				
0℃	4.2	1.2	0.14	
20℃	9.3	3.9	0.44	
50℃	35.9	17.3	2.82	0.16
100℃			21.9	2.1
150℃				14.6
折射率 n_D^{25}	1.4040	1.4068	1.4190	1.4365

性质	MA	EA	*n*-BA	2-EHA
相对密度				
d_4^{20}	0.9535		0.8998	0.8852
d_{20}^{20}	0.9565	0.9231	0.9015	0.8869
黏度/mPa·s				
20℃	0.53	0.69	0.90	1.7
25℃	0.49	0.55	0.81	1.54
40℃		0.50	0.70	1.2
自燃点/℃	393	355	267	230
空气中可燃（体积分数）/%	2.8~25	1.8~饱和	1.5~9.9	0.6~1.8
闪点/℃				
闭杯法	−3	9	41	87
开杯法	−2	19	47	92

7.2.3 化学性质

丙烯酸及其酯类可以被看成是乙烯的一个氢原子为羧基和酯基所取代而形成的乙烯衍生物，它们进行的化学反应具有不饱和化合物和烷基羧酸及其酯的双重特征。

7.2.3.1 加成反应

（1）加成聚合

这是丙烯酸及其酯类最重要的反应。绝大部分丙烯酸及其酯类通过加聚，可被制成某种形态的加聚物而加以应用。

（2）二聚反应

二聚体常出现于商品丙烯酸中。丙烯酸的二聚反应如下式：

$$2\,CH_2=CHCOOH \xrightarrow{160℃} CH_2=CHCOOCH_2CH_2COOH$$

β-丙烯酰氧基丙酸

二聚反应在常温下发生。在大多数情况下，少量二聚体的存在不会对丙烯酸产品构成危害。

（3）二烯加成

丙烯酸及其酯类可与一系列二烯化合物进行加成，形成环脂酸或酯类。以丁二烯为例，其反应为：

$$CH_2=CHCOOCH_3 + CH_2=CH-CH=CH_2 \longrightarrow$$

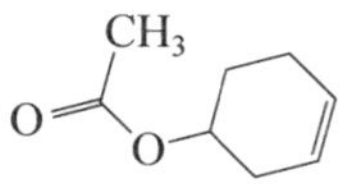

4-乙酸环己烯酯

（4）与含活泼氢的化合物的反应

丙烯酸及其酯类容易与一系列含活泼氢的化合物反应，形成β取代丙烯酸酯类。以HA代表含活泼氢化合物，反应通式如下：

$$HA + CH_2{=}CHCOOR \longrightarrow ACH_2CH_2COOR$$

式中，R=H或烷基；HA=卤化氢、醇、酚、巯基物、氨、胺、氨基醇、硝基烷烃、磷化合物和氢氰酸等。

在这些加成反应中，有些反应具有重要的实用意义。例如，氨与丙烯酸酯的加成反应是制备氨基丙酸的潜在途径之一。β-氨基丙烯酸是合成维生素 B_1 的起始原料。

$$NH_3 + CH_2{=}CHCOOR \longrightarrow H_2NCH_2CH_2COOR \longrightarrow H_2NCH_2CH_2COOH$$

7.2.3.2 官能团反应

在不导致聚合的适当条件下，丙烯酸可进行一系列反应转化为下列衍生物。

（1）盐类

丙烯酸在水介质中与适当的碱反应，许多反应产物（如丙烯酸钠）都有重要的实际用途。

（2）丙烯酸酐

$$CH_2{=}CHCOONa + CH_2{=}CHCOCl \longrightarrow (CH_2{=}CHCO)_2O + NaCl$$

（3）丙烯酰氯

$$CH_2{=}CHCOOH + C_6H_5COCl \longrightarrow CH_2{=}CHCOCl + C_6H_5COOH$$

（4）酯类

绝大部分丙烯酸酯类是由丙烯酸与相应醇类直接酯化而制成的。酯化反应是丙烯酸系单体工业的基本反应之一。

（5）丙烯酰胺

商品丙烯酰胺由丙烯腈水解制成，并不经羧酸反应。

（6）丙烯酸羟基酯

它是由丙烯酸和环氧化合物反应制成的。

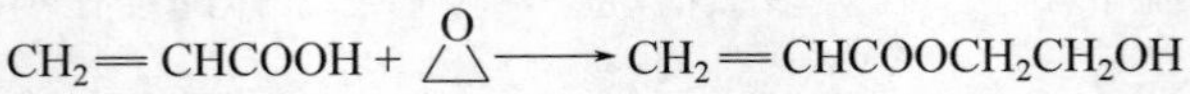

$$CH_2{=}CHCOOH + \underset{O}{\triangle} \longrightarrow CH_2{=}CHCOOCH_2CH_2OH$$

（7）丙烯酸缩水甘油酯

它是由丙烯酸钠与环氧氯丙烷反应得到的产物。

丙烯酸缩水甘油酯也是重要的官能单体。

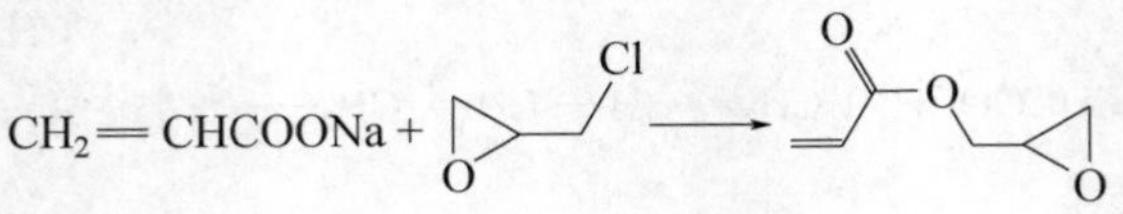

7.2.3.3　酯交换反应

丙烯酸甲酯依靠酯交换反应，可以得到高级丙烯酸酯。

$$CH_2=CHCOOCH_3 + ROH \longrightarrow CH_2=CHCOOR + CH_3OH$$

式中，$R=CH_3$ 以上的烷基、烯丙基等。例如：

$$CH_2=CHCOOCH_3 + CH_2=CHCH_2OH \longrightarrow CH_2=CHCOOCH_2CH=CH_2 + CH_3OH$$

$\qquad\qquad\qquad$ 烯丙醇 $\qquad\qquad\qquad\qquad\qquad$ 丙烯酸烯丙基酯

7.3　生产方法

图 7.1 为丙烯酸及酯类生产工艺流程综合图。在丙烯酸（酯）的发展历史上，其生产方法有多种，如氯乙醇法、氰乙醇法、乙炔羰基化合成法（包括改良 Reppe 法）、烯酮法、甲醛-乙酸法、丙烯腈水解法、乙烯法、环氧乙烷法和丙烯直接氧化法等。丙烯酸（酯）的上述生产方法经历了多个发展阶段，随着技术的发展不断改进，使其生产水平不断提高。目前，丙烯酸（酯）的生产方法主要是丙烯直接氧化法和丙烯腈水解法，其中，丙烯直接氧化法占丙烯酸（酯）生产方法总生产能力的 85%以上。

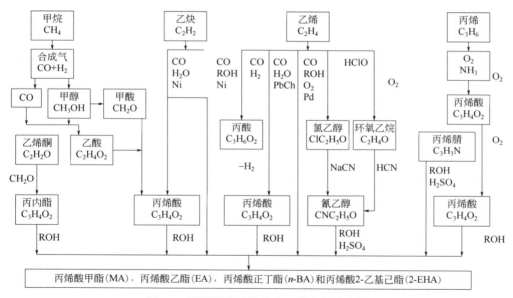

图 7.1　丙烯酸及酯类生产工艺流程综合图

7.3.1　丙烯直接氧化法

1969 年，美国 UCC 公司建成第一套丙烯直接氧化法生产装置，日本触媒化学（NSKK）、日本三菱化学（MCC）以及德国巴斯夫（BASF）和 Sohio 公司等均拥有丙烯直接氧化工艺技术。随着丙烯直接氧化法的不断改进，特别是对催化剂的改进，丙烯直接氧化法逐渐成为生产丙烯酸（酯）的主要方法。

丙烯直接氧化法工艺有一步法和二步法两种。

一步法的反应如下：

$$CH_2=CHCH_3 \xrightarrow{O_2} CH_2=CHCOOH \xrightarrow{ROH} CH_2=CHCOOR$$

二步法的反应如下：

第一步，丙烯氧化生成丙烯醛。

$$CH_2=CHCH_3 + O_2（空气）\longrightarrow CH_2=CH-CHO$$

第二步，丙烯醛进一步氧化生成丙烯酸（酯）。

$$CH_2=CH-CHO + 1/2O_2 \longrightarrow CH_2=CH-COOH \xrightarrow{ROH} CH_2=CH-COOR$$

1984 年，北京东方化工厂首先引进日本触媒化学公司的技术和成套设备，采用丙烯直接氧化法建成中国首套大型丙烯酸及其酯生产装置。

7.3.2 丙烯腈水解法

法国 Ugine Kuhlman 公司在 1955 年前后开发了丙烯腈水解法制丙烯酸（酯）。工艺过程是丙烯氨氧化生成丙烯腈，然后丙烯腈在一定温度下（200～300℃），经硫酸水解生成丙烯酰胺，再在酸存在的条件下与醇发生酯化反应生成丙烯酸（酯）。

$$CH_2=CHCH_3 + NH_3 + O_2 \longrightarrow CH_2=CH-CN + H_2O$$

$$CH_2=CH-CN + H_2O \xrightarrow{H_2SO_4} CH_2=CH-CONH_2$$

$$CH_2=CH-CONH_2 + H_2O + H_2SO_4 \longrightarrow CH_2=CHCOOH + (NH_4)_2SO_4$$

$$CH_2=CH-CONH_2 + ROH + H_2SO_4 \longrightarrow CH_2=CHCOOR + (NH_4)_2SO_4$$

目前，在全球范围内，只有小规模的装置用此法生产少量的丙烯酸（酯）。

7.3.3 乙炔羰基化合成法

20 世纪 30 年代，Dr. Walter 在德国成功开发出高压 Reppe 法，于 1956 年由巴斯夫（BASF）公司实现工业化，但是由于原料短缺和成本高，该方法逐渐被淘汰。此法以 CO、乙炔和水为原料，在催化剂镍盐的作用下，生成酯化级丙烯酸，再与醇反应生成丙烯酸酯。

$$CH\equiv CH + CO + H_2O \xrightarrow{10MPa,\ 225℃} CH_2=CH-COOH \xrightarrow{ROH,\ H_2SO_4} CH_2=CH-COOR$$

罗姆-哈斯（Rohm & Hass）法称为改良的 Reppe 法，它是一个半催化的过程。过程中，60%～80%的 CO 有其单独的来源，其余的 CO 则来自羰基镍。用此法建成的装置于 1977 年关闭。

7.3.4　其他合成方法

与丙烯直接氧化法相比，下列方法在技术、经济等方面均欠合理，已丧失实用价值。如：①氰乙醇法；②丙酸法；③氯化钯催化法；④烯酮法。

7.3.5　甲醇和乙酸甲酯直接合成丙烯酸甲酯

目前，工业上广泛应用的生产工艺是两步丙烯氧化法，但由于化石燃料石油的枯竭，人们开始注意到煤化工产品甲醇及其下游产品，如甲醛和乙酸甲酯等，充分利用煤化工及其下游产品合成所需要的产品，是一个很有前景的研究课题。通过甲醇与乙酸甲酯气相羟酸缩合反应制备丙烯酸甲酯是消除依赖石油生产的一个潜在的有效途径。

近年来，中国科学院过程工程研究所开发了以乙酸和甲醛为原料生产丙烯酸（酯）的新工艺，工艺原料低廉，生产过程相对温和，该工艺将为我国低迷的乙酸、甲醛市场带来新的应用方向。

大连理工大学开发了以乙酸甲酯和甲醇合成丙烯酸甲酯的方法，并探究了采用铁-钼催化剂和固体碱性催化剂共同催化甲醇制甲醛和乙酸甲酯羟酸缩合反应的发生。

乙酸甲酯与甲醇合成丙烯酸甲酯应属于乙酸（酯）甲醛法的一类，通常用乙酸甲酯合成丙烯酸甲酯的方法主要有两类：一类是用 V/Ti/P 催化剂催化甲醇和丙烯酸甲酯合成丙烯酸甲酯；另一类是用碱性或酸碱双功能催化剂催化甲醇和乙酸甲酯合成丙烯酸甲酯。这两类方法都需要催化剂来催化两个不同的反应，在甲醇与乙酸甲酯反应中：一是甲醇转化成甲醛；二是乙酸甲酯发生羟酸缩合反应生成丙烯酸甲酯。

（1）甲醇氧化制甲醛的反应机理

当前生产甲醛的方法，几乎完全采用甲醇气相氧化法，主要有两种催化工艺，银催化剂催化工艺和金属氧化物催化工艺，分别称为银催化剂和铁-钼氧化物催化剂。但银催化剂法甲醇制甲醛有转化率较低、单耗高、反应条件比较苛刻且催化剂的寿命短等缺点，目前为止，基本上已经被大型甲醛生产装置淘汰；相比之下，铁-钼法催化剂具有以下优点：反应温度低、转化率高、寿命长等，已经在现代工业甲醇氧化制甲醛的生产中被广泛使用。

铁-钼法中催化剂的主要成分是 $Fe_2(MoO_4)_3$ 和 Mo，这种催化剂的制备通常采用共沉淀法。铁-钼催化剂的 Mo 会流失，而富铁的催化剂会导致甲醇的深度氧化，因此催化剂需要过量的 Mo 以保持催化剂的活性相。铁-钼法的反应条件是甲醇-空气在爆炸极限之下进行操作，与银法相比空气要过量。压力为常压，温度一般控制在 280～350℃之间，此时反应温度较低，副反应较少，且产物甲醛的选择性高。反应方程式为：

$$CH_3OH + 1/2O_2 \longrightarrow CH_2O + H_2O \qquad +156kJ/mol$$

铁-钼法和银法各项指标对比，如表 7.3 所示。

表 7.3　铁-钼法和银法各项指标对比

指标	铁-钼法	银法
反应温度/℃	300～380	670～720
催化剂寿命/月	16～18	5～7
甲醛收率/%	91～95	82～88
甲醇单耗（37%甲醛计）/(kg/t)	420～440	460～480
产品中甲醛摩尔分数/%	37～55	＞37
产品中甲醇摩尔分数/%	0.5～1.5	4～8
毒物敏感程度	不敏感	敏感
失活原因	Mo 升华	Ag 晶粒烧结成块，原料气中 Fe、S 中毒

（2）羟醛缩合反应机理

羟醛缩合反应是指含有活性 α-氢原子的化合物如醛、酮、羧酸和酯等，在催化剂的作用下与羰基化合物发生亲核加成，得到 β-羟基醛或酸。

羟醛缩合可以分为酸催化和碱催化两种，羟醛缩合从机理上讲，主要是碳负离子对羰基碳的亲核加成。

在酸催化下，使化合物具有高度亲电性；羰基异构化转变成烯醇式，酸还通过质子化活化另一分子羰基，然后烯醇对质子化的羰基进行亲核加成，得到质子化的 β-羟基化合物。由于 α-H 同时受两个官能团的影响，其化学性质活泼，在经质子转移、消除可得 α,β-不饱和醛（酮）或酸（酯）。

目前，随着研究的深入，酸碱双功能催化剂越来越广泛地应用于羟醛缩合反应，特别是其表现出来的性能明显优于单一的酸或碱催化剂的催化效果。酸碱双功能催化剂的出现是建立在酸催化剂和碱催化剂的基础之上的，是必然会出现的产物，由于酸催化剂能提高羟醛缩合反应的选择性而活性相对较低，相反，碱催化剂的催化活性高而选择性较低。

大连理工大学对甲醇氧化制甲醛以及甲醇和乙酸甲酯合成丙烯酸甲酯两个反应进行偶合，讨论了催化剂制备条件选用不同的活性组分对甲醇和乙酸甲酯制备丙烯酸甲酯反应的影响，讨论了 Al_2O_3-BaO 和 SrO/Al_2O_3-BaO 两种催化剂的工艺条件。

确定了以 SrO/Al_2O_3-BaO 和铁-钼催化剂为催化剂催化乙酸甲酯和甲醇合成丙烯酸甲酯时的最佳工艺条件为：甲醇与乙酸甲酯的原料比为 2∶1、进料流速为 4mL/h、反应温度为 375℃、空气流速为 40mL/min，这种条件下丙烯酸甲酯的选择性能达到 40.57%，收率为 14.49%。

7.3.6　生产工艺评述

（1）丙烯酸（酯）生产技术评析

目前，丙烯酸（酯）工业生产几乎都采用丙烯两步氧化法技术，真可谓是一枝独秀。在 20 世纪 80 年代后，全球扩（新）建的丙烯酸（酯）工业生产装置采用丙烯两步氧化法就约占 95%～96%，而丙烯腈水解法和 Reppe 法（以乙炔为原料）仅是极少数个别企业仍在采用。

所谓丙烯两步氧化法是在复合金属氧化物催化剂的存在下，经空气氧化先生成丙烯醛，再进一步催化氧化成丙烯酸。现采用丙烯两步氧化法技术的公司主要有日本触媒化学（NSKK）、日本三菱化学（MCC）和德国巴斯夫（BASF）。

丙烯酸（酯）生产技术评析，如表 7.4 所示。

表 7.4　丙烯酸（酯）生产技术评析

项目	丙烯直接氧化法	丙烯腈水解法	乙炔羰基化合成法（Reppe 法）
优点	a. 技术成熟、可靠； b. 节省投资； c. 操作费用少	a. 丙烯酸（酯）的工艺比较简单； b. 反应条件温和； c. 投资较少	
缺点	设备腐蚀严重	污染严重	原料短缺和成本高
备注	丙烯直接氧化法占丙烯酸（酯）生产方法总生产能力的 85% 以上	在全球范围内，只有小规模的装置用此法生产少量的丙烯酸（酯）	改良 Reppe 法是在 Reppe 法的基础上改进而形成的。1960 年，DOW 化学公司和德国 Badische 公司采用改良 Reppe 法建立了丙烯酸及其酯的生产装置，随着丙烯酸生产技术的提高和对环境保护要求的加强，到 1976 年，该法已被淘汰

（2）NSKK、MCC 和 BASF 工艺技术的消耗指标对比

NSKK、MCC 和 BASF 的酯化级丙烯酸的消耗指标对比，如表 7.5 所示。

表 7.5　NSKK、MCC 和 BASF 的酯化级丙烯酸的消耗指标（吨耗）对比

原料	NSKK	MCC	BASF	备注
乙烯（100%）/t	0.68	0.676	0.7	
水/t	350～400	400	110～150	
电/kW·h	300	130	＜1000	
蒸汽/t	−0.4	−0.4	4.5	输出蒸汽

NSKK、MCC 和 BASF 的丙烯酸甲酯的消耗指标对比，如表 7.6 所示。

表 7.6　NSKK、MCC 和 BASF 的丙烯酸甲酯的消耗指标（吨耗）对比

原料	NSKK	MCC	BASF
酯化丙烯酸/t	0.89	0.89	0.90
甲醇/t	0.38	0.394	0.41
水/m³	130	179	360
电/kW·h	30	47.2	100
蒸汽/t	2.6	2.59	3.1

（3）NSKK、MCC 和 BASF 的丙烯酸（酯）工艺技术对比

NSKK、MCC 和 BASF 的丙烯酸（酯）工艺技术的优缺点，如表 7.7 所示。

表 7.7　NSKK、MCC 和 BASF 的丙烯酸（酯）工艺技术的优缺点

项目	NSKK	MCC	BASF
优点	a. 技术成熟可靠，节省投资； b. 可回收蒸汽； c. 操作费用少，特别是污水处理； d. 吸收塔尾气用催化焚烧； e. 节省电和工艺水	a. 工艺流程短，设备少； b. 转化率高，选择性高； c. 催化剂强度高，不易粉化，寿命长	a. 丙烯酸单程收率高于 88%～90%（摩尔分数）； b. 催化剂寿命长，在 3～4 年以上
缺点	a. 流程较长； b. 设备多； c. 催化剂寿命短； d. 设备腐蚀严重	消耗指标比 NSKK 高	① 易堵塞，提高了分离过程的蒸汽消耗； ② 丙烯酸丁酯（BE）工艺流程由于增加了皂化部分，就显得工艺流程长

7.3.7　科研成果与专利

7.3.7.1　专利

（1）丙烯酸甲酯的生产方法

本发明公开了一种丙烯酸甲酯的生产方法。该生产方法以乙酸甲酯和甲醛为原料，采用碱性离子液体和乙二胺作为碱性复合催化剂，加入适量的阻聚剂，控制反应温度为 140～200℃，反应压力为 2～10MPa，搅拌，反应得到丙烯酸甲酯。本发明公开的丙烯酸甲酯的生产方法以价廉易得的乙酸甲酯和甲醛作为原料；反应直接，产物分离简单，副产物比现有技术少，减少了生产能耗；生产成本较现有两步法中丙烯酸和甲醇直接酯化技术低，极具市场竞争力；反应过程中丙烯酸甲酯选择性高，副产物少；催化剂用量少、催化活性高，且催化剂制备简便、价廉易得；反应过程中使用了噻吩嗪这一阻聚剂，使得丙烯酸甲酯实现了以乙酸甲酯和甲醛为原料在工业上的生产。

专利类型：发明专利

申请（专利）号：CN2013101512731

申请日期：2013 年 4 月 26 日

公开（公告）日：2013 年 8 月 14 日

公开（公告）号：CN103242159A

申请（专利权）人：珠海飞扬新材料股份有限公司　深圳市飞扬骏研技术开发有限公司

主权项：丙烯酸甲酯的生产方法，其特征在于，所述生产方法以乙酸甲酯与甲醛为原料，乙酸甲酯与甲醛的摩尔比值范围为 1.0～2.0；碱性离子液体与乙二胺为碱性复合催化剂，碱性离子液体与乙二胺的质量比为 0.1～1.0，所述碱性复合催化剂与所述反应

原料的质量比为 1.0%～5.0%；阻聚剂与所述反应原料的质量比为 0.1%～1%。向高压反应釜中加入反应原料、碱性离子液体、乙二胺和阻聚剂，加热至反应温度为 140～200℃，反应压力为 2～10MPa，搅拌，反应得到丙烯酸甲酯。

法律状态：公开，实质审查的生效

（2）用于生产丙烯酸甲酯或甲基丙烯酸甲酯的反应装置

本实用新型公开了一种用于生产丙烯酸甲酯或甲基丙烯酸甲酯的反应装置，包括：缩合单元、脱水单元、热解单元、丙烯酸甲酯或甲基丙烯酸甲酯合成反应器，第一管线、第二管线、第三管线和第四管线。根据本实用新型，气相甲醛直接参与合成丙烯酸甲酯或甲基丙烯酸甲酯的反应，反应转化率高，速率快；而且根据本实用新型，可以避免三聚甲醛和多聚甲醛固体进料带来的问题，实现了反应过程的连续化和稳定化。

专利类型：实用新型

申请（专利）号：CN201420508955.3

申请日期：2014 年 9 月 4 日

公开（公告）日：2015 年 1 月 7 日

公开（公告）号：CN204079837U

申请（专利权）人：北京旭阳化工技术研究院有限公司

主权项：一种用于生产丙烯酸甲酯或甲基丙烯酸甲酯的反应装置，其特征在于，该装置包括：缩合单元①，其包括第一入口⑪和第一出口⑫；脱水单元②，其包括第二入口㉑和第二出口㉒、第五出口㉓；热解单元③，其包括第三入口㉛和第三出口㉜；丙烯酸甲酯或甲基丙烯酸甲酯合成反应器④，其包括第四入口㊶和第四出口㊷；第一管线⑤、第二管线⑥、第三管线⑦和第四管线⑧。其中，所述缩合单元①的所述第一出口⑫通过所述第一管线⑤与所述脱水单元②的所述第二入口㉑相连；所述脱水单元②的所述第二出口㉒连接所述第二管线⑥，所述第五出口㉓通过所述第三管线⑦与所述热解单元③的所述第三入口㉛相连；所述热解单元③的所述第三出口㉜通过所述第四管线⑧与所述丙烯酸甲酯或甲基丙烯酸甲酯合成反应器④的所述第四入口㊶相连。其中，所述缩合单元①通过所述第一入口⑪接收工业甲醛或浓缩后的工业甲醛进料而使其缩合，缩合后的物质经所述第一出口⑫通过所述第一管线⑤由所述第二入口㉑进入所述脱水单元②；在所述脱水单元②中，来自所述缩合单元①的物质经脱水后，水经所述第二出口㉒通过所述第二管线⑥被排出，且脱水后的物质经所述第五出口㉓通过所述第三管线⑦由所述第三入口㉛进入所述热解单元③；在所述热解单元③中，来自所述脱水单元②的物质热解，以得到气相状态的甲醛以及液态的缩合剂，气相状态的甲醛经所述第三出口㉜通过所述第四管线⑧由所述第四入口㊶进入用于生产丙烯酸甲酯或甲基丙烯酸甲酯的所述丙烯酸甲酯或甲基丙烯酸甲酯合成反应器④；在所述丙烯酸甲酯或甲基丙烯酸甲酯合成反应器④中，来自所述热解单元③的气相甲醛作为原料进行反应以得到丙烯酸甲酯或甲基丙烯酸甲酯，得到的产物经过第四出口㊷排出。

法律状态：授权

（3）一种乙炔羰基化制丙烯酸甲酯的系统和方法

本发明公开了一种乙炔羰基化制丙烯酸甲酯的系统和方法。该系统包括：乙炔溶解罐、反应器、第一气液分离器、第二气液分离器、一氧化碳提取装置和压缩机。所述乙炔溶解罐设有乙炔入口、非极性有机溶剂入口和出液口；所述反应器包括乙炔溶剂入口、一氧化碳气体入口和气体出口；所述第一气液分离器包括气体入口、气体出口和丙烯酸甲酯出口；所述第二气液分离器包括气体入口和气体出口。本发明通过不同馏出温度可以将产品、副产物和溶剂进行分离，并使一氧化碳和有机溶剂循环再利用，节约原料，降低成本。

专利类型：发明专利

申请（专利）号：CN201610658918.4

申请日期：2016 年 8 月 11 日

公开（公告）日：2016 年 11 月 9 日

公开（公告）号：CN106083582A

申请（专利权）人：北京神雾环境能源科技集团股份有限公司

主权项：一种乙炔羰基化制丙烯酸甲酯的系统和方法，其特征在于，包括乙炔溶解罐、反应器、第一气液分离器、第二气液分离器、一氧化碳提取装置和压缩机，所述乙炔溶解罐设有乙炔入口、非极性有机溶剂入口和出液口；所述反应器包括乙炔溶剂入口、一氧化碳气体入口和气体出口；所述第一气液分离器包括气体入口、气体出口和丙烯酸甲酯出口；所述第二气液分离器包括气体入口和气体出口。所述乙炔溶解罐出液口与所述反应器乙炔溶剂入口连接，所述反应器气体出口与所述第一气液分离器气体入口连接，所述第一气液分离器气体出口与所述第二气液分离器气体入口连接，所述第二气液分离器气体出口与所述一氧化碳提取装置气体入口连接，所述一氧化碳提取装置与所述压缩机连接，所述压缩机与所述反应器一氧化碳气体入口连接。

法律状态：公开

（4）一种乙酸甲酯制丙烯酸甲酯的产品分离工艺

本发明涉及一种乙酸甲酯制丙烯酸甲酯的产品分离工艺，采用由甲醛分离塔、萃取塔、丙烯酸甲酯精制塔和甲醇回收塔组成的装置系统进行分离。具体包括以下步骤：从反应系统来的反应器流出物经冷却后进入甲醛分离塔，分离出塔底物流，排出系统或进一步处理；将甲醛分离塔的塔顶物流用泵输送到萃取塔，将萃取塔分离得到的主要含乙酸甲酯和丙烯酸甲酯的物料用泵输送到丙烯酸甲酯精制塔，该丙烯酸甲酯精制塔塔顶得到主要含乙酸甲酯的物料，返回反应系统；塔底得到丙烯酸甲酯产品。与现有技术相比，本发明实现了乙酸甲酯、丙烯酸甲酯和甲醛的高效分离和回收。

专利类型：发明专利

申请（专利）号：CN201310504843.0

申请日期：2013 年 10 月 23 日

公开（公告）日：2014 年 1 月 22 日

公开（公告）号：CN103524345A

申请（专利权）人：上海浦景化工技术有限公司

主权项：一种乙酸甲酯制丙烯酸甲酯的产品分离工艺，其特征在于，采用由甲醛分离塔、萃取塔、丙烯酸甲酯精制塔和甲醇回收塔组成的装置系统进行分离。具体包括以下步骤，从反应系统出来的反应器流出物经冷却后进入甲醛分离塔，分离出塔底物流，排出系统或进一步处理；将甲醛分离塔的塔顶物流用泵输送到萃取塔，将萃取塔分离得到的主要含乙酸甲酯和丙烯酸甲酯的物料用泵输送到丙烯酸甲酯精制塔，该丙烯酸甲酯精制塔塔顶得到主要含乙酸甲酯的物料，返回反应系统；塔底得到丙烯酸甲酯产品。

法律状态：公开，实质审查的生效

（5）一种乙炔羰基化合成丙烯酸甲酯的方法

本发明提供了一种乙炔羰基化合成丙烯酸甲酯的方法，以乙炔、甲醇和一氧化碳作为反应原料，在反应温度为 30～80℃，初始压力为 1.2～6.5MPa 的条件下，采用有机配体聚合物固载化的钯基催化剂催化乙炔羰基化合成丙烯酸甲酯。本发明采用 2-吡啶基二苯基膦（2-PyPPh$_2$）作为有机配体，接上乙烯基，制备乙烯基 2-吡啶基二苯基膦，在一定条件下进行铰链聚合形成固体有机配体聚合物（N-PPOL），以有机配体聚合物络合并固载乙酸钯制备有机配体聚合物固载化的钯基催化剂。本发明采用一步法将乙炔羰基化合成丙烯酸甲酯，具有高活性和高选择性，以及易于分离回收利用的优异性能。

专利类型：发明专利

申请（专利）号：CN201410805874.4

申请日期：2014 年 12 月 19 日

公开（公告）日：2016 年 7 月 13 日

公开（公告）号：CN105753700A

申请（专利权）人：中国科学院大连化学物理研究所

主权项：一种乙炔羰基化合成丙烯酸甲酯的方法，其特征在于，以乙炔、甲醇和一氧化碳作为反应原料，采用有机配体聚合物固载化的钯基催化剂进行催化，通过一步羰基化反应制得相应的丙烯酸甲酯。

法律状态：公开，实质审查的生效

7.3.7.2 科研成果

（1）丙烯酸及其酯生产过程新技术

项目年度编号：gkls025321

成果类别：应用技术

限制使用：国内

中图分类号：TQ225.131

成果公布年份：2009 年

成果简介：丙烯酸及其酯新产品项目引进日本三菱公司先进技术，由沈阳化工集团主持建设，属于企业自选项目，于 2006 年 10 月建成投产。投产后装置运行平稳，各项性能指标均达到合同要求。丙烯酸装置以丙烯为原料，采用两步氧化法生产丙烯酸；丙烯酸酯装置以自产丙烯酸和外购醇为原料，在催化剂的作用下丙烯酸和醇反应生成丙烯酸酯。丙烯酸及其酯是重要的有机化工原料，广泛应用于涂料、黏合剂、皮革、化纤、造纸、印染、纺织助剂等行业。经过两年的消化吸收、技术创新，丙烯酸及其酯工艺、装备、生产技术处于国内领先地位，产品质量达到国外同类产品先进水平。该装置投产后进行了大量的技术改进，采用"废液焚烧系统改烧干气改造"等六项新技术，延长了装置运行周期，达到了降本增效、节能减排的目的。

完成单位：沈阳石蜡化工有限公司

（2）丙烯酸甲酯

项目年度编号：hg06074659

成果类别：应用技术

限制使用：国内

中图分类号：TQ323.5

成果公布年份：2001 年

成果简介：该项目在国内同类型生产装置中率先实现了酯化反应催化剂的国产化，催化剂用国产的 TS-80 树脂替代进口的 Diaion PK216 树脂，TS-80 的催化性能完全达到了 PK216 的水平。此外，改进了反应器的内部结构，从而增加了催化剂的有效装填量，以及在国内丙烯酸及其酯行业中，建立了首家丙烯酸及其酯的 Aspen Plus 工艺设计软件数据，并成功地应用于丙烯酸甲酯改造扩产过程中。

完成单位：上海高桥石化丙烯酸厂

7.4 产品的质量规格和标准类型

7.4.1 产品的质量规格

从表 7.8 可以看出日本丙烯酸酯类的产品质量规格。

表 7.8 日本丙烯酸酯类的产品质量规格

项目		丙烯酸		MA	EA	n-BA	2-EHA
纯度（气-液色谱法）（质量分数）/%		99.0	80.0	99.0	99.0	99.0	99.0
丙烯酸含量（质量分数）/%	≤			0.005	0.005	0.005	0.005
水分（质量分数）/%	≤	0.2		0.05	0.05	0.05	0.05
色度（质量分数）	≤	20	20	20	20	20	20
阻聚剂（MEHQ）/(mg/kg)		200	200	15±5	15±5	15±5	15±5

7.4.2 产品的标准类型

从表 7.9 可以看出中国和美国丙烯酸酯类的标准类型。

表 7.9　中国和美国丙烯酸酯类的标准类型

项目	标准编号	发布单位	发布日期	状态	中图分类号	国际标准分类号	国别
工业丙烯酸及工业丙烯酸酯类<专业标准>研究①	GB/T 12778—2008	CN-GB	2008 年 7 月 8 日	现行	TQ225.131-65	71.040.30	中国
工业丙烯酸甲酯	GB/T 17529.2—1998		1998 年 1 月 1 日		TQ204	71.080.60	中国
丙烯酸甲酯标准规格②	ASTM D4709—2012	US-ASTM	2012 年 1 月 1 日	现行	TQ204	71.080.10	美国

① 该标准适用于丙烯氧化法制取丙烯酸及丙烯酸与醇类经酯化反应制得的丙烯酸甲酯、乙酯、丁酯、辛酯等产品。

② 本标准规定了工业丙烯酸甲酯的要求、采样、试验方法和包装、标志、运输、储存、安全等。本标准适用于由丙烯酸（丙烯氧化法制成的）与甲醇经酯化反应制得的丙烯酸甲酯。

7.5　毒性与防护

普通丙烯酸单体有轻度到中度毒性，只要使用恰当，它们是安全的。丙烯酸及其酯类的毒性数据，见表 7.10。

表 7.10　主要丙烯酸及其酯类的毒性

项目	急性经口毒性 LD_{50}/(mg/kg)	毒性吸入时间/h, LD_{50}/(mg/L),(mg/kg)①	急性经皮毒性 LD_{50}/(mg/kg)	急性腹膜毒性 LD_{50}/(mg/kg)	其他问题	工作地点暴露时限②空气中时-重平均浓度/(mg/kg)
MA	大白鼠　300 小白鼠　840 兔　180～240	大白鼠　38　1000　4 兔　　　8.7　2300　1	兔　1235		液体和蒸气对眼睛有腐蚀性，经皮肤吸收	10 （皮肤 10）
EA	大白鼠　760～1020 小白鼠　1800 兔　280～420	大白鼠　7.4　1800　4	兔　1800	小白鼠600	液体对眼睛有腐蚀性，经皮肤吸收	10 （皮肤 10）
n-BA	大白鼠　3730	大白鼠③　5.3　1000　4	兔　3000		液体对眼睛有腐蚀性	10
AA	大白鼠　1250 兔　250	大白鼠④　6～12 2000～4000　4	兔　290	大白鼠 24	对眼睛有腐蚀性，对皮肤有强烈刺激性	10

① 空气中的浓度。

② 罗姆-哈斯建议标准：一班（8h 内）空气中时-重平均浓度。

③ 杀死所有动物。

④ 不致死。

（1）健康危害

吸入、经口或经皮吸收对身体有害。其蒸气或雾对眼睛、黏膜和呼吸道有刺激作用。中毒表现有烧灼感、喘息、喉炎、气短、头痛、恶心和呕吐。

危险特性：易燃，遇明火、高热或与氧化剂接触，有引起燃烧爆炸的危险。容易自聚，聚合反应随着温度的上升而急骤加剧。

（2）急救措施

皮肤接触：脱去被污染的衣着，用肥皂水和清水彻底冲洗皮肤。

眼睛接触：提起眼睑，用流动清水或生理盐水彻底冲洗，就医。

吸入：迅速脱离现场至空气清新处，保持呼吸道通畅。如呼吸困难，给输氧；如呼吸停止，立即进行人工呼吸，就医。

食入：饮足量温水，催吐。就医。

（3）接触控制/个体防护

监测方法：溶剂解吸-气相色谱法。

工程控制：生产过程密闭，加强通风。提供安全淋浴和洗眼设备。

呼吸系统防护：空气中浓度超标时，应该佩戴直接式防毒面具（半面罩）。必要时，佩戴导管式防毒面具或自给式呼吸器。

眼睛防护：戴化学安全防护眼镜。

身体防护：穿防静电工作服。

手防护：戴橡胶耐油手套。

其他防护：工作现场严禁吸烟。工作完毕，淋浴更衣。注意个人清洁卫生。

7.6 储运

丙烯酸及其酯类商品中均加有少量阻聚剂。阻聚剂加入量以在常规储存条件下，一段规定时间内不形成聚合物，且保持安全为度。在稳定、安全前提下，阻聚剂含量越少越好。最常用的阻聚剂为对羟基苯甲醚（MEHQ）。酯类用的阻聚剂以 $15 \times 10^{-6} \sim 50 \times 10^{-6}$ 为宜。散装货可使用低限阻聚剂。因丙烯酸较活泼，阻聚剂量可提高到 200×10^{-6}。丙烯酸羟基酯更易在储存中聚合，阻聚剂量应提高到 $300 \times 10^{-6} \sim 600 \times 10^{-6}$。

某些丙烯酸酯闪点较低，有发生火灾的危险。丙烯酸甲酯（MA）的爆炸上下限分别为 25% 和 28%（体积分数）。因此，防火是很重要的。

7.7 经济概况

全球丙烯酸及其酯类产能最多的地区主要集中在中国、美国和欧洲。

我国丙烯酸及其酯类产品的工业化起步晚，起始于 20 世纪 50 年代，真正能达到工业化规模生产是在 20 世纪 70 年代末期，我国引进 3 套万吨级规模的工业化装置，从此我国的丙烯酸及其酯类产业进入了快速发展的时期。

2016 年年底，我国生产丙烯酸及其酯类产品的大型生产企业已经达到 15 家，且丙烯酸及其酯类的总产能达 549.7 万吨，其中粗丙烯酸占 46.24%；精丙烯酸占 16.55%；MA 占 4.91%；EA 占 3.27%；n-BA 占 29.02%。纵观全球，历经多年的发展，丙烯酸及其酯类的产品几乎达到了供需平衡的状态，尤其是欧美等地区。在亚洲地区特别是中国，丙烯酸及其酯类的产能却表现出迅速增长的势头，形成了一个行业的发展趋势——行业趋向集中、上下游一体化、产品向下游转移、进入"中国时代"、SAP 高速扩张，我国已经成为名副其实的丙烯酸及其酯类产品的生产和消费大国。

7.8 用途

因丙烯酸及其酯类的羰基 α 与 β 位置有不饱和的双键结构，可经乳液聚合、溶液聚合等聚合方法及交联方法生成成千上万种聚合物，主链的碳链和各种酯键使聚合物具有许多独特的优点，如耐久性、溶解性、稳定性等，从而在化纤、纺织、皮革、涂料、造纸、黏合剂、高吸水性树脂、卫生等领域中应用广泛。其中，55%的丙烯酸用于生产丙烯酸酯，用于生产超级吸水剂聚合物的约占 32%，其他约占 13%。

7.8.1 丙烯酸

（1）高吸水性聚合物（SAP）

丙烯酸大量用于制备高吸水性聚合物是在 20 世纪 90 年代中期以后，这使丙烯酸产量有大幅度的增长，高吸水性树脂需求的迅速增长是促进丙烯酸工业发展的最主要驱动力。高吸水性聚合物是一类特殊的聚合物，它能吸收相当于自身重量几百倍的液体，而且吸收的液体在受压下不易释放出来。

高吸水性聚合物主要是在少量交联剂的存在下，由丙烯酸或丙烯酸钠混合物经聚合反应得到的。SAP 用途很广，现已广泛应用于婴儿纸尿裤、成人失禁垫及妇女卫生巾中，在园林、医药、农业、包装等领域应用也十分广泛。

（2）丙烯酸酯

丙烯酸的主要用途是用于生产丙烯酸酯，比较重要的酯有丙烯酸甲酯、丙烯酸乙酯、2-甲基丙烯酸甲酯和 2-甲基丙烯酸乙酯等，目前丙烯酸正丁酯的产量和用量最大，丙烯酸酯是制造合成树脂、胶黏剂、塑料和特种橡胶的单体。

（3）助洗剂

助洗剂是一种增效助剂，高分子量的聚丙烯酸可以在浓缩的洗衣粉中应用，低分子量的聚丙烯酸可以应用在低磷或无磷洗涤剂中，可作为防止尘土重新沉积的助剂。丙烯酸及其共聚物还可以作为增稠剂、上浆剂、分散剂、阻垢剂等。

7.8.2 丙烯酸酯

（1）涂料

涂料是指涂于物体表面，在一定条件下形成薄膜，从而起到保护、装饰或其他特殊功能（绝缘、耐热、防锈、防霉）的一类液体或固体材料，包括油漆、水性漆、粉末涂料。涂料的种类非常繁多，有丙烯酸乳胶漆、环氧漆、溶剂型丙烯酸漆、酚醛漆、醇酸漆等。使用涂料的合格与否也十分重要，如在家庭装修中，它会直接影响到居室的环境和整体装修效果，有时甚至会危及人体健康。

（2）纺织品

中国是世界上最早生产纺织品的国家之一，它是由纺织纤维经过加工织造而成的产品。由于丙烯酸酯及其聚合物的一些优良特性，如耐久性、保色性、耐臭性、耐干性、耐热性等，使其在汽车、家居装饰用品行业、印染、无纺织物、服装、被子、毛巾、反面涂层等方面应用广泛。

（3）造纸业

丙烯酸酯类在造纸业主要用于制备浸渍增强剂、粘接剂、打浆添加剂、纸张抗水剂，涂在纸的表面，使纸有更好的亮度，增强颜料的附着力。

（4）胶黏剂

胶黏剂是可通过界面的黏附和内聚等作用，使两种或两种以上的制件或材料连接在一起的天然的或合成的、有机的或无机的一类物质。胶黏剂按应用方法可分为热熔性、热固性、压敏性等；按形态可分为溶剂型、水溶型、固态型等；按应用对象可分为结构型、非结构型等。

（5）皮革

丙烯酸酯类在皮革加工业中主要作为底漆、涂饰剂、分散颜料、填充剂，使皮革具有耐水性、柔韧性、附着力、耐擦伤性，并阻止增塑剂进入皮革内部。

（6）丙烯酸酯橡胶

丙烯酸酯橡胶可由丙烯酸乙酯、丙烯酸丁酯和羟烷基丙烯酸酯为主要原料制成，它具有良好的耐油性、耐热性、抗臭氧和耐紫外线辐照等特殊功能，主要用于耐溶剂的垫圈、汽车耐热软管和 O 形环等。

（7）塑料改性助剂

应用以丙烯酸酯为原料的塑料改性助剂的品种主要有加工助剂、抗氧剂和抗冲改性剂，其中抗冲改性剂用量最大，约占 90%。

（8）其他应用

①塑性共聚物；②抛光剂；③印刷油墨。

参 考 文 献

[1] 陈冠荣. 化工百科全书：第 1 卷. 北京：化学工业出版社，1995：857.

[2] 邵玉戎. 丙烯酸及酯产品市场浅析及发展策略. 甘肃科技，2015，31（5）.

[3] 薛祖源. 丙烯酸（酯）生产工艺技术评析和今后发展意见：上册. 上海化工，2006，31（3）：40-44.

[4] 薛祖源. 丙烯酸（酯）生产工艺技术评析和今后发展意见：下册. 上海化工，2006，31（4）.

[5] 燕兵. 甲醇和乙酸甲酯直接合成丙烯酸甲酯的研究. 大连：大连理工大学，2016.

[6] 李茜. 丙烯酸及其酯体系的分离过程模拟. 青岛：青岛科技大学，2014.

[7] 丙烯酸（酯）科技成果与专利. 国家图书馆，2017.

[8] 丙烯酸（酯）标准. 国家图书馆，2017.

第8章
甲酸

吴汉声　湖北三里枫香科技有限公司　工程师

8.1　概述

甲酸（formic acid，CAS 号：64-18-6），是一种最简单的非取代脂肪族羧酸。1671年英国科学家 J. Wray 从一种称作"Formica rufa"的红蚂蚁中首先发现甲酸，故甲酸又俗称蚁酸。

1855 年 Berthelat 以一氧化碳和氢氧化钾为原料制备甲酸获得成功，1936 年 Gay. Lussal 在实验室利用草酸制得甲酸，成为早期生产甲酸的工业方法。

1952 年，美国 Celanese 公司建成丁烷液相氧化生产乙酸并联产甲酸的生产装置。随后英国 BP 公司又开发成功轻油氧化生产乙酸副产甲酸的工艺技术，全球各国竞相建厂。

20 世纪 70 年代中期，随着甲醇低压羰基化合成乙酸的工业化，使丁烷（或轻油）液相氧化生产乙酸并联产甲酸的生产技术已无发展前途，导致大部分甲酸钠法、甲酰胺法和丁烷（或轻油）液相氧化装置相继停产。

美国 Leonard 公司、SD-Bethlechem Stell 公司和德国 BASF 公司相继开发出甲酸甲酯法生产甲酸新工艺技术，在 20 世纪 80 年代初期实现了工业化。

1980 年美国科学设计公司、伯利恒钢铁公司和利奥纳德公司开发成功甲醇羰基化生产甲酸的方法，并建成 2 万吨/年甲酸装置。

中国于 1959 年开始生产甲酸，至今已有 58 年历史。21 世纪初，中国有甲酸生产厂家约 60 余家，总装置能力约 19 万吨/年，大部分生产厂家采用甲酸钠法，生产工艺落后，产能较少。2014 年，中国甲酸产能达 35 万吨/年，消费量达 23.9 万吨，2009~2014 年期间，中国甲酸产能年均增长率为 6.3%。中国是最大的甲酸出口国，其中 80%出口东南亚各国，12%出口欧洲，其余为大洋洲。

2010 年，全球甲酸总产能约为 71.8 万吨/年，主要集中在少数几家大公司，见表 8.1。

从表 8.1 可看出，BASF、Kemira、肥城阿斯德化工、重庆川东化工四大公司合计产能达 51.0 万吨/年，占全球总产能的 71%。其中，规模最大的 BASF 公司的产能为 25.5 万吨/年。

表 8.1　全球主要甲酸生产商的情况

公司名称	产能/(万吨/年)	比例/%	生产地区	生产工艺
BASF	25.5	35.0	包括在德国的 BASF 与中石化扬子石化 BASF 公司	甲酸甲酯法
凯米拉（Kemira）公司	10.5	15.0	芬兰	甲酸甲酯法
山东肥城阿斯德化工	10.0	14.0	中国山东肥城	甲酸甲酯法
Techmashimpor	8.0	11.14	俄罗斯	甲酸甲酯法
BP	6.5	9.05	英国	轻油液相氧化法
重庆川东化工（集团）有限公司	5.0	7.0	中国重庆	甲酸钠法
Celanese	2.04	2.84	美国	丁烷液相氧化法
济南石化集团股份有限公司	2.0	2.8	中国山东济南	甲酸甲酯法
贵州平阳黄磷尾气甲酸厂	2.0	2.8	中国贵州	甲酸甲酯法

8.2　性能

8.2.1　结构

结构式：HO　O

分子式：CH_2O_2

8.2.2　物理性质

甲酸的物理性质如表 8.2 所示。

表 8.2　甲酸的物理性质

项目	指标	项目	指标
沸点/℃	100.7	凝固点/℃	8.4
燃点/℃	410	闪点/℃	68.9
密度		折射率	
（20℃）/(g/cm^3)	1.220	n_D^{20}	1.3749
（25℃）/(g/cm^3)	1.213	n_D^{25}	1.369
黏度（20℃）/mPa·s	1.784	电导率（25℃）/(S/cm)	6.08×10^{-5}
表面张力/(mN/m)		介电常数（25℃）/(F/m)	56.1
（20℃）	37.68	比热容 c_p（17℃）/[J/(mol·K)]	98.78
（100℃）	34.4	汽化热（25℃）/(kJ/mol)	20.10
稀释热（7℃）/(kJ/mol)		热导率（12℃）/[W/(m·K)]	0.271
固体	−9.83	燃烧热/(kJ/mol)	267.89
液体	0.33	生成热/(kJ/mol)	394.0
扩散系数（空气中）/(cm^2/s)	0.1308		

8.2.3 化学性质

甲酸因为结构特点，兼具有羧酸和醛的性质，不仅能够发生银镜反应，还能和斐林试剂发生反应，是一种较强的还原剂。甲酸易被氧化为 CO_2 和 H_2O，将其加热到 160℃以上分解为 CO 和 H_2，若与浓硫酸共热至 $60\sim80℃$，分解为 CO 和 H_2O，是实验室常用的制备 CO 的方法。

8.2.3.1 羧基反应

甲酸是最强的非取代脂肪族一元羧酸，由于没有烷基，酸性较强，其电离常数约为3.77。甲酸能进行酯化、酰胺化、加成、中和等化学反应。

（1）酯化反应

甲酸极易与醇类发生酯化反应，无需加无机酸。如伯醇、仲醇、叔醇在纯甲酸中的酯化速度为在纯乙酸中的 15000～20000 倍。

酯化反应通式如下：$HCOOH + ROH \longrightarrow HCOOR + 2H_2O$

（2）酰胺化反应

甲酸的强酸性使之能与大多数有机胺迅速发生反应，以高收率得到酰胺。甲酸与 N-甲基苯胺反应，产物 N-甲基甲酰苯胺的收率高达 93%～97%，酰胺化反应如下：

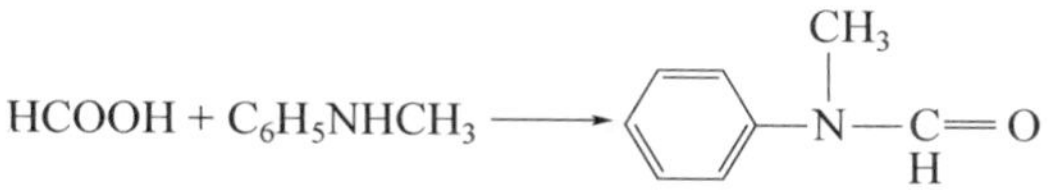

$$HCOOH + C_6H_5NHCH_3 \longrightarrow$$

（3）加成反应

在没有酸性催化剂存在下，甲酸与不饱和烃加成，形成甲酸酯。例如，乙炔和甲酸发生气相反应，生成甲酸乙烯酯，反应如下：

$$HCOOH + HC \equiv CH \longrightarrow$$

（4）中和反应

甲酸或其水溶液可以溶解许多比较活泼的金属及其氧化物，并能与它们的氢氧化物反应，生成相应的甲酸盐。例如，甲酸与氢氧化镍反应生成甲酸镍和水：

$$2HCOOH + Ni(OH)_2 =\!=\!= (HCOO)_2Ni + 2H_2O$$

8.2.3.2 醛基反应

甲酸具有很强的还原能力。在一些反应中，甲酸表现出类似醛类的性能，它能从硝酸银的氨溶液中沉淀出金属银，并能还原各种有机化合物。

8.2.3.3 分解反应

纯甲酸在室温下比较稳定，并可在常压下蒸馏，不发生大量分解。但在高温或催化剂存在下，它容易通过脱水、脱氢或通过双分子氧化还原反应而分解：

$$HCOOH \longrightarrow H_2O + CO$$

$$HCOOH \longrightarrow H_2 + CO_2$$

$$2HCOOH \longrightarrow H_2O + CO_2 + HCHO$$

8.3 生产方法

甲酸按原料不同可分为下面几种生产方法：①甲酸钠法；②丁烷（或轻油）液相氧化法；③甲酸甲酯水解法；④甲醛和氯化铵反应法；⑤甲酸甲酯氨化法；⑥甲醛一步法。

目前，工业上生产甲酸主要有甲酸钠法、丁烷(或轻油)液相氧化法和甲酸甲酯水解法。

8.3.1 甲酸钠法

甲酸钠法是我国生产甲酸最传统的方法，也是甲酸最早工业化的工艺，国内部分小厂仍在使用。其反应式为：

$$CO + NaOH \longrightarrow HCOONa$$

$$2HCOONa + H_2SO_4 \longrightarrow Na_2SO_4 + 2HCOOH$$

液体氢氧化钠和黄磷炉副产的高浓度的一氧化碳反应生成甲酸钠，在高温高压情况下，合成甲酸钠固体，再用98%的浓硫酸来酸化甲酸钠，产生的甲酸蒸气经蒸馏冷却得到甲酸成品，同时副产品为硫酸钠。此方法制得的甲酸产品浓度在80%～90%之间，极少有高浓度的产品。原因是甲酸钠固体极易吸水，而水和甲酸会形成共沸物，共沸组成中甲酸占77.5%。水占22.5%，共沸温度为107℃，而甲酸的沸点为100.8℃，仅仅比水高0.8℃，这样一来，在甲酸蒸馏时，甲酸和水同时汽化，要想得到高浓度的甲酸比较困难，并且此法污染大，消耗定额高，已逐步被淘汰。具体流程见图8.1。

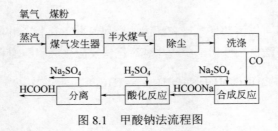

图 8.1 甲酸钠法流程图

8.3.2 丁烷（或轻油）液相氧化法

这是石油化学工业相当发达的美、英等国，在20世纪60年代建立石脑油或丁烷生产乙酸先进技术时发展起来的副产物甲酸生产工艺,每生产1t乙酸可副产50kg左右甲酸。副产装置很简单，只包括反应物甲酸回收装置。此法在20世纪70年代曾是国外生产甲酸的主要方法，后来随着甲醇低压羰基化合成乙酸技术的工业化，该法已无发展前途，现在大部分丁烷液相氧化装置已相继停产。

8.3.3　甲酸甲酯水解法

20 世纪 80 年代，甲酸甲酯水解生产甲酸工艺开发成功，并成为目前甲酸的主流生产工艺。

该法以甲醇钠为催化剂在 80℃和 4.0MPa 下，由 CO 和甲醇羰基化直接合成甲酸甲酯，然后甲酸甲酯在约 140℃和 1.8MPa 下水解得到甲酸和甲醇，经分离精制可得 85%以上的浓甲酸，此工艺没有三废排放，相比其他工艺较为清洁。具体反应式如下：

$$CO + CH_3OH \longrightarrow HCOOCH_3$$

$$HCOOCH_3 + H_2O \longrightarrow CH_3OH + HCOOH$$

合成甲酸的主流工艺是 CO 和甲醇羰基化合成甲酸甲酯，甲酸甲酯进一步水解制得甲酸。作为甲酸原料的甲酸甲酯合成工艺已较为成熟，目前，甲酸生产工艺技术突破的重点是进行低能耗、高收率的甲酸甲酯水解工艺开发。对于具有 CO 和甲醇原料优势的企业采用该工艺进行甲醇深加工是一条理想的工艺路线。

根据工艺技术差别，该工艺又分为 Leonard 工艺（图 8.2）、SD-Bethlehem 工艺、BASF 工艺和 USSR 工艺。Leonard、BASF 工艺采用专有的催化剂，而 SD-Bethlehem 工艺应用甲酸本身作为催化剂。在水解过程中，BASF 通过添加萃取剂促进水解后混合物的分离。

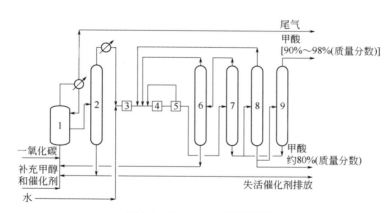

图 8.2　Leonard 工艺流程图

1—羰化反应器；2—甲酸甲酯塔；3—预反应器；4—主水解反应器；5—闪蒸器；
6—循环塔；7—甲酸分离塔；8，9—产品塔

（1）Leonard 工艺

该工艺于 1978 年由工艺发明人 Leonard 申请发明专利。工艺特点是采用添加助剂的醇盐系催化剂使反应压力明显降低。水解在 140℃、1.0～1.8MPa 下进行，此条件下体系

为均相，避免了使用溶剂萃取，同时较高温度和压力可有效抑制甲酸的再酯化；采用预混合和闪蒸技术，使大量甲酸甲酯在闪蒸器内被蒸出，甲酸分离塔在低回流比、低反应温度、短接触时间下操作，避免了甲酸的酯化。该工艺首先在芬兰凯米拉（Kemira）公司的 2 万吨/年装置上实现工业化，随后 Kemira 公司进行了改进，分别在韩国、印度和印度尼西亚得到工业化应用。

（2）SD-Bethlehem 工艺

该工艺由伯利恒（Bethlehem）钢铁公司于 1973 年申请发明专利，后由美国 SD（科学设计）公司和 Bethlehem 联合进行工程开发，工艺由此得名。SD-Bethlehem 工艺的特点是水解反应在均一的液相中进行，反应条件温和、工艺简单、设备可靠性强，可生产高纯度甲酸。水解产物中水与甲酸甲酯的比例可调范围宽。

（3）BASF 工艺

该工艺由 BASF 公司于 1978 年申请专利，并于 20 世纪 80 年代初实现工业化。该工艺由甲酸甲酯合成、水解、萃取、蒸馏等工序组成。BASF 工艺的羰基化工序的操作条件与 Leonard 工艺类似。该工艺的特点是水解时采用二正丁基甲酰胺作为萃取剂，甲酸甲酯转化率高，甲酸分离塔采用常压操作，甲酸塔为减压塔，可减少蒸汽用量 30%。但该工艺明显的缺点是需要有机溶剂，工艺路线长，工艺操作控制困难。该工艺于 1981年在德国路德维希港的 1 万吨/年装置上实现工业化。

（4）USSR 工艺

USSR 工艺的主要特点是采用双段反应连续水解，以强酸性离子交换树脂作为催化剂，但操作较困难、投资较高。反应条件：温度 55～62℃，n（水）：n（甲酸甲酯）= 14：1，甲酸甲酯转化率 87%，甲酸纯度 86.5%。

综合考虑，以上四种工艺中以 Kemira-Leonard 工艺投资最省、工艺过程最为经济合理。

8.3.4 甲醛和氯化铵反应法

反应方程式如下：$2HCHO + NH_4Cl \longrightarrow CH_3NH_2 \cdot HCl + HCOOH$
$$4HCHO + NH_4Cl \longrightarrow (CH_3)_2NH \cdot HCl + 2HCOOH$$
$$6HCHO + NH_4Cl \longrightarrow (CH_3)_3N \cdot HCl + 3HCOOH$$

此法在生产甲酸的同时随着反应条件的不同可联产不同的甲胺酸酸盐，甲胺酸酸盐可用于不同医药、农药、树脂等工业。

8.3.5 甲酸甲酯氨化法

甲酸甲酯氨化法由德国 BASF 于 20 世纪 70 年代开发成功。该工艺首先由 CO 和甲醇在高压和甲醇钠催化剂作用下羰基氧化合成甲酸甲酯，甲酸甲酯和无水氨进一步反应转化成甲酰胺，然后甲酰胺和稀硫酸反应得到的液相混合物进入干燥器干燥后得到固体 $(NH_4)_2SO_4$，气相经蒸馏塔与甲酸甲酯分离，塔顶馏分经冷凝得到甲酸产品，塔底回流进入反应器。具体反应式如下：HCOOCH$_3$ + NH$_3$ $\longrightarrow$ CH$_3$OH + HCONH$_2$

$$CO + CH_3OH \longrightarrow HCOOCH_3$$

$$2HCONH_2 + H_2SO_4 + 2H_2O \longrightarrow (NH_4)_2SO_4 + 2HCOOH$$

流程图见图 8.3：

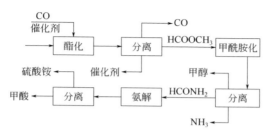

图 8.3　甲酸甲酯氨化法流程图

甲酸甲酯氨化法能耗和原料消耗巨大，工艺路线复杂，应用不久就被淘汰。

8.3.6　甲醛一步法

甲醛一步法生产工艺是通过列管反应器连续氧化甲醇成甲醛和甲酸，并通过分馏塔汽提过量水。这项技术采用 V-Ti-O 催化剂，温度范围为 100～140℃，甲酸初始选择性可达到 96%～98%，催化剂产出率达到 70g 甲酸/（L·h），目前该法已进行了实验室试验和中试。

8.3.7　技术进展

随着能源危机与环境污染的加剧，绿色、低碳的甲酸制备工艺越来越得到人们的关注。主要研发路线有：甲醛一步氧化法、CO 直接加氢法、生物法以及合成气直接生产法等。由于 CO 直接加氢法、生物法以及合成气直接生产法等符合绿色化工、环境友好的大趋势，具有很大的发展潜力。

BIC 公司开发了甲醛一步法氧化催化制备甲酸技术。该技术采用 V-Ti-O 催化剂，环境友好、能耗低。甲醛转化率可达到 96%～98%，CO 生成比例低于 4%（w），中试生产的反应温度为 110～112℃，甲醛转化率为 92%～99%，甲酸收率大于 80%。

日本京都大学提出了一种离子液体中 CO$_2$ 加氢制备甲酸的技术。该技术操作简单，体系中无须添加无机碱，反应条件温和，离子液体优选熔点为 100℃ 以下的咪唑类甲酸盐离子液体等。

BASF 公司公开了一种采用 CO$_2$ 加氢制备甲酸的专利。在三烷基胺（优选 C$_5$～C$_6$）和极性溶剂（优选甲醇）的存在下，CO$_2$ 和氢气反应生成甲酸/胺加合物，然后经蒸馏等热分离步骤得到甲酸。催化剂采用均相的钌系金属配合物，反应温度为 50℃、压力为 0.2～30MPa。该工艺流程简单、能耗低、环境友好且甲酸的收率和纯度高。

松下公司公开了一种电化学还原 CO$_2$ 制备甲酸的技术。其特征在于：工作电极中含硼元素，工作电极与对电极之间存在一层固体的电解质膜，两电极之间的电位差约为2.0V。电解液中的 CO_2 经还原可得甲烷、乙烯、乙烷和甲酸等产物。目前 CO_2 电催化加氢合成甲酸的研究仍处于探索研究催化剂、电极及反应机理等方面。

利用生物酶催化的途径将生物质或 CO_2 转化为甲酸的技术也取得了一定进展。该技术反应条件温和、具有较高的产率和选择性。天津大学通过水解和缩聚反应获得了甲酸脱氢酶催化剂，在该生物催化剂的作用下，甲酸产率为 98.8%。诺维信公司制备了一种生物酶催化剂，能够有效地产出一种多肽，可显著提高 β-葡萄糖苷酵素的活性，从而加速纤维素的降解，得到乙醇、甲酸等发酵产物。

合成气直接生产甲酸甲酯也是一种制备甲酸的途径，属于典型的原子经济型反应，避免了资源的浪费及"三废"的产生。反应物中甲醇与甲酸甲酯的比例可通过改变工艺条件和催化剂组分予以调节，具有一定的操作弹性。其关键技术在于催化剂的研制。铜基催化剂由于价廉易得，是今后发展的主要方向。

我国在甲酸技术研发方面也开展了一些工作。肥城阿斯德化工公司在引进美国酸胺技术公司的甲酸甲酯水解法工艺后，经自身不断创新，现已成功实现了催化剂国产化，并具有自主知识产权。原化工部西南化工研究设计院、昆明理工大学等单位开发了"净化黄磷尾气制甲酸技术"，将黄磷尾气回收净化，经羰基合成或变换成合成气，再制得质量高、成本低的甲酸产品，是黄磷工业废气处理和甲酸生产的一项重大技术创新，已在贵州开阳投产 2 万吨/年。

8.3.8　生产工艺评述

（1）生产工艺的比较

甲酸各种生产工艺的比较，详见表 8.3。

表 8.3　几种甲酸生产工艺的比较

比较项目	甲酸钠法	丁烷液相氧化法	甲酰胺法	甲酸甲酯法
开发时间	1885 年	1952 年	20 世纪 70 年代中期	20 世纪 80 年代初期
甲酸收率	90%～95%	为乙酸收率的 10%	93%（以甲酰胺计）	95%
工艺特点	合成、蒸发浓缩、分离酸化、蒸馏冷凝	反应、分离、回收、脱水共沸蒸馏	羰基合成甲酰化，甲酰胺酸解	甲醇羰基合成，甲酸甲酯水解
CO 原料来源	焦炭产生煤气，其他废气提纯	油和天然气	变压吸附等方法从工艺气体中回收	变压吸附等方法从工艺气体中回收
副产	硫酸钠		硫酸铵	联产甲酸甲酯
产品质量	差，含硫和氯等杂质	甲酸纯度 90%～95%	90%	85%～98%
优缺点	消耗高，成本高，副产硫酸钠不能完全回收，造成污染，无竞争力	原料难得，受甲醇羰基合成乙酸工艺冲击，无发展前途	工艺流程长，生产成本高，需处理大量副产硫酸铵	原料易得，不消耗烧碱和硫酸，无污染、消耗低、生产成本低
装置投资	—	170%	257%	100%

（2）工艺优缺点的比较

甲酸各种工艺优缺点的比较，详见表 8.4。

表 8.4　甲酸各种工艺的优缺点

工艺流程	优点	缺点
甲酸钠法	①规模易调节；②工艺流程简单；③原料易于得到	①产品纯度低；②消耗定额高；③污染严重；④劳动条件差
甲醛和氯化铵法	可联产不同的甲胺盐酸盐	
甲酸甲酯氨化法	产率较高	①能耗和原料消耗巨大；②工艺路线复杂
丁烷（或轻油）液相氧化法	只需在原有基础上建立甲酸回收装置即可副产甲酸	此法生产乙酸已被淘汰，无发展前途
甲酸甲酯水解法	①无"三废"，甲醇循环使用；②原料气CO 可使用粗品，甚至可低至 50%；③成本较低	国内还在研究阶段，设备依靠进口
甲醛一步法	甲酸初始选择性很高	尚未普及，只经过了实验室试制和中试

综合来看，甲酸甲酯水解法具有清洁、无"三废"排放、成本较低的优势，具有很大的发展潜力，已是目前最主流的甲酸生产工艺。值得一提的是，国内的昆明理工大学环化系与北京大学根据云南省黄磷厂废气具有较高浓度的 CO 的特点，共同研究开发了用一氧化碳羰基化合成甲酸甲酯、甲酸甲酯水解制甲酸的清洁生产工艺路线，取得较大成功。

8.3.9　专利和科技成果

8.3.9.1　专利

一种制备甲酸的方法

简介：本发明方法可通过氢化二氧化碳以高产率和高纯度获得浓甲酸，提供了特别简单且极好的操作模式。所述操作模式与现有技术相比，具有更简单的工艺思路、更简单的工艺步骤、更少的工艺步骤数和更简单的装置。例如，所述包含金的非均相催化剂可非常容易地通过简单操作，如过滤、滗析或离心与产物溶液完全分离，或者可以以固定床催化剂的形式使用。通过使所述催化剂保留在反应器中，催化剂的损失小且使金的损失最小化。所述更简单的工艺思路可使得实施本发明方法所需的生产装置更为紧凑（就与现有技术相比的更小空间需求和使用更少的装置而言）。所述方法具有更低的资金成本需求和更低的能量消耗。

专利类型：发明专利

申请（专利）号：EP 11194607.5

申请日期：2011-6-28

公开（公告）日：2015 年 2 月 25 日

公开（公告）号：102958894B

申请（专利权）人：巴斯夫欧洲公司

主权项：一种通过热分离包含甲酸和叔胺（Ⅰ）的流料而获得甲酸的方法。其工艺步骤为：①通过将叔胺（Ⅰ）和甲酸源合并而产生包含摩尔比为0.5～5的甲酸和叔胺（Ⅰ）的液体料流。②从步骤⑦的液体料流中分离存在于所述料流中的10%～100%（质量分数）的次级组分。③在100～300℃的塔底温度和30～3000hPa的绝对压力下蒸馏步骤②的液体料流取出甲酸。其中：所用的叔胺（Ⅰ）为在1013hPa绝对压力下具有比甲酸沸点高至少5℃的胺；此外，对用于步骤①中的叔胺（Ⅰ）以及步骤③中所述蒸馏装置的分离率进行选择，以使得在步骤④的主导条件下在步骤③中所述蒸馏装置的塔底出料中形成两个液相，所述分离率为10%～99.9%。④将步骤③中所述蒸馏装置中的塔底出料分离成两个液相，其中上层液相甲酸与叔胺（Ⅰ）摩尔比为0～0.5，且下层液相甲酸与叔胺（Ⅰ）摩尔比为0.5～5。⑤将相分离的上层液相由步骤④再循环至步骤①中。⑥将相分离的下层液相由步骤④再循环至步骤②和/或③中。

8.3.9.2 科技成果

甲酸回收与无水甲酸生产技术

项目年度编号：gkls125836

成果类别：应用技术

限制使用：国内

中图分类号：X781.3

成果公布年份：2011年

成果简介：在化工生产过程中会有大量的低浓度的甲酸溶液产生，由于甲酸与水会形成恒沸物，因此要获得高浓度的甲酸必须采用普通精馏以外的方法。本技术可以实现对低浓度甲酸溶液的回收，并采用特殊精馏法脱水最终可获得高浓度（98%左右）的甲酸。同现有的甲酸回收工艺相比，该技术具有甲酸得率高，能耗小，回收成本低等优点。年回收5000t高浓度甲酸，设备投资约100万。主要设备包括：浓缩塔、脱水塔、储罐等。本技术可以将低浓度的甲酸回收并增浓到高品质、高浓度的甲酸（98%左右）。这样既可以减少环境污染，又可以创造可观的经济价值。

完成单位：华东理工大学

8.4 产品的分级和质量规格

8.4.1 产品的分级

表8.5为甲酸工业品质量标准。

8.4.2 标准类型

表8.6为甲酸的标准类型。

表8.5 甲酸工业品质量标准

项目	中国（GB/T 2093—2011）94% 优等品	94% 一等品	94% 合格品	90% 优等品	90% 一等品	90% 合格品	85% 优等品	85% 一等品	85% 合格品	俄罗斯 A类 优等品	A类 一级品	B类 一级品	日本 特号	一号	二号	三号
色度（铂-钴）号 ≤	10	—	20	10	—	20	10	20	30	—	—	—	—	—	—	—
甲酸含量/% ≥	94.0	94.0	94.0	90.0	90.0	90.0	85.0	85.0	85.0	98.5	98.0	86.5	90.0	85.0	80.0	40.0
稀释试验（酸+水＝1+3）	不浑浊	不浑浊	通过试验	不浑浊	不浑浊	通过试验	不浑浊	通过试验	通过试验	全溶呈透明液	全溶呈透明液	全溶呈透明或乳白色溶液	—	—	—	—
氯化物（以 Cl⁻计）/% ≤	0.0005	0.001	0.002	0.002	0.002	0.002	0.002	0.004	0.006	—	—	—	0.03	0.05	0.05	0.5
硫酸盐（以 SO_4^{2-} 计）/% ≤	0.0005	0.001	0.005	0.001	—	0.005	0.001	0.002	0.020	0.005	0.005	0.005	0.01	0.02	0.02	0.05
铁（以 Fe 计）/% ≤	0.0001	0.0004	0.0006	0.0001	0.0004	0.0006	0.0001	0.0004	0.0006	0.0005	0.0005	0.0006	—	—	—	—
蒸发残渣/% ≤	0.006	0.015	0.020	0.006	0.015	0.020	0.006	0.020	0.060	0.005	0.01	未定	—	—	—	—
相对密度 ≥	—	—	—	—	—	—	—	—	—	—	—	—	1.20	1.95	1.19	1.10

表 8.6 甲酸的标准类型

项目	标准编号	发布单位	发布日期	状态	中图分类号	国际标准分类号	国别
工业用甲酸	GB/T 2093—2011	CN-GB	2011 年 1 月 1 日	现行	TQ204	71.080.40	中国

注：本标准规定了工业用甲酸的产品分类、要求、试验方法、检验规则及标志、包装、运输、储存和安全。本标准适用于甲酸甲酯法和甲酸钠法生产的工业用甲酸。

8.5 毒性与防护

8.5.1 危险性概述

（1）健康危害

甲酸是无色透明易燃的有毒液体，为麻醉性毒物，可经呼吸道、肠胃和皮肤吸收，具有明显的麻醉作用，对视神经和视网膜有特殊的选择作用，可使视神经萎缩，甚至引起失明；甲酸吸入体内的转换物可逐渐积累而导致酸中毒。车间空气中最高允许浓度为 $50mg/m^3$。

（2）环境危害

对环境有危害，对水体可造成污染。

（3）燃爆危险

本品可燃，具有强腐蚀性、刺激性，可致人体灼伤。

8.5.2 职业安全卫生防护的措施

由于本装置的生产介质多为有毒物质，应严格执行《石油化工企业职工安全卫生设计规范》《工业企业设计卫生标准》，然而在生产过程中，工作人员接触毒物是难免的，因此，必须采取一切可以降低毒物浓度的方法，减少接触机会。

（1）降低毒物浓度

这是预防中毒的关键。首先，消灭跑、冒、滴、漏，提高设备、管道的密封性能，降低其泄漏率，减少物料泄漏，发现泄漏应立即检修，必要时可停车检修，消除毒物逸散的条件。其次，采用装置露天布置，自然通风或强制通风等有效的通风方法，将逸散的毒物排出。第三，建筑布局合理，对有甲酸腐蚀的地方采用耐酸地坪，并考虑设备和管道防雷、防静电接地等措施，控制毒物排出，并减少受毒物危害的人数。

（2）做好个人防护与安全卫生

本装置的产品和化工原料及中间产品对人体有不同程度的危害，应采取必要的防护措施，穿戴个人防护用具如橡皮手套、防护眼镜等劳保用品上岗，应配备氧呼吸器或防毒面具，并设立必要的卫生设施，如浴室、更衣室、休息室、医务室等，一旦发现有人中毒应立即将患者抬到空气新鲜处抢救或送医院救治。

（3）加强安全卫生管理及标准化作业

建立切合实际的安全卫生管理规章制度，加强设备的维修和管理，采用必要的信号报警安全连锁和保险装置，防止跑、冒、漏、滴，操作人员上岗前应充分熟悉安全技术规程，学习合格后方能上岗操作。

（4）环境监测与健康检查

要定期监测空气中有毒物质浓度，发现超标应立即检查处理，设备检修前要进行彻底清洗和置换；当有害物浓度达到规定的允许浓度后，方可进行工作，同时，做好操作人员就业前体检和定期健康查体。

8.5.3　急救措施

皮肤接触：立即脱去污染的衣着，用大量流动清水冲洗至少 15min，就医。

眼睛接触：立即提起眼睑，用大量流动清水或生理盐水彻底冲洗至少 15min，就医。

吸入：迅速离开现场至空气新鲜处，保持呼吸道通畅，如呼吸困难，给输氧，如呼吸停止立即进行人工呼吸。就医。

食入：用水漱口，给饮牛奶或蛋清。就医。

8.5.4　消防措施

建立消防队是有效消防的先决条件。另外，报警、消防设备必须定期检查。当因气体而造成的火灾发生时,最有效的扑灭方法是全厂或部分装置停车或减压法以切断气源，并且要防止气体向相反的方向漫流，同时，使通道畅通，保证人员疏散和消防队进入；发生液体火灾时，使用泡沫或干粉灭火器；对火灾区域内的容器和管道要冷却，切断供气源；冷却存放液体的未损容器壁，立即将液体排出。

8.5.5　泄漏应急处理

迅速撤离泄漏污染区人员至安全区，并进行隔离，严格限制出入。切断火源。建议应急处理人员戴自给正压式呼吸器，穿防酸碱工作服。不要直接接触泄漏物。尽可能切断泄漏源。防止流入下水道、排洪沟等限制性空间。小量泄漏：用砂土或其他不燃材料吸附或吸收；也可以在地面撒上苏打灰，然后用大量水冲洗，洗水稀释后放入废水系统。大量泄漏：构筑围堤或挖坑收容；用泡沫覆盖，降低蒸气灾害；喷雾状水冷却和稀释蒸汽；用泵转移至槽车或专用收集器内，回收或运至废物处理场所处置。

8.6　包装与储运

8.6.1　包装方法

玻璃瓶或塑料桶（罐）外全开口钢桶；玻璃瓶或塑料桶（罐）外普通木箱或半花格木箱；磨砂口玻璃瓶或螺纹口玻璃瓶外普通木箱；安瓿瓶外普通木箱；螺纹口玻璃瓶、铁盖压口玻璃瓶、塑料瓶或金属桶（罐）外普通木箱。

8.6.2　运输注意事项

铁路运输时应严格按照原铁道部《危险货物运输规则》中的危险货物配装表进行配装。起运时包装要完整，装载应稳妥。运输过程中要确保容器不泄漏、不倒塌、不坠落、不损坏。严禁与氧化剂、碱类、活性金属粉末、食用化学品等混装混运。运输时运输车辆应配备相应品种和数量的消防器材及泄漏应急处理设备。运输途中应防曝晒、雨淋，防高温。公路运输时要按规定路线行驶，勿在居民区和人口稠密区停留。

8.6.3 储存条件

储存于阴凉、通风的库房。远离火种、热源。库温不超过 30℃，相对湿度不超过 85%。保持容器密封。应与氧化剂、碱类、活性金属粉末分开存放，切忌混储。配备相应品种和数量的消防器材。储区应备有泄漏应急处理设备和合适的收容材料。

8.7　经济概况

据斯坦福研究所有关资料报道，全球甲酸的需求量以每年 2%～3%的速度增长。西欧为甲酸最大的需求地区，占全球总需求的 60%，其主要消费方向是青储饲料和谷物防霉，甲酸在这方面的年增长量约为 3%。专家认为，其他地区同样也会像西欧这样大规模应用于青储饲料和谷物防霉。目前，美国等几个国家已经开始将甲酸用于青储饲料。在欧洲市场，甲酸在饲料添加剂方面的增长高得多，年增长率接近 10%。从 2006 年开始，欧洲委员会禁止使用抗生素作为饲料添加剂，而甲酸是欧盟批准使用的饲料添加剂之一，甲酸在这方面的用量显著增加，因而出口市场广阔。泰国、印度尼西亚和马来西亚三国天然橡胶的产量占全球总量的 65%以上，并以每年 3%的速度增长，甲酸用量也将同步增长，其中橡胶产量占全球总量 36%的泰国，甲酸完全依赖进口。因此，东南亚地区甲酸消费增长较稳定。

在中国，农药行业中甲酸的用量近几年增长得很快，甲酸是生产三唑磷、三氯杀螨醇、三唑酮、三环唑、苯黄隆、助壮素、多效唑、烯效唑等农药的重要原料。由于从 2000 年国内开始限制甲胺磷的生产，2005 年禁止销售，三唑磷作为甲胺磷目前唯一的替代品，需求量非常大，因此甲酸在农药行业中的用量将会有较大的增长；橡胶防老剂中甲酸用于 RT 培司的生产；在医药工业中，甲酸用于制造氨基吡啉、安乃近等多种药物，医药工业对甲酸的需求量将以年均 5%的速度增长；化学工业是甲酸的重要消费用户，主要用于生产甲酰胺、橡胶防老剂和染料等化工产品，化学工业对甲酸的需求量将以年均 4%的速度增长；甲酸在国内的消费领域中，皮革加工、纺织品印染、青储饲料和谷物防霉等方面的应用基本上尚属空白。我国是皮革加工和纺织生产大国，随着中国对环保的高度重视，甲酸在制革和印染等行业中的应用将会因加工质量高、环境污染小等突出优点而被广泛认同，市场前景十分可观；随着中国青储饲料保鲜剂和谷物防霉剂的用量增加，甲酸作为青储饲料及农作物的储藏剂、防霉剂将有较大的潜在市场。近几年，中国甲酸的需求量一直保持在 10%以上的增长速度。

8.8　用途

甲酸是基本有机化工原料，也是甲醇深加工产品之一，具有广泛的用途和良好的市场前景。

甲酸广泛用于农药、皮革、染料、医药和橡胶等工业。甲酸可直接用于织物加工、鞣革、纺织品印染和青储饲料的储存，也可用作金属表面处理剂、橡胶助剂和工业溶剂。在有机合成中用于合成各种甲酸酯、吖啶类染料和甲酰胺系列医药中间体。此外，甲酸还可用于钢铁酸洗、木材纸浆、橡胶加工等领域。图 8.4 为甲酸及其衍生物。

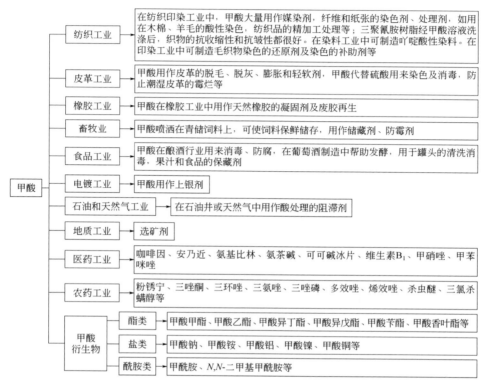

图 8.4　甲酸及其衍生物

参 考 文 献

[1] 陈冠荣. 化工百科全书: 第 8 卷. 北京:化学工业出版社, 1995: 253.

[2] 张丽平. 甲酸生产技术及市场: 第 41 卷. 增刊. 石油化工, 2012.

[3] 蒉志彬. 高浓度甲酸的生产. 化工纵横, 1997, 11 (4): 17-18.

[4] 陈云华, 宁平, 陈梁, 赵宾. 黄磷尾气净化制甲酸清洁工艺. 云南化工, 2000, 27 (5): 15-16.

[5] 宁忠培, 戴志谦, 李天文, 林朝阳, 永桃, 周国成. 甲酸生产工艺技术及应用. 化学工程师, 2009, (4): 52-55.

[6] 甲酸标准. 国家图书馆, 2017.

[7] 李峰. 甲醇及下游产品. 北京: 化学工业出版社, 2008.

第9章
甲酸甲酯

许引　湖北三里枫香科技有限公司　副总经理

9.1　概述

甲酸甲酯（methyl formate，MF，CAS 号：107-31-3），是重要的甲醇衍生物之一。1925 年，德国 BASF 公司获得甲醇羰基化法高压合成甲酸甲酯的第一个专利，1978 年 UCB 公司改进为中压操作，Leonard 公司、SD-Bethlehem 公司、BASF 公司等对该工艺进行了深入的研究，于 1980 年实现了工业化生产。中国对甲醇羰基化合成甲酸甲酯工艺已进行了 20 多年的研究和开发工作。甲醇羰基化法和脱氢法等新的甲酸甲酯合成方法使产品成本大幅降低，促进了甲酸甲酯应用领域的不断扩大，甲酸甲酯已成为当前世界 C_1 化学的热点产品之一。

9.2　性能

9.2.1　结构

结构式：

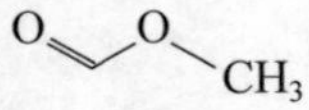

分子式：$C_2H_4O_2$

9.2.2　物理性质

甲酸甲酯为无色易燃有芳香味的液体，有刺激性，易水解，溶于甲醇和乙醚。其蒸气与空气能形成爆炸性混合物。甲酸甲酯的物理性质如表 9.1 所示。

9.2.3　化学性质

甲酸甲酯分子中除酯基外，还有甲基、甲氧基和羰基，化学活性很高。甲酸甲酯的主要化学反应有如下几种。

表 9.1　甲酸甲酯的物理性质

项目	指标	项目	指标
熔点/℃	−99.8	蒸气压（16℃）/kPa	53.32
沸点/℃	31.5	闪点（闭杯法）/℃	−19
密度（20℃）/(g/cm³)	0.9742	水中溶解度（20℃）/mL/100mL	30
气体相对密度（空气为1）	2.07	折射率 n_d^{20}	1.3433
饱和蒸气压（16℃）/kPa	53.32	燃烧热/(kJ/mol)	978.7
临界温度/℃	214	临界压力/MPa	6.0
引燃温度/℃	449	空气中爆炸极限（体积分数）/%	5.9～20.0

（1）水解反应

甲酸甲酯的水解反应可用来制甲酸：

$$HCOOCH_3 + H_2O \longrightarrow CH_3OH + HCOOH$$

（2）氨解反应

甲酸甲酯在常温常压下氨解成甲酰胺：

$$HCOOCH_3 + NH_3 \longrightarrow HCONH_2 + CH_3OH$$

甲酸甲酯和二甲胺在 50℃、0.5MPa 条件下反应可生成二甲基甲酰胺：

$$HCOOCH_3 + (CH_3)_2NH \longrightarrow HCON(CH_3)_2 + CH_3OH$$

（3）裂解反应

甲酸甲酯在特定条件下可裂解成高纯 CO，用于精细合成工业。

$$HCOOCH_3 \longrightarrow CO + CH_3OH$$

（4）异构化反应

甲酸甲酯和乙酸互为异构体，在 180℃，CO 压力 0.1MPa 条件下，用 Ni/CH₃I 催化甲酸甲酯异构化为乙酸：

$$HCOOCH_3 \longrightarrow CH_3COOH$$

（5）其他反应

四氢呋喃溶剂中，甲酸甲酯和甲醇钠反应生成碳酸二甲酯：

$$HCOOCH_3 + CH_3ONa + 1/2O_2 \longrightarrow CH_3OCOOCH_3 + NaOH$$

甲酸甲酯在酸催化作用下，与多聚甲醛反应生成乙醇酸甲酯，乙醇酸甲酯氢解生成乙二醇。杜邦公司已将此工艺工业化。

甲酸甲酯在异构化生成乙酸的反应中，选用 Ir、Rh、Co、Pd、Ni 为主催化剂，CH₃I

为助催化剂，可以使生成的乙酸继续与甲酸甲酯反应，生成乙酸甲酯，副产甲酸：

$$AcOH + HCOOCH_3 \longrightarrow AcOCH_3 + HCOOH$$

用铑络合物为主催化剂，在离子型助催化剂存在下，甲酸甲酯还可以羰基化合成乙醛，改变操作条件，便生成乙酸甲酯：

$$2HCOOCH_3 \xrightarrow[\text{NMP, } p(\text{co}) =10^6\text{Pa}]{\text{RH, I}} CH_3COOCH_3 + HCOOH$$

甲酸甲酯和乙烯进行加氢酯化反应能生成丙酸甲酯：

$$CH_2{=}CH_2 + HCOOCH_3 \longrightarrow CH_3CH_2COOCH_3$$

甲酸甲酯和丁二烯进行加氢酯化反应能生成重要的乙二酸二甲酯：

$$CH_2{=}CH{-}CH{=}CH_2 + 2HCOOCH_3 \longrightarrow CH_3OOC(CH_2)_4COOCH_3$$

甲酸甲酯在丙烯和 CO 作用下可生成异丁酸甲酯：

$$HCOOCH_3 + CH_3CH{=}CH_2 \longrightarrow (CH_3)_2CHCOOCH_3$$

9.3　生产方法

甲醇羰基化合成甲酸甲酯的代表性工艺有德国 BASF 工艺和随后由美国 Leonard Process Co 及 SD/Bethlehem Steel Corp 对 BASF 工艺进行改进的 3 种相似工艺流程。目前它们都是与甲酸甲酯水解相配套运行的，其中 BASF 工艺早期则是采用甲酸甲酯先氨化再酸解来生产甲酸。

9.3.1　甲醇羰基化法

1925 年德国 BASF 公司首次用甲醇羰基化法制取甲酸甲酯，此后甲醇、一氧化碳羰基化制甲酸甲酯便成为国际上工业生产中广泛采用的方法，该工艺技术成熟，工艺合理，原料利用率高，几乎没有副产物，生产成本最低，而且还可利用含一氧化碳的工业废气作原料，与其他方法相比技术经济上有明显的优越性。国外甲醇羰基化法制甲酸甲酯已工业化多年，生产工艺主要有 SD-Bethlehem 工艺、Leonard 工艺、BASF 工艺。目前该法已成为国外大规模生产甲酸甲酯的最主要方法，也是国内外公认的最有发展前途的一种生产方法。该法的缺点是：设备投资较大，存在催化剂分离问题。

甲醇羰基化法合成甲酸甲酯的反应式为：

$$CH_3OH + CO \longrightarrow HCOOCH_3$$

甲醇与 CO 在催化剂甲醇钠（甲醇钠溶解在甲醇中）的存在下，于 80℃，4MPa 的反应条件下合成甲酸甲酯，其工艺流程见图 9.1。

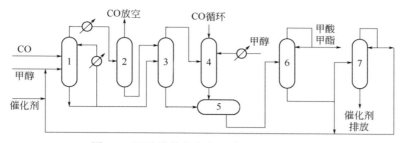

图 9.1 甲醇羰基化生产甲酸甲酯工艺流程

1—合成反应器；2—洗涤塔；3—气-液分离塔；4—吸收塔；5—中间储槽；6—精馏塔；7—重组分塔

9.3.2 Leonard 工艺和 SD/Bethlehem 工艺

Leonard 工艺是 Leonard Process 公司与芬兰 Kemira 公司合作开发的工艺，其工业装置（2 万吨/年）于 1982 年投产。该装置以合成氨作原料，其组成为 CO（47%）、N_2、CH_4 和 H_2，在通过中空纤维膜分离器（monsanto 的 prism 装置）提高 CO 浓度后，羰基化甲醇合成甲酸甲酯，然后水解制取甲酸。在羰基化工艺部分，Leonard Process 公司宣称在甲醇钠催化剂中使用了一种可以改善收率和降低反应压力的添加剂，报道的工艺条件为压力 4.5MPa、温度 80℃，在甲醇钠催化剂存在下进行羰基化反应时，正常使用的催化剂浓度为 2.5%。

SD/Bethlehem 工艺也是以甲酸甲酯作为中间产物，然后水解制取甲酸的一种工艺。该公司宣称，羰基化合成使用的催化剂也是经过改进的(使用高级醇的醇化物和胆碱作为催化剂)，并且只要原料气中 H_2O、CO_2、O_2 及硫化物的含量降到 mg/L 级水平，羰基化合成甲酸甲酯反应可使用 CO 浓度低至 50%的合成气作原料。

9.3.3 甲醇和甲酸酯化法

该法的反应过程是用甲醇与甲酸在既定条件下进行酯化，经过冷却、蒸馏后用无水碳酸钠干燥，过滤得到成品。

$$HCOOH + CH_3OH \longrightarrow HCOOCH_3 + H_2O$$

此法生产 1t 甲酸甲酯消耗 0.6t 甲醇和 1t 85%的甲酸，成本较高，而且设备腐蚀严重。此法在国内外基本已被淘汰。

9.3.4 甲醇脱氢法

甲醇脱氢法生产甲酸甲酯的研究始于 20 世纪 20 年代。1988 年日本三菱瓦斯化学公司(MGC)首次在世界上实现了该工艺的工业化生产。日本三井石油化工公司、美国空气产品公司也是两大甲醇脱氢法制甲酸甲酯的科研和生产公司。1990 年 9 月我国西南化工研究院对甲醇脱氢法生产甲酸甲酯进行了开发，并建成 2000t/a 的装置，首次在国内实现工业化生产。

甲醇脱氢法生产甲酸甲酯与甲醇羰基化法相比，优点是原料单一、设备投资低、工艺流程短、操作方便、无腐蚀、无"三废"产生、能副产氢气，一直是个很活跃的研究领域，适合小规模生产。

甲醇气相脱氢法工艺的主要化学反应是甲醇在常压、温度 250～300℃、铜基催化剂上发生的脱氢反应，其主要反应式如下：

$$2CH_3OH \rightleftharpoons HCOOCH_3 + 2H_2$$

甲醇经预热、汽化、过热后在专用催化剂上进行脱氢反应，反应产物冷却、冷凝后，用低温甲醇吸收甲酸甲酯后气液分离，液相产品经精馏后得到产品。未反应甲醇在系统循环，气相产物氢气（含85%）引出界外另作它用。该工艺由于选择高性能的脱氢催化剂，甲醇单程转化率≥30%，甲酸甲酯选择性≥85%，工业装置催化剂寿命可达 2.5 年以上。甲醇脱氢法制甲酸甲酯工艺的缺点是能耗高，甲醇转化率低，副产物多，影响了产品的质量，对于氢气的回收也存在一些问题，而且生产成本受甲醇价格影响较大。

9.3.5　合成气直接合成法

由合成气直接合成甲酸甲酯是目前世界上公认的最先进的甲酸甲酯生产方法。其类型有液相均相加氢和多相加氢。在催化剂存在下，合成气在液相中反应，优先生成甲酸甲酯。

由合成气直接合成甲酸甲酯的反应式为：$2CO + 2H_2 \longrightarrow HCOOCH_3$

上述反应是一个原子经济型反应，即反应物分子全部生成目的产物分子，避免了资源的浪费以及"三废"的产生。合成气直接合成甲酸甲酯技术较甲醇羰基化法具有如下优点：①原料成本大幅度下降；②我国煤炭资源丰富、价格便宜，德士古煤气化工艺的成功应用，适合采用合成气直接合成甲酸甲酯；③省去了繁杂的 CO 提纯工艺和高难度的甲醇精脱水工艺；④主要粗合成产物——甲醇和甲酸甲酯容易分离，粗产物水含量低，分离出的甲醇接近优良的燃料甲醇。

合成气直接合成甲酸甲酯与现在经济效益最好的甲醇羰基化法相比，生产成本可望降低 30%～50%，且在能源利用上更合理，因此受到催化界及 C_1 化学工作者的极大关注。

由合成气直接合成甲酸甲酯的关键技术是合成催化剂的研制。今后研究的关键是如何提高甲酸甲酯和甲醇产物的时空产率和甲酸甲酯的选择性。我国的厦门大学、中科院成都有机所等单位均在进行这方面的研究，并取得了有工业应用前景的进展。

9.3.6　生产工艺评述

（1）技术经济评价

在甲醇羰基化工艺中，原料甲醇和 CO 的有效利用率均可达 99%，原材料消耗中基于甲醇和 CO 的甲酸甲酯收率分别为 98% 和 95%，与甲醇脱氢法工艺（1988 年工业化，甲酸甲酯的收率近 90%）相比要高。两种工艺的原材料及公用工程消耗定额如表 9.2 所示。

表 9.2　甲酸甲酯单耗（以 1t 甲酸甲酯计）

生产方法	甲醇羰基化法工艺（1）	甲醇羰基化法工艺（2）	甲醇脱氢化法工艺
甲醇/kg	500	557	1200
CO/m³	500	547	0
催化剂/kg	3.5	2	0.2
蒸汽/kg	1100	1200	1900
冷却水/t	30	110	130
电/kW·h	220	75	67
冷量/MJ		58	
重油/kg	0		200
副产气体/m³	0		1040

（2）消耗定额比较

中国甲酸钠法和甲酸甲酯法的消耗定额比较，见表 9.3。

表 9.3　中国甲酸钠法和甲酸甲酯法的消耗定额比较

项目	甲酸钠法	甲酸甲酯法
CO（含 50%CO 的半水煤气）/m³	900	500
甲醇（>99%）/kg		30
NaOH（46%）/t	1.1（折 100%）	
H₂SO₄（98%）/t	0.9	
蒸汽/kg	5	8.5
电/kW·h	300	228
催化剂/kg		6（折 100%）
循环水/t	500	700
工艺水/t		0.5
冷却水（−5℃）/t		180

9.3.7　专利和科技成果

9.3.7.1　专利

（1）甲酸甲酯生产过程中的反应循环泵反冲洗装置

本实用新型公开了一种甲酸甲酯生产过程中的反应循环泵反冲洗装置，其包括反冲洗液罐，反冲洗液罐之中设置有连通至用于甲酸甲酯生产的反应循环泵的反冲洗管路；所述反冲洗管路之中设置有反冲洗液加压泵；采用上述技术方案的甲酸甲酯生产过程中的反应循环泵反冲洗装置，可通过反冲洗装置之中加压泵的设置，确保甲醇对反应循环泵内的固体颗粒形成稳定的反冲洗效果；与此同时，通过反应循环泵自身的冷却部件，甲醛始终保持在低温状态，以避免由于泵运转过程产生的热量导致部分甲醛汽化，从而对反应循环泵内设备造成汽蚀，进而使得设备的使用寿命与维修成本均得以改善。

专利类型：实用新型

申请（专利）号：CN201520839595.X

申请日期：2015 年 10 月 28 日

公开（公告）日：2016 年 3 月 2 日

公开（公告）号：CN205055979U

申请（专利权）人：宿迁新亚科技有限公司

主权项：一种甲酸甲酯生产过程中的反应循环泵反冲洗装置，其特征在于，所述甲酸甲酯生产过程中的反应循环泵反冲洗装置包括反冲洗液罐，反冲洗液罐之中设置有连通至用于甲酸甲酯生产的反应循环泵的反冲洗管路；所述反冲洗管路之中设置有反冲洗液加压泵。

法律状态：授权

（2）甲酸甲酯合成废催化剂分离装置

本实用新型公开了一种甲酸甲酯合成废催化剂分离装置，其包括蒸发器、结晶釜以及过滤器；所述蒸发器与结晶釜彼此连通，结晶釜与过滤器彼此连通；所述过滤器之中设置有清液出料管道以及固体废料出料管道；采用上述技术方案的甲酸甲酯合成废催化剂分离装置，可使得 CO 羰基合成甲酸甲酯过程中产生的废催化剂如甲酸钠和碳酸钠等分离，从而避免反应物料中废催化剂含量过高、结晶而堵塞管道；与此同时，在对上述废催化剂进行分离的过程中，本实用新型中的分离装置通过催化剂与废催化剂在反应物料中的溶解度不同的特性，使得其在浓缩、结晶与分离过程中，避免了催化剂的分离，从而降低了催化剂的损耗和降低了生产成本。

专利类型：实用新型

申请（专利）号：CN201520839366.8

申请日期：2015 年 10 月 28 日

公开（公告）日：2016 年 3 月 2 日

公开（公告）号：CN205055606U

申请（专利权）人：宿迁新亚科技有限公司

主权项：一种甲酸甲酯合成废催化剂分离装置，其特征在于，所述甲酸甲酯合成废催化剂分离装置包括蒸发器、结晶釜以及过滤器；所述蒸发器与结晶釜彼此连通，结晶釜与过滤器彼此连通；所述过滤器之中设置有清液出料管道以及固体废料出料管道。

法律状态：授权

（3）一种气相甲醇羰基化生产甲酸甲酯的装置

本实用新型公开了一种气相甲醇羰基化生产甲酸甲酯的装置，该装置包括氮气气体管道、一氧化碳气体管道、氢气气体管道、一氧化氮气体管道、氧气气体管道、甲醇储罐①、流体泵②、酯化塔③、第一精馏塔④、废水储罐⑤、第一冷凝器⑥、气体混合箱⑦、反应器⑧、加热炉⑨、催化剂⑩、针型阀⑪、气液分离器⑬、第二精馏塔⑭、第二冷凝器⑮、甲酸甲酯储罐⑯、放空阀⑰、循环泵⑱，该装置连接气相色谱系统⑫，其中气相色谱系统⑫包括气动十通阀⑲、气动六通阀⑳、定量管㉑、阀控制器㉒、第一填充柱㉓、第二填充柱㉔、毛细管柱㉕、热导检测器㉖、氢火焰离子化检测器㉗。该装置采用固定床反应器，催化剂与产物易分离，装置操作简单，反应器为常压反应器，资金投入少。

专利类型：实用新型

申请（专利）号：CN201420170867.7

申请日期：2014 年 4 月 10 日

公开（公告）日：2014 年 9 月 17 日

公开（公告）号：CN203833846U

申请（专利权）人：中国科学院福建物质结构研究所

主权项：一种气相甲醇羰基化生产甲酸甲酯的装置，其特征在于，该装置包括氮气气体管道、一氧化碳气体管道、氢气气体管道、一氧化氮气体管道、氧气气体管道、甲醇储罐①、流体泵②、酯化塔③、第一精馏塔④、废水储罐⑤、第一冷凝器⑥、气体混合箱⑦、反应器⑧、加热炉⑨、催化剂⑩、针形阀⑪、气液分离器⑬、第二精馏塔⑭、第二冷凝器⑮、甲酸甲酯储罐⑯、放空阀⑰、循环泵⑱，该装置连接气相色谱系统⑫；其中，气相色谱系统⑫包括气动十通阀⑲、气动六通阀⑳、定量管㉑、阀控制器㉒、第一填充柱㉓、第二填充柱㉔、毛细管柱㉕、热导检测器㉖、氢火焰离子化检测器㉗。催化剂⑩位于反应器⑧的中部；反应器⑧位于加热炉⑨的中部；且一氧化氮气体管道和氧气气体管道通过等径三通接头合并成一路，与酯化塔③的下端插接，甲醇储罐①通过流体泵②与酯化塔③的中上端相连，酯化塔③的下端出口管道连接第一精馏塔④；第一精馏塔④的下端出口管道与废水储罐⑤相连，上端出口管道与甲醇储罐①相连；氮气气体管道、一氧化碳气体管道和氢气气体管道通过等径四通接头合并成一路，与连接于酯化塔③的上端出口管道的第一冷凝器⑥的出口管道通过等径三通接头进一步合并成一路，合并后的管道与气体混合箱⑦的入口相连；气体混合箱⑦的出口管道通过等径三通接头分为两路，一路通过针形阀⑪与气相色谱系统⑫相连，另一路与反应器⑧的上端相连；反应器⑧的下端出口管道通过等径三通接头分为两路，一路通过针形阀⑪与气相色谱系统⑫相连，另一路与气液分离器⑬相连；气液分离器⑬的上端出口管道通过等径三通接头分为两路，一路通过放空阀⑰部分放空，另一路通过循环泵⑱与一氧化氮气体管道相连；气液分离器⑬的下端出口管道与第二精馏塔⑭相连；第二精馏塔⑭的下端出口管道与甲醇储罐①相连；第二精馏塔⑭的上端出口管道与第二冷凝器⑮入口相连，第二冷凝器⑮出口管道与甲酸甲酯储罐⑯相连；气相色谱系统⑫中的气动十通阀⑲与气动六通阀⑳通过管道相连；气动十通阀⑲和气动六通阀⑳与阀控制器㉒相连；气动十通阀⑲和气动六通阀⑳上均设有定量管㉑；气动十通阀⑲连接第一填充柱㉓和第二填充柱㉔；第一填充柱㉓与热导检测器㉖相连；气动六通阀⑳与毛细管柱㉕相连；毛细管柱㉕与氢火焰离子化检测器㉗相连；气动六通阀⑳的出气管道直接排空。

法律状态：授权

（4）一种甲酸甲酯生产设备

本实用新型提出一种甲酸甲酯生产设备，包括水解反应罐及通过管道与水解反应罐相连的浓硫酸罐、浓甲醇罐、甲化液罐和冷凝塔。所述水解反应罐和冷凝塔内均设置有温度传感器，所述水解反应罐上连接有输送蒸汽的手动蒸汽阀，所述冷凝塔上连接有输送冰水的手动冰水阀。所述水解反应罐上还连接有与所述手动蒸汽阀并联的自动蒸汽阀，所述冷凝塔上还连接有与手动冰水阀并联的自动冰水阀。本甲酸甲酯生产设备以 PLC 控制器接受温度传感器检测的温度参数，控制自动蒸汽阀及自动冰水阀的开度，通过 PID 调节实现水解反应罐和冷凝塔内温度的精确控制，极大地减轻了工人的劳动强度；相对于人工控制精确度高，提高产品产率。

专利类型：实用新型

申请（专利）号：CN201521055691.1

申请日期：2015 年 12 月 17 日

公开（公告）日：2016 年 6 月 8 日

公开（公告）号：CN205295187U

申请（专利权）人：青岛科技大学

主权项：一种甲酸甲酯生产设备，包括水解反应罐及通过管道与水解反应罐相连的浓硫酸罐、浓甲醇罐和冷凝塔。所述水解反应罐和冷凝塔内均设置有温度传感器，所述水解反应罐上连接有输送蒸汽的手动蒸汽阀，所述冷凝塔上连接有输送冰水的手动冰水阀，其特征在于：还包括接收温度传感器检测信号的控制器；所述水解反应罐上还连接有与所述手动蒸汽阀并联的自动蒸汽阀，所述冷凝塔上还连接有与手动冰水阀并联的自动冰水阀，自动蒸汽阀和自动冰水阀的控制端均与控制器相连。

法律状态：授权

（5）一种高效率生产甲酸甲酯的反应釜

本实用新型提出一种高效率生产甲酸甲酯的反应釜，包括釜体外壳和釜体内胆。所述釜体外壳和釜体内胆之间形成中空腔，中空腔内设置有盘绕釜体内胆的冷凝循环管，釜体外壳侧壁上设有与釜体内胆连通的进料口，釜体外壳底部设有与釜体内胆连通的出料口，釜体内胆内插设有搅拌轴，所述搅拌轴从上到下依次设有多个搅拌片，上下相邻的搅拌片之间设置有搅拌棍，所述搅拌片水平设置，搅拌棍倾斜设置，所述搅拌片上侧边和下侧边均设置有多个搅拌头，搅拌片沿长度方向设置有多个水平通孔，釜体内胆内壁上沿圆周方向设有多个竖向扰流板，本实用新型结构简单，搅拌混合均匀，合成反应充分，合格率高，减少浪费，提高产量。

专利类型：实用新型

申请（专利）号：CN201620527260.9

申请日期：2016 年 5 月 28 日

公开（公告）日：2016年12月21日

公开（公告）号：CN205815683U

申请（专利权）人：安徽广信农化股份有限公司

主权项：一种高效率生产甲酸甲酯的反应釜，包括釜体外壳和釜体内胆。其特征在于，所述釜体外壳和釜体内胆之间形成中空腔，中空腔内设置有盘绕釜体内胆的冷凝循环管，釜体外壳侧壁上设有与釜体内胆连通的进料口，釜体外壳底部设有与釜体内胆连通的出料口，釜体内胆内插设有搅拌轴，所述搅拌轴从上到下依次设有多个搅拌片，上下相邻的搅拌片之间设置有搅拌棍，所述搅拌片水平设置，搅拌棍倾斜设置，所述搅拌片上侧边和下侧边均设置有多个搅拌头，搅拌片沿长度方向设置有多个水平通孔，釜体内胆内壁上沿圆周方向设有多个竖向扰流板，竖向扰流板下方的釜体内胆内壁沿圆周方向设置有多个喷气头，喷气头与穿过釜体外壳和釜体内胆的进气管连通，喷气头两侧的釜体内胆壁上固定有一对向内倾斜设置的挡流板，釜体外壳顶部通过支架固定有驱动电机，搅拌轴顶部与驱动电机输出端连接，釜体外壳顶部侧端设有与釜体内胆连通的排气口，排气口上设有冷凝丝网，排气口的内壁上分布有多根冷凝柱，排气口顶部连接排气管。

法律状态：授权

（6）一种甲酸甲酯生产自动控制系统

本实用新型涉及一种甲酸甲酯生产自动控制系统，主要包括控制器、浓硫酸罐、浓甲醇罐、水解反应罐以及冷凝塔。浓硫酸罐、浓甲醇罐的底部分别设有第一、第二称重传感器，所述水解反应罐上还连接有甲化液进料阀，浓硫酸罐与水解反应罐之间设置有浓硫酸进料阀和浓硫酸进料总阀，浓甲醇罐与水解反应罐之间设置有浓甲醇进料阀和浓甲醇进料总阀，所述浓硫酸进料总阀和浓硫酸进料阀、浓甲醇进料总阀和浓甲醇进料阀以及甲化液进料阀均并联连接有气动开关阀，所述控制器接收称重传感器检测信号，进而控制气动开关阀的开闭。本实用新型通过控制器控制各原料罐进料阀的开闭，实现原料加入的精确自动控制，提高了产率、缩短了生产周期，大大降低了劳动成本。

专利类型：实用新型

申请（专利）号：CN201521055719.1

申请日期：2015年12月17日

公开（公告）日：2016年6月8日

公开（公告）号：CN205295188U

申请（专利权）人：青岛科技大学

主权项：一种甲酸甲酯生产自动控制系统，包括水解反应罐及通过管道与水解反应罐相连的浓硫酸罐、浓甲醇罐和冷凝塔。所述浓硫酸罐与水解反应罐之间设置有浓硫酸进料总阀和浓硫酸进料阀，所述浓甲醇罐与水解反应罐之间设置有浓甲醇进料总阀和浓甲醇进料阀，所述水解反应罐上还连接有甲化液进料阀，所述浓硫酸罐、浓甲醇罐的底部分别设有用以检测罐内原料质量的第一称重传感器和第二称重传感器。其特征在于，所述浓硫酸进料总阀和浓硫酸进料阀、浓甲醇进料总阀和浓甲醇进料阀以及甲化液进料阀均并联连接有气动开关阀；还包括控制器，所述控制器的输入端连接称重传感器的输出端，控制器的输出端连接上述气动开关阀的控制端，所述控制器接收称重传感器检测信号，进而控制气动开关阀的开闭。

法律状态：授权

（7）羰基化制甲酸甲酯反应器

本实用新型公开了一种包括反应釜体、文丘里管喷射器和螺旋形多孔气体分布器的羰基化制甲酸甲酯的反应器。反应釜体顶部开有出气口，反应釜体底部开有出液管，反应釜体壳内上部设有文丘里管喷射器，反应釜体壳内下部设有螺旋形多孔气体分布器。本实用新型解决了羰基化反应使用机械搅拌引起的气液渗漏或者高能耗、低产能的问题，并且还能防止盐沉淀物积聚沉淀引起喷射器堵塞，提高 CO 的单程转化率，从而提高生产效率，并且从反应器底部出来的反应液体在反应器外进行换热和产物分离后，得到的甲醇溶液可循环使用，能连续、大规模用于甲酸甲酯的生产。

专利类型：实用新型

申请（专利）号：CN201320211803.2

申请日期：2013 年 4 月 24 日

公开（公告）日：2013 年 9 月 18 日

公开（公告）号：CN203196620U

申请（专利权）人：成都天成碳一化工有限公司

主权项：羰基化制甲酸甲酯反应器，其特征在于，包括反应釜体①、文丘里管喷射器②和螺旋形多孔气体分布器③。所述的反应釜体①顶部开有出气口（C），反应釜体①底部开有出液管（B），所述的反应釜体①壳内上部设有文丘里管喷射器②，反应釜体①壳内下部设有螺旋形多孔气体分布器③。

法律状态：授权

9.3.7.2 成果

（1）合成气一步法合成甲酸甲酯小试研究

项目年度编号：gkls119661

成果类别：应用技术

限制使用：国内

中图分类号：TQ225.241

成果公布年份：2010 年

成果简介：甲酸甲酯（methyl formate，简称 MF）是一种非常重要的有机化合物。甲酸甲酯具有很高的反应活性，其衍生物种类可覆盖碳一化学的大部分产品，因而在工业上具有广泛的应用前景。使用合成气一步法合成甲酸甲酯是一种新颖的甲酸甲酯合成法。一步法合成可以缩减工艺流程，降低设备建设费用和能量消耗；同时这一反应是一个原子经济性反应，有效地避免了资源的浪费和"三废"的产生。为这一工艺寻找合理的催化剂体系，一直是国际上的研究热点。铜系催化剂具有安全可靠，低温活性较好，价格便宜，甲酸甲酯选择性良好的特点，如何提高甲酸甲酯产率和进一步降低反应条件的要求是此方面研究的重要方向。本课题组自 1999 年以来，开展冷等离子体制备催化剂研究，已经在等离子体制备甲烷部分氧化和二氧化碳重整镍催化剂、甲烷催化燃烧钯催化剂、等离子体直接还原贵重金属催化剂等方面取得了很好的进展。冷等离子体具有高电子温度，低体相温度的特点，其中的高能电子能够在较低温度下活化分子，促进反应进行。考虑铜催化剂在直接合成甲酸甲酯反应中发挥的重要作用，我们在本课题研究中采用等离子体处理、制备铜催化剂以改进直接合成甲酸甲酯催化剂的活性。采用介质阻挡放电等离子体在低温下分解碳酸盐、氢氧化物以及相关混合物，制备铜/锌氧化物催化剂，将其用于合成气一步法合成甲酸甲酯。结果表明，在一定铜锌比例下，等离子体分解所制得的催化剂由 CO 转化合成甲酸甲酯的活性超过常规催化剂，选择性与常规催化剂相当，稳定性高于常规催化剂。进一步对催化剂进行表征发现，等离子体分解制得的铜催化剂生成的中间产物在催化剂表面数量更多，结构更稳定，因此更有利于合成甲酸甲酯。本成果的主要创新点：①介质阻挡放电等离子体分解速度更快，能耗低；②在非平衡条件下制备的金属氧化物，具有特殊的结构，其结构效应和尺度效应在催化方面具有重要的意义。

完成单位：天津大学

（2）甲醇脱氢制甲酸甲酯的膜反应器研究

项目年度编号：hg08030920

成果类别：应用技术

限制使用：国内

中图分类号：TQ225.24

成果公布年份：2008 年

成果简介：该项目研究非对称性"Pd/SiO$_2$/陶瓷"和"Pd-Cu/SiO$_2$/陶瓷"膜的制备技术。钯复合膜在 150℃可将 N$_2$/H$_2$ 或 H$_2$/甲醇混合气中的 H$_2$ 进行选择性分离。用制备的"Pd/SiO$_2$/陶瓷"膜催化反应器可使甲醇脱氢制甲酸甲酯的反应温度从通常的 250℃降到 90℃，产物的收率和选择性接近 20%和 100%，反应 50h 后，转化率下降到 10%。用"Pd/SiO$_2$/陶瓷"膜催化反应器在与固定床反应器相似的反应条件下可使产物的收率提高 13%。铜-钯双功能复合膜反应器能使脱氢反应与氢选择分离同时进行，操作性能优于固定床反应器，但效果不及铜复合膜反应器。该项目理论和经济上对攻克无机复合膜的制备技术和膜催化技术在甲酸甲酯生产上的应用均有重大意义。

完成单位：华东理工大学

（3）单质银在有氧条件下催化氧化甲醇制备甲酸甲酯的方法

项目年度编号：hg07001387

成果类别：应用技术

限制使用：国内

中图分类号：TQ225.24

成果公布年份：2007 年

成果简介：该发明属于单质银催化剂在有氧条件下催化氧化甲醇制备甲酸甲酯的反应方式。催化剂为单质银，通入甲醇蒸气、氧气、氮气(标准状态)，甲醇与氧气的摩尔比范围为 3.0～18.5，反应床床层温度范围为 500～650K，催化反应的空速范围为 10000～40000h⁻¹，氧气必须存在于催化反应的原料中。催化剂不需要活化过程，催化活性高，催化剂不涉及对环境有污染的铬、镉元素。

完成单位：中国科学院长春应用化学研究所

（4）CNT-1 型甲醇脱氢制甲酸甲酯催化剂

项目年度编号：0701071339

成果类别：应用技术

限制使用：国内

中图分类号：TQ426.99　TQ420.62

成果公布年份：2006 年

成果简介：本催化剂用于甲醇脱氢制甲酸甲酯。原理如下：$2CH_3OH \longrightarrow HCOOCH_3+2H_2$，催化剂由铜、锌、铝氧化物组成，用沉淀法制造。主要指标为：氧化铜≥60%（质量分数）、侧压破碎强度≥60N/cm、甲醇转化率 30%～40%、甲酸甲酯选择性 85%～93%、寿命 2～2.5 年。该催化剂于 1987 年工业生产，国内首创，其催化性能与 1988 年工业化的日本三菱催化剂相当。脱氢法与国内原酯化法相比，成本下降 30%～40%。

完成单位：西南化工设计研究院

（5）甲醇羰基化制甲酸甲酯

项目年度编号：0401300214

成果类别：应用技术

限制使用：国内

中图分类号：TQ225.241　TQ225.121

成果公布年份：2004 年

成果简介：该项目为甲醇羰基化合成甲酸甲酯（MF）：$CH_3OH + CO \Longrightarrow HCOOCH_3$。甲醇羰基化法是目前通用的甲酸甲酯生产方法，由于由合成气直接合成还存在技术上的问题，国内外均采用该法。其特点是：①反应温度 70～90℃；②反应压力 3～5MPa；③催化剂为甲醇钠及助催化剂。对富产黄磷的地区，黄磷尾气只须稍加净化即为优质的合成甲酸甲酯的一氧化碳原料，因此，该项目不仅能解决黄磷厂的污染问题，而且能提供量大而质优的甲酸甲酯。应用范围：目前甲酸甲酯（MF）主要用于生产甲酰胺、二甲基甲酰胺（DMF）、甲酸；近期可望用于生产大吨位产品乙酸、甲基丙烯酸甲酯（MMA）以及为数众多的高附加值精细化工产品。

完成单位：中国科学院成都有机化学有限公司

（6）甲酸甲酯法生产甲酸

项目年度编号：0101570516

成果类别：应用技术

限制使用：国内

中图分类号：TQ225.121

成果公布年份：2000 年

成果简介：该产品以一氧化碳和甲醇为原料，在催化剂、一定温度和压力下，反应生成甲酸甲酯。甲酸甲酯再水解制得甲醇和甲酸。一氧化碳转化率为99%，甲醇转化率为98%，工艺技术达国际先进水平。产品质量稳定，生产成本为甲酸钠法工艺成本的40%，且可生产高浓度甲酸。

完成单位：肥城阿斯德化工有限公司

9.4 产品的分级和质量规格

表 9.4 为甲酸甲酯产品质量指标。

表 9.4 甲酸甲酯产品质量指标（山东肥城阿斯德企业标准）

项目		指标
色度（铂-钴）/号	≤	10
甲酸甲酯含量/%	≥	97.00
水含量/%	≤	0.020
蒸发残渣/%	≤	0.020

9.5 毒性与防护

9.5.1 对环境的影响

（1）健康危害

侵入途径：吸入、食入、经皮吸收。健康危害：甲酸甲酯有麻醉和刺激作用。人接触一定浓度的甲酸甲酯，发生明显的刺激作用；反复接触可致痉挛，甚至死亡。

（2）毒理学资料及环境行为

急性毒性：LD_{50}1622mg/kg（兔经口）。亚急性和慢性毒性：猫吸入 2300mg/m³，1.5h 后运动失调，侧卧 2～3h 内死亡（肺水肿）；豚鼠吸入 25g/m³，3～4h 致死；人经口 500mg/kg，最小致死剂量。

（3）实验室监测方法

直接进样气相色谱法（WS/T 166—1999，作业场所空气），在空气中样品用活性炭管收集，再用气相色谱法分析。气相色谱法，参照《分析化学手册》（第四分册，色谱分析，化学工业出版社）。

（4）环境标准

苏联车间空气中有害物质的最高容许浓度为 250mg/m³；空气中嗅觉阈浓度为$(66\sim72)\times10^{6}$。

（5）其他有害作用

该物质对环境可能有危害，对水体应给予特别注意。

9.5.2 安全操作与应急处理

（1）操作注意事项

密闭操作，提供充分的局部排风。操作人员必须经过专门培训，严格遵守操作规程。建议操作人员佩戴自吸过滤式防毒面具（半面罩），戴化学安全防护眼镜，穿防静电工作服，戴橡胶耐油手套。远离火种、热源，工作场所严禁吸烟。使用防爆型的通风系统和设备。防止蒸气泄漏到工作场所的空气中。避免与氧化剂、碱类接触。灌装时应控制流速，且有接地装置，防止静电积聚。搬运时要轻装轻卸，防止包装及容器损坏。配备相应品种和数量的消防器材及泄漏应急处理设备。倒空的容器可能残留有害物。

（2）应急处理方法

① 泄漏应急处理。迅速撤离泄漏污染区人员至安全区，并进行隔离，严格限制出入。切断火源。建议应急处理人员戴自给正压式呼吸器，穿消防防护服。尽可能切断泄漏源。防止进入下水道、排洪沟等限制性空间。

小量泄漏：用砂土或其他不燃材料吸附或吸收；也可以用大量水冲洗，洗水稀释后放入废水系统。

大量泄漏：构筑围堤或挖坑收容；用泡沫覆盖，降低蒸气灾害；用防爆泵转移至槽车或专用收集器内，回收或运至废物处理场所处置。

废弃物处置方法：用焚烧法。

② 防护措施。呼吸系统防护：空气中浓度超标时，应该佩戴自吸过滤式防毒面具（半面罩）；紧急事态抢救或撤离时，建议佩戴空气呼吸器。

眼睛防护：戴化学安全防护眼镜。

身体防护：穿防静电工作服。

手防护：戴乳胶手套。

其他：工作现场严禁吸烟；工作完毕，淋浴更衣；注意个人清洁卫生。

③ 急救措施。皮肤接触：脱去被污染的衣着，用肥皂水和清水彻底冲洗皮肤。

眼睛接触：提起眼睑，用流动清水或生理盐水冲洗，就医。

吸入：迅速脱离现场至空气新鲜处，保持呼吸道通畅，如呼吸困难，给输氧，如呼吸停止，立即进行人工呼吸。就医。

食入：饮足量温水，催吐，就医。

④ 消防。危险特性：极易燃，其蒸气与空气可形成爆炸性混合物。遇明火、高热或与氧化剂接触，有引起燃烧爆炸的危险。在火场中，受热的容器有爆炸危险。其蒸气比空气重，能在较低处扩散到相当远的地方，遇明火会引着回燃。

燃烧（分解）产物：CO、CO_2。

灭火方法：尽可能将容器从火场移至空旷处。喷水保持火场容器冷却，直至灭火结束。处在火场中的容器若已变色或从安全泄压装置中产生声音，必须马上撤离。

灭火剂：抗溶性泡沫、干粉、CO_2、砂土。用水灭火无效。

9.6　包装与储运

常用危险化学品的分类及标志（GB 13690—2009）将甲酸甲酯划为第 3.1 类低闪点易燃液体。CAS 号 107-31-3，危规编码 31037，联合国编号 1243。由于甲酸甲酯沸点低，不便长距离运输，主要作为中间产品使用。

（1）储存注意事项

储存于阴凉、通风的库房。远离火种、热源。库温不宜超过 28℃。保持容器密封。应与氧化剂、碱类分开存放，切忌混储。采用防爆型照明、通风设施。禁止使用易产生火花的机械设备和工具。储区应备有泄漏应急处理设备和合适的收容材料。在存放甲酸甲酯的场地四周要备有一定数量的消防器材，要在明显处标明严禁烟火标志。如用储罐储存甲酸甲酯，储罐要建防火堤，要有喷淋装置，有避雷针，储罐上还要有液位计，呼吸阀，阻火器等安全设施。储罐之间要有安全间距，可以采用防火堤隔离。存有甲酸甲酯的储罐属重大危险源，与其他建筑物之间要有安全距离。

（2）包装方法

甲酸甲酯作为商品周转时一般用 200L 镀锌桶包装，露天储存时，要注意桶的防腐蚀。不同容积的产品可采用小开口钢桶、安瓿瓶外普通木箱、螺纹口玻璃瓶、铁盖压口玻璃瓶、塑料瓶或金属桶(罐)外普通木箱。

（3）运输注意事项

运输时运输车辆应配备相应品种和数量的消防器材及泄漏应急处理设备。夏季最好早晚运输。运输时所用的槽（罐）车应有接地链，槽内可设孔隔板以减少震荡产生静电。严禁与氧化剂、碱类、食用化学品等混装混运。运输途中应防曝晒、雨淋，防高温。中途停留时应远离火种、热源、高温区。装运该物品的车辆排气管必须配备阻火装置，禁止使用易产生火花的机械设备和工具装卸。公路运输时要按规定路线行驶，勿在居民区和人口稠密区停留。铁路运输时要禁止溜放。严禁用木船、水泥船散装运输。

9.7　经济概况

全球甲醇羰基化法制甲酸甲酯已工业化多年，工艺路线多样化，主要有

SD-Bethlehem 工艺、Leonard 工艺、BASF 工艺。许多公司都建立了大型生产装置，全球主要甲酸甲酯生产商的情况，见表 9.5。

表 9.5　全球主要甲酸甲酯生产商的情况

公司名称	工艺路线	产能/(万吨/年)
日本三菱瓦斯化学公司（MGC）	甲醇羰基化法，甲醇脱氢法	10.0
德国 BASF	甲醇羰基化法	6.0
美国杜邦公司	甲醇羰基化法	4.1
日本化学工业(三井石油)	甲醇脱氢法	2.6
肥城阿斯德化工有限公司	甲醇羰基化法	1.0
美国空气产品公司	甲醇脱氢法	0.7

　　我国甲酸甲酯工业起始于 20 世纪 70 年代，以甲酸、甲醇酯化法小规模生产甲酸甲酯，年产能达百吨级。1984 年，西南化工研究设计院开展了甲醇脱氢制甲酸甲酯及其配套催化剂的研究，1986 年完成扩大试验研究；1990 年在江苏武进化肥厂第一套 2000t/a 工业甲酸甲酯装置投产成功（产品用于生产二甲基甲酰胺）。肥城阿斯德化工有限公司是我国生产甲酸甲酯的主要企业，1994 年由肥城市化肥厂与美国酸胺技术公司合资成立。其中主导产品甲酸生产采用当今世界最先进的甲酸甲酯法生产工艺，装置产能 1 万吨/年。

　　甲醇羰基化法是目前国内外主要的大规模生产甲酸甲酯的方法；甲醇气相催化脱氢合成 MF 也已实现工业化生产；合成气直接合成甲酸甲酯是最有前途的工艺路线，CO_2 与甲醇加氢缩合法具有重大的环保意义；甲醇液相催化脱氢法与传统的气相法相比，具有反应温度低、能耗更少、甲酸甲酯产率提高等优势，国外的研究也处于起步阶段，国内对该新工艺的研究已引起重视。随着 Texaco 等先进的煤气化工艺在我国的成功工业化运行及未来几年合成甲醇技术及装置大型化的发展，必将使得制备甲酸甲酯的原料甲醇、CO 成本进一步降低；合成气直接合成甲酸甲酯若取得突破性进展，成本方面将更具有竞争力。同时应加紧对 MF 下游产品及其应用的进一步开发研究，以甲酸甲酯化学推动我国煤化工、C_1 化工的发展。

9.8　用途

　　甲酸甲酯被认为是一种具有发展前景、潜在的通用型化工中间体，由它可衍生出许多种化合物。

　　图 9.2 为甲酸甲酯的衍生物。

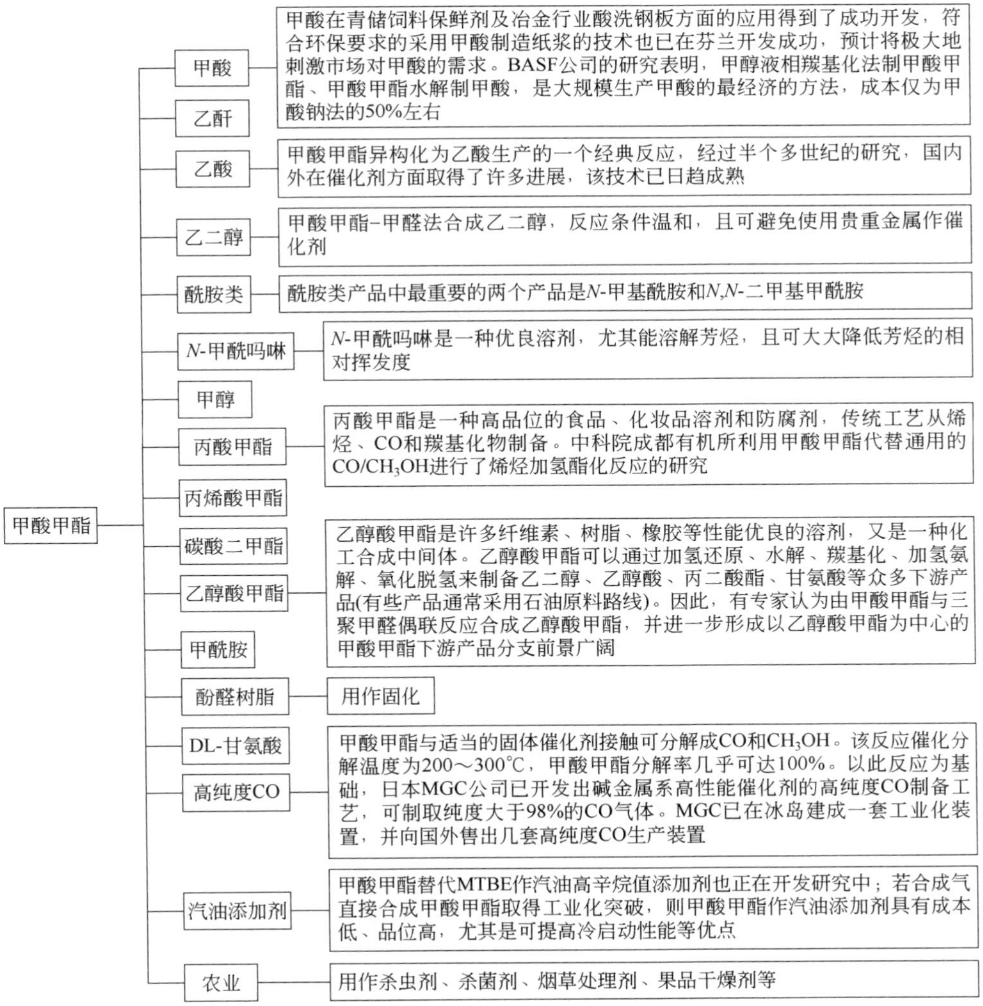
甲酸甲酯
甲酸
甲酸在青储饲料保鲜剂及冶金行业酸洗钢板方面的应用得到了成功开发，符合环保要求的采用甲酸制造纸浆的技术也已在芬兰开发成功，预计将极大地刺激市场对甲酸的需求。BASF公司的研究表明，甲醇液相羰基化法制甲酸甲酯、甲酸甲酯水解制甲酸，是大规模生产甲酸的最经济的方法，成本仅为甲酸钠法的50%左右
乙酐
乙酸
甲酸甲酯异构化为乙酸生产的一个经典反应，经过半个多世纪的研究，国内外在催化剂方面取得了许多进展，该技术已日趋成熟
乙二醇
甲酸甲酯-甲醛法合成乙二醇，反应条件温和，且可避免使用贵重金属作催化剂
酰胺类
酰胺类产品中最重要的两个产品是N-甲基酰胺和N,N-二甲基甲酰胺
N-甲酰吗啉
N-甲酰吗啉是一种优良溶剂，尤其能溶解芳烃，且可大大降低芳烃的相对挥发度
甲醇
丙酸甲酯
丙酸甲酯是一种高品位的食品、化妆品溶剂和防腐剂，传统工艺从烯烃、CO和羰基化物制备。中科院成都有机所利用甲酸甲酯代替通用的CO/CH3OH进行了烯烃加氢酯化反应的研究
丙烯酸甲酯
碳酸二甲酯
乙醇酸甲酯
乙醇酸甲酯是许多纤维素、树脂、橡胶等性能优良的溶剂，又是一种化工合成中间体。乙醇酸甲酯可以通过加氢还原、水解、羰基化、加氢氨解、氧化脱氢来制备乙二醇、乙醇酸、丙二酸酯、甘氨酸等众多下游产品(有些产品通常采用石油原料路线)。因此，有专家认为由甲酸甲酯与三聚甲醛偶联反应合成乙醇酸甲酯，并进一步形成以乙醇酸甲酯为中心的甲酸甲酯下游产品分支前景广阔
甲酰胺
酚醛树脂
用作固化
DL-甘氨酸
高纯度CO
甲酸甲酯与适当的固体催化剂接触可分解成CO和CH3OH。该反应催化分解温度为200～300℃，甲酸甲酯分解率几乎可达100%。以此反应为基础，日本MGC公司已开发出碱金属系高性能催化剂的高纯度CO制备工艺，可制取纯度大于98%的CO气体。MGC已在冰岛建成一套工业化装置，并向国外售出几套高纯度CO生产装置
汽油添加剂
甲酸甲酯替代MTBE作汽油高辛烷值添加剂也正在开发研究中；若合成气直接合成甲酸甲酯取得工业化突破，则甲酸甲酯作汽油添加剂具有成本低、品位高，尤其是可提高冷启动性能等优点
农业
用作杀虫剂、杀菌剂、烟草处理剂、果品干燥剂等

图 9.2　甲酸甲酯的衍生物

参 考 文 献

[1] 周寿祖. 甲酸甲酯的生产技术和应用前景. 2004 年全国甲醇及下游产品生产、技术、市场及发展研讨会论文集，2004.

[2] 陈冠荣. 化工百科全书：第 19 卷. 北京:化学工业出版社，1995：253.

[3] 李正西. 甲醇羰基化制甲酸甲酯工艺比较及市场分析. 石油化工技术与经济，2009，25：24-27.

[4] 李峰. 甲醇及下游产品. 北京：化学工业出版社，2008.

[5] 甲酸甲酯专利和成果. 国家图书馆，2017.

[6] 谢克昌，李忠. 甲醇及其衍生物. 北京：化学工业出版社，2002：6.

第10章
氰化氢

张振利　衡水市银河化工有限责任公司　工程师

10.1　概述

　　氰化氢（hydrogen cyanide），学名氢氰酸（hydrocyanic acid，HCN，CAS 号：74-90-8），是一种具有强烈的、急性作用的毒气，其化学性质非常特殊，由它可以生成许多衍生物。19 世纪末，Hofmann 在无水磷酸中蒸馏甲酰胺时得到大量的 HCN，其后，德国 BASF 公司在此化学反应的基础上，开发了以 CO 和氨为原料的合成法，即甲酰胺法。

　　1935 年，L. Andrussow 发明了甲烷氨氧化法并以其名称之为安氏法。美国氰胺公司、杜邦公司等采用此法相续建立了万吨级生产装置。安氏法的工业化，对全球 HCN 工业的发展起到了重大的作用。

　　1960 年，美国标准石油公司（Standard Oil Co.）成功开发以丙烯氨氧化法生产丙烯腈的新方法，称为 Sohio 法，该法副产 HCN 10%左右。

　　1967 年以后，所有丙烯腈生产企业都采用丙烯氨氧化法生产丙烯腈，从而使 HCN 生产技术不断升级换代。

　　2012 年，全球 HCN 的产能达 99.0 万吨（不包括丙烯氨氧化法生产丙烯腈的副产品）。全球 HCN 生产商和产能如表 10.1 所示。

表 10.1　全球 HCN 主要生产商的情况

公司名称	产能/(万吨/年)	比例/%	工艺路线
澳大利亚 ACR	10.5	10.61	天然气氨氧化法
南非 Sasol Polmer	12.0	12.12	天然气氨氧化法
美国 Cyanco	9.0	9.09	天然气氨氧化法
安徽安庆曙光化工股份有限公司[①]	20.0	20.20	甲醇氨氧化法
河北诚信有限责任公司[①]	30.0	30.30	轻油裂解法

公司名称	产能/(万吨/年)	比例/%	工艺路线
天津新纪元化工有限公司[①]	4.0	4.04	轻油裂解法
山西晋城市鸿生化工有限公司[①]	4.0	4.04	轻油裂解法
山东招远金昌化工有限公司[①]	3.0	3.03	轻油裂解法
河南天龙化工有限公司[①]	2.0	2.02	轻油裂解法
内蒙古紫光化工有限责任公司[①]	4.2	4.24	轻油裂解法
重庆永川化工厂[①]	0.3	0.30	天然气氨氧化法

① 氰化氢质量分数≥30%。

10.2 性能

10.2.1 结构

结构式：H—C≡N

分子式：HCN

10.2.2 物理性质

HCN 的物理性质如表 10.2 所示。

10.2.3 化学性质

氰化氢的化学式是 HCN，其水溶液为 HCN（hydrocyanic acid），是弱酸，pK_a=9.2～9.3，其电离常数与天然氨基酸在同一数量级。其分子结构式为线型：H—C≡N。

（1）HCN 与碱反应

HCN 是比碳酸还弱的酸，但它和碱反应的速度仍然很快，生成有毒的氰化钠（NaCN）。

$$HCN + NaOH \longrightarrow NaCN + H_2O$$

（2）HCN 与金属氧化物反应

CuO、Ag_2O 能与 HCN 发生反应，生成的氰化铜、氰化银仍有毒，但为不挥发固体，且性质稳定，其络合物则是无毒产物。

（3）聚合反应

纯 HCN 性质稳定，在有少许水或碱，特别是有氨存在时易聚合，形成无毒的三聚体和四聚体，并释放大量热能和气体，致使储存容器或弹药爆炸。

（4）水解反应

常温下，HCN 在水中缓慢水解，生成甲酸及其他产物，最后溶液变黑，有时可析出棕色沉淀。

表 10.2　HCN 的物理性质

名称	数值	名称	数值
沸点（101.325kPa）/℃	25.7	表面张力（20℃）/(mN/m)	19.68
三相点/℃	−13.32	蒸气密度（31℃）/(g/cm³)	0.947
熔点/℃	−13.24	离解常数 K_{18}^d	1.3×10^{-9}
闪点（开杯法）/℃	−17.8	燃烧热/(kJ/mol)	667
密度		蒸气压/kPa	
0℃（液态）/(g/cm³)	0.7150	−29.50℃	6.679
10℃（液态）/(g/cm³)	0.7017	0℃	35.24
20℃（液态）/(g/cm³)	0.6884	27.2℃	107.6
25℃（液态）/(g/cm³)	0.68	临界点	
10.04%HCN（水溶液，18℃）/(g/cm³)	0.9838	压力/MPa	5.39
20.29%HCN（水溶液，18℃）/(g/cm³)	0.9578	密度/(g/cm³)	0.195
60.23%HCN（水溶液，18℃）/(g/cm³)	0.829	温度/℃	183.5
气体（21.1℃，101.325kPa）/(kg/m³)	1.119	摩尔体积/(cm³/mol)	138.59
气体相对密度（21.1℃，101.325kPa，空气=1）	0.933	压缩系数	0.197
溶液膨胀系数（25℃）/℃⁻¹	0.00222	熔化热（沸点下）/(kJ/kg)	311.03
偏心因子	0.410	汽化热（沸点下）/(kJ/kg)	1016.8
比热容/[J/(g·K)]		比热容比	
−33.1℃	2.2	气体 C_P/C_V	1.301
16.9℃	2.6	液体（25℃）/[kJ/(kg·K)]	2.642
27℃	1.3	固体（−148℃）/[kJ/(kg·K)]	1.683
黏度		自燃温度/℃	538
0.5℃/mPa·s	0.2402	折射率 n_d^{10}	1.2675
5℃/mPa·s	0.2323	气体摩尔熵（25℃）/[J/(mol/K)]	201.67
10.8℃/mPa·s	0.2160	气体摩尔生成熵（25℃）/[J/(mol/K)]	34.88
15.1℃/mPa·s	0.2112	气体摩尔生成焓（25℃）/(J/mol)	135.1
20.2℃/mPa·s	0.2014	气体摩尔吉布斯生成能（25℃）/(kJ/mol)	124.7
气体（25℃）/Pa·s	25.79×10^{-7}	聚合热/(kJ/mol)	42.7
液体（25℃）/Pa·s	0.173	电导率/(S/cm)	3.3×10^{-6}
生成热/(kJ/mol)		介电常数	
气体	−128.6	0℃	158.1
液体（18℃，100kPa）	−10.1	20℃	114.9
溶解度参数/(J/cm³)⁻⁰·⁵	24.788	热导率（25℃）/[W/(m·K)]	
液体摩尔体积/(cm³/mol)	39.77	气体	0.01187
在水中的溶解度（25℃）	全溶	液体	0.2238

$$HCN + 2H_2O \longrightarrow HCOONH_4(甲酸铵) \longrightarrow NH_3 + HCOOH(甲酸)$$

以乙二胺和甲醛为原料，进行缩合反应生成乙二胺四乙酸（EDTA），之后在酸性条件下氰根水解生成 EDTA。具体的反应方程式如下：

$$H_2NCH_2CH_2NH_2 + HCN + HCHO \longrightarrow (CH_2CN)_2NCH_2CH_2N(CH_2CN)_2 + 4H_2O$$

$$(CH_2CN)_2NCH_2CH_2N(CH_2CN)_2 + 8H_2O + 4HCl \longrightarrow$$
$$(CH_2COOH)_2NCH_2CH_2N(CH_2COOH)_2 + 4NH_4Cl$$

（5）氧化反应

HCN 与氧化剂反应生成无毒产物。燃烧时，生成 CO_2 和 H_2O：

$$4HCN + 5O_2 \longrightarrow 4CO_2 + 2H_2O + 2N_2$$

HCN 与空气在 300～650℃通过银或金催化剂生成 64%氰酸和 26%氰。

（6）与硫反应

供硫药物的硫烷硫原子或硫代硫酸钠（$Na_2S_2O_3$）在硫氰酸生成酶的催化下，与氢根离子结合转变为毒性甚微（只有 CN^- 毒性的 1/200）的硫氰酸盐，从肾排出。

（7）硫氰化反应

在催化剂存在下，HCN 与水合肼、硫黄进行硫氰化反应，在较低温度 5～15℃下进行，制得氨基硫脲，反应总收率在 80%以上。

$$H_2N-NH_2 \cdot H_2O + S + H-C\equiv N \longrightarrow H_2N-\underset{S}{\overset{H}{\overset{|}{C}}}-\overset{H}{\underset{|}{N}}-NH_2$$

（8）加成反应

在催化剂（氯化亚铜和氯化铵）存在下，HCN 与乙炔进行液相或气相反应，制得丙烯腈，产率高达 80%～90%。

$$CH\equiv CH + H-C\equiv N \longrightarrow N\equiv$$

该法的特点是：生产过程简单，但副产物种类较多，不易分离。1960 年以前，该法是全球各国生产丙烯腈的主要方法，现已基本淘汰。

（9）缩合反应

以 HCN、甲醛和乌洛托品为原料，经缩合反应，生成亚氨基二乙腈，再经碱水解、酸化、结晶、分离、干燥，得亚氨基二乙酸（IDA）。

（10）成盐反应

以 HCN、甲醇、无水氯化氢为原料，在溶剂存在下经成盐、醇解、精馏制备原甲酸三甲酯，总收率可达 80%。成盐反应的最佳工艺条件为：投料配比 $n(HCN)：n(CH_3OH)：n(HCl) = 1：1.05：1.15$，反应温度 $-15 \sim 5℃$，反应时间 10h，体系 $w(H_2O) < 0.2\%$，在该工艺下，$HCOCH_3NH \cdot HCl$ 的收率达 87.1%，残留氰根 $c(HCN) < 0.1g/L$；醇解反应的最佳反应温度是 $30 \sim 35℃$，反应时间为 8h。两步合成有效地控制了产品的主要杂质三嗪，产品中 $w(三嗪) < 0.1\%$，$w(原甲酸三甲酯) \geqslant 99.80\%$。

（11）采用 Gattermann 合成，通常在 $AlCl_3$ 或 $ZnCl_2$ 存在下，一定量芳烃组分、酚和酚醚与 HCN + HCl 进行甲酰化反应合成芳醛。

（12）采用 Ritter 反应制备叔烷基胺，如叔丁醇或异丁烯与以乙酸为溶剂的浓 H_2SO_4 和 HCN 进行水解反应，得到 N-叔丁基甲酰胺，其进一步水解得到叔丁胺。

（13）在碱性催化剂存在下，与醛和酮进行加成反应形成无毒的氰醇化合物，故葡萄糖、α-酮戊二酸等有一定的抗毒作用。

（14）与氯或溴在液相中反应，分别生成氯化氰或溴化氰。

（15）在控制条件下气相氯化，生成氰、氯化氰或作为主产品的氰脲酰氯。

（16）其他

① HCN 和异丁醛反应。以 HCN 和异丁醛为原料合成 2-羟基-3-甲基丁腈，2-羟基-3-甲基丁腈和甲醇反应，以硫酸为催化剂，合成 2-羟基-3-甲基丁酸甲酯，合成的 2-羟基-3-甲基丁酸甲酯消去水，酸化得到 3-甲基-2-丁烯酸。

② HCN 和丙烯腈反应。以丙烯腈和 HCN 为原料合成丁二腈，以三乙胺作为催化剂，反应温度 $60 \sim 65℃$，保温 $1 \sim 3h$，保温完毕，用硫酸调节料液 pH 值在 $5 \sim 6$ 之间，吹脱过量的氰化氢，减压蒸馏后得到丁二腈成品。

$$N\!\!=\!\!\diagup + H\!-\!C\!\equiv\!N \longrightarrow N\diagdown\!\!\diagdown\!\!\diagup N$$

③ HCN 和甲基叔丁基醚反应。以甲基叔丁基醚和 HCN 为原料合成叔丁胺，以浓硫酸作催化剂，转化率达 93%以上，产品纯度达 95%～98%。

$$\begin{matrix} H_3C \\ H_3C \end{matrix}\!\!\diagup\!\!\begin{matrix} O \\ CH_3 \end{matrix}\!\!CH_3 + H\!-\!C\!\equiv\!N \longrightarrow \begin{matrix} H_3C \\ H_3C \end{matrix}\!\!\diagup\!\!\begin{matrix} NH_2 \\ CH_3 \end{matrix}$$

④ HCN 和乙醛反应。以乙醛和 HCN 为原料合成乳腈，反应温度为 20℃，乙醛进料速度为 30mL/min。采用 NaOH 为催化剂，n(乙醛)：n(HCN)为 1.0：1.1，以乙醛计，乳腈的收率达到 97%。

$$H_3C\!\!\diagup\!\!O + H\!-\!C\!\equiv\!N \longrightarrow \diagup\!\!\begin{matrix} N \\ OH \end{matrix}$$

⑤ HCN 和丙酮反应。以丙酮和 HCN 为原料合成丙酮氰醇，原料丙酮与 HCN 的摩尔比为 1：1。经有机碱催化剂作用进行氰化反应生成丙酮氰醇。

$$\begin{matrix} H_3C \\ CH_3 \end{matrix}\!\!\diagup\!\!O + H\!-\!C\!\equiv\!N \longrightarrow H_3C\!\!\diagup\!\!\begin{matrix} OH \\ CH_3 \end{matrix}\!\!N$$

10.3 生产方法

过去，HCN 的生产大多用卡斯钠（Castner）法，即以纯碱、木炭、氨等为原料制成氰化钠后，再用硫酸分解而成。这种方法的缺点是耗费原料和电力多，成本也较高。接着出现的新方法有甲酰胺法、甲烷氨氧化法、BMA 法、火焰法等。由于这些方法具有工艺简单、成本低、原料易于解决等优点，近年来大有发展。用新方法生产的 HCN 已占全部产量的 90%以上。此外，尚有不少的新方法在试验和中间生产中获得成就。

10.3.1 甲酰胺法

这种方法是德国发明的。在第二次世界大战期间已进行工业生产。这种方法用 CO 与氨间接合成，中间经过甲酰胺合成阶段，生产过程分三步进行：

$$CO + CH_3OH \xrightarrow[100℃，100大气压]{CH_3ONa} HCOOCH_3$$

$$HCOOCH_3 + NH_3 \xrightarrow[40℃，14大气压]{} HCONH_2 + CH_3OH$$

$$HCONH_2 \xrightarrow{500℃} HCN + H_2O$$

反应时间 1h。原料纯度要求较高：甲醇的含水量不能超过 0.01%；CO 的纯度须达 97%～98%，含 CO_2 的量应在 0.005%以下。

甲酰胺的合成是定量反应。粗制品约含甲酰胺 47%、甲醇 50%、氨 3%和极微量的甲酸甲酯。粗甲酰胺的分离采用二段蒸馏法：第一塔用常压分离氨和甲醇；第二塔在 60～100mm 水柱（1mm 水柱=9.80665Pa）的真空下，将第一塔底取出的甲酰胺分离；第三塔则进一步将第二塔底的流出物，即 99.7%的甲酰胺加以精分。

甲酰胺的脱水可以用铜、不锈钢屑或钢作催化剂，在(500±10)℃和 100mm 水柱下进行，收率约为 93%～95%。用硅铁合金的碎片作催化剂，在 500℃和 100mm 水柱的真空下也能反应，转化率为 90%。如将未反应的甲酰胺循环使用，收率可达到 93%～95%。如在不渗透石墨管内以多孔质石墨（2～4mm 碎片）作催化剂，在 500℃和 50mm 水柱的真空下进行脱水，转化率可达到 96%。

10.3.2　安氏法（Andrussow process）

这是德国 I. G.公司（现在的 BASF 公司）的安特鲁索夫（Andrussow）于 1930 年发明的方法。美国 Rohm & Hass 公司于 1948 年投入工业生产后才迅速发展。这种方法是由甲烷、氨、氧气（实际用空气）用接近化学反应量（1∶1∶1.5）的配比，通过含有 10%的铂钢催化剂，引起燃烧反应，温度保持在 1000～1100℃，接触时间是 $1.22×10^{-3}$ s，流速为 0.6～1.0m/s。反应式如下：

$$CH_4 + NH_3 + 1.5O_2 \longrightarrow HCN + 3H_2O$$

10.3.3　BMA 法（德国 Degussa 公司法）

同样用铂催化，甲烷和氢在 1000～1300℃下反应，是不用空气的吸热反应法。

$$CH_4 + NH_3 \longrightarrow HCN + 3H_2$$

这种方法与安氏法的不同点是在反应时所需要的热量，不像安氏法那样用氧气的燃烧来补给，而是采取外部加热的办法。这种方法的优点是收率好，反应生成物含 HCN 的浓度高（能达到 15%～24%），同时气体的成分简单，易于精制（废气中含有 70%以上的氢气，可以用作其他合成气）。该方法的缺点是热量补给问题和耐高温材料选择问题。这种方法今后有很大的发展前途。几年来对于这种方法的研究，各国都有不少新的成就。如：

（1）意大利 Montecaltini 公司法

反应器的内套材料用石墨制成，管内用电热丝加热，同时外套用耐火材料管装置，从外部加热，使内外加热达到所需要的热量。

（2）恩特尔新型反应炉

不久前，德国的 F·思特尔试制成一座用 BMA 法合成 HCN 的新型反应炉。这种新型反应炉可使反应在 1000～1500℃之间进行，并能立即使反应气体冷却。仅有极微量气体带走热量，炉中的气体立即远离反应区，并冷却至 300℃。在这种情况下，可避免可逆反应的产生，收率为 80%～90%。

它的生成过程如下：原料甲烷（93.0%）由 Linde 分离装置的甲烷馏分取得（减压到 1200～1400mm 水柱），经过轮换操作的活性炭吸附塔，再在热交换器中与烟道气换热，被预热到 300～400℃，送入带有烟道气加热夹套的烧碱塔，由此进入混合器。液氨在蒸发器内用水加热蒸发后，经 1h 的补助蒸发器及用蒸汽夹套加热的管道过热，随后减压到 1200～1400mm 水柱进入混合器。

二者的此例由调节器控制。正常操作时 NH_3：CH_4＝105：100。气体混合物由铝管引到合成炉的分配器中，由此进入反应管，反应温度为 1200～1400℃。合成炉出口气体在冷却器内，进入两个串联的硫酸洗涤塔洗去未反应的氨（约为原料氨的 10%）。硫铵液在脱氰塔内吹去氰化氢后流入槽中，含氰化氢的气体视不同用途做进一步处理。中间试验结果表明用乙醛、丙酮处理以制取相应的氰醇，产率良好。

10.3.4　火焰法（日本东压法）

火焰法与安氏法一样是放热反应。但是不用催化剂，原料气成分与安氏法比较如下 (烷的用量较多)：

火焰法：甲烷：氨：氧气＝2：1：0.75。
安氏法：甲烷：氨：氧气＝1.1：1：1.35。

这种方法的初期研究是在补助火焰的圆环内通原料气，在高温（1000～1200℃）燃烧中进行反应。这种方法用空气使预热温度达到 500℃ 以上；用氧气时，温度为 150℃ 即可。

东压法是在前述德国研究的基础上加以改进的。进气口分两处，通过一个特种喷嘴喷入特种反应炉内而引起燃烧反应。这种方法的优点是不用催化剂，不需要高纯度的原料气，且不限于甲烷，一般烷烃都可以使用，废气中有大量的 CO 和 H_2 可用作合成气。它和 BMA 法同样有发展前途。

10.3.5　技术进展

甲醇氨氧化法合成 HCN 技术最早由日本旭化成公司开发，反应式如下：

$$CH_3OH + NH_3 + O_2 \xrightarrow{\text{催化剂}} HCN + 3H_2O$$

该法主要采用甲醇、氨和空气为原料，在 W-Mo 催化剂的作用下反应生成 HCN，反应温度为 350～500℃。与安氏法相比，反应温度大幅度降低；催化剂不含贵金属，同时反应副产物较少，只有 CO 和 CO_2，简化了后续分离、除杂工艺，降低了经济成本；甲醇来源广泛，方便运输，不受原料产地的限制。因此，有望成为工业化生产 HCN 的重要路线。

（1）催化剂

现有研究虽然已在提高催化剂的活性、稳定性、耐磨性以及降低氨氧对甲醇比等方面取得了一定进展，但催化剂大多结构复杂，除了氧元素外，大多还包含了 3 种以上活性组分，通过添加多组分来获得多种功能的同时也存在一些问题，各元素在催化剂中的影响作用和权重大小未知，组分比例较难掌握，稍有偏差都会导致催化剂的活性和稳定性受到影响。因此，需要致力于开发结构简单、强度好且性能稳定的催化剂。如对 Fe、

Mo 氧化物和 Mn、P 氧化物等进一步改进，以适应工业化生产的需要。

（2）反应装置

甲醇氨氧化制备 HCN 为气相催化反应，由于该过程伴有完全燃烧反应，放热剧烈，温度升高达 1000℃以上，因此，需要采用合理的反应加热和移热装置来有效控制反应温度，延长催化剂使用寿命。

杜邦公司发明了一种在升温下连续进行催化化学反应的改进型气相反应器，其特点是：反应器内部设有一种由螺旋金属管组成的扁平型感应圈，可以对催化剂感应加热，从而控制温度，使催化剂加热更均匀。BASF 公司研究了管间距和外管直径对多管式反应器温度的影响，并给出了建议值：管间距与外管直径的比值至少为 1.3 时，径向反应截面将具有更均匀的温度分布，能够大大减少高传热介质的热点。中国天辰公司等通过在反应列管外和壳程间设置环状导流装置和中空导流筒，同时在反应管外加装温度监测装置对温度进行准确测量，可以有效检测并稳定移走反应产生的热量；通过合理设置中空导流筒的数量和间距，可将反应器内径向温差控制在 1.5℃以内。对于移出的反应热量，可以在反应器内设置由多个直管和多个弯管组成的蛇形管状换热器，在反应器外设置与换热器出入口相连的汽包，利用反应放出的热量对换热器内的液态水进行热交换，得到的水蒸气可以进行再利用。

针对原料气体的分布和混合问题，研究人员提出了各种结构的分布构件。如将阻火器和支撑催化剂的金属网格栅等用于气体分布、在反应器内添加气体可渗透的多层挡板、在管道表面固定带多个突片嵌件的非连续槽的静态混合器等，均能够提高反应效率，有效防止 HCN 产率下降；在反应器内设置带有环形支架的催化剂支撑组件，其通过区面积可达反应器横截面积的 90%以上，能够基本避免催化剂床层的旁流。

（3）精制工艺

采用甲醇氨氧化反应得到含 HCN、NH_3、N_2、O_2、CO、CO_2 的气体混合物，后续产品对原料纯度要求不高时可以直接使用；但对于合成某些化学品，如将 HCN 用作原料与丁二烯反应制取己二腈时，对 HCN 的纯度要求非常高，尤其是对 HCN 中水的要求非常严格，因此还需要经过冷却脱氨、水吸收、精馏等分离提纯步骤，才能得到较高纯度、易于储存的液体 HCN。精制过程如下：首先，用浓硫酸或磷酸等在低温下吸收，除去混合气中过量的氨气；然后，用低温工艺水来吸收除氨之后混合气中的氰化氢气体，获得富含 HCN 的吸收液；最后，将得到的 HCN 溶液进行精馏，在塔顶冷凝后得到液体 HCN。

精馏工艺中，塔内 HCN 经常会发生聚合，导致堵塞，影响正常生产操作的稳定性和连续性。为此，方善伦等提出，在微负压（20～95kPa）下对 HCN 溶液进行精馏，降低操作温度，减轻设备腐蚀，且在操作中添加阻聚剂，能大大减轻或消除 HCN 聚合。王志轩等提出了一种双塔串联精馏工艺，可以将 HCN 易聚合浓度区屏蔽在精馏塔之外，精馏塔内的填料不易结块堵塞；同时，对物料 HCN 溶液浓度的要求不高，质量分数为 1%～50%的 HCN 溶液都可通过该工艺获得高品质的 HCN。

韦异勇等提出了一种在分离提纯 HCN 过程中不采用传统的吸收和精馏步骤，而是通过 HCN 气体在脱氨处理过程中逐级降温的方式，只需一次冷凝即可实现混合气中 HCN 的分离和纯化，降低了能耗。据称，其分离得到的 HCN 的质量分数可达到 95% 以上。

HCN 提纯、液化过程中吸收、精馏等步骤产生的尾气会夹带少量氰化氢气体，一般通过焚烧等方法处理掉；或者送入尾气锅炉中燃烧，用于生产水蒸气。为了提高尾气中 HCN 的利用率，可增加后续反应装置联产其他有用的化学品。如用氢氧化钠溶液吸收装置联产氰化钠、丙酮联氰水溶液吸收制备二异丁腈、通过降膜吸收器和尾气吸收器多级循环吸收生产羟基乙腈等。

10.3.6　生产工艺评述

HCN 制备工艺分为直接法和副产法，国外以直接法制备工艺为主，包括：甲烷、氨气为原料的 Andrussow 传统工艺法，德固赛 BMA 工艺，甲醇（醛）氨氧化法工艺，甲酰胺脱水工艺，轻油裂解工艺；国内以丙烯腈副产 HCN 的副产法工艺，生产企业主要为大型石化企业，如上海石化股份有限公司、大庆石化总厂、抚顺石化公司、河北诚信公司、安徽曙光公司等。从国内外拥有的专利技术上判断，国外对 HCN 技术研究水平领先于我国。

（1）工艺对比

表 10.3 是各种 HCN 工艺对比。

表 10.3　各种 HCN 工艺对比

项目	安氏法	BMA 法	甲酰胺脱水法	甲醇氨氧化法
原料	CH_4，NH_3，O_2	CH_4，NH_3	NH_3，甲醇	甲醇，NH_3，O_2
催化剂	Pt，Rh/Ir	Pt，Ag，W	FeO，Al_2O_3，SiO_2	$Fe_aMo_bBi_cO$
反应温度	1000℃以上	1000～1350℃	500～550℃	350～500℃
副反应	NH_3 分解	硫胺	少量 NH_3，CO，H_2	
收率	60%～70%	80%～85%	85%～95%	80%～90%
技术不足	温度高，收率低，有氧，积炭，设备要求高	温度高，副产硫胺多，积炭，设备要求高	流程长，聚合物易堵塞	有氧，收率稍低
技术优点	流程简单，反应时间短	副产氢气，无氧安全	催化剂廉价，无氧安全	催化剂廉价，流程短

（2）工艺路线优缺点的比较

表 10.4 是 HCN 工艺路线优缺点比较。

（3）主要技术难点

① 采用安氏法生产 HCN 要注意下列问题：

a. 原料气的纯净问题。使用的天然气不能含有机硫和无机硫、CO_2、丙烷以及高级石蜡。乙烷含量不高于 7%；空气中的 CO_2、灰尘，氨中的油分等都会影响催化剂的活性、积炭等问题。所以必须清洗后经过干燥、过滤等步骤才能使用。

表 10.4　HCN 工艺路线优缺点比较

工艺路线	优点	缺点
甲酰胺法	① 氨消耗量低； ② 各过程转化率高； ③ 催化剂的要求较低等	① 成本较高； ② 投资大； ③ 过程复杂； ④ 操作条件不便等
安氏法	成本比甲酰胺法低 20%	① 氨的消耗高； ② 转化率低； ③ 用铂铑作催化剂影响成本
火焰法	① 原料气不需纯净； ② 投资不大； ③ 不需要催化剂	技术不够成熟
BMA 法	① 原料消耗量少； ② 成本低	不能解决反应炉的构造问题
甲醇氨氧化法	① 原料广泛、易得； ② 催化剂及操作成本低； ③ 副产物较少； ④ 反应及精制工艺较为成熟； ⑤ 催化剂的活性和选择性等的研究也取得了满意的成果	应用到工业化生产上还需要在以下方面继续完善和改进： ① 优选结构简单、性能稳定的催化剂进行改进和放大试验，以适应工业化生产的需要； ② 生产工艺方面，要在加强反应温升控制的同时，简化分离提纯工艺，降低过程中 HCN 的聚合风险，同时结合 DCS 等工业自动化控制技术的应用，做好尾气的回收利用，实现 HCN 的清洁安全和高效生产

b. 原料气的混合和混合比问题。原料气混合得不完全和混合比不适当（最适当配比是 $CH_4 : NH_3 : O_2 = 1.1 : 1 : 1.35$），对反应温度和转化率均有影响。

c. 流速问题。在接近催化剂的表面时，流速一定要均匀。流速控制不好，就会造成严重积炭。所以工业生产上常用间隔 3～5mm 的套管，从隔套吹入空气或氨，使四周温度与中心温度保持均匀。

d. 反应器的构造和铂钢的支托问题。反应器的构造和铂钢的支托对流速都有影响。反应器材料的机械强度也很重要，并须避免与铂钢黏结。一般采用钝氧化铝的制品。

e. 废热炉和降温问题。废热炉一般采用列管式冷却器，为防止在高温下接触时间过长而引起分解，都放在反应器的下部（因 HCN 必须在 3s 以内冷却到 300℃以下）。列管的材料多采用特种不锈钢管，可是它的分解率仍然不小。最近有人采用石英管或硬质玻璃管，可以使分解率减低。

f. 未反应氨的回收问题。一般采用 30%～40%硫酸洗涤未反应的氨，回收硫酸铵。

② 甲醇氨氧化法进行工业化生产还需要在以下方面继续完善和改进：

a. 优选结构简单、性能稳定的催化剂进行改进和放大试验，以适应工业化生产的需要；

b．生产工艺方面，要在加强反应温升控制的同时简化分离提纯工艺，降低过程中 HCN 的聚合风险，同时结合 DCS 等工业自动化控制技术的应用，做好尾气的回收利用，实现 HCN 的清洁安全和高效生产。

10.3.7 专利

（1）HCN 的清洁生产工艺

本发明涉及一种 HCN 的清洁生产工艺，属于化工原料制备技术领域。所述的生产工艺是以甲醇、液氨、空气为原料，在催化剂作用下于固定床反应器中进行甲醇氨氧化反应，得到合成气 A，然后将合成气送入氨中和冷却塔内进行中和、降温，得到合成气 C，合成气 C 经吸收、精馏后，得到 HCN。本发明解决了现有工艺中存在的产品收率低、生产成本高、污染环境的问题。本发明工艺合理，原料易得，产品收率高，催化剂的使用寿命长，工艺操作安全稳定，无污水产生，生产成本低，且本发明中的反应为放热反应，其释放的热能能够作为精馏分离的热源，同时也能够进行高低温物流的充分换热，使得整个工艺过程中的能量消耗大大降低，对外界能量的依赖性小。

专利类型：发明专利

申请（专利）号：CN201610035028.8

申请日期：2016 年 1 月 19 日

公开（公告）日：2016 年 4 月 20 日

公开（公告）号：CN105502436A

申请（专利权）人：浦为民

主权项：一种 HCN 的清洁生产工艺，其工艺步骤：①反应。先将甲醇和液氨分别汽化后进行混合，再将其与经压缩、加热后的空气进行混合，然后在铁钼或锑铁催化剂存在条件下于固定床反应器中进行氨氧化反应，得到合成气 A。②中和。将合成气 A 经换热器降温后送入氨中和冷却塔的下部用硫酸进行中和，得到合成气 B，合成气 B 经氨中和冷却塔的上部进行冷却后，得到合成气 C；其中，合成气 A 中的氨气经硫酸中和后，在氨中和冷却塔的塔釜得到硫酸铵溶液，硫酸铵溶液进入脱氰塔以脱除其中的 HCN，然后将脱除的 HCN 返回氨中和冷却塔。③吸收。将合成气 C 送入吸收塔内用水进行吸收，得到 HCN 水溶液。④精馏。将 HCN 水溶液加入到精馏塔中进行常压蒸馏，于精馏塔的塔顶得到 HCN，塔底液相经换热冷却后返回吸收塔，作为吸收水循环利用。

法律状态：实质审查的生效

（2）制备 HCN 的装置

本发明公开了制备 HCN 的装置。该装置包括：壳体，第一气固分布板，第一气固分布板具有通孔，第一气固分布板设置在所述反应空间内，将所述反应空间分隔为下部氧化段和上部氨氧化段；气固分离组件，所述气固分离组件包括气固分离件和固体输送管道。该装置通过第一气固分布板将反应空间分隔为下部氧化段和上部氨氧化段，可以使甲醇与氧先在下部氧化段进行氧化反应，然后再在上部氨氧化段与氨进行氨氧化，使氧化和氨氧化两个反应独立进行，以便分别控制两个反应的反应条件，甲醇的转化率和 HCN 的得率更高，催化剂的寿命更长。

专利类型：发明专利

申请（专利）号：CN201610316420.X

申请日期：2016 年 5 月 12 日

公开（公告）日：2016 年 10 月 12 日

公开（公告）号：CN106006673A

申请（专利权）人：安徽省安庆市曙光化工股份有限公司　清华大学

主权项：一种制备 HCN 的装置，其特征在于，该装置的壳体内限定出反应空间，所述壳体具有下部气体入口和上部 HCN 混合物出口；第一气固分布板，所述第一气固分布板具有通孔，所述第一气固分布板设置在所述反应空间内，将所述反应空间分隔为下部氧化段和上部氨氧化段，其中，所述下部氧化段包括下部甲醇入口，第一换热器和第一气体分布器，所述第一气体分布器设置在所述第一换热器的下方，所述上部氨氧化段包括下部氨入口，第二换热器，第二气体分布器，所述第二气体分布器设置在所述第二换热器的下方和上部催化剂入口，气固分离组件，所述气固分离组件包括气固分离件，所述气固分离件具有气体出口和固体出口，所述气体出口与所述上部 HCN 混合物出口相连；固体输送管道具有管道入口和管道出口，所述管道入口与所述固体出口相连。

法律状态：公开，实质审查的生效

（3）制备 HCN 的方法

本发明公开了制备 HCN 的方法。该方法包括：在催化剂的作用下，使甲醇、氨和氧气发生催化氧化反应，以便获得 HCN，其中，所述催化剂为 $Mo_aNi_bFe_cBi_dPr_eCo_fCe_gV_hCr_iA_jO_k$，A 为锂、钠、钾和铷中的至少一种。该方法在上述催化剂的作用下，反应温度较低，催化剂中钼元素的流失少，CO_2 等过度氧化的副产物少，目标产物 HCN 的收率高，催化剂的耐磨性和稳定性好。

专利类型：发明专利

申请（专利）号：CN201610316720.8

申请日期：2016 年 5 月 12 日

公开（公告）日：2016 年 8 月 31 日

公开（公告）号：CN105905924A

申请（专利权）人：安徽省安庆市曙光化工股份有限公司　清华大学

主权项：一种制备 HCN 的方法，其特征在于，在催化剂的作用下，甲醇、氨和氧气发生催化氧化反应，以便获得 HCN，其中，所述催化剂为 $Mo_aNi_bFe_cBi_dPr_eCo_fCe_gV_hCr_iA_jO_k$，A 为锂、钠、钾和铷中的至少一种。

法律状态：公开

10.4 分类标准

10.4.1 中国有关分类标准摘录

见《危险货物品名表》（GB 12268—2012）和《危险货物分类和品名编号》（GB 6944—2012）两项国家标准。

表 10.5 可以看出中国危险货物品名表。

表 10.5 中国危险货物品名表（GB 12268—2012）

编号	名称和说明	英文名称	类别和相别	次要危险性	包装类别	是否剧毒
1051	氰化氢，稳定的，含水量低于3%	hydrogen cyanide	6.1	3	I	剧毒

注：1. 编号1051，采用联合国编号。

2. 类别和项别：第6类，有毒品；第6.1项，毒性物质。

3. 次要危险性：第3类，易燃液体。

4. 包装类别：I类包装，具有大的危险性，包装强度要求高。

5. 备注（CN号）：系原 GB 12268—2012 的编号。

10.4.2 中国常用危险化学品的分类及标志

可参见《危险化学品目录版》（2015），由原国家安全监管总局等于 2015 年 2 月 27 日发布。

10.4.3 国外/国际相关标准

① ICSC 编号：0492 氰化氢（液态），hydrogen cyanide（liquefied）。

② 联合国危险货物运输专家委员会对危险货物制定的编号，联合国《关于危险货物运输的建议书　规章范本》UN 编号：1051。

10.5 安全与防护

由于 HCN 既有剧毒性，又有火灾爆炸的危险性，对以 HCN 为生产物料的化工生产企业来说，为防止 HCN 急性中毒事故和火灾爆炸的发生，制定其相应的安全对策是非常重要的。

10.5.1 预防事故

10.5.1.1 防毒安全卫生对策

① 要有定期对生产车间空气进行监测的技术手段。

② 应强化对含有 HCN 生产设备（或设施）密闭性的监察、检测。维修工人进行检修时，必须穿戴好防护用品，应设现场人身冲洗设施和洗眼器。

③ 在生产过程中，一旦发生作业人员 HCN 等急性中毒，应及时采取有效的救护和

治疗措施。

④ 可能存在 HCN 液体泄漏的场所，应采用不易渗透的建筑材料铺砌地面，并设围堰。

⑤ 应采用耐高温、耐腐蚀、耐磨的新型填料和垫片，提高反应设备、阀门及管道法兰连接、气流密封处的严密性，防止有害物质的扩散和泄漏。

⑥ 若不慎将 HCN 溶液溅到衣服、皮肤上，要立即脱去污染衣服，用大量清水冲洗（但废水要集中处理，达到国家环保要求后排放），严重的要用 0.5%硫代硫酸钠溶液清洗或浸泡在硫代硫酸钠溶液中解毒。

⑦ 工艺装置中物料的取样，宜采用密闭循环系统。物料的液面指示，不得采用玻璃管液面计，HCN 取样点应设在易于取样和能迅速撤离的场所。取样阀应采用铁箱加双锁保管，两人同时开锁取样，取样人员需带压缩空气呼吸器，穿不透气的防护服。

⑧ 含 HCN 的废气可通过火炬焚烧。由于废气中含 HCN 且有自聚性，所以，不得排入厂区内公用的火炬管网，可设专用的火炬。火炬应设长明灯，并设电视监视系统。

⑨ 含 HCN 的废水、废物需要通过焚烧炉焚烧，焚烧炉应采用常燃烧嘴并设电视监视系统。

⑩ 火炬区或焚烧炉区内，不得布置 HCN 蒸发器。

⑪ 如果 HCN 溶液溅到口、唇，应立即用硫代硫酸钠溶液清洗、漱口解毒。严禁操作人员在工作场地饮食。

⑫ 以 HCN 为物料的工艺装置应设置生产卫生用室（盥洗室、洗衣室）和生活用室（休息室、厕所），还应设置更衣室。便服、工作服应分室存放，更衣室应有良好的通风，其建筑面积宜按每名职工 $1.5m^2$ 设计。

⑬ 因 HCN 泄漏事故还可能发生化学性灼伤及经皮肤吸收引起的急性中毒，车间应设有事故淋浴间、洗眼器和更衣室，并设置 24h 供水设备，以满足生产运行的需要。

10.5.1.2 防火防爆安全对策

① 为了防止 HCN 自聚，输入装置的液态 HCN 管道应有冷冻盐水伴管，保持低温输送。

② 控制好 HCN 的加入量，应有保证 HCN 不超量的措施。

③ 输送 HCN 的泵房与其他泵房应分隔设置；输送 HCN 的泵要采用屏蔽泵或磁力泵，防止 HCN 从泵的密封处泄漏。

④ 装置区内不应设 HCN 的储罐。

⑤ 为了防止 HCN 聚合物粘堵管道、阀座，安全阀的入口应连接吹氮。

⑥ 在反应釜结构设计、密封形式及设备安装过程中，要保证反应系统的气密性，严防发生泄漏。

⑦ 金属管道除需要采用法兰连接外，均应采用焊接。

⑧ 在装置的边界处应设隔断阀和"8"字盲板，在隔断阀处应设平台，长度等于或大于 8m，应在两个方向设置阶梯。

⑨ 为了防止 HCN 管线渗漏、泄漏，应定期对管壁厚度进行测试，采用无损探伤仪对焊缝进行探伤检查。

⑩ HCN 管道应有坡度，不得出现袋状，应少用阀门，避免死角，以避免停车检修时的中毒事故发生。

⑪ 装置区内配电柜的地下电缆沟，应设有防止可燃气体积聚或含有可燃液体的污水进入的措施，采用电缆敷设时沟内应充砂，并设置排水设施。电缆沟通入配电室、操作室之处，应用阻燃材料填实、密封。

⑫ 电缆应采用阻燃型，引至电气设备的接线盒(口)处的电缆应穿防爆挠性连接管，在框架上敷设的线路应采用穿镀锌钢管。

⑬ 装置区内的电气线路应按照钢管配线技术要求进行敷设，且必须做好隔离密封。

⑭ 除照明灯具以外的其他电气设备，应采用专门的接地线，照明灯具可利用有可靠电气连接的金属管线系统作为接地线，但不得利用输送易燃物质的管道。

⑮ 应按要求绘制装置区爆炸危险区域划分图；爆炸危险区域内的所有电气设备和照明灯具均应选用适合的防爆型式，选用的防爆电气设备的级别、组别不得低于 II BTI。

10.5.2 毒性与职业危害

10.5.2.1 氰化物的毒性与职业危害

氰化物主要有氰化氢（HCN）、氰化钠（NaCN）和氰化钾（KCN）三种。其他氰化物的毒性主要决定于所含氰基（—CN）解离出氰基离子（CN^-）的难易程度等。由于在生产过程中氰化物主要经呼吸道进入人体，因此氰化氢（HCN）导致职业中毒的风险最大。HCN 有轻微的苦杏仁气味，熔点-13.4℃，沸点 25.7℃，闪点-17.8℃，蒸气密度 0.94g/cm^3，蒸气与空气混合物爆炸极限 6%～41%，易溶于水、乙醇，微溶于乙醚，水溶液呈弱酸性。

氰化物进入人体后，解离出氰基离子（CN^-）。这种离子能与人体中细胞色素酶内的三价铁离子（Fe^{3+}）牢牢结合，使得三价铁离子不再能变为二价铁离子（Fe^{2+}），从而使人体细胞不能再利用血液中的氧气，而迅速出现细胞内窒息，最终导致中枢神经系统迅速丧失功能，使人体出现呼吸肌麻痹、心跳停止、多脏器衰竭等病理变化而迅速死亡。

氰化氢的职业危害决定于工作场所空气中的浓度和接触时间。在空气中氰化氢浓度达到 20～30mg/m^3 时，人在几个小时后可出现轻度头痛、头晕，更长时间可危及生命；在浓度达到 150mg/m^3 时，一般人 0.5h 后死亡；在浓度达到 200mg/m^3 时，一般人 10min 后死亡；在浓度超过 200mg/m^3 时，可导致人立即（触电样）死亡。

我国现行的《工作场所有害因素职业接触限值 第 1 部分：化学有害因素》（GBZ 2.1—2007）国家标准规定：工作场所氰化氢和氰化物（按 CN 计）最高允许浓度为 1mg/m^3。

10.5.2.2 氰化物中毒临床表现与急救

高浓度、大剂量氰化物进入人体，发病十分迅速，甚至可在数分钟内引起死亡；较低浓度、较小剂量氰化物进入人体，则病程进展较为缓慢，可大致分为四个阶段。

① 前驱期。接触低浓度氰化氢时，先出现眼及上呼吸道刺激症状，如流泪、流涕、喉头瘙痒，口中有苦杏仁味或者金属味，口唇麻木；继而出现恶心、呕吐，并伴有逐渐加重的全身症状，如耳鸣、眩晕、乏力。此时如立即停止接触或采取治疗措施，症状可很快消失。

② 呼吸困难期。若前驱期病人未及时脱离接触或采取治疗措施进入此期，则会呼吸困难，由于前述症状不断加剧，且伴随视力及听力下降，患者常有恐惧感。如能在此期脱离接触，迅速治疗，多能痊愈。

③ 痉挛期。患者出现意识丧失乏力、胸闷、呼吸困难、心悸、恶心、呕吐等症状；在浓度达到 $50\sim60mg/m^3$ 时，一般人可耐受 $0.5\sim1h$；在浓度为 $120\sim150mg/m^3$ 时，$0.5\sim1h$ 内，牙关紧闭，并不断出现全身阵发性强直性痉挛；呼吸浅而不规则，心跳慢而弱且伴有心律失常；血压逐渐下降，体温逐渐降低；各种反射均消失，并能引出病理反射，但皮肤黏膜色泽常保持鲜红，为重要的临床特点。此期已有重要器官功能受累，在进行解毒治疗的同时，应注意保护各重要器官功能，减少后遗症的发生。

④ 麻痹期。患者陷入深度昏迷，全身痉挛停止，各种反射消失，脉搏甚弱且不规则，血压明显下降，呼吸浅慢、不规则，心律失常，呼吸有随时停止的可能。此期中毒最为严重，各种器官均明显受损，后遗症较多。

此外，皮肤或眼接触 HCN 可引起皮肤灼伤。长期在超过国家职业接触限值标准浓度环境中工作，或者经常反复地急性吸入较大量氰化氢，均可对健康产生一定影响，可表现为慢性刺激症状，如慢性结膜炎、慢性咽炎、神经衰弱综合征、运动功能障碍、甲状腺肿大等。

由于氰化氢的毒性强烈、迅速，无延迟作用，故出现症状者应尽快积极处理，不应有任何延误。其应急抢救要点如下：

① 立即脱离现场到空气新鲜处或给予吸氧，同时注意抢救人员的自身防护。

② 呼吸、心跳骤停者，应立即进行心肺脑复苏术，复苏后给予氧气吸入。

③ 急性中毒病情进展迅速，应立即就地应用解毒剂。如立即吸入亚硝酸异戊酯(1～2 支压碎于纱布中)，随后用 3%亚硝酸钠 10mL 静注，再以同一针头注入 25%～50%硫代硫酸钠 25～50mL；必要时 1h 后重复注射半量或全量。

④ 皮肤接触 HCN 液体者立即脱去污染的衣着，用流动清水或 5%硫代硫酸钠冲洗皮肤至少 20min。眼接触者用生理盐水、冷开水或清水冲洗 5～10min。经口服者（经消化道污染摄入）用 0.2%高锰酸钾或 5%硫代硫酸钠洗胃。

⑤ 静脉输入高渗葡萄糖和维生素 C、应用糖皮质激素和对症治疗处理等。

10.5.2.3 氰化物中毒工程防护与管理

由于氰化物多属剧毒物质，氰化物急性职业中毒后起病急骤，严重者可在数分钟内致人死亡，故在实施工程防护与职业卫生管理等方面尤其重要。

首先，在工业企业建设项目施工阶段，应严格实施职业病防护设施"三同时"。在生产工艺选择方面，应避免使用氰化物作为原辅材料，如镀铜、镀镍工艺中尽量采用无氰电镀等。在生产设备选择方面，应尽量做到密闭化、机械化、自动化，严防"跑、冒、滴、漏"和避免手工直接操作等；在生产设备布局方面，可将生产设备与操作室隔离，注意维持设备间微负压状态，以避免生产设备产生的有毒气体无组织扩散。

其次，应制订氰化物中毒应急预案，加强安全生产和物料管理。在氰化物作业生产岗位应设置职业病危害警示标识，配备防毒面具和氰化物中毒现场急救药品箱等；明确就近的氰化物临床急救医疗机构，并经常联合组织应急演练。应严格执行安全生产操作规程，避免误操作导致工作场所氰化氢蒸气产生或泄漏。含氰废物应回收处理，严禁向周围环境直接排放。检修含氰设备或处理事故时应佩戴供气(氧)式或过滤式防毒面具，并有专人在旁监护。进入可能含氰化氢气体的密闭容器操作时，须严格遵守操作规程，应在充分用新鲜空气置换后才可进入。

最后，应加强职业健康监护和职业卫生宣传教育。通过上岗前和定期职业卫生防毒知识培训，使劳动者学会氰化物中毒自救、互救方法。通过上岗前和定期职业性体检，及早发现职业禁忌证，并应及时调离氰化物作业岗位。

10.5.3 急性 HCN 中毒抢救方案的比较

HCN 中毒后症状十分迅猛，抽搐、缺氧是其特征。要求所用抗毒剂必须作用迅速、有救和方便。为了得到更好的抗毒方案，重庆市永川化工研究所在 36 例病人中进行了比较性研究。

方案 1：4-DMAP-硫代硫酸钠-葡萄糖联合治疗；方案 2：亚硝酸钠-硫代硫酸钠-葡萄糖联合治疗；方案 3：美兰-硫代硫酸钠-葡萄糖联合治疗。结果：36 例病人全部治愈，但是方案 1 比其他两种方案有如下优点：①作用快；②可肌注，使用方便；③效价高；④副作用小。

结论：从以上分析可以看出，新型的高铁血红蛋白形成剂 4-DMAP 明显优于亚硝酸钠和美兰。临床上，重庆市永川化工研究所对急性 HCN 中毒的病人，均采用了方案 1。近 5 年来，重庆市永川化工研究所对 5 例急性 HCN 中毒的处于麻痹期的病人，首先肌肉注射 4-DMAP，然后静脉注射硫代硫酸钠和葡萄糖，均抢救成功。此方案无明显毒副作用，效果较好，值得推广。

10.6 包装与储运

（1）包装

HCN 被美国运输部归类为 A 级易燃有毒品，并规定为坚固包装，贴标签，按条例运输。以钢制气瓶供销。

（2）储运

① HCN 应该储存在阴冷、干燥、通风良好的地方，容器要存放在易燃液体专用库内，最好户外存放，要远离易起火地点。

② HCN 容器应该保护好，免受机械损伤，定点牢固存放。

③ 在库内存放期一般不得超过 90 天。

④ 要与其他仓库相隔离。

10.7 经济概况

氰化物行业作为无机盐工业的一个重要分支，对中国经济的发展有着非常重要的作用。

2012 年，全球 HCN 的产能达 99.0 万吨（不包括丙烯氨氧化法生产丙烯腈的副产品）。其中，我国生产的 HCN 占 68.18%。图 10.1 表示 2012 年全球 HCN（不包括丙烯氨氧化法生产丙烯腈的副产品）产能的分布。

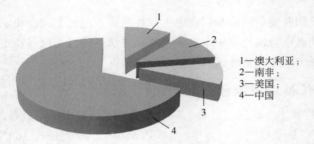

1—澳大利亚；
2—南非；
3—美国；
4—中国

图 10.1　2012 年全球 HCN 产能的分布

我国氰化钠的生产始于 20 世纪 60 年代，由吉化公司开始生产，直到 20 世纪 80 年代随着中国石化行业的发展，氰化物行业才得以蓬勃发展。目前，我国氰化钠的生产在国际市场上占据一定位置。

国家应积极鼓励氰化物行业进行产品研发，就地消化氰化物，减少因运输风险而带来的环境风险。延长产业链，发展下游高附加值产品，拓宽有机氰化物产品开发及在石油化工、医药、农药、饲料添加剂等行业的推广应用，满足日益增长的市场需要。

10.8 用途

HCN 是一种化学性质非常活泼的物质，可与烯烃、炔烃、芳烃、铵盐、有机醇酸、卤族化合物等发生氢氰化、加成、亲电取代、氢化和卤化等反应，制备得到精细化工产品，广泛用于农药、医药、染料、添加剂、日化、冶金、化工新材料和农业高效复合肥等领域。

HCN 下游主要产品可归纳为五大产业链：羟基乙腈产业链、氰化钠产业链、丙酮氰醇产业链、氯化氰产业链和精制 HCN 产业链。

10.8.1 羟基乙腈产业链

羟基乙腈由 HCN 与甲醛反应得到，是 HCN 下游产品甘氨酸、亚氨基二乙腈、羟基乙酸、苯胺基乙腈、海因和 EDTA 等的重要中间体。羟基乙腈产业链见图 10.2。

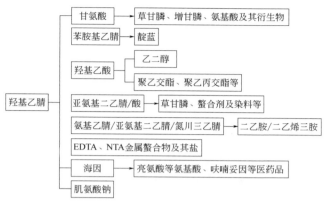

图 10.2   羟基乙腈产业链

（1）甘氨酸

甘氨酸又称氨基乙酸，是氨基酸系列中结构最为简单的一种。根据产品质量指标，甘氨酸可分为工业级、饲料级、食品级和医药级 4 种。工业级甘氨酸主要用于生产全球需求量最大的低毒、高效农药产品草甘膦。

甘氨酸的工业化生产技术主要有 Strecker 法、直接 Hydantion 法和氯乙酸法。前 2 种工艺由国外（美国的查特姆公司、法国的斯帕西亚公司、日本的有机合成药品公司等）垄断，其产品面向饲料、食品、医药、日化和精细化工等高端领域。国内的河北东华化工有限公司等采用氯乙酸法生产工业级甘氨酸，主要用于生产草甘膦。另据报道，重庆紫光化工股份有限公司利用 Hydantion 法正在进行中试试验。

（2）亚氨基二乙腈

亚氨基二乙腈(IDAN)的生产集中于国内，主要用于生产农药草甘膦。

（3）草甘膦

草甘膦，化学名称为 N-磷酰基甲基甘氨酸，在我国又俗称农达、农民乐，是一种高效、广谱、低毒且环境友好的灭生性除草剂。目前，草甘膦的工业生产方法分为甘氨酸法和亚氨基二乙酸（IDA）法。国外的生产路线为 2 种：①石油→环氧乙烷→二乙醇胺→IDA→草甘膦；②天然气→HCN→亚氨基二乙腈→IDA→草甘膦。我国的主流生产路线是氯乙酸→甘氨酸→亚磷酸二甲酯→草甘膦，其工艺路线见图10.3。

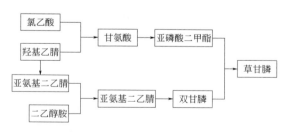

图 10.3   合成草甘膦工艺路线图

由于美国和欧洲一直采用 IDA 工艺路线制备草甘膦，在技术上对我国甘氨酸工艺路线的草甘膦设置了准入壁垒(要求甘氨酸及草甘膦不含氯根)。

因此，我国已发展成熟的氯乙酸→甘氨酸→草甘膦工艺路线，不能进入美国和欧洲等发达国家市场，而潜在的中国市场近期还未形成，只能进入南美、澳洲以及其他发展中国家和地区市场。目前，国内生产草甘膦的甘氨酸工艺和 IDA 工艺并存。其中，IDA法占 1/3，甘氨酸法占 2/3。

（4）羟基乙酸

羟基乙酸是一种重要的有机合成中间体和化工产品，广泛应用于化学清洗、日用化工、化工合成、生物降解新材料及杀菌剂等领域，且羟基乙酸可进一步加工成重要的精细化工产品——乙醛酸。羟基乙酸的生产公司主要集中在美国、日本和中国等少数国家。美国是全球最大的羟基乙酸生产国。

羟基乙酸下游产品 PGA(聚乙交酯)和 PGLA(聚乙丙交酯)是处于高速发展中的新型可降解纤维环保材料，市场前景较好。

（5）苯胺基乙腈

苯胺基乙腈主要用于生产苯胺基乙酸钾，进一步加工成染料靛蓝。苯胺基乙腈是清洁路线生产靛蓝的关键中间体。

近年来，国际靛蓝市场比较低迷，整体供大于求，德国巴斯夫、美国水牛等老牌靛蓝生产厂家纷纷退出靛蓝市场。受靛蓝市场影响，苯胺基乙腈产品也仅能维持微利。江苏中丹集团是全球最大靛蓝生产商，重庆紫光化工股份有限公司产能达 5.0 万吨/年，是国内最大的苯胺基乙腈生产商。

10.8.2 氰化钠产业链

氰化钠作为一种重要的化工原料，一般以 30%的液体或 95%～99%固体/颗粒形式供应市场，广泛用于冶金、电镀、医药、精细化工等领域。氰化钠产业链见图 10.4。

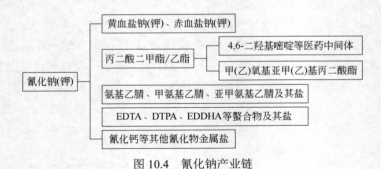

图 10.4　氰化钠产业链

（1）黄血盐钠（钾）

黄血盐钠（钾）是国内成熟的氰化钠下游产品。我国是世界上黄血盐钠（钾）的主要生产国，也是出口大国，主要出口对象是俄罗斯、英国、荷兰、加拿大、美国等国家。

（2）EDTA 及其盐

EDTA 的全称为乙二胺四乙酸，能和碱金属、稀土元素和过渡金属等形成稳定的水溶性配合物，是代表性的螯合剂，可用作漂白定影液、染色助剂、化妆品添加剂、稳定剂等。目前，我国 EDTA 主要用于出口。

（3）蛋氨酸及其衍生物

蛋氨酸又名甲硫氨酸（$C_5H_{11}NO_2S$），广泛用于医药、食品、饲料和化妆品等领域。其中，饲料添加剂的用量最大。

近几年，全球蛋氨酸需求量以每年 4%～5%的幅度增长。2010 年，全球蛋氨酸的产能突破 100 万吨。由于蛋氨酸合成工艺复杂、技术要求高、投资额巨大，因此，多年来，全球蛋氨酸生产集中在几家国际大公司，主要有德国德固赛公司（35 万吨/年）、美国诺伟思公司（28 万吨/年）、法国安迪苏公司（25 万吨/年）、日本住友化学株式会社（14 万吨/年）等，这几大公司垄断了全球 90%以上的蛋氨酸市场。

我国企业也在积极开发饲料用蛋氨酸生产技术，一些企业还和国外公司合作共同投资建立蛋氨酸生产线。中国蓝星（集团）股份有限公司全资收购法国安迪苏公司后，拟采用 AT88(液体蛋氨酸)氰醇法生产技术在南京化学工业园区建设 1 套 14 万吨/年 AT88装置（一期 7 万吨/年）；大连金港集团与日本住友化学株式会社合资成立了大连住友金港化工有限公司，共同投资建设 2 万吨/年蛋氨酸项目；重庆紫光化工股份有限公司与天津化工总厂合作，共同组建重庆紫光天化蛋氨酸有限责任公司，采用海因法建成 6 万吨/年蛋氨酸项目，已投产。

10.8.3 丙酮氰醇产业链

丙酮氰醇由 HCN 与丙酮反应合成，主要用于生产 MMA(甲基丙烯酸甲酯)，进而生产有机玻璃 PMMA。其他衍生物还有 MAA(甲基丙烯酸)、5,5-二甲基海因等。丙酮氰醇产业链见图 10.5。

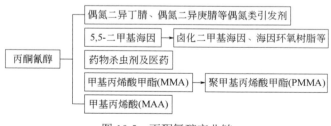

图 10.5 丙酮氰醇产业链

MMA 主要应用于有机玻璃(PMMA)的生产，也用于聚氯乙烯助剂 ACR 的生产，以及作为第 2 单体应用于腈纶的生产。此外，在涂料、纺织、粘接剂等领域也得到了广泛的应用。

世界 MMA 的生产以 ACH(丙酮氰醇)法为主，约占总产能的 64%；异丁烯法占 24%；乙烯法占 4%；裂解回收法占 8%。

10.8.4　氯化氰产业链

氯化氰由 HCN 与氯气合成，一般不作为中间体拿出，而是直接生产下游产品，其最重要的用途即是生产三聚氯氰。三聚氯氰是许多农药、除草剂、活性染料和荧光增白剂的重要原料。氯化氰产业链见图 10.6。

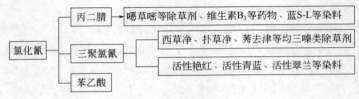

图 10.6　氯化氰产业链

目前，国外最先进的三聚氯氰生产工艺是利用 HCN 与氯气合成氯化氰，再聚合得到三聚氯氰。在国内，一般采用氰化钠法生产三聚氯氰，"三废"问题较为严重，且成本也较高。

三聚氯氰生产装置主要分布在德国、中国、比利时、美国、瑞士、罗马尼亚及俄罗斯等国家。目前，我国三聚氯氰产能为 20 万吨/年，河北临港化工有限公司为国内最大生产企业(产能 5 万吨/年)。世界上最大的三聚氯氰生产厂家为德国德固赛公司，生产线分别建在德国和比利时，产能为 13 万吨/年，约占世界总产能的 40%。

10.8.5　精制 HCN 产业链

图 10.7 为精制 HCN 产业链。

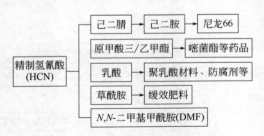

图 10.7　精制 HCN 产业链

（1）己二腈

己二腈［NC(CN₂)₄CN，ADN］是一种重要的有机化工中间体，工业上主要用于加氢生产己二胺（尼龙 66 的原料），己二胺与己二酸聚合生产聚己二酰己二胺（尼龙 66）。目前，世界上约 90%的己二腈用于己二胺的生产。近年来，随着科技的发展，其应用领域进一步扩大。

目前,己二腈工业化的工艺路线主要有丙烯腈电解二聚法和丁二烯直接氰化法 2 种,且又以丁二烯与 HCN 发生氰氢化反应制己二腈(即丁二烯直接氰化法)的成本最低。这 2 种生产技术被一些大型跨国公司垄断,如美国的英威达(Invista)、日本的旭化成(Asha)、法国的罗地亚(Rhodia)和德国的巴斯夫(BASF)等。在中国,己二腈生产技术仍处于研发阶段。

（2）原甲酸三甲酯

原甲酸三甲酯[$CH(OCH_3)_3$]又名原甲酸甲酯、三甲氧基甲烷,是一种重要的有机化工中间体,用途广泛。在医药领域,原甲酸三甲酯主要用于合成维生素 B_1、环丙沙星、头孢类抗生素、维生素 A 等药物;在农药领域,主要用于合成嘧菌酯等。

目前,原甲酸三甲酯的生产公司主要集中在德国、日本、美国和中国等少数国家。中国是全球最大的原甲酸三甲酯生产国,占全球总产能的 60.91%。其中,山东淄博万昌科技股份有限公司是全国规模最大的原甲酸三甲酯生产企业(1 万吨/年)。

原甲酸三甲酯下游的重要衍生物——仿生型杀菌剂嘧菌酯,以不到 1 万吨/年的产量创造了 5 亿～7 亿美元的销售额。目前,此产品专利保护到期,已进入公开生产阶段,将迎来一个高速发展期。

（3）乳酸及聚乳酸

乳酸是世界公认的三大有机酸之一,广泛用于食品、医药、轻工及生物可降解材料等领域。

近年来,生物基聚合物,尤其是可完全生物降解且健康安全的聚乳酸材料备受关注。预计 2～3 年内,全球现有的聚乳酸产能均将饱和。中粮、海正、科碧恩-普拉克及 NatureWorks 等公司,均计划新增聚乳酸产能,以满足市场需求。过去,聚乳酸的工业应用大多限于一些低端市场。近年来,随着聚乳酸材料技术的创新突破以及高光纯 L 型聚乳酸和 D 型聚乳酸的工业化等,提高了聚乳酸的力学、耐热及耐久性能,促进了其在高性能、高附加值材料等领域的应用拓展。目前,聚乳酸价格仍许多传统石油基聚合物价格高,国内市场开发短期内仍有赖于政府法规保护、鼓励和扶持。但全球市场长期看好,每 3～4 年增长 1 倍。2020 年,聚乳酸全球市场消费量预计为 30 万～50 万吨。如果中国能逐步限制污染性的一次性传统塑料产品,并鼓励环保健康的生物基生物降解塑料如聚乳酸的使用,则能取代中国 5000 万～6000 万吨塑料市场的一小部分,国内的乳酸及聚乳酸市场就能轻易超过百万吨,进一步带动环保发酵及塑料产业的发展。

（4）草酰胺

草酰胺[$(CONH_2)_2$]具有不吸潮、无毒、易储存、分解慢、流失少等优点,是一种良好的脲醛类缓效肥料,被认为是几种缓效氮肥中最有发展前途的一种肥料。

目前,草酰胺的工业化生产方法主要有 HCN 法、热解法和 CO 偶联草酸二酯氨解法。其中,HCN 法以旭化成公司的两步法为代表,为目前工业主流生产方法;CO 偶联草酸二酯氨解法正在研发过程中,是最有发展前途的方法。

（5）*N,N*-甲基甲酰胺

N,N-二甲基甲酰胺（DMF）主要用于聚丙烯腈纺丝和聚氨酯工业。目前，全球 DMF 生产厂家主要分布在亚洲、西欧和北美。

N,N-二甲基甲酰胺(DMF)的工业化生产方法主要有 CO 一步法、甲醇脱氧法、三氯乙醛法和 HCN-甲醇法。其中，HCN-甲醇法由旭化成公司开发，目的是解决生产丙烯腈时副产大量 HCN 的主要方法。

目前，我国的抚顺石化研究院已掌握该技术。

参 考 文 献

[1] 陈冠荣. 化工百科全书：第 13 卷. 北京：化学工业出版社，1995：342.

[2] 陈长斌. 中国氰化物行业发展现状及发展趋势. 无机盐工业，2012，44（6）：1-4.

[3] 中国工业气体工业协会. 中国工业气体大全：第 4 卷. 大连理工大学出版社，2008：3591-3604.

[4] 林辉荣. *N*-苯基氨基乙腈的合成研究. 四川化工，2011，14（1）：10-12.

[5] 郭翠红. *α*-羟基环戊酮腈的合成研究. 山东化工，2015，44（10）：9-11.

[6] 彭艳丽，等. 丁二腈合成研究. 山东化工，2015，（7）：29-30.

[7] 纪萍，等. 叔丁胺国内市场与生产技术进展. 辽宁化工，2001，30（2）：64-65.

[8] 杨国忠. 微通道反应器连续快速合成乳腈工艺研究. 精细与专用化学品，2015，23（8）：41-44.

[9] 杨钟祥. 丙酮氰醇法和异丁烯法生产 MMA 技术经济对比. 化学工业，2015，33（1）：41-44.

[10] 雷洪. 氢氰酸法合成高品质原甲酸三甲酯. 精细化工，2008，25（1）：40.

[11] 王锋，陈敬. 氢氰酸法合成氯基硫脲. 精细化工中间体，2004，34（1）：42-43.

[12] 李华光，等. 亚氨基二乙酸的生产工艺评述. 河南化工，2010，27（1）：30-32.

[13] 李治宏. 氢氰酸生产路线的探讨. 化学世界，1962，（5）：86-87.

[14] 潘蓉，等. 甲醇氨氧化法合成氢氰酸技术研究进展. 山西化工，2017，37（1）：13-16.

[15] HCN 专利. 国家图书馆，2017.

[16] 范炎生. 直接法制备 HCN 技术对比分析. 山东化工，2017，46（6）：86-88.

[17] 杨乐华. 氰化物的职业危害与防护. 湖南安全与防灾，2015，（10）：40-42.

[18] 施明. 急性氢氰酸中毒抢救方案的比较. 卫生毒理性杂志，2001，15（s1）：57.

[19] 陈长斌. 中国氰化物行业发展现状及发展趋势. 无机盐工业，2012，44（6）：1-4.

[20] 龚文照. 氢氰酸产业链. 山西化工，2015，35（5）：7-11.

[21] 刁正坤. 氢氰酸下游产品研发现状. 四川省天然气化工研究院，1980.

第11章
乙二醇

孙力力　江苏湖大化工科技有限公司　工程师

11.1　概述

乙二醇（ethylene glycol，EG）又名甘醇、1,2-亚乙基二醇（CAS 号：107-21-1），是最简单和最重要的脂肪族二元醇。早在 1859 年法国化学家 Wurtz 用氢氧化钠与乙二醇二乙酸酯，通过皂化反应，得到乙二醇。

第一次世界大战时，德国用酒精脱水生产乙烯，再与氯气加成制取二氯乙烷，然后水解制得乙二醇，以后又改用乙烯经氯乙醇，通过皂化反应制取环氧乙烷，再水合得到乙二醇。

第二次世界大战期间，开始大规模生产乙二醇，主要用作制造乙二醇二硝酸酯炸药。

第二次世界大战以后，随着石油化工和汽车工业的发展，汽车数量急剧增加，用于汽车防冻液的乙二醇需求量大幅度上升。1938 年，美国联碳(UCC)公司根据法国催化剂公司莱福脱研究的乙烯在银催化剂上直接氧化制环氧乙烷技术，建成了全球第一套乙烯用空气直接氧化制造环氧乙烷的装置，从而使环氧乙烷经水合制乙二醇也成为主要的乙二醇生产方法。

20 世纪 70 年代，美国联碳 UCC 公司开展了以煤气化制取合成气$(CO+H_2)$，再由合成气一步直接合成乙二醇的工艺研究。

2009 年 5 月，我国科学院宣布成功开发了具有我国自主知识产权的世界首创万吨级合成气制乙二醇专利技术，该专利技术开辟了乙二醇生产的第三条原料路线：煤→合成气→草酸酯→乙二醇。

11.2 性能

11.2.1 结构

结构式：

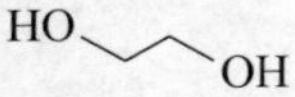

分子式：$(CH_2OH)_2$

11.2.2 物理性质

乙二醇的物理性质如表 11.1 所示。

表 11.1 乙二醇的物理性质

项目	数值	项目	数值
凝固点/℃	−13.0	生成热（25℃）/(kJ/mol)	−392.878
沸点（101.3kPa）/℃	197.6	比热容/[J/(g·K)]	
燃烧热（25℃）/(kJ/mol)	−1189.595	液体（19.8℃）	2.406
蒸发热（101.3 kPa）/(kJ/mol)	52.24	理想气体（25℃）	1.565
临界常数		燃点/℃	418
温度/℃	372	闪点/℃	116
压力/kPa	6515.73	密度（20℃）/(g/mL)	1.1135
体积/(L/mol)	0.186	熔化热/(kJ/mol)	11.63
压力因子 Ze	0.2671	黏度/mPa·s	
折射率 n_d^{20}	1.4318	0℃	51.37
蒸气压（20℃）/kPa	0.08	20℃	19.83
表面张力（20℃）/[mN/m(dyn/cm)]	484	40℃	9.20

11.2.3 化学性质

由乙二醇的结构可明显看出，其性质与通常的醇类没有什么不同。

（1）脱水反应

乙二醇不易脱水，在硫酸存在下，可发生分子间脱水而生成乙二醇环二醚（1,4-二噁烷）。

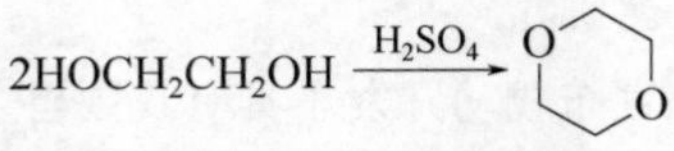

在一定条件下也可以发生分子内脱水而生成乙醛。

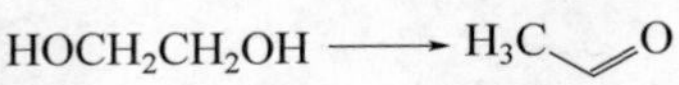

（2）酯化反应

乙二醇与浓硝酸和浓硫酸的混合物作用时，可生成硝化乙二醇(乙二醇二硝酸酯)。

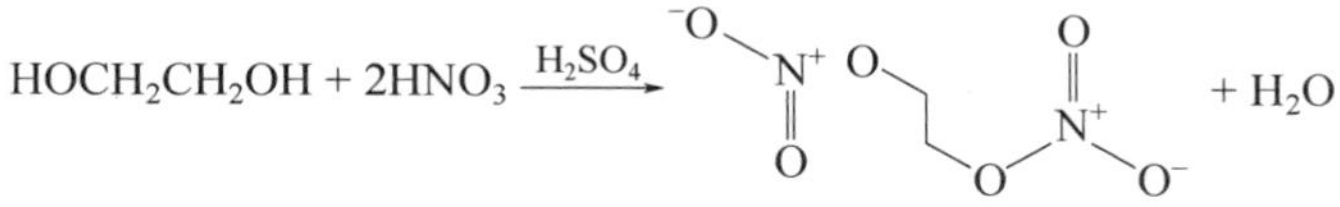

$$HOCH_2CH_2OH + 2HNO_3 \xrightarrow{H_2SO_4} \quad + H_2O$$

乙二醇与某些有机二元酸（对苯二甲酸、顺丁烯二酸和己二酸等）作用能生成线型结构的聚酯。

乙二醇与对苯二甲酸反应（TPA 法）：

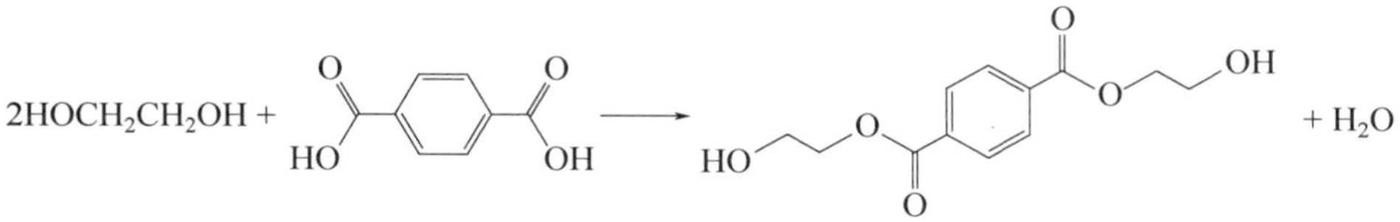

$$2HOCH_2CH_2OH + \quad \longrightarrow \quad + H_2O$$

乙二醇与对苯二甲酸二甲酯反应（DMT 法）：

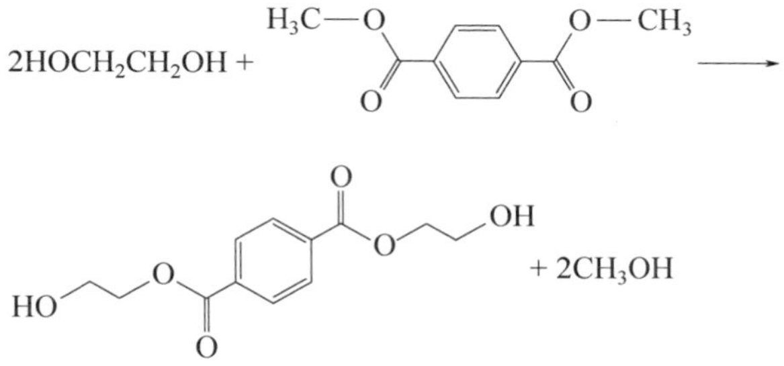

$$2HOCH_2CH_2OH + \quad \longrightarrow$$

$$+ 2CH_3OH$$

（3）氧化反应

乙二醇在不同的氧化条件下，可得到不同产品：

$$OHCH_2 \!-\! CH_2OH + O_2 \xrightarrow{Ag/Ag_2O} OHC \!-\! CHO$$

（4）环化反应

乙二醇与碳酸二乙酯反应生成碳酸亚乙酯：

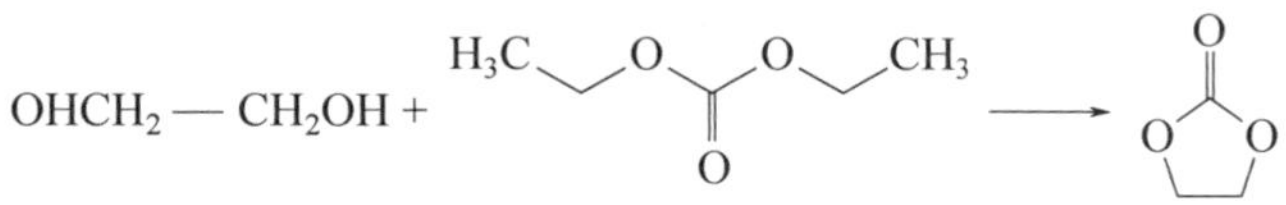

$$OHCH_2 \!-\! CH_2OH + \quad \longrightarrow$$

乙二醇与多聚甲醛在酸存在下生成 1,3-二氧戊环：

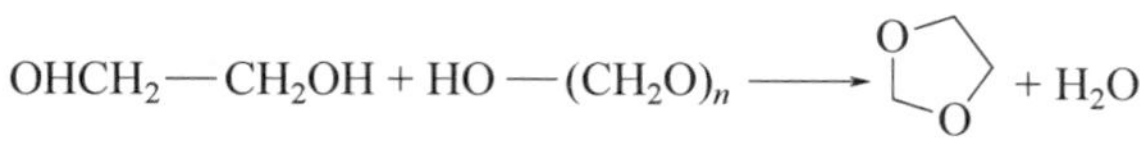

$$OHCH_2 \!-\! CH_2OH + HO \!-\! (CH_2O)_n \quad \longrightarrow \quad + H_2O$$

11.3 生产方法

工业用乙二醇的生产主要有石油路线和非石油路线，石油路线主要是先用石油生产乙烯，乙烯氧化生产环氧乙烷（EO），最后由环氧乙烷进行水合反应得到乙二醇（EG）。

非石油路线主要是通过煤制合成气，再以合成气中的 CO、H_2 为原料制备乙二醇。我国现在主要是采用石油路线生产乙二醇，石油资源短缺的现实和乙二醇市场需求的驱动，使得非石油路线制乙二醇的技术迅速发展。

从全球范围来看，工业上生产乙二醇的成熟工艺方法有石油乙烯环氧乙烷路线、乙烷乙烯环氧乙烷路线、煤基 MTO 环氧乙烷路线、煤基草酸二甲酯加氢路线。图 11.1 为乙二醇主要生产技术路线图。

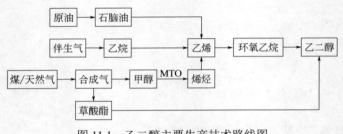

图 11.1　乙二醇主要生产技术路线图

11.3.1　石油路线

石油乙烯法制乙二醇主要有 3 种生产工艺，即环氧乙烷（EO）水合法、碳酸乙烯酯（EC）直接水解法、酯交换（乙二醇联产碳酸二甲酯）法等。其中，环氧乙烷法是主要方法，该方法又分为直接水合法和催化水合法。

（1）直接水合法（石油乙烯环氧乙烷路线）

直接水合法是目前国内外生产乙二醇的主要方法。以乙烯和氧气为原料，在银为催化剂、甲烷或氮气为致稳剂、氯化物为抑制剂的条件下，乙烯氧化为环氧乙烷，环氧乙烷进一步与水以一定比例在管式反应器内进行水合反应，生成乙二醇，乙二醇溶液经过蒸发提浓、脱水、分馏得到乙二醇及其他副产品——二乙二醇和三乙二醇。

环氧乙烷水合法工艺的反应过程表示如下：

$$CH_2\!-\!CH_2 + H_2O \longrightarrow CH_2\!-\!CH_2 + 81.6kJ/mol$$

（主反应）

一缩二乙二醇(二甘醇)

二缩三乙二醇(三甘醇)

（副反应）

石油乙烯环氧乙烷路线工业化应用最广。该路线采用石脑油裂解生产乙烯，乙烯氧化生产环氧乙烷，环氧乙烷再经水合生产乙二醇。环氧乙烷制乙二醇的生产技术基本上由英荷壳牌（Shell）以及美国 SD 公司、陶氏化学（DOW）公司所垄断。该法工艺流程长，水耗高，乙烯氧化制环氧乙烷的选择性较低，环氧乙烷水合副产物多，分离精制工艺复杂，能耗大。该工艺路线完全依赖于石油资源，其成本竞争性随原油价格涨跌而波动。

（2）催化水合法（乙烷乙烯环氧乙烷路线）

为了克服直接水合法的缺点，提高乙二醇的选择性及降低能耗，国内外学者进行了环氧乙烷催化水合生产乙二醇的研究和开发工作。目前，已经开发的催化剂主要分为均相催化剂和非均相催化剂两类。

均相催化剂多为碱金属、碱土金属卤化盐，羧酸-羧酸盐复合催化剂，碱金属卤化盐。虽然提高了环氧乙烷的转化率和乙二醇的选择性，但是催化剂与产品互溶，增加了乙二醇分离的难度，对产品质量造成影响，且存在催化剂回收困难，设备腐蚀严重等问题，从而未能工业化。

非均相催化剂逐渐受到关注，如铌氧化物、阴离子交换树脂、骨架铜等。在此领域，国内外都取得了较大进步。在我国有大连理工大学研发的磷铝酸钾/γ-Al_2O_3 催化剂。国外具有代表性催化水合技术如表 11.2 所示。

表 11.2　国外具有代表性催化水合技术

公司	反应类型	催化剂	温度/℃	压力/MPa	水比	EO 转化率/%	EG 选择性/%
壳牌	非均相	阳离子催化剂	90～150	0.2～2	(1～10)：1	≥96	≥97
壳牌	非均相	硅铵盐类催化剂	80～200	0.2～2	(1～15)：1	72	95
壳牌	非均相	酸式衍生物催化剂	90～150	0.2～2	(1～5)：1	97	94
UCC	均相	混合金属催化剂	150	2.0	5：1	≥96	97
UCC	均相	阳离子催化剂	60～90	1.6	(3～8)：1	≥96	≥97

乙烷乙烯环氧乙烷路线采用乙烷裂解先生产乙烯，然后通过环氧乙烷水合生产乙二醇，这是北美及中东地区生产乙二醇的主要方法。依赖廉价的原料乙烷，该路线具有较强的成本竞争力，主要向中国等亚洲市场出口。

（3）乙二醇和碳酸二甲酯联产法

乙二醇和碳酸二甲酯联产技术主要分为两步进行：二氧化碳和环氧乙烷在催化剂作用下生产碳酸乙烯酯，碳酸乙烯酯再和甲醇反应生成碳酸二甲酯和乙二醇。这两个反应都属于原子利用率 100% 的反应。此技术原料易得，且不存在选择性差的问题。在现有环氧乙烷生产装置内，只需增加生产碳酸乙烯酯的相应装置，就可以生产两种非常有价值的产品。因此，该法将是环氧乙烷生产乙二醇极具吸引力的一条工艺路线。其反应方程式如下。

第一步，首先制得碳酸乙烯酯：

$$CH_2\text{—}CH_2 + CO_2 \longrightarrow \begin{array}{c} CH_2\text{—}O \\ | \quad\quad\quad C=O \\ CH_2\text{—}O \end{array}$$

第二步，碳酸乙烯酯与甲醇在 70～100℃、常压条件下发生酯交换反应，联产乙二醇和碳酸二甲酯：

$$\begin{array}{c} CH_2\text{—}O \\ | \quad\quad\quad C=O \\ CH_2\text{—}O \end{array} + 2CH_3OH \rightleftharpoons CH_3OCOCH_3 + \begin{array}{c} CH_2\text{—}CH_2 \\ | \quad\quad | \\ OH \quad OH \end{array}$$

目前，三井东亚公司、德士古公司及日本触媒化学公司均发布了由碳酸乙烯酯和甲醇经酯基转移反应制乙二醇同时联产碳酸二甲酯的专利，这为乙二醇和碳酸二甲酯联产技术的工业化打下了基础。

11.3.2 合成气制乙二醇技术进展

合成气制乙二醇的方法主要有直接法和间接法。

（1）直接法

由合成气直接合成乙二醇符合原子反应的要求，是一种最为简单和有效的乙二醇合成方法，即使反应选择性和转化率较低，也具有很大的实际应用价值。

$$2CO + 3H_2 \longrightarrow HOCH_2CH_2OH$$

合成气直接合成 EG 的工艺最早由美国 DuPont 公司于 1947 年提出，采用羰基钴催化剂，但反应压力过高，催化活性不高，EG 选择性低，产品分离困难，难以满足工业化要求。

20 世纪 70 年代，美国联合碳化物(UCC)公司首先公布用羰基铑配合物作催化剂，用合成气制 EG，但所需压力太高(340 MPa)，催化剂活性不高且不稳定，同时副产大量的甲酸酯。用三烷基膦和胺改性的铑催化剂，并使用添加剂或促进剂，催化剂的活性和选择性明显优于羰基铑催化剂。

20 世纪 80 年代以来，用合成气直接合成 EG 的优良催化剂主要为铑和钌两大类催化剂。UCC 公司以铑为活性组分，以烷基膦和胺等为配体，在四甘醇二甲醚溶剂中，反应压力可降至 50MPa，反应温度降至 230℃，不过合成气整体的转化率和选择性仍然很低。德士古公司将三价乙酰丙酮化钌、乙酰丙酮化铑悬浮在四丁基膦溴化物上，构成钌-铑双金属催化剂，在 220℃、286MPa、$n(H_2):n(CO)=1$ 的条件下，获得了较高的 EG 收率。日本 C_1 化学技术研究协作组通过在铑催化剂中加入特殊的添加剂和辅助材料，可使 CO 转化率达到 60%，空时收率大于 250g/(L·h)。研究还表明，当采用铑和钌均相催化剂时，EG 选择性达 57%，空时收率达 259g/(L·h)。

（2）间接法

间接法是利用合成气先合成出某些中间产品，再通过催化加氢制乙二醇，主要有甲醛法和草酸酯法。甲醛路线的方法比较多，可归纳为：甲醛羰化法、甲醛氢甲酰化法、甲醛缩合法、甲醛电化加氢二聚法、甲醛与甲酸甲酯偶联法等，这些工艺目前基本上均处于试验阶段，没有工业化。

① 甲醛羰化法（羟基乙酸法）。甲醛羰化法是由美国 DuPont 公司开发，并建有小规模工业生产装置。此法以甲醛、CO 为原料，在 150～225℃、50.6～101.3MPa 下，经 H_2SO_4 或 BF_3 催化缩合生成乙醇酸。乙醇酸在 H_2SO_4 催化下，在 210～215℃、81.0～91.1MPa 下，用甲醇酯化为乙醇酸甲酯。乙醇酸甲酯在 210～215℃、3.03MPa、空速 $2000h^{-1}$、过量氢存在的条件下，用亚铬酸铜催化剂还原生成 EG，甲醇则循环使用，第一步和第二步可同时完成，每步反应的收率都为 90%～95%。化学反应式如下：

$$HCHO + CO + H_2O \longrightarrow HOCH_2COOH$$

$$HOCH_2COOH + CH_3OH \longrightarrow HOCH_2COOCH_3 + H_2O$$

$$HOCH_2COOCH_3 + 2H_2 \longrightarrow (CH_2OH)_2 + CH_3OH$$

② 甲醇甲醛合成法。甲醇甲醛合成法是由美国 Celanese 公司在 1982 年开发的以甲醇和甲醛为原料，缩合生成乙二醇的生产工艺。该技术以甲醇与甲醛为原料，选择二叔丁基过氧化物（DTBP）和过氧化二异丙苯（DCP）分别作为引发剂进行缩合反应，制得乙二醇。考查了引发剂用量、反应温度、反应时间、甲醇与甲醛质量比、引发剂加入速度对反应产物的影响，优化了合成线路，使过程简单可行，产率提高。同时对 DTBP 的合成进行改进，达到了降低成本，清洁生产的目的。确定了以 DCP 为引发剂合成乙二醇的最佳工艺条件：DCP 用量 2%，甲醇与甲醛质量比 10：1，反应温度 145℃，反应时间 3h。以 DTBP 为引发剂合成乙二醇的最佳工艺条件：反应温度 145℃，反应时间 4h，甲醇与甲醛质量比 8：1，DTBP 用量 2.5%，引发剂加入速度 0.05mL/min，在此条件下产物中乙二醇的含量可达 9.65%。

③ 甲醛缩合法。采用沸石催化剂，30%（w）甲醛水溶液与等体积 NaOH 反应，缩合形成乙醇醛，然后在 94℃、常压、空速 $1.21h^{-1}$ 和镍催化剂下加氢还原为 EG。甲醛转化率为 100%，乙醇醛选择性为 75%。也可以 $(CH_3)_3COOC(CH_3)_3$ 为引发剂，在 1,3-二氧杂戊烷的存在下，甲醛加氢生成 EG，副产甲酸甲酯。

④ 甲醛氢甲酰化法。在钴或铑催化剂作用下，使甲醛与合成气进行氢甲酰化反应制得羟基乙醛，再加氢可得 EG，该方法有较大的工业潜力。由于钴对 C—C 键的插入能力较弱，反应活性和选择性都较低，研究主要集中在铑系催化剂。用过量的膦配体作稳定剂，可使主催化剂铑的活性稳定；用少量胺、吡啶或烷基吡啶作促进剂，可显著提高生成羟基乙醛的活性。以 $RhCl(CO)(PPh_3)_2$ 为催化剂，在 4-甲基吡啶溶液中，在 70℃下反应 4h，羟基乙醛的产率超过 90%，反应 6h 产率可达 94%，副产的甲醇收率低于 1.5%。加入膦配体和质子酸可使转化率达 99.8%，羟基乙醛选择性达 95%，副产的甲醇收率仅为 1.9%。

⑤ 甲醇二聚法。由于甲醇 C—H 键与烷基 C—H 键均属惰性键，甲醇二聚法主要通过自由基反应进行。目前的报道都采取了相当严格的反应条件，需用过氧化物、γ 射线、铑和紫外线等催化，都没有取得满意的效果。但此方法的原料甲醇价格便宜，且来源丰

富，有一定的开发前景。

⑥ 草酸酯法（CO 氧化偶联法）。草酸酯法又称 CO 氧化偶联法，是以 NO、CO、O_2、H_2、醇类为原料，CO 首先与亚硝酸酯反应生成草酸二酯，之后草酸二酯经过催化加氢制备 EG。其中，亚硝酸酯可进行再生，实现尾气和醇的循环使用，因此整个反应过程不消耗醇和亚硝酸酯，只是 CO、O_2 和 H_2 参加反应，是目前合成气方法中最经济和实用的方法。反应方程式如下所示：

$$2CO + 2RONO \longrightarrow (COOR)_2 + 2NO$$

$$(COOR)_2 + 4H_2 \longrightarrow (CH_2OH)_2 + 2ROH$$

$$4NO + O_2 \longrightarrow 2N_2O_3$$

$$N_2O_3 + 2ROH \longrightarrow 2RONO + H_2O$$

$$4CO + O_2 + 8H_2 \longrightarrow 2H_2O + 2(CH_2OH)_2$$

该工艺反应条件相对温和，但催化剂多为贵金属，成本高；且原料复杂，工艺流程长，工艺副产物较多（如 DMC、CO_2、CH_3COOR 等）；同时，反应过程中会生成副产物硝酸，腐蚀设备。

液相合成草酸酯首先由美国联合石油(Unocal)公司于 1966 年提出，采用 $PdCl_2$-$CuCl_2$催化剂，在 125℃、7.0 MPa 下反应。此方法由于使用含氯的催化剂，设备腐蚀严重，且为保持无水状态，需要使用大量脱水剂，致使过程经济性差。日本宇部兴产公司于 1978年建成 0.6 万吨/年草酸二丁酯水解生产的草酸工厂。该工艺在硝酸的存在下，采用活性炭为载体的 Pd 催化剂，用 CO、O_2 和正丁醇反应生成草酸二丁酯，反应温度为 90℃，压力为 9.8MPa。此工艺催化剂体系单一，回收容易，催化剂活性较高，产品纯度高，生产实现连续化。但反应中草酸二丁酯的生成速率慢，副产物多，且加氢反应要在 20 MPa以上的压力下进行，液相体系易腐蚀设备，反应过程中催化剂易流失，至今没有推广。

针对液相法合成中条件比较苛刻（如高温、高压）及反应过程中催化剂流失等工艺缺点，日本宇部兴产公司和意大利蒙特爱迪生公司于 1978 年相继开展了气相法的研究。目前，日本宇部兴产公司对该方法进行了中试试验，已基本具备工业化生产条件。图 11.2为合成气草酸二甲酯路线制乙二醇工艺流程。

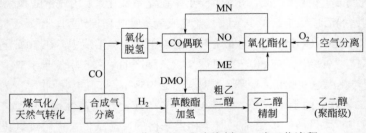

图 11.2　合成气草酸二甲酯路线制乙二醇工艺流程

世界各国都在研发以合成气为原料制备 EG 的工艺，也就是煤制 EG 技术。1978 年日本宇部兴产公司建成了一套 0.6 万吨/年草酸二丁酯的高压液相 EG 试验装置，初步实现了工业化。其后，意大利蒙特爱迪生集团公司及美国 UCC 公司开展了常压气相催化合成草酸酯的研究，完成了中试和规模试验，但都没有实现。2009 年，日本宇部兴产、日本高化学、中国东华科技、联盛化学组成联合体，在浙江台州建设了 1500 万吨/年的加氢中试装置，实现合成气制乙二醇的工业化应用。

华东理工大学于 2003 年在实验室打通流程，制备出 EG 产品。2005 年，华东理工大学与上海焦化达成合作协议，并于 2006 年完成了 30t/a 的工业化模拟试验，成功制备出 EG。2009 年，华东理工大学与上海浦景化工技术有限公司、安徽淮化集团达成合作协议，在安徽淮化集团建设 0.1 万吨/年煤制 EG 的中试装置，于 2010 年建成。此外，上海华谊投资近 1 亿元，在上海焦化厂区内采用华谊集团自主开发的煤制 EG 工艺技术，建设 1.5t/a EG 和 0.1 万吨/年草酸中试装置。我国五环工程有限公司、湖北省化学研究院、鹤壁宝马集团三方合作的煤制 300t/aEG 中试项目于 2010 年 1 月开工建设，投资 980 万元。

2005 年，上海盛宇投资有限公司投资约 1.8 亿元，与福建物质结构研究所、丹化集团公司、上海金煤化工新技术有限公司等联手启动了"CO 气相催化合成草酸酯和草酸酯催化加氢合成 EG"的产业化试验，相继在丹化集团建成 300t/a 中试和 1 万吨/年工业化试验装置，在多项关键技术领域取得突破，2007 年 12 月万吨级装置顺利开车打通全流程，2009 年该成套技术通过了中国科学院组织的成果鉴定。内蒙古通辽金煤化工有限公司在 1 万吨/年工业化试验装置成功运行的基础上，将具有中国自主知识产权并工业化试验成功的"全球首创万吨级煤制 EG"成套技术进行一定比例的放大，采用多台（套）并联的方法正在建设 20 万吨/年工业化装置。目前，我国已掀起了煤制 EG 热潮，实际投产产能近 300 万吨。一旦煤制 EG 技术工业示范取得成功，将大幅改变我国 EG 生产的原料结构。

西南化工研究设计院曾于 1981～1982 年采用液相法合成草酸二乙酯，草酸二乙酯和碳酸二乙酯的总收率达 79.63%。中国科学院成都有机研究所于 1985～1989 年开展了纯 CO 气相催化合成草酸二乙酯的研究，对 5 种催化剂进行了试验。浙江大学也于 1989 年开展纯 CO 气相催化合成草酸二乙酯的研究，并在浙江江山化工厂进行 200t/a 合成草酸二乙酯的中试。天津大学、华东理工大学、南开大学也开展了这方面的研究。赵秀阁等探讨了 CO 和亚硝酸甲酯在负载型 Pd/α-Al$_2$O$_3$ 催化剂上合成草酸二甲酯的反应，通过催化剂活性、载体与所添加助剂的优化，草酸二甲酯选择性接近 100%，草酸二甲酯空时收率可达 898g/(L·h)。李振花等的研究表明，在 $m(Cu):m(SiO_2) = 0.67$、反应压力 2～3MPa、温度 210℃、$n(H_2):n[(COOCH_3)_2] = 70.0$、空速 2～3h^{-1} 的条件下，双金属 Pd 催化剂表现出较高的催化加氢性能。李竹霞等通过对草酸二甲酯气相催化加氢反应体系的热力学分析得出，Cu/SiO$_2$ 催化剂的适宜还原温度为 250～350℃，提高 H$_2$ 和 (COOCH$_3$)$_2$ 的摩尔比或反应压力可提高 EG 的选择性，H$_2$ 和 (COOCH$_3$)$_2$ 的摩尔比和反应压力的适宜组合能得到较高的草酸二甲酯转化率和 EG 选择性。王保伟等对 CO 气相偶联制草酸进行了模拟放大研究，已完成中试，还对 Cu-Ag/SiO$_2$ 催化剂上草酸二甲酯的加氢反应进行了初步研究。中国科学院福建物质结构研究所从 1982 年开始研究 CO 气相催化合成草酸酯、草酸酯水解制备草酸和草酸酯加氢合成 EG 新工艺，并与南靖合成氨厂合作，利用合成氨装置回收的 CO，在常压、150℃下催化偶联合成草酸二甲酯，然后以 Pd 为催化剂，进行草酸二甲酯的低压加氢，转化率达 95%～100%，EG 选择性为 80%～90%。

我国煤制乙二醇（草酸酯法）主要研究单位及进展，见表 11.3。

表 11.3　我国煤制乙二醇（草酸酯法）主要研究单位及进展

研究单位	合作单位	已完成情况
福建物质结构研究所	江苏丹化集团	河南永金（新乡）20 万吨/年项目 通辽金煤化工 20 万吨/年项目 河南永金（濮阳）20 万吨/年项目
上海戊正	华鲁恒升	5 万吨/年工业化装置
日本宇部兴产	日本宇部兴产、日本高化学 中国东华科技、联盛化学	千吨级中试
上海焦化厂	华东理工大学、复旦大学	5000t/a 中试
华东理工大学	浦景化工公司、安徽淮化集团	千吨级中试
上海石化研究院	扬子石化	小试试验
湖北化工研究院	鹤壁宝马集团、五环工程公司	300t/a 中试
天津大学	云南解化集团	200t/a 中试

11.3.3　生产工艺评述

（1）工艺路线的比较

对各种乙二醇生产工艺进行比较的结果见表 11.4。

表 11.4　乙二醇生产工艺路线对比

路线	生产工艺	优点	缺点
石油路线	乙烯法	技术成熟，应用广泛	技术依赖于进口、原料单一、成本较高、污染较重、耗水量大、后续流程长、设备投资大、能耗高、副产品多
合成气路线	直接法	理论上最简单、有效的方法，有很大的实际意义	在反应中需要较高的压力，催化剂在高温下显示出活性，在控制方面要求精准，该方法难以大幅度推广
	草酸酯法	目前最经济、最实用的方法，反应条件温和	工艺生产中产生亚硝酸甲酯，若操作不当会造成装置危险性加大，且本工艺催化剂多为贵金属，催化剂一次性投资比较高
	甲醛羰化法	处于研究阶段	操作压力高，设备腐蚀严重
	甲醇甲醛合成法	处于研究阶段，反应温和，"三废"易处理	耗电量大，合成产物乙二醇的浓度低，需要改进反应条件和电解槽结构
	甲醛缩合法	处于研究阶段	乙二醇选择性不高，副产甲酸甲酯

经过比较可知，合成气路线与石油路线相比，流程短，副产品少。目前我国煤制乙二醇也已经进入了工业化试生产阶段，煤制乙二醇技术将会进一步改良，并且逐渐走向成熟。

（2）工艺路线技术经济比较

环氧乙烷水合法（EO 水合法）、碳酸乙烯酯直接水解法（EO 合成 EC 再水解法）、乙二醇联产碳酸二甲酯法（EO+CO$_2$ 联产 EG+DMC 法）三种工艺路线技术经济比较见表 11.5。

表 11.5　三种工艺路线技术经济比较

项目	40 万吨/年 EO 水合法制乙二醇	40 万吨/年 EO 合成 EC 再水解法 制乙二醇	10 万吨/年 EO+CO$_2$ 联产 EG+DMC 制乙二醇
装置投资	25280 万美元	6010 万美元	6787 万美元
运行费用	467.50 美元/吨 EG	643.24 美元/吨 EG	1092.44 美元/吨 EG
生产成本	579.40 美元/吨 EG	672.94 美元/吨 EG	1114.62 美元/吨 EG
工艺技术	操作条件： 90～150℃，2.0MPa； EO 转化率及选择性高，能耗少； 摩尔水比高，流程长，工艺复杂，工艺成熟	操作条件： 140～160℃，2.25MPa； EO 转化率高，EG 选择性高；能耗少，可同时生成性能优良的中间产物 EC，可以综合利用 CO$_2$ 资源	酯交换反应温度为 80～100℃，压力为 0.6MPa（表压）；反应条件温和，工艺简单，设备要求低，最近实现工业化
安全	过程危险程度高，"三废"污染物较多； 反应过程中需加入少量致稳气体（如甲烷、氮气），以提高混合气体的爆炸极限，增加系统的安全性和稳定性	因没有 EO 合成单元，过程安全系数大大提高； 反应条件相对温和，连锁系统可即时切断 EO 原料供给保障操作安全	安全性高，避免了一氧化碳、氮氧化合物等易燃易爆气体；过程无腐蚀性
环保	有大量 CO$_2$ 温室气体排放； "三废"较多，需进行相应的处理排放	CO$_2$ 基本为负排放； "三废"相对较少	利用 CO$_2$ 温室气体作原料，社会环保效益显著；基本无"三废"排放，过程绿色环保

环氧乙烷水合法具有生产成本低、工艺成熟的优点，但其在安全性、环保性方面较差，流程复杂、投资高。提高催化技术、降低消耗是其主要发展方向。

碳酸乙烯酯水解法可充分利用乙烯氧化副产的 CO$_2$ 资源，在现有环氧乙烷生产装置内，只需增加生产碳酸乙烯酯的反应步骤就可以获得碳酸乙烯酯和乙二醇两种化工产品，同时该工艺投资小、安全、"三废"排放少，具有相当竞争力。

乙二醇联产碳酸二甲酯的方法也较好。EG 由碳酸乙烯酯与甲醇反应制得，碳酸乙烯酯则由环氧乙烷和 CO$_2$ 反应制得。该法进行工业化生产时原料易得，另外，利用这种联产法生产乙二醇时，不存在环氧乙烷水合法选择性差的问题，在现有环氧乙烷装置内，只需增加生产碳酸乙烯酯的反应步骤就可以生产 DMC，而且该路线可以同时生产两种非常有价值的产品，故也非常有吸力。虽然 EG 与 DMC 联产法生产成本最高，但其中并没有考虑副产 DMC 的收益。若将 DMC 的销售收益考虑在内，则该法的效益将非常显著。另外，从环保角度来看，该技术具有最佳的环保收益。

（3）原材料及公用工程消耗

40 万吨/年环氧乙烷水合法乙二醇装置生产每吨乙二醇产品的各项费用分别为：运行费用 467.50 美元，人员工资及管理等费用 43.20 美元，折旧费 68.70 美元。总生产成本为 579.40 美元。

40 万吨/年碳酸乙烯酯直接水解法乙二醇装置生产每吨乙二醇产品的各项费用分别为：运行费用 643.24 美元，人员工资及管理费用 13.40 美元，折旧费 16.30 美元。总生产成本为 672.94 美元。

10 万吨/年乙二醇联产碳酸二甲酯法乙二醇装置生产每吨乙二醇产品的各项费用分别为：运行费用 1092.44 美元，人员工资及管理等费用 14.50 美元，折旧费 7.68 美元。总生产成本为 1114.62 美元。

40 万吨/年环氧乙烷水合法乙二醇装置生产成本估算见表 11.6。

表 11.6   40 万吨/年环氧乙烷水合法乙二醇装置生产成本估算

项目			单耗	价格	费用	占生产成本比例/%
原辅材料	乙烯		0.6155t/t	752.20 美元/吨	462.98 美元	—
	氧气		0.6575t/t	59.30 美元/吨	38.99 美元	—
	甲烷		0.0028t/t	237.00 美元/吨	0.669 美元	—
	助剂		—	—	8.60 美元	—
总原辅材料费用合计：511.24 美元						—
副产品	二乙二醇		0.0958t/t	859.80 美元/吨	（82.37 美元）	—
	三乙二醇		0.0044t/t	1477.10 美元/吨	（6.50 美元）	—
总副产收益：（88.87 美元）						—
净原材料成本 422.37 美元						72.90
公用工程	电		222.51 度/吨	0.05 美元/度	11.13 美元	1.92
	循环水		283.79t/t	0.03 美元/吨	8.51 美元	1.47
	锅炉给水		0.33t/t	0.49 美元/吨	0.16 美元	0.03
	蒸汽	4MPa	1.09t/t	20.59 美元/吨	22.44 美元	3.87
		1.4MPa	0.03t/t	18.27 美元/吨	0.55 美元	0.10
		0.3MPa	0.13t/t	17.98 美元/吨	2.34 美元	0.40
公用工程费用合计：45.13 美元						7.79
净原材料成本及公用工程费用合计：467.50 美元						80.69
其他：43.20 美元						7.45
折旧：68.70 美元						11.86
生产成本合计：579.40 美元						100.00

注：1. 表中费用数据为生产每吨乙二醇产品的费用。

2. 数据来自于美国科学设计公司 2005 年公布的数据。

40 万吨/年碳酸乙烯酯直接水解法乙二醇装置生产成本估算见表 11.7。

表 11.7 40 万吨/年碳酸乙烯酯直接水解法乙二醇装置生产成本估算

项目		单耗	价格	费用	占生产成本比例/%
原辅材料	环氧乙烷	0.7161t/t	837.30 美元/吨	599.59 美元	89.10
	二氧化碳	0.0370t/t	5.07 美元/吨	0.19 美元	0.03
	助剂	—	—	4.41 美元	0.65
	原辅材料成本合计：604.19 美元				89.78
公用工程	电	21.60 度/吨	0.05 美元/度	1.08 美元	0.16
	循环水	55.07t/t	0.03 美元/吨	1.65 美元	0.25
	锅炉给水	2.48t/t	0.49 美元/吨	1.22 美元	0.18
	蒸汽，4MPa	1.70t/t	20.59 美元/吨	35.00 美元	5.20
	过程水	0.33t/t	0.29 美元/吨	0.10 美元	0.02
	公用工程费用合计：39.05 美元				5.80
原辅材料成本及公用工程费用合计：643.24 美元					95.59
其他：13.40 美元					1.99
折旧：16.30 美元					2.42
生产成本合计：672.94 美元					100.00

注：1. 以上数据为生产每吨乙二醇产品的费用。

2. 数据来自于美国科学设计公司 2005 年公布的数据。

10 万吨/年乙二醇联产碳酸二甲酯装置生产成本估算见表 11.8。

表 11.8 10 万吨/年乙二醇联产碳酸二甲酯装置生产成本估算

项目		单耗	价格	费用	占生产成本比例/%
原辅材料	环氧乙烷	0.8034t/t	837.30 美元/吨	672.69 美元	60.35
	二氧化碳	0.8034t/t	5.07 美元/吨	4.07 美元	0.37
	甲醇	1.0865t/t	246.31 美元/吨	267.62 美元	24.01
	助剂	—	—	17.64 美元	1.58
	原辅材料成本合计：962.02 美元				86.31
公用工程	电	121.60 度/吨	0.05 美元/度	6.08 美元	0.55
	循环水	217.33t/t	0.03 美元/吨	6.52 美元	0.58
	锅炉给水	0.71t/t	0.49 美元/吨	0.35 美元	0.03
	蒸汽，4MPa	4.97t/t	20.59 美元/吨	102.30 美元	9.18
	蒸汽，1.4MPa	0.83t/t	18.27 美元/吨	15.17 美元	1.36
	公用工程费用合计：130.42 美元				11.70
原材料及公用工程合计：1092.44 美元					98.01
其他：14.50 美元					1.30
折旧：7.68 美元					0.69
生产成本合计：1114.62 美元					100.00

注：以上数据为生产每吨乙二醇产品的费用。

（4）主要问题

① 环保问题。由于煤制乙二醇工艺生产直接采用 CO、NO、O_2 及亚酯气进行反应，这些气体中含有部分惰性气体，随着反应的不断进行，会产生杂质气体（甲烷、CO_2、NO_2），同时原来系统内的惰性气体将不断累积，会影响到生产的正常进行，因此需要不断从反应系统排出这些气体。随着尾气的排放，NO、CO、甲醇和亚酯气等有用气体都会被排放，既造成了原料浪费，也造成了环境污染。

② 催化剂寿命问题。CO 偶联反应制备草酸酯的过程中，催化剂通常是含 Pd 的贵金属。如果合成气中含有微量的 H_2S，则易造成催化剂中毒失活。同时，在亚酯气制备过程中产生了 H_2O，H_2O、NO 和 O_2 反应将生成副产物硝酸，硝酸进入草酸酯合成系统会造成催化剂寿命下降。同时生产过程中催化剂活性组分的流失也会导致煤制乙二醇催化剂寿命降低。因此，在亚酯气进入 CO 羰化偶联反应前通过加入水洗系统和干燥系统可避免硝酸和水分进入后续系统破坏催化剂。除此之外，目前工业生产过程中多采用气相法合成乙二醇，因此，反应温度相对较高，易造成催化剂烧结失活或积炭失活，这也会导致催化剂寿命下降，因此，控制好反应温度也可以避免催化剂被破坏。

11.3.4 科研成果和专利

11.3.4.1 科研成果

（1）1,3-二氧戊环连续化生产工艺及装置

项目年度编号：1500240185

成果类别：应用技术

限制使用：中国

中图分类号：TQ25

成果公布年份：2014 年

成果简介：①该项目采用自主研发的固体强酸催化剂和填料塔式反应-分离耦合装置，以乙二醇和多聚甲醛为原料生产 1,3-二氧戊环，具有催化剂活性较好，反应温度低，能源消耗少，原料消耗少等特点，特别重要的是，本连续化生产工艺，由于后处理过程中采用了加压精馏，不需要加氢氧化钠，催化剂也不需要中和处理，因此整个产品生产过程不需要加氢氧化钠，因此废水量大大减少，而且废水中只含有少量甲醛，没有无机盐，可以大大降低"三废"处理成本，较之传统的甲醛-乙二醇法，真正算得上是一种高效、绿色化的生产工艺。②该项目以 γ-Al_2O_3 为载体，以 SO_4^{2-} 为主活性组分，以 $CoFe_2O_4$、MoO_3 及 V_2O_5 为辅助活性成分，采用浸渍和共沉淀法得到的 SO_4^{2-} (5%)/Al_2O_3-$CoFe_2O_4$ (11%)-MoO_3(7%)-V_2O_5(8%)固体超强酸催化剂，稳定性好，满足了大规模连续化生产的需要。③自主研发的填料塔式反应-分离耦合装置主要由乙二醇进料口、多聚甲醛进料口、产品出料口、不凝气出料口、水出口、粗产品出口、CD 泵、DL 精馏塔等组成。其主要优点在于：利用该反应-分离耦合装置，以乙二醇和甲醛为原料来生产二氧戊环，一方面

可以不用过高的釜温来使乙二醇汽化；另一方面则避免了最终反应混合物中有甲醛而形成三元共沸物，由于该装置在减压下操作，降低了填料段的温度，减少了副反应的发生，通过在反应装置中设置乙二醇回用装置，提高了乙二醇的利用率，由反应-分离装置塔顶馏出的是粗产品，需要在精制塔中提纯，精制塔采用加压精馏，以破坏 1,3-二氧戊环与水的共沸物，同时加压精馏还可减少产品流失，提高产率。

推荐部门：四川省遂宁市科技局

完成单位：四川之江化工高新材料有限公司

（2）草酸二甲酯加氢制乙二醇成套工艺技术

项目年度编号：1600070363

成果类别：应用技术

限制使用：中国

中图分类号：TQ223.162

成果公布年份：2015 年

成果简介：乙二醇是一种重要的有机化工原料，主要的用途是生产聚酯纤维和聚酯切片，我国乙二醇 70%需要进口。由于全球石油资源的日益匮乏，21 世纪以石油为基础的燃料和有机原料工业逐步转向以煤或天然气为原料的合成燃料和有机原料工业已成必然发展趋势。从长远观点看，考虑到开发时间、供给量、价格等因素，开辟以煤合成气为原料的非石油路线制乙二醇，以代替、补充石油路线生产乙二醇的短缺，具有重要的战略意义和经济意义。因此，东华工程科技股份有限公司联合日本高化学株式会社以及浙江联盛化学工业有限公司共同开发了"草酸二甲酯加氢制乙二醇工艺技术"。主要针对以煤、天然气、焦炉气和电石炉尾气等为原料的装置制备出合格的 H_2 和 CO 后，经草酸二甲酯法制备聚酯级乙二醇。利用"草酸二甲酯加氢" $Cu-SiO_2$ 催化剂使草酸二甲酯二步加氢得到乙二醇，由于反应停留在第二步，平衡常数最小，所以加氢催化剂、加氢反应器及工艺技术研发难度大。乙二醇国标产品中对浓度和痕量杂质要求高，精馏去除假共沸杂质和痕量杂质技术难度大，该技术乙二醇收率高且五塔精馏直接得到聚酯级乙二醇，并成功应用于下游聚酯企业。该技术一举解决了草酸二甲酯加氢、乙二醇精馏这两个难题，打通了从草酸二甲酯到乙二醇生产工艺的变革。与以石油为原料的传统工艺相比，煤制乙二醇技术的主要特点是以煤为原料，如果全世界所产的近 2000 万吨乙二醇全部是运用该技术生产的，据测算每年可节约石油 5000 万吨左右，这相当于每年新开发一个 5000 万吨以上的大油田，这将是个惊人的创举！如果我国乙二醇市场缺口（约 800 万吨/年）全部采用该技术生产，可为国家每年节约 2000 万吨石油资源，这对于我国来说是至关重要的。煤制乙二醇与石油法生产乙二醇相比，具有较强的成本优势。根据我国已开车的煤制乙二醇装置运行情况，以煤价 750 元/吨计，只要石油价格不低于 67 美元/桶，煤制乙二醇将具有成本优势。根据以前的原油价格，以煤为原料制乙二醇代替石油法制乙二醇占有绝对优势，并且随着煤代油的大规模产业化和工艺技术进一步成熟，用煤代油生产化工产品的成本将进一步下降，就乙二醇项目而言利润空间加大，成本优势得到进一步体现。该技术已获一项发明专利、两项实用新型专利、三项设计专有技术授权，还有一项发明专利处于实审状态。东华科技还将"一种节能型的酯加氢工艺"专利整合申报了国际 PCT 专利，受理号为 PCT/CN2014/085180，经初步的国际检索，该技术符合进入国家阶段的条件。

完成单位：东华工程科技股份有限公司等

（3）煤基合成气制乙二醇技术

项目年度编号：1600130068

成果类别：应用技术

限制使用：中国

中图分类号：TQ223.162

成果公布年份：2015 年

成果简介：该项目属于煤化工技术领域。乙二醇是一种重要的大宗化工基础有机原料，用途十分广泛。国内外大型乙二醇的生产均采用石油路线的环氧乙烷直接水合法，该生产技术工艺流程长，能耗大，水比高，乙二醇的选择性相对较低。此生产工艺的经济效益受原油价格影响很大，在当今石油匮乏、原油价格居高不下的大背景下，有必要寻求原料的替代路线，从资源相对丰富的煤出发，开辟新的乙二醇生产路线。在上述背景下，上海浦景公司根据我国能源"贫油、少气、富煤"的基本国情开发了以煤基合成气为原料，以草酸二甲酯为中间体，最终获得乙二醇产品的工艺技术。该技术的主要特征是以草酸二甲酯（DMO）为基本中间体，合成气通过氧化羰化偶联生成 DMO，再将 DMO 加氢得到乙二醇（EG）。因此整个流程分为两个工段，即由 CO 制 DMO 的 DMO 工段；由 DMO 加氢制 EG 的 EG 工段。具有自主知识产权的关键创新技术如下：①开发出的列管式羰化反应器设计合理，易于移热，反应过程平稳可靠。开发出的羰化催化剂稳定性好、耐氢能力强、反应活性和选择性高，亚硝酸甲酯的单程转化率>80%，草酸二甲酯的选择性>98.0%。催化剂能满足工业化生产的要求。②开发出了新型列管式加氢反应器和新型无铬高效加氢催化剂。催化剂稳定性好，反应活性和选择性高，可适用于低氢酯比的反应条件。草酸二甲酯转化率>99.9%，乙二醇选择性>95.0%，乙二醇的时空产率>400g/(h·kg 催化剂)。催化剂能满足工业化生产的要求。③开发了专有的乙二醇精制技术，产品乙二醇的纯度可达到 99.85%，220nm 下的紫外透过率为 81.3%。乙二醇产品达到国标 GB/T 4649—2008/XG1—2009 优级品的要求。④该技术绿色环保，不会造成环境负担。通过亚硝酸甲酯再生系统的优化及驰放气处理技术的开发，该工艺技术废水废气均达到排放标准。该项目拥有授权发明专利 10 项，申请 2 项国外发明专利，现已处于公开阶段；发表学术论文 14 篇；培养博士 2 名，硕士 6 名，科技带头人 1 名。该项目获 2010～2011 年度松江区科技进步奖一等奖；2011 年被认定为上海市高新技术成果转化项目；2012 年初，通过了我国石油和化学工业联合会组织的专家鉴定会，专家一致认为该技术创新性强，总体达到国际先进水平。

完成单位：上海浦景化工技术股份有限公司　华东理工大学

（4）羰基合成技术开发与应用

项目年度编号：1600120259

成果类别：应用技术

限制使用：中国

中图分类号：TQ031.2

成果公布年份：2015 年

成果简介：羰基合成技术开发与应用项目总投资 9600 万元，项目获得 2012 年度国有资本经营预算重大技术创新及产业化资金资助 1600 万元，企业自筹 8000 万元。项目实施主要依托省级技术中心和博士后工作站来开展工作，在项目负责人的领导和外聘专家的指导下，实验室主要进行项目的落实和项目课题的研究开展。主要内容是建设羰基合成乙酸、乙酐、乙二醇催化剂研究实验和小试装置，建设羰基合成乙二醇实验和小试装置，以及相应的公用工程和辅助设施。其目的是通过对羰基合成乙酸、乙酐、乙二醇生产技术和催化剂制备进行研究，开发出先进的羰基合成技术，研制出选择性好、使用寿命长的催化剂，为乙酸、乙酐和乙二醇装置的改造创造条件。项目建设的总体目标是按高起点、高标准要求，建设我国先进的羰基合成技术研发综合平台，提高公司自主创新能力。2012 年 1 月，项目开始实施，首先制订了详细的研究目标及计划，同时开展实验装置及公用工程等的建设工作。从 2012 年 3 月开始，研究人员进行实验室研究工作，开展放大实验研究，并将阶段性研究成果应用于工业化生产中。到 2013 年年底，各项研究工作达到预期目标，形成羰基合成技术软件包，全面掌握羰基合成乙酸、乙酐、乙二醇生产技术和催化剂制备技术。通过羰基合成技术的开发与应用，完善了羰基合成技术研发综合平台项目建设；提高了公司产品的整体水平，加速了公司的新产品、新技术研发；改良了现有催化剂体系，研制出低成本、高性能的新型羰基化催化剂，生产技术水平达到国际先进、我国领先；使乙二醇催化剂技术实现突破，成功开发出 CO 脱氢、合成草酸二甲酯偶联催化剂及加氢催化剂配方，为羰基合成乙二醇工业化装置提供技术支持。2013 年年初，乙酸车间根据创新研究成果，逐步调整生产工艺参数，实现乙酸产量增加及成本降低，成效显著。到 2014 年达到年产 53 万吨的能力，比 2012 年的年产 38 万吨提高 40%，生产成本降低 27%，降低乙酐生产成本 23.3%。两年内因产量增加和成本降低增收节支总额超过 10 个亿。在项目实施期间，引进培养技术人员 49 人，其中博士 2 人，硕士 21 人，申请并受理国家专利 18 项，获得授权专利 13 项，其中发明专利 3 项，授权实用新型 10 项，这些专利涉及催化剂制备、应用以及工艺装置等多个方面。

推荐部门：山东省德州市科技局

完成单位：山东华鲁恒升化工股份有限公司

（5）碳酸二甲酯联产乙二醇、丙二醇绿色生产技术

项目年度编号：gkls125983

成果类别：应用技术

限制使用：中国

中图分类号：TQ225.5

成果公布年份：2011 年

成果简介：碳酸二甲酯（DMC）是一种十分有用的有机合成中间体，能与多种醇、酚、胺及氨基醇等反应，从 DMC 出发可合成聚碳酸酯、异氰酸酯、氨基甲酸酯、丙二酸酯、丙二尿烷等许多化工产品。因此，它在制取高性能树脂、溶剂、染料中间体、药物、增香剂、食品防腐剂、润滑油填加剂、汽油添加剂等领域的应用越来越广泛。因而，DMC 已被称为当今有机合成的"新基石"。该项目采用了产品耦合、过程耦合的多重耦合过程强化技术、能量系统集成和塔设备单元强化技术等多项关键技术，突破性地解决了极其稳定的 CO_2 活性难题，利用工业废气二氧化碳和环氧乙烷（或环氧丙烷）生产绿色化学品碳酸二甲酯、联产乙（丙）二醇，使二氧化碳变废为宝，真正实现了低碳、环保、绿色、经济。该技术具有工艺简单、流程短、设备投资小、见效快、成本低、过程基本无"三废"等特点，是目前我国最具竞争力的生产工艺。与国外技术相比，该技术投资减少 75%、节能 90%、生产成本减少 50% 以上。经鉴定，该技术填补了我国相关方面的空白，达到了国际领先水平。

完成单位：华东理工大学

11.3.4.2 专利

（1）乙二醇塔抽真空装置

本实用新型公开了乙二醇塔抽真空装置，包括乙二醇塔及与乙二醇塔连接的乙二醇塔喷射器。其特征在于，所述乙二醇塔喷射器包括第一喷射泵、第一冷却器，第二喷射泵及第二冷却器，第一喷射泵与第一冷却器及第二喷射泵与第二冷却器之间均采用串联连接，所述第一喷射泵及第二喷射泵分别与高压蒸汽管道连接，所述高压蒸汽管道上设有用于调节管道压力的压力调节系统，所述乙二醇塔与第二喷射泵连接。本实用新型的有益效果是：采用高压蒸汽管道直接提供压力，并设置压力调节系统，以保证喷射泵的最佳蒸汽压力，提高了环氧乙烷装置乙二醇塔的稳定性和生产连续性，避免操作波动造成塔液泛现象。

专利类型：实用新型

申请（专利）号：CN201620768038.8

申请日期：2016 年 7 月 21 日

公开（公告）日：2016 年 12 月 28 日

公开（公告）号：CN205833112U

申请（专利权）人：浙江三江化工新材料有限公司

主权项：乙二醇塔抽真空装置包括乙二醇塔⑤及与乙二醇塔⑤连接的乙二醇塔喷射器。其特征在于，所述乙二醇塔喷射器包括第一喷射泵②、第一冷却器①，第二喷射泵④及第二冷却器③，第一喷射泵②与第一冷却器①之间、第二喷射泵④与第二冷却器③

之间均采用串联连接，所述第一喷射泵②及第二喷射泵④分别与高压蒸汽管道连接，所述高压蒸汽管道的压力值为 3.0～3.5MPa，所述高压蒸汽管道上设有用于调节管道压力的压力调节系统，所述乙二醇塔⑤与第一喷射泵②、第二喷射泵④连接，所述冷却水分别从第一冷却器①及第二冷却器③的底部流入，从顶部流出。

法律状态：授权

（2）一种脱除乙二醇中多种杂质的装置

本实用新型公开了一种脱除乙二醇中多种杂质的装置，该装置包括两台并联的第一精制反应器，由 2 段反应器单体构成的第二精制反应器，过滤器 A、过滤器 B、过滤器 C、乙二醇进料管、氮气管、反洗管、反洗液出口管。本实用新型的优点在于：流程简单，脱杂效果好，经济效益高；运行方式操作灵活，实现不停车换剂；第二精制反应器具有多段集合、结构紧凑，节约空间及投资，便于操作和管理的特点；反应器内设置了液体分布器，待精制液体乙二醇进入反应器通过液体分布器，既可以实现进料物流的均匀分布，又可以在反洗时拦截固体催化剂颗粒，避免流失；在反应器内的滤帽分布板上设置了多个滤帽，既能保证流量稳定，又可拦截固体催化剂颗粒，避免损失。

专利类型：实用新型

申请（专利）号：CN201621115349.0

申请日期：2016 年 10 月 12 日

公开（公告）日：2017 年 4 月 26 日

公开（公告）号：CN206127168U

申请（专利权）人：凯瑞环保科技股份有限公司

主权项：一种脱除乙二醇中多种杂质的装置，包括第一精制反应器 A㉑、第一精制反应器 B㉒、第二精制反应器㉓、过滤器 A㉕、过滤器 B㉛、过滤器 C㉙、乙二醇进料管⑲、氮气管⑳、反洗管㉝、反洗液出口管㉞。其特征在于：所述的乙二醇进料管⑲，进口与外部提供的含多种杂质的乙二醇装置连接，出口分为两路，一路与反洗管㉝的进口相连接，另一路分别与第一精制反应器 A、第一精制反应器 B 的液体入口相连接；第一精制反应器 A、第一精制反应器 B 的液体出口分别通过出口管 A㉔与过滤器 A㉕的进口相连接；过滤器 A 的出口通过出口管 B㉖与第二精制反应器的液体入口相连接；第二精制反应器的液体出口与过滤器 C㉙的进口相连接，过滤器 C 的出口通过出口管 C㉚与外部的乙二醇储存罐相连；所述的反洗管㉝进口与乙二醇进料管或外部提供反洗液乙二醇的装置相连接，出口分别与第一精制反应器 A、第一精制反应器 B、第二精制反应器的反洗液入口相连接，从而将反洗液导入至各反应器中；第一精制反应器 A、第一精制反应器 B、第二精制反应器的液体入口还与所述的反洗液出口管㉞的进口相连接，反洗液从各反应器的液体入口导出至反洗液出口管中；反洗液出口管的出口与过滤器 B㉛的进口相连接，过滤器 B 的出口通过出口管 D㉜与外部的乙二醇储存罐相连；所述的氮气管⑳进口与外部提供氮气的装置相连，出口分别与第一精制反应器 A、第一精制反应器 B、第二精制反应器的氮气入口相连接。

法律状态：授权

（3）生产乙酸酯和乙二醇的方法

本发明涉及一种乙酸酯和乙二醇的联产方法，主要解决现有乙酸酯生产工艺生成水，形成多种共沸物导致流程复杂、分离能耗高的技术问题。本发明通过采用在催化剂存在的条件下，在单个反应蒸馏塔中上部加入乙酸，下部加入 $C_1 \sim C_5$ 醇、环氧乙烷，乙酸和醇发生酯化反应生成乙酸酯和水，环氧乙烷与酯化反应生成的水反应联产乙二醇，反应蒸馏塔顶得到乙酸酯，塔釜得到乙二醇、二乙二醇、三乙二醇及聚乙二醇，再经过精馏分别得到乙二醇产品、二乙二醇产品、三乙二醇产品及聚乙二醇等重组分的技术方案，较好地解决了上述问题，可用于乙酸酯和乙二醇的联产工业生产。

专利类型：发明专利

申请（专利）号：CN201510172179.3

申请日期：2015 年 4 月 13 日

公开（公告）日：2016 年 11 月 23 日

公开（公告）号：CN106146299A

申请（专利权）人：中国石油化工股份有限公司　中国石油上海石油化工研究院

主权项：一种乙酸酯和乙二醇的联产方法，其特征在于，在催化剂存在的条件下，乙酸和醇发生酯化反应生成乙酸酯和水，环氧乙烷与酯化反应生成的水反应联产乙二醇。其工艺步骤：①在单个反应精馏塔上部加入乙酸，下部加入醇和环氧乙烷的混合物，乙酸进料位置到塔顶为精馏段，乙酸进料位置与醇和环氧乙烷的混合物进料位置之间为反应段，醇和环氧乙烷的混合物进料位置到塔釜为提馏段；②精馏段填充填料，反应段填充催化剂和填料，提馏段填充填料；③乙酸和醇发生酯化反应生成乙酸酯和水，同时环氧乙烷与酯化反应生成的水发生水合反应生成乙二醇；④通过反应精馏塔的精馏作用，反应精馏塔顶得到乙酸酯产品，塔釜得到乙二醇、二乙二醇、三乙二醇及聚乙二醇；⑤反应精馏塔釜液经过精馏分别得到乙二醇、二乙二醇、三乙二醇及聚乙二醇等重组分。

法律状态：公开

（4）一种生产碳酸二甲酯和乙二醇的工艺

本发明涉及一种生产碳酸二甲酯和乙二醇的工艺，其工艺包括以下五个步骤：①使用离子液体复合催化剂催化环氧乙烷和二氧化碳反应生成碳酸乙烯酯的羰基化步骤；②将步骤①中含有离子液体复合催化剂的碳酸乙烯酯溶液与甲醇在反应精馏塔中进行酯交换反应和产物分离的醇解步骤；③从步骤②反应精馏塔塔顶冷凝液中提纯和精制碳酸二甲酯的步骤；④从步骤②反应精馏塔釜液中分离、转化和精制乙二醇的步骤；⑤步骤④中离子液体复合催化剂循环到步骤①的催化剂循环步骤。该工艺具有碳酸乙烯酯单程转化率高、工艺流程简单、设备投资小、废弃物排放少、能耗低等特点，使企业具有更强的竞争力。

专利类型：发明专利

申请（专利）号：CN201510076304.0

申请日期：2015 年 2 月 12 日

公开（公告）日：2015 年 7 月 8 日

公开（公告）号：CN104761429A

申请（专利权）人：中国科学院过程工程研究所

主权项：一种生产碳酸二甲酯和乙二醇的工艺，适用于离子液体复合催化剂催化生产碳酸二甲酯和乙二醇的工艺，其工艺流程如下。①羰基化步骤。以环氧乙烷和二氧化碳为原料，在离子液体复合催化剂催化下生成碳酸乙烯酯，反应产物经闪蒸罐进行闪蒸、气液分离，气相为二氧化碳，循环至碳酸乙烯酯合成反应器入口，液相为含离子液体复合催化剂的碳酸乙烯酯和少量二氧化碳混合物。②醇解步骤。步骤①中闪蒸罐底部液相物料和甲醇在反应精馏塔中进行酯交换反应和产物分离，塔顶采出的不凝气返回至步骤①中碳酸乙烯酯合成反应器入口；塔顶采出的冷凝液为含有碳酸二甲酯的甲醇溶液，输送至提纯和精制碳酸二甲酯步骤③的碳酸二甲酯精制塔中；塔釜采出含离子液体复合催化剂的乙二醇、少量未反应的碳酸乙烯酯、甲醇和碳酸二甲酯的混合物，输送至分离、转化和精制乙二醇步骤④的乙二醇分离塔中。③提纯和精制碳酸二甲酯步骤。将步骤②中反应精馏塔塔顶冷凝液馏分在碳酸二甲酯精制塔中进行分离，塔顶采出的含有少量碳酸二甲酯的甲醇溶液循环至步骤②的反应精馏塔中，塔釜采出碳酸二甲酯产品。④分离、转化和精制乙二醇步骤。步骤②中反应精馏塔塔釜液经乙二醇分离塔、水解反应器、乙二醇精制塔分离、转化和精制得到乙二醇产品，步骤②中反应精馏塔塔釜液经乙二醇分离塔分离，乙二醇分离塔塔顶冷凝液为含有碳酸二甲酯的甲醇溶液，循环至步骤③的碳酸二甲酯精制塔中，乙二醇分离塔釜液经水解反应器将未反应的碳酸乙烯酯转化为二氧化碳和乙二醇，水解反应器顶部排出的二氧化碳循环至步骤①中碳酸乙烯酯合成反应器入口，水解反应器底部排出的混合物经乙二醇精制塔分离，乙二醇精制塔塔顶采出水、碳酸二甲酯和乙二醇；乙二醇精制塔中部采出乙二醇产品；乙二醇精制塔塔釜采出离子液体复合催化剂。⑤离子液体复合催化剂循环步骤。将步骤④中采出的离子液体复合催化剂循环至步骤①中碳酸乙烯酯合成反应器入口，循环利用。

法律状态：公开，实质审查的生效

11.4　产品的分级和质量规格

11.4.1　产品的分级

工业用乙二醇可以分为优级品、一级品和合格品三种规格。具体指标见表 11.9。

表 11.9 工业用乙二醇产品标准

指标名称		指标		
		优级品	一级品	合格品
外观		无色透明，无机械杂质		
色度（铂-钴）				
加热前/号	≤	5	15	40
加盐酸加热后/号	≤	20	—	—
密度（20℃）/(g/cm³)		1.1128～1.1138	1.1125～1.1140	1.1120～1.1150
沸程（在 0℃，0.10133MPa）				
初馏点/℃	≥	196	195	193
干点/℃	≤	199	200	204
水分/%	≤	0.1	0.2	
酸度（以乙酸计）/%	≤	0.002	0.005	0.01
铁含量（以 Fe 计）/%	≤	0.00001	0.0005	
灰分/%	≤	0.001	0.002	
二乙二醇和三乙二醇/%	≤	0.1	1.0	—
醛含量（以甲醛计）/%	≤	0.001	—	
紫外透光率/%				
220nm	≥	70		
275nm	≥	90		
350nm	≥	98		

注：紫外线透光率仅对供出口优级品测定。

11.4.2 标准类型

表 11.10 是全球乙二醇的标准类型。

表 11.10 全球乙二醇的标准类型

项目	标准编号	发布单位	发布日期	状态	中图分类号	国际标准分类号	国别
乙二醇、二乙二醇、三乙二醇中氯含量的测定离子色谱法[①]	SN/T 4244—2015	CN-SN	2015 年 1 月 1 日	现行			中国
乙二醇单位产品能源消耗限额[②]	GB 32048—2015	CN-GB	2016 年 10 月 1 日	现行	TK TL	27.010	中国
工业用乙二醇[③]	GB/T 4649—2008/XG1—2009	CN-GB	2009 年 7 月 1 日	现行	TQ204	71.080.60	中国

项目	标准编号	发布单位	发布日期	状态	中图分类号	国际标准分类号	国别
发动机冷却液级乙二醇的标准规格	ASTM E1177—2014	US-ASTM	2014 年 1 月 1 日	现行		71.080.60 71.100.45	美国
乙二醇和丙二醇分析的标准试验方法	ASTM E202—2012	US-ASTM	2014 年 1 月 1 日	现行		71.080.60	美国

① 本标准规定了我国乙二醇、二乙二醇、三乙二醇中无机氯含量的离子色谱测定方法。本标准适用于乙二醇、二乙二醇、三乙二醇中无机氯含量的测定，测定下限为 0.02 mg/L。

② 本标准规定了我国乙二醇单位产品能源消耗（简称能耗）限额的技术要求、统计范围和计算方法、节能管理与措施。本标准适用于乙烯法和合成气法乙二醇生产企业单位产品能耗的计算、考核，以及对新建或改扩建项目的能耗控制。

③ 本标准规定了工业用乙二醇的技术要求、试验方法、检验规则、标志、包装、运输、储存和安全要求。本标准适用于乙烯直接氧化得到环氧乙烷再经水合制成的工业用乙二醇。本产品主要作为生产聚酯、醇酸树脂的单体及电解电容器的电解液。此外还可用作抗冻剂、增塑剂、溶剂等。乙二醇分子式为 $C_2H_6O_2$，分子量为 62.069（按 2001 年国际相对原子质量）。

11.5 毒性与防护

11.5.1 危险性概述

健康危害：吸入中毒表现为反复发作性昏厥，并伴有眼球震颤，淋巴细胞增多。经口后急性中毒分三个阶段：第一阶段主要为中枢神经系统症状，轻者似乙醇中毒表现，重者迅速昏迷、抽搐，最后死亡；第二阶段，心肺症状明显，严重病例可有肺水肿，支气管肺炎，心力衰竭；第三阶段主要表现为不同程度肾功能衰竭。本品一次经口致死量估计为 1.4mL/kg（1.56g/kg），即总量为 70～84mL。

燃爆危险：本品可燃。

11.5.2 急救措施

皮肤接触：脱去污染的衣着，用流动清水冲洗。

眼睛接触：大量水清洗眼睑。

吸入：迅速离开现场，呼吸新鲜空气，保持呼吸道通畅，并且及时就医。

食入：大量饮用温水。

11.5.3 消防措施

先将容器从火场移到空旷处。喷水保持火场容器冷却，直至灭火结束。处在火场中的容器若已经变色或从安全卸压装置中产生声音，必须马上撤离。

11.5.4 泄漏应急处理

迅速撤离污染区人员到安全地点，并且进行隔离，严格限制出入。切断火源。建议应急处理人员戴自吸过滤防毒面罩。尽可能切断泄漏源，防止流入下水道、排洪沟等限制性空间。

当泄漏量比较少的时候，可以用砂土、蛭石或其他惰性材料吸收，也可以用不燃性分散剂制成的乳液洗刷。

大量泄漏的时候，建筑围堤或挖坑收容。用泵转移至槽车或者专用收集器内。

11.6 操作处置与储存

11.6.1 操作注意事项

密封存放在通风条件好的地方。操作人员需经过专业的培训，严格遵守操作规程。建议操作人员佩戴防毒面具，戴防护眼镜，戴化学品手套。远离火种、热源，工作场所严谨吸烟。使用防爆型通风系统和设备。防止蒸气泄漏到工作场所。避免与氧化剂、酸类接触，搬运要轻，保持包装完整，防止洒漏。配备相应品种和数量的消防器材及泄漏应急处理设备。

11.6.2 储存注意事项

储存于阴凉、通风的库房。远离火种、热源。与氧化剂、酸类分开存放，切忌混储。配备相应品种和数量的消防器材。储区应备有泄漏应急处理设备和适合的收容材料。

11.7 经济概况

11.7.1 全球概况

2010～2015 年全球乙二醇生产能力及产量如表 11.11 所示，乙二醇全球产能的年均增长率为 4.4%，全球产量的年均增长率为 5.7%。2015 年，全球乙二醇生产能力主要集中在亚洲（占 46%）、中东（占 31%）及北美地区（占 15%）。

表 11.11　2010～2015 年全球乙二醇产能和产量

年份	产能/(万吨/年)	产量/(万吨/年)	开工率/%
2010 年	2500	2085	83.4
2011 年	2500	2100	84.0
2012 年	2522	2200	87.2
2013 年	2672	2350	87.9
2014 年	2750	2500	90.9
2015 年	3100	2750	88.7
2010～2015 年期间的年均增长率	4.4%	5.7%	—

2015 年，全球乙二醇的消费主要集中在亚洲和北美地区，这两个地区消费乙二醇的数量占全球总消费量的 75% 和 11%。全球乙二醇的下游消费领域中聚酯约占 85%，防冻

剂占 8%，其余 7%用于生产其他中间体及用作溶剂。

11.7.2 我国乙二醇的概况

我国是全球聚酯生产大国，对乙二醇的需求量非常大，但是自给率很低，进口数量持续快速增长。2010～2015 年我国乙二醇供需情况见表 11.12，产能的年均增长率为 16.6%，产量的年均增长率为 19.6%，远高于全球平均水平，自给率逐年上升。

2015 年，我国乙二醇产量占全球产量的 20%，消费量占全球消费量的 52%，仍然主要依赖进口。2015 年，我国乙二醇的主要生产能力集中在华东地区和中南地区，分别占全部产能的 47%和 28%。

我国的乙二醇 95%以上用于生产 PET，约 3%用于配制防冻剂，还有少量应用于精细化工领域和作为溶剂使用。华东地区是我国 PET 生产聚集地，我国约 95%的 PET 生产集中于此，因此，华东地区是我国乙二醇最大的消费地区。

表 11.12　2010～2015 年我国乙二醇供需情况

年份	产能/(万吨/年)	产量/(万吨/年)	进口量/(万吨/年)	出口量/(万吨/年)	表观需求量/(万吨/年)	缺口量/(万吨/年)	自给率/%
2010 年	336.3	227.1	664.4	0.5	891.0	663.9	25.5
2011 年	336.3	270.0	727.0	0.6	996.4	726.4	27.1
2012 年	336.3	275.0	796.5	1.1	1070.4	795.4	25.7
2013 年	489.2	320.0	824.6	0.5	1144.1	824.1	28.0
2014 年	552.2	442.6	845.0	0.6	1287.0	844.4	34.4
2015 年	724.0	555.0	877.2	2.0	1430.2	875.2	38.8
2010～2015 年期间的年均增长率	16.6%	19.6%	5.7%	—	9.9%	5.7%	8.8%

我国乙二醇产能短期内还无法满足市场需求，近期还主要依赖进口。预计在未来 5 年，我国是世界聚酯生产大国的地位不会改变，对乙二醇的需求依然旺盛。随着我国合成气制乙二醇生产工艺的逐步成熟，我国乙二醇自给率将逐渐提高，但对外依存度仍然较高。

2011～2016 年我国乙二醇的总需求、进口量及所占比例，见图 11.3。

11.7.3 产业化发展现状

我国乙二醇的主要生产企业有 30 家，大多数仍为国有大型石化企业。工艺技术方面，石油乙烯环氧乙烷路线、煤基草酸二甲酯加氢路线、煤基 MTO 环氧乙烷路线分别占全部产能的 68%、26%和 7%。目前我国已经建成投产的合成气制乙二醇装置共有 11 套，总产能为 205 万吨/年。

我国合成气制乙二醇装置产能见表 11.13。

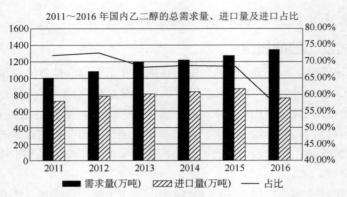

图 11.3　2011～2016 年我国乙二醇的总需求、进口量及所占比例

表 11.13　我国合成气制乙二醇已投产项目统计　　单位：万吨/年

序号	公司名称	规模	地点	技术	投产日期
1	通辽金煤化工	20	通辽	通辽金煤[①]	2009 年年底
2	河南新乡永金化工	20	河南新乡	通辽金煤	2012 年 7 月 26 日
3	河南濮阳永金化工	20	河南濮阳	通辽金煤	2012 年 10 月
4	河南安阳永金化工	20	河南安阳	通辽金煤	2012 年 11 月
5	新疆天智辰业化工	5	新疆石河子	高化学	2013 年 1 月
6	山东华鲁恒升化工	5	山东德州	华鲁恒升[②]	2012 年 5 月
7	中石化湖北化肥	20	湖北枝江	中石化	2013 年 12 月
8	新疆天智辰业化工二期	20	新疆石河子	高化学	2015 年 3 月 8 日
9	新杭能源（西部新时代）	30	内蒙古鄂尔多斯	上海浦景[③]	2015 年 1 月 27 日
10	安徽淮化集团	10	安徽淮南	上海浦景	2015 年 3 月 25 日
11	阳泉煤业深州项目	22	河北深州	五环[④]	2015 年 7 月 25 日
12	阳泉煤业寿阳项目	20	山西寿阳	高化学	2016 年 11 月 16 日
13	河南永城永金化工	20	河南永城	通辽金煤	2016 年 12 月
14	河北辛集化工	6	河北辛集	西南院	2017 年第二季度
15	新疆天智辰业化工三期	10	新疆石河子	高化学	2017 年第四季度（预计）
16	阳泉煤业平定项目	20	山西阳泉	上海浦景	2017 年 4 月 30 日
17	中盐红四方	30	安徽合肥	高化学	2017 年第四季度（预计）
18	利华益集团	20	山东利津	高化学	2017 年第四季度（预计）
19	河南洛阳永金化工	20	河南洛阳	通辽金煤	2017 年第二季度
20	内蒙古康乃尔集团一期	30	内蒙古通辽	高化学	2018 年
21	贵州黔希煤化工	30	贵州黔西	高化学	2018 年

序号	公司名称	规模	地点	技术	投产日期
22	新疆兵团天盈石化一期(天然气)	15	新疆阿拉尔	高化学	2018 年
23	陕煤渭化集团	30	陕西郴州	高化学	2018 年
24	易高煤化工	25	鄂尔多斯	上海浦景	在建
25	新疆胜沃	40	奎屯	上海浦景	2017 年 3 月 30 日

① 通辽金煤-福建物构所-丹化科技。

② 宁波中科远东-成达工程公司-中科院宁波材料所-华鲁恒升。

③ 华东理工-安徽淮化-上海浦景。

④ 湖北华烁-五环工程公司-鹤壁宝马 WHB 技术。

我国煤制乙二醇项目进展概况，见表 11.14。

表 11.14　我国煤制乙二醇项目进展概况　单位：万吨/年

公司名称	产能	技术	运行日期
内蒙古通辽金煤化工有限公司	20.0	中科院福建物构所	2009 年
河南永金濮阳化工有限公司	20.0	中科院福建物构所	2012 年下半年
河南永金安阳化工有限公司	20.0	中科院福建物构所	2012 年 11 月
河南永金新乡化工有限公司	20.0	中科院福建物构所	2012 年
新疆天业集团有限公司	5.0	宇部兴产/高化学	2013 年 1 月
山东华鲁恒升集团有限公司	5.0	上海戊正	2012 年下半年
中石化湖北化肥分公司	20.0	中石化上海研究院	2014 年 3 月
已建成项目 7 个，合计产能：110 万吨			
河南永金洛阳化工有限公司	20.0	中科院福建物构所	2014 年四季度
鄂尔多斯新杭能源有限公司	30.0	上海浦景	2014 年 12 月
新疆天智辰业有限公司	20.0	宇部兴产/高化学	2014 年 12 月底
2014 年底投产项目 3 个，产能合计：70 万吨			
山东久泰能源集团	10.0	久泰技术	暂停
河南永金永成煤化工有限公司	20.0	中科院福建物构所	2015 年(目前已建成)
内蒙古博源苏尼特碱业有限公司	10.0	宇部兴产/高化学	暂停
贵州黔希煤化工集团	30.0	宇部兴产/高化学	在建
阳煤集团深州化肥有限公司	22.0	中国五环工程有限公司	2016 年 3 月开车
内蒙古双欣环保材料股份有限公司	10.0	中国五环工程有限公司	暂停
河南开祥天源化工有限公司(义马集团)	20.0	中国五环工程有限公司	暂停

公司名称	产能	技术	运行日期
2015 年投产项目 7 个，产能合计：122 万吨			
新疆生产建设兵团农业建设第十师	22.0	中国五环工程有限公司	计划明年动工
鹤壁宝马集团	25.0	中国五环工程有限公司	未定
宁夏宝塔联合化工有限公司	20.0	中国五环工程有限公司	刚签合同
山西襄矿泓通煤化工有限公司	20.0	毁约，改签上海浦景	在建
中安联合煤化有限责任公司	60.0		2018 年
皖北煤电淮化集团	10.0	上海浦景	还在论证阶段
山东能源集团 呼伦贝尔能源化工有限公司	40.0		还在论证阶段
内蒙古久泰能源有限公司	50.0	久泰技术	还在论证阶段
内蒙古康乃尔化学工业有限公司	60.0	宇部兴产/高化学	在建，暂停
内蒙古开滦化工有限公司	40.0	宇部兴产/高化学	在建，暂停
阳煤集团内蒙古（锡林浩特）	20.0		还在论证阶段
阳煤寿阳化工有限公司	40.0	宇部兴产/高化学	已于 2016 年 11 月投产
阳煤集团平定化工有限公司	40.0	上海浦景	已于 2017 年 4 月投产
陕煤化集团彬长矿业公司	30.0	宇部兴产/高化学	在建
中石化鹤岗分公司	30.0		还在论证阶段
中盐安徽红四方股份有限公司	30.0	宇部兴产/高化学	在建
神华陶氏榆林	40.0		还在论证阶段
江苏盐城和通辽金煤有限公司	120.0		2014 年 9 月签合同
浙江荣盛控股集团有限公司	40.0	上海戊正和寰球	还在论证阶段
已通过审批项目 19 个，产能合计：737 万吨			
据统计，截至目前中国所有乙二醇项目产能达 1039 万吨			

11.8 用途

乙二醇作为一种高值的化工有机原料，被广泛用于聚酯树脂、聚酯纤维或防冻剂的原材料，近年来我国的需求量连年增加，但目前我国乙二醇生产还处于供不应求的状况，因此在我国发展乙二醇产业具有良好的市场前景。

乙二醇加工产品应用流向渠道，见图 11.4。

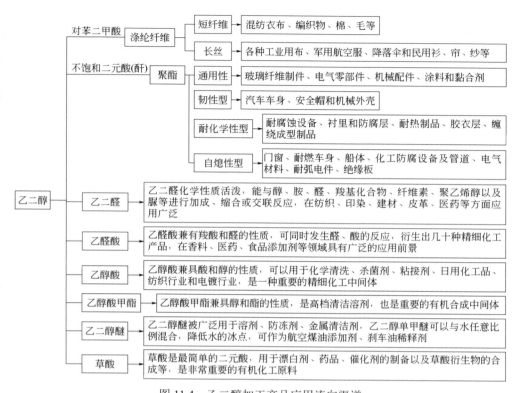

图 11.4　乙二醇加工产品应用流向渠道

参 考 文 献

[1] 陈冠荣. 化工百科全书：第 18 卷. 北京：化学工业出版社，1995：753.

[2] 安学琴. 煤制乙二醇市场、生产技术现状及产业化进展. 第十一届我国煤化工技术、信息交流会暨"十二五"产业发展研讨会，2012.

[3] 蔡丽娟. 乙二醇生产技术的发展及比较分析. 煤化工，2013，41（5）：59-62.

[4] 崔海涛. 乙二醇合成工艺进展及前景分析. 当代化工，2017，46（3）：503-506.

[5] 草酸二甲酯加氢制乙二醇铜基催化剂研究. 青岛科技大学研究生学位论文，2013.

[6] 杨英，等. 煤化工路线合成乙二醇技术及产业化进展. 石油化工，2012.

[7] 徐安阳，等. 甲醇与甲醛合成乙二醇的研究. 精细石油化工进展，2009，10（10）：18-20.

[8] 乙二醇科技成果和专利. 国家图书馆，2017.

[9] 乙二醇标准. 国家图书馆，2017.

[10] 李代红，等. 合成气制乙二醇市场及技术进展. 现代化工，2017，（1）：5-8.

[11] 洪海. 我国煤制乙二醇研究与产业化进展. 第十届我国煤化工技术、信息交流会暨"十二五"产业发展研讨会，2011.

第12章
甲硫醇

韩利　吉林森工化工有限责任公司　工程师

12.1　概述

　　甲硫醇（methanethiol sulfhydrate）又称硫氢甲烷（CAS 号：74-93-1），作为一种重要的有机合成中间体，在农药、医药、食品添加剂、合成材料、饲料等方面有着广泛的应用。早在 1834 年 Zeise 首先报道硫醇的制备，如乙硫醇。1930 年国际化学联合会(IUCC)才把硫醇称为 "thiols"，如甲硫醇 CH_3SH 的英文名称为 methanethiol sulfhydrate。

12.2　性能

12.2.1　结构

　　结构式：$HS\text{—}CH_3$
　　分子式：CH_4S

12.2.2　物理性质

　　甲硫醇的物理性质如表 12.1 所示。

12.2.3　化学性质

　　① 加热下甲硫醇分解生成有毒的硫的氧化物。

$$CH_3SH + 3O_2 \longrightarrow SO_2 + CO_2 + 2H_2O$$

　　② 将甲硫醇加成到乙烯键上得到二烷基硫化物。

$$CH_3SH + H_2C{=\!=}CH_2 \longrightarrow CH_3S\text{—}CH_2\text{—}CH_3$$

　　③ 甲硫醇与丙烯醛反应，吡啶作催化剂，生成高产量的 3-甲硫基丙醛，之后用 HCN 和 NH_3 处理，后者水解生成 DL-甲硫氨酸（蛋氨酸）。

表 12.1　甲硫醇的物理性质

项目	数值	项目	数值
熔点/K	150.15	表面张力（25℃）/(mN/m)	23.84
熔化热/(kJ/kg)	122.792	沸点/K	279.11
比热容/[J/(mol·K)]		液体相对密度（水=1）	
饱和蒸气的定压比热容 c_p（15.6℃）	49.491	d_4^{20}	0.8665
液体摩尔比热容（21.1℃）	88.415	d_4^{25}	0.8599
临界温度/K	469.95	气体相对密度（20℃，空气=1）	1.66
临界压力/MPa	7.23	临界摩尔体积/(cm³/mol)	145
临界密度/(g/cm³)	0.3318	临界压缩系数	0.268
溶解度（15℃）/(g/L)	23.30		

$$CH_3SH + H_2C = CHCHO \xrightarrow{\text{吡啶}} CH_3SCH_2CH_2CHO$$

$$CH_3SCH_2CH_2CHO + HCN \longrightarrow CH_3SCH_2CH_2CHOHCN \xrightarrow{NH_3} CH_3SCH_2CH_2CH(NH_2)CN$$
2-羟基-4-甲硫基丁腈　　　　　　　2-氨基-4-甲硫基丁腈

$$CH_3SCH_2CH_2CH(NH_2)CN \xrightarrow{\text{水解}} CH_3SCH_2CH_2CH(NH_2)COOH$$
2-氨基-4-甲硫基丁腈　　　　　　DL-甲硫氨酸（蛋氨酸）

12.3　生产方法

甲硫醇的生产方法按原料路线分为以下 11 种：①氯甲烷-硫化碱法；②硫脲-硫酸二甲酯法；③硫化碱-硫酸二甲酯法；④甲醇-硫化氢气相催化反应法；⑤高硫合成气一步法；⑥二甲基亚砜分解法；⑦CS₂ 与 H₂ 反应法；⑧甲硫醇钠盐部分水解法；⑨卤代烃和碱金属硫氰化物或硫代硫酸钠反应法；⑩CS₂-甲醇催化合成法；⑪CO(或 CO₂)-硫化氢催化合成法。工业化装置只有硫脲-硫酸二甲酯法和甲醇-硫化氢气相催化反应法。

12.3.1　氯甲烷-硫化碱法

该方法是在低温高压反应釜内加入 20%NaHS 水溶液，再加入液体 CH₃Cl，同时用低温盐水控制反应速度进行，缺点是成本高，收率低，有污染，有副产物甲硫醚，适宜小规模生产。

12.3.2　硫脲-硫酸二甲酯法

将水加入反应釜中，加入 CH₄N₂S，然后滴加(CH₃)₂SO₄，在水相中反应生成 S-甲基异硫脲硫酸盐。当温度自然升至 80～90℃时，加热至 120℃，反应至物料呈黏稠状为佳。在 95% 乙醇中结晶，将晶体过滤分离，滤液浓缩后再于乙醇中结晶分离得到另一批晶体，然后将得到的甲基异硫脲硫酸盐在 50～60℃下加 5 mol/L NaOH 进行水解反应，即得到甲硫醇。

该方法多用于实验室和医药厂制备甲硫醇，得率高，污染小，能从反应液中回收一种经济价值较高的副产品双氰胺，还可以用于生产分子量更大的硫醇类化合物，是工业大规模生产的理想方法。原料昂贵导致产品成本较高。

硫脲与硫酸二甲酯在水相中反应生成甲基异硫脲硫酸盐，经结晶过滤分离，再在烧碱溶液中分解生成甲硫醇，反应式如下：

$$CH_4N_2S + (CH_3)_2SO_4 \longrightarrow C_2H_6N_2S \cdot H_2SO_4$$

$$C_2H_6N_2S \cdot H_2SO_4 + 2NaOH \longrightarrow 2CH_3SH + C_2N_4H_4 + Na_2SO_4 + 2H_2O$$

国内主要采用硫脲-硫酸二甲酯法生产甲硫醇。

12.3.3　硫氢化钠-硫酸二甲酯法

硫氢化钠与硫酸二甲酯在 60℃ 左右反应，甲硫醇经多级脱硫化氢后，用碱液吸收而形成甲硫醇钠。硫氢化钠-硫酸二甲酯法是农药厂家普遍采用的一种方法，过程简单、易操作，但废液排放较多。尾气可用碱液吸收，如果设备、安装良好，废气气味较小。反应式如下：

$$NaHS + (CH_3)_2SO_4 \longrightarrow CH_3SH + Na_2SO_4$$

12.3.4　甲醇-硫化氢气相催化反应法

用于蛋氨酸合成原料之一的甲硫醇主要由此方法制成。此法具有原料价格优势，适合规模化生产，在法国、日本、美国、德国均有万吨以上的装置，山东兴武集团公司的甲硫醇生产也采用此法。以硫化氢和甲醇为原料，经加压、预热、进入反应器进行气相催化反应，在 300～500℃、0.9～1.4 MPa 的条件下反应，生成甲硫醇和甲硫醚的混合物，再经冷却、分离、精馏、生产出产品甲硫醇，甲硫醚则根据需要或经再次反应生成甲硫醇回收，或作为产品出售。甲醇-硫化氢法的反应式如下：

$$H_2S + CH_3OH \longrightarrow CH_3SH + H_2O$$

$$CH_3SH + CH_3OH \longrightarrow CH_3SCH_3 + H_2O$$

$$CH_3SCH_3 + H_2S \longrightarrow 2CH_3SH$$

国外主要采用甲醇-硫化氢气相催化反应法生产甲硫醇。

结合目前化工厂以及石油提炼厂等排放出大量的硫化氢气体对环境造成严重污染和国内甲醇市场严重饱和的现状，硫化氢甲醇法合成甲硫醇工艺成为当前领域研究热点。硫化氢与甲醇在载有钨酸钾的活性氧化铝催化下反应生成甲硫醇，甲硫醇再与丙烯醛发生加成反应后水解可得ＤＬ-蛋氨酸。该法具有原料易得、收率高、"三废"易处理、生产成本低、产品竞争力强等特点。用硫化氢与甲醇反应生成甲硫醇来生产蛋氨酸，可降低蛋氨酸的成本，缩短生产流程。硫化氢-甲醇气相合成法工艺流程见图 12.1。

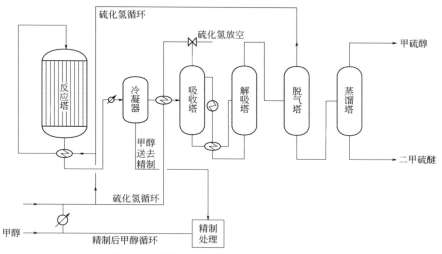

图 12.1　硫化氢-甲醇气相合成法工艺流程

12.3.5　CO(或 CO$_2$)-硫化氢催化合成法

20 世纪 60 年代，国外开始研究 CO(或 CO$_2$)-硫化氢催化合成法，并且取得了可喜的成绩。在日本，采用铁、锌、镍、铬、钴或钼系催化剂，以碱金属或有机胺为助催化剂，在一定温度和压力下可得到较高收率的甲硫醇。但该路线流程长，费用高，原料消耗多，严重制约了其发展。

12.3.6　CS$_2$-甲醇催化合成法

该法常用的催化剂有硫化镉-氧化铝等，因副反应的影响，该工艺所需设备多，操作费用高。据报道，将ⅥB 族元素碱金属含氧酸盐负载在硅酸铝或氧化铝上作为催化剂，可降低反应温度，提高产率。

12.3.7　卤代烃和碱金属硫氰化物或硫代硫酸钠反应法

卤代烃和碱金属硫氰化物或硫代硫酸钠反应得到硫醇和氯化钠：

$$CH_3Cl + NaSH \longrightarrow CH_3SH + NaCl$$

一般情况下，可在硫氰氢与硫钠化合物或苛性钠的甲醇溶液中反应制得甲硫醇，将其蒸馏分离可得纯品，甲基氯可用硫酸甲酯、甲基硫酸钠代替。

12.3.8　甲硫醇钠盐部分水解

甲硫醇钠盐部分水解生成甲硫醇和氢氧化钠：

$$CH_3SNa + H_2O \longrightarrow CH_3SH + NaOH$$

12.3.9　CS$_2$ 与 H$_2$ 反应法

钴作催化剂，在 250℃下使 CS$_2$ 与 H$_2$ 反应生成甲硫醇：

$$CS_2 + 3H_2 \longrightarrow CH_3SH + H_2S$$

12.3.10 二甲基亚砜分解法

二甲基亚砜在 189℃下缓慢分解生成甲硫醇、甲醛、水、二甲硫醇基甲烷、二甲基二硫化物、二甲砜和甲硫醚的混合物。酸、乙二醇或酰胺可加速此分解。

二甲基亚砜首先发生 Pummerer 反应制得甲硫醇基甲醇：

$$(CH_3)_2SO \longrightarrow CH_3SCH_2OH$$

甲硫醇基甲醇不稳定，随即发生下述反应：

$$CH_3SCH_2OH \Longleftrightarrow CH_3SH + HCHO$$

$$2CH_3SH + HCHO \Longleftrightarrow CH_3SCH_2SCH_3 + H_2O$$

$$2CH_3SH + (CH_3)_2SO \longrightarrow CH_3SSCH_3 + CH_3SCH_3 + H_2O$$

$$2(CH_3)_2SO \longrightarrow CH_3SO_2CH_3 + CH_3SCH_3$$

12.3.11 高硫合成气一步法

该法是一种创新的工艺路线。研究人员在考查硫化氢对合成气制低碳混合醇的硫化钼基催化剂抗硫性的影响时发现，当合成气中添加硫化氢含量>1.6%时，混合醇消失，而甲硫醇为主要产物；负载型钼基催化剂在 0.2 MPa 下，甲硫醇的选择性为98%，产率达 0.75g/(h·g 催化剂)，且催化剂使用寿命长。

12.3.12 生产工艺评述

（1）技术特点的比较

甲硫醇各种工艺优缺点的比较，详见表 12.2。

表 12.2　甲硫醇各种工艺的优缺点

生产工艺	优点	缺点
高硫合成气一步法	a. 催化剂使用寿命长；b. 甲硫醇的选择性高	
二甲基亚砜分解法		混合物多
CS₂-甲醇催化合成法		a. 所需设备多；b. 操作费用高
CO(或 CO₂)-硫化氢催化合成法		a. 流程长；b. 费用高；c. 原料消耗多
甲醇-硫化氢气相催化反应法	a. 原料价格优势；b. 优化地利用了该过程中释放出来的能量流；c. 甲醇可全部转化；d. 甲硫醇的总收率可达 92%	
硫氢化钠-硫酸二甲酯法	a. 过程简单；b. 易操作	a. 废液排放较多；b. 有废气味

生产工艺	优点	缺点
氯甲烷-硫化碱法	适宜小规模生产	a. 成本高；b. 收率低；c. 有污染；d. 有副产物甲硫醚
硫脲-硫酸二甲酯法	a. 得率高；b. 污染小；c. 适宜大规模生产	a. 原料昂贵；b. 成本较高

鉴于目前国内现状，硫脲-硫酸二甲酯法仍具有发展潜力。甲醇-硫化氢气相催化反应法是这些生产工艺中最具有竞争力的、也是最具有发展潜力的工艺。

（2）主要技术难点

一般脱硫装置处理后的硫化氢含量较高、较清洁，如川中的酸性天然气处理后硫化氢含量高达 92%以上，可直接合成甲硫醇，关键是目前国内技术不过关。

12.3.13　专利

甲硫醇尾气的处理方法

简介：本发明涉及一种甲硫醇尾气的处理方法，属于废气处理方法领域。所述的甲硫醇尾气的处理方法包括以下步骤：将甲硫基化生产过程中产生的含甲硫醇的废水导入反应器，用盐酸调节 pH，将含甲硫醇的尾气与氯气按一定比例分别通入反应器内，氯气通过反应器内的分布盘鼓泡与甲硫醇气体充分接触，反应过程控制温度为 25～55℃，反应中通过喷射泵保持微负压，以便抽走生成的氯化氢，喷射泵用 20%的碱液打循环，反应结束，反应器内物料用 30%的碱液进行水解，成盐的废水送废水处理系统，达标排放。本发明有其独特的优越性，治理成本低、设备费用投资少、操作工艺简单，而且氯氧化法将甲硫醇转化为其他基团，并水解成无机盐，从根本上达到处理效果。

专利类型：发明专利

申请（专利）号：CN201410565860.X

申请日期：2014 年 10 月 22 日

公开（公告）日：2015 年 2 月 25 日

公开（公告）号：CN104368227A

申请（专利权）人：陕西华陆化工环保有限公司

主权项：甲硫醇尾气的处理方法，包括以下步骤，将甲硫基化生产过程中产生的含甲硫醇的废水导入反应器，用盐酸调节 pH，将含甲硫醇的尾气与氯气按一定比例分别通入反应器内，氯气通过反应器内的分布盘鼓泡与甲硫醇气体充分接触，反应过程控制温度为 25～55℃，反应中通过喷射泵保持微负压，以便抽走生成的氯化氢，喷射泵用 20%的碱液打循环，反应结束，反应器内物料用 30%的碱液进行水解，成盐的废水送废水处理系统，达标排放

法律状态：公开

12.4 产品的分级

12.4.1 甲硫醇的产品规格

表 12.3 可以看出甲硫醇的产品规格及质量标准。

表 12.3 甲硫醇的产品规格及质量标准

项目	前苏联	美国空气产品公司
纯度/%	≥98	≥99.5
杂质		
硫化氢/%	≤0.3	≤0.2
甲醇/%	≤1.3	≤0.1
甲硫醚/%		0.2

12.4.2 标准类型

表 12.4 可以看出我国甲硫醇的标准类型。

表 12.4 我国甲硫醇的标准类型

项目	标准编号	发布单位	发布日期	状态	中图分类号	国际标准分类号	国别
饲料添加剂液态蛋氨酸羟基类似物	GB/T 19371.1—2003	CN-GB	2003 年 1 月 1 日	现行	S85	65.120	中国

注：本标准规定了饲料添加剂液态蛋氨酸羟基类似物的要求、试验方法、检验规则及标签、包装、储存、运输。本标准适用于以丙烯醛、甲硫醇、氰化氢为主要原料生产的饲料添加剂液态蛋氨酸羟基类似物。化学名称为 2-羟基-4-甲硫基丁酸，分子式为 $C_5H_{10}O_3S$，分子量为 150.2（1999 年国际原子量）。

12.5 毒性与防护

12.5.1 危险性概述

① 健康危害：吸入后可引起头痛、恶心及不同程度的麻醉作用；高浓度吸入可引起呼吸麻痹而死亡。

② 环境危害：对环境有危害，对水体可造成污染。

③ 燃爆危险：该品易燃，有麻醉性。

12.5.2 急救措施

吸入：迅速脱离现场至空气新鲜处；保持呼吸道通畅；如呼吸困难，给输氧，如呼吸停止，立即进行人工呼吸，就医。

12.5.3　消防措施

① 有害燃烧产物：一氧化碳。

② 灭火方法：切断气源；若不能切断气源，则不允许熄灭泄漏处的火焰；喷水冷却容器，可能的话将容器从火场移至空旷处。

③ 灭火剂：雾状水、抗溶性泡沫、干粉、二氧化碳。

12.5.4　泄漏应急处理

迅速撤离泄漏污染区人员至上风处，并立即隔离 150m，严格限制出入。切断火源。建议应急处理人员戴自给正压式呼吸器，穿防静电工作服。尽可能切断泄漏源。用工业覆盖层或吸附/吸收剂盖住泄漏点附近的下水道等地方，防止气体进入。合理通风，加速扩散。如有可能，将漏出气用排风机送至空旷地方或装设适当喷头烧掉。漏气容器要妥善处理，修复、检验后再用。

12.6　包装与储运

12.6.1　包装

包装标志：易燃气体（有毒气体）。

包装方法：耐压容器。

警示：甲硫醇为高毒、高压可燃性气体，极易燃，吸入有害，具有腐蚀性，使用时应避免与眼睛接触，使用现场禁止吸烟。

12.6.2　操作处置与储存

密闭操作，全面通风。操作人员必须经过专门培训，严格遵守操作规程。建议操作人员佩戴过滤式防毒面具(全面罩)或自给式呼吸器，穿防静电工作服，戴防化学品手套。远离火种、热源，工作场所严禁吸烟。使用防爆型的通风系统和设备。防止气体泄漏到工作场所的空气中。避免与氧化剂、酸类、卤素接触，尤其要注意避免与水接触。在传送过程中，钢瓶和容器必须接地和跨接，防止产生静电。搬运时轻装轻卸，防止钢瓶及附件破损。配备相应品种和数量的消防器材及泄漏应急处理设备。

12.6.3　储运条件

储存于阴凉、通风的库房。远离火种、热源。仓库温度不宜超过 5℃。保持容器密封。应与氧化剂、酸类、卤素分开存放，切忌混储。采用防爆型照明、通风设施。禁止使用易产生火花的机械设备和工具。储存区应备有泄漏应急处理设备。

12.7　经济概况

全球甲硫醇的生产主要集中在法国、美国、德国和日本，总产能 36 万吨/年，主要企业有：法国埃尔夫阿托、罗纳普朗克、德固赛和菲利普石油及山东兴武集团公司。法国埃尔夫阿托是全球著名的甲硫醇生产企业，菲利普石油于 1998 年建立了甲硫醇生产装置，打破了法国埃尔夫阿托独占美国蛋氨酸原料市场的局面。

山东兴武集团公司在为其产品液体硫化氢寻求下游产品时选择了甲硫醇生产项目，并在以上几种合成路线中经过筛选和小试、中试，改进建成了现有的甲醇-硫化氢法生产甲硫醇的装置。该公司经过多年小试装置的多次探索性试验，同时对催化剂进行了研制和开发，并对甲硫醇催化剂进行了工业化生产的数次改进，使得转化率由最初的 25%提高到 54%，并使催化剂的使用寿命由 1 周延长到 1.5 年。该公司 2002 年对装置的精馏部分进行了改造，使装置的运行能力扩大到 2000 万吨/年，基本满足了周边市场的需求；2004 年 5 月，对整套装置进行了全面改造，使其生产能力扩大到 3000 万吨/年。随着国家环保力度的进一步加大，制取甲硫醇的其他路线由于环保问题受到了很大的限制。

甲硫醇作为一种重要的有机合成的中间体，加之近年来合成蛋氨酸工业的发展，甲硫醇的生产引起了各国企业的广泛重视。在国外蛋氨酸的生产中，甲硫醇的消耗量超出了 20 万吨/年；按目前我国蛋氨酸的需求量计算，甲硫醇的需求量在 4 万吨/年以上。

12.8 用途

（1）农药　甲硫醇是生产灭多威、倍硫磷、扑草净等农药的中间体。

① 灭多威　灭多威又名万灵，是一种广谱性的杀虫剂，具有触杀和胃毒作用，具备一定的杀卵作用，适用于棉花、烟草、果树、蔬菜防治蚜虫、蛾、地老虎等害虫，是目前防治抗药性棉蚜虫良好的替代品种。

在灭多威的合成中，甲硫醇主要是提供巯基使产品最终形成含硫杀虫剂。

② 倍硫磷　O,O-二甲基-O-(3-甲基 4-甲硫基苯基)硫代磷酸酯（倍硫磷）是对人、畜低毒的有机磷杀虫剂，具有触杀和胃毒作用，残效期长，广泛应用于大豆、棉花、果树、蔬菜、水稻防治害虫，也用于防治蚁、蝇、蟑螂、臭虫等害虫。

在倍硫磷的生产过程中甲硫醇首先被过氧化氢氧化成二甲基二硫，再与间甲酚、烧碱、二甲基硫代磷酰氯反应生成倍硫磷。

③ 扑草净　2,4-二异丙氨基_6-甲硫基均三氮苯（扑草净）是一种选择性内吸传导型除草剂，主要用于稻田防治各种杂草，与杀草丹、丁草胺混合，可扩大其杀草谱，也可用于玉米、大豆、花生、棉花等作物的除草剂。

扑草净是通过甲硫醇提供甲硫基与乙胺、三聚氯氰在烧碱的作用下合成的。

（2）食品及饲料添加剂　甲硫醇在食品和饲料添加剂方面主要是用于合成蛋氨酸，蛋氨酸是动物的一种必需氨基酸，是强化饲料的营养剂；甲硫醇是氨基酸输液和复合氨基酸的主要成分之一。蛋氨酸的主要生产方法是化学合成法，首先是甲硫醇与丙烯醛催化加成得到甲硫基丙醛，再与氢氰酸、碳酸氢铵发生环合反应生成甲硫基乙基己内酰脲，最后经碱解、酸中和而成。

（3）聚合物生产中的阻聚剂，合成橡胶（聚丁二烯、聚苯乙烯、乳胶）的硫化剂。

（4）医药和精细化工中间体，如维生素、防紫外线辐射剂、甲烷磺酰氯、α-氨基-γ-甲硫醇基丁酸。

（5）石油气或煤气等无臭气体增(臭)味剂。

（6）喷气机燃料添加剂。

（7）杀菌剂，催化剂。

参 考 文 献

[1] 陈冠荣. 化工百科全书：第 10 卷. 北京：化学工业出版社，1995：740.

[2] 中国工业气体工业协会. 中国工业气体大全：第 4 卷. 大连：大连理工大学出版社，2008：3340.

[3] 李培彬. 甲硫醇的生产、应用与发展. 精细与专用化学品，2005，13（12）：5-6.

[4] 桂荣操. 甲硫醇的合成与应用. 现代农业科技，2012，（12）：138.

[5] 甲硫醇科技成果和专利. 国家图书馆，2017.

第13章
聚甲醛树脂

李晓锋　湖北三里枫香科技有限公司　工程师

13.1　概述

聚甲醛树脂（acetal resins）又称聚氧亚甲基（polyoxymethylene，POM）、聚缩醛（polyacetals，CAS 号：9002-81-7），是指分子主链中含有—[—CH$_2$O—]$_n$—碳氧键重复链节的一类聚合物，是一种重要的热塑性工程塑料。1957 年美国杜邦（Du Pont）公司建立中试工厂，1960 年杜邦（Du Pont）公司的均聚甲醛（acetal homopolymer）投入工业生产。同年，美国塞拉尼斯（Celanese）公司从三噁烷制得共聚甲醛（acetal copolymer）中试产品。1962 年美国塞拉尼斯（Celanese）公司的共聚甲醛投入工业生产。此后，全球 POM 生产和消费一直稳步增长。2014 年全球 POM 的产能达到 161.6 万吨。全球 POM 生产商、产品类型和产能如表 13.1 所示。

表 13.1　2014 年全球主要 POM 生产商的情况

公司名称	产能 /(万吨/年)	所占比例 /%	产品类型	生产地区
宝理塑料	30.5	18.87	共聚甲醛	日本、中国台湾省、中国大陆、马来西亚
Ticona	24.0	14.85	共聚甲醛	德国、美国
Du Pont	16.2	10.02	均聚甲醛	荷兰、美国
韩国工程塑料	14.0	8.66	共聚甲醛	韩国
三菱工程塑料	12.0	7.43	共聚甲醛	日本、泰国
旭化成化学品	6.4	3.96	均聚甲醛	日本、中国
KOLON	6.0	3.71	共聚甲醛	韩国
台湾塑料	4.5	2.78	共聚甲醛	中国台湾省
云南天化集团	10.5	6.50	共聚甲醛	云南省水富县、重庆市长寿区

公司名称	产能 /(万吨/年)	所占比例 /%	产品类型	生产地区
上海蓝星聚甲醛有限公司	4.0	2.48	共聚甲醛	上海市奉贤县
开封龙宇化工有限公司	4.0	2.48	共聚甲醛	河南省开封市
中海油天野化工股份有限公司	6.0	3.71	共聚甲醛	内蒙古呼和浩特市金桥开发区
天津渤海化工有限公司天津碱厂	4.0	2.48	共聚甲醛	天津市塘沽
神华宁煤集团聚甲醛厂	6.0	3.71	共聚甲醛	宁夏宁东能源化工基地
山西晋城兰花科创股份有限公司	3.0	1.86	共聚甲醛	山西省晋城市
唐山中浩化工有限公司	4.0	2.48	共聚甲醛	河北省唐山市
山东宝力聚合新材料公司	2.5	1.55	共聚甲醛	山东淄博高新区
巴州东辰集团	4.0	2.48	共聚甲醛	新疆阿克苏地区库车县

13.2 性能

13.2.1 结构

结构式：

分子式：均聚甲醛（acetal homopolymer）：—[CH₂O]$_n$—。

共聚甲醛（acetal copolymer）：—[CH₂O]$_n$—[CH₂O—CH₂—CH₂]$_m$—（$n>m$）。

13.2.2 结晶度

POM 是结晶性聚合物，结晶度通常在 60%～77% 之间，POM 的性能随树脂种类（均聚物还是共聚物）、分子量（商品 POM 分子量为 20000～90000）和填充剂种类的不同而有所不同。均聚甲醛与共聚甲醛相比，具有较高的结晶度，因此短时间力学性能水平要高些。

均聚甲醛密度、结晶度、熔点都高，但是热稳定性差，加工温度范围窄（约 10℃），对酸碱稳定性略低；共聚甲醛密度、结晶度、熔点、强度都较低，但是热稳定性好，不容易分解，加工温度范围宽（50℃），对酸碱的稳定性较好。

13.2.3 力学性能

POM 的力学性能如表 13.2 所示。表中所列为 Du Pont 的 Delrin 和 Celanese 的 Celcon 典型数值。

13.2.4 化学性质

POM 的耐化学品性见表 13.3。均聚甲醛和共聚甲醛树脂对于中性的无机或有机化学品都具有相当好的耐受性，包括脂肪族和芳香族的烃类。

表 13.2　POM 的力学性能

项目	ASTM 测试方法	Delrin	Celcon
相对密度	D792	1.42	1.41
拉伸屈服强度（23℃）/MPa	D638	68.9	60.6
断裂伸长率/%	D638	23～75	40～75
拉伸模量（23℃）/GPa	D638	3100	2825
弯曲强度（23℃）/MPa	D790	97.1	89.6
弯曲模量（23℃）/GPa	D790	2830	2584
压缩应力（23℃）/MPa	D695		
1%变形		35.6	31
10%变形		124	110
剪切强度（23℃）/MPa	D732	65	53
悬臂梁冲击强度（缺口，3.175mm）/(J/m)	D256		
23℃		69～122	53～80
−40℃		53～95	43～64
洛氏硬度(MR 标)	D785	94	80
摩擦系数(动态)	D1894		
钢		0.1～0.3	0.15
铝，黄铜			0.15
聚甲醛树脂			0.35

表 13.3　POM 的耐化学品性

化学品	实验条件		变化/%			
			拉伸强度		重量	
	时间/月	温度/℃	均聚甲醛	共聚甲醛	均聚甲醛	共聚甲醛
无机物						
氨水（10%）	3	23	不满意		不满意	
	6	23	无变化			0.88
盐酸（10%）	3	23	不满意		不满意	
	6	23	不满意			不满意
氢氧化钠（10%）	12	23	不满意	−2	不满意	0.73
有机物						
乙酸（5%）	12	23	无变化	0.6	0.8	1.13
丙酮	12	23	−5	−17	4.9	3.7

化学品	实验条件		变化/%			
			拉伸强度		重量	
	时间/月	温度/℃	均聚甲醛	共聚甲醛	均聚甲醛	共聚甲醛
苯	9	60	−11		4	
	6	49		−17		3.9
四氯化碳	12	23	−3	2	1.3	1.4
乙酸乙酯	12	23	−7	−17	2.7	4.2
乙醇	12	23	−5	−6[a]	2.2	2.2[①]
其他						
刹车油 Super 9	10	70	−6		1.6	
	12	23		3		0.53
马达油 10W30	12	70	3		0.2	
	12	23		5		0.04
Igepal(50%)	12	23	2		−0.2	
	6	70	不满意		不满意	
	6	82		无变化		1.62
无铅汽油	8	23		−2		0.33
	8	40		−2		0.69

① 95%乙醇。

13.2.5 电性能

POM 的电性能见表 13.4。

表 13.4 POM 的电性能

项目	ASTM 测试方法	均聚甲醛	共聚甲醛
介电常数/(F/m)	D150	3.7	3.7
介电损耗角正切（50%相对湿度，23℃，10^6Hz）	D150	0.0048	0.006
介电强度（2.29mm 片，短时间)/(kV/mm)	D149	20	20
表面电阻率/Ω	D257	$1×10^{15}$	$1.3×10^{16}$
表面电阻率/Ω·cm	D150	$1×10^{15}$	$1×10^{14}$

13.2.6 热性能

POM 的热性能见表 13.5。

表 13.5 POM 的热性能

性能	ASTM 测试方法	Delrin	Celcon
熔点/℃		175	165
熔体流动温度/℃	D569	184	174
热变形温度/℃	D648		
1.82MPa		124	110
0.45MPa		172	158
线胀系数（−40～30℃）/℃$^{-1}$	D696	$75×10^6$	$84×10^6$

13.2.7　燃烧性

由于大分子里面氧含量高，聚甲醛不大可能制成真正意义上的阻燃级产品，多半只能在其所在的档次里面使燃烧情况有点改变,这是聚甲醛不如多数其他工程塑料的地方。在 UL94 实验室测试中，均聚甲醛和共聚甲醛树脂均归入 HB（水平燃烧试验）。归入此类材料的条件是：对于厚度 0.120～0.500in（1in=2.54cm，下同）的试样，水平试条燃烧在 3in 长度内，速率不大于 1.5in/min；对于厚度小于 0.120in 的试样，速率不大于 3in/min；或者在火焰达到 4in 之前停止燃烧。

13.3　生产方法

POM 产品是以甲醇为原始生产材料生产的一种工程应用材料。其生产工艺可以分为两种：一是均聚甲醛生产工艺；二是共聚甲醛生产工艺。其中，均聚甲醛的力学性质、弯曲程度和热力变形的温度都要比共聚甲醛高一些，两种方法的封闭端的处理方法有所不同。均聚甲醛工艺的代表公司是 Du Pont 公司，它所生产的均聚甲醛具有优异的刚性；共聚甲醛工艺的代表公司是 Celanese 公司，其他的拥有这种生产技术的公司还有 BASF 公司、东丽公司等。这两种生产工艺从生产的过程来看，区别在于均聚甲醛法主要是把甲醛聚合为单体，它的化学性质很活跃，容易给精制和聚合过程带来一些小问题。

据统计，目前在世界范围内聚甲醛的生产能力是 161.6 万吨/年，其中共聚甲醛的份额占 86%，主要生产聚甲醛的国家分别是美国、德国和日本等发达国家，因为聚甲醛的生产所需要的设备和技术难度大，所以生产技术只高度集中在少数的生产商中。

13.3.1　均聚甲醛生产工艺

均聚甲醛的结构式为 R$\overbrace{\leftarrow}$CH$_2$O$\overbrace{\rightarrow}$$_n$R，R 是含有 CH$_3$—CH＝O 的基团。均聚甲醛生产技术的代表是美国杜邦(Du Pont)公司的均聚甲醛生产技术。杜邦公司的技术生产工艺如下：该工艺最初生产原料为质量浓度约为 50%左右的稀甲醛，50%左右的稀甲醛经过脱水精制后可以将里面的杂质去除，并通过热裂解的方式得到纯甲醛，之后在纯甲醛中混入催化剂、分子量调节剂、终止剂等添加剂聚合成均聚甲醛，最后选用乙酐溶液进行羟

基酯化封端，生产出热稳定的聚甲醛基料，再加入抗氧化剂和其他增强其所需功能的添加剂，挤出、切粒、干燥、老化制得 POM 成品。工艺流程如下：

37%甲醛 → 聚甲醛合成 → 聚合 → 酯化封端 → 造粒 → 成品

13.3.2　共聚甲醛生产工艺

共聚甲醛生产工艺主要由甲醛浓缩单元、三聚甲醛单元、二氧五环单元、聚合单元、包装单元等组成。

（1）甲醛浓缩单元

甲醛浓缩单元中来自甲醛装置的甲醛进入甲醛蒸发器进行真空浓缩，甲醛一般要求质量分数在 40%～45%之间，通过闪蒸制备 70%左右的浓甲醛，浓甲醛液分别送至三聚甲醛合成釜和二氧五环合成釜作为原料。

（2）三聚甲醛单元

三聚甲醛单元中来自甲醛蒸发器的浓甲醛进入三聚甲醛合成釜，在催化剂作用下合成三聚甲醛，主要是在经过浓缩流程制备的 70%左右的甲醛溶液中加入一定浓度的硫酸作为催化剂，在蒸发器中合成三聚甲醛、甲醛混合气。

（3）二氧五环单元

二氧五环单元中来自甲醛蒸发器的浓甲醛和罐区的乙二醇进入半缩醛反应器生成半缩醛后，再进入二氧五环合成釜在催化剂的作用下合成二氧五环。

（4）聚合单元

聚合单元是将前工段生产出来的混合二氧五环或三氧七环以及少量催化剂和分子量调节剂放入聚合反应机，产出聚甲醛基料，最后，经过挤出、切粒制得 POM 颗粒。工艺流程如下：

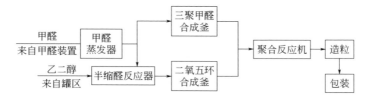

13.3.3　生产工艺评述

13.3.3.1　均聚甲醛和共聚甲醛的性能对比

（1）均聚甲醛的性能

优点：就物化性能而言，均聚甲醛刚性较好、拉伸强度大（最大可达 69MPa）、耐磨性能非常好、摩擦系数较小。缺点：①均聚甲醛加工温度范围窄、不易于加工；②均聚甲醛在耐热水性、耐碱性、耐酸碱腐蚀性、热稳定性方面比共聚甲醛要差；③前系统工艺复杂，且后处理工段封端困难，其生产成本也较高。

（2）共聚甲醛的性能

优点：①加工成型的条件简单，加工过程中产生的甲醛气体较少；②操作简单、生产成本较低。缺点：在强度、弹性率、负荷弯曲温度方面，其性能不如均聚甲醛。

13.3.3.2 波兰 ZAT 与香港富艺共聚甲醛生产工艺对比

目前，我国 POM 装置大部分采用波兰 ZAT 与香港富艺工艺，尤其是香港富艺工艺在我国发展较快，现提供这两种工艺的对比，以资参考。

波兰 ZAT 和香港富艺共聚甲醛生产工艺基本上大同小异，反应机理都是阳离子聚合反应。

① 两种共聚甲醛工艺的共同点：a. 反应机理基本相同；b. 分子链端的封端方式基本相同；c. 生产工艺过程基本相同。

② 研磨、钝化和干燥工艺的主要区别：a. 造粒前研磨工艺。波兰 ZAT 工艺转化率稍高于香港富艺工艺，所以造粒前研磨工艺不同；b. 钝化工艺。钝化剂配方不同，造成造粒前钝化工艺略有不同，香港富艺工艺在粗聚合物排入研磨机的同时，向研磨机里添加了钝化溶液，增加了反应时间，而波兰 ZAT 工艺钝化溶液效率高，故在粗聚合物研磨后添加，即可满足生产需要；c. 粉料干燥工艺。香港富艺工艺粗聚合物粉料含水率高，而波兰 ZAT 工艺粗聚合物粉料含水率很低，故采用了不同的干燥工艺。

13.3.3.3 主要技术难点

目前，我国 POM 生产主要采用共聚甲醛生产工艺。从不同共聚甲醛生产技术的工艺对比与验证以及共聚甲醛生产装置来看，共聚甲醛合成工艺非常复杂，因此生产装置要求极为严格，要求的技术含量非常高，共聚甲醛生产装置的主要技术难点表现在以下几个方面：①共聚甲醛合成过程中蒸馏非常麻烦，不能采用常用的物理蒸馏方法，因为甲醛在浓缩时特别容易与水形成共沸物，若采用物理蒸馏则会将水掺入到甲醛内。要想保证甲醛的纯度就需要采用真空加热的浓缩工艺，以保证浓缩过程中甲醛的浓缩。②甲醛在聚合时会形成聚合物，而此聚合物分子链端带有半缩醛结构，高温容易使共聚甲醛发生解聚合反应，因此要控制好温度，不要让温度太高，而且聚合反应完成后必须进行封端处理。③共聚甲醛的生产装置需要做好内衬防腐蚀，因为甲醛在合成过程中会产生腐蚀钢材的副产物甲酸，会对钢质内衬造成损伤。另外，共聚甲醛的生产装置还需要多配备精馏塔、萃取塔，因为甲醛、三聚甲醛及二氧五环需要分离及精制，会用到较多的精馏塔、萃取塔。④共聚甲醛的生产装置及二氧五环、三聚甲醛反应器必须选用抗酸腐蚀性的材料，以防被二氧五环、三聚甲醛的合成反应催化剂浓硫酸所腐蚀，同时浓硫酸的储存槽和管道也需要选用抗强酸腐蚀的材料，以保证生产装置不被浓硫酸所腐蚀，从而导致损坏。⑤共聚甲醛的生产装置要设计定温、保温装置，这样可以控制好反应和输送温度，因为三聚甲醛在常温下为晶态，故在输送过程中要保证温度，温度不能太高，太高会液化，还会发生解聚合反应，同时温度也不能太低，要保证温度保持在 50～60℃，这样才能保证甲醛的正常生产。⑥由于聚合反应类型是阳离子反应，采用催化剂的反应速率比较快，催化剂为三氟化硼或三氟化硼的乙醚配合物，因此很难控制聚合物的分子量。只有严格控制反应温度和分子量调节剂的加入量，才能得到所需分子量的 POM。

13.4 改性研究现状

21 世纪前我国 POM 工业发展缓慢，POM 改性研究成果较少。随着近年我国 POM 工业的快速发展，POM 改性研究进展较快，跟踪世界 POM 改性研究的前沿，我国聚甲醛的生产和研究机构都取得了丰硕的成果。从应用方向上说，POM 改性研究方向有增强改性、增韧改性、阻燃改性、抗静电改性等方面。

虽然 POM 具有优良的综合物理机械性能而被作为理想的工程塑料而获得广泛的应用，但是在不少较苛刻的条件下，POM 会有某些性能满足不了使用的要求，比如冲击韧性低、缺口敏感性大、耐热性差、摩擦系数较大等。这些缺点极大地限制了 POM 在各个领域中的应用，下面针对 POM 的改性材料进行粗略的综述。

13.4.1 增强研究

POM 虽然是综合性能较好的工程塑料，但为了进一步改善其耐热性、刚性、尺寸稳定性、耐疲劳性、耐蠕变性和力学性能，往往对 POM 进行复合增强，以满足各种特殊用途的使用。聚甲醛复合增强中所使用的填料，主要有长短玻璃纤维、碳纤维、玻璃微珠、滑石粉或钛酸钾晶须等。

上汽通用五菱汽车股份有限公司制备了 LGF 增强 POM 复合材料。随着 LGF 含量的增加，LGF 增强 POM 复合材料的力学和动态力学性能逐渐增加，LGF 在基体树脂中具有良好的分散性。

开滦煤化工研发中心以陶瓷晶须为填料制备 POM 填充复合材料。当陶瓷晶须的质量分数为 15%时，复合材料的拉伸强度、弯曲强度、缺口冲击强度、弯曲弹性模量和热变形温度比纯 POM 分别提高 9.5%，11.1%，21.5%，44%和 29%，而熔融指数（MFR）仅下降 5.8%。

开滦煤化工研发中心制备了 POM/CF 复合材料。结果表明，当 CF 的质量分数为 25%时，复合材料的弯曲弹性模量、弯曲强度、拉伸强度、缺口冲击强度、断裂伸长率分别为 19.8 GPa，187 MPa，153 MPa，16.2 kJ/m^2，0.52%，综合力学性能最佳。

开滦煤化工研发中心等利用经硅烷偶联剂表面处理的玻璃微珠，通过直接和间接共混挤出方法制备玻璃微珠填充改性 POM 复合材料。间接法制备 POM 复合材料，当玻璃微珠的质量分数为 2%时，POM 复合材料的缺口冲击强度达到最大值，为 8.94kJ/m^2；当其质量分数为 5%时，POM 复合材料的弯曲强度达到最大值，为 124MPa，较直接法制的 POM 复合材料分别提高了 28.1%和 27.8%。

神华宁夏煤业集团煤化工公司采用美利肯 HPR803i 晶须对 POM 进行复合增强。随着晶须添加量的增加，POM 复合材料的刚性和强度也逐步增大，但韧性下降；当晶须质量分数为 8%时，弯曲弹性模量增加 61%，当晶须质量分数为 10%时，弯曲弹性模量增加 85%。

13.4.2 增韧研究

由于 POM 结晶度较高,一般达 70%~85%,结晶晶粒较大,缺口冲击强度低,往往以脆性方式断裂。改善 POM 的冲击韧性主要有两种方法:①弹性体增韧;②刚性粒子增韧。弹性体增韧 POM 是传统的增韧方法。因橡胶或热塑性弹性体模量低、易于挠曲,在塑料基体中作为应力集中体系引发基体的剪切屈服和银纹化,促使基体发生脆-韧转变,提高材料的韧性。影响增韧效果的主要因素包括橡胶(弹性体)粒子的大小、相邻粒子间的距离及其粒子与基体间的界面结合力等。常用的有热塑性聚氨酯(PUR-T)、EPDM、丁腈橡胶(NBR)、硅橡胶等。

辛敏琦等利用具有很强热塑性的聚氨酯作为增韧弹性体。为了提高 POM 与热塑性聚氨酯弹性体之间的相容性,在其中添加了含异氰酸酯基的低聚物(Z)和聚醚,并分析了 POM/TPU/Z、POM/TPU/Z/聚醚、聚氨酯(TPU)这 3 种 POM/热塑性材料的共混物力学性能。结果表明,共混物的缺口冲击强度是随着 TUP 的含量而变化的,Z 和聚醚能够有效地提高共混物的断裂伸长率和缺口冲击强度。

天津科技大学等采用熔融共混法制备了 POM/热塑性聚氨酯(PUR-T)共混合金。PUR-T 与 POM 具有良好的粘接效果,PUR-T 对 POM 的增韧效果明显,PUR-T 能显著提高 POM 的断裂韧性。

四川大学白时兵等发现采用以 $CaCO_3$ 为核、PUR-T 为壳的 PUR-T/$CaCO_3$ 超细复合粉体增韧 POM,其缺口冲击强度大大提高。于建等对其进一步研究表明,PUR-T 包覆 $CaCO_3$ 粒子的粒间距达到临界值 $T_c \leqslant 0.18\mu m$,包覆层厚度达到临界值 $L_c \geqslant 0.7\mu m$ 时,共混 POM 材料发生脆-韧转变,材料的冲击强度可比纯 POM 提高数十倍,而且拉伸强度可达 30 MPa 左右。

合肥大学徐卫兵等用 Z-3 作增容剂,当 POM:PUR-T:Z-3 配比为 100:7:7 时,共混物的缺口冲击强度较纯 POM 提高了 95%。

天津工业大学以共聚 POM 为原料,以硅橡胶和纳米硫化丁苯橡胶为增韧剂制备改性 POM。纳米硫化丁苯橡胶用量为 1 份时,改性 POM 的性能最好,其拉伸强度为 53.20MPa,基本不变;而缺口冲击强度为 12.22kJ/m^2,提高 30% 以上;增韧剂可以使 POM 的球晶得到细化。

神华宁夏煤业集团煤炭化学工业分公司研发中心制备 POM/丙烯酸酯弹性体(ACR)共混物。当 ACR 质量分数为 16% 时,缺口冲击强度为 15kJ/m^2,断裂伸长率为 80.5%,分别比纯 POM 提高 90%。

天津科技大学采用机械共混法和纳米 ZnO 表面偶联剂改性技术,制备了 POM/热塑性聚氨酯(PUR-T)/改性纳米 ZnO 复合材料。研究发现,改性纳米 ZnO 在体系中起到一定的异相成核作用,促进了 POM 的结晶,并使其球晶细化;当改性纳米 ZnO 质量分数为 0.3% 时,复合材料具有最佳综合力学性能。

河南大学等采用双螺杆熔融共混的方法,以 4 种不同的混合顺序,制备了 POM/

PUR-T/nano-CaCO$_3$复合材料。4%的nano-CaCO$_3$与PUR-T预先混合制成母粒，再与POM共混得到复合材料，POM晶粒发生明显细化，缺口冲击强度高达12.5kJ/m^2，冲击性能较为优异。

纳米刚性粒子（多指纳米级的滑石粉、硅藻土、二氧化钛、碳酸钙、玻璃微珠等）结晶粒度的大小及结晶度影响POM的物理力学性能。若结晶度高、粒度小而均匀，材料的屈服强度、弹性模量和硬度等较高，同时其耐热性如软化点和热变形温度等也较高。通过在POM中添加纳米刚性粒子改善POM的球晶结构，加快结晶速度，提高结晶温度并能使球晶细化，可改善POM的韧性。

13.4.3　耐磨改性研究

POM分子结构规整，结晶度高，表面硬度大，在摩擦滑动过程中，其大分子易沿摩擦方向取向而强化，键能大，分子内聚能高，因而POM具有良好的耐磨自润滑性能，但仍难以满足高负荷、高速、高温等工作条件的要求，需进一步改善POM的耐磨性能。

提高POM耐磨性能有两种方法：①化学改性。利用接枝、嵌段等手段在POM分子链上引入具有润滑性的链段。②物理共混改性。

北京化工大学用聚四氟乙烯(PTFE)、石墨、MoS$_2$3种耐磨改性剂制备POM耐磨材料。3种耐磨改性剂对POM耐磨材料的摩擦磨损性能均有不同程度的改善，PTFE的改善效果最好，当PTFE的质量分数为8%时，材料摩擦系数为0.21，较纯POM降低38%，磨损体积为5×10^{-4}cm^3，较纯POM降低一个数量级。

13.4.4　耐候性研究

POM的光降解会在其分子链上形成羟基和羰基，而随着羰基浓度的增加，POM吸收紫外光的能力增强，引发更多的链断裂。

李晖等研究了POM在碳弧灯光老化和湿热老化下的微观结构，指出在碳弧灯光老化过程中，POM的光老化主要发生在表层无定形区，使POM表层分子链断裂，出现龟裂；而温度50℃、湿度95%条件下的湿热老化对POM的力学性能和微观结构并无明显影响，使POM的老化程度较光老化明显降低。

任显诚等研究了POM在紫外灯光老化和热老化中分子量的变化，指出紫外灯光老化时POM表层分子链降解严重，紫外光老化1000h后，试样表层（0～15μm）的重均分子量保持率仅为16%；而在120℃热氧老化1000h后，同样厚度表层的重均分子量保持率在70%以上。

北京化工大学将二甲基硅氧烷、紫外线吸收剂、光稳定剂、抗氧化剂、紫外线屏蔽剂、甲醛吸收剂与POM共混制备了耐候型POM。耐候助剂提高了POM的力学性能保持率。

13.4.5　阻燃性研究

POM的极限氧指数仅为15%，是极易燃烧的塑料品种。POM作为工程塑料被广泛用于汽车、电子电气和建材等领域，这些领域对材料的阻燃性要求较高。因 POM 与其他材料相容性差，通过直接添加阻燃剂难以制备性能优良的阻燃 POM。

用氢氧化镁、聚磷酸铵（APP）作为 POM 的阻燃剂时，加入 $Mg(OH)_2$ 后，POM 的阻燃性能有较大的提高，当 $Mg(OH)_2$ 的质量分数为 60%时，材料的极限氧指数由 15%提高到 40%，水平燃烧速度由 0.33mm/s 降至 0.31mm/s。APP 阻燃 POM 的效果优于 $Mg(OH)_2$，在 APP 的质量分数达到 25%时，可制得自熄性 POM。

辽宁大学用膨胀阻燃体系阻燃改性 POM。POM∶红磷∶聚酯型聚氨酯∶MCA＝65∶20∶10∶5 时，综合效果最佳，可达到离火自熄，点燃过程中形成的炭层明显，加工性能最好，增容剂 KT-3 对体系的增容效果最明显，力学性能最佳。

13.5　产品的分级和质量规格

13.5.1　树脂牌号

通常型 POM 根据熔体流动速度的不同划分树脂牌号，见表 13.6。

表 13.6　POM 主要生产厂家和牌号

企业名称	牌号
云南云天化股份有限公司	M10、M25、M60、M90、M170、M160、M200、M270
上海蓝星新材料有限公司	BS090、BS025A、BS130
台湾赫斯特有限公司	Celcon
日本宝理塑料株式会社	DURACON、TEPCON
日本旭化成工业有限公司	GW757、TK754
日本聚合物塑料公司	KT20、Duracon NW-02
日本三菱瓦斯化学公司	MF3020、FT2020、FT20210
美国塞拉尼斯塑料公司	Celcon
美国杜邦(Du Pont)公司	Delrin
德国巴斯夫(BASF)公司	Ultraform
德国帝科纳(Ticona)公司	Hostaform MT 8U01、Hostaform PTX POM、Hostaform XGC
韩国工程塑料公司	Lucel

13.5.2　标准类型

表 13.7 可以看出中国和美国 POM 的标准类型。

由云南云天化股份公司作为负责起草单位制定的两项 POM 国家标准已在中华人民共和国国家标准批准发布公告 2008 年第 12 号（总第 125 号）正式公布，标准号分别为《GB/T 22271.1—2008 塑料 POM 模塑和挤塑材料　第 1 部分：命名系统和分类基础》《GB/T 22271.2—2008 塑料 POM 模塑和挤塑材料　第 2 部分：试样制备和性能测

表 13.7 中国和美国 POM 的标准类型

项目	标准编号	发布单位	发布日期	状态	国际标准分类号	国别
聚甲醛模塑和挤塑材料（POM）规格的标准分类系统及规范	ASTM D6778—2014	US-ASTM	2014 年 1 月 8 日	现行	83.140.01	美国
挤制，模压成型以及注塑成型 POM 型材的标准规范	ASTM D6100—2014	US-ASTM	2014 年 1 月 1 日	现行	71.080.10	美国
POM 模制和挤压材料（POM）规格的标准分类系统和基础	ASTM D6778—2014	US-ASTM	2014 年 1 月 1 日	现行	83.140.01	美国
POM 单位产品能源消耗限额	GB 29438—2012	CN-GB	2012 年 12 月 31 日	现行	27.010	中国

定》，并将于 2009 年 4 月 1 日正式实施。这两项国家标准等同采用了 ISO 9988-1：1998 和 ISO 9988-2：1999，对 POM 产品的命名、分类、试样制备和性能测定条件等进行了明确规定。

13.5.3 产品分析

表 13.8 可以看出法国和德国 POM 的产品分析。

表 13.8 法国和德国 POM 的产品分析

项目	标准编号	发布单位	发布日期	状态	国际标准分类号	国别
塑料 POM 模塑和挤塑材料 第 2 部分：试样制备和性能的测定	NF T50-009-2-2015	FR-AFNOR	2015 年 1 月 1 日	现行	83.080.20	法国
塑料 POM 模塑和挤塑材料 第 2 部分：试样制备和性能的测定	EN ISO 9988-2-2015	EN	2015 年 1 月 1 日	现行	83.080.20	德国
塑料 POM 模塑和挤塑材料 第 2 部分：试样制备和性能的测定	DIN EN ISO 9988-2-2015	DE-DIN	2015 年 1 月 1 日	现行	83.080.20	德国

13.6 毒性与防护

在 POM 生产中必须注意安全和劳动保护。

13.6.1 毒性

POM 不仅用于工业用途，美国食品与药品管理局（FDA）还通过用模拟食品的溶剂做萃取试验及动物喂料试验，制定过就 POM 与食品、药品、肉禽反复接触的规定，POM 还被美国权威机构列入可用于饮用水材料的清单。大公司的产品一般应能符合这个水准。如果新的制造商没有引入未经确认的新的助剂组分，在制品的常态不会显现毒性。

但是在加工过程中操作温度过高或物料在机筒内停留时间过长（厂商提供的安全数据表或加工说明对此通常有明确规定），就会有一定量甲醛释放出来。人在高浓度甲醛下可产生急性中毒，出现咽喉炎、支气管炎、流泪、呼吸困难、呕吐、腹泻等症状。普通人能够感知空气中 0.1×10^{-6} 的甲醛。长期处于低浓度甲醛下能引起气喘、咳嗽、持续性吐痰、失眠、咽喉干渴、皮肤湿症等。制品加工生产车间的允许浓度为 2×10^{-6} 以下或 $3mg/m^3$。POM 的加工应在通风良好的条件下进行。

13.6.2　职业病防护措施

防化学因素措施：①满足产品要求的前提下，尽量采取机械化和自动化生产工艺；②生产设备拟采取密闭操作，输送管路连接的法兰进行橡胶垫密封，避免有毒物质逸散；③采用全自动包装码垛机，包装机自带除尘器；④产生粉尘、毒物的车间拟采用机械通风装置，以降低工作场所粉尘、毒物的浓度；⑤甲醛生产区、甲醛浓缩装置区、二氧五环生产区、三聚甲醛中间灌区、聚合反应区均为露天布置，设备机械化、自动化程度较高；⑥劳动者采取巡检制度，减少接触时间。

防噪声振动措施：①设置操作值班室，对工作场所采取巡检制；②原料泵设置减震基础，循环泵出料管道与储罐体之间采取金属包裹曲挠橡胶接头；③蒸汽管路包裹隔声材料；④鼓风机入气口设置消声器，出气口采用柔性连接。

13.7　包装与储运

POM 粒子的表观密度为 $800kg/cm^3$，包装通常为内衬聚乙烯（PVC）的多层复合袋，每袋 25kg。国外厂商也有使用 1t 的软包装或散装槽车。POM 储运过程应避免日光直射和潮湿，储存在避光、干燥、清洁的室内。本品属非危险品，但不得靠近热源。

13.8　经济概况

POM 是一种具有优良机械性能、耐磨损性、耐化学性、耐疲劳性和自润滑性的工程塑料，其比强度和比刚度接近金属，产品已在航空、汽车、电子电器及精密机械等行业得到广泛应用，成为产量仅次于聚酰胺（PA）和聚碳酸酯（PC）的第三大通用工程塑料。

全球的 POM 需求量多年来一直不断增长，2014 年全球 POM 的产能达到 161.6 万吨，2014 年全球 POM 产能分布概况见图 13.1。然而这种增长在各地区分布不均，如欧洲的增长率大约是 3%，而中国的增长率其两倍多，这得益于电子产品生产厂向中国的转移以及中国汽车工业的强劲发展。同时，中国成为最大的 POM 消费国，欧洲位居第二、美国位居第三。在西欧，最大的消费国为德国，市场占有率超 50%。与消费量相对应，中国现已发展成最大的 POM 生产国，其产能达到 52.5 万吨/年，占全球 POM 产能的 32.48%；欧洲(德国、荷兰和波兰)的产能是 30 万吨/年，美国和韩国的产能均为 18 万吨/年。

目前，全球 POM 市场的领导者为塞拉尼斯（Hostaform、Kematal、Celcon）、杜邦（Delrin）、日本宝理（Duracon）、韩国工程塑料（Kepital）、日本三菱化学（Lupital）和BASF（Ultraform），其他主要的生产商为波兰 ZAT（Tarnoform）、韩国科隆塑料（Kocetal）和台塑集团（Formocon）。

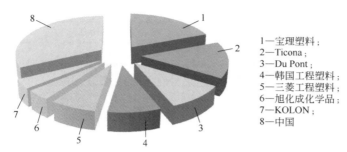

图 13.1 2014 年全球 POM 产能分布概况

1—宝理塑料；
2—Ticona；
3—Du Pont；
4—韩国工程塑料；
5—三菱工程塑料；
6—旭化成化学品；
7—KOLON；
8—中国

2009～2014 年期间，美国 POM 消费量的年均增长率为 1%～2%；2015～2020 年期间，美国聚甲醛消费量的年均增长率为-1.9%。

2009～2014 年期间，西欧 POM 消费量的年均增长率为 2%～3%；2015～2010 年期间，西欧聚甲醛消费量的年均增长率为 1%～2%。

2009～2014 年期间，日本 POM 消费量的年均增长率为 2%～3%，35%～45%的 POM 出口到国际市场；2015～2010 年期间，日本聚甲醛消费量的年均增长率为 1.0%。

中国近年来 POM 供需情况见表 13.9。

表 13.9　中国近年来 POM 供需情况

年份	产能 /(万吨/年)	产量 /(万吨/年)	开工率 /%	进口量 /(万吨/年)	出口量 /(万吨/年)	表观消费量 /(万吨/年)	自给率/%
2012	43.0	24.0	55.8	21.3	5.8	39.5	60.8
2013	47.0	27.0	57.4	24.0	6.1	44.9	60.1
2014	47.0	26.0	55.3	25.4	4.7	46.7	55.7
2015	47.0	25.4	54.0	25.8	3.8	47.4	53.6
2016	54.0	22.0	41.0	29.3	3.2	48.0	46.0

13.9　用途

POM 在各领域的广泛应用归于它的出色和均衡的材料综合性能。在世界的不同地区，POM 的应用分布是不同的，如表 13.10 所示。

13.9.1　汽车工业

随着汽车的轻量化，汽车工业对聚甲醛的需求量逐年增加。改性 POM 可制成汽车的油箱盖、汽油注入口、燃油泵壳、车用暖风扇、散热器旋塞、方向盘指示器开关、速度表齿轮及数字轮、流量阀、汽车保险杠零件、刮水器零件、车窗升降装置、汽车门把手、特殊轴承等部件。

表 13.10   世界不同地区的 POM 应用比例   单位：%

应用领域	比例							
	2009 年				2015 年			
	美国	西欧	日本	中国	美国	西欧	日本	中国
汽车工业	24.0	39.0	52.0	35.0	41.0	35.0	47.0	38.0
水暖/灌溉	15.0	0	8.0	12.0	8.0	0	9.0	10.0
消费品	18.0	12.0	0	0	14.0	12.0	0	0
电气/电子	6.0	18.0	26.0	40.0	7.0	18.0	22.0	41.0
工业	25.0	12.0	8.0	10.0	28.0	13.0	10.0	10.0
其他	12.0	19.0	6.0	3.0	2.0	22.0	12.0	1.0
合计	100.0	100.0	100.0	100.0	100.0	100.0	100.0	100.0

13.9.2   水暖和灌溉器材

由于 POM 可以满足许多美国法规的要求（比如国家科学基金会 National Science Foundation 的诸多要求），对饮用热水和冷水具有出色的耐受性。许多应用要求材料具有一些特定性质，而聚甲醛在这些方面往往胜过其他材料。比如对于持续应力的承受能力、螺纹强度、扭力保持、抗蠕变以及疲劳，这些方面加上机械强度以及稳定性、本身具有的润滑性、化学抗性、较好的光泽与颜色、易于模塑成型，使聚甲醛成为最佳材料。POM还被用于盥洗室器件、加热设备、水喷嘴、下水管连接件、出水口、下水道、便器水箱抽水阀、喷灌洒水头、淋浴器喷头、淋浴镜箱体、水表零件、水龙头、管件、泵、过滤器箱体、球型旋塞、阀门等。

13.9.3   消费品

消费品方面的广泛应用归因于其较宽的性能范围以及功能的多样性。这方面的应用实例有拉链、磁带盒滚轮、化妆品容器及敷料容器、气溶胶喷雾阀、打火机身、眼镜镜框、帏帐悬挂钩类小五金件（drapery hardware）、脚轮、玩具及照相机部件、活动铅笔、圆珠笔机构部件、运动器材（比如滑雪板捆绑部件）、支撑架类部件（rack hardware）、扣类部件、手柄、旅行水壶、医院用食物盖、箱包部件、梳子等。聚甲醛的低摩擦系数、低磨耗、润滑性、对化学品及水的抗性、尺寸稳定性、韧性和耐疲劳性赋予制品以所需的性能。

13.9.4   电子电器

电子电器是 POM 的传统应用领域，可以制造录音机和录像机机芯、录音带和录像带的转轴、各种继电器、各种定时器、照相机和打字机零件、电视机高频头、电扇等。

13.9.5   家电、工具及五金件

抗污渍污染、高光泽、符合食品及药品管理法规的有关要求、抗洗涤剂作用、润滑

性、尺寸稳定性等特点使得 POM 被用于食品加工器叶片、皂液给液器、喷嘴、服装、洗碗机和烘干机的齿轮以及轴承、盛器、混合容器、涂料喷雾器部件、园艺工具、锁具机构、门把手和手柄。

机械工业中，改性 POM 主要用于各种转速和负荷的齿轮和轴承，各种泵的结构件、外壳和叶轮、传送带链片、推土机轴瓦、火车轴瓦头、电动工具零件、密封垫圈、紧固件等。

13.9.6 其他行业

POM 及其改性产品还用于建材和轻工业等领域。

参 考 文 献

[1] 陈冠荣. 化工百科全书：第 9 卷. 北京：化学工业出版社，1995：105.

[2] 区英鸿. 塑料手册. 北京：兵器工业出版社，1991.

[3] 山西阳煤丰喜集团聚甲醛项目报告，2008.

[4] 李磊. 共聚甲醛生产技术难点与对策研究. 化工管理，2016，（29）.

[5] 徐秀兵. 波兰 ZAT 与香港富艺共聚甲醛聚合工艺对比. 石化技术，2014，21（3）：19-21.

[6] 高新日. 论新时期国内共聚甲醛合成工艺. 化工管理，2016，26.

[7] 庞绍龙. 工程塑料聚甲醛的生产及其应用研究. 化学工程与装备，2010，（3）：120-122.

[8] 代芳. 2014 年我国热塑性工程塑料研究进展. 工程塑料应用，2015，（3）.

[9] 代芳. 2015 年我国热塑性工程塑料研究进展. 工程塑料应用，2016，（3）.

[10] 钟兴兴. 汽车用改性塑料的发展概况. 科技与创新，2015，（3）：37-38.

[11] 2013～2014 年世界塑料工业进展. 塑料工业，2015，43（3）：1-40.

[12] 2014～2015 年世界塑料工业进展. 塑料工业，2016，44（3）：1-46.

[13] POM 科技成果. 国家图书馆，2017.

[14] 张洪涛. 某聚甲醛新建项目职业病危害预评价. 化工管理，2013，（20）.

[15] 全球甲醛生产和消费与预测. 中国甲醛行业协会，2010.

[16] 全球甲醛生产和消费与预测. 中国甲醛行业协会，2016.

第14章
二苯基甲烷二异氰酸酯

屠庆华　石油和化学工业规划院　高级工程师

14.1　概述

二苯基甲烷二异氰酸酯（diphenylmethane diisocyanate，MDI）一般有 4,4′-MDI、2,4′-MDI 和 2,2′-MDI 三种异构体，以 4,4′-MDI 为主，2,4′-MDI 和 2,2′-MDI 无工业化纯产品。工业品主要有纯 MDI、粗 MDI 及改性 MDI 三种产品。

MDI 产品制备技术要求较高，工艺较为复杂，生产设备投资较大，过程控制困难，生产技术控制在全球少数几个企业手中，生产高度集中。2016 年，全球 MDI 产能达到 770 万吨/年，全球 MDI 生产商及其产能情况如表 14.1 所示。

表 14.1　全球主要 MDI 生产商的情况　　　　单位：万吨/年

序号	生产商	产能	备注
万华	中国	180	
	匈牙利 Kazincbarcika	30	2011 年收购 BorsodChem 装置
	小计	210	
Bayer	美国 Baytown,TX	30	
	巴西 Nova Iguacu	4.5	
	德国	40	
	西班牙 Tarragona	17	
	中国上海	50	
	日本 Niihama	4.2	装置产能为 7 万吨/年，与日本住友化工（Sumitomo Chemical Co.）合资，按照 60% 的权益计入 Bayer 产能
	小计	145.7	

序号	生产商	产能	备注
BASF	美国 Geismar,LA	29	计划对该装置进行扩能改造，实现产能倍增
	比利时 Antwerp	56	于 2017 年年初完成扩建，总产能达到 65 万吨/年
	中国上海	12	占上海联合项目 50%产能
	中国重庆	40	
	韩国丽水	25	
	小计	162	
Huntsman LLC	美国 Geismar,LA	50	
	荷兰 Rozenburg	45	
	中国上海	12	占上海联合项目 50%产能
	小计	107	
Dow	美国 Freeport,TX	34	
	德国 Stade	23	
	葡萄牙 Estarreja	16	
	小计	73	
Tosoh	日本 Nanyo	40	前 NPU 公司，成立于 2014 年
	小计	40	
Mitsui	日本 Omuta	6	
	韩国丽水	10	与 Kumho 合资，装置产能为 20 万吨，Mitsui 占 50%股份
	小计	16	
Karoon 石化	伊朗 Bandar Imam	4	开工率较低
	小计	4	
Sumika Bayer	日本 Niihama	2.8	装置产能为 7 万吨/年，与 Bayer 合资，住友按照 40%的权益计产能
	小计	2.8	
Kumho Mitsui	韩国丽水	10	与 Mitsui 合资，装置产能为 20 万吨，Kumho 占 50%股份
	小计	10	
	合计	770.5	

2017 年全球 MDI 新增产能主要包括：巴斯夫比利时 MDI 装置由 56 万吨/年扩至 65 万吨/年，沙特阿拉伯 Sadara 化学公司新建 40 万吨/年 MDI 装置以及上海联恒异氰酸酯有限公司扩建 24 万吨/年 MDI 装置，预计 2017 年全球 MDI 产能将达到 844 万吨/年。

14.2 性能

14.2.1 结构

纯 MDI 的结构式：

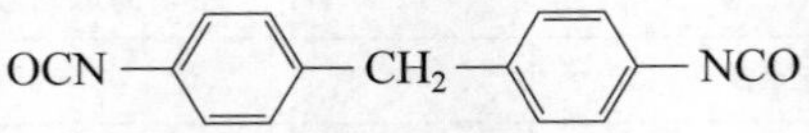

4,4′-二苯基甲烷二异氰酸酯(4,4′-MDI)

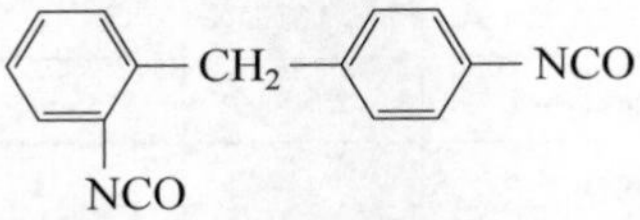

2,4′-二苯基甲烷二异氰酸酯(2,4′-MDI)

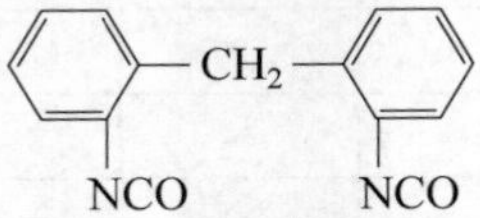

2,2′-二苯基甲烷二异氰酸酯(2,2′-MDI)

分子式：$C_{15}H_{10}N_2O_2$
聚合 MDI 的结构式：

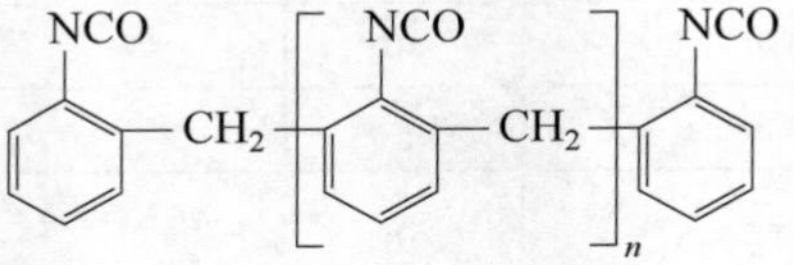

14.2.2 物理化学性质

（1）纯 MDI

纯 MDI 一般是指 4,4′-MDI，即 4,4′-MDI 含量在 99%以上的 MDI，又称 MDI-100。

常温下 4,4′-MDI 是白色至浅黄色固体，熔化后为无色至微黄色液体。4,4′-MDI 加热时有刺激性臭味，可溶于苯、甲苯、氯苯、硝基苯、丙酮、乙酸乙酯、二噁烷等。MDI 在 230℃以上蒸馏易分解、变质。储存过程缓慢形成不熔化的二聚体，但低水平的二聚体（0.6%～0.8%）不影响 MDI 的外观及性能。

4,4′-MDI 的物理性质如表 14.2 所示。

2,4′-MDI 的熔点范围为 34～38℃，蒸气压<0.014Pa。市场上没有纯 2,4′-MDI 产品。除了固态 4,4′-MDI 外，市场上的液态 MDI 单体(不含改性 MDI)一般是 2,4′-MDI 和 4,4′-MDI 含量各 50%的高 2,4′-MDI 含量的 MDI 产品，业内称为"MDI-50"。

与 4,4′-MDI 相比，高 2,4′-MDI 含量的 MDI 产品具有低反应活性和低熔点的特点。一般情况下，当 MDI 中 2,4′-异构体含量大于 25%(质量分数)时，在常温下是液态，稍低温度仍会结晶。高 2,4′-MDI 含量的 MDI 产品最佳储存温度是 25～35℃。由高 2,4′-MDI

表 14.2 4,4'-MDI 的典型物理性质

项目	指标	项目	指标
外观	白色固体	黏度（50℃）/mPa·s	约 5
分子量	250.26	蒸气压（25℃）/Pa	约 0.001
NCO（质量分数）/%	33.5	蒸气压（45℃）/Pa	约 0.01
熔点范围/℃	39~43	蒸气压（100℃）/Pa	约 2.6
沸点（0.67kPa）/℃	196	凝固点/℃	38
沸点（常压 101.3kPa）/℃	364（DSC 法）	比热容（40℃）/[J/(g·K)]	1.38
相对密度（20℃固体）	1.325	熔化热/(J/g)	101.6
相对密度（50℃熔融）	1.182	燃烧热/(kJ/g)	29.1
折射率（50℃）	1.5906	闪点（COC 开杯法）/℃	200~218

含量纯 MDI 产品制备的预聚体，因为具有无定形性质（低结晶性），其黏度比由 4,4'-MDI 制备的相同 NCO 含量预聚体的低。

（2）聚合 MDI

聚合 MDI 是不同官能度的多亚甲基多苯基多异氰酸酯混合物，常温下为褐色至深棕色中低黏度液体。不溶于水，可溶于苯、甲苯、氯苯、丙酮等溶剂。

聚合 MDI 产品的区别主要在于 4,4'-MDI，2,4'-MDI 以及其他同系物的比例。标准级聚合 MDI 的典型指标见表 14.3。

表 14.3 标准级聚合 MDI 的典型指标

项目	指标
外观	棕色液体
黏度（25℃）/mPa·s	100~300
NCO（质量分数）/%	31~32
酸度（以 HCl 质量分数）/%	≤0.2
水解氯含量/%	≤0.3
相对密度（20℃）	1.220~1.250
蒸气压（25℃）/Pa	0.001
闪点（COC 开杯法）/℃	约 230
凝固点/℃	约 5

14.3 生产方法

MDI 的合成方法有光气法和非光气法两种，目前国内外均采用技术较为成熟的液相光气法生产 MDI。

MDI 基本生产路线是以苯胺和甲醛为原料在盐酸催化下进行缩合反应，反应物用碱中和后进行蒸馏，制成二苯基甲烷二胺（MDA）和多亚甲基多苯基多胺混合物。将此混合物用溶剂（邻二氯苯或氯苯）溶解后，送至光气化反应器进行光气化反应，MDA 进行光气化反应得到粗 MDI，再经过分离精制得到 MDI。

MDI 的合成反应式如下：

$$2 \ \text{\large◯}\!-\!NH_2 + HCHO \longrightarrow H_2N\!-\!\text{\large◯}\!-\!CH_2\!-\!\text{\large◯}\!-\!NH_2 + H_2O$$

$$H_2N\!-\!\text{\large◯}\!-\!CH_2\!-\!\text{\large◯}\!-\!NH_2 + 2COCl_2 \longrightarrow OCN\!-\!\text{\large◯}\!-\!CH_2\!-\!\text{\large◯}\!-\!NCO + 4HCl$$

（MDI）

14.3.1 光气法

光气化反应技术根据有机胺反应物在反应器内相态的不同，可分为液相光气法和气相光气法两种，有机胺以液体状态进入反应器的工艺称为液相光气法，以气体状态进入反应器的工艺称为气相光气法。

（1）液相光气法

液相光气法是目前国内外生产 MDI 最主要的方法，拜耳、亨兹曼、巴斯夫等少数跨国化工巨头以及中国烟台万华公司拥有该产品生产的核心技术。

该工艺一般分为冷、热反应两步进行，其中冷反应是整个工艺的关键。由于冷反应速度非常快，为避免副反应的发生，需要采用具有高强度混合效果的冷反应器，并结合过量光气和有机胺，利用惰性溶剂稀释的方法。

液相光气法反应器经历了鼓泡式、滴加式、连续搅拌釜式及喷射强化混合式 4 个阶段，根据冷光气化反应器的形式不同，其反应停留时间、反应温度和反应配比差别也较大。从图 14.1 中可以看出，最早鼓泡式或滴加式反应器的反应温度在−10～0℃，反应时

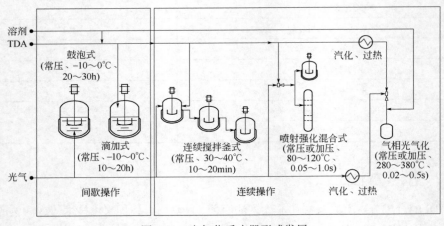

图 14.1　光气化反应器形式发展

间长达 10～20h，后来改进的连续搅拌釜式反应器的温度提高到 30～40℃，停留时间缩短到 10～20min，进而发展到目前的喷射强化混合式反应器，其反应温度在 80～120℃，而停留时间不到 1s。可见强化混合技术对于光气化反应技术的提升具有关键作用。在反应配比上，传统上采用搅拌釜式反应器，其摩尔反应配比为 TDA：溶剂：光气 = 1：(5～10)：(6～12)。为了降低反应配比，强化混合效果，很多改进的反应器形式被逐步提出，包括泵式反应器、静态混合器、喷嘴式反应器以及文丘里式喷射反应器等，这些高效混合性能的反应器可以在较低的反应配比下获得较高的反应收率，但通常反应配比仍然在 1：(3～5)：(4～8) 之间。

液相光气法的高反应配比带来了安全和环保两个方面的缺点：一是使用大量、过量的剧毒光气，使得过程的安全性降低，具有安全隐患；二是过量溶剂和光气的存在，使得整个过程能耗很高，在增加了产品成本的同时，也对环境造成了污染，不利于节能减排。为了克服液相光气法的两个缺点，经过多年研究，提出了改进的气相光气法工艺。

（2）气相光气法

为了进一步提高反应物料的混合效率，考虑到相同物质气相的分子扩散系数要远高于液相，表现为气相物料之间更容易混合均匀，因此气相光气法应运而生。

目前尚无工业化的气相光气法 MDI 生产装置。2011 年，Bayer 公司在上海建设了截至目前全球唯一一套采用气相光气法生产的 TDI 装置（25 万吨/年）。据报道，与液相光气法相比，Bayer 的气相光气法投资费用可降低约 20%，惰性溶剂消耗降低 80%，能耗降低 60%，以 25 万吨装置计算，每年可以减少排放二氧化碳 6 万吨。

一般来说，气相光气化反应器形式仍具有高强度混合效果，而且使用更低的溶剂和光气配比，就可以达到较高的反应收率。相应地，反应器停留时间更短，而反应温度则更高，图 14.1 中指出了目前主流气相光气法的反应温度高达 280～380℃，停留时间则降低到 0.02～0.5s。

气相光气法最开始主要用于制备脂肪族异氰酸酯，后经过对反应器的不断改进，逐步过渡到用于芳香族异氰酸酯的生产。Bayer、BASF 和烟台万华等很多公司和科研机构都先后申请了多个气相光气法生产异氰酸酯的专利。所有文献中气相光气法的流程相似，均是光气与有机胺首先气化并过热至 280～380℃甚至更高，然后经一特定设计的喷嘴进入反应器，出喷嘴的反应气相与顺流向下喷入的惰性溶剂接触淬冷，生成的有机异氰酸酯被冷凝，然后经蒸馏提纯。由于气相反应物料的停留时间极短，所以可以大幅提高单位时间的产量，获得更大的空时产率，降低投资费用。

气相光气法把物料混合速度提升到了一个非常高的水平，可以使反应物料在非常短的时间内达到完全混合（0.02～0.5s）。而与如此快的混合速度对应的操作温度非常高，在如此高的温度下，目标反应非常快速地完成，与此同时副反应的速率也大幅提升。因此，需要在极短的时间内把反应物从高温冷却到副反应不明显发生的温度，即现在气相光气法一般采用的激冷方法。但由于目前技术条件的限制，还不能达到满意的效果，这也是气相光气法虽然能耗大大降低，但反应收率与液相光气法相比并没有明显优势的原因。

除此之外，气相光气法还存在一些其他缺点：一是由于气相反应温度非常高，在反应过程中会发生副反应生成焦渣，除了降低反应收率，还有可能堵塞设备；二是为了避免反应后的物料在高温下长时间停留，需要将高温气相反应物快速冷凝成液相，除了要消耗大量冷料以外，还需要一种快速合理的冷却方式；三是根据气相光气法 TDI 装置的实践，反应物 TDA 在反应前需要首先气化，气化过程在大量消耗能量的同时，也会引起 TDA 发生副反应，造成产率降低或堵塞设备。可能气相光气法用于 MDI 生产过程中也会出现类似问题。因此，气相光气法在弥补了部分液相光气法缺点的同时，也带来了一系列新的问题。而围绕如何解决气相光气法产生的这一系列新的问题，将是今后相当长的时期内光气化异氰酸酯工艺研究的重点。

14.3.2 非光气法

非光气法的研究主要体现在两个方面：一是采用更安全的物质来替代光气进行光气化反应；二是采用完全不同于光气化反应的技术路线，从本质上避免光气法的缺点。国内外的企业及研究单位相继开发了多种非光气法生产工艺路线，但目前还都处于试验研发阶段，其中取得进展的工艺路线有 BTC（三光气）法、碳酸二甲酯（DMC）胺解法和尿素法。

由于光气法生产技术已经非常成熟，在生产成本、单套产能放大和工业化应用等方面有着非光气法不可比拟的优势，目前尚未有工业化的非光气法生产 MDI 装置投产。

（1）BTC 法

BTC 法也叫固体光气法、三光气法，BTC 的化学名为 2-(3-氯甲基)碳酸酯（$C_3Cl_6O_3$）[bis (trichloromethyl)carbonate，BTC]，是一种稳定的固体化合物，可以在化学反应中完全替代剧毒的光气和双光气，用于合成氯甲酸酯、异氰酸酯、聚碳酸酯和酰氯等，广泛用于医药、农药、染料、颜料及高分子材料的合成。

BTC 法合成异氰酸酯(MDI)的反应式如下所示：

$$3H_2N \text{—} \bigcirc \text{—} CH_2 \text{—} \bigcirc \text{—} NH_2 + 2Cl_3COCOOCCl_3$$

$$\longrightarrow 3OCN \text{—} \bigcirc \text{—} CH_2 \text{—} \bigcirc \text{—} NCO + 12HCl$$

BTC 法的优点为：安全，无危害性，使用方便，无污染性，不需复杂的吸收和防护设备，固体可称量，反应可计量，反应条件温和，产品质量好，产率可达到 84%。缺点是：仍会产生大量的盐酸，因而对生产设备产生腐蚀，同时产品中也会含有氯的化合物，精馏提纯中脱除水解氯的一步工艺没有得到解决。

（2）DMC 胺解法

DMC 胺解法主要分为 3 步：①以 DMC 和苯胺为原料合成苯氨基甲酸甲酯（MPC）；②MPC 与甲醛缩合生成二苯甲烷二氨基甲酸甲酯（MDC）；③MDC 分解即可制得 MDI。

苯胺与碳酸二甲酯反应合成 MPC 的条件比较温和，且为液相反应，操作过程简单，是目前非光气法合成 MDI 研究的热点，也是比较具有工业化前途的合成方法之一，DMC 法合成异氰酸酯(MDI)的反应式如下所示：

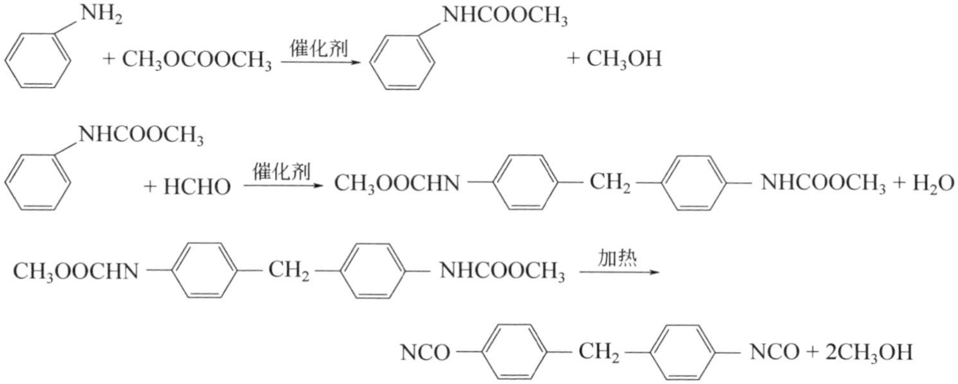

在此合成方法中有等物质的量的小分子产物甲醇生成，反应原子经济性低，甲醇易与苯胺发生反应生成副产品 N-甲基苯胺，此外，MPC 与苯胺进一步发生交换反应生成二苯基脲，增加了分离难度，降低了设备利用率，增加了生产成本。

（3）尿素法（二苯基脲法）

尿素法主要分为 4 步：①用尿素与苯胺反应合成 N,N'-二苯基脲（DPU）；②DPU 与甲醇合成 MPC；③MPC 与甲醛缩合生成二苯甲烷二氨基甲酸甲酯（MDC）；④MDC 催化热分解制备 MDI。反应副产物氨气可返回到合成氨系统，MDI 与合成氨、尿素生产相结合，可实现"零排放"的绿色合成工艺。

尿素法的主要反应式如下所示：

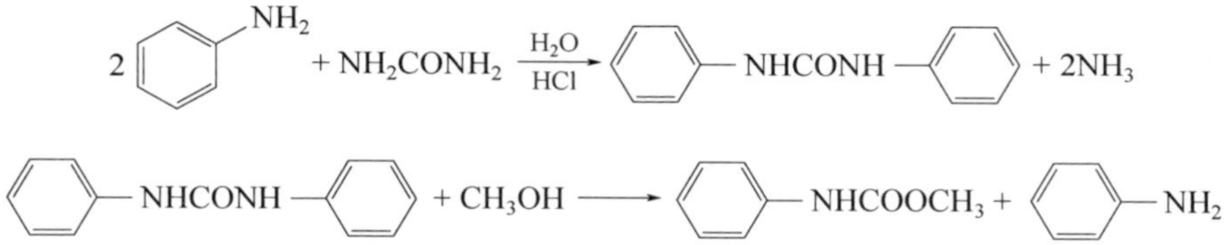

其余反应过程同 DMC 法。

该合成方法和上述碳酸酯法类似，也有等物质的量的小分子产物苯胺生成，反应的原子经济性低，并且产物 MPC 和甲醇进一步反应生成副产物 DMC。甲醇易与苯胺反应生成副产物 N-甲基苯胺，同样增加了分离的难度，降低了设备的利用率，增加了生产成本。

非光气法异氰酸酯制备工艺还存在众多的不确定性，距离实现真正的工业化生产还有很长的路要走。首先，从技术上讲，目前各种非光气法制备异氰酸酯路径在催化剂选择、催化剂稳定性、产品收率以及工艺条件的确定方面还需要进行大量的研究工作；其次，从经济性上讲，非光气法与光气化法相比还有较大的差距，在相当长的时期内，还难以和光气法竞争，这也是目前非光气法研究大部分在高校和科研院所中进行、而企业参与较少的重要原因。

14.3.3 主要技术难点

在 MDI 制备过程中，MDI 的分解反应是关键步骤。其改进主要集中于工艺条件，以提高目标产物的收率，同时抑制副反应的发生。该分解过程根据有无催化剂可分为热分解法和催化分解法，依据反应物所处相态可分为气相法和液相法。

气相法的改进是通过采用固体粉末进料的快速热分解方式抑制副分解，MDI 的收率可得到提高，但固体大分子容易形成并沉积于管道中造成堵塞，给实现连续工业生产带来困难。

液相分解在实际操作中一般采用将 MDC 溶解于适当的溶剂中，在有、无催化剂存在，减压、常压或者加压条件下分解为 MDI。这样既可以减少高温带来的副反应，又可以降低能与—NCO 反应的功能团浓度以抑制副反应的发生。此外，分解反应还受溶剂分解温度等诸多因素影响。

14.4 产品质量规格

（1）分类

根据《二苯基甲烷二异氰酸酯国家产品标准》（GB/T 13941—2015），MDI 的分类如下。

根据 MDI 产品中 4,4'-MDI 含量分为 MDI-100、MDI-50 两个牌号，用途如表 14.4 所示。

表 14.4 MDI 产品牌号及用途

牌号	主要指标	用途
MDI-100	4,4'-MDI 含量≥97.0%	广泛应用于微孔弹性体、热塑性弹性体、浇筑型弹性体、人造革、合成革、胶黏剂、涂料、密封剂等的制造
MDI-50	4,4'-MDI 含量为 44.5%～49.0%	广泛应用于高回弹泡沫、半硬泡和微孔弹性体的生产，还广泛应用于弹性体、黏合剂、涂料和密封胶的生产

（2）技术指标

MDI 的技术指标应符合表 14.5 的规定。

表 14.5 MDI 技术指标

检验项目	技术指标	
	MDI-100	MDI-50
外观	固体为白色至浅黄绿色晶体；液体为透明液体，无机械杂质	无色至粉色液体
色度/黑增单位	≤30	≤50
MDI 含量/%	≥99.6	≥99.6

检验项目		技术指标	
		MDI-100	MDI-50
2,4'-MDI 含量/%		≤2.0	50.0~54.0
4,4'-MDI 含量/%		≥97.0	44.5~49.0
结晶点/℃		≥38.1	≤15.0
水解氯含量/%		≤0.003	≤0.005
环己烷不溶物/%		≤0.2	≤0.2
劣化试验	色度/黑增单位	≤50	
	环己烷不溶物/%	≤1.65	

注：MDI 含量是 4,4'-MDI、2,4'-MDI、2,2'-MDI 含量之和。

14.5 危险性与防护

在 MDI 生产中必须注意安全和劳动保护。

14.5.1 火灾爆炸的危险性

在 MDI 生产过程中，光气合成单元中存在一氧化碳，如果发生泄漏或者操作不当，会引起火灾或者爆炸；此外，在 MDI 生产的各单元中还存在氯苯、甲醛水溶液、苯胺等易燃或可燃物质，如果发生泄漏，可能引起火灾。

14.5.2 中毒

在 MDI 生产过程中可能出现光气合成及光气化反应装置发生火灾、爆炸、泄漏，造成氯气、光气等有毒物质外逸，导致现场人员中毒事故发生。

14.5.3 应急措施

针对吸入气体危害，要把病人从暴露点移开，保持温暖和休息，按原发性刺激或支气管痉挛症状采取医疗措施；针对眼睛的刺激，用大量清水冲洗至少 15min 并立刻就医；针对皮肤接触，应脱去被污染衣物，用大量清水冲洗，擦洗干净即可，如果依然有感染症状，则需采取医疗措施；针对经口摄入，用水漱口并喝下 200~300mL 水，不要催吐，采取医疗措施。

针对 MDI 泄漏的主要措施有：穿着全套个人防护服，并使用呼吸器械，并清场；堵截泄漏点，并用围堰防止泄漏物流入下水道；用惰性、不易燃的材料(木屑、砂土等)吸附泄漏物；把废料铲入开口桶或塑料袋内并密封留待处理；用推荐的清洗剂清洗泄漏点；测试该地点的 MDI 气体浓度。当 MDI 被加热、喷涂或在不通风环境中操作发生泄漏或出现其他紧急情况时，可能导致过度暴露，所以必须配置紧急用防护用品。当这些状况发生时，必须使用标准的个人防护用品。当发生 MDI 大面积泄漏时，还要穿戴 PVC 防化靴、PVC 防溅服，如果工厂内有 MDI 储罐，则必须配置呼吸装置。

14.6 毒性与防护

MDI 的蒸气压比 TDI 低很多，挥发毒性比 TDI 弱。大鼠经口急性毒性 $LD_{50}=$ 31690mg/kg，大鼠吸入 $LC_{50}=178mg/m^3$，人 30min 吸入 $TCL_0=130mL/m^3$(Oxford MS-DS)。

MDI 在空气中的最大允许浓度(TLV)为 $0.02cm^3/m^3$（即 0.02×10^{-6}，相当于 $0.2mg/m^3$）。日本产业卫生学会的允许浓度为 $0.05mg/m^3$（1993 年），ACGIH TWA 的允许浓度为 $0.005cm^3/m^3$（或 $0.051mg/m^3$）（1996 年）。

20℃，常压下 MDI 蒸气体积分数与质量体积浓度的换算关系：$1ppm=10.22mg/m^3$，或 $1mg/m^3=0.098ppm$。

虽然 MDI 的挥发性较低，但 MDI 有一定的毒性和刺激性，易与水反应，在操作时应小心谨慎，防止其与皮肤直接接触及溅入眼内，建议穿戴必要的防护用品，如手套、工作服等。

14.7 标志、包装与运输

14.7.1 标志

每批产品均应有质量检验报告单，每一包装件上应有清晰、牢固的标志，标明产品名称、批号、净含量、生产日期、保质期、合格证以及生产厂名、产品标准标号和防湿、防晒的标志，并标明产品的注意事项、安全事项以及泄漏洒落处理方。

14.7.2 包装

产品包装分桶装和罐装，在包装前需在容器内充干燥氮气，密封包装。

14.7.3 运输

产品在运输过程中，应注意防湿、防晒，并保持其温度与储存温度一致。

14.7.4 储存及熔化注意事项

根据《二苯基甲烷二异氰酸酯国家产品标准》（GB/T 13941—2015），固体 MDI-100 应储存在干燥、密封容器中，储存温度在 0℃ 以下，产品保质期为三个月；在-15℃ 以下保存，产品保质期为六个月。液体 MDI-100 应储存在干燥、密封容器中，储存温度为 (45 ± 1)℃，产品保质期为 10 天。MDI-50 产品应储存在干燥、密封容器中，储存温度为 25～35℃，产品保质期为 10 个月。

产品超过保质期，可按 GB/T 13941—2015 进行复检，如符合标准规定，仍可使用。

此外，实际生产中，粗 MDI 采用镀锌桶包装，室温通风封闭保存。液化改性 MDI 采用镀锌桶包装，室温通风封闭保存。

根据 Bayer 公司 Mondur M 产品说明书，在 20～39℃ 放置数小时，就可能产生明显的二聚体沉淀。在 5℃ 下储存也只有约 3 个月的保质期。在 −20℃ 以下，可稳定储存最长 6 个月的时间。

根据 Dow 化学公司产品说明书，可在 −20℃ 储存 12 个月，在 43℃ 可储存 45 天而维持液体状态透明。一般推荐已加热熔化了的液体 MDI 储存温度为 41~46℃，并及早用完。不宜再次冷冻储存，更不宜反复冷冻、熔化，因为冷冻或熔化过程经过 20~39℃ 温度区，会以较快的速度产生二聚体。

Dow 化学公司的产品说明书建议的 MDI 储存期如表 14.6 所示。

表 14.6 4,4′-MDI 在不同温度下的储存期

温度/℃	−17.8	4.4	10	25	40.6	43.3	46.1	48.9
储存期/d	300	68	33	不稳定	31	35	35	28

注：储存期是指 MDI 按正确的操作熔化后呈透明液体，并且是平均值。

为保证二聚体的生成量最少，应采用尽可能快且均匀的加热方式熔化固体 MDI。建议采用装有滚桶装置的 80~100℃ 的热风烘箱烘化。烘化过程中应保证桶内 MDI 的温度不得超过 70℃。为避免局部过热而导致二聚体大量生成，不主张使用电加热装置。在确保料桶密封完好、无泄漏的情况下，可以采用热水浴及常压蒸汽加热，并且转动 MDI 料桶使 MDI 熔化。应注意避免 MDI 接触水分。

14.8 发展趋势

MDI 是重要的聚氨酯原料，MDI 的发展对我国聚氨酯产业具有十分重要的意义。根据 MDI 生产的特殊性及产品的重要性，未来我国 MDI 产业的发展趋势如下：

（1）建设若干临港异氰酸酯生产基地

异氰酸酯是一种重要的大宗化工原料，其制造、运输过程中具有一定的危险性和有毒有害的特性，必须远离居民区、风景名胜区、重要水源地等需要保护的区域。异氰酸酯产品生产数量较大，市场主要集中在东部沿海的浙江、福建、江苏、山东、上海一带，需要有便利的交通设施配套，装置建设应尽量靠近聚氨酯下游消费地。

（2）生产能力、装备水平向规模化、一体化发展

2009 年，工信部出台的《异氰酸酯(MDI/TDI)行业准入条件》规定了新建装置必须是 10 万吨级别的大型异氰酸酯生产装置，其中 MDI 必须是 30 万吨/年。根据目前 MDI 技术进展，未来拟建新建装置大多已达到 40 万吨/年。

"十三五"要继续推进和落实《异氰酸酯（MDI/TDI）行业准入条件》的实施，促进现有装置的技术进步和更新换代，使异氰酸酯生产、装备水平向规模化、一体化发展。

（3）推进 MDI 产品技术革新

根据应用领域不同，积极开发研究 MDI 多元化新产品，如适合 TPU、氨纶、汽车、

高铁等高端领域应用的产品等。开发 MDI 产品非光气法生产工艺技术，使生产过程更加安全环保，能耗进一步减少。

参 考 文 献

[1] 刘益军. 聚氨酯原料及助剂手册：第 2 版. 北京：化学工业出版社，2012：6.

[2] 刘玉梅，等. 异氰酸酯. 北京：化学工业出版社，2004：1.

[3] 毕荣山，等. 光气化反应技术生产异氰酸酯的研究进展. 化工进展，2017，36（5）：1565-1571.

[4] 杨明，等. 连续搅拌釜式反应器的特性与设计. 石油化工，1974（5）：452-265.

[5] 郭台. 制备甲苯二异氰酸酯的喷射反应器. 2444949Y，2001.

[6] 玉婷，等. 文丘里型液液喷射反应器结构的研究. 化学工程，2015，43（12）：34-36.

[7] 王素静，等. 气相光气化法生产有机异氰酸酯技术进展. 山东化工，2016，45（3）：49-50.

[8] 尚永华，等. HDI 制备过程中 HDI 与 HCl 化学反应问题探讨研究. 聚氨酯工业，2010，25（6）：36-39.

[9] 边祥成，等. 气相光气化法生产异氰酸酯的研究进展. 聚氨酯工业，2015，30（5）：1-4.

[10] 游川北，等. 非光气法 MDI 生产技术及成本比较. 化肥工业，2016，43（5）：44-46.

[11] 沈菊华. 国内外 MDI 生产技术发展概况. 化工科技市场，2007，30（10）：17-19.

[12] 徐子成，等. 三氯甲碳酸酯（三光气）的合成及其应用. 上海化工，1994，19（4）：4-6.

[13] 朱正德，等. 二苯基甲烷二异氰酸酯生产技术及发展. 辽宁化工，2006（11）：660-665.

[14] 朱长春，等. 中国聚氨酯产业现状及"十三五"发展规划建议. 聚氨酯工业，2015，30（3）：1-25.

第15章
1,4-丁二醇

向家勇　湖北三里枫香科技有限公司　总经理

15.1　概述

　　1,4-丁二醇（1,4-butylene glycol，BDO，CAS 号：110-63-4），是附加值较高的精细化工产品及合成革的主要原料，是生产聚对苯二甲酸丁二醇酯（PBT）工程塑料和 PBT 纤维的基本原料。PBT 塑料是最有发展前途的五大工程塑料之一。BDO 产品最早是在 1930 年由德国 I.G 法本公司开发成功，生产方法是经典的炔醛法。当时，BDO 只能建设几十吨规模的生产装置，BDO 产品在当时还是一种精细化工产品。

　　进入 20 世纪 70 年代，随着改良炔醛法工艺和其他原料路线工艺的相继开发成功，BDO 产品的生产规模也开始逐渐扩大，但此时，各种工艺路线刚刚起步，生产规模还是偏小，BDO 产品仍是一种精细化工产品，这种状况一直持续到 20 世纪 80 年代末期。

　　20 世纪 80 年代末期，随着各种生产工艺的成熟和下游产品的应用越来越广泛，BDO 产品逐步由精细化工产品转变为一种重要的有机化工原料。现在，BDO 产品在全球市场上是一种快速发展的化工原料，随着产能的进一步增大，正由成长期步入成熟期，处在成长期的末期，成熟期的初期。此后，全球 BDO 的生产和消费一直稳步增长。2015 年全球 BDO 的产能达到 262.88 万吨。

　　全球 BDO 主要生产商和产能如表 15.1 所示。

表 15.1　全球 BDO 主要生产商的情况　　　　单位：万吨/年

国家/地区	生产商	产能	生产方法	技术来源
中国宁夏	国电英力特能源化工有限公司	20.0	甲醛 Reppe 工艺	INVISTA
德国	BASF	18.98	甲醛 Reppe 工艺	德国 BASF
美国	INVISTA	16.0	甲醛 Reppe 工艺	INVISTA
中国山西	山西三维集团有限公司	15.0	甲醛 Reppe 工艺/顺酐法	组合

国家/地区	生产商	产能	生产方法	技术来源
美国	BASF	13.5	甲醛 Reppe 工艺	德国 BASF
荷兰	Lyondell Basell	12.6	环氧丙烷工艺	
中国江苏	南京蓝星化工新材料有限公司	11.0	顺酐法(2 套)	英国 DAVY
比利时	SISAS	10.6	正丁烷/顺酐工艺	
比利时	SISAS	10.6	顺酐工艺	
德国	ISP	10.0	甲醛 Reppe 工艺	ISP
马来西亚	BASF	10.0	顺酐酯化加氢工艺	
日本	三菱化成工业公司	10.0	丁二烯工艺	日本三菱化学
中国新疆	新疆美克化工有限公司	10.0	甲醛 Reppe 工艺	INVISTA
沙特阿拉伯	Gulf	7.5	正丁烷/顺酐工艺	
美国	Ashland	6.5	正丁烷工艺	
中国重庆	重庆驰源化工有限公司	6.0	甲醛 Reppe 工艺	INVISTA
中国四川	四川天华化工有限公司	6.0	甲醛 Reppe 工艺	INVISTA
中国山东	山东汇盈新材料科技有限公司	5.5	顺酐工艺	英国 DAVY
中国浙江	上海华辰能源公司	5.5	甲醛 Reppe 工艺	INVISTA
美国	Lyondell Basell	5.5	环氧丙烷工艺	
中国江苏	中石化仪征工程塑料有限公司	5.0	顺酐工艺	英国 DAVY
中国河南	河南鹤煤公司	5.0	甲醛 Reppe 工艺	中国山西三维
沙特阿拉伯	Gacic-Huntsman	5.0	正丁烷/顺酐工艺	
韩国	BASF	5.0	顺酐工艺	德国 BASF
中国河南	河南开祥精细化工有限公司	4.5	甲醛 Reppe 工艺	中国山西三维
中国台湾	南亚塑料工业股份有限公司	4.0	丁二烯工艺	日本三菱化学
中国江苏	大连化工（江苏）有限公司	3.6	丙烯醇工艺	中国台湾、大连
韩国	PTG	3.0	顺酐酯化加氢工艺	
中国台湾	台湾水泥 TCC 公司	3.0	顺酐酯化加氢工艺	英国 DAVY
中国陕西	陕西比迪欧化工有限公司	3.0	甲醛 Reppe 工艺	组合
中国福建	湄洲湾氯碱工业有限公司	3.0	甲醛 Reppe 工艺	
日本	BASF Idemitsu	2.5	甲醛 Reppe 工艺	德国 BASF

15.2　性能

15.2.1　结构

结构式：HO⌒⌒OH

分子式：$C_4H_{10}O_2$

15.2.2 物理性质

BDO 的物理性质如表 15.2 所示。

表 15.2 BDO 的物理性质

项目	数值	项目	数值	项目	数值
熔点/℃	20.2	表面张力（20℃）/[mN/m]	44.6	介电常数 ε	31.4
沸点/℃		相对密度		蒸气压/kPa	
0.133kPa	86	d_4^{20}	1.017	60℃	0.031
1.33kPa	123	d_4^{25}	1.015	100℃	0.43
13.3kPa	171	黏度/mPa·s		140℃	4.08
101.3kPa	228	20℃	91.56	180℃	21.08
闪点（开杯法）/℃	121	25℃	71.5	200℃	41.5
折射率/n_d		蒸发热/(kJ/mol)		比热容/[kJ/(kg·K)]	
20℃	1.4460	131.4℃	68.2	20℃	2.2
25℃	1.4446	193.2℃	59.4	50℃	2.46
燃烧热/(kJ/mol)	2585	215.6℃	57.8	100℃	2.9
临界温度 T_c/K	719	230.5℃	56.5	150℃	3.33
临界压力 p_c/kPa	4112.8	溶解度		溶解度（25℃）	
热导率/[kJ/(m·℃)]		水（0℃）	不限	乙酸乙酯	14.1
30℃	0.756	水（25℃）	不限	乙醚	3.1
50℃	0.753	甲醇	不限	石脑醚（35~60℃）	0.9
70℃	0.750	乙醇	不限	四氯化碳	0.4
100℃	0.745	丙酮	不限	氯化苯	0.4

15.2.3 化学性质

BDO 是典型的二元醇，结构中含有两个活泼羟基，决定了其化学性质较活泼，可参与多种反应。

（1）酯化反应

BDO 的化学性质主要是由伯羟基决定的，可以进行普通的酯化反应。一般使用非酸性催化剂，因为强酸性催化剂有助于脱水环化等副反应发生。在较低的浓度下制备羧酸酯时，会生成一些环内酯，例如，与氧化铜、亚铬酸铜或 Cu-Zn-Al 等催化剂一起加热，环化生成丁内酯。若在较高浓度时，在某些条件下可以生成聚合产物。

$$\text{HOCH}_2\text{CH}_2\text{CH}_2\text{CH}_2\text{OH} \longrightarrow$$

（2）醇醛缩合反应

BDO 与醛或醛的衍生物作用生成七元环缩醛（1,3-二氧杂环庚烷）或线性缩醛，这两种缩醛可以相互转化。

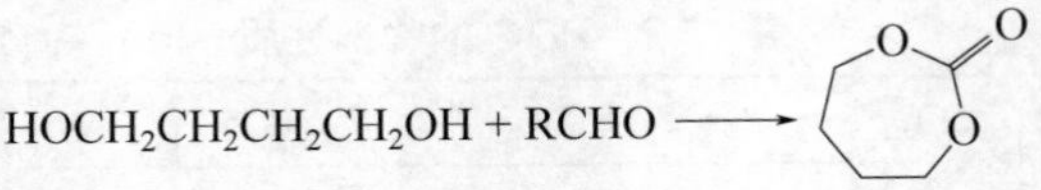

$$HOCH_2CH_2CH_2CH_2OH + RCHO \longrightarrow$$

（3）与胺、硫化物的环化反应

在酸性催化剂存在下，BDO 与胺或氨一起加热，生成吡咯烷。在类似的条件下，与硫化氢反应生成四氢噻吩。

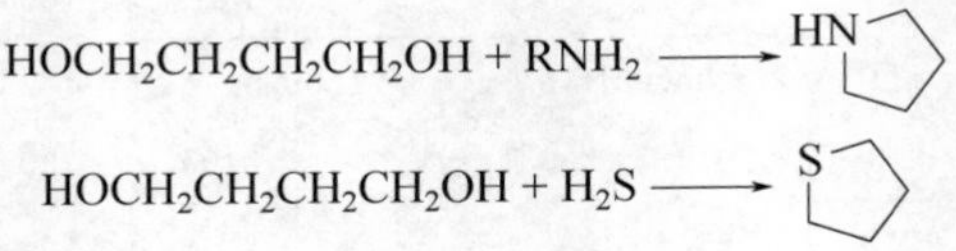

$$HOCH_2CH_2CH_2CH_2OH + RNH_2 \longrightarrow$$

$$HOCH_2CH_2CH_2CH_2OH + H_2S \longrightarrow$$

（4）取代反应

BDO 与亚硫酸氯进行取代反应，转化成 1,4-二氯丁烷。若与溴化氢发生取代反应则生成 1,4-二溴丁烷。

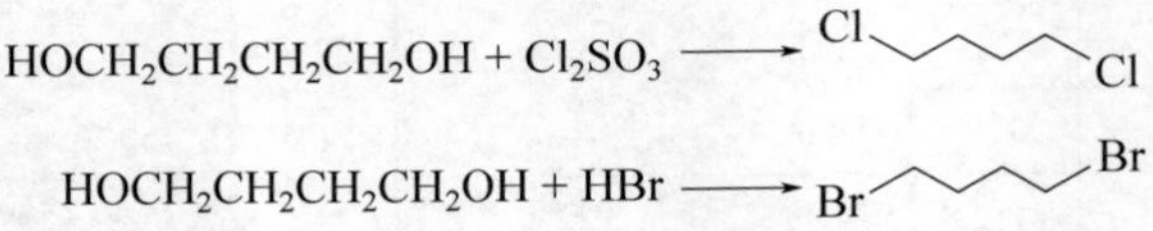

$$HOCH_2CH_2CH_2CH_2OH + Cl_2SO_3 \longrightarrow$$

$$HOCH_2CH_2CH_2CH_2OH + HBr \longrightarrow$$

（5）羰基加成反应

在羰基镍存在下，BDO 与 CO 反应，可以得到较高收率的己二酸。

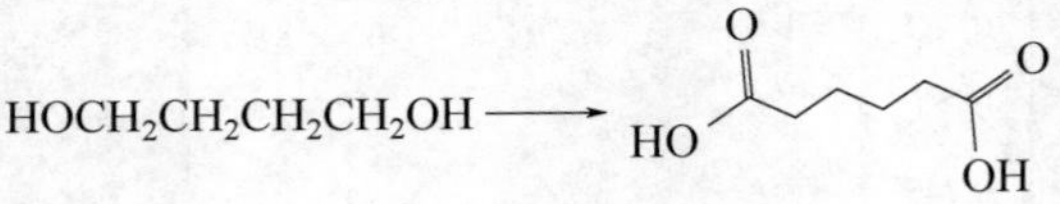

$$HOCH_2CH_2CH_2CH_2OH \longrightarrow$$

（6）氧化反应

用 V_2O_5 作催化剂，BDO 气相氧化得到 90%收率的顺丁烯二酸酐。使用适当的催化剂进行液相氧化，可以得到丁二酸。

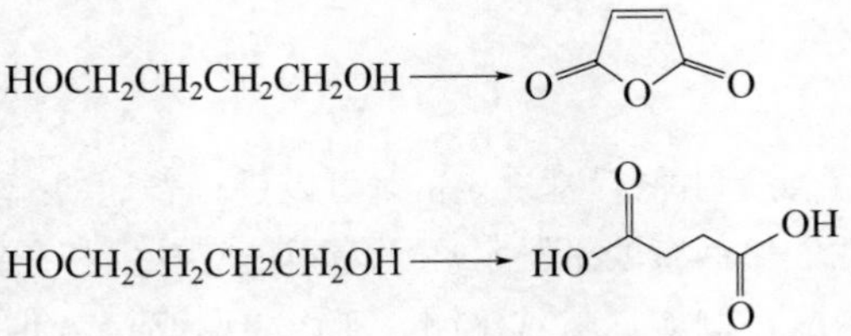

$$HOCH_2CH_2CH_2CH_2OH \longrightarrow$$

$$HOCH_2CH_2CH_2CH_2OH \longrightarrow$$

（7）脱水反应

在酸性催化剂存在下，BDO 发生脱水反应生成四氢呋喃。

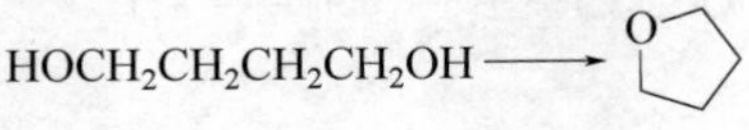

$$HOCH_2CH_2CH_2CH_2OH \longrightarrow$$

（8）聚合反应

在工业生产中，BDO 与对苯二甲酸或它的酯类进行聚合反应，是生产聚对苯二甲酸丁二醇酯（PBT 树脂）的主要方法。

$$HOCH_2CH_2CH_2CH_2OH + HOOCC_6H_4COOH \longrightarrow$$

（9）与异氰酸酯反应生成聚氨酯，其反应式如下：

$$HOCH_2CH_2CH_2CH_2OH + OCN(CH_2)_6NCO \longrightarrow$$

图 15.1 为 BDO 的衍生反应。

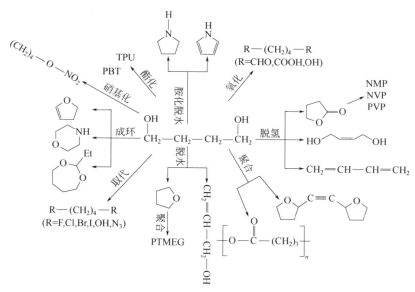

图 15.1　BDO 的衍生反应

15.3　生产方法

20 世纪 30 年代，德国的 Reppe 成功开发了以乙炔和甲醛为原料生产 BDO 的工艺技术。在很长的时间内，BASF、ISP 和 DuPont 等国际大公司均采用此法生产 BDO，直到现在还占主要地位；20 世纪 70 年代中期，日本三菱化成公司成功开发以丁二烯、乙酸为原料的 BDO 生产工艺路线，并在日本、韩国、中国台湾省等地建成了几套生产装置；20 世纪 80 年代末，英国的 Davy Mckee（现 Kvaerner）公司开发了顺酐低压气相加氢工艺生产 BDO；日本的克鲁克纳公司曾开发了以环氧丙烷为原料生产 BDO 的生产方法，并有专利，但未能建成大型工业化装置；20 世纪 90 年代，美国 Lyondell（原 ARCO 化学公司）成功开发了以环氧丙烷为原料的烯丙醇法生产工艺，并在美国德州建成 5 万吨/年生产装置；英国 BP 和德国鲁奇公司合作，经过三年的努力成功开发以 C₄ 馏分为原料的"Geminox"工艺，即由正丁烷氧化成顺酐，再合成顺酸，经加氢制得 BDO，简化了工艺，使生产成本下降，更具竞争力。

BDO 的工艺路线有 17 种以上，但是已经实现工业化生产的主要是 4 种工艺路线：①以甲醛和乙炔(电石气)为原料的 Reppe 法；②以丁二烯和乙酸为原料的丁二烯乙酰氧基化法；③以环氧丙烷/丙烯醇为原料的环氧丙烷法；④以正丁烷/顺酐为原料的方法。BDO 的生产工艺，见图 15.2。

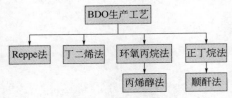

图 15.2　BDO 的生产工艺

表 15.3 为 BDO 几种工艺方法的历史演变过程。

表 15.3　各种 BDO 工艺方法的历史演变过程

年代	工艺方法	技术开发和改进公司	应用情况
1940~1970	经典 Reppe 法	巴斯夫	基本淘汰
	改良 Reppe 法	GAF	使用中
	新改良 Reppe 法	Linde&SK	使用中
1970~1980	丁二烯乙酰基氧化法	三菱化成	使用中
	顺酐直接加氢法	三菱化成和三菱油化	使用中
	丁二烯氯化法	东洋曹达	基本淘汰
1980~1990	顺酐酯化加氢法	戴维公司（Davy）	使用中
	丁烷-顺酐法	BP Amoco & Lurgi Geminox	使用中
	丙烯醇法	日本可乐丽（Kurary）	使用中
1990~2016	环氧丙烷法	美国利安德（Lyondell）	使用中

15.3.1　雷珀（Reppe）法

雷珀（Reppe）法是生产 BDO 的经典方法，以乙炔和甲醛合成 BDO。20 世纪 30 年代，德国 Farben 等在探索丁二烯合成橡胶的工艺过程中成功开发该工艺，1943 年由德国 BASF 公司首先实现工业化生产。

雷珀（Reppe）法又名炔醛法，包括传统工艺、改良工艺、Linde 工艺、BASF/Du Pont 工艺四种。

雷珀（Reppe）工艺是生产 BDO 的传统方法，又分为经典法和改良法。经典法中，催化剂与产品无需分离，操作费用低，但是由于乙炔分压较高，有爆炸的危险，因此，反应器设计的安全系数高达 12～20 倍，致使反应装置庞大，设备造价昂贵，投资高。另外，乙炔聚合会生成聚乙炔，导致催化剂失活，聚乙炔也会堵塞管道，从而缩短生产周期，降低生产能力。改良法由美国 GAF 公司成功开发并广泛应用于工业生产。该工艺关键点是采用乙炔亚铜/铋为催化剂，将乙炔和甲醛放在由若干介淤浆床反应器串联成的反应器中，采用改良的 Cu 催化剂，在 79～90℃ 和 0.12～0.13MPa 条件下反应生成丁炔二醇，经过滤，催化剂与反应物分离后留在反应器内；丁炔二醇在 60～70℃ 和 2.0～2.5MPa 下加氢生成丁烯二醇和 BDO，然后在填充反应器中，以 Ni 为催化剂，在 120～150℃ 条件下丁烯二醇加氢生成 BDO，最后通过蒸馏和薄膜蒸发提纯 BDO，BDO 的纯度≥99%。工艺特点是丁炔二醇合成能在较低的乙炔分压下进行，从而减少聚合物的生成，消除了管道堵塞，而且催化剂可以阻火防爆，不会因为减少乙炔和甲醛而永久钝化。反应物经过滤、离心分离，将催化剂送回反应器循环使用，滤液送丁炔二醇到提纯塔，脱掉丙炔醇后得到 35% 的丁炔二醇水溶液。丁炔二醇采用两段加氢，加氢总转化率为 100%，丁炔二醇的选择性为 95%。

15.3.2 丁二烯/乙酸法

该工艺于 20 世纪 70 年代由日本三菱化学公司开发成功，分 3 个步骤进行：①在温度 60℃、压力 6.9MPa 条件下以 Pd-Te 活性炭为催化剂，丁二烯与乙酸和氧气发生乙酰基氧化反应，在固定床反应器中生成 1,4-乙二乙酰氧基-2-丁烯；②脱去乙酸后的反应液在同样的温度、压力下，在固定床反应器中催化加氢生成 1,4-乙二乙酰氧基-2-丁烯；③用阳离子交换树脂水解制得 BDO 和 1-乙酰氧基-4-羟基丁烷，后者用离子交换树脂脱乙酰氧基环化成 THF。典型的理论产率（以丁二烯计）为 80%～85%。该方法的工艺特点是此工艺方法原料易得，工艺安全，技术可靠，无公害，高价值的 THF 无需由 BDO 脱水得到，并可任意调节产物 BDO 和 THF 的比例。但是，整个工艺流程长，投资大，水蒸气消耗量高，只有在合理的规模下才具有竞争力。

15.3.3 环氧丙烷法

Arco 公司于 20 世纪 80 年代末至 20 世纪 90 年代初成功开发此工艺。自烯丙醇出发，氢甲酰化生成 4-羟基丁醛，4-羟基丁醛氢化生成 BDO。异构化反应采用 $LiPO_4$ 作催化剂，加氢处理时产生的副产物可用作树脂和涂料的添加剂。BDO 收率为 90%～97%，副产物为正丙醇，2-甲基-1,3-丙二醇。

美国 Lyondell 化学公司和日本可乐丽公司（Kurary）也成功开发了由环氧丙烷为原

料合成 BDO 的工业化方法。该工艺流程为：环氧丙烷催化异构成烯丙醇，在铑系催化剂作用下烯丙醇加氢甲酰化，产物在拉尼镍催化剂存在下加氢生成 BDO。该工艺投资低、流程简单，副产物利用价值高，铑系催化剂可循环使用，寿命长，BDO 产出率较高，蒸气消耗低，氢甲酰化及加氢为液相反应，生产负荷容易调节。

15.3.4 顺酐直接加氢法

顺酐直接加氢法由英国 Davy Mckee 公司开发成功，是正丁烷制顺酐的气相氧化法和顺酐加氢技术结合起来的生产方法。将正丁烷在钒和磷混合氧化物催化剂作用下氧化生成顺酐，再加水急冷制得马来酸，然后在固定床反应器中催化加氢生成 BDO。通过调节工艺条件，可以改变 BDO、γ-丁内酯（GBL）、四氢呋喃（THF）的产出比例。省去了顺酐脱水、提纯和酯化工序，将主要工序从 8 道减为 4 道，从而缩短了整个流程，减少了设备台数，投资费用可减少 20%，生产成本可节省 25%～40%。该工艺副产物少，几乎能将顺酐全部转化为 BDO。

15.3.5 顺酐酯化加氢法

顺酐酯化加氢法由英国 Davy Mckee 公司开发成功，1988 年实现工业化，可以联产 THF 和 GBL。该工艺有 3 个步骤：①正丁烷在催化剂作用下，被空气氧化成顺酐，顺酐再在催化剂作用下与乙醇发生酯化反应生成顺酐二乙酯；②顺酐二乙酯在催化剂作用下加氢生成 BDO、γ-丁内酯和 THF；③反应产物分离、精制。通过调节工艺条件，可以改变 BDO、γ-丁内酯与 THF 的比例。该 BDO 生产工艺具有成本优势，所以近几年采用该工艺建设的新装置较多，也是 BDO 生产工艺的主要发展趋势。

从原料来源、技术经济性和产品构成等方面综合考虑，顺酐酯化加氢工艺是生产 BDO 的最新工艺，具有较广的发展前景。顺酐酯化加氢工艺的主要原料顺丁烯二酸酐(简称顺酐)是重要的有机化工原料，而且随着正丁烷氧化制备顺酐工艺技术上的突破，顺酐成为世界上仅次于乙酐和苯酐的第三大酸酐原料，其下游产品具有广泛的开发和应用前景，仅加氢衍生物就有琥珀酸酐、BDO、γ-丁内酯和四氢呋喃等。

15.3.6 反应研究进展

（1）氧化反应

Shahriar 等采用 $R_3NH[CrO_3F]$、$R_3NH[CrO_3Cl]$ 为氧化剂实现了微波室温条件下选择性氧化 BDO 中的一个醇基为醛基。Thomas 等采用 $COCl_2$ 为氧化剂，DMSO 为溶剂，将 BDO 中的两个醇基氧化为醛基，收率为 80%。Svetlakov 等采用 HNO_3 为氧化剂，在 25～30℃条件下将 BDO 氧化为 1,4-丁二酸，收率 90%。Atsushi 等在光照条件下使 BDO 发生需氧氧化生成乳醇，收率 86%。Huang 等采用 $Au/\gamma\text{-}AlOOH$ 和 $Au/\gamma\text{-}Al_2O_3$ 为催化剂，氧气为氧化剂，将 BDO 氧化为 γ-丁内酯，重点考查了载体表面酸性、金离子尺寸对催化活性的影响。

（2）取代反应

BDO 末端羟基可被卤原子（氟、氯、溴、碘）等基团取代，生成相应的卤代烷烃。Swati 等报道在 HBr、H_2O 存在下，100℃、48h 条件下，以 88%的收率得到 1,4-二溴丁烷。Schunck 等报道在 HBr、H_2O 存在下，苯为溶剂，回流 12h，得到单取代产物 4-溴丁醇，收率为 68%。Dzhemilev 等报道在高压釜中以 BDO 为原料，$Mo(CO)_6$ 为催化剂，CCl_4 为溶剂，140℃、3h 条件下得到含氯单取代产物 4-氯丁醇，收率为 98%。Ding 等以 BDO 为原料经溴代、叠氮化两步反应得到 4-叠氮丁醇。Wolfgang 等采用光气在 HCl、DMF 存在下以 98%的收率获得双取代产物 1,4-二氯丁烷。Berridge 等报道以 BDO 为原料经四步反应得到含氟单取代产物 4-氟丁醇。Ferreri 等以 BDO、碘甲烷为原料，$PdCl_2$ 为催化剂，以 96%的收率获得 1,4-二碘丁烷。

（3）硝基化反应

Sarlauskas 等报道以 N_2O_5 为硝基化试剂，CH_2Cl_2 为溶剂，温度为-15～15℃条件下，BDO 发生硝基化反应。Braune 等报道以 BDO 为原料，二氯甲烷为溶剂，85%HN_3 与尿素作为硝基化试剂，温度控制在 10～25℃，生成了 BDO 的单硝基化产物与双硝基化产物混合物。

（4）脱水反应

Cao 等报道 BDO 在固体超强酸 SO_2^{-4}/TiO_2-WO_3 作用下，180～190℃温度条件下以 92%的收率获得四氢呋喃。Zhao 等报道 BDO 在 CeO_2、MgO 催化剂下，375℃条件下以 92%的收率生成烯丁醇。Li 等报道 BDO 在 NH_4OH、Al_2O_3，240℃条件下先胺化后脱水可生成吡咯。Stonkus 等报道 BDO 在 $Pd/Co-SiO_2$、260℃条件下发生脱水反应生成二氢呋喃和四氢呋喃的混合物。

（5）脱氢反应

Chaudhari 等报道在催化剂为 Pt，添加剂为 $CaCO_3$，经三步反应生成 1,4-丁-2-烯二醇。Pillai 等报道以 BDO 为原料，在催化剂为 Cr、Cu 存在下，经气相脱氢生成 1,4-丁二烯。Zhao、Ishii 等报道 BDO 在 Ru 催化剂存在下，205℃、10h 脱氢生成 γ-丁内酯。

（6）聚合反应

Diaz 等以 BDO 与乙炔为原料经七步反应以 85%的收率合成多环醚。Mukai 等报道 BDO 发生分子间脱水后经聚合反应生成丙酸酯聚合物。

（7）成环反应

Lan 等以 BDO 与丁醛为原料在甲苯溶剂中 130℃、2h 生成七元环二缩醛。Lee 等报道以 BDO 为原料在 Fe 催化剂存在下，250℃条件下生成氮氧六元杂环。

15.3.7　生产工艺评述

（1）各种技术的经济对比

BDO 各种技术的经济对比，详见表 15.4。

表 15.4　BDO 各种技术的经济对比

项目	单价/(元/吨)	炔醛法 单耗/(t/t)	成本/元	烯丙醇法 单耗/(t/t)	成本/元	丁烷氧化法（Huntsman/Davy） 单耗/(t/t)	成本/元	丁烷氧化法（BP/Lurgi） 单耗/(t/t)	成本/元
原料			6000		5078		4423		4538
乙炔	7000	0.32	2212						
甲醛	1150	2	2296						
正丁烷	2049					1.324	2714	1.42	2910
氢气/m³	0.6	654	391	403	241	1344	804	1534	920
甲醇	1594					0.06	87		
丙烯醇	6300			0.69	4347				
CO/H₂	0.40			550	220				
盐酸	500	0.3	150						
氢氧化钠	1500	0.5	750						
溶剂	8547					0.008	69		
SAS	12820				0	0.00046	3.92		
抗氧剂	8547					0.00001	0.07		
催化剂			201		229		614		580
公用工程			830		661		485		498
高压蒸汽	101			3.58	364	−3.138	−319	−10.10	−1027.9
低压蒸汽	60	7	420			7.914	166		
低温冷却水	21								
电/kW·h	0.538	724	389	450	242	508	273	410	220
脱盐水	9	1	9			18	162	30	270
循环冷却水	0.3			60	18	786	236	406	121
工业水	3.453	3.5	12	10	37			2.61	9
天然气/m³	0.885					73.22	64	1000	884
氮气/m³	0.885					17.05	15.09	172	152
可变成本			6831		5740		4908		5037

（2）技术特点的比较

BDO 各种工艺技术特点的比较，详见表 15.5。

表 15.5　BDO 各种工艺技术特点的比较

工艺	专利公司	生产方法	工艺特点
雷珀（Reppe）法	德国 BAFS	乙炔化/丁炔二醇加氢	a. 反应条件温和，操作费用低； b. 设备造价贵； c. 投资费用高； d. 酯的转化率高； e. 催化剂易失活和价格低； f. 原料乙炔远程储运有危险
改良 Reppe 法	美国 GAF	乙炔化/丁炔二醇加氢	a. 催化剂活性高； b. 机械强度大，寿命长； c. 安全可靠、灵活
顺酐法	日本三菱油化	顺酐直接催化加氢	a. 反应压力高； b. 投资高； c. 成本高
顺酐气相加氢法	英国戴维	顺酐酯化加氢	a. 采用顺酐酯化催化剂； b. 降低设备材质
顺酐酯化加氢法	英国戴维	顺酐酯化加氢	a. 流程短，投资低； b. 副产物少； c. 可联产 GBL 和 THF
乙酸烯丙酯法	美国通用电器	乙酰氧基化，甲酰化后加 H_2 水解	a. 原料便宜； b. 选择性比，蒸汽消耗大； c. 投资高
丙烯醛法	美国 Du Pont	氢甲酰化，加 H_2 水解	a. 反应步骤多，副反应多； b. 蒸汽消耗大； c. 基建投资高
烯丙醇法	日本可乐丽	氢甲酰化，加 H_2	a. 副产和价值高； b. 催化剂寿命长，可调节产量； c. 投资低
丁二烯乙酰氧基化法	日本三菱化学	乙酰氧基化，加 H_2，水解脱乙酸	a. 原料便宜； b. 可调节 BDO 和四氢呋喃的比例； c. 蒸汽消耗大； d. 流程长； e. 投资高
丁二烯氯化法	日本东洋曹达	气相氯化，水解	a. 原料便宜，工艺简单； b. 受氯丁橡胶制约； c. 公用工程费用大； d. 投资低
丁烷一步法	BP/Lurgi	丁烷氯化成顺酐，水解成顺酸，再加氢	a. 工艺简单； b. 公用工程费用低； c. 成本低

雷珀（Reppe）法是传统生产工艺，顺酐酯化加氢法是发展方向。雷珀（Reppe）法仍占主要地位，成本较低，加之技术创新仍是主流工艺且有发展。鉴于目前国内现状，雷珀（Reppe）法仍具有发展潜力。顺酐酯化加氢法是这些生产工艺中最具有竞争力的，也是最具有发展潜力的工艺。

（3）原材料消耗比较

中国五环工程有限公司设计的 4 个 BDO 项目与国内其他同类项目的原料消耗对比，详见表 15.6。

表 15.6   原料消耗对比（以吨 BDO 产品计）

序号	原料	五环设计项目实际值	同类项目消耗值	降低率/%
1	电石(优等品)/t	1.01[①]	1.04[②]	4
2	甲醇/kg	872[①]	901	3.2
3	氢气/kg	58[①]	65	9

① 五环设计的 4 个项目的消耗平均值；

② 湿法乙炔装置消耗值。

（4）主要技术难点

目前，BDO 的合成仍然以乙炔和甲醛为原料的炔醛法为主，但由工业电石产生的乙炔，均含有硫、磷、砷的氢化物，这些杂质必须从乙炔中除去，乙炔净化在 BDO 生产上，一般采用高浓度硫酸净化法。但该法工艺复杂，有废液、废硫酸、废碱液等不易处理，审批手续复杂等诸多不利。

15.3.8   科技成果与专利选编

15.3.8.1   科技成果

（1）1,4-丁二醇、顺酐低压耦合生成 γ-丁内酯技术

项目年度编号：1200420146

限制使用：国内

成果类别：应用技术

中图分类号：TQ413.23

成果公布年份：2012 年

成果简介：该成果成功地将 BDO 脱氢和顺酐加氢两种 γ-丁内酯传统生产工艺耦合在一起，实现了一套反应装置两种生产工艺并存共同生产同一种产品的过程，实现了 γ-丁内酯过程氢气和热量的高效利用，实现了 γ-丁内酯近乎零排放的绿色生产，简化了 γ-丁内酯的生产流程，降低 γ-丁内酯的生产成本。

完成单位：重庆三峡学院

（2）合成 1,4-丁二醇加氢催化剂的研究开发与应用

项目年度编号：gkls025108

限制使用：国内

成果类别：应用技术

中图分类号：TQ426

成果公布年份：2009 年

成果简介：合成 BDO 加氢催化剂的研究开发与应用是针对制约我国 BDO 产业发展的技术瓶颈提出的科研项目，项目实施过程中先后被国家 863 计划、山西省科技攻关计划、山西高校高新技术产业化项目资助；同时项目还得到了山西大学及山西三维集团公司的经费支持。该加氢催化剂成功应用于山西三维合成 BDO 工业装置中，取得了显著的经济效益与社会效益。该项目的核心关键技术在于通过对载体及催化剂制备方法、制备条件的深入研究，实现了对载体织构、结构、表面性质的精细调控，获得了具有适宜孔径大小与孔径分布、表面性质和高水热稳定性的氧化铝载体。以该氧化铝为载体，引入多种催化助剂，在大幅度降低活性金属含量的同时，提高了催化剂性能。通过制备工艺的调变，解决了催化剂大规模生产中的热效应、组分均匀性等关键工程技术问题，形成了具有自主知识产权的载体及催化剂制备技术，该项技术成果打破了国外有关炔醛法 BDO 二段加氢催化剂的长期垄断，使我国成为目前世界上少数几个掌握该类催化剂关键制备技术的国家之一，拥有了在 BDO 加氢催化剂领域的话语权。工业实际运行结果表明，该项目所研发的加氢催化剂与进口催化剂相比，显示出更高的活性、选择性及更长的使用寿命，显著地提高了产品收率，降低了副产物含量，产品收率由原来的91%提高到 96%；副产物甲基丁二醇含量由 0.25%降至 0.15%；催化剂的使用寿命由进口催化剂的 6～8 个月延长至 10 个月以上。由于性能比国外催化剂优异，售价较国外催化剂低，同时，该催化剂具有采购周期短、便于储运等优点，可以避免催化剂意外失活而未能及时备齐生产所需催化剂造成的停车事故的发生，因此，该催化剂将成为国内炔醛法 BDO 企业优先选择的催化剂，具有很大的市场空间。

完成单位：山西大学

15.3.8.2 专利

（1）生产 1,4-丁二醇的方法

本发明涉及一种生产 BDO 的方法，主要解决现有技术中能耗高、经济性差的问题。本发明通过采用一种生产 BDO 的方法，将顺酐生产工艺与 BDO 生产工艺相结合，省去正丁烷法顺酐装置中原有的富油解析和溶剂处理的设备和能耗；将顺酐装置产生的杂质与 BDO 装置产生的杂质一同去除，节约装置成本；以丁醇作为顺酐酯化原料生产顺丁烯二酸二丁酯（DBM），能对加氢阶段产生的丁醇副产物加以利用，减少了 BDO 的生产成本，同时，在丁醇分离除杂步骤中，对丁醇分离过程进行改进优化，进一步达到节能效果的技术方案较好地解决了上述问题，可用于生产 BDO 中。

专利类型：发明专利

申请（专利）号：CN201610520460.6

申请日期：2016 年 7 月 5 日

公开（公告）日：2016 年 11 月 9 日

公开（公告）号：CN106083523A

申请（专利权）人：中石化上海工程有限公司　中石化炼化工程（集团）股份有限公司

主权项：一种生产 BDO 的方法，其工艺步骤如下。a. 以正丁烷、空气和水蒸气为原料的混合物流①，进入顺酐反应器 R，反应得到含顺酐、水、氮气、乙酸、丙烯酸、丁烷的物流②。b. 物流②经切换冷却器换热至 120～140℃后进入吸收塔 A，以顺丁烯二酸二丁酯物流⑤为吸收剂进行吸收分离含水、氮气、乙酸、丙烯酸、丁烷的轻组分物流③作为塔顶尾气出装置；含 12%～18%的顺酐的富油物流④从塔底输出。c. 富油物流④进入酯化单元 E，与进入酯化单元的丁醇物流⑧、物流⑭中的丁醇反应，经两级酯化得到顺丁烯二酸二丁酯，其中一部分顺丁烯二酸二丁酯物流⑤进入吸收塔 A，其余顺丁烯二酸二丁酯物流⑥进入氢化单元 H，从酯化塔塔顶输出丁醇、水及其他杂质物流⑦进入丁醇分离单元。d. 物流⑦进入正丁醇分离单元 B，通过轻质塔、层析器、脱水塔、重质塔得到轻组分物流⑭、废水物流⑯、重组分杂质物流⑱和丁醇物流⑧。e. 顺丁烯二酸二丁酯物流⑥进入氢化单元 H，与进入氢化单元的氢气物流⑩发生反应，得到含 BDO、γ-丁内酯、四氢呋喃和丁醇的物流⑪。f. 物流⑪进入产品分离单元 S，物流⑪首先进入四氢呋喃精馏塔 S₁，从塔顶分离出四氢呋喃和水的物流⑫；塔底输出含 BDO、γ-丁内酯和丁醇的物流⑬；物流⑬进入丁醇精馏塔 S₂，从塔顶分离出丁醇和水的物流⑭，直接进入酯化单元 E 进行酯化反应；塔底输出含 BDO 和 γ-丁内酯的物流⑮；物流⑮进入 BDO 精馏塔 S₃，从塔顶精馏分离出 GBL 物流⑯，塔底输出 BDO 物流⑰。g. 丁醇物流⑧和物流⑭进入酯化单元 E，与顺酐进行酯化反应；其中，所述丁醇分离单元 B 包括轻质塔 T1、脱水塔 T2、层析器 D1 和重质塔 T3；物流⑦进入轻质塔 T1，经过精馏后，塔顶的轻质组分物流⑪与来自脱水塔 T2 的物流⑮混合进入层析器 D1，塔底的重质物流⑰进入重质塔 T3；从轻质塔 T1 侧线抽出物流⑲进入重质塔 T3；经过层析器 D1 气液相分离和液液相分离，气相物流⑭进入后续流程，含大部分丁醇的物流⑫进入轻质塔 T1，含大部分水的物流⑬进入脱水塔 T2；在脱水塔 T2 中，经过精馏脱水，含有丁醇的物流⑮从塔顶输出与物流⑪混合进入层析器 D1，含水和部分杂质的物流⑯从塔底输出，进入后续流程；在重质塔 T3 内，经过精馏分离，含丁醇和杂质的重质物流⑱从塔底输出，进入后续流程；丁醇物流⑧从塔顶输出，进入酯化单元 E；其中，轻质塔 T1 的温度为 90～110℃，压力为常压，回流比为 0.081～1.0；重质塔 T3 的温度为 108～126℃，压力为常压，回流比为 0.5～3；层析器 D1 的操作温度为 86～92℃，操作压力为 1.01～1.1bar（1bar=0.1MPa）；脱水塔 T2 的温度为 95～99.8℃，压力为常压，回流比为 0.5～2。

法律状态：公开

（2）一种生产 1,4-丁二醇的方法

本发明公开了一种生产 BDO 的方法，采用固定床催化技术，将 2-丁烯与乙酸、氮气、氧气和水蒸气高温混合后通入固定床中，采用石化工业中的碳四组分直接生产加工BDO，特别是使用目前碳四工业中大量用于天然气处理的副产 2-丁烯直接加工 BDO，不仅有利于石化工业原材料的合理利用，增加碳四组分中 2-丁烯的利用价值，而且大幅降低了此工业产品的环境压力，为实现石化产业的可持续发展提出了新思路、新方法。

专利类型：发明专利

申请（专利）号：CN201510325281.2

申请日期：2015 年 6 月 15 日

公开（公告）日：2015 年 9 月 9 日

公开（公告）号：CN104892363A

申请（专利权）人：江苏常州酞青新材料科技有限公司

主权项：一种生产 BDO 的方法，其制备步骤如下。①采用固定床催化技术，将 2-丁烯与乙酸、氮气、氧气和水蒸气高温混合后通入固定床中，反应条件为压力 1～1.6MPa，2-丁烯：氮气：氧气：乙酸：水蒸气 = 1：5：1：7：3，反应温度 50～100℃，2-丁烯转化率＞67%，二乙酸 2-丁烯醇酯选择性＞78%。②产物冷凝后减压除去易挥发组分，在酸性条件下水解即可获得 BDO 粗品和可回收重复利用的乙酸，具体合成条件是：酸性条件，pH 值小于 3，水：二乙酸-2-丁烯醇酯(摩尔比) =(11～21)：0.5，水解获得的丁烯二醇＞67%。③将得到的丁烯二醇精制，获得 77%以上丁烯二醇纯品，用 5%～10%钯催化加氢，即可获得粗品 BDO，此步骤丁烯二醇转化率＞95%，BDO 选择性达 100%。④将得到的粗品 BDO 精制。

法律状态：公开，实质审查的生效

（3）丁二酸二甲酯加氢制备 1,4-丁二醇的方法

本发明公开了丁二酸二甲酯加氢制备 BDO 的方法，相对于现有技术来说，本发明采用预加氢和补充精制相结合的方法，大幅度提高了 BDO 的品质，其纯度可达 99.8%，容易实现工业生产。

专利类型：发明专利

申请（专利）号：CN201610115412.9

申请日期：2016 年 6 月 7 日

公开（公告）日：2016 年 8 月 3 日

公开（公告）号：CN105820038A

申请（专利权）人：中国石化扬子石油化工有限公司　中国石油化工股份有限公司

主权项：丁二酸二甲酯加氢制备 BDO 的方法，包括以下步骤。①丁二酸二甲酯增压后与混合氢接触，通过第一反应器进行加氢反应；②反应产物进入热高分罐分离出包含水蒸气、甲醇蒸气以及大部分未反应氢气的热高分气和热高分油；③热高分油进入第二反应器进行补充精制，所述第二反应器包括补充精制催化剂床层；④补充精制后的物料进入热低分罐分离出包含微量水、微量甲醇以及微量氢气的热低分气和热低分油；⑤热低分油进入精馏塔，从塔顶得到少量副产的四氢呋喃，从塔底得到 BDO

产品。

法律状态：公开，实质审查的生效

（4）一种 1,4-丁二醇催化加氢脱色方法

本发明涉及一种 BDO 醇催化加氢脱色方法，其工艺步骤为：将催化剂与 BDO 溶液加入到反应容器中，通入氢气，在压力 0.1～20MPa，温度为 30～180℃下进行反应，之后过滤即可。本发明选用载体负载贵金属催化剂催化 BDO 加氢的方法对 BDO 进行脱色处理，其方法简单可靠，利用该方法可有效降低 BDO 的产品色度，提高 BDO 的产品质量，增加产品优级品率，且降低 BDO 色度后将其推广到 TPU 等高端应用领域，增加产品附加值，提高经济效益。

专利类型：发明专利

申请（专利）号：CN201510759504.6

申请日期：2015 年 11 月 10 日

公开（公告）日：2016 年 3 月 23 日

公开（公告）号：CN105418371A

申请（专利权）人：中国石化长城能源化工（宁夏）有限公司

主权项：一种 BDO 催化加氢脱色方法，其工艺步骤如下。将催化剂与 BDO 溶液加入到反应容器中，通入氢气，在压力 0.1～20MPa，温度为 30～180℃条件下进行反应，之后过滤即可。所述催化剂为载体负载贵金属类催化剂，其中载体为活性炭、分子筛、SiO_2 或 Al_2O_3，贵金属是为铂、钯、铑或钌。

法律状态：公开

（5）一种 1,4-丁二醇生产过程中产生的废硫酸的处理方法

本发明公开了一种 BDO 生产过程中产生的废硫酸的处理方法，其工艺步骤为：先将 BDO 废酸进行真空浓缩，再在真空浓缩后的废液中加入双氧水氧化，得到所需的硫酸产品。本发明将 BDO 废酸在负压条件下浓缩，提高废酸中硫酸含量，并降温至 100℃以下，用氧化剂氧化脱色，得到可套用或市售的回收硫酸，方法简单实用，生产成本低，生产过程中无其他"三废"产生。

专利类型：发明专利

申请（专利）号：CN201510294906.3

申请日期：2015 年 6 月 2 日

公开（公告）日：2015 年 9 月 2 日

公开（公告）号：CN104876193A

申请（专利权）人：南京鹳山化工科技有限公司

主权项：一种 BDO 生产过程中产生的废硫酸的处理方法，其工艺步骤如下。先将 BDO 废液进行真空浓缩，再在真空浓缩后的废液中加入双氧水氧化，得到所需的硫酸产品。

法律状态：公开，实质审查的生效

15.4 产品的分级

15.4.1 Huntsman/Davy 和 BP/Lurgi 的产品规格

表 15.7 为 Huntsman/Davy 和 BP/Lurgi 的产品规格。

表 15.7 Huntsman/Davy 和 BP/Lurgi 的产品规格

项目	指标	
	Huntsman/Davy	BP/Lurgi
外观	清澈	清澈
色度	≤5APHA（25℃）	≤5APHA（25℃）
水分	≤0.05%（质量分数）	≤0.04%（质量分数）
纯度	99.5%（质量分数）	99.5%（质量分数）
凝固点	≥19.6℃	≥19.6℃

15.4.2 标准类型

表 15.8 是我国 BDO 的标准类型。

表 15.8 我国 BDO 的标准类型

项目	标准编号	发布单位	发布日期	状态	中图分类号	国际标准分类号	国别
工业用 1,4-丁二醇	GB/T 24768—2009	CN-GB	2009 年 1 月 1 日	现行	TQ314	71.080.60	中国
1,4-丁二醇单位产品能源消耗限额	GB 31824—2015	CN-GB	2016 年 1 月 1 日	现行			中国

15.5 毒性与防护

BDO 毒性较低，一般情况下，对皮肤不刺激，也无过敏反应，但附着在患病或负伤的皮肤上或饮用时，起初会呈现麻醉作用，引起肝和肾特殊的病理变化，然后由于中枢神经麻痹而（无长时间的潜伏）突然死亡。对白鼠的致死量 LD_{50} 为 2mL/kg。生产设备应密闭，防止泄漏，操作人员穿戴防护用具。皮肤有创伤的人严禁与本品接触。

表 15.9 为 BDO 防护知识。

表 15.9 BDO 防护知识

危害/爆炸类型	严重程度/主要症状	预防	急救/扑救
火险	易燃（1.95%～18.3%）	无明火	干粉，抗酒精泡沫，喷水，二氧化碳
吸入	咳嗽，头昏眼花，头痛，神志不清	通风，随取随用，戴口罩	呼吸新鲜空气，休息，保持半卧姿势

危害/爆炸类型	严重程度/主要症状	预防	急救/扑救
皮肤		戴手套	脱除被污染的服装，漱口并用肥皂洗净皮肤
眼睛	变红	戴护目镜	用足够的清水清洗眼睛几分钟，然后就诊
摄取	神志不清	厌食，厌水，如欲抽烟的症状	漱口，想办法呕吐

15.6 储运

采用铝、不锈钢、镀锌铁桶包装，大部分厂家按每桶 100kg 进行包装，也有厂家按自己的标准包装，或以槽车按易燃有毒物品规定储运，国家无统一规定，但一般在气温较低的地区或季节，容器内应用加热管，并应充氮密封包装，以火车或汽车槽车充氮密封储运。在容器内如不遇热及良好的密封下储存时间不受限制，其在空气中既不爆炸也不自燃，但可燃。

因 BDO 蒸气压低，应储存在阴凉干燥、通风好的地方，并且要远离热、火花和明火。为了防止静电，运输容器要接地，容器要密封好，不要和氧化剂或强酸一起储存，容器上要贴上可燃液体标签。

15.7 经济概况

全球的 BDO 需求量多年来一直不断增长，2015 年全球 BDO 的产能达到 262.88 万吨，2015 年全球 BDO 产能分布概况，见图 15.3。中国现已发展成最大的 BDO 生产国和消费国。

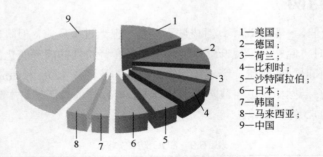

1—美国；
2—德国；
3—荷兰；
4—比利时；
5—沙特阿拉伯；
6—日本；
7—韩国；
8—马来西亚；
9—中国

图 15.3　全球 BDO 产能的分布概况

全球大公司 BDO 产能分布概况，见表 15.10。

BDO 生产工艺的分布概况，见表 15.11。

表 15.10 全球大公司 BDO 产能分布概况

公司	产能/(万吨/年)	所占比例/%	生产工艺
国电英力特能源化工有限公司	20.0	7.61	甲醛 Reppe 工艺
BASF	18.98	7.221	甲醛 Reppe 工艺
INVISTA	16.0	6.09	甲醛 Reppe 工艺
山西三维集团有限公司	15.0	5.71	甲醛 Reppe 工艺/顺酐工艺
BASF	13.5	5.13	甲醛 Reppe 工艺
Lyondell Basell	12.6	4.79	环氧丙烷工艺
南京蓝星化工新材料有限公司	11.0	4.18	顺酐工艺（2 套）
SISAS	10.6	4.03	正丁烷/顺酐工艺
SISAS	10.6	4.03	顺酐工艺
ISP	10.0	3.80	甲醛 Reppe 工艺
日本三菱化学公司	10.0	3.80	丁二烯工艺
BASF	10.0	3.80	顺酐酯化加氢工艺
新疆美克化工有限公司	10.0	3.80	甲醛 Reppe 工艺

表 15.11 BDO 生产工艺的分布概况

生产工艺	产能/(万吨/年)	所占比例/%
甲醛 Reppe 工艺	141.48	53.82
顺酐工艺	69.7	26.51
丙烯醇工艺	21.7	8.25
顺酐酯化加氢工艺	16.0	6.09
丁二烯工艺	14.0	5.33

15.8 用途

图 15.4 为 BDO 衍生物框图。

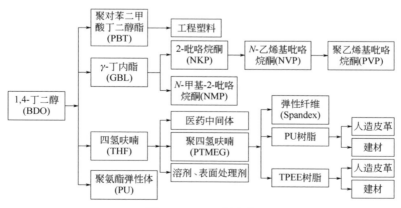

图 15.4 BDO 衍生物

参 考 文 献

[1] 陈冠荣. 化工百科全书：第 3 卷. 北京：化学工业出版社，1995：556.

[2] 2016 年中国甲醛行业年会暨国内外交流会. 中国甲醛行业协会，2016.

[3] 胡磊，等. 炔醛法生产 1,4-丁二醇的优势及工艺方案的探讨. 第九届宁夏青年科学家论坛论文集，2016.

[4] 李峰. 甲醛及其衍生物. 北京：化学工业出版社，2006.

[5] 侯艺琳. 1,4-丁二醇生产工艺技术探讨. 山东化工，2016，45（19）：43-44.

[6] 明文勇，等. 1,4-丁二醇反应研究进展. 山东化工，2016，45（14）：37-39.

[7] 刘勇. BDO 生产工艺中乙炔气净化新方法的研究. 山东化工，2016，（9）.

[8] 王瑞，等. 顺酐酯化加氢制 1,4-丁二醇研究进展. 工业催化，2009，（17），增刊.

[9] 肖敦峰，等. 炔醛法 1,4-丁二醇系统优化设计. 化肥设计，2016，（6）.

[10] 大庆油田化工公司 1,4-丁二醇项目可行性研究（工程硕士学位论文），北京：北京化工大学，2010.

[11] BDO 科技成果和专利. 国家图书馆，2017.

第16章
甲基叔丁基醚

杨科岐　北京苏佳惠丰化工技术咨询有限公司　项目经理

16.1　概述

甲基叔丁基醚（methyl tertbutyl ether，MTBE，CAS 号：1634-04-4），是一种高辛烷值汽油添加剂，化学含氧量较甲醇低得多，有利于暖车和节约燃料，蒸发潜热低，对冷启动有利，常用于无铅汽油和低铅汽油的调合，可有效提高汽油的辛烷值，被称为 20 世纪 80 年代"第三代石油化学品"。

1907 年，比利时化学家雷克洛（Reychler）发现了叔烯烃和醇类合成叔烷基醚的反应。1934 年，壳牌公司发表有关 MTBE 的第一个专利。

1973 年，全球第一套 10 万吨/年 MTBE 工业装置在意大利爱尼克（Anic）公司建成投产。

1979 年，美国第一套 20 万吨/年 MTBE 工业装置在切内维尤（Channelview）建成投产。此后，全球 MTBE 工业装置迅速发展起来。

2016 年，全球 MTBE 工业装置的产能为 1557.5 万吨。

全球 MTBE 主要生产商和产能如表 16.1 所示。

表 16.1　全球主要 MTBE 生产商和产能的情况　　单位：万吨/年

国家/地区	生产商	产能	国家/地区	生产商	产能
美国	Valero 能源公司	133.73	美国	埃愧斯塔化学公司	70.10
美国	Lyondell-Citgo 炼油公司	129.0	美国	EGP 燃料公司	64.50
美国	亨斯迈公司	116.96	美国	Belvieu 环保燃料公司	63.44
美国	Texas 石油化学公司	103.2	美国	全球辛烷公司	53.75
美国	埃克森美孚公司	100.20	美国	壳牌（Shell）公司	47.30

国家/地区	生产商	产能	国家/地区	生产商	产能
美国	Citgo 公司	30.0	欧洲	Lindsey 石油	10.0
美国	BP 公司	26.66	欧洲	Saras	10.0
美国	雪佛龙德士古公司	25.80	欧洲	Shell &DEA 石油	8.0
美国	Marathon Sahland 公司	24.68	欧洲	Mazeikiu Nafta	8.0
美国	Motiva 公司	20.64	欧洲	Tobolsk Neftekhim	7.0
美国	Coastal 化学公司	17.20	欧洲	Hellenic 石油	7.0
美国	莱昂德尔化学公司	17.20	中国	大庆炼化	16.0
美国	科诺科·菲利普斯公司	12.47	中国	大连石化	9.0
美国	Sunoco 公司	10.75	中国	吉化公司	8.0
中国	燕山石化	15.0	中国	抚顺石化	8.0
中国	镇海炼化	10.0	中国	兰州石化	8.0
中国	海南炼化	10.0	中国	独山子石化	8.0
中国	金陵石化	8.0	中国	锦州石化	5.0
中国	茂名石化	8.0	中国	大连西太平洋	4.0
中国	金山炼化	7.0	中国	锦西炼油厂	3.0
中国	高桥石化	6.0	中国	林源炼油厂	3.0
中国	巴陵石化	6.0	中国	格尔木炼油厂	2.0
中国	广州石化	5.0	中国	前郭炼油厂	2.0
中国	长岭炼油厂	4.0	中国	克拉玛依石化	2.0
中国	福建炼化	4.0	中国	宁夏炼化	2.0
中国	扬子石化	4.0	中国	山东恒源石化	10.0
中国	中原油田	4.0	中国	山东济南炼油厂	4.0
中国	齐鲁石化	4.0	中国	山东东明石化	3.0
中国	武汉石化	3.0	中国	河北任丘炼油厂	7.0
中国	九江石化	2.0	中国	河北沧州炼油厂	2.0
中国	清江石化	2.0	中国	黑龙江哈尔滨炼油厂	6.0
欧洲	Lyondell	120.0	中国	黑龙江石油	4.0
欧洲	Oxeno	27.0	中国	陕西延炼实业	4.0
欧洲	Shell	16.0	中国	吉林锦江炼油厂	3.0
欧洲	Esso 石油	12.5	中国	江苏泰州石化	2.0
欧洲	Agip	10.2			

16.2 性能

16.2.1 结构

结构式：

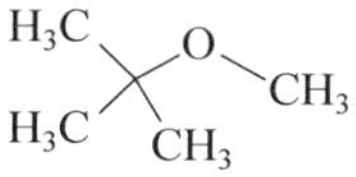

H₃C\
　　C—O—CH₃\
H₃C／　CH₃

分子式：$C_5H_{12}O$

16.2.2 物理性质

MTBE 的物理性质和化学性质与其结构有关。MTBE 的分子结构中，氧原子与碳原子相连。而不是与氢原子相连，其分子间不能形成氢键，因此，MTBE 的沸点与密度低于相应的醇类。因 C—O 键的键能大于 C—C 键的键能，而且 MTBE 分子中存在叔碳原子的空间效应，难以使 MTBE 分子断裂。

MTBE 的物理性质如表 16.2 所示。

表 16.2　MTBE 的物理性质

项目	数值
性状	无色透明液体，具有醚类气味
溶解性	不溶于水，易溶于乙醇、乙醚
熔点/℃	−109～−108
沸点/℃	55.3
闪点/℃	−28～−26.7
着火点/℃	460
相对密度（20℃）	741
折射率（20℃）	1.3689
表面张力/(N/m²)	1.94
比热容/[J/(g·K)]	2.135
MTBE 在水中的溶解度（20℃）/(g/100g)	4.0～5.0
水在 MTBE 中的溶解度（20℃）/(g/100g)	1.3～1.5
爆炸极限（体积分数）/%	
上限	8.4
下限	1.6
研究法辛烷值，RON	117
马达法辛烷值，MON	101
蒸发热/(kJ/mol)	30.36

项目	数值
液相标准燃烧热(焓)/(kJ/mol)	−3368.97
气相标准燃烧热(焓)/(kJ/mol)	−3399.33
液相标准生成热(焓)/(kJ/mol)	−313.56
气相标准生成热(焓)/(kJ/mol)	−283.17
液相标准熵/[J/(mol·K)]	265.3
气相标准熵/[J/(mol·K)]	358.1
气相标准生成自由能/(kJ/mol)	−117.23
液相标准生成自由能/(kJ/mol)	−120.04
液相标准热容/[J/(mol·K)]	187.5

16.2.3 化学性质

MTBE 除了有一般脂肪醚的性质外，利用这些性质可生产许多有价值的化学品。

（1）裂解反应

在酸性催化剂存在下，MTBE 可裂解生成异丁烯和甲醇。裂解反应的转化率和选择性均很高，转化率为 95%～99%，选择性大于 97%。

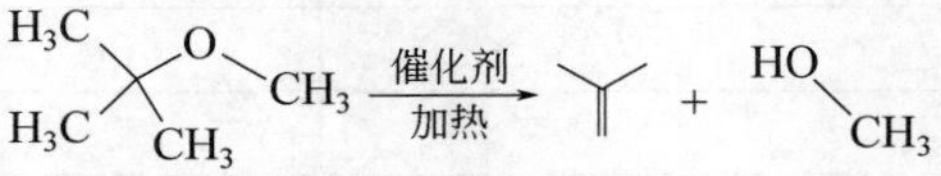

裂解过程为吸热反应，在 25℃，气相反应热为 65.2 kJ/mol。利用这一特性，可制取异丁烯。另外，MTBE 在 Al-Mo 催化剂和惰性稀释剂存在下，加热至 300～400℃，分解生成异戊烯。

（2）烷基化反应

① 与苯进行烷基化反应。苯在 AlCl₃ 存在下，可与 MTBE 发生烷基化反应生成叔丁基苯。反应可在液相中进行，同时副产甲醇。

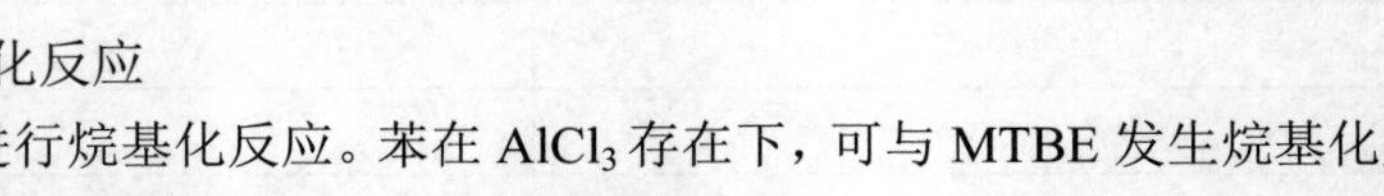

② 与苯酚和对甲酚进行烷基化反应。作为叔丁基化试剂，MTBE 比叔丁醇、叔丁基卤化物和异丁烯更佳。叔丁醇和叔丁基卤化物烷基化后，分别生成水和强腐蚀性酸，而 MTBE 只生成副产物甲醇。而异丁烯沸点低，操作困难，对设备要求高。

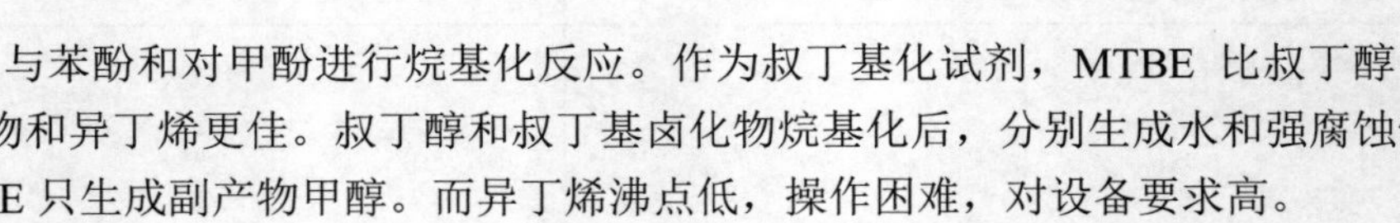

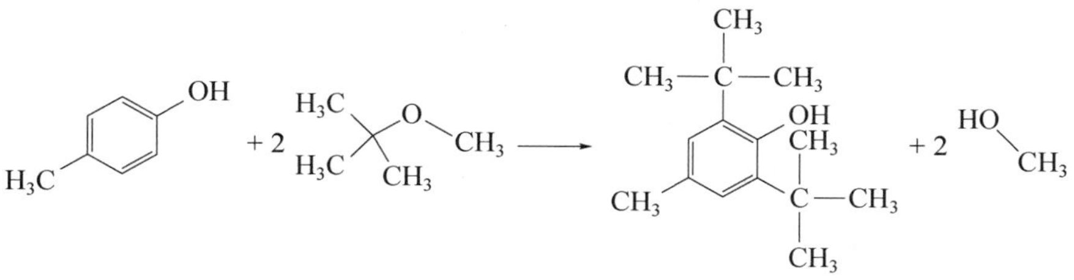

（3）与羧酸反应生成酯和异丁烯

$$RCOOH + (CH_3)_3COCH_3 \xrightarrow{\text{催化剂}} RCOOCH_3 + CH_2 = C(CH_3)_2 + H_2O$$

该反应优点是收率高，还可回收异丁烯。

（4）与顺酐反应

MTBE 与顺酐在酸性阳离子树脂催化剂存在下反应制得顺丁烯二酸二甲酯。

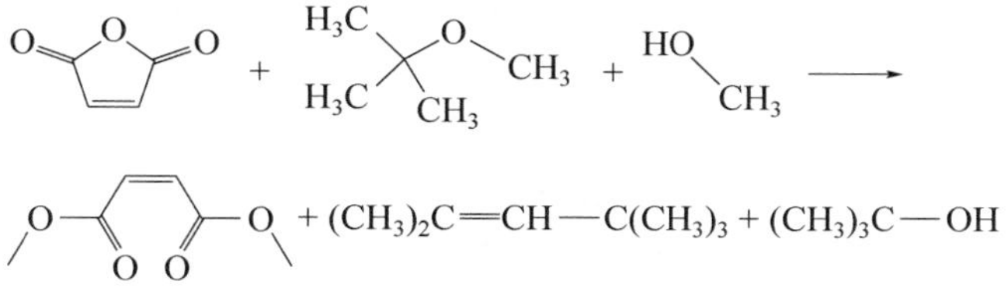

（5）氧化反应

MTBE 在载有 Mo、V、W 的硅胶作为催化剂，在 230～280℃下，用空气氧化生成异戊二烯。

$$CH_3OC(CH_3)_3 + 1/2O_2 \longrightarrow$$ 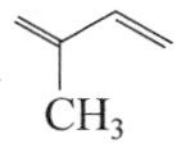 $$+ H_2O$$

（6）氨氧化反应

$$CH_3OC(CH_3)_3 + 3NH_3 + 7/2O_2 + CH_3OH \xrightarrow[410℃]{\text{催化剂}}$$ 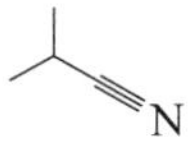 $$+ 2HCN + 9H_2O$$

MTBE 与甲醇、O_2、NH_3 的混合物，在 410℃下，通过载有 Ni、Sb、Mo 等多种组分的络合物催化剂，可得到 78%的甲基丙烯腈和 15.4%的 HCN。此法生产丙烯腈与索亥俄（Sohio）丙烯氨氧化反应相近。

（7）羰基化反应

MTBE 与 CO 在 HF-H_2O 催化剂存在下生成叔丁基乙酸甲酯。

$$CH_3OC(CH_3)_3 + CO \xrightarrow{HF-H_2O} (CH_3)_3CCOOCH_3$$

此反应是烯烃与 CO 在高温、高压下的羰基化反应。

（8）与空气、水蒸气反应生成甲基丙烯醛

MTBE、O_2、水蒸气混合，在 379℃下，通过 Ni-Co-Fe 催化剂，反应生成甲基丙烯醛。

$$CH_3OC(CH_3)_3 + O_2 + H_2O \longrightarrow \text{(甲基丙烯醛)} O + CH_3OH + 2H_2O$$

16.3 生产方法

MTBE 的生产原料是甲醇和异丁烯，两者在酸性催化剂作用下合成。工业上，多采用树脂催化剂。MTBE 的合成反应是一种选择性加成反应，烯烃中的叔碳原子在酸性催化剂的存在下形成正碳离子，再与醇结合形成醚，其反应是一个可逆放热反应。

主反应：$CH_2 = C(CH_3)_2 + CH_3OH \longrightarrow (CH_3)_3COCH_3$

副反应：$2CH_3OH \longrightarrow CH_3OCH_3 + H_2O$

$CH_2 = C(CH_3)_2 + H_2O \longrightarrow CH_3 - C(CH_3)_2OH$

目前，MTBE 的生产技术有：①膨胀床反应技术；②混相反应技术；③催化蒸馏反应技术；④固定床反应技术。最早开发醚类生产的工艺是固定床反应技术。在国外，催化蒸馏反应技术最受重视，由美国 CR&L 公司于 20 世纪 80 年代开发。市场中最具竞争力的催化蒸馏反应技术为 BP 和 CD TECH 公司的 CD Etherol 工艺；Hüls AG 和 UOP 公司的 Ethermax 工艺；CD TECH 公司的 CD MTBE 和 CD TAME 工艺。

16.3.1 发展现状

MTBE 的生产工艺发展可大概分为四代。

第一代：20 世纪 70 年代，管式反应器，壳程走冷却水。

第二代：20 世纪 70 年代后期，简式反应器，外循环取热。

第三代：20 世纪 80 年代，把反应器与产品分馏合并的催化蒸馏工艺。

第四代：20 世纪 90 年代，丁烷异构化脱氢，再与甲醇醚化生成 MTBE 的联合工艺。

目前，我国 MTBE 生产技术基本实现国产化，以催化蒸馏为核心的组合工艺技术成为主体技术。

16.3.2 叔丁醇与甲醇醚化法

中国石化齐鲁分公司研究院以叔丁醇与甲醇为原料，采用国产催化剂催化醚化反应制 MTBE，并用 Aspen Plus 软件模拟后续精馏分离装置的技术和工艺。在催化剂作用下，主反应醚化生成 MTBE，副反应有甲醇自身反应生成二甲醚，叔丁醇脱水生成异丁烯等。图 16.1 为叔丁醇与甲醇醚化法的工艺流程示意图。

主反应：$(CH_3)_3COH + CH_3OH \longrightarrow (CH_3)_3COCH_3 + H_2O$

副反应：$(CH_3)_3COH \longrightarrow CH_2 = C(CH_3)_2 + H_2O$

$2CH_3OH \longrightarrow CH_3OCH_3 + H_2O$

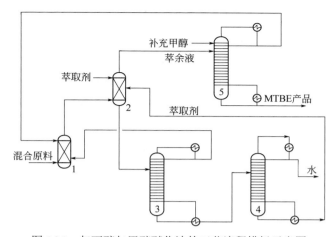

图 16.1 叔丁醇与甲醇醚化法的工艺流程模拟示意图

1—固定床反应器；2—萃取塔；3—甲醇回收塔；4—萃取剂萃取塔；5—催化蒸馏塔

16.3.3 生产工艺评述

（1）化学稳定性

由于 MTBE 的结构较特殊，故具有良好的化学稳定性。MTBE 经 52 个月的储存未有氧化物生成，稳定性比甲基叔戊基醚和催化裂化汽油效果更好，其稳定性比较结果如表 16.3 所示。

表 16.3 MTBE 储存稳定性比较

名称	储存月数/个		
	1	4	52
	生成过氧化物量/10^{-6}		
MTBE	0	0	0
甲基叔戊基醚	0	0	49
催化裂化油	646	6035	—

（2）主要技术难点

① MTBE 的硫含量问题是影响汽油质量升级的主要困难之一。

② MTBE 若作为生产高档溶剂油或异丁烯原料，对硫含量要求更高。

16.3.4 科技成果与专利

16.3.4.1 科技成果

MTBE 膨胀床反应工艺优化及装置扩量应用

项目年度编号：1000920085

限制使用：国内

成果类别：应用技术

中图分类号：TQ052

成果公布年份：2010 年

成果简介：通过调研与分析科学推断出影响工艺稳定的主要原因是原料中小分子胺类化合物引起催化剂失活；通过调整工艺流程与参数提高装置产能；通过停用外冷循环降低能耗与节约用水；并在国内首次将旋流脱水器应用于 MTBE 装置，延长了催化剂的使用寿命。通过本项目的实施装置，处理量增加了 42.26%，MTBE 产量增加了 55.11%；催化剂的使用寿命延长一倍，吨催化剂的产率增加 76.68%，吨催化剂加工碳四量增加 61.77%。

完成单位：中国石油克拉玛依石化分公司

16.3.4.2 专利

（1）一种 MTBE 脱硫剂及其使用方法

本发明公开了一种 MTBE 脱硫剂，所述脱硫剂的活性组分包括苯乙烯类化合物，所述 MTBE 脱硫剂的添加量为 100～10000mg/kg 原料。本发明的 MTBE 脱硫剂添加量很少，利用现有催化蒸馏装置添加 100～10000mg/kg 就能有效地将硫含量为 120mg/kg 的 MTBE 中的硫降低到 10mg/kg 以下，甚至降低到 2mg/kg，且不含金属元素，不会造成后续加氢或催化裂化催化剂的重金属中毒，具有广泛的工业应用前景。

专利类型：发明专利

申请（专利）号：CN201610169017.9

申请日期：2016 年 3 月 23 日

公开（公告）日：2016 年 6 月 29 日

公开（公告）号：CN105712848

主权项：一种 MTBE 脱硫剂，其特征在于，所述脱硫剂的活性组分包括苯乙烯类化合物。

法律状态：公开

（2）一种高转化率的 MTBE 的制备方法

本发明涉及一种高转化率的 MTBE 的制备方法，属于 MTBE 制备技术领域。其工艺步骤：①将叔丁醇和甲醇的混合液进行汽化，送入装有催化剂的固定床反应器中进行催化反应，反应生成的气相经冷凝后，得到冷凝液；②将冷凝液进行蒸馏，收集 40～60℃之间的馏分，将该馏分冷凝后进行水洗，在分出的醚层中加入吸水剂，除去水分之后，再滤出吸水剂，在醚层中加入金属钠后再进行蒸馏，收集 54～56℃之间的馏分，得到产物甲基叔丁基醚。本发明提供了利用叔丁醇和甲醇作为原料在催化剂作用下一步合成 MTBE 的方法，该方法具有转化率高的优点。

专利类型：发明专利

申请（专利）号：CN201610410448.X

申请日期：2016 年 6 月 13 日

公开（公告）日：2016 年 11 月 9 日

公开（公告）号：CN106083535A

主权项：一种高转化率的 MTBE 的制备方法，包括如下步骤：①将叔丁醇和甲醇的混合液进行汽化，送入装有催化剂的固定床反应器中进行催化反应，反应生成的气相经冷凝后，得到冷凝液；②将冷凝液进行蒸馏，收集 40～60℃之间的馏分，将该馏分冷凝后进行水洗，在分出的醚层中加入吸水剂，除去水分之后，再滤出吸水剂，在醚层中加入金属钠后再进行蒸馏，收集 54～56℃之间的馏分，得到产物 MTBE。

法律状态：公开

（3）一种甲基叔丁基醚的脱硫精制方法

本发明涉及一种 MTBE 的脱硫精制方法，属于 MTBE 合成技术领域。其工艺步骤：①将液化石油气 C₄ 馏分和甲醇作为原料进行反应，得到的粗品 MTBE 进行水解反应，使 COS 水解为 H₂S；②将物料进行精馏，脱除重含硫组分；③将②中得到的轻组分送入吸附塔中用吸附法除 H₂S，得到 MTBE 成品。本发明提供的生产低硫含量的 MTBE 的方法为通过水解、精馏、吸附集成步骤，去除 MTBE 粗品中的硫，生产出低硫含量的 MTBE 产品。

专利类型：发明专利

申请（专利）号：CN201610419320.X

申请日期：2016 年 6 月 13 日

公开（公告）日：2016 年 10 月 12 日

公开（公告）号：CN106008176A

主权项：一种 MTBE 的脱硫精制方法，包括如下步骤：①将液化石油气 C₄ 馏分和甲醇作为原料进行反应，得到的粗品 MTBE 进行水解反应，使 COS 水解为 H₂S；②将物料进行精馏，脱除重含硫组分；③将②中得到的轻组分送入吸附塔中用吸附法除 H₂S，得到 MTBE 成品。

法律状态：公开，实质审查的生效

16.4　产品的分级

《工业用甲基叔丁基醚（MTBE）纯度及烃类杂质的测定　气相色谱法》（SH/T 1550—2000）等效采用《色谱法分析甲基叔丁基醚（MTBE）的标准试验方法》（ASTM D5441—2003），对《工业甲基叔丁基醚（MTBE）纯度的测定　气相色谱法》（SH/T 1550—1993）进行了修订。本标准与 ASTM D5441 的主要差异是：①增加了以氢气为载气进行测定的操作条件；②增加了测定仲丁醇的推荐操作条件和校正因子。本标准对原标准的主要修订内容是：①标准名称改为《工业用甲基叔丁基醚（MTBE）纯度及烃类杂质的测定　气相色谱法》；②取消原标准推荐的改性石墨化炭黑填充柱，增加原标准中的聚甲基硅氧烷毛细管柱长度，并采用程序升温技术，优化了分离效能；③以带校正因子的峰面积归一化法代替原标准推荐的峰面积归一化法进行定量测定。本标准的附录 A 是提示的附录。本标准自实施之日起，代替 SH/T 1550—1993。本标准由中国石油化工集团公司提出。本标准由中国化学标准化技术委员会石油化学分技术委员会归口。

16.4.1 咸阳石油化工有限公司企业标准

表 16.4 为咸阳石油化工有限公司企业标准。

表 16.4 咸阳石油化工有限公司企业标准（QB/T 001—2011）

项目	单位	指标	分析方法
MTBE（扣除 C_5 及以上组分）（w）	%	≥98.0	
C_4（w）	%	≤0.5	SH/T 1550—2000
甲醇（w）	%	≤0.5	
叔丁醇（w）	%	0.4～0.8	

注：结合中华人民共和国石油化工行业标准《工业用甲基叔丁基醚纯度及烃类杂质的测定　气相色谱法》（SH/T 1500—2000）和其他单位 MTBE 装置质量标准定。

16.4.2 中国石化胜利油田石油化工总厂企业标准

内容见表 16.5。

表 16.5 中国石化胜利油田石油化工总厂企业标准

项目	MTBE 含量 /%	甲醇含量 /%	叔丁醇含量 /%	C_4 含量 /%	低聚物含量 /%	C_5 含量 /%	总硫含量 /(μL/L)
指标	≥93.0	≤1.5	≤3.0	≤0.5	≤2.0	实测	≤300

16.5 危险性与防护

16.5.1 对环境的影响

通过实验显示，MTBE 技术对人体无明显致癌效果，但该技术存在的不足主要是对环境的污染。由于 MTBE 有较强水溶性，常温下在水中的溶解度可高达 50g/L。故较难从水中将其萃取出来，同时也没有实现用萃取修复的方法来清除土壤和地下水中 MTBE 的可能性。此外，有研究表明，在自然过程中土壤和蓄水层无法降解 MTBE。且另有研究表明，经过 MTBE 污染的地下水可在 10 年内渗透达到几百米而无法降解，比某些危险化合物的降解时间还要长。

在汽油中应用 MTBE 技术已有几十年之久，MTBE 对环境的危害并不是在加油时挥发到空气中造成污染，而主要是在地下储油槽管道、油库等处泄漏、渗透到地表下，对周围土壤造成污染。在湖泊中凡有使用过含有 MTBE 的汽油的船，都发现了 MTBE。大气颗粒的沉积、暴风雨流走物和工业直接排放等是 MTBE 对水污染的主要来源。

16.5.2 生产过程职业病危害及防护对策

（1）职业病危害因素

① 火灾及爆炸性危险。物料混合 C_4、甲醇及 MTBE 产品属于易燃易爆的危险化学

品，若原料缓冲罐区域的配电装置及电气设备的防爆等级不够，操作时易产生电火花，装置存在火灾、爆炸危险性。MTBE 蒸气与空气混合形成爆炸性气体，遇高热、明火，引发火灾、爆炸事故。

② 低温灼伤危险。原料缓冲罐或输送物料管线使用的材质不符合要求、焊缝施工质量不合格，容易造成混合 C_4 和甲醇泄漏，可能对现场操作人员造成低温灼伤。

③ 噪声危害。噪声源是压缩机、机泵、调节阀，放空等。长期接触噪声会对听觉系统产生损伤，导致暂时性听力下降，直至病理永久性听力损失，可引起头痛、头晕、耳鸣、心悸和睡眠障碍等神经衰弱综合征，此外，对神经系统、心血管系统、消化系统、内分泌系统等产生非特异性损害。

（2）职业病危害防护措施

① 为便于有害物质稀释，MTBE 醚化反应器采用露天布置，但考虑可能出现雷击而造成火灾、爆炸事故，必须安装避雷接地设施。

② 加强对原料缓冲罐等压力容器、输送原料管道的日常维护，使用高质量的密封垫片防止发生泄漏。控制管线内物料流量及流速，防止管壁积累大量电荷引发爆炸，安装静电接地设施。

③ 储存可燃气体的压力容器、反应器及储槽上均设有遥控放空阀。当发生火灾和其他紧急事故致使设备内部压力急剧升高时，在控制室内即发出压力报警信号，操作工可开启遥控放空阀将设备内有毒、易燃气体密闭引入火炬气系统，以保护设备和人身安全。

④ 催化蒸馏塔注意反应温度控制，若塔内反应超温而引起设备超压，严重时会导致安全阀起跳，使高温的甲醇和剩余 C_4 等物料直接排至大气中，与空气混合形成爆炸性气体，危及装置的安全运行。

⑤ 改进生产工艺，尽可能采用 DSC 集散控制系统，指示、记录、自动控制并超限报警，减少人员现场操作。装置内采样器采用密闭循环系统。

⑥ 做好操作人员防护培训，特别要进行应急处理培训。制定详细操作规程及防护规程，配备相应滤盒的防毒面具、防护眼镜、防毒物渗透眼镜等劳保用具，配备事故淋浴、洗眼器和有关医疗急救设施。在控制室内放置自吸式呼吸器，以备发生紧急情况时用于人员救护。

⑦ 应加强作业环境的毒物检测，特别是在静风的情况下毒物浓度的监测，安装可燃气体和有毒气体检测报警仪。

（3）噪声防护

① 改进工艺条件，降低催化蒸馏塔与催化蒸馏塔冷凝器之间的压差，或采取加装消声器、包裹阻尼材料等消声隔声措施。

② 加热炉采用低噪声火嘴，气体放空口均设消声器以尽可能降低噪声。

③ 各机泵的电机选用噪声较低的 YB 系列低噪防爆电机。合理选择调节阀及变频调速电机，避免因压降过大而产生高噪声。

④ 在噪声超标的地方设置人员进入限制区域，工作人员配备噪声防护装备。

16.6 储运

储存容器和密封材料与储存汽油的要求相同，对容器材质无特殊要求，如铁、锌、铝都可使用，也可使用聚乙烯制的容器。因 MTBE 为可燃液体，装载容器应注明"易燃品"字样，按易燃品规定储运。

16.7 经济概况

全球的 MTBE 需求量多年来一直不断增长，2016 年全球 MTBE 工业装置的产能为1557.5 万吨。2016 年全球 MTBE 产能分布概况，见图 16.2。中国现已发展成最大的 MTBE生产国和消费国。

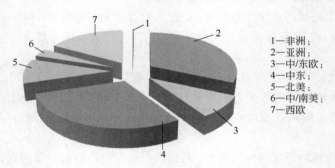

1—非洲；
2—亚洲；
3—中/东欧；
4—中东；
5—北美；
6—中/南美；
7—西欧

图 16.2　全球 MTBE 产能的分布概况

全球各地区 MTBE 产能分布概况，见表 16.6。

表 16.6　全球各地区 MTBE 产能分布概况

地区	2011 年		2016 年		2011～2016 年 MTBE的产能年均增长率/%
	产能/(万吨/年)	产量/(万吨/年)	产能/(万吨/年)	产量/(万吨/年)	
非洲	4.7	4.0	4.7	4.2	0
亚洲	493.7	416.9	493.7	44.3	0
中/东欧	138.4	109.3	138.4	114.1	0
中东	457.2	413.9	457.2	416.1	0
北美	180.0	129.9	155.0	127.5	-2.95
中/南美	60.2	49.5	50.2	42.0	-3.57
西欧	278.3	212.7	258.3	199.0	-1.48
全球	1612.5	1336.2	1557.5	947.2	-0.69

16.7.1 MTBE 在全球范围命运迥异

纵观全球范围内的 MTBE 市场现状可以看出，北美的 MTBE 市场将随着美国禁用进程的推进迅速缩小，为数不多的几家生产企业以出口为主。欧洲市场在相当长的一段时间内将以 MTBE、ETBE 两者并存为主，ETBE 有取代 MTBE 的趋势。中南美洲受美国市场影响，MTBE 的产能和产量下降速度比较大，亚洲除了少数国家禁用 MTBE 外，整体产能、产量仍然呈增长趋势。中东地区与非洲 MTBE 的产能没有很大变化。由于 MTBE 的价格低于 ETBE，许多国家的炼油企业将根据成本优势决定使用哪种作为汽油辛烷值的改进剂，尤其是亟待解决大气污染问题的亚洲及中东地区，低成本的 MTBE 仍是最佳选择。

替代 MTBE 已有多种成功经验，推行含醇汽油已是世界之大势所趋，发展生物乙醇是替代 MTBE 最直接和实用的方案，目前世界上正在加快开发纤维素乙醇技术，并不断有中型和验证性纤维素乙醇装置建设和投产，预计在不久的将来，将会取得技术上和成本上的突破，纤维素乙醇将成为 MTBE 的主要替代品和汽油的重要组分。

16.7.2 MTBE 在我国依然有很大的发展空间

我国炼油工业正处于发展期，油品需求增长速度居全球之首，加之油品质量升级和排放要求的提高，以及进口高硫原油加工量的增加，通过添加 MTBE 提高辛烷值是目前提高我国汽油质量的最经济的手段，预计在今后相当长的一段时间内，MTBE 的添加比例及其消费量将逐步提高。

化工领域的应用为 MTBE 的应用开辟了一条新的道路，随着我国替代燃料的发展，以及我国催化重整和醚化等加工能力的提高，尤其是乙醇汽油和甲醇汽油的应用，将减轻对石油汽油的依赖，因此预计今后我国 MTBE 在油品应用方面的需求增长速度将会放缓。随着我国 C_4 资源的增加，MTBE 用于化工生产的消费量将有较大增长，市场前景被看好。

16.8 用途

随着国内汽车产业的发展，对汽油的需求量将逐步加大；但随着我国替代燃料的发展，以及我国催化重整和醚化等加工能力的提高，尤其是乙醇汽油和甲醇汽油的应用，将减轻对石油汽油的依赖。

随着我国炼油乙烯的进一步发展，我国 C_4 资源将进一步增加，由 MTBE 裂解制取高纯异丁烯，生产高技术含量、高附加值、市场前景较好的丁基橡胶、甲基丙烯酸甲酯（MMA）、聚异丁烯等精细化工产品被市场人士看好。丁基橡胶是生产汽车内胎、子午胎内衬层的重要胶种，也是制造医用瓶塞和密封制品的重要原料，根据我国相关产业政策，我国将继续大力发展子午胎，为丁基橡胶和卤化丁基橡胶提供了市场。

此外，MTBE 还用于汽油清净剂的聚异丁烯胺和以高纯异丁烯为原料的叔丁基酚类系列抗氧剂以及有机中间体甲代烯丙基氯和三甲基乙酸等，市场前景乐观。

参 考 文 献

[1] 陈冠荣. 化工百科全书：第 2 卷. 北京：化学工业出版社，1995：563.

[2] 孙晓轩，王晓光. 禁用后的全球甲基叔丁基醚市场. 化学工业，2008，26（6）：16-22.

[3] 高玉生，等. 甲基叔丁基醚市场分析. 化学工业，2010，28（7）：23-25.

[4] 杨忠梅. 叔丁醇与甲醇合成甲基叔丁基醚的研究. 齐鲁石油化工，2016，44（2）：96-99.

[5] 张海俊，等. MTBE 技术的现状及发展前景. 科技经济导刊，2016，（10）：22-23.

[6] 甲基叔丁基醚科技成果和专利. 国家图书馆，2017.

[7] 李峰. 甲醇及下游产品. 北京：化学工业出版社，2008.

[8] 赵明. MTBE 生产过程职业病危害及防护对策. 四川化工，2016，19（6）：33-35.

[9] 于春梅，等. 甲基叔丁基醚产业发展趋势分析及建议. 化学工业，2011，29（9）：12-15.

第17章
二甲氧基甲烷

彭涛　成都联泰化工有限公司　副总经理

17.1　概述

二甲氧基甲烷（dimethoxymethane，DMM），别名亚甲基二甲醚、二甲醇缩甲醛、甲醛缩二甲醇，通常称为甲缩醛（methylal，CAS 号：109-87-5），具有优良的理化性能，即良好的溶解性、低沸点、与水相溶性好。

在甲醛的应用领域中，有些甲醛衍生产品，如聚甲醛（POM）、吡啶（pyridine）和二苯基甲烷二异氰酸酯（MDI）需用高浓度甲醛作原料。使用银法和铁钼法生产的甲醛产品都含有较高的水分，须用蒸馏法脱除，所以增大了能耗，且以酸性化合物作催化剂对设备有严重的腐蚀。为了解决上述问题，日本旭化成株式会社（Asahi）于 1979 年开始研究甲缩醛法制取高浓度甲醛新工艺，1984 年实现工业化，并用于生产高浓度甲醛原料，建设了甲缩醛生产聚甲醛装置。同时，中国原化学工业部组织了华东理工大学、南京工业大学和上海溶剂厂共同研发，并实施了"甲缩醛制取高浓度甲醛"生产工艺，在上海溶剂厂进行了中间试验及成果应用——聚甲醛（POM）的生产。

17.2　性能

17.2.1　结构

分子式：$C_3H_8O_2$

结构式：$CH_3O—CH_2—OCH_3$

17.2.2　物理性质

（1）物理性质

甲缩醛的物理性质如表 17.1 所示。

表 17.1　甲缩醛的物理性质

名称	数值	名称	数值
外观	无色透明液体，有类似氯仿气味	溶解能力	能溶解树脂和油漆类物质，溶解能力比乙醚、丙酮强
沸点/℃	42.3	蒸发热/(kJ/mol)	28.64
熔点/℃	−104.8	比热容(20℃)/(kJ/kg)	2.18
相对密度（20℃，水=1）	0.8601	燃烧热/(kJ/g)	1.934
临界温度/℃	215.20	闪点/℃	−17.8
黏度/mPa·s		自燃点/℃	237.20
15℃	0.3400	蒸气压(20℃)/kPa	43.99
30℃	0.3250	爆炸极限（体积分数）	1.6%～17.6%
折射率	1.3513		

注：摘自中国环保网。

甲缩醛能与醇、醚、丙酮等有机溶剂混溶。作为溶剂，甲缩醛能溶解树脂和油漆类物质，溶解能力强于乙醚、丙酮。甲缩醛与甲醇的共沸混合物能溶解含氮量高的硝化纤维素。16℃时甲缩醛在水中的溶解度为 32.3%（质量分数）；水在甲缩醛中的溶解度为 4.3%（质量分数）。根据甲缩醛的溶解特性，它可作为部分卤代烃溶剂的代用品。由于甲缩醛与许多溶剂的互溶性好，尤其是与液化石油气（LPG）、二甲醚（DME）的互溶性比较好，且沸点低，对提高气雾剂的蒸气压和雾化率十分有利。甲缩醛具有优良的水溶性，是开发水基型气雾剂的理想原料。

（2）甲缩醛的稳定性

在通常情况下，甲缩醛相当稳定，如在有水状态下。甲缩醛在碱性、中性条件下稳定，在 pH>4.5～5，甲缩醛不水解。此外，甲缩醛自身不会产生过氧化合物，不必加稳定剂，最适合循环使用，回收时不分解。

（3）环境特性

① 全球变暖潜能值（GWP）。甲缩醛的大气存留时间仅为 58h，因此甲缩醛的全球变暖潜能值可忽略不计。

② 臭氧损耗潜势（ODP）。甲缩醛分子结构中不含卤原子，甲缩醛的臭氧损耗潜势为零。

（4）毒性

甲缩醛具有非常低的毒性。

（5）生态学特性

甲缩醛非常安全，在环境中不累积，可生物降解。

17.2.3　化学性质

甲缩醛遇明火、高热或强氧化剂易燃烧，与强氧化剂接触会猛烈反应，接触空气或在光照条件下可生成具有潜在爆炸危险性的过氧化物。

（1）与稀盐酸反应

甲缩醛在碱液中比较稳定，但在酸液中不太稳定，如与稀盐酸一起加热时易分解生成甲醛和甲醇。

$$CH_3OCH_2OCH_3 \xrightarrow{\triangle} CH_3OH + CH_2O$$

在盐酸存在下生成四氢化异喹啉。

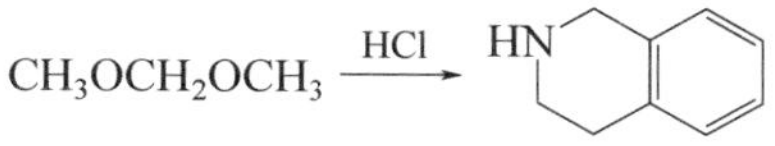

$$CH_3OCH_2OCH_3 \xrightarrow{HCl}$$

（2）甲缩醛与碘化氢反应生成碘代甲烷和甲醛。

$$CH_3OCH_2OCH_3 + HI \longrightarrow CH_3I + CH_2O$$

（3）与碘化苯基镁作用生成甲基苄基醚。

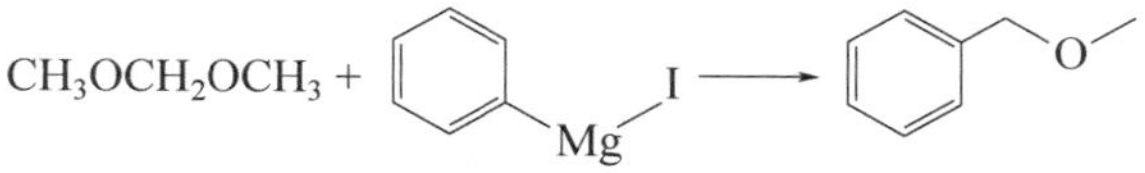

（4）甲缩醛燃烧分解为 CO 和 CO_2。

$$CH_3OCH_2OCH_3 \xrightarrow{燃烧} CO + CO_2$$

（5）甲缩醛和甲醛催化合成柴油添加剂聚甲氧基二甲醚

$$CH_3OCH_2OCH_3 + CH_2O \longrightarrow DMM_n$$

17.2.4　生化性质

皮肤刺激或腐蚀：长期皮肤接触可致皮肤干燥，发红，疼痛。眼睛刺激或腐蚀：对眼有损害（发红，疼痛），损害可持续数天。呼吸或皮肤过敏：对黏膜有刺激性，有麻醉作用；吸入蒸气可引起鼻和喉刺激，如咳嗽、咽喉疼痛、头痛；高浓度吸入会出现头晕、神志不清等。食入危害：腹部疼痛，恶心，呕吐。

17.3　生产方法

在酸催化剂作用下，甲醇和甲醛在合成塔中进行缩合反应，控制塔顶温度在 41.4～42℃，得到的馏出产品为甲缩醛。

反应式：$2CH_3OH + HCHO \xrightarrow{[H^+]} CH_3\text{—}O\text{—}CH_2\text{—}O\text{—}CH_3 + H_2O$

17.3.1　间歇法工艺

在反应釜中一次性加入按配比计量的甲醇和甲醛水溶液，反应釜配搅拌装置，以保持反应过程温度恒定和催化剂充分悬浮分散。为避免反应物料损失，尤其是低沸点甲缩醛产品的损失，反应釜上方设有回流冷凝装置，冷却介质用工业酒精。

物料加好后加热至反应温度，在搅拌下瞬间加入一定量催化剂（5%～6%）反应，待反应终止冷却后将物料送至蒸馏系统，蒸馏制得甲缩醛产品。甲缩醛/甲醇共沸体系的组成为 93：7，即采用常规精馏工艺制取的甲缩醛纯度最高只能达到 93%，其余为甲醇和微量水。甲缩醛合成反应是经过生成半缩醛与甲醇反应而完成的，因而过量甲醇有利于甲醛最大限度地转化，有利于提高甲缩醛产率。

17.3.2　液相缩合法工艺

液相缩合法工艺是将两个或多个装填固体酸催化剂的反应器连接到一个蒸馏塔上，组成催化反应蒸馏系统。甲醇和甲醛水溶液按一定配比进入反应器，在固体酸催化剂作用下生成甲缩醛。从反应器出来的甲缩醛和未反应的甲醇、甲醛及水在泵的驱动下一部分进入蒸馏塔，一部分循环进一步与催化剂接触提高转化率和产率。每个反应器流出的反应产物从蒸馏塔不同高度位置进料。进入蒸馏塔的反应产物与上升蒸汽进行传质，再利用自身热动力送入精馏塔，使甲缩醛的浓度逐渐提高，保持塔顶温度在 42℃，塔顶气相物质经冷凝进入成品回流槽，一部分回流至精馏塔，另一部分采出产品进入储槽，未反应的甲醇、甲醛和水由塔底排出进入反应蒸馏塔。图 17.1 为液相缩合法甲缩醛生产工艺流程图。

17.3.3　催化反应精馏法工艺

催化反应精馏技术是一种新型的反应工程技术，是把化学反应和精馏提纯集于一体的化工单元操作。它具有转化率高、选择性好、能耗低、产品纯度高、易操作、投资少等诸多优点。该反应是在固体酸性催化剂催化作用下进行的可逆放热反应。因受平衡转化率的限制，若采用传统的工艺先反应后分离，即使以高浓度的甲醛水溶液（38%～44%）为原料，甲醛的转化率也只能达 60% 左右，大量未反应的稀甲醛不仅给后续的分离造成困难，而且稀甲醛浓缩时产生的甲酸会严重腐蚀设备。采用催化反应精馏的方法则可有效地克服平衡转化率这一热力学障碍，因为该反应物系中各组分相对挥发度的大小次序为：甲缩醛>甲醇>甲醛>水，由此可见甲缩醛具有最大的相对挥发度，利用精馏的作用可将其不断地从系统中分离出去，促使平衡向生成产物的方向移动，最大限度提高甲醛的平衡转化率。若原料配比控制合理可达到接近理论平衡转化率。此外，采用催化反应精馏技术还具有如下优点：①在合理的工艺及设备条件下，塔顶可直接获得合格的甲缩醛产品；②反应和分离在同一设备中进行，可节省设备费用和操作费用；③反应热直接用于精馏过程，可降低能耗；④由于精馏的提浓作用对原料甲醛的要求低，浓度为 7%～37% 的甲醛水溶液均可直接使用。甲缩醛催化反应精馏技术成功实现了工业化生产。图 17.2 为催化反应精馏法甲缩醛生产工艺流程示意图。

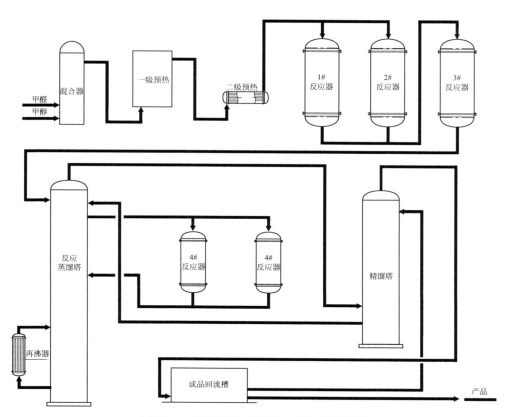

图 17.1　液相缩合法甲缩醛生产工艺流程图

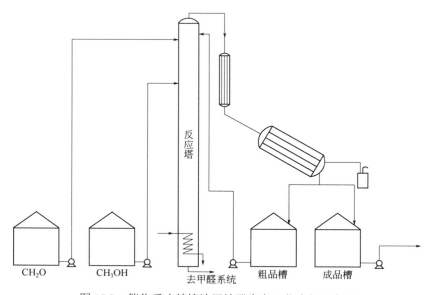

图 17.2　催化反应精馏法甲缩醛生产工艺流程示意图

17.3.4 高浓度甲缩醛生产技术

高浓度甲缩醛生产技术是近期开发的一项新技术、新工艺，很有发展前景，符合我国节能减排、环境保护政策。

（1）液液萃取法

液液萃取法工艺：酸性催化剂一次性加入反应釜，甲醛连续加入反应釜，甲醇从精馏塔加入。反应精馏釜温度控制在50～55℃，塔顶温度控制在35～42℃，塔顶馏出的甲缩醛、甲醇和水进入萃取塔，用丙三醇和二甲醇胺为萃取剂进行萃取，经液液萃取后能得到高浓度的甲缩醛。然后萃取剂及甲醛与水的混合液再经过再生塔回收后返回至反应精馏塔。

（2）加压法

加压精馏法的装置是由反应塔、精馏塔、冷凝器和再沸器等组成。

生产工艺：甲醇和甲醛水溶液经过反应塔底的废水预热后按一定配比进入混合器，经混合后进入装有固体酸催化剂的并联式反应器，在60℃反应后经过滤送入装有填料和催化剂的反应塔，反应塔底设再沸器，塔底废水中的甲醛含量能控制在200×10^{-6}以下，从反应塔顶出来的甲缩醛和未反应的甲醇及水经冷凝进入回流罐，回流罐中的甲缩醛经氮气保护，在泵的驱动下一部分回流，进一步与催化剂反应提高转化率和产率，另一部分进入精馏塔提浓。精馏塔为加压塔，在蒸汽的加热下，塔顶气相作为反应塔的热源经冷凝后，经泵回流到反应塔中部，从精馏塔底采出高浓度的甲缩醛。精馏塔的控制关键是塔的压力和温度，否则塔底的甲缩醛的纯度就上不去，水分就偏高。图17.3为高浓度甲缩醛生产工艺流程图。

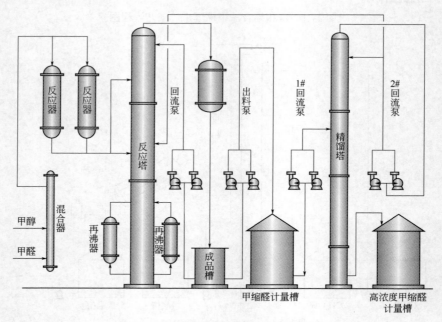

图17.3　高浓度甲缩醛生产工艺流程图

17.3.5 甲缩醛精制技术

由于甲缩醛与水、甲醇形成共沸物，传统的精馏方式只能获得92%左右甲缩醛的三元共沸物。但是在甲缩醛行业中，除了部分溶剂用途要求85%～93%纯度，其余都需要99%以上纯度的甲缩醛产品。目前，工业上甲缩醛精制的方法主要有加盐精馏法、液液萃取法、离子交换法、吸附法和变压精馏法。

三里枫香甲缩醛精制技术，根据客户对甲缩醛产品纯度的要求，以变压精馏为主，以吸附法为补充。

以下以草甘膦副产5万吨/年甲缩醛精制装置为例说明。

① 产能：5万吨/年99.5%甲缩醛。

② 运行时间：7200h/a。

③ 操作弹性：60%～120%。

④ 原料：87.90%甲缩醛。

序号	组分	含量（质量分数）/%
1	甲缩醛	87.90
2	甲醇	8.3
3	二甲醚	1.7
4	一氯甲烷	1.9
5	缩醛聚合物	0.03
6	水分及其他	0.17

⑤ 产品

序号	项目	指标
1	外观	澄清透明液体
2	纯度（质量分数）/%	≥99.5
3	甲醇（质量分数）/%	≤0.5
4	水（质量分数）/%	≤0.05

⑥ 公用工程消耗（以生产每吨99.5%甲缩醛产品计）

序号	项目	规格	消耗
1	循环水/t	32～40℃	17.65
2	软水/t		0.735
3	蒸汽/t		1.5
4	电/Kw·h	380V	32.35

甲缩醛精制的工艺流程图见图17.4。

17.3.6 最新研究进展

（1）甲缩醛替代高浓度甲醛合成共聚甲醛树脂

在共聚甲醛树脂合成中，添加甲缩醛主要起到树脂分子量调节剂的作用，同时可避

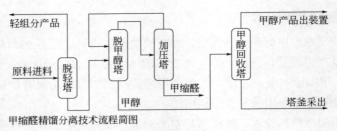

甲缩醛精馏分离技术流程简图

图 17.4　甲缩醛精制的工艺流程图

免聚合物（二氧戊环）的生成，防止聚合釜管道的堵塞。日本 Polyplastics 公司、日本聚合物科学与工程研究所、德国 Hoechst 公司和德国 Ticona 公司等都做过许多这方面的研究，并取得成果。

（2）甲缩醛用作环境安全型有机溶剂

甲缩醛对大气臭氧层无破坏作用。它可替代氟利昂配制机械清洗剂和气溶胶等制品，配制工业清洗剂、脱脂剂和树脂强力溶剂。

美国现代化工设计公司、美国 CRC 工业公司、法国 EIf Atochem 公司和日本 Canon 公司等公司研究出相关应用产品。

美国 Berg Lloyd 公司对用甲缩醛作共沸剂的共沸蒸馏法分离有机产品的过程进行了较系统的研究。

（3）甲缩醛用作液体燃料改性添加剂

美国空气产品及化学品公司、意大利 Snamprogetti 公司的研究者、日本学者研究并开发出多种优质汽车燃料。此外，美国 Lynntech 公司的研究者开发出一种以甲缩醛为添加剂的低压燃料电池。

（4）甲缩醛空气催化氧化法制固体甲醛

沈阳化工学院开发了甲缩醛空气催化氧化法制固体甲醛的新工艺，该成果于 2000 年通过辽宁省技术鉴定。

（5）甲缩醛法制浓缩甲醛

中国科学院成都有机化学有限公司研究开发了甲缩醛法制浓缩甲醛新工艺。工艺的实验室研究成果已通过四川省科委委托四川省化工厅的验收鉴定。该法是一种直接制备高浓度甲醛的新技术，可用于聚甲醛树脂的合成，多聚甲醛的生产以及层压板、建筑用黏合剂的制取等。

（6）甲缩醛制备多聚甲醛

南京工业大学在"甲缩醛氧化制浓甲醛技术"成果的基础上，研究开发了由浓甲醛经催化聚合、干燥制备低聚合度多聚甲醛的技术，在实验室研究的基础上进行了模拟放大试验，为低聚合度多聚甲醛的工业化试验和生产提供了设计数据。该技术在 2003 年 12 月 27 日通过省科技厅组织的鉴定和省教育厅组织的验收。

17.3.7 生产工艺评述

17.3.7.1 生产工艺

目前，传统的硫酸法和间歇法工艺已经被淘汰，催化精馏加压法工艺占主导地位。采用固体酸树脂代替传统的硫酸法工艺，具有以下特点：①催化剂活性高，并可再生利用，调换方便；②废水量少，COD 能控制在 $200×10^{-6}$ 以下，可以与甲醛装置配套全部回用；③产品纯度高，水含量<0.01%；④操作简单，投资少，能耗低。

17.3.7.2 甲缩醛的精制

目前，工业上甲缩醛精制的方法主要有加盐精馏法、液液萃取法、离子交换法、吸附法和变压精馏法。

甲缩醛精制方法的特点总结，见表 17.2。

表 17.2　甲缩醛精制方法的特点总结

序号	工艺	特点
1	加盐精馏法	① 分离过程复杂，对操作要求高； ② 废固处理复杂，已逐步被淘汰
2	液液萃取法	① 通过引入第三组分精制甲缩醛，需配套萃取剂的回收装置； ② 设备投资大，操作能耗高，将新杂质引入产品
3	离子交换法	① 将甲缩醛粗产品先后通过强碱性阴离子交换树脂柱、强酸性阳离子交换树脂柱得到高纯度产品； ② 处理量有限，树脂再生成本高
4	吸附法	① 利用分子筛对醇和甲缩醛的吸附能力的差异而分离得到高纯度的甲缩醛； ② 处理量有限，吸附剂一次性投资较大并且再生成本高
5	变压精馏法	① 利用常压和高压下，甲缩醛/甲醇/水的共沸组成变化，实现甲缩醛的精制； ② 对设备的分离效率要求比较高

17.3.8　专利和成果

17.3.8.1　专利

（1）一种均相催化合成甲缩醛的生产工艺

本发明涉及甲缩醛的合成技术领域，特别是一种均相催化合成甲缩醛的生产工艺。该生产工艺包括合成粗品、一次提纯、二次提纯和反应液后处理四个步骤。采用本发明的新型均相催化剂合成甲缩醛，可避免传统甲缩醛合成工艺中的固体酸催化剂的再生过程，从而进一步降低催化剂成本及甲缩醛的生产成本，该均相催化剂使反应传质阻力大大降低，可在较温和的反应条件下大幅提高催化效率，可制得纯度较高的甲缩醛产品，适宜进一步推广应用。

专利类型：发明专利

申请（专利）号：CN201510629011.0

申请日期：2015 年 9 月 28 日

公开（公告）日：2016 年 1 月 20 日

公开（公告）号：CN105254478A

申请（专利权）人：常州工程职业技术学院

主权项：一种均相催化合成甲缩醛的生产工艺，包括以下步骤：①合成粗品。在反应器中依次加入甲醇和催化剂后，缓慢加入甲醛溶液，在反应温度为 85～100℃的常压条件下搅拌 1.8～2.5h，在产物接收器中收集冷凝回流部件中的甲缩醛馏出液粗品。②粗品一次提纯。待甲缩醛馏出液粗品馏出完毕，在产物接收器的上方安装长玻璃刺形分馏柱，在刺形分馏柱的馏出端加装球形冷凝管，采用常温循环水作为冷却介质，在球形冷凝管的末端收集一次提纯的甲缩醛馏出液。③粗品二次提纯。将一次提纯的甲缩醛馏出液通入精馏柱内，对精馏柱底部缓慢加热，控制升温速率小于 15℃/min，收集 42～45℃的馏分，精馏柱塔顶采用循环水冷却，经过精馏提纯可得到二次提纯的甲缩醛产品。④反应液后处理。将反应器中的剩余液转移至处理器中，常温常压下向处理器中缓慢加入碱至 pH 值为 8～9，搅拌速率为 850～900r/min，待沉淀完全，过滤得滤饼和滤液。所述滤饼的处理步骤如下：将滤饼在去离子水中溶解、搅拌 2h，对形成的溶液加热、蒸发 1h 后产生晶体，产生的晶体是纯度较高的氢氧化铜。所述滤液的处理步骤如下：将滤液通入光催化反应器，加入光催化剂，将滤液在搅拌条件下置于紫外光下照射 0.5～1.5h 后，即可排放。所述步骤①中的催化剂为硫酸铜、五水硫酸铜或硝酸铜中的一种或多种的组合；甲醇、甲醛溶液和催化剂的质量比为(28～35)∶(37～43)∶(3.5～5.5)。

法律状态：公开，实质审查的生效

（2）一种制备高纯度甲缩醛的方法

本发明涉及精细化工技术领域，是一种制备高纯度甲缩醛的方法，其特征在于：该工艺以甲醇和甲醛为原料，采用反应精馏技术和变压精馏技术，制备出 99.9%（质量分数）的甲缩醛，然后采用分子筛吸附的方法脱除 99.9%（质量分数）甲缩醛中微量的水，经分子筛吸附后甲缩醛产品中水的含量为 $50×10^{-6}$ 以下，含水的分子筛经过脱水后能够回收再利用。

专利类型：发明专利

申请（专利）号：CN201410643224.4

申请日期：2014 年 11 月 10 日

公开（公告）日：2015 年 3 月 25 日

公开（公告）号：CN104447240A

申请（专利权）人：中国海洋石油总公司　　中海油天津化工研究设计院
中海油能源发展股份有限公司

主权项：一种高纯度甲缩醛的制备方法，其特征在于：以甲醇和甲醛为原料，采用反应精馏技术和变压精馏技术，制备出 99.9%（质量分数）的甲缩醛，然后采用分子筛吸附的方法脱除 99.9%（质量分数）甲缩醛中微量的水，经分子筛吸附后甲缩醛产品中

水的含量为 50×10^{-6} 以下，含水的分子筛经过脱水后能够回收再利用。工艺流程及工艺条件包括：甲醇进料③和甲醛溶液进料①分别从反应精馏塔 T1 的下部和上部进入，逆流接触进行反应，反应段的温度为 70～82℃；从反应精馏塔 T1 塔顶采出的甲缩醛-甲醇、甲缩醛-水共沸混合物进入到加压精馏塔 T2，加压精馏塔 T2 的操作压力在 0.5～1.0MPa，加压精馏塔 T2 塔顶温度在 90～120℃，加压精馏塔 T2 塔釜温度在 100～130℃；加压精馏塔 T2 塔釜得到 99.9%（质量分数）以上的甲缩醛产品⑥；反应精馏塔 T1 塔釜排出的废水进入常规污水处理系统进行处理，物料⑤经过加压精馏塔 T2 进行加压精馏分离，共沸混合物的组成被破坏，甲缩醛在加压精馏塔 T2 塔釜被提浓，加压精馏塔 T2 塔顶采出的物料⑦为甲缩醛、甲醇和水的混合物，该部分进入甲醇回收塔 T3；经常压分离后，回收塔 T3 塔顶得到甲缩醛-甲醇、甲缩醛-水的共沸物⑨进入加压精馏塔 T2 循环处理，从回收塔 T3 塔釜回收得到 99.9%（质量分数）以上的甲醇⑧返回与甲醇进料②混合后，作为反应精馏塔 T1 甲醇进料③使用；加压精馏塔 T2 塔釜得到 99.9%（质量分数）以上的甲缩醛产品⑥再从塔顶进入吸附塔 T4 进行脱水，吸附塔 T4 塔釜得到含水量为 50×10^{-6} 以下的高纯甲缩醛⑩；吸附塔 T4 的操作压力为常压，操作温度不高于 40℃。

法律状态：公开，实质审查的生效

（3）利用改性分子筛固载催化剂催化生产甲缩醛的方法

本发明属于甲缩醛氧化催化合成领域，具体地说是一种利用改性分子筛固载催化剂催化生产甲缩醛的方法。制备过程：原料甲醇在合成催化剂和分子筛固载催化剂存在的条件下，进行氧化催化合成反应得到甲缩醛，其中氧化催化合成反应在温度 80～100℃的条件下反应 5～7h，氧化催化合成反应过程中合成催化剂和分子筛固载催化剂在氧化催化反应体系中的含量或体积分数分别为 0.5%～3% 和 3%～15%。本发明制备得到的产品易分离、纯度高、收率高、"三废"污染少，有利于工业规模化生产，产品收率达 72%以上。

专利类型：发明专利

申请（专利）号：CN201610212209.3

申请日期：2016 年 4 月 7 日

公开（公告）日：2016 年 7 月 20 日

公开（公告）号：CN105772062A

申请（专利权）人：广西新天德能源有限公司

主权项：一种利用改性分子筛固载催化剂催化生产甲缩醛的方法，其特征在于，原料甲醇在合成催化剂和分子筛固载催化剂存在的条件下，进行氧化催化合成反应得到甲缩醛；所述的氧化催化合成反应在温度 80～100℃的条件下反应 5～7h；所述的氧化催化合成反应过程中合成催化剂和分子筛固载催化剂在氧化催化反应体系中的含量或体积分数分别为 0.5%～3% 和 3%～15%。

法律状态：公开，实质审查的生效

17.3.8.2 成果

（1）反应精馏和萃取精馏集成制备二甲氧基甲烷

项目年度编号：1500160405

成果类别：应用技术

限制使用：国内

中图分类号：TQ224.1

成果公布年份：2014 年

成果简介：甲缩醛是一种重要的化工原料，广泛应用于多个方面，在杀虫剂配方中的应用，甲缩醛对拟除虫菊酯的溶解性比传统溶剂要好，且成本低，可代替含氟溶剂；在皮革上光剂、汽车上光剂配方中，甲缩醛可改善溶剂性能，提高质量，挥发速度快，使用方便。另外，它可用作燃料添加剂，添加后对燃料的燃烧性能有显著改善，并减少了有害气体的排放。国内生产厂家较多，如昆山鼎泰表面处理材料有限公司、吴江市飞达油脂化工有限公司、广州翔飞化工有限公司、安徽三明精细化工有限公司及上海鑫沪化工有限公司等，但均为工业级甲缩醛，高纯度电子级甲缩醛依赖于进口，价格昂贵，制约了企业的发展及产品的升级。该成果工业化后，不仅解决了生产高纯度电子级甲缩醛的技术难题，实现国内工业化生产，同时能够产生明显的经济效益和社会效益。甲缩醛的合成方法中，甲醇直接氧化法由于高效的催化剂均由贵金属制备而成，制作复杂、成本昂贵，且有副产物产生；电化学氧化法，甲缩醛转化率低，工业化困难；无机酸催化法，废水量大。该成果提出以有机固体酸为催化剂，采用连续反应精馏法合成甲缩醛，工艺简单、产品纯度和得率高，催化剂可循环使用，显著降低了生产成本；采用连续萃取法分离甲缩醛-甲醇-水反应物，一次性将甲缩醛的含量提高到 99.7%以上，分离过程一次得率达到99%以上，能耗仅为加压精馏法所需能耗的40%左右，解决了分离方法中纯度难以达到99%以上，一次得率仅为71%的问题；申请专利9项，其中3项发明和5项实用新型专利获授权，发表论文5篇；2009 年通过江苏省经济与信息化委员会组织的专家鉴定，处于国际先进水平，曾先后获得全国发明展览会金奖、江苏省优秀发明专利奖及南京市优秀发明专利奖。2009～2011 年南京白敬宇制药有限责任公司、江苏沿江化工资源开发研究院有限公司及南京威尔化工有限公司已建 8000t/a 工业级甲缩醛装置 1套和2000t/a 电子级甲缩醛装置 3 套，累计产值25697.7 万元，实现电子级产品国产化。

完成单位：南京师范大学

（2）新一代环保型柴油添加剂甲缩醛（DMM）新工艺

项目年度编号：1100330012

成果类别：应用技术

限制使用：国内

中图分类号：TQ224.122　　TE624.81

成果公布年份：2011 年

成果简介：甲缩醛，又名二甲氧基甲烷（简称 DMM）。因其毒性非常低，是一种可用于香料生产和药品合成的溶剂，又是面广量大的民用涂料的环保溶剂。DMM 的另一个重要用途是合成聚甲醛。聚甲醛是一种重要的工程塑料，它机械强度高，可代替铜、铝等金属，在汽车工业方面有广泛的应用。DMM 更重要的用途是作为柴油添加剂，它不仅可以代替部分柴油，减少原油进口量，还可以改善柴油的燃烧性能，减少颗粒物及氮氧化合物的排放，可以说它是下一代的新型柴油添加剂。工业上通过甲醇与甲醛反应合成 DMM，不但成本高，而且生产工艺路线也较长，同样吨位的生产装置投资规模较大。该新工艺则从甲醇直接氧化得到 DMM，工艺路线缩短了，成本将大为降低。从甲醇直接氧化为 DMM 的过程在国内外还没有工业化装置，属于高度创新性的项目。小试结果已经完成，使用一种新型的钒-钛催化剂，在温和的反应条件下（150℃），甲醇一次转化率可达 50%，DMM 一次选择性可达 90%以上，副产物主要为甲酸甲酯（约 8%），还有少量的甲醛与二甲醚。其中甲酸甲酯也是一种很有工业价值的产品。该新工艺的一个突出优点是：有用产品即甲缩醛与甲酸甲酯的总选择性可达 99%，副产物中不存在完全碳氧化物（CO 与 CO_2），意味着新工艺的经济性很好。

完成单位：南京大学

（3）99.7%以上甲缩醛的连续合成与萃取分离工业化技术

项目年度编号：gkls083793

成果类别：应用技术

限制使用：国内

中图分类号：TQ224.122

成果公布年份：2009 年

成果简介：甲缩醛在工业中有广泛的应用，不仅可作为有机合成中的溶剂、电池中的溶剂、燃料添加剂等，还可以作为有机反应的试剂，如乙氧甲基化试剂、甲醛的等价物、羰基化作用的底物以及甲醇的来源等。据报道，甲缩醛的合成方法主要有二氯甲烷法、二甲亚砜法、氯化钙法、酸催化法、一氧化碳异相催化及氯霉素副产品法，在上述方法中，二氯甲烷法、二甲亚砜法及一氧化碳异相催化均因催化剂对酸和一氧化碳不稳定或得率低而受到限制；氯化钙法因反应时间长，后处理困难，亦不利于工业化生产；目前普遍采用氯霉素副产品法和酸催化法，氯霉素副产品法因产量有限，不利于规模化发展；酸催化法操作简单，反应时间短，是制备甲缩醛较理想的方法，但因采用无机酸作催化剂，合成过程产生的废液处理不便，易造成环境污染等问题。本课题组曾采用有机酸作催化剂，研究反应时间、原料配比、催化剂量及温度对甲缩醛连续反应精馏工业生产过程的影响，在其他条件不变的情况下，与浓盐酸催化法进行比较，在反应时间、温度等一定条件下，采用有机酸作催化剂，甲缩醛的得率可达 98%，催化剂可以循环使用，以有机酸作催化剂，采用连续反应精馏的方法合成甲缩醛，在国内外文献中，尚未见报道，本课题组已经申请发明专利，专利于 2004 年已经公开。无论酸催化法，还是氯霉素副产品法，在分离过程中，均采用加压精馏法分离混合产物，由于产物中甲缩醛的沸点与甲醇和水的共沸点接近，采用精馏法回流比控制在约 30：1，不仅能耗大，通常只能得到 95%左右甲缩醛。目前国内外尚未见采用连续萃取法分离甲缩醛-甲醇-水溶液的报道，本课题组针对萃取分离和分离装置已经申请了 1 项发明专利和 2 项实用新型专利，以上 3 项专利均已经授权，因此开发有效的分离工艺，不仅有利于产品纯度的提高，更有利于降低能耗。本工艺的特点：①采用有机酸作催化剂，研究反应时间、原料配比、催化剂量及温度对甲缩醛连续反应精馏工业生产过程的影响,在其他条件不变的情况下,与浓盐酸催化法进行比较，甲缩醛的得率可达 98%，催化剂可以循环使用，合成过程中无废水产生。②采用连续萃取法分离甲缩醛-甲醇-水溶液，一次性将甲缩醛的含量提高到 99.8%以上，分离过程一次得率达到 98%以上，上述指标在国内外均为最好水平，解决了目前纯度难以达到 99%以上，一次得率仅为 71%的问题。③减低过程所需能耗，连续萃取过程所需能耗仅为加压精馏方法所需能耗的 40%左右。④采用连续反应精馏和萃取方法生产甲缩醛，工艺较简单，分离过程无废水排放，合成过程中酸性催化剂可循环使用，降低了生产成本。

完成单位：南京师范大学

17.4 产品的分级和质量规格

17.4.1 产品的分级

目前，我国甲缩醛执行的是企业标准，控制指标见表 17.3。

表 17.3 甲缩醛质量及技术指标[①]

项目		指标		
		一级品	优级品	特级品
外观		澄清透明液体	澄清透明液体	澄清透明液体
纯度/%	≥	85	90	99
甲醇/%	≤	15	10	0.5
水/%	≤	0.2	0.1	0.05
甲醛/%	≤	0.03	0.02	0.005
甲酸甲酯/%	≤	0.05	0.05	—

① 数据由宁波裕隆工贸实业有限公司提供。

17.4.2 消耗指标

目前，我国甲缩醛的消耗指标，见表 17.4。

表 17.4 甲缩醛的消耗指标

序号	名称	规格	单位	85%甲缩醛	90%甲缩醛	99.5%甲缩醛
1	甲醛	37%	kg/t	1000	1020	1080
2	甲醇	99.5%	kg/t	850	860	850

序号	名称	规格	单位	85%甲缩醛	90%甲缩醛	99.5%甲缩醛
3	电	度	度/吨	62	65	75
4	蒸汽	0.4 MPa	kg/t	600	600	1200
5	冷却水	27～30℃	t/t	72	75	160
6	冷冻水	5～10℃	t/t	36	36	36

注：电耗包括冷却水、冷冻水耗量。

17.5 危险性与防护

根据《化学品分类和危险性公示通则》(GB 13690—2009)，甲缩醛属于易燃液体类别 2，皮肤腐蚀/刺激类别 2，严重眼损伤/眼刺激类别 2A，特异性靶器官毒性一次接触类别 3。甲缩醛具有一定的有害成分，它的蒸气与空气可形成爆炸性混合物，遇到明火、高热及强氧化剂易引起燃烧，与氧化剂接触会猛烈反应、接触空气或在光照条件下可生成具有潜在爆炸危险性的过氧化物，在大批量存储的情况下具有危险性，被公安局定为危险品行列，属于三类危险品。

危险信息：其蒸气与空气接触可形成爆炸性混合物。遇明火、高热能引起燃烧爆炸，与氧化剂接触猛烈反应。

防范措施：远离热源、火花、明火、热表面；使用不产生火花的工具作业；保持容器密闭；采取防止静电措施，容器和接收设备接地连接；使用防爆型电器、通风、照明及其他设备；戴防护手套、防护眼镜、防护面具；操作后彻底清洗身体接触部位；作业场所不得进食、饮水或吸烟；禁止排入环境；严禁用于食品和饲料加工。

接触事故处理方法：皮肤（或头发）接触，立即脱去所有被污染的衣物，用肥皂水或清水冲洗皮肤，污染的衣物须在洗净后重新使用；眼睛接触，立即用大量流动清水或生理盐水冲洗，或就医；吸入，迅速脱离现场至空气新鲜处，休息，保持呼吸通畅，或就医；食入，饮足量温水，催吐或立即就医。

灭火方法：用水灭火无效，尽可能将容器从火场移至空旷处；喷水保持火场容器冷却，直至灭火结束；在火场中的容器若已变色或从安全泄压装置中发出声音，人员必须马上撤离。

灭火剂：抗溶性泡沫、干粉、二氧化碳、砂土。

储存方法：保持容器密闭；储存在通风良好处。

废弃处置：本品或其他容器采用焚烧法处置。

17.6 毒性与防护

甲缩醛在空气中的最高容许浓度为 1000×10^{-6}，$3110\ mg/m^3$。

毒性实验表明，甲缩醛对黏膜有明显刺激性，对豚鼠有中等刺激作用。急性毒性：

LD$_{50}$ 5708mg/kg（兔经口）；LC$_{50}$ 46650mg/m^3（大鼠吸入）。亚急性和慢性毒性：小鼠吸入 58g/m^3×2h/d×2 次，80%死亡；小鼠吸入 34100g/m^3×7h×15 次，6/50 死亡。

皮肤刺激或腐蚀：长期皮肤接触可致皮肤干燥，发红，疼痛。

眼睛刺激或腐蚀：对眼有损害（发红，疼痛），损害可持续数天。家兔经眼：100μL，中度刺激。

吸入危害：对黏膜有刺激性，有麻醉作用。吸入蒸气可引起鼻和喉刺激，如咳嗽、咽喉疼痛、头痛；高浓度吸入出现头晕、神志不清等症状。

食入危害：腹部疼痛，恶心，呕吐。

职业接触限值：美国（ACGIH）TLV—TWA：1000×10^{-6}。

监测方法：气相色谱法（用活性炭吸附、己烷脱附）。

工程控制方法：生产过程密闭，全面通风，提供安全淋浴和洗眼设备。

呼吸系统防护：可能接触其蒸气时，佩带防毒口罩；高浓度环境中，佩戴自给式呼吸器。

眼睛防护：佩戴化学安全防护眼镜。

皮肤和身体防护：穿防静电防护工作服。

手防护：戴橡胶手套。

其他防护：工作现场禁止吸烟、进食和饮水；工作毕，淋浴更衣；注意个人清洁卫生。实行岗前和岗中定期职业健康检查，进入储罐、限制性空间或其他高浓度作业区必须进行监护。

17.7　包装与储运

联合国危险货物编号（UN 号）：1234。

联合国运输名称：甲缩醛，甲醛缩二甲醇。

联合国危险性分类：2（易燃液体）。

包装类别：Ⅰ。

包装标志：易燃液体。

包装方法：小口径钢桶、螺纹口玻璃瓶、铁盖压口玻璃瓶、塑料瓶或金属桶（罐）外普通木箱。

运输注意事项：运输车辆应配备相应品种和数量的消防器材及泄漏应急处理设备；夏季最好早晚运输，超过 38℃禁止罐装和运输；所用的槽（罐）车应有接地链，槽内可设孔隔板以减少震荡产生静电；严禁与氧化剂、酸类、食用化学品等混装混运；运输途中应防曝晒、雨淋，防高温；中途停留时应远离火种、热源、高温区；装运车辆排气管必须配备阻火装置，禁止使用易产生火花的机械设备和工具装卸；公路运输时要按规定路线行驶，勿在居民区和人口稠密区停留；铁路运输时禁止溜放；严禁用木船、水泥船散装运输。

甲缩醛为一级易燃液体，对金属无腐蚀性，可用铁、软钢、铜或铝制容器储存。由于沸点低、挥发性大，应注意火源和热源，并置于阴凉处密封储存。散装容器上必须标有安全标签及危险品标志（危险品标志应符合 GB190—2009 规定）。

17.8　经济概况

我国甲缩醛生产始于 2003 年，发展至今已有 14 年的历史，随着我国经济的不断发展，我国甲缩醛的产能和产量不断提高。我国甲缩醛发展大致可划分为以下两个阶段。

（1）20 世纪 80 年代

随着我国农药行业开始生产草甘膦产品，一些采用以多聚甲醛为原料的工艺生产草甘膦的农药生产厂家，副产品也产出甲缩醛。

（2）快速发展时期（2003 年至今）

2003 年，我国第一套甲缩醛装置在河南省濮阳市的卡博特化工有限公司建成投产，规模为 0.6 万吨/年；2004 年，镇江李长荣综合石化工业有限公司在江苏省镇江市投资建设甲缩醛生产装置；2006 年，镇江李长荣综合石化工业有限公司的甲缩醛产能扩大到 7 万吨/年。2003～2013 年期间，我国甲缩醛产能的年均增长率为 77.44%，到 2013 年，我国甲缩醛的产能为 185.1 万吨/年。

据调查，2013 年我国有甲缩醛生产企业 62 家，总产能 185.65 万吨。我国甲缩醛发展的主要方向：①作为添加剂，将少量甲缩醛与乙醇、酯或酮混合可使溶剂得到增效作用。甲缩醛的这些特点使它特别适于作为油漆及清漆配方、胶水或黏合剂、油墨及各种气雾剂产品中的添加剂，使产品获得优良的均匀相。②甲缩醛用作环境安全型有机溶剂，进一步拉动甲缩醛的市场需求。③我国经济建设的发展使甲缩醛在其他领域的需求也在不断增加。

我国甲缩醛生产能力的分布，见表 17.5 和图 17.5。

表 17.5　我国甲缩醛生产能力的分布

序号	省份	厂家数	产能/(万吨/年)	比例/%	序号	省份	厂家数	产能/(万吨/年)	比例/%
1	山东	13	37.5	20.20	10	新疆	2	8	4.31
2	河南	9	25.6	13.79	11	浙江	3	7	3.77
3	陕西	4	21.5	11.58	12	湖北	2	4.05	2.18
4	江苏	4	15	8.08	13	山西	1	3	1.62
5	河北	5	14	7.54	14	广东	1	3	1.62
6	四川	5	13	7.00	15	吉林	1	3	1.62
7	安徽	4	11	5.92	16	宁夏	1	2	1.08
8	福建	4	9	4.85	17	云南	1	1	0.54
9	黑龙江	2	8	4.31	18	合计	62	185.65	100

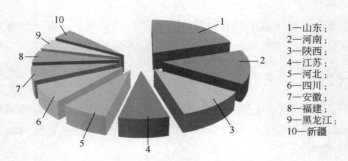

图 17.5 我国甲缩醛产能的分布

  目前，我国甲缩醛生产装置主要集中在山东、河南、陕西和四川等原材料丰富、交通便利的地区。其中，山东甲缩醛产能占全国的 20.2%，位居第一位；河南甲缩醛占全国的 13.79%，位居第二位。

17.9 用途

  甲缩醛是甲醇和甲醛的衍生产品，主要作为替代溶剂，已在涂料等行业中使用。它可降低涂料成本、减轻对环境的污染，发展前景良好，尤其在目前石油资源严重不足，供需矛盾加剧和价格猛涨的现状下，甲缩醛在甲醇基燃料、汽柴油添加剂、燃料电池等领域的应用得到了长足的发展。甲缩醛已经成为最具有发展潜力的甲醛衍生物。

  纯度在 85% 及以上的甲缩醛能广泛应用于化妆品、药品、家庭用品、汽车用品、杀虫剂、皮革上光剂、清洁剂、橡胶工业、油漆和油墨等产品中，同时甲缩醛具有良好的去油污能力和挥发性，作为清洁剂可以替代 F11 和 F113 及含氯溶剂，有利于减少挥发性有机物（VOCs）的排放，是降低大气污染的环保产品；纯度在 99.5% 以上的甲缩醛可作为含氧燃料添加到汽油或柴油中，并混合其他含氧燃料，大幅度减少汽车尾气污染物排放。甲缩醛的应用领域见图 17.6。

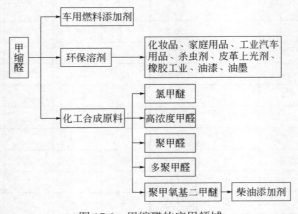

图 17.6 甲缩醛的应用领域

目前市场上常见的甲缩醛浓度为85%、90%、99.5%及高纯度四个级别，其余0.5%～15%为甲醇和微量水。低浓度甲缩醛含有较多的甲醇，当作溶剂在涂料行业中使用将会带来二次污染，因此开发生产高纯度（≥99.5%）的甲缩醛是当前发展的趋向。

甲缩醛的应用领域，见表17.6。

表17.6　甲缩醛的应用领域

应用领域	具体内容	备注
杀虫剂	杀虫剂大多采用与氨菊酯、氯菊酯、高效氯氰菊酯、溴氰菊酯类似的杀虫菊酯，它们在脱臭煤油和水基溶剂中很难溶解，因此，往往先用溶剂（二氯甲烷、二甲苯、丙酮及异丙醇）进行溶解后再配制成杀虫剂。甲缩醛对除虫菊酯的溶解性比上述各种溶剂要好，且无毒，不会对环境造成危害，成本低，可替代上述溶剂在杀虫剂配方中使用	作为溶剂
皮革上光剂	使用甲缩醛替代二氯甲烷、溶剂油、松节油溶剂，可以改善溶解性能，且挥发快，使用方便，并能显著提高其产品质量	作为溶剂
汽车上光剂	在汽车上光剂配方中必须使用溶解性好、能提高乳化蜡稳定性的甲缩醛溶剂	
空气清新剂	空气清新剂中的香精采用乙醇作溶剂，使其溶解后与丙烷、丁烷互溶作为气雾抛射剂，采用甲缩醛替代乙醇，可使香精溶解性大大改善，保持清新剂香味持久不变，并能减少VOC的排放。特别是对"干"雾型空气清新剂，使用少量甲缩醛可使香精与丙烷、丁烷互溶，更能体现出"干"雾型的特色	作为溶剂
电子元器件清洁剂	电子元器件清洗大多数采用氟利昂（F12）作清洗剂，对工作环境带来较严重的污染，随着氟利昂被全面禁用，需要寻找适宜的溶剂进行替代，甲缩醛则是当今比较理想的替代溶剂	作为溶剂
溶剂增效剂	甲缩醛溶解性很强，无毒，可以替代苯、甲苯、二甲苯、丙酮等溶剂，它与乙醇、酯、酮类混合可使溶剂得到增效作用，特别适用于油漆及清漆的配方和胶水黏合剂、油墨及各种气雾剂产品中的添加剂（溶剂），使其产品获得更加优良的分散性和相均匀性。甲缩醛特别适合水性涂料的溶剂和气雾剂	替代有毒溶剂
定量溶解剂	可用于脂、蜡、硝基纤维、天然树脂、松香、妥尔油、大多数合成树脂、聚苯乙烯、乙酸乙烯聚合物及共聚物、聚酯、丙烯酸酯、偏丙烯酸酯、聚胺树脂、环氧树脂、氯化橡胶等定量溶解用，还可制成无苯香蕉水（又称天那水）	
彩带配方	彩带配方主要采用高分子聚丙烯酸酯类固体原料，用氟利昂（F11）作溶剂。随着氟利昂被禁用，选用甲缩醛替代势在必行，并可使其固体的溶解性和挥发性得到改善	
汽油、柴油添加剂	为了贯彻执行国家低碳政策，减少汽车尾气排放有害组分和为改善汽油的燃烧性能、减轻对空气的污染，国内外学者都在研究应用含氧化合物（如碳酸二甲酯、二甲醚、甲缩醛、乙酸乙酯等）作汽油、柴油添加剂。其中最有希望在工业上应用的则是二甲醚和甲缩醛，后者在某些方面远优于DME。通过对发动机台架试验结果表明，在汽油中添加5%～15%甲缩醛可改善汽油的雾化，发动机碳烟排放明显下降，热效率有所提高，为减少燃油机有害排放物提供了一种新的添加剂	添加剂
分子量调节剂	用作树脂的增塑剂、催眠剂、止痛剂、香料以及Grignard反应和Reppe反应的溶剂	参与反应

参 考 文 献

[1] 陈冠荣. 化工百科全书: 第 8 卷. 北京:化学工业出版社, 1995: 235-245.

[2] 李峰. 甲醛及衍生物. 北京: 化学工业出版社, 2007.

[3] 杨培明. 一种新型的环保产品甲缩醛. 氮肥技术, 2011, 32 (2): 31-34.

[4] 化工部科技情况所. 化工产品手册——有机化工原料: 上册. 北京: 化学工业出版社, 1985: 182-183.

[5] 徐瑶, 等. 二甲醚催化氧化制取甲缩醛. 化学工程师, 2016, 30 (2): 68-70.

[6] 傅玉川, 等. 甲缩醛的合成与重整制氢. 催化学报, 2009, 30 (8): 791-800.

[7] 日本公开特许. JP 11-12, 337. 1999.

[8] 日本公开特许. JP 11-255, 890. 1999.

[9] 日本公开特许. JP 09-295, 955. 1997.

[10] 世界专利 WO 453. 2001-02.

[11] 世界专利 WO 952. 2001-10.

[12] 世界专利 WO 617: 50, 517. 1998-1-6.

[13] 美国专利 US 5, 750, 488. 1998.

[14] 欧洲专利 EP721, 927. 1996.

[15] 欧洲专利 EP 974, 642. 1998.

[16] 欧洲专利 EP 1, 130, 474. 2000.

[17] 美国专利 US 5, 405, 505. 1995.

[18] 美国专利 US 5, 776, 321. 1998.

[19] 美国专利 US 5, 993, 610. 1999.

[20] 美国专利 US 6, 039, 846. 2000.

[21] 美国专利 US 5, 858, 030. 1999.

[22] 美国专利 US 5, 746, 785. 1998.

[23] 欧洲专利 EP 1, 070, 755. 2001.

[24] 世界专利 WO 154. 2001-18.

[25] 日本公开特许 JP 871. 2000-2-6.

[26] 美国专利 US 5, 599, 638. 1997.

[27] 美国专利 US 5, 958, 616. 1999.

[28] 世界专利 WO 467. 1999-3-4.

[29] 中国专利 CN 1351003A. 2002.

[30] 甲缩醛科技成果. 国家图书馆, 2017.

[31] 乔醴峰. 6 万吨/年甲缩醛生产工艺初步设计. 石河子大学 2012 届本科毕业设计, 2012.

[32] 周国泰. 危险化学品安全技术全书. 北京: 化学工业出版社, 1997: 332-334.

18

第18章
甲醇汽油

张月丽　中国化工信息中心　高级工程师

18.1　概述

　　甲醇汽油（通常指车用甲醇汽油）是指在汽油组分中按体积比加入一定比例的燃料甲醇及少量添加剂调配而成的一种新型清洁车用燃料。

　　早在 20 世纪 20 年代，甲醇汽油就开始被用作车用燃料。在第二次世界大战期间，甲醇汽油在德国广泛应用；20 世纪 70 年代受二次石油危机的影响，美国、日本、德国和瑞典等国从替代能源的角度考虑，先后投入人力、物力进行甲醇燃料及甲醇汽车配套技术的研究开发。美国对甲醇燃料和甲醇汽车的研究重点在于开发燃烧 M85、M100 专用甲醇燃料汽车，1987 年美国福特汽车公司及美洲银行改装了 500 辆福特汽车，试用 M85 甲醇汽油，总行程 3380 万千米，时间长达 3 年，得到了甲醇汽车改装生产的经验。1993 年日本汽车研究所用大量公共汽车、载货车使用 M85、M100 甲醇汽油，进行了 6 万千米的道路试验，以检验发动机的耐久性、可靠性。在欧洲，1975 年瑞典首先提出甲醇可以成为汽车代用燃料，并随即成立国家级的瑞典甲醇开发公司（SMABA）；20 世纪 70 年代末至 20 世纪 80 年代初，德国大众汽车公司曾组织 1000 多辆车参加的 M15 车队，跨越北欧国境，做大规模研究和示范。然而，20 世纪 90 年代以后，随着"石油危机"的解除和油品质量的提高，甲醇燃料失去了其在经济性和环保性上的优势，并在各石油大公司的阻挠下逐渐退出了国际市场。

　　我国对甲醇汽油的研究起步于 20 世纪 70 年代。"六五"期间由国家科委组织、交通部负责将 M15 甲醇汽油列入国家重点攻关项目，在山西组织了 480 辆甲醇汽油汽车，并建有 4 个甲醇汽油加油站的营运规模。"七五"期间，由国家科委组织，中科院负责将北京北内发动机零部件有限公司的 492 发动机改烧甲醇汽油（M85 以上）技术列入攻关项目，并在四川、重庆等地投入百辆汽车试运营。截至 2017 年上半年，我国有 26 个省市进行了不同规模的示范应用，其中山西省为我国甲醇汽油推广效果最为显著的地区。

甲醇汽油通常是以甲醇在汽油中的体积含量来命名的，以大写英文字母"M"加数字构成。目前常见的 4 种型号车用甲醇汽油分别为 M15、M25、M85、M100，其中 M15 是指甲醇体积含量为 15%的车用甲醇汽油，其他以此类推。

甲醇汽油按照甲醇含量高低可以分为低比例甲醇汽油、中比例甲醇汽油和高比例甲醇汽油，不同比例甲醇汽油的分类标准及对汽车改装的要求见表 18.1。

表 18.1　不同比例甲醇汽油的分类标准及对汽车改装的要求

项目	低比例甲醇汽油	中比例甲醇汽油	高比例甲醇汽油
甲醇含量（体积分数）	<30%	30%～70%	>70%
对汽车改装的要求	不需要改装发动机	需安装汽车灵活燃料控制器；需要添加 4%～6%的助溶剂	需安装汽车灵活燃料控制器

由表 18.1 可知，低比例甲醇汽油具有汽车完全适应的优势，因此，在现实中推广应用更加方便，如 M15 为目前我国推广应用最为广泛的甲醇汽油；高比例甲醇汽油则具有良好的经济性能，可以替代更多汽油，但高比例甲醇汽油要求对汽车进行适应性改造或使用专用甲醇汽车，目前的推广状况不甚乐观；相对来说，中比例汽油无论是经济性还是方便性均没有太大优势。

18.2　甲醇与汽油的理化性能对比

甲醇是一种无色、有酒精气味、透明、易挥发的液体，在理化性质方面与汽油有许多相似之处，可以作为车用燃料使用。甲醇和汽油的理化性质对比见表 18.2。

表 18.2　甲醇和汽油的理化性质对比

性质	汽油	甲醇
化学分子式	C_4～C_{12}烃化合物	CH_3OH
分子量	95～120	32
碳含量/%	85～88	37.5
氢含量/%	12～15	12.5
氧含量/%	0～0.1	50
密度（20℃）/(kg/L)	0.70～0.78	0.791～0.793
比热容（20℃）/(kJ/L)	2.3	2.55
凝固点/℃	−57	−98
沸点/℃	30～200	64.8
闪点/℃	−45	11
自燃温度/℃	220～260	470
层流火焰燃烧速度/(cm/s)	39～47	52

性质		汽油	甲醇
水中溶解度/(mg/L)		100～200	互溶
汽化潜热/(kJ/kg)		310	1109
饱和蒸气压/kPa		62.0～82.7	30.997
理论空燃比		14.8	6.4
热值/(MJ/kg)	低热值	43.5	19.66
	高热值	46.6	22.3
辛烷值	研究法	89～98	114
	马达法	81～84	95

甲醇和汽油在理化性质上还是存在一定的区别，主要表现为：

① 甲醇的低热值只有汽油的一半左右，因而在输出功率相同时，甲醇汽油的燃油消耗量比汽油高，而且该消耗量随着甲醇汽油中甲醇比例的增大而增大。

② 甲醇本身含氧量高达 50%，因此，甲醇汽油在缸内的燃烧速度快，燃烧也更完全，甲醇汽油不仅可提高发动机的热效率，而且还降低了排放。

③ 甲醇的辛烷值高于汽油，因此，甲醇汽油抗爆性好，不容易发生爆震燃烧现象，可以允许发动机有更高的压缩比，使发动机的热效率和动力性得到提高。

④ 甲醇的汽化潜热值远高于汽油，在进气管和进气道中由于汽化吸收大量热量，有助于降低进气温度，并提高发动机的充气效率，同样也会使 CO、HC（碳氢化合物）等排放有所降低。

18.3 甲醇汽油与汽油的性能对比

18.3.1 理化性能

辛烷值是发动机抗爆性的表征参数，是反映油品质量的一个重要指标。辛烷值越高表示燃料的抗爆性能越好，越不容易发生爆震燃烧。有数据表明，甲醇汽油的辛烷值高于 93#汽油。

热值是 1kg 燃料完全燃烧至生成稳定的燃烧产物并冷却到初始温度的过程中所释放出的热量。热值可反映燃料的燃烧性质，在一定程度上也可反映燃油质量。有数据表明，M15、M85 甲醇汽油的热值均低于 93#汽油，并且甲醇含量越高，热值越小。

饱和蒸气压是在一定温度条件下，当物质的气相和液相达到平衡状态时所处的蒸气压力。蒸气压反映了燃油的蒸发性，对燃料的汽化性能有较大影响；除此之外，蒸气压还对汽车的使用性能（冷启动等）有一定影响，在一定程度上可表征燃油的质量。蒸气压高，可保证汽油正常燃烧，使发动机快速启动、提高效率、降低油耗，但过高的蒸气压则易形成气阻。有数据表明，M85 甲醇汽油的蒸气压与 93#汽油没有明显差别，而 M15 甲醇汽油的蒸气压比 93#汽油要高。

馏程是指在规定的条件下油品从初馏点到终馏点这一蒸馏过程的温度范围。馏程是用来表征石油产品蒸发性大小的一个重要理化指标，而且反映出使用该燃料时发动机的启动、加速和燃烧等性能；此外，根据燃料的馏程还能够判断出燃料中的轻质组分和重质组分的大概含量。在燃料的馏程测量中有几个关键点，分别是 10%（T10）、50%（T50）和 90%（T90）馏出温度的大小，其中 T10 表征起动性能，若 T10 较低，则说明使用这种燃料容易冷车启动，但是 T10 过低又会产生气阻现象；T50 表征汽油的平均蒸发性，影响发动机的加速性能，如果 T50 较低，则说明这种燃料的蒸发性能较好，缩短了暖机时间，加速性能好，工作也比较平稳；T90 表征燃料中难挥发的重质成分的含量，当 T90 较低时，说明燃料中重质成分的含量少，因此，燃料易于挥发完全，有助于燃烧完全，若 T90 过高，则表示燃料中含有较多的重质成分，从而会导致燃料不易挥发并附着于气缸壁上，易于形成积炭，或者顺气缸壁进入油底壳，对机油进行稀释，影响润滑，加剧机件磨损，降低发动机的使用寿命。有实验数据表明，与 93#汽油相比，M15 甲醇汽油和 M85 甲醇汽油的 10%、50%、90%馏出温度均有所下降，说明甲醇汽油的平均挥发、蒸发性较好，冷启动和加速性能都有所提高，重质组分含量略有下降，燃烧更完全。

甲醇是一种含氧量极高的物质，并且具有较高的化学活性，因而应用于汽车中对汽车的金属部件会产生一定的腐蚀作用。发动机的许多零部件都是金属元件，因此甲醇汽油会对发动机的某些部件（主要是供油系统和进气系统）产生腐蚀，而且甲醇汽油中甲醇的比例越高，对发动机零部件的腐蚀就越大。硫化物引起的铜片腐蚀是甲醇汽油和汽油对金属腐蚀的一个主要方面。有数据表明，甲醇汽油的腐蚀性比汽油更强。

毒性和安全性也是人们关注的重点，因为其涉及人们的生命安全和健康，而且对甲醇汽油的使用和推广也有重要的影响作用。甲醇的侵入途径和摄入量是其对人体造成危害的两个主要因素。甲醇不能饮用，否则会引起失明甚至死亡。人们之所以认为甲醇有毒就是因为甲醇有一定的芳香气味，不法商人将其加入酒中引起一些事故，而汽油有刺激性气味，基本不会发生误饮现象。实验数据表明，只要规范使用，甲醇汽油与汽油的毒性相差不大。

M15、M85 甲醇汽油与 93#汽油的理化性能对比见表 18.3。

表 18.3　M15、M85 甲醇汽油与 93#汽油的理化性能对比

项目		93#汽油	M15 甲醇汽油	M85 甲醇汽油
研究法辛烷值		93.5	95	97
低热值/(J/g)		43656	39902	22204
雷德蒸气压/kPa		53	75	51
馏程（不同馏出体积对应馏出温度）	T10	49.5	43.0	52.5
	T50	95.0	63.0	64.5
	T90	160.0	148.0	152.0
腐蚀等级		1b	2a	2b

18.3.2 发动机台架试验对比

目前考查发动机的动力性、经济性和工作可靠性,以及检查整机和零部件制造质量等较为常用的方法就是进行发动机台架试验。

甲醇汽油的动力性直接影响甲醇汽油的使用性能,因此需要对其动力性进行评价。试验结果表明,发动机燃用 M15 甲醇汽油时动力性略有降低,而燃用 M85 甲醇汽油时有效功率和有效扭矩都略有升高,但总体上甲醇汽油与汽油的动力性相差不大。

台架试验中用来评价经济性的指标分别是小时油耗和有效燃油消耗率,其中有效燃油消耗率是指发动机输出 $1kW \cdot h$ 的有效功所消耗的燃料质量。试验数据表明,M15 甲醇汽油的有效燃油消耗率略高于 93#汽油,但差距并不大;M85 甲醇汽油的有效燃油消耗率比 93#汽油高出 56%左右,也就是说在输出同样的有效功率时,93#汽油与 M15 甲醇汽油、M85 甲醇汽油的消耗量之比为 1:1.03:1.56。

18.3.3 排放污染物对比

M15、M85 甲醇汽油及 93#汽油的污染排放物结果见表 18.4。

表 18.4 不同燃料双怠速排放污染物结果对比

排放物	怠速			高怠速		
	93#	M15	M85	93#	M15	M85
CO/%	0.18	0.14	0.11	0.21	0.17	0.13
HC/10^{-6}	78	57	46	62	41	35
NO$_x$/10^{-6}	124	95	83	182	156	128
HCHO/(mg/m)	0.42	0.63	1.05	0.42	0.63	1.05

由表 18.4 可知,M15 甲醇汽油、M85 甲醇汽油的 CO、HC(碳氢化合物)和 NO$_x$ 排放都较 93#汽油有所降低,特别是 CO 和 HC 排放,而甲醇汽油的甲醛排放浓度要比 93#汽油高。

总体而言,作为一种车用替代能源,甲醇汽油较汽油有一定优势,且甲醇比例越高,优势越明显。

甲醇汽油较汽油的优势主要体现在以下几个方面:①甲醇汽油辛烷值较高,有良好的抗爆性能;②甲醇汽油的成本与汽油相比较低,有良好的经济性,并且甲醇比例越高,与汽油相比经济性优势越大;③CO、HC 等常规排放物有较大幅度的降低,对减少大气污染有积极作用,环保性较好;④动力性与汽油相当,差别并不明显。

当然,甲醇汽油也存在一些问题,主要是:①分层问题。研究表明,当甲醇汽油中的甲醇含量较低或较高时,甲醇和汽油能在较低温度下互溶,不会产生分层现象,而当甲醇含量居中时,两者相互溶解的温度相对较高。为了使甲醇汽油能互溶且能稳定储存和使用,必须加入助溶剂,如 C$_4$ 以上的高级醇类。②热值低。事实上甲醇与汽油混合使用时燃料的热值降低并不大，消耗量增加也不大，根本不会影响到甲醇汽油的经济性。③腐蚀性。由于甲醇燃烧后会产生少量的甲醛或甲酸，会造成腐蚀性。为了保证汽车气缸的使用寿命及安全性，可使用甲醇腐蚀抑制剂及甲醇汽车专用的润滑油。④溶胀性。甲醇对汽车供油系统的材料如橡胶、塑料具有溶胀和龟裂作用，影响材料的使用性能。因此建议使用甲醇汽油的汽车的部分非金属材料零件应改用耐甲醇溶胀的材料。⑤毒性。如果甲醇汽油未燃烧完全，使用甲醇汽油的汽车尾气中就含有甲醇及甲醛，且甲醇在燃料中的比例越高，未燃烧的甲醇排放量及甲醛排放量就越高。

18.4 甲醇汽油相关政策与标准

甲醇来源丰富，大力发展甲醇汽油不仅可以节约石油资源，缓解我国能源资源紧张和环境问题，而且具有很大的经济效益和社会环保效益，符合未来社会发展趋势，因此，大力推广甲醇汽油十分必要。我国对甲醇汽油的研究已经有 30 多年历史，其经济性、环保性和可持续发展性也已经被能源化工领域和汽车界所认同，但在推广上仍面临较大阻力，其中政策滞后是影响我国甲醇汽油大规模推广的一个主要因素。总体来看，对于甲醇汽油的推广应用，相关的地方政府积极性很高，但国家层面仍然缺乏强有力的支持政策，尤其是产业化过程中的优惠政策。

18.4.1 甲醇汽油政策

2004 年 12 月 16 日，中国石油和化学工业联合会醇醚燃料及醇醚清洁汽车专业委员会在北京成立，这是从事醇醚燃料和醇醚清洁汽车产业发展的全国性跨行业组织。

2005 年 12 月 25 日，为贯彻落实《国务院关于做好建设节约型社会近期重点工作的通知》（国发［2005］21 号）精神，国务院办公厅转发了发展改革委、建设部、公安部、财政部、监察部、环保总局联合发布的《关于鼓励发展节能环保型小排量汽车意见》的通知（国办发［2005］61 号），在制定鼓励节能环保型小排量汽车发展的产业政策中明确指出："鼓励开发、生产柴油轿车和微型车，以及使用醇醚燃料、天然气、混合燃料、氢燃料等新型燃料的汽车。"

2007 年 5 月 23 日，《国务院关于印发节能减排综合性工作方案的通知》（国发[2007]15 号）中，强调积极推进能源结构调整。"抓紧开展生物柴油基础性研究和前期准备工作。推进煤炭直接和间接液化、煤基醇醚和烯烃代油大型台套示范工程和技术储备。"

2012 年 8 月 6 日，《国务院关于印发节能减排"十二五"规划的通知》（国发[2012]40 号）中，明确了节能减排"十二五"规划的指导思想。关于控制机动车污染物排放，提出要因地制宜推广醇醚燃料、生物柴油等车用替代燃料。

2013 年和 2014 年，国家工业和信息化部先后批复了山西、陕西、上海、贵州、甘肃等五省市作为全国甲醇汽车试点省市。截至目前，试点甲醇车辆运行平稳正常，最高车速、加速性能、爬坡性能等均与设计指标相当，日常维护与其他车辆相当。

2014 年 5 月 15 日，《国务院办公厅关于印发 2014～2015 年节能减排低碳发展行动方案的通知》（国办发[2014]23 号）中，提出"加快建设节能减排降碳工程""加大机动车减排力度"。"2014 年底前，在全国供应国Ⅳ标准车用柴油，淘汰黄标车和老旧车 600 万辆。到 2015 年底，京津冀、长三角、珠三角等区域内重点城市全面供应国Ⅴ标准车用汽油和柴油；全国淘汰 2005 年前注册营运的黄标车，基本淘汰京津冀、长三角、珠三角等区域内的 500 万辆黄标车。加强机动车环保管理，强化新生产车辆环保监管。加快柴油车车用尿素供应体系建设。"

上述一系列文件的密集出台和明确要求，有效地支持了车用甲醇燃料的试验；中国石油和化学工业联合会醇醚燃料及醇醚清洁汽车专业委员会的成立、全国五个甲醇汽车试点省市的确定均有力地推动了车用甲醇汽油的推广。

18.4.2 甲醇汽油标准

（1）国家标准

2008 年 9 月 23 日，全国醇醚燃料标准化技术委员会在山西太原成立，这是经国家标准化管理委员会批准，在醇醚燃料及醇醚清洁汽车专业领域内从事全国标准化工作的技术工作组织，主要负责醇醚燃料及醇醚清洁汽车等领域的国家标准制订、修订工作。

2009 年 5 月 18 日，中华人民共和国国家质量监督检验检疫总局、中国国家标准化管理委员会发布，从 2009 年 12 月 1 日起实施《车用甲醇汽油（M85）》（GB/T 23799—2009）。

《车用甲醇汽油（M85）》（GB/T 23799—2009）对 M85 的技术要求见表 18.5。

表 18.5　车用甲醇汽油（M85）国家标准中的技术要求

项目	质量指标
外观	橘红色透明液体，不分层，不含悬浮和沉降的机械杂质
甲醇+多碳醇（$C_2 \sim C_8$）（体积分数）/%	84～86
烃化合物+脂肪族醚（体积分数）/%	14～16
蒸气压/kPa	
11 月 1 日至 4 月 30 日	≤78
5 月 1 日至 10 月 31 日	≤68
铅含量/(mg/L)	≤2.5
硫含量/(mg/kg)	≤80
多碳醇（$C_2 \sim C_8$）（体积分数）/%	≤2
酸度（按乙酸计算）/(mg/kg)	≤50
实际胶质/(mg/100mL)	≤5
未洗胶质/(mg/100mL)	≤20
有机氯含量/(mg/kg)	≤2

项目	质量指标
无机氯含量（以 Cl⁻¹ 计）/(mg/kg)	≤1
钠含量/(mg/kg)	≤2
水分（质量分数）/%	≤0.5
锰含量/(mg/L)	≤2.9

注：应加入有效的金属腐蚀抑制剂和有效的符合 GB 19592—2004 的车用汽油清净剂。不得人为加入对车辆可靠性和后处理系统有害的含卤化物的添加剂及含铁、含铅和含磷的添加剂。

车用甲醇汽油国家标准的建立，意味着车用甲醇汽油燃料使用将全面提速，是国家统一规范车用甲醇汽油市场的开始，这不仅符合国家新能源政策，也使得车用甲醇汽油在燃料领域的应用有了法规依据，预示着国家正在宏观政策上对甲醇汽油推广采取更加明确的态度，同时也标志着车用甲醇汽油获得了国家的合法身份，必将全面促进我国车用甲醇汽油的推广使用。

但是，目前技术最成熟、产业化示范面最广、最易形成规模化替代的 M15 甲醇汽油国家标准却迟迟没有出台。据悉，《车用甲醇汽油（M15）》国家标准（审批稿）已于 2010 年提交，但至今仍未发布实施。M15 车用甲醇汽油是低比例掺混产品，且其储存、输送、加注设施与目前成品油使用的系统相同，不需要做大的改动，仅在特殊情况下需要稍加改动，但费用很少。因此，《车用甲醇汽油（M15）》标准的出台将能从更大意义上推广甲醇汽油的使用。目前，河北等多个小规模推广 M15 甲醇汽油的省份，只能参照山西的 M15 甲醇汽油地方标准来制定各地的标准，极大地影响了 M15 甲醇汽油的大规模推广。

除了 M85 甲醇汽油的国家标准以外，2009 年 5 月 20 日国家标准化管理委员会还发布了《车用燃料甲醇》（GB/T 23510—2009），该标准规定了车用燃料甲醇的技术要求、试验方法、检验规则、包装、运输、储存和安全等，适用于车用燃料甲醇的生产、检验和销售。业内人士认为，该标准是把甲醇从化工产品向燃料转变的合法依据，将全面推进和规范我国甲醇燃料的使用。

（2）地方标准

由于部分国家标准的缺失，导致国内进行甲醇汽油示范推广地区制定了一系列甲醇汽油地方标准。

部分地区制定的车用甲醇汽油、车用甲醇燃料地方标准如表 18.6 所示。

表 18.6　我国部分地区制定的车用甲醇汽油、车用甲醇燃料地方标准

序号	发布机构	地方标准	备注
1	山西省质量技术监督局	DB14/T 92—2010 M5、M15 车用甲醇汽油修订版	替代 2002 年和 2008 年标准
		DB14/T 179—2008 M85、M100 车用甲醇燃料	

序号	发布机构	地方标准	备注
2	陕西省质量技术监督局	DB61/T 352—2013 车用甲醇汽油（M15）修订版	替代 2004 年标准
		DB61/T 353—2013 车用甲醇汽油（M25）修订版	替代 2004 年标准
3	甘肃省质量技术监督局	DB62/T 1874—2009 车用甲醇汽油（M15、M30）	
4	新疆维吾尔自治区质量技术监督局	DB65/T 2811—2007 车用甲醇汽油（M15、M30）	
5	河北省质量技术监督局	DB13/T 1303—2010 M15 车用甲醇汽油	
6	贵州省质量技术监督局	DB52/T 618—2010 M15 车用甲醇汽油（试行）	
7	浙江省质量技术监督局	DB33/T 756.1—2009 车用甲醇汽油 第 1 部分：M15	
		DB33/T 756.2—2009 车用甲醇汽油 第 2 部分：M30	
		DB33/T 756.3—2009 车用甲醇汽油 第 3 部分：M50	
8	黑龙江省质量技术监督局	DB23/T 988—2005 车用 M15 甲醇汽油（含清净剂）	

18.5 甲醇汽车与甲醇汽油的推广应用

甲醇汽油是专门为甲醇汽车提供的燃料，甲醇汽油与甲醇汽车的关系是互为促进、互为制约。

我国对甲醇汽车的研发、示范、试点已经有 35 年的历史，大量实验和试点已经证明了甲醇汽车的安全性、动力性、可靠性和环保性。自 2012 年工信部正式启动甲醇汽车试点以来，全国已有 5 省 11 个城市的甲醇汽车试点工作实施方案通过了工信部备案审查。截至 2016 年 4 月 1 日，工信部发布了 23 个甲醇汽车产品公告，基本形成轿车、重型商用车、微型车、城市客车等不同用途的系列车型。与此同时，为规范甲醇汽车试点甲醇燃料基础设施建设和作业规程，工信部已于 2015 年发布了《车用甲醇燃料加注站建设规范》和《车用甲醇燃料作业安全规范》。根据山西省试点运行结果，甲醇汽车运行两年20 万公里后，常规排放仍能满足国Ⅳ标准，甲醛排放不仅远低于汽油车、柴油车，且远低于工信部甲醇汽车标准，甚至低于美国 LEV2 标准。同时，相比汽油车、CNG 车动力性更强，节能优势更加明显，相对汽油车，甲醇汽车燃料费用节省 40% 以上。国家工信部甲醇汽车试点专家组组长、原国家机械工业部部长何光远指出，甲醇汽车是最符合中国资源条件的新能源汽车，目前国内甲醇汽车技术已经达到了国际领先水平，甲醇汽车发展正当时。但是，从目前的推广应用情况来看，我国甲醇汽车仍然局限在部分试点城市，限制了甲醇汽车的推广应用，截至 2015 年年底，全国有 26 个省市正在进行不同规模的甲醇汽车示范应用，但总体来看，甲醇汽车在我国的应用仍然非常有限。据业内人士分析，相较于传统汽车以及新能源汽车，甲醇汽车的发展主要面临三个方面的难题：

一是甲醇汽油生产费用高且甲醇汽车保有量较低，若无国家财政补贴将难以推动甲醇汽油生产企业的积极性以及甲醇汽车行业健康发展，这就使甲醇汽车燃料面临能否长期供应的问题；二是国内油品市场主要掌握在"三桶油"手中，且全国加油站中字头占据半壁江山，若无中字头炼油企业率先支持，甲醇汽车"吃不饱"的问题将难以解决；三是甲醇的生产原料也属于不可再生资源，虽然中国煤炭资源丰富，但也属于不可再生资源，另外，煤炭生产甲醇时对于水的消耗较大，而中国又属于水资源紧缺国家，因此煤制甲醇的环保问题不容乐观。

甲醇汽油在我国的应用最早始于 1980 年的四川省，但目前国内甲醇汽油推广效果最好的地区为山西省。2001 年山西省尝试推广 M15 甲醇汽油，刚开始时只有两个加油站；2002 年在临汾、晋城、太原、阳泉 4 个市试点，加油站数量达到了 100 家左右；2004 年山西省正式在全省范围内推广甲醇汽油，截至 2014 年底，山西省销售 M15 甲醇汽油的加油站数量在 700 家左右，上述销售 M15 甲醇汽油的加油站主要隶属于中石化，约占到中石化在山西 2000 多个加油站的 1/3 以上，而中石油的甲醇汽油加油站只有 5 个。据悉，山西省也是全国唯一一个 M15 甲醇汽油规模化推广的省份。

目前我国甲醇汽油推广应用概况如下：

① 山西省在五个中心城市（大同、长治、晋中、阳泉、太原）开展了示范运营。

a. 长治市第一汽车公司 30 辆 M100 甲醇汽车定点由长治到壶关运行，票价比汽油车便宜很多，清洁环保，深受乘客欢迎。

b. 太原—晋中市 901 路公交车队、阳泉公交车队 34 辆、大同客运 44 辆甲醇汽车均运行情况良好。

c. 甲醇发动机改造工作取得很大进展，其中大同云岗汽车公司甲醇-汽油双燃料发动机、榆次新天地 M85 点燃式甲醇燃料发动机、佳新公司三结合尾气排放装置及双燃料自控加油机、净土公司的三元催化尾气净化装置都取得很大成绩。

② 河南蓝天集团及漯河石化集团在驻马店市、漯河市、开封市均有甲醇汽车运营。

③ 上海市 2006 年大力发展二甲醚汽车，年内试生产 30 辆，2008 年生产 5 万辆，并组织甲醇燃料出租汽车队。

④ 云南省 2006 年春节后也正式投放甲醇汽油，由云南强林石化有限公司开发。

⑤ 陕西省政府第 17 次常务会议决定在西安、延安、宝鸡、榆林部分城市开展甲醇汽油、柴油试点工作。2005 年 12 月 31 日，延安市 50 辆公交车首先开始使用；2006 年 1 月 13 日，宝鸡市 20 辆公交车、10 辆电喷小汽车也开始试点。

⑥ 四川省泸州市试点 M10 甲醇汽车，百辆车封闭运行，由政府机关首先试用，并制定了 M10 甲醇汽油地方标准。

⑦ 黑龙江省建业集团开发的 M10 甲醇及馏分油配制研究取得成功。

伴随着我国甲醇燃料推广应用工作的开展，有更多的企业开展了甲醇汽油的研究、开发及生产，并取得了一定的成果。

表 18.7 为我国部分甲醇汽油生产企业概况。

表 18.7   我国部分甲醇汽油生产企业概况

企业名称	现有能力 /(万吨/年)	技术来源	调配比例	销售方向
上海赛孚燃油发展有限公司	20	自主开发	M40、M50	社会加油站及民营批发商
上海精醇化工科技发展有限公司	5	自主开发	M15~M55	社会加油站,已报批市政府支持试点工作
新疆协力新能源有限责任公司	3	长安大学汽车学院、自有技术	M15、M20、M35	局部推广,已组建甲醇汽油示范车队
西安中立石油化工新技术有限责任公司	20	自主开发	M15、M25	陕西省内
烟台美能石化有限公司	50~500	自主开发	M40~M50	沿海发达城市
浙江绍兴世纪能源有限公司	10	漯河石化	M15~M20	浙江、江苏
浙江省钱江高分子聚合材料厂	3	自主开发	M30	部分中石化加油站及社会加油站
张家港中油泰富清洁能源有限公司	15	购买、合作	M30~M80	油品批发企业和加油站
山西华顿实业有限公司	15	自主开发	M15、M30	中石化山西石油总公司销售网络、社会加油站
四川省鑫得利车用燃料有限公司	30	自主开发	M10~M95	自建有加油站,向社会加油站销售
河南蓝天集团	5	与中科院合作研发	M15	河南省及周边地区
漯河石化集团	30	自主开发	M15、M25、M35、M50、M85	各省、市、地区的中石油、中石化公司,石油批发商和加油站
黑龙江建业燃料有限责任公司	10	自主开发	M10-M85	加油站、车队、油库
肇东建业燃料有限责任公司	5	自主开发	M10-M85	加油站、车队、油库
黑龙江建业燃料有限责任公司丰源分公司	20	自主开发	M20	加油站、车队、油库
广西建业清洁能源开发有限公司	100	自主开发	M30~M85	加油站、车队、油库
山东省滨州市滨哈清洁环保燃料有限公司	0.01	黑龙江建业	M10~M85	加油站、车队、油库

18.6   甲醇汽油行业存在的问题及发展前景

数据显示,截至 2016 年,我国原油对外依存度已高达 65%,发展新兴能源代替原油已成为各国研究的重点,其中甲醇汽油具有环保、成本低、节省资源等优点,一直被国际公认为新型节能燃料;同时,中国"富煤"的国情也令甲醇汽油有了发展的基础。

但是，我国甲醇汽油行业仍然存在下列问题：

一是推广不力。到目前为止，甲醇汽油的推广仍停留在初级阶段，虽然近几年国家和部分省市在进行试点工作，但甲醇汽油距离产业化经营、大范围市场推广、广大消费者普遍认可仍有很大差距。

二是作为清洁能源的优势没有得到发挥。甲醇汽油的低污染、低排放毋庸置疑，但这些优势还没有通过大范围推广使用而得以实现。

三是产品、行业标准缺失。截至目前，虽然 M85 车用甲醇汽油国家标准已经实施，但 M30 以下低比例甲醇汽油国家标准却迟迟没有出台，地方标准又各自为政，很多参数都不达标，还有部分地方标准中的参数无法使车辆正常应用，导致低比例甲醇汽油市场混乱，甚至使一些遭受低劣甲醇汽油伤害的用户谈"甲"色变。

虽然我国的甲醇汽油市场存在诸多问题，但是业内专家们普遍认为甲醇汽油的前景还是相当光明的。这是由于甲醇分子本身比煤炭、汽油、柴油的分子更加单一，其燃烧排放非常清洁，没有颗粒物（PM2.5、PM10）、臭氧、二氧化硫、CO、汞及其化合物。甲醇汽油替代煤炭、汽柴油可极大缓解困绕我国的大气污染问题，尤其是贫油、少气、多煤是我国现阶段能源结构的主要特点，因此，甲醇作为煤化工的重要衍生产品，是目前公认的极具前途的替代汽车燃料之一。

参 考 文 献

[1] 郭佳茜. 甲醇汽车："冷遇"中艰难前行. 交通建设与管理，2016，（22）：102-105.

[2] 钱江腾. 甲醇燃料：技术已成熟，市场欠东风. 中国石油和化工，2014，（12）.

[3] 陈浩. 甲醇汽油评价体系. 长安大学硕士学位论文，2015.

[4] 李峰. 甲醇及下游产品. 北京：化学工业出版社，2008.

[5] 周凤春. 车用甲醇汽油的政策和标准支持与试验研究. 技术与教育，2016，（1）：28-32.

[6] 韩文. 甲醇汽油在山西的十年舛途. 中国经济周刊，2015，（3）：43-46.

[7] 何可. 尽快推动甲醇汽车在全国市场化运行. 中国质量报，2017-3-10，第 002 版.

[8] 刘灿邦. 工信部启动验收，甲醇汽车试点 4 年成效待考. 证券时报，2017-2-6，第 A02 版.

[9] 仝晓波. 甲醇汽车发展正当时. 中国能源报，2016，第 002 版.

第19章
甲醇燃料电池

张月丽　中国化工信息中心　高级工程师

19.1　概述

甲醇燃料电池分为甲醇重整燃料电池（reformed methanol fuel cell，PMFC）和直接甲醇燃料电池（direct methanol fuel cell，DMFC），其中甲醇重整燃料电池是将甲醇先转换为氢气，然后氢气进入电池作为燃料来发电；而直接甲醇燃料电池则是以甲醇为燃料，以甲醇和氧气的电化学反应将化学能自发地转变成电能的发电装置。

从目前的商业化进程来看，甲醇重整燃料电池已经在通信基站中有所应用，在汽车动力电池方面也已经进入试用阶段；而直接甲醇燃料电池则仍处于研究阶段。

19.2　甲醇重整燃料电池（PMFC）

19.2.1　甲醇重整燃料电池的工作原理

甲醇重整燃料电池由甲醇重整器和质子交换膜燃料电池组成，其结构如图 19.1 所示。

重整器是电池燃料的预处理装置，在其内部完成甲醇的重整制氢，为质子交换膜燃料电池提供阳极反应物；质子交换膜燃料电池是将氢气的化学能转化为电能的装置。

（1）甲醇重整器的工作原理

甲醇重整器的工作分为启动阶段和稳定运行阶段，其中启动阶段是重整器的开机预热阶段，主要发生的是燃烧室中的氧化反应。具体反应如下：

$$2CH_3OH + 3O_2 \longrightarrow 2CO_2 + 4H_2O$$

$$CH_3OH(l) \longrightarrow CH_3OH(g)$$

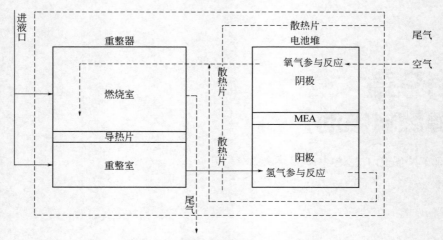

图 19.1　甲醇重整燃料电池结构示意图

稳定运行阶段发生的反应主要是重整室中的制氢和燃烧室中的氧化反应。具体反应如下：

重整室中发生的反应：$CH_3OH(g) \longrightarrow CO + 2H_2$

$$CH_3OH(g) + H_2O(g) \longrightarrow CO_2(g) + 3H_2(g)$$

$$CO(g) + H_2O(g) \longrightarrow CO_2(g) + H_2(g)$$

燃烧室中发生的反应：$H_2(g) + 1/2O_2(g) \longrightarrow H_2O(g)$

甲醇重整制氢技术在 20 世纪 80 年代兴起于国外，英国、加拿大、澳大利亚等一些西方国家在这项技术的研究、开发上投入了大量的精力；近些年来，该技术在理论及工艺上已日趋成熟，已经成功应用于汽车行业。我国对于甲醇重整制氢的研究相对于国际先进水平还有一定差距，许多研究都集中在催化剂方面，但近几年我国也在努力加快发展步伐，除了催化剂开发以外，其他方面的整体水平大幅提升。

（2）质子交换膜燃料电池的工作原理

由于质子交换膜只允许质子通过，因此阳极产生的电子通过外部电路从电池阳极流向阴极，质子则穿过电池内部的质子交换膜与外电路形成电流回路；在电池阴极，质子与氧气、电子在催化剂的作用下生成水。

质子交换膜电池的电极反应如下：

阳极反应：$\qquad\qquad H_2 == 2H^+ + 2e^-$

阴极反应：$\qquad\qquad 2H^+ + 1/2O_2 + 2e^- == H_2O$

总反应：$\qquad\qquad H_2 + 1/2O_2 == H_2O$

质子交换膜燃料电池一般采用氢气作为燃料，即氢燃料电池。氢燃料电池的概念最早于 1893 年由苏格兰人格罗夫（Willian Grove）提出，而实际应用则始于 20 世纪 50 年代的航天、军事等高端领域；进入 21 世纪以来的 10 多年来，欧美等发达国家环保和新能源开发意识愈加强烈，氢燃料电池开始逐步被推广到汽车制造、通信设备供电和社会公众消费等领域。

19.2.2 甲醇重整燃料电池的应用

随着氢燃料电池的发展，使用的燃料也拓展到甲醇、甲烷、乙醇、天然气、汽柴油等。其中，甲醇的氢元素含量较高且储存方便，因此通过燃料罐储存甲醇、再将甲醇重整制得氢气成为氢燃料电池在移动电源领域应用的理想路径。以甲醇为燃料的氢燃料电池即甲醇重整燃料电池。

甲醇重整燃料电池在实际应用方面发展较慢，目前仅在通信基站中有小范围应用，在汽车动力电池领域正处于试用阶段。可以说，甲醇重整燃料电池目前在国内正处于商业化应用的前期。

北京氢璞创能科技有限公司于 2013 年推出中国第一个商用甲醇重整燃料电池，并首次成功地将甲醇燃料电池应用在通信运营商的基站上。目前该公司拥有甲醇燃料电池中试生产线，主要产品包括汽车用甲醇燃料电池和储能用甲醇燃料电池。该公司车用甲醇燃料电池的主要合作对象为北汽集团，其产品主要应用在物流车和叉车上，但该系列产品仍在测试阶段，预计大规模应用还需要 2～3 年时间。北京氢璞创能科技的储能用甲醇燃料电池已被作为通信基站备用电源小范围使用，例如江苏某通信运营商就选择了该公司的 NowoGen L5000 甲醇燃料电池系统作为基站备用电源。

广东合即得能源科技有限公司于 2009 年成功开发出利用摩尔比 1∶1 的甲醇和水作为原料的甲醇重整燃料电池；2015 年该公司承担的"新能源汽车高效安全移动制氢燃料电池研究与应用"项目获得了广东省科技厅应用型科技研发专项资金重大科技专项立项支持。该公司拥有发电效率较高的 3-5-7 技术（即 3kg 甲醇可产 5m³ 氢气、发 7 度电）。目前广东合即得公司的甲醇重整燃料电池已经应用于通信基站的主供电源和备用电源，在旅游观光车和警务巡逻车中作为动力电源也在试用。

在 2016 年国家发改委发布的《能源技术革命创新行动计划（2016～2030 年）》中，提出重点支持燃料电池的产业化，而且与以往重视纯氢的氢氧燃料电池不同，本次将甲醇燃料电池和氢氧燃料电池并举。我国甲醇重整燃料电池或将迎来发展的春天。

19.2.2.1 甲醇重整燃料电池在汽车中的应用

燃料电池汽车是以车载燃料电池装置产生的电力作为动力的汽车。目前，车载燃料电池装置所使用的燃料为高纯度氢或含氢的燃料（如甲醇），经重整得到的高浓度含氢重整气。

由于燃料电池汽车具有加氢迅速、续航里程长及排放清洁的特点，被认为是真正意义上的零排放新能源汽车。一直以来，燃料电池汽车普遍被认为是汽车的终极形态，但是与技术相对成熟、更能满足人们"今天"需求的锂电池电动车相比，燃料电池汽车似乎更属于明天。不过在锂电池动力汽车难以尽快解决充电时间长、续航里程短等问题的背景下，这种境况正在悄然改变，世界主流车企开始把目光投向了"储君"位置上的燃料电池汽车。我国燃料电池汽车自"十五"被列入电动汽车"三纵三横"发展框架以来，经过 10 多年的积累，在整体上亦取得了突破；而在产业化方面，《中国制造 2025》已经明确提出，到 2020 年要生产 1000 辆左右的燃料电池汽车，并进行示范运行；2025 年，燃料供应等配套设施要完善，燃料电池汽车可实现区域内的小规模运行。这意味着中国燃料电池汽车要与世界潮流同步。

作为燃料电池汽车的一种，甲醇燃料电池汽车具有以下优势：

① 可以完全继承传统汽车燃料供应体系。甲醇在常温常压下是液体，由于其热值比燃油低，防爆安全程度比燃油高，储存和运输可以完全继承原有汽车燃料供应体系，无需重建。而汽车将原有油箱改为甲醇箱即可。

② 无 $PM_{2.5}$ 尾气排放。甲醇燃料电池动力系统运行排放的尾气经气水分离，将气体返回甲醇重整器中，尾气中各种残留的可燃性气体，在过氧环境下被氧化催化剂彻底氧化成二氧化碳和水排出。因此，从甲醇转化成电力到排出尾气的全过程中没有 $PM_{2.5}$ 产生的环境和机会。

③ 二氧化碳排放量小。根据我国能源电力系统火力发电二氧化碳排放量统计平均值，甲醇重整制氢时的二氧化碳排放量是纯电动车和汽油车的 1/2。但是，由于甲醇生产过程要吸收等量二氧化碳，因此，从本质看甲醇的使用对自然生态环境没有任何改变。

④ 续航里程大于传统汽车。按甲醇和汽油的等热值计算，同等车载体积，汽油的有效热功率（热效率）为 33%，而甲醇重整的氢气转化效率约为 80%～90%（扣除系统热损失），燃料电池的热效率可达 60%，两者综合热效率可以达到 48%～54%，同时甲醇燃料电池的热效率还存在很大的提升空间。在城市路况下内燃机的实际效率会更低，但甲醇燃料电池汽车以电力驱动，实际热效率不受影响，再采用制动功率回收技术，最高可回收电力 38%，因此，甲醇燃料汽车的续航里程应大于传统汽油车。

⑤ 成本低于现有各种新能源汽车动力系统。燃料电池的生产成本如同 IT 产品，在形成批量生产之后会大幅下降，而且甲醇重整器所用的催化剂没有贵金属，制造成本有限。另外，甲醇燃料电池汽车采用电-电混合动力，和纯电动汽车相比，蓄电池用量少、使用成本低、排放少，而且国家高额补贴后购置成本显著低于纯电动汽车；和纯氢燃料电池汽车相比，甲醇燃料电池的配套成本仅为加氢站的 1/100；和油电混合动力汽车相比，形成批量生产后成本相当，但可以解决环保问题。

⑥ 甲醇是绿色能源且价格低。二氧化碳与氢气合成甲醇和水，不存在污染排放问题，其制备过程还可以固化大气中的二氧化碳；而从重整制氢到变成电力的全过程也不存在污染排放问题，说明甲醇是真正的绿色清洁能源。目前，甲醇的价格是汽油的 1/3 左右，和传统汽车相比，在燃料消费同等的情况下，用户可以获得 3 倍的行驶里程；或者说与汽油车行驶相同的里程，所花费用却仅为其 1/3。

⑦ 国家鼓励发展。根据国家发改委、工信部等四部委在 2015 年发布的《关于 2016～2020 年新能源汽车推广应用财政支持政策的通知》要求，虽然对纯电动汽车、插电式混合动力汽车的补助标准实施退坡机制，2017～2018 年补助标准在 2016 年基础上下降 20%，2019～2020 年补助标准在 2016 年基础上下降 40%，但是燃料电池汽车补贴不退坡。

我国的甲醇燃料电池目前还仅限于在工业叉车和电-电混合商用车上试用，但从整个汽车用甲醇燃料电池动力电源系统来看，除车载甲醇重整制氢设备外，其他分系统（包括甲醇重整制氢分系统、燃料电池分系统、综合管理控制分系统和蓄电池组）都已经是商业化的成熟技术，在技术方面甲醇燃料电池汽车已经具备了大规模应用的基础。

　　综上所述，虽然电池行业发展周期长，技术累积和突破需要较长的时间，但未来20年我国甲醇燃料电池汽车有望获得大规模推广应用。

19.2.2.2　甲醇重整燃料电池在通信基站中的应用

　　所有燃料（包括汽油、柴油、天然气、甲醇、乙醇、甲烷等）都可用于燃料电池，原因是它们都含有"氢"这种能够产生能量的元素。相比之下，甲醇较其他燃料更"纯洁"。甲醇作为氢的载体，常态为液体，无需压力罐装，专业防腐塑料桶装即可避免杂质污染，在运输、储存和添加过程中比瓶装纯氢气更安全。因此，甲醇燃料电池更适合在通信领域作为基站的后备或应急电源。

　　江苏省宿迁市于2013年8月在市区内的两座超级基站上配备了甲醇重整燃料电池。经过测试和试运行，验证了其一次性可维持约40～70h连续供电，如遇紧急状态外部供电难以短期恢复，两天后只需维护人员赶到现场添加事先存放的燃料，供电将持续10天以上，无需人工值守就能保障基站按需运行。试验期内还进行了连续1000h不间断发电的压力测试并达到预期效果。同时还对甲醇燃料电池在通信网络各类型站点的应用开展了一系列有益的探索和尝试，在替代铅酸蓄电池和燃油发电机实现节能减排、提升基站环境温度、减少空调运行节省电能以及各类重要基站、湖心岛站、传输汇接和宽带接入节点等多个特殊场景供电保障等方面的应用均取得良好的效果，并在提供优质通信服务的基础上为企业带来较高的经济效益和社会效益。

　　国家标准化委员会已出台《通信局用氢燃料电池供电系统》国标征求意见稿，财政部、科技部、工信部等已发布针对燃料电池在电动汽车应用的补贴政策，但在扶持通信行业应用的政策还是空白。国外先进成熟的燃料电池已在中国通信行业门口徘徊了多年，进展甚微，主要因素就是目前甲醇燃料电池产品的研发投入未得到市场的回报，价格仍然较高，与低廉的蓄电池和发电机不可抗衡。

　　但是，甲醇燃料电池的如下优势将为其在通信领域的应用提供很好的发展空间：

　　一是甲醇燃料电池装备的超级应急通信网络应对灾难能力强，可保障黄金救援时间通信，相比原来单一超级基站覆盖面积扩大100倍以上，通信容量扩大1000倍以上，通话从原来的100人扩大到几万人以上，政治意义重大；

　　二是甲醇燃料电池替代铅酸蓄电池、燃油发电机可减少铅等重金属污染和二氧化碳等次生物质排放5倍以上，推动清洁能源应用，符合国家战略，绿色环保，造福人类，社会效益巨大；

　　三是甲醇燃料电池稳定高效，安全可靠，夯实了通信基础设施并提升了网络运行质量，平时作为后备电源待机，无能源消耗，节省空调用电，紧急状态下供电时长可由原来的 1~2 天提升至 10~20 天，保障了通信服务，显著提升了企业效益和核心竞争力。

19.3　直接甲醇燃料电池（DMFC）

19.3.1　直接甲醇燃料电池的工作原理

直接甲醇燃料电池是将燃料（甲醇）和氧化剂（氧气或空气）的化学能直接转化为电能的一种发电装置。DMFC 的研究始于 20 世纪 60 年代，Shell、Exxon 以及 Hitachi 等公司在该领域做了大量的工作；20 世纪 90 年代初期，随着全氟磺酸膜（Nafion）的成功应用，电池的电极性能大幅度提高，DMFC 的研究与开发开始引起许多发达国家的关注。我国 DMFC 的研究则始于 20 世纪 90 年代初，经过 20 多年的发展已经取得了长足进展，但总体水平仍较国外先进水平存在一定差距。

直接甲醇燃料电池的工作原理如图 19.2 所示。

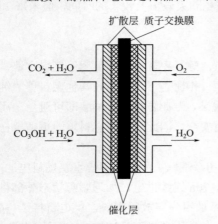

图 19.2　直接甲醇燃料电池的工作原理

直接甲醇燃料电池反应如下：

阳极甲醇氧化半反应：$CH_3OH + H_2O \rightleftharpoons CO_2 + 6H^+ + 6e^-$

阴极氧还原半反应：$3/2O_2 + 6H^+ + 6e^- \rightleftharpoons 3H_2O$

电池总反应：$CH_3OH + 3/2O_2 \rightleftharpoons CO_2 + 2H_2O$

甲醇水溶液进入阳极催化层中，在电催化剂的作用下发生电化学氧化，产生电子、质子和 CO_2。其中电子通过外电路传递到阴极，CO_2 从阳极出口排出，质子通过电解质膜迁移至阴极；在阴极区，氧气在电催化剂的作用下，与从阳极迁移过来的质子发生电化学还原反应生成水，产物水从阴极出口排出，电池总反应的产物是 CO_2 和 H_2O。在标准状态下，该电池的理论开路电压为 1.18V，但在实际工作中的电池电压远远小于此值。

根据进料方式不同，DMFC 又可分为主动式和被动式两种类型：①主动式 DMFC 是指通过外动力装置向 DMFC 阴、阳极供料，同时将反应产物及时带走的装置；②被动式 DMFC 是甲醇通过重力、毛细力以及浓度梯度来实现燃料供给，而阴极利用空气自呼吸方式进料，不需要其他设备为其提供辅助就可以产生稳定输出的装置。在蠕动泵等外围设备的辅助下，主动式 DMFC 阴阳极燃料供给更加充足，使得其可以获得更高的功率密度，但也正是受主动式 DMFC 的这种工作原理的影响，主动式燃料电池堆通常需要结合具有燃料和氧化剂供给功能的辅助系统才能形成一个完整的 DMFC 电源系统，使其在便携式应用的发展道路上受到了极大的限制。相比之下，被动式 DMFC 因为省略了辅助供给系统，从而使结构更加简单、可靠性更高、成本更低且燃料利用率更高，有利于其集成化的发展，能够更加适应当今便携式电子设备的发展要求，因此，被动式 DMFC

在科学研究和应用研究方面受到了更多的青睐。

另外，DMFC 根据阳极甲醇进料状态的不同，又可分为液体进料 DMFC 和气体进料 DMFC 两种类型。

直接甲醇燃料电池作为一类直接采用液态甲醇为燃料的质子交换膜燃料电池具有许多优点：①燃料甲醇来源丰富，储存、运输方便，价格低廉；②工作时无需燃料重整改质处理，可直接进料运行，电解质腐蚀小；③高能量密度，甲醇能量为同体积压缩氢气的 5.8 倍；④氧化最终产物为二氧化碳和水，环境污染小；⑤电池结构简单、响应速度快、操作方便、安全可靠。DMFC 因上述优点已成为国内外新能源研究的热点。

DMFC 作为一种新型的、直接将化学能转化为电能的装置，具有安全、系统相对简单、运行方便、能量密度高等优点，适合作为 1000W 以内的中小型移动式长效电源。目前看来，DMFC 的应用领域可能主要集中在分散电源（偏远地区小型分散电源、家庭不间断电源）、移动电源（国防通信移动电源、单兵作战武器电源、车载武器电源、电动摩托车或助力车等移动电源）、电子产品电源（手机、Pad、摄像机、笔记本电脑等电源）、MEMS 器件微电源以及传感器件等领域。但是，由于 DMFC 的阴极和阳极催化剂在制备过程中存在一些尚未解决的关键问题，导致 DMFC 至今仍未实现商业化生产。

19.3.2　直接甲醇燃料电池的研究现状

直接甲醇燃料电池的概念最早于 20 世纪 60、70 年代分别由英国的 Shell 和法国的艾克森-阿尔斯通（Exxon-Alsthom）提出。1998 年美国曼哈顿科学公司（Manhattan Scientifics)注册了商标名为 Micro-Fuel Cell TM 的微型直接甲醇燃料电池用于手机电源，该项研究成果获得了 1999 年度由美国《工业周刊》杂志评选出的第七届技术创新奖。后来陆续有 Ball、卡西欧、Giner 电化学系统、NEC、Polyfuel、三星电子、东芝和摩托罗拉等大公司陆续展开了对 DMFC 的研究，并试制出部分电池样品，应用于笔记本电脑、数码相机、个人数字助理、小型电视接收机等。DMFC 作为一种高能量密度、低运行温度和低污染的动力电源系统受到广泛关注，目前国外参与 DMFC 研究的主要机构有：美国加利福尼亚工学院的喷气动力实验室（JPL），美国洛斯阿拉莫斯国家实验室（LANL），德国 SIEMENS 公司，日本 NEC、TOSHIBA、SONY 公司，韩国 SAMSUNG 公司等。由于 DMFC 作为一类中小型电源设备（如移动长效发电装置、便携电源等）对国民经济及国防建设具有重要的战略意义，我国政府对甲醇燃料电池研发也给予了高度重视，将其列为国家科技中长期发展规划（能源、交通、电子等领域）的重要研究方向和急待开发的高新技术。目前国内 DMFC 的主要研究单位包括：大连化物所、长春应化所、清华大学、哈尔滨工业大学、中南大学、湖南大学等。

现阶段制约直接甲醇燃料电池商业化发展的主要因素为催化剂，国内外关于直接甲醇燃料电池的研究也主要集中于催化剂方面。

目前 DMFC 催化剂存在的主要问题包括：

① 成本高。目前 Pt 基材料仍然是 DMFC 阴极和阳极电催化反应最有效的催化剂，

但由于其成本高、价格昂贵而难以实现商业化生产。降低 Pt 用量或寻找高性能非 Pt 材料催化剂是 DMFC 研究的方向。

② 催化速度慢、活性低。DMFC 阴极氧气电催化还原反应（ORR）动力学速度慢且阳极甲醇氧化中间产物 CO_{ads} 容易吸附在催化剂表面造成催化剂中毒，导致催化活性降低。

③ 醇类渗透影响。阳极醇类分子经质子交换膜及电解质渗透到阴极，导致 DMFC 阴极既发生醇催化氧化（MOR）又发生阴极氧还原（ORR），从而形成"混合电位"，降低电池输出电压和效率。

④ 稳定性低。燃料电池运行过程中，由于催化剂团聚、脱落、腐蚀等因素而导致催化稳定性和活性降低。

19.3.2.1 阳极催化剂研究进展

阳极催化剂主要分为 Pt 基和非 Pt 基两大类。

（1）Pt 基催化剂

Pt 基催化剂是迄今为止对甲醇氧化最有效和最稳定的催化剂，对其甲醇电化学氧化过程机理的研究报道较多。

首先甲醇被吸附在 Pt 基催化剂表面，甲醇分子中的 C—H 键在 Pt 催化作用下活化，经多步解离脱氢后与 Pt 生成不同的中间吸附有机产物（Pt—CH_2OH、Pt_2—CHOH、Pt_3—COH 和 Pt_4—CO 等）并释放出质子；另外，被吸附在 Pt 表面的水分子也可发生解离并与 Pt 生成吸附活性羟基（Pt—OH），Pt 表面吸附有机中间产物，被活性羟基进一步氧化，最终生成水和 CO_2。由于甲醇氧化中间产物 CO 在 Pt 表面会发生强烈吸附，如果体系没有足够活性羟基将其氧化成 CO_2，则吸附的 CO 将使 Pt 表面催化活性位点减少，导致催化剂中毒，Pt 对甲醇的催化活性将降低。为解决这一问题，在 Pt 基催化剂的基础上添加其他 3d 过渡金属元素 M（Ru、Mo、Co、Fe、Ir、Os、Pd、W、V）作为助催化剂制作 Pt 基合金催化剂，不仅相对便宜金属的引入有利于降低催化剂的成本，而且有助于提高催化剂的催化活性和抗 CO 中毒的能力。

为进一步提高阳极催化剂的催化活性和稳定性，人们进一步研究了三元及四元 Pt 基金属催化剂，即在二元 Pt 基催化剂基础上再添加第三种或更多其他金属。由于 Pt-Ru 二元合金催化剂具有较高的醇催化活性和高稳定性，因此，在 Pt-Ru 合金基础上添加其他金属组分制备多元合金催化剂、提高其催化活性和稳定性是目前多元 Pt 基合金催化剂的研究热点之一。

由于过渡金属氧化物（SnO_2、CeO_2、ZrO_2、RuO_2、WO_3）表面丰富的含氧物种对 CO 具有较强的氧化能力，因此，近年来将金属氧化物掺杂制备相应的 Pt 基催化剂也获得了许多有价值的研究成果。

（2）非 Pt 基催化剂

目前研究较多的非贵金属阳极催化剂主要有过渡金属碳化物（如 WC、Mo/WC、Fe/WC 和 NiTaC 等）和钙钛矿类氧化物（如 $BaRuO_3$、$CaRuO_3$、$SrRuO_3$ 和 $LaRuO_3$ 等）。

过渡金属碳化物主要通过金属盐或金属混合物在还原气氛条件下高温还原碳化处理制得。虽然过渡金属碳化物在酸性条件下对甲醇阳极氧化具有较好的催化活性和较好的抗 CO 中毒性能，但其催化活性仍低于 Pt 基催化剂。

钙钛矿类复合氧化物因其独特的结构特征和良好的导电性能而被广泛作为 DMFC 催化剂材料和电极材料来研究。钛矿氧化物催化剂主要分为 ABO_3 和 A_2BO_4 两种类型，前者属于六方晶系结构，后者属于八面体结构；其中 A 常为稀土或碱土金属元素，如 Sr、Ba、La 和 Ce 等，B 常为第四周期过渡金属元素，如 Co、Fe、Ni、Cu 等。尽管研究表明钙钛矿型氧化物作为一类非贵金属催化剂具有较好的甲醇电催化活性，但其催化性能仍明显低于 Pt 基催化剂；另外，钙钛矿型氧化物不耐酸腐蚀的特性也限制了其在酸性条件下燃料电池中的有效应用。

19.3.2.2 阴极催化剂研究进展

目前已知的阴极氧还原催化剂主要分为六类：Pt 基催化剂（如 PtNi、PtCr 等）、过渡金属大环化合物催化剂（如金属 Co、Fe 的卟啉、酞菁类络合物）、异种元素掺杂碳材料催化剂、过渡金属氧化物催化剂、Chevrel 相过渡金属硫族化合物催化剂和过渡金属羰基化合物催化剂。

从目前 DMFC 阴极催化剂的研究进展来看，虽然已研究制备出多种具有氧还原电催化活性且对甲醇氧化呈现惰性的 DMFC 阴极催化剂，但除了 Pt 基催化剂外，其他大多数阴极催化剂的氧还原电催化活性仍然不够高且稳定性也不够好。因此，开发具有高活性和高稳定性的非 Pt 基催化剂作为 DMFC 阴极催化剂具有巨大的发展应用前景。

（1）Pt 基催化剂

虽然金属铂（Pt）价格昂贵，但由于其具有阴极氧还原反应的高催化活性和稳定性而被广泛用于 DMFC 阴极催化剂研究。

近年来，大量研究已经证明 Pt 与过渡金属（如 Ni、Co、Cu、Fe、Cr、Au、Ir、Ti、Pd、W 等）形成的合金催化剂具有提高 ORR 催化活性的效果，因此，Pt 基合金催化剂受到更多关注。

虽然 Pt 基合金催化剂对提高氧还原催化性能具有显著效果，且采用合金催化剂后 Pt 的用量有所下降，对降低催化剂成本具有重要意义，但开发可替代 Pt 的非贵金属催化剂对进一步降低 DMFC 生产成本、实现燃料电池商业化仍然非常必要。

（2）非 Pt 基催化剂

自 1964 年 Jasinsiky 发现酞菁钴分子对氧化还原反应具有催化作用以来，过渡金属大环化合物一直就是非贵金属阴极 ORR 催化剂的研究重点。目前研究较多的是含过渡金属 Fe、Co、Ni 等的卟啉、酞菁类络合物，如酞菁（phthalocyanine, Pc）、四羧基酞菁（phthalocyanine tetracarboxylate, PcTc）、卟啉（porphyrin, PP）、四苯基卟啉（tetraphenyl porphyrin, TPP）、金属四甲氧基苯基卟啉（tetramethoxyphenylporphyrin,TMPP）及二苯并四氮杂轮烯（dibenzo-tetra-aza-annulene, TAA）等大环化合物与 Fe、Co、Ni 等过渡金属配位形成的过渡金属大环化合物。由于过渡金属大环化合物在酸性介质中非常不稳定，无法直接应用于质子交换膜燃料电池。将金属大环化合物在惰性气体氛围中高温热处理可显著提高其催化活性和稳定性。虽然过渡金属大环化合物作为氧还原催化剂的研究报道较多，但其与 Pt 基催化剂相比，电化学活性、催化稳定性仍不够高。因此，实现过渡金属大环化合物取代 Pt 基阴极 DMFC 催化剂还有较长的研究之路要走。

过渡金属氧化物催化剂包括尖晶石型氧化物（如 MnO_2、Sm_2O_3、NdO_2、$Ag_2O\text{-}Dy_2O_3$）和钙钛矿型氧化物（如 $La_{1-x}Sr_xMnO_3$、$Pr_{1-x}Ca_xCoO_3$）。由于尖晶石型和钙钛矿型氧化物易实现晶格氧与表面吸附氧间的交换，从而使得过渡金属氧化物有利于与 O_2 发生电子交换反应，从而具有氧还原作用。但是随着研究的深入发现，虽然过渡金属氧化物催化剂制备成本低，但其 ORR 催化活性较低；另外，过渡金属氧化物在酸性介质及碱性介质中不稳定，氧化物中的金属成分会缓慢分解，电子导电性能降低。因此，如何提高过渡金属氧化物催化活性、增加稳定性是其在 DMFC 中得到广泛应用的关键。

Chevrel 相催化剂化合物也称过渡金属簇硫化合物催化剂，这类化合物可以分为二元化合物（Mo_6X_8，X = S、Se、Te 等硫族元素）、三元化合物（$M_xMo_6X_8$，M = Os、Re、Rh、Ru 等过渡金属元素）和假二元化合物（$Mo_{6-x}M_xX_8$，即 Mo 被另外一种过渡金属元素部分取代）。Chevrel 相催化剂晶体结构可描述为一个八面体过渡金属簇周围环绕着 8 个硫簇原子，具有较高的电子离域作用，因此，具有优良的半导体性质。另外，由于过渡金属簇合物中价电子标准数及簇合物中金属-金属键距改变，使 Chevrel 相化合物具有氧还原催化作用。虽然 Chevrel 相催化剂呈现出较好的氧还原催化活性，但其电催化性能仍与贵金属 Pt 基催化剂存在较大差距；而且 Chevrel 相催化剂一般在 1200℃ 条件下通过单质元素固相反应制备，其制备成本较高，甚至高于一般贵金属催化剂，这也极大地限制了其在 DMFC 领域的应用。

19.3.3　直接甲醇燃料电池的市场前景

DMFC 作为一类中小型电源设备，适宜应用于小型便携式电子设备以及千瓦级的工业用可移动电源。近年来，各种小型便携式电子设备市场需求迅速增长，而锂电池和镍基电池系统能提供的使用时间明显不足而不能完全满足供电需求；直接醇类燃料电池作为一种颇具应用前景的便携式动力供电系统已经成为新的研究热点并取得了诸多可喜成绩。但目前 DMFC 的研究现状距离其真正实现商业化应用仍有相当长的一段距离。

参 考 文 献

[1] 李峰. 甲醇及下游产品. 北京：化学工业出版社，2008.

[2] 王磊. 甲醇重整燃料电池电源管理系统的设计与实现. 哈尔滨工业大学，硕士研究生学位论文，2016.

[3] 孟彦伟. 直接甲醇燃料电池在通信基站的应用前景展望. 电信工程技术与标准化，2015，(11)：88-91.

[4] 胡振民，赵大勋. 甲醇燃料电池动力汽车：未来可以很美. 运输经理世界，2015，(9).

[5] 谭志勇. 蓄电池 UPS 龙头，内生动力锂电+外延燃料电池. 华金证券，2016，4-5.

[6] 黄平，桂才，高尚，等. 水氢科技将给我们带来什么. 科技日报，2017，第 004 版.

[7] 崔志明. 2016 年甲醇产业盘点：经历前所未有的深度调整. 中国石化，2016，(12)：25-27.

[8] 何晓亮. 中国燃料电池汽车与世界潮流同步. 科技日报, 2017, 第 003 版.

[9] 何英. 新能源汽车动力电池究竟哪个好. 中国能源报, 2016, 第 005 版.

[10] 成勇. 氢燃料电池构筑超级应急通信网络. 通信世界, 2014, (24).

[11] 汪国雄, 孙公权, 辛勤, 等. 直接甲醇燃料电池. 物理, 2004, 33 (3): 165-169.

[12] 张云松. 直接甲醇燃料电池电催化剂的制备及电化学性能研究. 湖南大学, 博士研究生学位论文, 2016.

[13] 郭超. 高浓度供给微型直接甲醇燃料电池堆的设计. 哈尔滨工业大学, 硕士研究生学位论文, 2015.

第20章
甲醇制汽油

张月丽　中国化工信息中心　高级工程师

20.1　概述

甲醇制汽油（简称 MTG）是碳一化工的一个分支，是甲醇作为能源产品的重要表现形式。甲醇制汽油及其原料都具有较强的能源属性，不仅受甲醇原料供应和价格影响，更受国际油价和石油路线成品油竞争价格的影响。近年来，国内油品对外依存度逐渐升高，区域性油品供应紧张状况时有发生；加之受 2014 年以前原油价格持续高位运行的刺激，甲醇制汽油产业快速发展。截至 2015 年年底，国内已建设并投入运行的甲醇制汽油装置有 15 套，总产能达到了 172 万吨/年。在上述 15 套正在运行的 MTG 项目中，既有国外引进技术，也有我国消化吸收再创新的工艺。总体而言，国内甲醇制汽油的工业经验不断成熟，但单个项目的规模仍然偏小。

根据国家油品质量升级时间表，第四阶段车用汽油标准过渡期至 2013 年底；第五阶段车用汽油国家标准已于 2013 年 12 月 18 日由国家质检总局、国家标准委发布，该标准要求自 2018 年 1 月 1 日起全国范围内供应第五阶段车用汽油。"十三五"期间，甲醇制汽油需要由满足国Ⅳ标准向国Ⅴ标准过渡。

衡量汽油品质的关键指标包括辛烷值、硫含量、烯烃含量、芳烃含量以及极端天气下的安全启动性能等。MTG 汽油产品与国Ⅳ和国Ⅴ产品质量对比见表 20.1。

表 20.1　MTG 汽油产品与国Ⅳ和国Ⅴ产品质量对比

项目	国Ⅳ汽油	国Ⅴ汽油	MTG 汽油
标准编号	GB 17930—2016	GB 17930—2016	国内技术商数据
实施时间	2014 年 1 月 1 日	2018 年 1 月 1 日	
汽油标号	90、93、97	93、97	89～92

项目		国Ⅳ汽油	国Ⅴ汽油	MTG 汽油
诱导期/min	≥	480	480	600
硫质量分数/(μg/g)	≤	50	10	0.0001
苯体积分数/%	≤	1.0	1.0	0.25~0.40
芳烃体积分数/%	≤	40	40	25~35
烯烃体积分数/%	≤	28	24	7.0~10.0
氧质量分数/%	≤	2.7	2.7	
锰质量浓度/(g/L)	≤	0.008	0.002	—
冬季蒸气压下限/kPa	≥	42	45	45
夏季蒸气压上限/kPa	≤	68	65	65

① 辛烷值。汽油的抗爆性以辛烷值表示，目前我国执行的汽油标号包括：89 号、92 号、95 号、98 号等。汽油中所含各种烃类的抗爆性互不相同，抗爆性最小的是正构烷烃，其次是异构烷烃，并且均随着碳链长度的增加而降低。分子异构化程度的提高、甲基的紧凑分布和对称分布以及其对分子中心的接近程度，均能导致异构烷烃抗爆性的提高。粗汽油馏分由于重质芳烃被分馏脱除，造成了一定的辛烷值损失，辛烷值通常为89~92，单独使用时无法满足汽车需求，需添加高辛烷值调和组分。

② 烯烃、芳烃含量。烯烃和芳烃对于汽油辛烷值的贡献较大。烯烃的抗爆性优于同碳数相同结构的烷烃，并且其结构对抗爆性的影响大致遵循与烷烃相同的规律。环烷烃的抗爆性更高，但比同碳数的芳烃低，并且随着支链长度的减小、支化度和密实性的增大而提高，但效果不如烷烃和烯烃显著。但由于较高的碳氢比以及不饱和性，烯烃和芳烃在燃烧过程中需要较多的助燃剂，容易导致汽油燃料的燃烧不充分，尾气中产生大量的固体颗粒物，并且容易在燃烧系统以及发动机中造成积炭，降低发动机的性能甚至影响发动机的寿命。因此，国家对汽油中的烯烃和芳烃化合物含量又做了特殊的规定：MTG 汽油产品烯烃体积分数不大于 10%，芳烃体积分数不大于 35%，可以满足汽油国Ⅴ标准要求。

③ 硫含量。甲醇制汽油生产过程中没有其他途径加入硫，硫含量基本为零。

④ 安定性。诱导期是汽油稳定性指标之一，从各厂家公布的指标来看，甲醇制汽油产品的诱导期大于 600min，高于国家标准。影响汽油安定性的最根本原因是其化学组成，汽油中的烷烃、环烷烃和芳香烃在常温下均不易发生氧化反应，而其中的各种不饱和烃则容易发生氧化和叠合等反应，从而生成胶质。从市场实际反馈来看，由于 MTG 汽油中烯烃、芳烃含量较高，产品的安定性存在一定缺陷。

⑤ 甲醇制汽油在杂质和有害物质含量方面，尤其是硫、烯烃、锰含量等都优于原油炼制产品。

20.2 生产工艺概况

MTG 生产工艺是在一定的温度、压力和空速下，甲醇在催化剂作用下脱水生成二甲醚为主的中间产物，二甲醚进一步脱水得到 $C_2 \sim C_5$ 烯烃，$C_2 \sim C_5$ 烯烃在 ZSM-5 择形催化剂作用下发生缩合、环化、芳构化等反应，最终生成汽油沸程内的烃类混合物。

截至目前，MTG 有 4 种生产工艺，分别是：固定床工艺、流化床工艺、多管式反应器工艺和一步法工艺。

（1）固定床工艺

该技术于 1986 年在新西兰工业化，装置以天然气为原料，甲醇生产能力为 160 万吨/年，合成汽油能力为 56 万吨/年。MTG 装置生产 1t 汽油需消耗 2.4t 甲醇。固定床工艺流程见图 20.1。

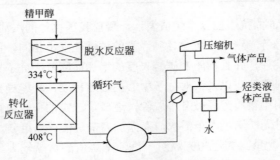

图 20.1　固定床 MTG 生产工艺流程图

该工艺的反应系统由两段反应器组成：甲醇在第 1 段反应器中生成接近平衡的甲醇/二甲醚/水混合物，然后进入第 2 段反应器，在改性 ZSM-5 分子筛的作用下转化为烃类。反应产物在高压分离器中闪蒸，轻质气体循环回第 2 段反应器以控制反应温度，重质产品经分离器分离出气态烃、液态烃和水。当反应产物中检测出未反应的甲醇时，说明催化剂结炭失活，需燃烧再生。工业化流程中并联设置 4 台第 2 段反应器，3 台运转，1 台再生。烃类产物中可以得到 85% 的汽油，其辛烷值高达 93。

固定床反应器工艺的优点是转化率比较高、工艺成熟，缺点是工艺过程复杂、能耗高、投资高。

（2）流化床工艺

流化床工艺于 1980～1981 年做冷模试验，1982 年在 Wesseling 的 UK 公司联合石油化工厂建成 20t/d 的中试示范厂，其工艺流程见图 20.2。

该工艺的一大特点是采用炼油工业中常用的催化裂化（FCC）流化床反应器和流化床再生器，保证催化剂的活性在反应期间稳定。

与固定床工艺相比，流化床工艺具有以下优点：①反应过程中便于移去反应热，资源利用率高；②催化剂的活性稳定性高，汽油品质变化幅度小；③产物中均四甲苯含量

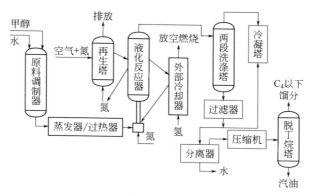

图 20.2　流化床 MTG 工艺流程图

较低（质量分数≤5%）；④轻质气体循环量小。虽然流化床工艺至今仍无工业化装置建成，但是其应用前景还是十分广阔的。

（3）多管式反应器工艺

经典的美孚工艺是在一个反应器内将甲醇部分转化为二甲基醚，在另一个反应器中再将甲醇和二甲基醚转化为烃类。而鲁奇-美孚法仅用一个多管式反应器就将甲醇转化为烃类，其工艺流程见图 20.3。

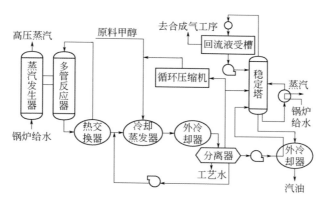

图 20.3　多管式反应器 MTG 工艺流程图

原料甲醇和循环气与反应器出来的气体进行热交换，调整到所需要的温度后从上部进入列管式反应器，在催化剂作用下转化为烃类。反应热由列管式反应器壳程循环的熔融盐带入到蒸汽发生器中，产生高压蒸汽，实现能量的充分利用。反应产物通过分离器分离出循环气、液态烃和水，循环气由压缩机输送回转化工序，液态烃通过稳定塔进一步得到 $C_1 \sim C_4$ 烃类和 C_5^+ 烃类。

该工艺虽然可以较好地控制反应温度，但反应器结构复杂，建设成本高。

（4）一步法工艺

一步法 MTG 工艺由中科院山西煤炭化学研究所（山西煤化所）、赛鼎工程有限公司、云南煤化工集团公司联合开发，该工艺以改性 ZSM-5 分子筛为催化剂，通过固定床绝热反应器，将甲醇一步转化为汽油和少量 LPG。其显著优点是：工艺流程短，汽油选择性高，催化剂稳定性和单程寿命等指标均优于已有技术，反应产物中汽油选择性可达37%～38%，辛烷值为93～99，并具有低烯烃含量（5%～15%）、低苯含量和无硫等特点。

在上述几种 MTG 生产工艺中，流化床工艺和多管式反应器工艺均没有工业化装置建成；固定床工艺和一步法工艺均实现了工业化。

美孚固定床工艺（两步法工艺）和国内一步法工艺技术比较见表20.2。

表20.2　固定床工艺与一步法工艺技术对比

项　　目	固定床工艺（美孚）	一步法工艺（国内）
反应器入口温度/℃	315	350～366
反应器出口温度/℃	430	415
反应器入口压力/MPa	1.7～1.8	1.9～2.3
反应器出口压力/MPa	1.6	1.6
甲醇单耗/(t/t)	2.4	2.39
物料循环比	~6	~6
催化剂单程寿命/(t/t)	500	500
催化剂总寿命/(t/t)	10000	8000
汽油质量收率/%	36	33
LPG 质量收率/%	5	8
研究法辛烷值	93	92
马达法辛烷值	84.3	82

从表20.2 中的指标可以看出，一步法工艺具有反应条件温和、汽油选择性高、催化剂单程寿命长、汽油辛烷值高、单位质量汽油消耗的催化剂量小（催化剂总寿命长）等优点。同时，从设备投资看，一步法工艺将甲醇脱水制二甲醚和甲醇/二甲醚脱水制汽油两步反应在同一台反应器和同一个催化剂作用下完成，使工艺工程简化，设备投资得到降低。

将国内一步法 MTG 汽油质量指标、美孚固定床法汽油质量指标、国Ⅲ汽油标准以及国Ⅴ汽油标准指标进行比较，数据见表20.3。

表20.3　各种工艺汽油质量指标对比

项　　目	国Ⅲ标准	国Ⅴ标准	固定床工艺（美孚）	一步法工艺（国内）
辛烷值	93	92	92	93
实际胶质/[g/(100mL)]	5	1	0.8	0.5
硫含量（质量分数，下同）	0.015	0.0001	0.0001	0.00003

项　目	国Ⅲ标准	国Ⅴ标准	固定床工艺（美孚）	一步法工艺（国内）
甲醇含量	0.3	无	无	无
铅含量	0.005	无	无	无
锰含量	0.016	0.002	无	无
芳烃体积分数/%	40	35	31.43	35.63
烯烃体积分数/%	30	25	6.72	6.7
苯体积分数/%	1	1	0.25	0.36

从表 20.3 可以看出，甲醇制汽油项目生产的汽油是一种低硫、无锰、无铅、低苯、低烯烃、高稳定性的高清洁汽油燃料，具有良好的蒸发性和抗腐蚀性，大大优于国Ⅴ汽油标准要求。

20.3　国内生产

1967 年美孚公司率先开发成功了 MTG 固定床工艺；20 世纪 80 年代初期，美孚公司与德国的联合褐煤公司在原固定床工艺的基础上，又开发了 MTG 流化床工艺，并建成 20t/d 的中试装置；1986 年美孚的固定床工艺首次在新西兰实现工业化，以天然气为原料生产合成气，进而合成甲醇，再用 MTG 技术将甲醇转变为汽油，当时该合成汽油生产能力为 56 万吨/年，项目投资 4.54 亿美元；2006 年我国的中科院山西煤化所开发了具有自主知识产权的"一步法"工艺，并在云南煤化集团完成了 3500t/a 的工业化试验装置；2010 年 3 月，我国首个甲醇制汽油项目在晋煤集团投产，该项目以"三高"（高硫分、高灰分、高灰熔点）劣质煤制甲醇和甲醇制汽油两部分组成，其中甲醇制汽油采用的是美孚公司的 MTG 工艺，设计产能为 10 万吨/年汽油，项目总投资 22.9 亿元；截至 2015 年底，我国甲醇制汽油生产装置已经达到 15 套，总产能为 172 万吨/年。2009年以来我国 MTG 产能投放情况见表 20.4。

表 20.4　2009 年以来我国 MTG 产能投放情况

项目名称	甲醇消耗量/(万吨/年)	技术来源	投产日期
晋煤天溪 10 万吨/年煤基合成油	26.0	埃克森美孚 MTG-Ⅱ	2009 年
庆华内蒙古 2×10 万吨/年甲醇制芳烃	60.0	山西煤化所、赛鼎工程及云南解化 MTG	2012 年
广州天乙 10 万吨/年甲醇裂解制汽油和丙烯	30.0	洛阳科创石化 MTPG-Ⅰ	2013 年
新疆新业 10 万吨/年甲醇制汽油	30.0	山西煤化所、赛鼎工程及云南解化 MTG	2013 年
云南先锋 20 万吨/年甲醇转化制汽油	53.0	山西煤化所、赛鼎工程及云南解化 MTG	2014 年
唐山境界 20 万吨/年甲醇合成高清洁燃料	53.0	山西煤化所、赛鼎工程及云南解化 MTG	2014 年
河北玺尧一期 10 万吨/年甲醇制汽油	26.0	麦森河北能源 FCP-MTG	2014 年

项目名称	甲醇消耗量 /(万吨/年)	技术来源	投产日期
成都天成碳一化工 6 万吨/年甲醇制汽油	18.0	成都天成碳一 MTG	2014 年
内蒙古三维 14 万吨/年甲醇制稳定轻烃	33.6	山西煤化所、赛鼎工程及云南解化 MTG	2014 年
内蒙古丰汇一期 10 万吨/年甲醇制稳定轻烃	26.0	中石油昆仑工程、中海油天津院 MTG-I	2014 年
沈阳石蜡 12 万吨/年甲醇裂解制汽油和丙烯	38.0	洛阳科创石化 MTPG-I	2015 年
山东瑞昌 10 万吨/年甲醇裂解制汽油和丙烯	30.0	洛阳科创石化 MTPG-II	2015 年
浙能嘉兴 10 万吨/年甲醇制清洁汽油	26.0	中科院山西煤化所、赛鼎工程 MTG	2015 年
陕西宝氮 10 万吨/年甲醇制清洁汽油	26.0	中科院山西煤化所、赛鼎工程 MTG	2016 年

20.4 MTG 项目的竞争力分析

MTG 将甲醇赋予了新的能源属性，开辟了一条新的甲醇下游加工路线。我国甲醇主要由煤炭路线而来，与煤制甲醇项目相比，MTG 项目投资小、建设难度不高、原料成本占到产品成本约 80%，其经济性主要由原料和产品的比价关系决定。

由前文可知，MTG 生产工艺分为固定床和流化床两类工艺，其中固定床工艺发展较为成熟，已经实现工业化运行；在固定床工艺中，根据催化剂种类不同，又可以分为"两步法"工艺和"一步法"工艺，"两步法"以美国埃克森美孚工艺为代表，"一步法"则以中科院山西煤化所和丹麦托普索 TIGAS 工艺为代表。不同工艺路线的 MTG 没有本质区别，在流程设计、工艺消耗和产品质量方面差别不大。国外工艺技术转让费和催化剂费用较高，但催化剂稳定性稍好；国内工程设计发展较快，多个项目均采用国内工艺，但催化剂性能仍需进一步验证。

以我国某实际运行项目为案例，分析 MTG 项目竞争力。

该项目采用美孚"两步法"工艺及其专有催化剂，年产 10 万吨清洁油品，建设投资 3.2 亿元，总投资 4.0 亿元。该项目的产品方案和公用工程测算取值分别见表 20.5 和表 20.6。

表 20.5　10 万吨/年美孚"两步法"MTG 项目产品方案

产品	设计规模/(万吨/年)
汽油	8.7
LPG	1.3
均四甲苯溶液（40%～50%）	1.3

表 20.6　公用工程测算取值

名称	脱盐水	新鲜水	循环水	回收冷凝水	电	高压蒸汽
价格/(元/吨)	8.5	6.0	0.12	4	0.5 元/(千瓦·时)	150

根据不同价格体系下的产品价格，在内部收益率 IRR（所得税前）12%的情况下，测算不同原油价格下的甲醇竞争力价格，以判断 MTG 项目的竞争力，具体见表 20.7。

表 20.7　实际价格体系下甲醇竞争力价格测算

原油价格/(元/吨)	预测汽油价格/(元/吨)	IRR12%时对应的甲醇价格/(美元/磅)	甲醇/汽油价格比/%
40	5092	1120	22
45	5370	1225	23
50	5648	1330	24
55	5926	1440	24
60	6230	1540	25
65	6481	1650	25
70	6759	1750	26
75	7037	1860	26
80	7315	1970	27
90	7870	2180	28
100	8426	2390	28
110	8981	2600	29

根据测算，不同原油价格下，MTG 项目可以承受的甲醇和汽油价格比是不同的，可承受价格比与原油价格成正比，大致在 22%~29%范围波动。由于国内甲醇价格与原油关联度不高，主要受国内区域市场供需关系影响，而甲醇成本又占 MTG 项目成本约80%，因此甲醇价格成为影响 MTG 项目盈利的关键。根据国内甲醇近两年价格变动情况，甲醇平均价格在 2000~2500 元/吨范围内波动，局部地区甚至达到 3000 元/吨的高位。因此，可以初步判断，MTG 项目需要原油价格维持在 80 美元/桶以上时才可以达到行业基准收益水平。

20.5　存在的问题与发展前景

2014 年下半年以来，国际油价出现暴跌，关于甲醇制汽油产业的发展前景争议四起。一方面，有观点认为甲醇制汽油产业总体规模较小，产品有助于解决区域油品供需不足、油品质量升级、消纳过剩甲醇产品，且技术成熟，应该予以一定发展；另一方面，有观点认为国内汽油已经实现自给，甲醇有效产能并不存在过剩，甲醇制汽油产业受原料和产品市场价格影响过大，在较低油价下缺乏竞争力，未来应以技术储备为主，不建议大规模发展。"十三五"期间，甲醇制汽油产业将面临低油价的挑战，其产品的环保优势和低油价下的经济竞争力将决定其发展空间。

20.5.1　问题

虽然我国 MTG 生产技术成熟、产品环保性能突出，但该产业仍然存在一些问题：

① 市场准入是 MTG 目前面临的最大挑战。当前油品实施特许专营，国内成品油销售主要控制在中石油和中石化两大国企手中，国内 MTG 产品面临销售渠道不畅的难题。

② 甲醇汽油后续市场发展空间有可能受到甲醇掺烧燃料冲击。现在虽然甲醇燃料缺乏相关配套政策，如定价机制、财税政策、发展模式、技术平台等支持，醇醚燃料生产、销售和应用缺乏科学引导与规范。不过，目前我国部分省份已经进行了大面积甲醇燃料汽车试点，如果试点成功，高比例甲醇车用替代燃料如 M85 或 M100 可能获得大面积推广，将给我国甲醇行业开辟出另一条新的下游消费渠道，并对 MTG 项目的市场销售产生一定的影响。

③ 未来几年是我国煤制烯烃产能的集中释放期，甲醇制烯烃装置产能的释放或将推高甲醇价格，届时将会极大地削弱 MTG 的竞争力。

20.5.2 前景预测

"十三五"时期，国际原油市场将呈现供大于求、价格呈长期走低态势，预计国际原油价格仍在 40～60 美元/桶的范围内波动；我国汽油主要用于汽车和摩托车领域，这部分应用约占总消费量的 98%。"十三五"时期，随着我国工业化发展进程加快、居民收入水平提高和家庭用汽车日益普及，预计未来 5～10 年我国汽油消费量持续增加，而传统汽油增产空间有限；由于甲醇具有挥发性和腐蚀性，对汽车动力系统和车内乘客具有安全隐患，因此甲醇汽油直接作为车用燃料仍然争议不断，预计短期内推广难度较大。综上所述，"十三五"时期，我国汽油市场增速放缓，但增长空间依然存在，而短期内甲醇直接掺混汽油还无法大规模推广应用，甲醇制汽油产业仍有一定的发展空间。目前，我国在建及拟建的甲醇制汽油项目较多，到 2020 年的规划建设产能将达到 500 万吨/年，但是，根据现在国内甲醇供需状况和价格水平，新建 MTG 项目盈利能力不强，且存在副产品利用难、产品性能指标存在缺陷等问题，预计 2020 年 MTG 实际规模约为 300 万吨/年，单体项目规模有望增大至平均 20 万吨/年。

参 考 文 献

[1] 刘思明. "十三五"时期甲醇制汽油产业发展趋势研判. 化学工业, 2016, (1).

[2] 曹占欣. 甲醇制汽油工艺分析与改进. 现代化工, 2017, (2).

[3] 陈佩文. 甲醇制汽油技术进展及其经济性. 煤炭加工与综合利用, 2015, (8).

[4] 王银斌, 臧甲忠, 于海斌. 甲醇制汽油技术进展及相关问题探讨. 煤化工, 2011, (3).

[5] 胡松伟. 甲醇制汽油的初步可行性分析. 当代石油石化, 2011, (7).

[6] 薛金召. 中国甲醇产业链现状分析及发展趋势. 现代化工, 2016, (9).

[7] 呼跃军. 甲醇：化解过剩，锻造 MTG 利器. 中国石油和化工, 2015, (2).

21

第21章
聚甲氧基二甲醚

黄隆君　湖北三里枫香科技有限公司　工艺工程师

21.1　概述

聚甲氧基二甲醚（polyoxymethylene dimethyl ethers）又名聚甲醛二甲醚、聚氧亚甲基二甲醚、聚甲氧基甲缩醛等，简称 DMM_n、PODE 或者 $PODME_n$，其中 n 一般取值 2～8。其分子简式可以表示为 $CH_3O(CH_2O)_nCH_3$（n 为聚合度）。DMM_n 具有较高的含氧量（质量分数：42%～51%）和较高的十六烷值（≥60），是一种理想的新型绿色含氧柴油调和组分，根据聚合度不同其本身含氧 45%～50%，十六烷值高达 70～90。常规柴油中添加一定比例 DMM_n 组分可提高柴油的十六烷值，显著改善柴油燃烧效率，降低尾气中二次气溶胶排放量，提高热效率，降低污染物排放，因此被公认为最具有应用前景的柴油添加剂。

国内外多个研究单位在柴油发动机上测试了添加一定比例 DMM_n 柴油调和油的燃烧行为，台架实验结果表明，10%的 $DMM_{3\sim5}$ 柴油调和油燃烧尾气中颗粒物含量相比柴油下降 18%，20%的 $DMM_{3\sim5}$ 柴油调和油在典型工况下尾气烟度降低 70%～90%，最高降低 97%。由图 21.1 可知，自 2012 年后，全球聚甲氧基二甲醚的研究呈现爆发式增长，各类研究成果也不断呈现。

21.2　研究背景

目前，我国正面临着日益凸显的能源短缺和环境污染的双重压力。2014 年的《BP世界能源统计年鉴》指出，我国一次能源消费总量居世界首位，2013 年我国柴油表观消费量已达 1.72 亿吨；但人均一次能源消费量仍仅为美国等发达国家的 1/3。2013 年我国原油进口量为 2.82 亿吨，对外依存度已逾 60%。能源短缺，对能源经济发展和国家能源安全提出了严峻挑战，不但制约了我国社会经济的发展，也严重影响着我国能源安全。

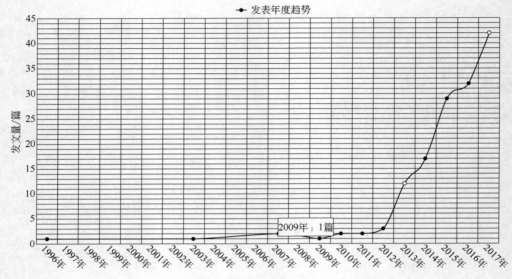

图 21.1 近年来全球 DMM$_n$ 研究类文章发表趋势图

同时，我国的油品质量相对欧洲和北美地区明显偏低，主要表现在硫含量、十六烷值和芳烃的含量上；十六烷值平均值在 45 左右，部分轻柴油仅为 40，因此很难提高柴油机的性能；同时低十六烷值会导致燃烧不完全，汽车尾气中未完全燃烧组分含量较多，排放至大气中对环境污染比较严重。

近几年来，我国的空气环境日益恶化，雾霾影响范围遍及全国各地，环保问题引起全社会广泛重视。中国科学院地球环境研究所和瑞士 PSI 研究所联合在国际著名刊物《自然》（Nature）发文报道指出，巨大的一次能源消费是我国雾霾天气的主要诱因，汽柴油、煤炭和生物质等燃烧所排放的二次气溶胶平均贡献 PM2.5 浓度的 30%～77%，其中，柴油发动机的尾气排放污染是汽油发动机的 30～80 倍，柴油车尾气中有害颗粒物排放量更是占到机动车尾气排放有害颗粒物排放总量的 90% 以上。显然，改善柴油质量，促进油品升级，大幅降低柴油车排放尾气（特别是排放有害颗粒物 PM2.5）对大气环境污染的影响，是十分紧迫的重要任务。

在能源消费量继续攀升的前提下，提高柴油质量，增大燃烧率，减少尾气二次气溶胶排放量成为缓解雾霾的简便、经济和有效易行的方法。研究表明，DMM$_n$ 作为汽柴油调和组分可显著改善柴油燃烧效果，降低汽柴油燃烧尾气中二次气溶胶排放量 70% 以上，是有效的绿色环保燃料组分。对于我国目前原油大量依赖进口和柴油燃烧尾气污染严重的严峻局面而言，开发绿色柴油含氧调和组分具有重要的社会经济及战略意义。

21.3 基本性质

DMM$_n$ 的部分理化性质分别见表 21.1 和表 21.2。

表 21.1　DMM$_n$ 的部分化学性质

序号	物质名称	分子式	分子量	含氧量/%	CAS 号
1	0#柴油			0	
2	DMM$_2$	C$_4$H$_{10}$O$_3$	105	45.3	628-90-0
3	DMM$_3$	C$_5$H$_{12}$O$_4$	156	47.1	13353-03-2
4	DMM$_4$	C$_6$H$_{14}$O$_5$	202	48.2	13352-75-5
5	DMM$_5$	C$_7$H$_{16}$O$_6$	242	49.0	13352-76-6
6	DMM$_6$	C$_8$H$_{18}$O$_7$	280	49.6	13352-77-7
7	DMM$_7$	C$_9$H$_{20}$O$_8$	313	50.0	13353-04-3
8	DMM$_8$	C$_{10}$H$_{22}$O$_9$	320	50.3	13352-78-8

表 21.2　DMM$_n$ 的部分物理性质

序号	物质名称	熔点/℃	沸点/℃	25℃黏度/cP[①]	十六烷值	闪点/℃	密度
1	0#柴油	0	170～390	2.71～2.98	>45	55	0.810～0.850
2	DMM$_2$	−69.7	105	0.64	63	23	0.9597
3	DMM$_3$	−42.5	156	1.05	78	59	1.0242
4	DMM$_4$	−9.8	202	1.75	90	65	1.0671
5	DMM$_5$	18.3	242	2.24	100	78	1.1003
6	DMM$_6$	58	280	—	104	90	1.1004
7	DMM$_7$		313	—	104	～90	1.1006
8	DMM$_8$	—	320	—	106	～90	1.1009

① 1cP=10^{-3}Pa・s，余同。

在柴油中的添加量为 5%～20% 时，就能有效提高柴油十六烷值，改善柴油燃烧效果，可以大幅减少柴油汽车排放尾气污染物。聚甲氧基二甲醚的主要理化技术指标以及对柴油质量影响（试验数据）分别见表 21.3～表 21.5。

表 21.3　DMM$_n$ 以及调和柴油的主要理化技术指标

理化技术指标	样品名称		
	常规柴油	DMM$_n$	调和柴油
密度/(g/cm³)	0.833	1.031	0.852
运动黏度/(mm²/s)	4.97	1.40	3.11
闭口闪点/℃	68	48	55
铜片腐蚀/级	1	1	1
冷滤点/℃	10	−20	10
十六烷值	43	65	48

表 21.4　整车试验数据

技术指标	样品名称			
	0#柴油	5%DMM$_n$	10%DMM$_n$	15%DMM$_n$
实际最大轮边功率/kW	39.88	43.15	42.79	42.66
烟度降低量/%	0.0	17.8	27.7	46.1

表 21.5　台架试验数据

试验项目	排放物	国Ⅲ柴油	10%DMM$_n$调和柴油	偏差/%
ESC	CO/[g/(kW·h)]	1.88	1.56	−17.02
	THC/[g/(kW·h)]	0.15	0.14	−6.67
	NO$_x$/[g/(kW·h)]	8.37	8.94	+6.81
	PM/[g/(kW·h)]	0.05	0.03	−40.0
ELR	烟度/m^{-1}	0.46	0.22	−52.17

注：偏差=（10%DMM$_n$调和柴油−国Ⅲ柴油）/国Ⅲ柴油×100%

从以上各表可以看出，DMM$_n$ 具有优异的理化性能参数，柴油中加入 5%～15%时可以有效提高柴油的十六烷值、增加发动机的功率，大幅降低尾气中 PM、CO、NO$_x$ 等有害物的排放量。

21.4　产品性能

DMM$_n$ 各项指标和柴油很接近，其中尤以 DMM$_{3\sim5}$ 最佳，为最理想的柴油调和组分。DMM$_n$ 加入柴油，可以改善柴油十六烷值、增大燃烧效率，减少有害气体排放，最优添加比例为 5%～15%。而且 DMM$_n$ 可以根据产品的应用条件而调和不同的聚合度分布，在纬度较高的寒冷地区，可提高 DMM$_{2\sim3}$ 的相对含量，而在低纬度的热带高温地区，可提高 DMM$_{4\sim5}$ 的相对含量。此外，DMM$_2$ 的沸点 105℃，熔点−69.7℃，闪点 23℃，在低温环境时是很好的柴油调和组分，能有效降低柴油的凝固点；同时 DMM$_2$ 还是很好的无芳烃、无环烃、基本不含硫的清洁溶剂，是可以代替苯、甲苯等有机溶剂的清洁有机溶剂，具有很高的实用价值。基于 DMM$_2$ 的优异特性，DMM$_n$ 作为柴油添加剂具有以下优势。

21.4.1　氧含量高

增加柴油氧含量可使燃烧所产生的碳烟和颗粒等污染物比纯柴油低。含有高比例的氧可以降低 NO$_x$ 排放。几种增氧剂中，碳酸二甲酯氧含量最高，其次为甲醇、DMM$_n$、甲缩醛。DMM$_n$ 的氧含量仅比氧含量最高的碳酸二甲酯低 10%左右。

21.4.2　热值高

热值高低也是评价添加剂的一个重要指标。柴油掺混含氧添加剂后，由于热值的降低会导致发动机扭矩和功率下降，DMM$_n$的热值比碳酸二甲酯高，也比甲醇稍高，虽然DMM$_n$热值仅为柴油热值的一半左右，但添加量不是很大时，由于热效率提高，影响较小。

21.4.3 十六烷值高

十六烷值是评价柴油性能的一个重要指标。高速柴油机要求柴油喷入燃烧室后迅速与空气形成均匀的混合气，并立即自动着火燃烧，因此要求燃料易于自燃。从燃料开始喷入气缸到开始着火的间隔时间称为滞燃期或着火落后期。燃料自燃点低，则滞燃期短，即着火性能好。一般以十六烷值作为评价柴油自燃性的指标。柴油的十六烷值低于工作条件要求，会使燃烧延迟和不完全，以致发生爆震，降低发动机功率，增加柴油消耗量。高速柴油机燃料的十六烷值约为40～56。大多数柴油机可采用的十六烷值为40～45。我国柴油国家标准（国Ⅱ到国Ⅴ）规定柴油的十六烷值最低值均应≥45。DMM$_n$的十六烷值为几种增氧剂中最高，不仅高于柴油，也高于二甲醚，为碳酸二甲酯的一倍以上，因此DMM$_n$除可用作增氧剂外，也可用作十六烷值改进剂。甲醇、乙醇的十六烷值则非常低。

21.4.4 沸点和闪点优势

闪点是柴油产品着火危险性的重要指标。对柴油的运输、储存和使用安全有着重大意义。液体燃料闪点的高低决定于液体燃料的蒸发性，其蒸发性越高，则闪点就越低。我国在柴油标准中规定了闪点的要求，GB/T 19147—2016 规定柴油的闪点不低于 45～55℃。闪点过低的柴油，蒸发损失大，储存和使用中安全性差，所以闪点也是确保安全的质量标准。DMM$_n$的沸点与柴油相近，其他物质的沸点与柴油相比大多偏低较多，闪点不符合柴油标准要求（碳酸二甲酯闪点17℃、甲缩醛闪点-17.8℃、二甲醚闪点-41.4℃、甲醇闪点12.2℃、乙醇闪点13℃）。

21.4.5 互溶性好

DMM$_n$、甲缩醛、碳酸二甲酯与柴油的互溶性非常好，甲醇与柴油的互溶性相对较差，乙醇高比例添加时也要使用助溶剂，DMM$_n$与柴油的互溶性不好。在柴油增氧剂中，甲醇、乙醇的十六烷值太低，且甲醇与柴油互溶性不好，还存在腐蚀等问题，因此虽然其价廉，但不是理想的柴油添加剂。碳酸二甲酯十六烷值也低，它的辛烷值较高，宜用于汽油添加剂，而不宜用作柴油添加剂。DMM$_n$的十六烷值较高，用于柴油对改善尾气排放污染有明显效果。由于生产技术的进步和生产规模的扩大，我国DMM$_n$产量大幅增长，成本和价格都有较大下降，因此以DMM$_n$替代柴油已具有较大吸引力。美国能源开发署（DOE）等机构研究表明，添加10%左右DMM$_n$到柴油中，其综合输出功率与等量柴油相当，而且在全负荷的情况下还可以节省 8%的柴油，同时在污染物的排放方面具有明显优势。但是DMM$_n$与柴油互溶性不好，DMM$_n$还不能稳定、均匀地掺和到柴油中。DMM$_n$的沸点和闪点较低，需要对油箱、加油系统和气缸喷嘴进行技术改造，并提供相应的压力系统，在加压条件下使DMM$_n$液化与柴油混合，大批量采用DMM$_n$作为车用燃料受到严重制约，10 余年的发展证明了这一点。

21.4.6　发动机无需改造

将 DMM_n 作柴油调和组分与石化柴油按一定比例掺烧，不需要对柴油发动机进行改造，对发动机无附加损害，且改善燃烧，提高燃烧效率，动力性能不降低，较低掺烧比时油耗不增加。

21.5　生产工艺

自 2008 年后，国内关于 DMM_n 的研究火热导致了 DMM_n 新技术的不断涌现，目前国内关于 DMM_n 生产工艺的专利接近 300 篇，其中大部分专利都是在 2010～2016 年集中申请的。DMM_n 技术种类繁多，根据采用原料的不同可以分为以下几个：三氧杂环己烷技术、甲醇与三聚甲醛技术、浓醛与甲缩醛技术、甲醇甲醛技术。根据催化剂使用的不同又可分为：硫酸、固体酸树脂催化剂、离子液催化剂、分子筛催化剂、金属催化剂等。目前公认采用最多的仍是甲醛与甲缩醛反应制备 DMM_n，催化剂采用固体酸树脂催化剂或离子液催化剂。

21.5.1　甲缩醛与三氧杂环己烷

该技术为 BASF 早期研究成果。BASF 公司早期公开了甲缩醛和三氧杂环己烷在酸性催化剂存在下制备 DMM_n 工艺的专利。该方法是将甲缩醛、三氧杂环己烷加入反应器中，在酸性催化剂条件下反应，通过蒸馏获得包含 $n=3$ 和 $n=4$ 的 DMM_n 馏分，而甲缩醛、三氧杂环己烷和 $n<3$、$n>4$ 的 DMM_n 再循环进入反应器。由于制备过程中会形成不稳定的半缩醛，并且半缩醛与 DMM_n 具有相近的沸点，不容易被分离出来，会一直存在于最终产品中。半缩醛的存在将在一定程度上降低柴油混合物的闪点，进而损害该混合物的品质，柴油混合物的闪点过低，会导致掺和柴油不能满足相关标准规定的规格要求，所以不太适合用作柴油添加剂。

此技术至今未见到工业化的报道。此技术研究中，在放大到工业生产规模时，可能会受到三氧杂环己烷的批量供应数量和价格的制约。

21.5.2　甲缩醛与三聚甲醛工艺

此工艺以甲缩醛与三聚甲醛为原料合成 DMM_n。首先环状三聚甲醛解聚成甲醛，然后甲缩醛再与解聚之后的甲醛反应生成 DMM_2，DMM_2 继续与解聚的甲醛反应生成 DMM_3，以此继续反应，生成更高聚合度的 DMM_n，反应方程式如下。

三聚甲醛解聚：

DMM_n 的合成反应：

$$CH_3\!-\!O\!-\!CH_2\!-\!O\!-\!CH_3 + CH_2O \longrightarrow CH_3(\!-\!O\!-\!CH_2)_2 O\!-\!CH_3 \quad (DMM_2)$$

$$CH_3(\!-\!O\!-\!CH_2)_2 O\!-\!CH_3 + CH_2O \longrightarrow CH_3(\!-\!O\!-\!CH_2)_3 O\!-\!CH_3 \quad (DMM_3)$$

$$CH_3(\!-\!O\!-\!CH_2)_3 O\!-\!CH_3 + CH_2O \longrightarrow CH_3(\!-\!O\!-\!CH_2)_4 O\!-\!CH_3 \quad (DMM_4)$$

$$CH_3(\!-\!O\!-\!CH_2)_4 O\!-\!CH_3 + CH_2O \longrightarrow CH_3(\!-\!O\!-\!CH_2)_5 O\!-\!CH_3 \quad (DMM_5)$$

$$CH_3(\!-\!O\!-\!CH_2)_5 O\!-\!CH_3 + CH_2O \longrightarrow CH_3(\!-\!O\!-\!CH_2)_6 O\!-\!CH_3 \quad (DMM_6)$$

$$CH_3(\!-\!O\!-\!CH_2)_6 O\!-\!CH_3 + CH_2O \longrightarrow CH_3(\!-\!O\!-\!CH_2)_7 O\!-\!CH_3 \quad (DMM_7)$$

$$CH_3(\!-\!O\!-\!CH_2)_7 O\!-\!CH_3 + CH_2O \longrightarrow CH_3(\!-\!O\!-\!CH_2)_8 O\!-\!CH_3 \quad (DMM_8)$$

BASF 公司专利公开了一组甲缩醛与三聚甲醛在酸性催化剂（也有报道和专利采用金属催化剂）作用下制备 DMM_n 的工艺。该专利阐述了甲缩醛、三聚甲醛合成 DMM_n 的工艺流程。如图 21.2 所示，原料混合好后进入装有催化剂的反应器发生催化反应，反应液经过装填有离子交换树脂的床层除去酸和水，得到无酸少水的反应液，进入第一个塔进行分离，塔顶得到甲缩醛，甲缩醛返回反应器循环反应，塔底混合物进入第二个塔，DMM_2 和未反应的三聚甲醛从第二个精馏塔塔顶馏出，并返回反应器循环反应，塔底混合物进入第三个精馏塔，目的产物 $DMM_{3\sim5}$ 从第三个精馏塔塔顶馏出，重组分（$n>5$）由塔底采出并返回反应器。

BASF 公司甲缩醛和三聚甲醛合成 DMM_n 工艺流程，见图 21.2。

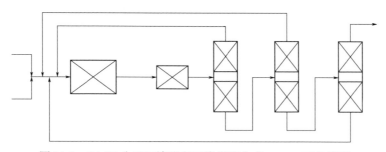

图 21.2 BASF 公司甲缩醛和三聚甲醛合成 DMM_n 工艺流程

该工艺需将原料及催化剂引入水的质量分数严格控制在 1%内，并且反应过程中，没有副产物水生成，因此在整个合成反应过程中水的影响很小。该工艺过程增加离子交换树脂床层，脱除产物中的酸和水，可以避免 DMM_n 在酸性环境下发生水解。

三聚甲醛和甲缩醛合成 DMM_n 的工艺路线简单，设备少，但是三聚甲醛的价格昂贵，其单价远高于成品柴油的售价，阻碍了其工业化的发展。到目前为止，还没有看到有关该工艺工业化应用的报道。

21.5.3 甲醇与甲醛为原料合成 DMM$_n$ 工艺

（1）BASF 公司甲醛、甲醇合成 DMM$_n$ 工艺一

BASF 公司除研究以甲缩醛和三聚甲醛为原料合成 DMM$_n$ 外，还研究以甲醇和甲醛为起始原料制备 DMM$_n$ 的工艺，根据其公布的专利来看，该工艺流程如图 21.3 所示。该工艺的催化剂采用均相催化剂或非均相催化剂。甲醛溶液和甲醇在反应器 3 中进行预反应，预反应液进入反应精馏塔 5 继续反应，并在塔釜重组分返回反应器 3 循环反应，塔顶轻组分进入第一精馏塔 8 进行分离，第一精馏塔釜重组分返回反应精馏塔，轻组分进入第二精馏塔 11 进行精馏，来自第一精馏塔的轻组分在第二精馏塔中分离，轻组分返回反应器 3 循环反应，重组分进入分相器进行分离，分相器中上层为水相，下层为有机相，有机相进入第三精馏塔分离，塔顶采出返回第二精馏塔，塔釜采出即为目标产物：DMM$_{3\sim5}$。上层水相进入第四精馏塔 19 分离，塔顶轻组分返回第二精馏塔，塔釜重组分废水直接排出。

甲醛和甲醇反应生成水的反应方程式如式（1）、式（2）所示：

$$2CH_3OH + CH_2O \longrightarrow CH_3OCH_2OCH_3 + H_2O \tag{1}$$

$$CH_3OCH_2OCH_3 + nCH_2O \longrightarrow CH_3O(CH_2O)_n{-}CH_3 \tag{2}$$

从反应式可以看出，反应首先生成甲缩醛，然后甲缩醛继续反应才能得到目的产物 DMM$_n$。同时每生成一分子的甲缩醛，就有一分子的水生成。该工艺的主要限制也在于水的生成与移除。

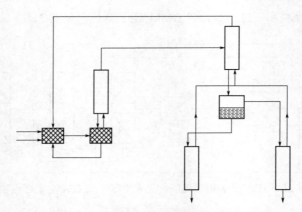

图 21.3　BASF 公司甲醛、甲醇合成 DMM$_n$ 工艺一

（2）BASF 公司甲醛、甲醇合成 DMM$_n$ 工艺二

BASF 公司还开发了另一种甲醇和甲醛反应工艺，流程如图 21.4 所示。甲醛溶液和甲醇一起进入第一反应器，反应液进入第一精馏塔分离，塔顶馏分返回第一反应器，含有甲醛、水、甲醇、多聚甲二醇、甲缩醛和 DMM$_n$ 的高沸点馏分进入塔 1，在塔 1 中再次分离，塔釜组分和新鲜甲醇在第二反应器中进行反应，催化剂和第一反应器所用催化

剂相同，反应产物返回第一反应器，塔 1 顶轻组分进入塔 2，塔 2 顶组分返回第一反应器，塔釜馏分进入分相罐，在分相罐中分层，有机相进入塔 3，塔 3 塔顶馏分返回塔 2，塔釜馏分进入塔 4，塔 4 顶馏分返回塔 2。

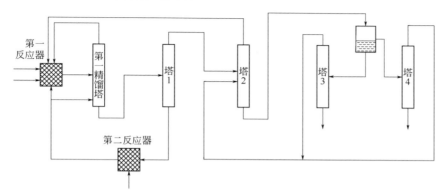

图 21.4　BASF 公司甲醛、甲醇合成 DMM_n 工艺二

这种甲醇和甲醛反应合成 DMM_n 工艺与 BASF 公司第一种工艺区别不大，第一种工艺的反应精馏塔，在第二种工艺中分成了精馏塔和反应器两套设备，流程也有所变化。最终，第二种工艺较第一种工艺产生更少的 DMM_n 重组分。

（3）中科院兰州化物所离子液体工艺

中国科学院兰州化学物理研究所（简称中科院兰州化物所）也公布了一种以甲醛溶液和甲醇为反应原料，以离子液体为催化剂合成 DMM_n 的工艺，如图 21.5 所示，该工艺方法分为两步：第一步，甲醛溶液在离子液体 ILI 的催化作用下，反应生成水合三聚甲醛，和甲醛形成混合溶液；第二步，生成的水合三聚甲醛和甲醛混合溶液在离子液体 ILII 的催化作用下，和甲醇发生反应生成 DMM_n。

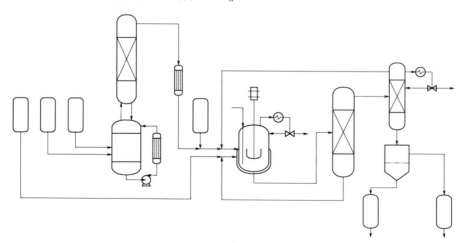

图 21.5　中科院兰州化物所离子液体合成 DMM_n 工艺

简单来说，该工艺过程可以分为 3 个区：①甲醛聚合反应-精馏区，该区含有一个反应精馏装置和一个气体冷凝装置。该区甲醛含量为 50%～60%（质量分数，下同），以离子液体 ILI 作为催化剂，催化剂用量为总反应物料质量的 1%～10%，合成三聚甲醛。在反应过程中有水生成，且甲醛未完全反应。②缩醛反应区，该区有一个带搅拌的反应器。来自上一区的三聚甲醛反应液进入缩醛反应区，以离子液体 ILII 为催化剂，发生缩醛反应，生成 $DMM_{1\sim6}$ 和水。③产品分离区，该区包括一个精馏塔、降膜蒸发器和分相器。该区将反应之后的混合物 $DMM_{1\sim6}$、未反应的甲醛和甲醇、水、催化剂分成两部分，一部分是产物组分，一部分是循环催化剂。反应产物在该区再次进行精馏，分离出含水的 $DMM_{3\sim6}$ 溶液和含有 $DMM_{1\sim2}$、未反应物与水的混合液。

该方法中生成的低聚物、未反应的甲醛和甲醇可以循环利用，提高了原料转化率和产物产率。此外该工艺还有反应腐蚀性低，反应条件温和，反应后产物分布较好，原料利用率高等优点。但是，该工艺初始原料为甲醛水溶液，并且甲醛和甲醇反应生成大量的水，造成目标产物收率降低。同时离子液催化剂制备困难，且价格昂贵；离子液体不容易与产物分离。因此，该工艺的工业化有不少问题，进程缓慢。

（4）BP 公司甲醛、甲醇合成 DMM_n 工艺

BP 公司研究了甲醇与甲醛反应合成 DMM_n 的工艺，该工艺由两步组成：第一步甲醇催化氧化制甲醛，甲醇经高温氧化脱氢后可得纯度较高的甲醛、甲醇和水的混合液；第二步甲醛与甲醇反应合成 DMM_n，采用负载有促进缩合反应的活性组分的非均相催化剂，来自上一步的甲醛和甲醇溶液在反应精馏塔中反应精馏，塔顶得到甲缩醛，塔底得到 DMM_n。该工艺由甲醇两步法合成 DMM_n，反应产物中目标产物仅占 24%，收率太低。

在众多甲醛和甲醇合成 DMM_n 的工艺中，都面临同样一个问题：大量水的存在。水的生成，对合成产物非常不利。因为酸性环境下水的存在会促进 DMM_n 分解，形成不稳定的半缩醛。半缩醛的闪点较低，添加到柴油中，会降低柴油混合物的闪点，影响油品性能。此外，半缩醛与 DMM_n 具有非常相近的沸点，很难与目标产物分离。故水的存在影响了产品的收率和质量，阻碍了该工艺的工业应用。这也是为什么目前仍没有该工艺工业化的报道。

21.5.4 甲醇与三聚甲醛为原料合成 DMM_n 工艺

采用该专利的研究单位包括北京科尔帝美技术工程有限公司、中科院兰州化物所等。

（1）北京科尔帝美公司技术

北京科尔帝美技术工程有限公司公开了一种制备 DMM_n 的专利，如图 21.6 所示。该工艺由 5 个系统组成：反应系统、减压闪蒸系统、萃取系统、碱洗系统和精馏分离系统。反应物甲醇、三聚甲醛、回收原料和离子液体催化剂混合后，进入环管式反应器进行反应，反应过程中会产生热量，需要通过循环水对反应器降温，反应器出来的产物一部分循环至反应器入口，一部分进入调压罐，从调压罐出来的物料进入闪蒸罐，分离出部分原料，经冷凝后返回反应器，闪蒸罐底部出来的物料进入萃取塔，经萃取剂萃取，分离

出产物和催化剂，催化剂循环使用，然后向萃取液中加入碱液中和。中和后萃取液送入回收塔，回收单体作为循环原料返回反应器，萃取塔底的萃取液进入萃取剂回收塔回收萃取剂，萃取剂返回萃取塔萃取产物;塔底产物进入产品分离塔分离，在塔底分离出目的产物，塔顶为含有目的产物的三聚甲醛混合物，一起进入三聚甲醛脱除塔，塔顶分离得到目的产物，塔底三聚甲醛混合液返回反应器循环反应。

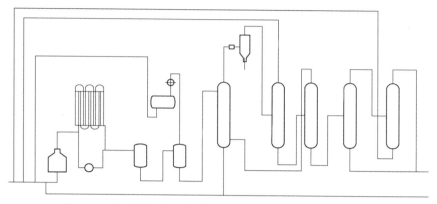

图 21.6　北京科尔帝美公司甲醇与三聚甲醛合成 DMM_n 工艺

该工艺反应器有很好的恒温性，可减少长链 DMM_n 的生成。另外，催化剂、部分原料可以循环使用，减少了物耗，产品收率较高。但是其以三聚甲醛为原料，价格昂贵，离子液体为催化剂，成本高，这些不足之处对其工业化应用产生了阻碍。目前未见该专利的工业化报道。

（2）中科院兰州化物所技术

中科院兰州化物所开发了以离子液体为催化剂合成清洁柴油组分聚甲氧基二甲醚（DMM_n）的新技术。使用甲醇及三聚甲醛为反应物，采用哑铃形离子液体为催化剂，控制一定的反应压力和温度，催化反应制备 DMM_n。具体流程图见图 21.7。

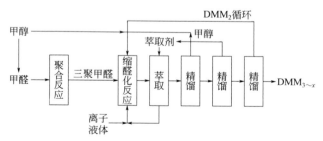

图 21.7　中科院兰州化物所甲醇与三聚甲醛合成 DMM_n 工艺

该技术具有离子液体的特性，反应腐蚀性低，反应条件温和，反应后产物分布较好，原料利用率高，转化率高等诸多优点。但该方法所用原料三聚甲醛与甲醇、甲醛等原料相比，价格较高，成本会随之增高，而且离子液体催化剂与 DMM_n 液体产物的分离较困难，因此该技术规模化生产有一定困难。

据报道，中科院兰州化物所与山东辰信新能源有限公司合作利用此技术成果建设年产 1 万吨 $DMM_{3\sim8}$ 产品的工业试验装置，投资 1.6 亿元，2013 年上半年建成并投入试运行。当时是国内第一个生产聚甲氧基二甲醚的工业装置，而且是离子液体第一个工业化应用的范例，受到了国内外的密切关注，但至今未见考核验收报道。据了解，原因是合成产品与粗产品的分离遇到较大困难，产品纯度尚有差距。从原料成本来看，甲醛到三聚甲醛过程的成本就高，再加上离子液体本身价格不菲，还有甲醇与三聚甲醛反应生成水，导致出现半缩醛副产物，增加了分离难度，因此，该路线存在诸多缺点，但是其研究思路以及工业运行状况都对后来的各种工艺路线起到了相当大的启发作用。

中科院兰州化物所在其专利中公布了部分反应数据，据称其工艺原料转化率可达91.5%，产物选择性高，反应液中有效柴油添加组分 $DMM_{3\sim8}$ 的含量可达 49.6%。表 21.6 是其公布的部分实验结果。

表 21.6　中科院兰州化物所实验结果

分析项目	出料速度 /(mL/min)	产物分布/%									
		甲醇	TOX	$CH_3O(CH_2O)_nCH_3$　$n=$							
				1	2	3	4	5	6	7	8
轻组分产品	14.0	7.9	31.6	29.5	31.2	0.3	0	0	0	0	0
	18.5	1.0	0	0.2	0.6	38.5	22.6	21.4	12	2.6	1.1

21.5.5　高浓度甲醛与甲缩醛生产技术

在众多 DMM_n 生产技术工业化失败后，众多研究单位从中受到启发，考虑到成品柴油的售价，故选择原料时需要选择价格低廉易得的原料；其次，催化剂的选择也需要考虑稳定廉价。故在某种程度上，原料上选择三聚甲醛生产 DMM_n 是没有成本优势的，更别说其沸点与 DMM_2 接近，具有不易分离的缺点。催化剂选择上，因为一直无法解决离子液体催化剂重复利用的损失及与产物的分离难点，故较多研究单位选择固体酸催化剂。至于其他催化剂，如金属氧化物催化剂、分子筛催化剂、石墨烯催化剂等，大多处于研究状态，尚未见到工业化报道。

考虑到甲醇在酸性条件下会与甲醛反应生成水，故越来越多人意识到直接采用甲醇反应的弊端，故现在工业化的 DMM_n 装置中大多是分别采用甲醇生成甲醛和甲缩醛，然后再使用两者反应生成 DMM_n。基于此思路，采用高浓度甚至接近纯甲醛的原料，从而减少产物中水含量、降低分离难度成为甲醛、甲缩醛合成 DMM_n 工艺的核心。由此，目前行业内衍生出三种主流工艺：多聚甲醛工艺、液态浓醛技术、纯气体甲醛技术。此类技术都是在原料中就尽量减少水含量，此类技术主要工艺流程见图 21.8。

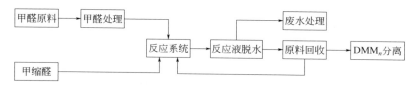

图 21.8　甲醛与甲缩醛合成 DMM$_n$ 工艺流程

采用甲醛和甲缩醛生产工艺的产品分布符合费托合成的产物分布规律：

$$W_n/M_n=(1-\alpha)^2\alpha^{n-1}$$

式中，W_n 为产物的质量分数；M_n 为产物的摩尔分数；n 为产物含碳个数；α 为产物的生长因子。

备注：该分布规律描述了产物分布制约了产品的选择性，使得目的产品收率低。

原料甲醛和甲缩醛都由甲醇制备，此类技术国内已经十分成熟。原料甲醛经过处理后（浓缩脱水或者汽化得到纯甲醛）与甲缩醛反应，反应液进行脱水，然后回收未完全反应的甲缩醛轻组分（也有部分工艺先脱甲缩醛后脱水），最终进行 DMM$_n$ 产品分离，得到合格产品。

（1）多聚甲醛技术

在所有 DMM$_n$ 生产工艺中，多聚甲醛技术是研究最多的，多家研究单位都对此工艺申请了专利。最重要的是，该方法生产 DMM$_n$ 拥有目前为数不多的中试装置和样板工厂，至少已在实践中验证了其可行性。目前涉足采用该原料的研究单位包括中国科学院、清华大学、润成碳材料、东方红升等。

多聚甲醛（paraformaldehyde）是一种白色粉状或粒状的固体，具有可燃性，是甲醛重要的下游产品；是由聚氧亚甲基二醇 HO(CH$_2$O)$_n$H 组成的混合物，其中含有少量的水、甲醇和甲酸，尾端碳链上附着的水分子称为结合水；分为低聚合度多聚甲醛和固体多聚甲醛两种，低聚合度多聚甲醛 $n<100$，易溶于水，固体多聚甲醛 $n=100\sim300$，甲醛含量 98%～99%（质量分数），极难溶于水。低聚合度多聚甲醛纯度高、水溶性好、解聚完全、产品疏松及颗粒均匀，是理想的纯甲醛的原料，是工业甲醛极好的替代品。

多聚甲醛生产 DMM$_n$ 技术目前在国内已经成熟，不仅拥有中试装置和样板工厂，部分厂家的产品已在市场上试销售。该工艺各家采用方案不同，就催化剂而言，以采用固体酸催化剂的较多，但也有采用离子液体（中科院兰州化物所）为催化剂。另外，原料多聚甲醛和甲缩醛都是国内技术成熟、产能过剩的产品，成本相比三聚甲醛低，但是因为都是甲醇的深加工产品，其原料成本又高于直接采用甲醇、甲醛的工艺。但是就目前而言，无论是稳定性、经济性，还是工艺成熟性，该法生产 DMM$_n$ 都是极具优势的。

多聚甲醛生产 DMM$_n$ 的工艺步骤简单，多聚甲醛原料和甲缩醛同时进入带搅拌反应釜（或浆态床）进行反应，反应催化剂可以是固体酸或者是离子液等。反应后的反应液首先进行固液分离，分离出未完全反应的多聚甲醛粉末状固体，收集后送入反应器重复利用。因为要考虑多聚甲醛的解聚时间，所以该法生产 DMM$_n$ 反应时间较长，为解决该弊端，清华大学曾提出将多聚甲醛汽化，采用汽化后的多聚甲醛与气体甲缩醛在流化床反应器中反应，可提高反应速率，降低反应时间。但是多聚甲醛汽化也有不可避免的缺点，多聚甲醛汽化过程中会产生较多的歧化反应，产生大量甲酸，对设备产生腐蚀。同时，流化床放大也存在较大风险。反应后的反应液经过固液分离后，可进入精馏塔分离（采用离子液体为催化剂的需加入离子液分离的单元），正常来讲，该反应液会在第一个塔顶采出甲缩醛和轻组分，该混合物可经过脱水后返回反应器继续利用，分离出轻组分的反应液主要含有 $DMM_{3\sim8}$，经过一次脱除重组分即可得到目标产物 $DMM_{3\sim5}$（部分工艺也将 $DMM_{3\sim8}$ 作为产品）。

多聚甲醛工艺由于采用的多聚甲醛原料甲醛含量极高，水含量较少，故该工艺转化率和选择性都较高。部分工艺还加入了特殊的脱水方法，如膜脱水、分子筛脱水等。

（2）气体甲醛技术

此类技术和清华大学将多聚甲醛汽化后与甲缩醛气体在流化床中反应有相似之处。该技术采用一种有机溶剂与甲醛溶液进行萃取反应，得到纯的甲醛气体，将甲醛气体与甲缩醛送入反应器反应，反应后的反应液再经过分离即可得到产品。该技术无水甲醛的制备相比多聚甲醛工艺流程短，能耗低，而且纯甲醛参与反应，没有解聚过程，反应时间短。

该工艺通过一种具有专利技术的反应塔，采用外挂固定床反应器，反应液大量循环的反应体系完成反应过程，其优点是：在固定床反应器中是液-液反应，不存在固体细微颗粒，不会发生催化剂通道堵塞或者催化剂搅拌破碎等问题，因此催化剂使用寿命较长（1～2 年）；外挂式固定床反应器，更换催化剂也方便；原料具有成本优势、反应体系较优，工程放大风险较小；同时因流程短，工程造价大幅度低于多聚甲醛路线。故该工艺是最具有竞争优势的工艺路线。

气体甲醛与甲缩醛合成 DMM_n 工艺路线流程，见图 21.9。

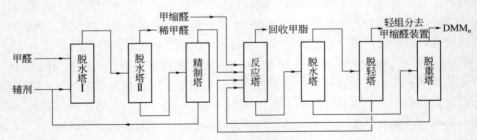

图 21.9　气体甲醛与甲缩醛合成 DMM_n 工艺

气体甲醛与甲缩醛合成 DMM_n 工艺主要分为以下几部分：①无水甲醛制备。甲醛溶液与萃取剂（辅剂）进入脱水塔Ⅰ，塔顶为萃取相；萃取相进入脱水塔Ⅱ，水和少量甲醛在塔顶被蒸出，塔底为萃取剂和甲醛，进入精制塔；萃取剂和甲醛在精制塔中分离开来，塔底萃取剂循环使用，精制塔塔顶得到无水甲醛（气体），进入反应体系。②反应体系。该反应体系由一台反应塔和若干外挂固定床反应器组成，无水甲醛（气体）进入塔釜液相，并被液相吸收形成一定甲醛浓度的反应液。该反应液由泵大量循环至外挂反应器，同时按计量比例往外挂反应器中送入循环甲缩醛，反应液中的甲醛和甲缩醛在反应器中完成反应。无水甲醛（气体）在该反应塔中被吸收后，甲醛浓度呈梯度分布，因此从反应塔不同位置的塔板上抽出反应液进行类似于上述的反应过程，直至反应达到平衡，反应液从反应塔塔底抽出，到后续工段分离。③分离体系。反应液主要含有 DMM_n、甲醇、甲缩醛及少量的水、甲醛、甲酸，反应液先进入脱水塔，脱出 DMM_2（沸点 $105℃$）、水、甲醇、甲缩醛等轻组分，塔底物料主要含有 $DMM_{\geqslant 3}$ 进入脱重塔，塔顶物料脱出主含 $DMM_{3\sim 5}$ 的产品，塔底物料循环至反应体系。

目前，气体甲醛与甲缩醛合成 DMM_n 工艺路线的 DMM_n 装置已在山东淄博建成 4 万吨/年的样板工厂。

（3）液体浓醛技术

液体浓醛技术和多聚甲醛技术很类似。该技术采用高浓度液体甲醛与甲缩醛反应，其原理与多聚甲醛类似，都是采用浓度尽量高的甲醛去和甲缩醛反应，不同的是反应方案和反应后的产物分离方案各不相同。同样，该工艺也遵循费托合成的产物分布规律。根据拥有浓醛专利的研究单位公布的数据来看，浓醛法生产的主要核心在于反应后产物中大量水的移除，因为采用的液态浓醛浓度只有 $75\%\sim 85\%$，其含有的大量水进入反应体系，故反应液必须采用有效的除水措施。液体浓甲醛与甲缩醛合成 DMM_n 的工艺流程图，见图 21.10。

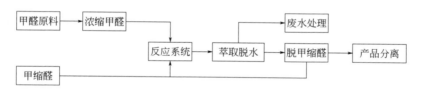

图 21.10　液体浓甲醛与甲缩醛合成 DMM_n 工艺

21.5.6　生产工艺评述

从表 21.7 可以看出我国聚甲氧基二甲醚生产技术对比分析。

表 21.7　我国聚甲氧基二甲醚生产技术对比分析

方法 项目	方法一	方法二	方法三
原料	甲缩醛和多聚甲醛	甲醇和三聚甲醛	甲缩醛和多聚甲醛
催化剂	阳离子交换树脂催化剂	离子液体催化剂	固体酸催化剂
反应器	液相反应器或固定床	液相反应器（环管式反应器）	气-液-固三相流化床多级反应器

项目 \ 方法	方法一	方法二	方法三
反应过程	加压合成、催化精制及精馏分离	反应区（环管式反应器+两级闪蒸）、分离区（萃取分离+碱洗+浓缩）、催化剂再生区和产品脱水区（精馏分离）	未见公开报道
技术指标	聚甲醛二烷基醚纯度大于99.5%，总收率大于97%	甲醇利用率为85%，三聚甲醛转化率大于90%，DMM_{3-8}选择性接近50%	未见公开报道
特点	原料价格便宜，工艺流程短、能耗低，分离过程工艺简单，原料总转化率及目标产物收率高	具有无高温高压、反应条件温和、流程短、副反应少、腐蚀性小、产品收率高等特点，但催化剂和三聚甲醛价格昂贵；萃取单元采用苯作催化剂，需要配套含苯废气处理设施	采用流化床反应系统，详细情况未见公开报道
案例	2013年12月，四川达兴能源千吨级 DMM_n 工业试验装置通过石化联合会组织连续运行考核，生产出聚甲氧基二甲醚产品；2014年，10万吨级装置通过石化联合会评审	2013年7月26日，北京科尔帝美工程技术有限公司设计的山东（菏泽）辰信新能源公司1万吨/年甲醇制聚甲氧基二甲醚装置一次投料试车成功，万吨级装置通过[2014]1003号验收	2014年6月，山东玉皇化工有限公司1万吨/年聚甲氧基二甲醚工业化示范装置实现稳定连续运行，生产出聚甲氧基二甲醚产品，产品纯度为97%
技术先进	工艺先进可靠，与核心技术配套的工艺成熟可靠，没有工程放大风险；产品应用试验已进行两年以上，获得较好效果，为制订标准打下基础	采用离子液体为催化剂，属先进催化体系	国际领先水平，建议进一步开展应用、储运性能的试验，加快清洁、经济的大规模产业化工程技术研发和有针对性的标准的制定
技术拥有单位	北京东方红升新能源应用技术研究院、中国石油大学（华东）	中科院兰州化物所	清华大学

21.6　不同行业对聚甲氧基二甲醚的分析

21.6.1　煤化工行业

据估算，采用现有的几种技术生产 1t 聚甲氧基二甲醚消耗甲醇约 1.5t，因此聚甲氧基二甲醚的推广应用将会改变甲醇的消费结构，缓解甲醇产能过剩的局面。

国内从事煤化工和聚甲氧基二甲醚研究的相关机构（清华大学、北京旭阳化工技术研究院有限公司、神华集团等）都对聚甲氧基二甲醚这一甲醇下游新兴产品表现出了极大的关注。专家对聚甲氧基二甲醚技术在环保领域的积极作用给予了充分肯定，认为该技术能改善柴油燃烧性能、显著降低污染物排放，对目前大气污染治理具有重要的意义。

而且，积极推进聚甲氧基二甲醚的产业化可以充分利用甲醇的产能，有利于推动煤化工产品从传统路线向高附加值的精细化产品转变。

21.6.2　石油行业

国内某公司曾就聚甲氧基二甲醚产品在车用柴油中的添加事宜与石油行业进行接触。但是，石油行业以聚甲氧基二甲醚会影响柴油的动力，含氧量较高会增加 NO_x 排放等理由反对在车用柴油中添加该物质。

清华大学汽车安全与节能国家重点实验室的研究结果则表明：向柴油中添加 $DMM_{3\sim4}$ 能有效降低柴油机的碳烟、颗粒物（PM）排放、提高燃油经济性；轻型柴油机大负荷工况下的碳烟排放下降90%，指示热效率能够提高2%；重型柴油机 ESC 循环的颗粒物（PM）排放下降36.2%，有效热效率上升0.8%。添加比例为10%时，在中低负荷下 NO_x 排放与柴油相当，没有出现明显的升高。

21.6.3　军工行业

中国人民解放军总后勤部油料研究所的研究结果也表明：在海拔4500m的条件下，聚甲氧基二甲醚与军用柴油混合体积比为20%（DM20）和30%（DM30）时，相比军用柴油，标定转速时负荷特性转矩分别提高0.3%～30.0%和15.6%～31.8%，能耗率分别降低3.9%～19.2%和7.4%～37.8%，尤其在高速、小负荷工况下，随着掺混比例增加，滞燃期缩短，有效缓解了后燃现象，提高了燃烧过程的等容度，柴油机的动力性和经济性显著提高。测试结果表明，聚甲氧基二甲醚与军用燃料调和所得的含氧燃料可适用于高原环境。

21.7　产品质量标准编制工作进展

聚甲氧基二甲醚产品质量标准编制工作进展见表21.8。产品标准的成功制定，将会成为聚甲氧基二甲基醚打开市场的关键一步。

表 21.8　聚甲氧基二甲醚产品质量标准编制工作进展

年份	标准项目名称	标准类别	制定/修订	完成时间	标准化管理机构	技术委员会或技术归口单位	主要起草单位
2014年	柴油合成调和组分聚甲氧基二甲醚	产品	制定	2016年	中国神华煤制油化工有限公司	能源行业煤制燃料标准化技术委员会	北京东方红升新能源应用技术研究院、中国石油大学（华东）
2015年	聚甲氧基二甲基醚调和柴油（D10）	产品	制定	2016年	中国神华煤制油化工有限公司	能源行业煤制燃料标准化技术委员会	北京东方红升新能源应用技术研究院、山东玉皇化工有限公司、总后勤部油料研究所、清华大学、中国石油大学（华东）、中国环境科学研究院、四川达兴能源股份有限公司、新疆库车新成化工有限公司、鄂尔多斯市易臻石化科技有限公司

21.8　污染物产生水平

① 甲醛在反应条下除了和甲缩醛反应生成 DMM 外，还会发生副反应生成甲酸。在反应产物精馏分离过程中，甲酸的存在会使 DMM 发生分解反应，重新生成甲醛。采用固定床吸附法脱除了产物中的甲酸，有效避免了在精馏塔中 PODE 的分解，避免了常规用碱洗法或固体碱反应法产生大量酸渣的缺点。

② 与国内其他机构采取的离子液体法相比，在反应产物分离时，由于精馏方法无法将离子液体催化剂与聚合度不同的聚甲氧基二甲醚与水完全、有效分离，故需要采用萃取的方法进行分离。国内通常采用苯作为萃取剂，萃取系统存在以下缺陷：a. 单一的萃取塔并不能够实现将混合物料的各个组分进行较为完全的分离，单体、催化剂、苯等均存在着极大的浪费；b. 浓缩器的操作压力为负压，底部分离回收的催化剂黏度很大，不易从浓缩器中采出；c. 萃取剂苯在储存、使用过程中产生的尾气如果不进行处理，不仅浪费物料，还会造成污染。工艺采用固体催化剂，催化剂的分离技术成熟、方便、有效，对于反应中的水分通过固定床吸附的方法脱去，流程更为简洁，且没有含苯废气产生。

③ 本生产工艺不但将常压精馏塔塔顶未反应的甲缩醛、甲醛、甲醇进行循环利用，也将 DMM_2 和减压精馏塔塔底 $DMM_{6\sim8}$ 返回反应系统进行再反应，一方面提高了最优目标产物 $DMM_{3\sim4}$ 的收率，减少了物料损失；另一方面避免了高沸物及低沸物的排放。

④ 在采用离子液体催化剂时，聚甲氧基二甲醚生产废水产生量大，废水中含有一些多环和杂环类化合物，是一种典型的含有较难降解有机化合物的工业废水。而采用固体催化剂技术，聚甲氧基二甲醚生产废水中不含有多环和杂环类化合物，其废水容易处理，可望实现工艺废水的近零排放。

⑤ DMM_n 生产装置的尾气主要来自精制过程，部分氢气溶解在液相物料中，随着压力降低，溶解氢气被解吸出来，同时将夹带部分甲醇、甲缩醛、DMM_2 等气相物质，另外，精馏过程也有部分不凝气产生，该气体收集后送火炬焚烧；DMM_n 生产过程中产生少量反应生成水，根据示范工程实验提供数据，甲醛含量小于 500×10^{-6}，含甲醛废水送污水处理站经"隔油调节池—初级沉淀池—气浮池—SBR 池—二级沉淀池—砂滤池"处理后可以满足《污水综合排放标准》（GB 8978—1996）二级排放标准。多聚甲醛生产产生脱酸吸附剂、脱水吸附剂、脱硫脱氯吸附剂以及加氢催化剂等危险废物，委托危险废物处置单位处置；DMM_n 生产的主要噪声设备有泵、压缩机等，均设于室内，采取隔声降噪减振等措施。

21.9　包装与储运

储存于阴凉通风处，如露天放置，应用防雨布或其他材料搭棚遮盖，若储存量甚大且无防雨布时，则需将桶倾斜立置并与地面成 75°角，桶上大小盖口应在同一水平线上，以防雨水渗入。

在储运中需执行有关防火安全规定。必须严禁烟火，并应设置完善的消防设备，在抽注油或倒罐时，油罐及活管必须用导电的金属线接地，以防止静电聚积起火。

在开关容器盖子时，必须使用特制扳手，不得用凿子及锤子，以免产生火花，引起火灾。开启前要擦净，封闭时要加垫片，以免将油弄脏。

21.10 经济概况

聚甲氧基二甲醚以甲醇为主要生产原料，以柴油添加剂为目标市场。近年来，国际原油供需市场变化快、价格起伏大，使甲醇、柴油市场供需、价格波动也很大。聚甲氧基二甲醚产业发展必须及时关注成本变化。但是，油价的波动是不可控的，也是不能期待的，将产品的希望寄托于油价回升上，只能说是"守株待兔"。

现有的几种工艺均存在工艺路线长、催化剂性能有限的问题，还有很大的提升空间。因此，聚甲氧基二甲醚的下一步研究应围绕"降低产品成本"这一重点来开展工作。应对原料和催化剂进行改进：一方面，以甲醇和甲醛为原料，直接合成聚甲氧基二甲醚，省去甲醛制多聚甲醛或三聚甲醛的步骤，可以缩短工艺流程，具有显著的成本优势，但是反应体系中水的负面影响至今无法获得解决，因此研究重点应着眼于如何降低原料中的水含量。另一方面，现有合成工艺的产物中轻组分（DMM_2）和重组分（$DMM_{5\sim8}$）较多，这不但会导致有效成分 $DMM_{3\sim4}$ 选择性较低，还加重了分离负荷。因此，催化剂的研究应着眼于提高有效成分 $DMM_{3\sim4}$ 的选择性，通过提升反应效率来降低后续的分离成本，进而降低生产成本。

只有通过改进工艺、提升催化剂的性能，才能有效降低聚甲氧基二甲醚的成本。当产品具有了显著的成本优势，在应对市场风险时才能做到游刃有余。如果在生产工艺和催化剂上不能有新的突破，产品成本居高不下的话，那么聚甲氧基二甲醚也将会成为下一个"碳酸二甲酯"。

21.11 用途

$DMM_{3\sim8}$ 可作为清洁柴油调和组分，物性与柴油相近，调和到柴油中使用，不需要对车辆发动机供油系统进行改造。其十六烷值高达 76，含氧量 47%～50%，无硫无芳烃，在柴油中调合 10%～20%，能显著降低柴油冷滤点，可改善柴油在发动机中的燃烧质量，提高热效率。同时，DMM_2、DMM_3 和 DMM_4 也是一类溶解能力极强的溶剂。

参 考 文 献

[1] British Petroleum. BP Statistical Review of World Energy 2014 London: BP, 2014.

[2] Huang R J, Zhang Y, Bozzetti C, et al. High secondary aerosol contribution to particulate pollution during haze events in China. Nature, 2014, 514(7521):218.

[3] Lumpp B, Rothe D, Pastötter C, et al. Oxymethylene ethers as diesel fuel additives of the future. Mtz Worldwide Emagazine, 2011, 72(3):34-38.

[4] Fu W H, Liang X M, Zhang H, et al. Shape selectivity extending to ordered supermicroporous aluminosilicates. Chemical Communications, 2015, 51(8):1449-1452.

[5] Zheng Y, Tang Q, Wang T, et al. Synthesis of a green fuel additive over cation resins. Chemical Engineering & Technology, 2014, 36(11):1951-1956.

[6] Burger J, Siegert M, Ströfer E, et al. Poly(oxymethylene) dimethyl ethers as components of tailored diesel fuel: Properties, synthesis and purification concepts. Fuel, 2010, 89(11):3315-3319.

[7] 谢萌, 马志杰, 王全红, 等. 聚甲氧基二甲醚及其高比例掺混柴油混合燃料发动机燃烧与排放的试验研究. 西安交通大学学报, 2017, 51（3）: 32-37.

[8] 王志, 刘浩业, 张俊, 等. 聚甲氧基二甲醚与柴油混合燃料的燃烧与排放特性. 汽车安全与节能学报, 2015, 6（2）: 191-197.

[9] 朱益佳, 林达, 魏小栋, 等. 掺混 PODE 对增压中冷柴油机燃烧和排放性能的影响. 上海交通大学学报, 2017, 51（1）: 33-39.

[10] 王玉梅, 孙平, 冯浩杰, 等. PODE/柴油混合燃料对柴油机颗粒物排放特性的影响. 石油学报: 石油加工, 2017, 33（3）: 549-555.

[11] 史高峰, 陈英赞, 陈学福, 等. 聚甲氧基二甲醚研究进展. 天然气化工（C1 化学与化工）, 2012, 37（2）: 74-78.

[12] Schelling H, Ströfer E, Pinkos R, et al. Method for producing polyoxymethylene dimethyl ethers. US: US 20070260094 A1[P]. 2007.

[13] Burger J, Siegert M, Ströfer E, et al. Poly(oxymethylene) dimethyl ethers as components of tailored diesel fuel: Properties, synthesis and purification concepts. Fuel, 2010, 89(11):3315-3319.

[14] Stroefer E, Hasse H, Blagov S. Method for producing polyoxymethylene dimethyl ethers from methanol and formaldehyde. US: US 7671240. 2010.

[15] Stroefer E, Hasse H, Blagov S. Method for producing polyoxymethylene dimethyl ethers from methanol and formaldehyde. US: 20080207954. 2008.

[16] Stroefer E, Hasse H, Blagov S. Process for preparing polyoxymethylene dimethyl ethers from methanol and formaldehyde. US: 20080221368. 2008.

[17] Stroefer E, Hasse H, Blagov S. Process for preparing polyoxymethylene dimethyl ethers from methanol and formaldehyde. US: 7700809. 2010.

[18] Xia C G, Song H Y, Chen J, et al. Method for preparing polyoxymethylene dimethyl ethers by acetalation of formaldethde with methanol. US: 20110313202. 2011.

[19] 夏春谷, 宋河远, 陈静, 等. 甲醛与甲醇缩醛化反应制备聚甲氧基二甲醚的工艺过程. CN:102249868A. 2011.

[20] Hagen G P, Spangler M J. Preparation of polyoxymethylene dimethyl ethers by acid-activated catalytic conversion of methanol with formaldehyde formed by dehydrogenation of methanol. US: 6437195. 2002.

[21] 韦先庆, 王清洋, 黄小科, 等. 一种制备聚甲氧基二甲醚的系统装置及工艺. CN: 102701923. 2012.

[22] 韦先庆, 王清洋, 黄小科, 等. 一种制备聚甲氧基二甲醚的系统装置. CN: 202808649. 2013.

[23] 陈静, 唐中华, 夏春谷, 等. 哑铃型离子液体催化合成聚甲氧基二甲醚的方法. CN: 101962318A. 2011.

[24] 夏春谷, 朱刚利, 赵峰, 等. 一种双反应器生产聚甲氧基二甲醚的方法及系统. CN: 104610026A. 2015.

[25] 王金福, 唐强, 王胜伟, 等. 一种由甲缩醛和多聚甲醛制备聚甲氧基二甲醚的流化床装置及方法. CN: 104971667B. 2016.

[26] 王云芳, 陈建国, 邢金仙, 等. 一种制备聚甲氧基二甲醚的组合工艺. CN: 103360224A. 2013.

[27] 商红岩, 洪正鹏, 薛真真, 等. 一种浆态床和固定床联合制备聚甲氧基二甲醚的方法. CN: 104119210A. 2014.

[28] 王金福, 郑妍妍, 王胜伟, 等. 一种生产聚甲氧基二甲醚的方法. CN: 104974025A. 2015.

[29] Zheng Y, Tang Q, Wang T, et al. Kinetics of synthesis of polyoxymethylene dimethyl ethers from paraformaldehyde and dimethoxymethane catalyzed by ion-exchange resin. Chemical Engineering Science, 2015, 134:758-766.

[30] 向家勇, 张鸿伟, 许引, 等. 一种气体甲醛合成聚甲氧基二甲醚及脱酸的工艺装置及方法. CN: 104725203A. 2015.

[31] 向家勇, 商红岩, 洪正鹏, 等. 一种以浓缩甲醛为原料制备聚甲氧基二甲醚的方法. CN: 104591984A. 2015.

[32] 张信伟, 等. 聚甲氧基二甲醚合成技术的产业化进展. 化工进展, 2016, 35（7）：2293-2298.

[33] 陈勇民. 聚甲氧基二甲醚生产的污染防治及清洁生产. 科技创新导报, 2015, 2015.（25）：90-92.

第22章
碳酸二甲酯

黄建军　宁夏新奥化工有限公司　董事长

22.1　概述

碳酸二甲酯（dimethyl carbonate，DMC，CAS 登录号：616-38-6），是一种重要的有机化工原料。由于其具有使用安全、方便、污染少、容易运输等特点，DMC 被视为"绿色"化工产品，可替代高毒光气、硫酸二甲酯等，用于医药、农药及溶剂等众多化工领域。

20 世纪 80 年代，意大利埃尼（ENI）公司成功开发了 CO、O_2、甲醇低压羰基化技术生产 DMC。

1992 年，美国德士古（Texaco）成功开发了联产 DMC 和乙二醇的液相酯交换反应工艺，其主要原料为 CO_2、环氧乙烷和甲醇。

上述两个工艺的开发成功，均避开了剧毒的光气来生产 DMC，从而为碳酸酯的大规模生产及应用创造了条件。此后，全球 DMC 生产和消费一直稳步增长。2015 年，全球 DMC 的产能达到 93.2 万吨。

全球主要 DMC 生产商和产能如表 22.1 所示。

表 22.1　全球主要 DMC 生产商和产能的情况

国家/地区	生产商	产能/(万吨/年)	生产方法	备注
中国台湾	台湾奇美公司	15.0	CO_2 与环氧化物加成法	
俄罗斯	OAO Kazanorgsintez of Tatarstan 公司	6.5	CO_2 与环氧化物加成法	
美国	通用电气公司（GE）	6.0	气相氧化羰基化法	
中国山东	山东石大胜华化工集团	6.0	酯交换碳酸丙烯酯法	联产丙二醇
中国江苏	江苏姜堰化肥厂	6.0	酯交换碳酸丙烯酯法	联产丙二醇
中国陕西	陕西榆林云化绿能有限公司	5.5	酯交换法	
中国山东	山东兖矿国宏化工有限公司	5.0	酯交换碳酸丙烯酯法	联产丙二醇

国家/地区	生产商	产能/(万吨/年)	生产方法	备注
日本	日本宇部兴产株式会社	4.5	气相氧化羰基法	
中国浙江	浙铁大风化工有限公司	4.0	酯交换法	
中国安徽	安徽铜陵金泰化工有限公司	4.0	酯交换法	
中国山东	山东海科新源化工有限公司	4.0	酯交换碳酸丙烯酯法	联产丙二醇
中国河北	唐山朝阳化工集团	3.2	酯交换碳酸丙烯酯法	联产丙二醇
中国山东	东营新顺化工有限公司	3.0	酯交换法	
中国河北	河北新朝阳化工股份有限公司	3.0	酯交换法	
中国山东	山东维尔斯化工有限公司	2.5	酯交换碳酸丙烯酯法	联产丙二醇
美国	Dow	2.0	气相氧化羰基法	
美国	Texaco	2.0	酯交换法	联产乙二醇
中国辽宁	中石油辽河油田大力集团有限公司	1.6	酯交换碳酸丙烯酯法	联产丙二醇
日本	MitsubishiChemical Corporation	1.5	液相氧化羰基法	
中国山东	山东泰丰矿业集团中科化工有限公司	1.5	酯交换法	
意大利	Enichem Synthesis SPA	1.2	液相氧化羰基法	
中国黑龙江	黑龙江黑化集团有限公司	1.2	液相氧化羰基法	
中国辽宁	中石油锦西炼油化工总厂	1.0	酯交换法	
中国辽宁	中石油锦西天然气化工有限公司	1.0	酯交换法	
中国山东	山东德普化工科技有限公司	1.0	酯交换法	
日本	Dacai	0.6	液相氧化羰基法	

22.2　性能

22.2.1　结构

结构式：

分子式：$C_3H_6O_3$

22.2.2 物理性质

DMC 的物理性质如表 22.2 所示。

表 22.2 DMC 的物理性质

项目	数值	项目	数值
熔点/℃	2～4	饱和蒸气压（20℃）/kPa	6.27
密度（25℃）/(g/cm³)	1.073	闪点/℃	
折射率	1.3697	开杯法	21.7
黏度/mPa·s	0.664	闭杯法	16.7
沸点/℃	90～91	相对密度 d_4^{20}	1.070
燃烧热（液体20℃）/(kcal/kg)	3452	介电常数	2.6

注：1kcal=4.1868kJ。

22.2.3 化学性质

DMC 在常温下为无色透明液体，有一般醇、酯和酮类似的外观，略带香味，难溶于水。由于 CH_3—、CH_3O—、CH_3O—CO—、—CO—等多种官能团的存在，DMC 的反应活性较高，能够与醇、酚、胺、肼、酯等化合物发生反应，能取代剧毒试剂光气应用于有机合成工业。DMC 毒性低，几乎不腐蚀金属。除此之外，还具有闪点高、蒸气压低和空气中爆炸下限高等特点。

22.3 生产方法

目前，国内外已经工业化的 DMC 生产工艺主要有：光气法、酯交换法（酯交换碳酸丙烯酯法）、甲醇氧化羰基化法（包括液相法和气相法）和 CO_2 直接氧化法。

22.3.1 光气法

光气法也称甲醇光气法，首先 CO 与 Cl_2 作用生成 $COCl_2$，然后 $COCl_2$ 再与甲醇或甲醇钠反应生成 DMC。

1918 年，Hood 等首次报道了 DMC 的合成。他们在合成氯甲酸三氯甲酯的时候意外发现了一个副反应，该副反应的产物便是 DMC。该方法后来被称为光气法。但是这个方法由于剧毒光气的使用而限制了它的发展。

$$COCl_2 + CH_3OH \longrightarrow ClCOOCH_3 + HCl$$

$$ClCOOCH_3 + CH_3OH + NaOH \longrightarrow CH_3OCOOCH_3 + NaCl + H_2O$$

光气法由于使用的原料光气有剧毒，工艺复杂，副产物盐酸腐蚀性强，会产生污染环境等问题，其使用和发展受限制，将逐步被淘汰。

22.3.2 酯交换法

酯交换法可分为直接法和间接法。该法生产安全清洁，与环氧化物环氧乙烷（EO）或环氧丙烷（PO）水合制备二元醇——乙二醇（EG）或1,2-丙二醇的工艺有密切关系，在经济上的竞争优势明显。间接酯交换法分两步，首先 CO_2 与环氧化物 EO（PO）反应得到碳酸乙烯酯 EC（或碳酸丙烯酯 PC），EC（PC）与 CH_3OH 进行酯交换反应得到 DMC 及相应的二元醇。直接酯交换法是将 EO（PO）、CH_3OH 和 CO_2 加入同一反应器中直接得到 DMC 的方法。

直接酯交换法生产工艺简单，投资低，已开发小试生产工艺。间接酯交换法收率高、腐蚀性微弱、反应条件温和、无毒，但仍存在原料（环氧烷）易燃易爆以及因过程联产丙二醇或乙二醇使其生产成本易受市场影响等缺点。

（1）碳酸乙烯酯与甲醇酯交换法

$$(CH_2O)_2CO + 2CH_3OH \longrightarrow (CH_3O)_2CO + HOCH_2CH_2OH$$

1992 年，Texaco 开发出了由 EO、CO_2 和 CH_3OH 反应生成 DMC 同时生成 EG 的新工艺，实现了甲醇到 DMC 和 EG 的选择性，同时避免了 EO 直接水解生成 EG。

Texaco 和 Bayer 在专利中分别报道了催化剂选用铊化合物和锆、钛、锡的可溶性盐或其络合物的一些研究进展。我国原化工部上海化工研究院也对该法进行过研究，将反应产物先后通过加压、减压、精馏分离得到 DMC 和 EG，回收的甲醇再送回系统反应。该技术的经济性受制于原料环氧乙烷和副产品 EG 的价格，其生产能力与原料的丰富程度也有很大关系。

（2）碳酸丙烯酯（PC）与甲醇的酯交换法

华东理工大学化学工程系通过对酯交换技术的深入研究，开发出 PC 和甲醇酯交换合成 DMC 工艺。采用催化反应精馏和恒沸精馏分离，同时联产丙二醇，目前已建成不同规模的生产装置，并生产出合格产品。

浙江大学通过对 PC 与 CH_3OH 酯交换生产 DMC 和丙二醇进行研究，得出较佳的工艺参数：常压，60～65℃，甲醇钠作催化剂。用量 0.4%～0.45%。已经设计出 300t/a 中试装置。

我国酯交换技术先后在河北新朝阳化工股份有限公司、铜陵金泰化工有限公司、锦西天然气化工有限公司等投入工业化生产，证明酯交换法生产 DMC 是完全能够实现工业化的成熟技术。

22.3.3 甲醇氧化羰基化法

该法是在催化剂作用下以甲醇、CO、O_2 为原料直接合成 DMC，反应方程式如下：

$$CO + 1/2O_2 + 2CH_3OH \longrightarrow CH_3O\overset{\overset{O}{\|}}{C}OCH_3 + H_2O$$

工艺路线根据所使用的催化剂不同主要有以下 2 种。

（1）液相法

该法是以甲醇、CO 和氧气为原料的均相反应，CuCl 为催化剂。反应分为两步进行。

第一步：氧化阶段　　$2CuCl + 2CH_3OH + 1/2O_2 \longrightarrow 2Cu(CH_3O)Cl + H_2O$

第二步：还原阶段　　$2Cu(CH_3O)Cl + CO \longrightarrow CH_3OC(O)OCH_3 + 2CuCl$

反应条件：压力控制 2.5～3.0MPa，温度控制 90～130℃。以甲醇计，DMC 的选择性为 98%，单程收率为 32%，其总收率为 95%，甲醇转化率在 10%～20%。甲醇在反应过程中既是原料又是溶剂。其中，氧浓度应始终保持在爆炸极限以下。以意大利 EniChem Synthetic 公司为代表的液相法工艺自 1983 年首次实现 5500t/a 工业化以来，其规模经过 2 次扩产后已达到 112 万吨/年。日本建有 115 万吨/年的甲醇溶液液相法装置。我国湖北兴发化工集团建成了 4000t/a 的甲醇液相氧化羰基化法生产装置。

（2）气相法

该法以 Pd-Cl$_2$、CuCl/C 为催化剂，以亚硝酸甲酯作为反应循环剂，反应分为两步进行。

第一步：氧化阶段　　$2NO + 2CH_3OH + 1/2O_2 \longrightarrow 2CH_3ONO + H_2O$

第二步：还原阶段　　$CO + 2CH_3ONO \longrightarrow CH_3OC(O)OCH_3 + 2NO$

反应条件：常压进行，温度控制：50～100℃。同时副产草酸二甲酯。以甲醇计，DMC 的选择性为 96%，甲醇的转化率接近九成。美国 Dow 化学公司于 1986 年开发了甲醇气相氧化羰基化法技术。该技术采用浸渍过氯化甲氧基酮/吡啶络合物的活性炭作催化剂，并加入氯化钾等助催化剂；反应条件为温度 110～125℃，压力 1.5～2.5MPa，将体积比为 65∶25∶10 的 CO、CH$_3$OH 和 O$_2$ 混合气体通过反应器，DMC 的生成速率为 0.1L/(h·L)，选择性为 65%。

日本宇部兴产公司是气相法工艺的代表，早在 1996 年就建有 6000t/a 的装置，目前已建有 4.5 万吨/年的大型装置。

比较而言，气相法与液相法相比，优点明显，具体体现在常压操作、生产稳定、有比较高的催化剂活性和甲醇转化率，但是由于含氮氧化物的使用，其设备腐蚀严重，且 DMC 与草酸二甲酯较难分离，催化剂价格高，寿命达不到批量生产的要求。这些缺点限制了气相法在 DMC 工业化生产上的发展。液相法技术相对成熟，但反应副产物——水影响催化剂活性，导致甲醇单程转化率较低。此外，卤化物催化剂中由于氯离子的引入，使得其腐蚀性强，寿命短。但此方法原料来源广，成本低，工艺成熟，经济效益好，且理论上甲醇全部转化为 DMC，不生成其他有机物，无需分离，因此液相法受到工业界的极大重视，目前已实现了工业化生产，被认为是 DMC 最有前途的生产方法。目前液相法合成路线的研究开发成为重点。

22.3.4　CO$_2$ 直接氧化法

近年来，以 CO$_2$ 为原料合成 DMC 的三种工艺路线：①CO$_2$ 与环氧化物加成法；②CO$_2$ 与醇直接加成法；③尿素醇解法。

（1）CO_2 与环氧化物加成法

① 原理。CO_2 与环氧化物加成法分两步进行：CO_2 和环氧乙烷首先在催化剂作用下，于 97～127℃、5MPa 下反应生成碳酸乙烯酯；碳酸乙烯酯再与甲醇进行酯交换反应。最初酯交换反应采用间歇釜，但由于该反应在热力学上是不利的，反应转化率很低；而采用固定床，反应转化率更低，因此目前主要采用催化反应精馏技术，以及时地将生成的 DMC 移出反应体系，促进反应平衡向生成 DMC 的方向进行，DMC 产率可达 94%。

② 工艺进展。日本旭化成公司和中国台湾奇美公司是该技术的市场领军者，并不断推进该技术的工业化进程。Texaco 公司、触媒公司、三井东压公司均公开了由碳酸乙烯酯和甲醇经酯交换反应制 DMC 同时联产乙二醇的专利，其中 Texaco 公司试验结果最好。Texaco 公司以离子交换树脂为催化剂，由碳酸乙烯酯与甲醇反应生成 DMC 和乙二醇，DMC 的选择性达 90% 以上，乙二醇的选择性达 97% 以上。Shell 和三菱公司也积极参与到该技术的开发中，力争在该领域争取一席之地。

华东理工大学也早已开发了环氧乙烷、环氧丙烷与 CO_2 反应生成碳酸乙烯酯、碳酸丙烯酯，然后再与甲醇反应制备 DMC 的工艺。并且近年来，针对 CO_2 与环氧丙烷合成碳酸丙烯酯的技术进行了重大改进，采用近临界催化反应、热循环节能和反应吸收耦合过程强化新技术，使能耗大幅下降，反应的转化率和选择性都超过 99%，成为国内外最具竞争力的生产工艺。与国外先进的甲醇氧化羰基化法相比，项目节约投资达 75% 以上，节能达 90% 以上。目前，我国已建有 4.0 万吨/年、6.0 万吨/年的 DMC 工业化装置。

中科院过程研究所开发的高效节能 EO/DMC 集成技术也值得关注。与传统环氧乙烷水合工艺相比，具有产率接近 100%、EG 和 DMC 产品质量高、能耗降低 30% 以上、生产灵活等特点。现已完成在燕山石化进行的 20.0 万吨/年 EO 工业侧线试验及 20.0 万吨/年基础设计和可行性研究报告。

CO_2 与环氧化物加成法具有收率高、无腐蚀、无毒等特点，是目前工业生产 DMC 的主要方法之一。

（2）CO_2 与醇直接加成法

20 世纪 70 年代首次提出 CO_2 与甲醇在催化剂的作用下直接反应制备 DMC 的工艺路线。该路线反应步骤单一、DMC 选择性近 100%，反应不用任何溶剂，也无污染物排出，具有绿色化学、原子经济的优点，被认为是最有前途、最经济和安全的合成方法。

（3）尿素醇解法

尿素醇解法以尿素和甲醇为原料，可大幅降低生产成本，且整个生产过程无"三废"产生，是一条绿色合成路线，为尿素行业的产品多元化和经济性提升提供了新思路。此外，也可将尿素和二元醇反应生成碳酸丙（乙）烯酯，再由碳酸丙（乙）烯酯和甲醇发生酯交换反应生成 DMC。该法的原料转化率和目标产物的产率都很高，具有较强的竞争力。

① 原理。尿素和甲醇反应分为两步进行，首先尿素和一分子的甲醇反应生成氨基甲酸甲酯（MC），然后 MC 和一个甲醇分子反应生成 DMC。

② 工艺进展。2000 年，中科院山西煤化所提出了尿素和甲醇直接合成 DMC 的新方法。在有机金属络合物和共溶剂为基础的催化剂作用下，尿素转化率可达 100%，DMC 单程收率在 60% 以上，已在山东泰安完成千吨级工业化中试试验，催化剂实现稳定运转。反应后的副产品氨气还可再用于尿素生产，避免了"三废"的产生。

天津大学、西安交通大学等高校也做了一些工作，其中西安交通大学杨伯伦教授课题组开发的"尿素醇解法合成 DMC 工艺研究"项目，是以多聚磷酸为催化剂，已通过陕西省科技厅组织的成果鉴定。

22.3.5 碳酸二甲酯（DMC）精制技术

在采用甲醇氧化羰基化合成碳酸二甲酯的工艺中，所制的反应液除含 DMC 外，尚含有大量未反应的原料和副产物（如甲醛、三聚甲醛等），需进一步分离才能获得 DMC 产品。

由于原料中含有甲醛、三聚甲醛等杂质，这些杂质对后续的精馏过程及设备选材有重大影响。三里枫香采用预处理装置进行预先脱除，脱除甲醛、三聚甲醛后的物料进入后续的精馏系统。脱除甲醛和三聚甲醛的物料，由于甲醇和 DMC 形成共沸物，通过普通蒸馏不能获得纯净的产品，因此，通常都采用两步分离相结合：第一步为初馏阶段，采用共沸精馏的方式，在填料塔内蒸馏获得甲醇-DMC 共沸物，并将其他产物分离出去；第二步为精制阶段，采用有效的分离方法破共沸得到 DMC，主要方法有低温结晶法、萃取蒸馏法、共沸精馏法、加压精馏法四种，从而得到纯度高于 99.9% 的高纯度 DMC 产品。

以某公司 3 万吨/年粗碳酸二甲酯（DMC）精制为例。

① 处理量：33251t/a。

② 运行时间：7200h/a。

③ 操作弹性：60%～120%。

④ 原料：

序号	组分	含量（质量分数）/%
1	碳酸二甲酯	57.56
2	甲醇	37.35
3	乙二酸二甲酯	5.34
4	三聚甲醛	1.91
5	甲酸甲酯	1.2
6	二甲氧基甲烷	1.2
7	甲醛	0.91
8	水	0.43
9	四氢呋喃-2-甲醇	0.08
10	乙酰氧基乙酸	0.03

⑤ 主要产品方案：

序号	产品	规格	产能/(t/a)
1	碳酸二甲酯	99.9%（质量分数）	13009
2	甲缩醛	92%（质量分数）	2187
3	甲醇	95%（质量分数）	9385

⑥ 公用工程消耗（以处理每吨粗碳酸二甲酯原料计）：

序号	项目	规格	消耗
1	蒸汽/t	0.6MPa（G）	4.5
2	循环冷却水/t	32～40℃	250
3	电/kW·h	380V	20

三里枫香 DMC 精制技术工艺流程图，见图 22.1。

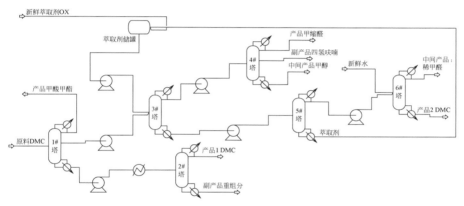

图 22.1　三里枫香 DMC 精制技术工艺流程图

22.3.6　生产工艺评述

（1）工艺对比

DMC 合成方法的比较，见表 22.3。

表 22.3　DMC 合成方法的比较

合成方法		优点	缺点
光气法		产率较高，产品纯度高，已工业化生产	工艺复杂，操作周期长，原料光气有剧毒，安全性差，是淘汰型工艺
CO₂ 直接氧化法		可综合利用 CO_2	收率很低，还需进一步研究
甲醇氧化羰基化法	气相法	反应在常压或减压下进行，安全性好，已工业化生产	催化剂价格比较高，选择性较差且反应系统不稳定
	液相法	原料易得，技术成熟，选择性高，已工业化生产	催化剂有一定的腐蚀性，对设备的控制和操作要求较高

合成方法		优点	缺点
酯交换法		生产安全性高，收率较高，已工业化生产	受原料碳酸乙（丙）烯酯价格和副产物影响较大，生产成本高
尿素醇解法	一步法	尿素和甲醇作基本原料，工艺路线较短、原料便宜	反应条件苛刻，DMC 的收率较低；高活性和长寿命的催化剂制备最关键，未有大规模工业化生产成功的报道
	二步法	条件温和，过程易于操作，尿素的转化率和产物的收率都很高，嫁接成熟的酯交换生产技术，已工业化生产	需尿素生产装置、碳酸丙烯酯生产装置和 DMC 生产装置 3 套装置联用，解决副产物的利用问题，更具竞争力

（2）性能比较

DMC 能以任何比例与绝大部分有机溶剂混合，且能与水形成二元共沸物，是一种优良的溶剂。同时 DMC 性能稳定、蒸发快、毒性低、脱脂能力强、与其他溶剂有良好的相溶性。DMC 在溶剂方面的应用现已经成为热点。DMC 应用广泛，如：油漆溶剂、喷雾剂溶剂、医疗溶媒介质、CO 载体。DMC 与其他溶剂主要性能比较见表 22.4。

表 22.4　DMC 与其他溶剂主要性能比较

溶剂	SP（溶解参数）	相对蒸发速度	沸点/K
DMC	10.4	3.4	363.2
乙酸正丁酯	8.7	1.0	399
丙酮	10.0	7.2	329.5
甲基异丁酯	8.4	1.5	391
乙酸乙烯酯	9.0	5.3	345.7
异丙醇	10.9	2.9	355.3
三氯乙烷	8.6	—	347.1

DMC 分子中氧含量高达 53%，远远高于汽油添加剂 MTBE 的氧含量，所以在汽油中添加 DMC，就可以提高尾气中的氧含量。另外，DMC 在汽油中具有良好的溶解性，作为汽油添加剂，其蒸气压和混合分配系数非常适合，所以可以代替 MTBE 而广泛使用。研究发现，MTBE 的使用会阻碍臭氧的生成和对地下水造成严重污染，甚至会威胁人类的健康。MTBE 全球范围内的禁用，已只是时间早晚的问题，这就为 DMC 的广泛应用提供了很好的发展空间。DMC 与 MTBE 的性能比较见表 22.5。结果表明，DMC 是更为有效的高含氧化合物，CO 和氮氧化物的排放量较小。在汽油中添加少量 DMC 对汽油的其他性质基本无影响，其冷冻点可降至 243K。DMC 和甲醇的共沸物是 DMC 生产的中间产物，可直接作汽油添加剂，进而大幅度降低汽油掺烧成本。

表 22.5　DMC 与 MTBE 性能比较

溶剂	沸点/K	密度/(g/mL)	燃烧值/(kJ/mol)	RON	MON	RVP/kPa
DMC	363.2	1.073	1426.93	110	97	<6.895
MTBE	328.2	0.75	3297.68	116	98	55.16~68.95

（3）主要技术难点

①　精馏塔的设计，塔设备在工艺上广为使用的有填料塔和板式塔两种。塔的性能对生产能力、产品质量、消耗定额、产品收率、"三废"处理以及环境保护等方面都有直接的影响。

②　酯交换反应过程一般情况被认为是可逆的，转化率比较低，提高转化率是一个重要的问题。

③　反应物料和催化剂接触时间。

④　催化剂对整个反应的进行起到了至关重要的作用。

22.3.7　科研成果与专利

22.3.7.1　科研成果

（1）尿素醇解法联产 DMC/二甲醚工艺技术

项目年度编号：1500161466

限制使用：国内

成果类别：应用技术

中图分类号：TQ225.24

成果公布年份：2014 年

成果简介：DMC 是无烟柴油酯的重要组成部分。DMC 被世界各国认定为 21 世纪重要的绿色环保化学品，在医药、化工、环保和能源领域有广泛的应用。亚申科技 DMC 生产技术的核心优势在于通过新型催化剂、新工艺和反应器技术，以甲醇和二氧化碳作为生产原料，采用创新的尿素醇解法生产 DMC 并联产二甲醚，大幅降低生产成本。它不仅给产能过剩的甲醇行业提供了一条新出路，同时开拓了二氧化碳再利用的新路。亚申科技利用其特有的高通量技术，从催化剂和工艺两方面同时入手，对尿素醇解法合成 DMC 进行了高质、高效、高速的开发，亚申科技在开发该工艺过程中有如下创新：①首次成功开发了固定床尿素醇解法联产 DMC 和二甲醚的工艺技术。②首次采用两段法对醇解法中的两个主反应分段控制。③成功开发了高活性、高选择性、高稳定性的催化剂，催化剂运行 5000h 后仍保持稳定。对于尿素转化，DMC 的单程收率可达 40%，二甲醚的单程收率可达 20%，DMC 加上二甲醚的总选择性大于 98%。④在催化剂和工艺的开发过程中，运用了多项特有的高通量技术，大大加速了技术的开发过程。⑤工艺操作过程简单，能耗低，可有效降低生产成本。成熟的 DMC 生产工艺为羰基化法和酯交换法，而尿素醇解法生产工艺在国内外尚未有工业化装置运行。该工艺技术来源于有着丰富研发经验的亚申科技，在多年的研发过程中，亚申科技确保了足够的研发投入，设立了专门的研发项目组，以节能减排、降低单耗为重点，对生产工艺不断进行改进和完善，在催化剂的研发过程中采用了国际领先的高通量技术，研发出的催化剂性能可靠，工艺放大过程严格比例放大，从实验室经过多级放大到吨级及百吨级，反应器设计及分离单元设计在多级放大过程中得到了充分验证，并且催化剂已经实现了百吨级量产，其性能指标已经达到或超过实验室催化剂。同时，该技术已经组织专家进行了评估和审核，确保了工艺流程、设备及配套设施设计更加合理。从总体来看，亚申科技的尿素醇解法生产 DMC 工艺过程较为成熟，完全具备了放大到万吨级工业示范装置的条件；从技术上来讲，亚申科技尿素醇解法联产 DMC/二甲醚新型工艺技术，技术水平先进，能耗相对较低，具有非常强的竞争力。特别是在将来燃料添加剂市场打开以后，相对于其他技术来讲，更易于放大和规模化，不会受到联产产品销路有限的局限，这样使得该技术的经济性更强。同时，从更远的来说，通过整合上游的成熟合成氨及尿素技术，形成一个集成的、以二氧化碳为原料生产绿色化工产品的绿色合成技术，可有效减少当前煤化工行业的二氧化碳排放，同时创造了良好的经济效益和社会效益。因此，该技术在整个煤化工行业具有很好的推广前景。

完成单位：亚申科技研发中心（上海）有限公司。

（2）二氧化碳与甲醇合成 DMC 负载型催化剂的研究

项目年度编号：1400490123

限制使用：国内

成果类别：应用技术

中图分类号：TQ426

成果公布年份：2014 年

成果简介：针对 K_2CO_3 催化剂的催化作用机理和负载化处理的深入研究，考查不同载体的作用；针对具有较高活性的 ZrO_2 进行负载研究，采用具有典型 L 酸特性的氧化铁负载氧化锆，考查不同铁锆配比、负载方法对催化活性的影响，并对催化剂进行 XRD、SEM、红外分析和 XPS 表征，探讨催化剂结构组成和催化活性的关系；提出硅改性氧化铁负载氧化锆催化剂，考查结构、组成和催化活性之间的关系。研究发现：①水在 K_2CO_3 催化体系中并非完全副作用，修正了催化作用机理。发现了煤质颗粒活性炭负载碳酸钾催化剂可将 DMC 的产率提高将近 3 倍。氨水预处理后，活性炭可以使 K_2CO_3/AC 催化剂活性提高。②ZrO_2/Fe_2O_3 催化剂在二氧化碳与甲醇直接合成 DMC 反应体系中表现出较好的催化活性，铁锆摩尔比为 5 时，并流共沉淀法所得催化剂活性最高，其催化活性是氧化锆的约 3 倍。提出了催化剂表面 L 酸强度增加和 B 酸的存在是催化剂活性增加的主要原因。③二氧化硅改性氧化铁负载的氧化锆（$ZrO_2/Fe-Si-O$）催化剂可有效增加催化剂的比表面积，改善铁锆的混合均匀度，增加催化剂催化活性。

完成单位：河北联合大学。

22.3.7.2 专利

（1）一种分离甲醇-DMC 共沸液的方法

成果简介：本发明涉及一种分离甲醇-DMC 共沸液的方法。先利用渗透汽化膜优先选择透过性的原理，突破精馏过程中气液平衡限制，在温度为 20～60℃，表压为 0～0.1MPa，透过侧真空度为 200～10000Pa 的条件下，将共沸的甲醇-DMC 混合液进行初次分离，获得两股非共沸组成的甲醇-DMC 混合液；然后利用常压精馏操作分别将两股混合液进行精馏分离，获得质量纯度大于 99.5% 的甲醇和质量纯度大于 99.5% 的 DMC。该发明利用能耗较低的新型膜分离技术取代能耗较高的加压精馏等操作实现甲醇-DMC 共沸液的分离，再耦合常压精馏操作，实现获得纯度大于 99.5%（质量分数）的甲醇与 DMC 的目的。该方法具有操作简单、对环境友好、运行成本低等优点。

专利类型：发明专利

申请（专利）号：CN201410039759.0

申请日期：2014 年 1 月 27 日

公开（公告）日：2014 年 5 月 7 日

公开（公告）号：CN103772202A

申请（专利权）人：南京工业大学

主权项：一种分离甲醇-DMC 共沸液的方法，其工艺步骤，从反应精馏塔（R1）塔顶出来的甲醇-DMC 蒸气冷凝成共沸液，首先进入进料罐（S1）中，然后利用输液泵（P）将温度为 20～60℃、表压 0～0.1MPa 的甲醇-DMC 共沸液以 0.5～3.5m/s 的流速送入膜组件（M）中，利用膜组件中的渗透汽化膜对甲醇-DMC 共沸液实现初步分离；获得截留侧混合液（1）和渗透侧混合液（2）；然后分别将截留侧混合液（1）送入甲醇精馏塔（D1）；利用真空泵（V）将渗透侧混合液（2）直接送入 DMC 精馏塔（D2）中进行分离，在其各自的塔釜获得质量纯度大于 99.5% 的甲醇和 DMC；塔顶获得甲醇-DMC 共沸液循环到进料罐（S1）中，进行循环分离。

法律状态：公开

（2）DMC 产品连续精馏的单塔热量回收装置

成果简介：本专利介绍了一种用于 DMC 产品连续精馏的单塔热量回收装置，涉及以 DMC 粗品连续精馏生产 DMC 产品、精馏塔自身热能回收的装置。其装置包含 DMC 精馏塔（4）、换热器Ⅰ（1）、换热器Ⅱ（2）和换热器Ⅲ（3），其步骤为进料经过换热器Ⅰ（1）和换热器Ⅲ（3）加热后进入精馏塔（4），塔顶气相进入换热器Ⅰ（1）和换热器Ⅱ（2）冷却后，一部分出料一部分回流，换热器Ⅱ（2）用水进行冷却，侧线采出 DMC 产品进入换热器Ⅲ（3）冷却。回收精馏塔余热，节约能源。

专利类型：实用新型

申请（专利）号：CN201420375612.4

申请日期：2014 年 7 月 9 日

公开（公告）日：2014 年 12 月 10 日

公开（公告）号：CN203999448U

申请（专利权）人：屈强好

主权项：DMC 产品连续精馏的单塔热量回收装置，包含 DMC 精馏塔（4）、换热器 Ⅰ（1）、换热器 Ⅱ（2）和换热器 Ⅲ（3），其工艺步骤，进料经过换热器 Ⅰ（1）和换热器 Ⅲ（3）加热后进入精馏塔（4），塔顶气相进入换热器 Ⅰ（1）和换热器 Ⅱ（2）冷却后，一部分出料一部分回流，换热器 Ⅱ（2）用水进行冷却，侧线采出 DMC 产品进入换热器 Ⅲ（3）冷却。

法律状态：授权

（3）用于一步法合成 DMC 的新型催化剂及其制备方法以及 DMC 的一步合成方法

成果简介：本发明公开了一种用于一步法合成 DMC 的新型催化剂，R1、R2 为碳原子数≥1 的烷基。本发明还公开了一种用于一步法合成 DMC 的新型催化剂的制备方法以及 DMC 的一步合成方法。本发明的催化剂具有热稳定性高、选择性好、几乎没有挥发性、可以重复使用的特点；将其用于 DMC 合成中具有良好的催化活性，产物产率高。另外，该催化剂的使用避免了有毒、易挥发的有机溶剂以及其余添加剂的使用，减少了对环境的污染。本发明采用一步法合成 DMC，选择性好，操作简单，对设备的要求小，收率高。

专利类型：发明专利

申请（专利）号：CN201410245862.0

申请日期：2014 年 6 月 5 日

公开（公告）日：2014 年 9 月 3 日

公开（公告）号：CN104014366A

申请（专利权）人：重庆大学

法律状态：公开

（4）离子液体催化剂及合成 DMC 的方法

成果简介：本发明为离子液体催化剂及合成 DMC 的方法，以碳酸丙烯酯和甲醇为原料，以季铵盐离子液体为催化剂，通过酯交换反应和反应精馏合成 DMC，催化剂用量为碳酸丙烯酯质量的 0.1%～2.5%，反应压力 0.1～0.2MPa，反应温度 60～90℃，反应时间 1～2h；同时联产 1,2-丙二醇。该制备方法中离子液体催化剂催化性能优良，选择性高，热稳定性好，属于绿色催化剂，对环境基本无毒害作用，催化剂可以重复利用，多次使用而催化效果不发生明显降低。催化剂在反应系统中始终以液体形式存在，DMC 合成反应过程和分离过程中不会有固体析出，不会造成设备结垢和管道堵塞，设备可以稳定长期运转，是 DMC 的绿色生产方法。

专利类型：发明专利

申请（专利）号：CN201410195664.8

申请日期：2014 年 5 月 9 日

公开（公告）日：2014 年 9 月 17 日

公开（公告）号：CN104043480A

申请（专利权）人：天津大学

主权项：一种合成 DMC 的催化剂以及合成 DMC 的方法，其特征在于，季铵盐离子液体为催化剂，结构式中，R1、R2、R3、R4 为 1～12 个碳原子烷基，R1、R2、R3、R4 为相同基团、部分相同基团或不同基团；X-选自 BF_4—、BF_6—、PF_6—、NO_2—、NO_3—、SO_4—、PO_4—、HCO_3—、RCOO—、NH_2RCOO—或 CF_3COO—中的一种。

法律状态：公开

（5）一种工业合成气生产乙二醇并联产 DMC 的装置系统

成果简介：本实用新型的装置系统涉及一种工业合成气生产乙二醇并联产 DMC，包括酯化反应系统、羰化反应系统、驰放气与废酸耦合回收系统以及加氢反应系统。酯化反应系统中反应生成亚硝酸甲酯，亚硝酸甲酯经羰化反应系统生成主要含草酸二甲酯和 DMC 的羰化产物，羰化产物经分离后获得 DMC 产品，剩余草酸二甲酯经加氢反应系统生成乙二醇产品；而酯化反应的废酸和羰化反应的驰放气经驰放气与废酸耦合回收系统回收处理循环利用，同时附产 CO_2 产品。该装置系统具有显著节约能耗的特点，结合使用有用物质循环步骤，特别是硝酸废液的循环利用和驰放气的循环利用高度耦合及其分离和反应废气中氢气的回收循环利用，效果显著。

专利类型：实用新型

申请（专利）号：CN201420296748.6

申请日期：2014 年 6 月 5 日

公开（公告）日：2014 年 10 月 22 日

公开（公告）号：CN203890271U

申请（专利权）人：上海戊正工程技术有限公司

主权项：一种工业合成气生产乙二醇并联产 DMC 的装置系统，其特征在于，包括羰化反应系统、酯化反应系统、驰放气与废酸耦合回收系统以及加氢反应系统。所述羰化反应系统包括羰化板式反应器（1）、第一气液分离器（4）、甲醇洗涤塔（7）、甲醇精馏塔（5）和 DMC 精馏塔（6）；所述羰化板式反应器（1）设有顶部进料口、底部出料口、底部冷媒进口以及顶部冷媒出口；所述第一气液分离器（4）设有进料口、气体出口和液体出口；所述甲醇洗涤塔（7）设有上部进料口、下部进料口、顶部出口和底部出口；所述甲醇精馏塔（5）设有上部进料口、下部进料口、顶部出口和底部出口；所述 DMO 精馏塔（6）设有下部进料口、顶部出口和底部出口；所述酯化反应系统包括酯化反应塔（9）和甲醇回收塔（11）；所述酯化反应塔（9）设有顶部进料口、上部进料口、多个下部进料口、中部回流入口、顶部出口以及底部出口；所述甲醇回收塔（11）设有中下部进料口、下部进料口、顶部出口和底部出口；所述驰放气与废酸耦合回收系统包括硝酸浓缩塔（12）、NO 回收塔（13）、MN 回收塔（15）和变压吸附罐（16）；所述硝酸浓缩塔（12）设有中部进料口、顶部出口和底部出口；所述 NO 回收塔（13）设有顶部进料口、中部进料口、底部进料口、顶部出口和底部出口；所述 MN 回收塔（15）设有上部进料口、下部进料口、顶部出口和底部出口；所述变压吸附罐（16）设有进料口、回收气出口和排放气出口；所述加氢反应系统包括加氢循环压缩机（14）、加氢板式反应器（17）、第二气液分离器、膜分离器（28）、甲醇分离塔（22）、轻组分精馏塔（23）和乙二醇产品塔（24）；所述加氢循环压缩机（14）包括进口和出口；所述加氢板式反应器（17）设有顶部进料口、底部出料口、底部冷媒进口以及顶部冷媒出口；所述第二气液分离器设有进料口、气体出口和液体出口；所述膜分离器（28）设有进料口、回收气出口和排放气出口；所述甲醇分离塔（22）设有中部进料口、顶部不凝气出口、顶部液相轻组分出口和底部液相重组分出口；所述轻组分精馏塔（23）设有下部进料口、顶部出口和底部出口；所述乙二醇产品塔（24）设有下部进料口、顶部出口、上部出口和底部出口；所述羰化板式反应器（1）的顶部进料口与 CO 原料管道和 N_2 原料管道经管线连接；所述羰化板式反应器（1）的底部出料口与所述第一气液分离器（4）的进料口经管线连接；所述第一气液分离器（4）的气体出口与所述甲醇洗涤塔（7）的下部进料口经管线连接；所述第一气液分离器（4）的液体出口与所述甲醇精馏塔（5）的上部进料口经管线连接；所述甲醇洗涤塔（7）的顶部出口设有分支出口 A 和分支出口 B，分支出口 A 与所述酯化反应塔（9）的一个下部进料口经管线连接，分支出口 B 与所述 NO 回收塔（13）的底部进料口经管线连接；所述甲醇洗涤塔（7）的底部出口与所述甲醇精馏塔（5）的下部进料口经管线连接；所述甲醇精馏塔（5）的顶部出口与所述酯化反应塔（9）的上部进料口经管线连接；所述甲醇精馏塔（5）的底部出口与所述 DMO 精馏塔（6）的下部进料口经管线连接；所述 DMO 精馏塔（6）的底部出口与所述加氢板式反应器（17）的顶部进料口经管线连接，所述 DMO 精馏塔（6）的顶部出口为 DMC 产品出口；所述酯化反应塔（9）的其他下部进料口与 NO 原料管道以及多路 O_2 原料管道分别经管线连接；所述酯化反应塔（9）的顶部进料口与甲醇原料管道经管线连接；所述酯化反应塔（9）的底部出口设有分支出口 C 和分支出口 D，分支出口 C 与所述酯化反应塔（9）的中部回流入口经管线连接，分支出口 D 与所述甲醇回收塔（11）的下部进料口经管线连接；所述酯化反应塔（9）的顶部出口与所述羰化板式反应器（1）的顶部进料口经管线连接；所述甲醇回收塔（11）的顶部出口设有分支出口 E 和分支出口 F，分支出口 E 与所述酯化反应塔（9）的上部进料口经管线连接，分支出口 F 与所述 MN 回收塔（15）的上部进料口经管线连接；所述甲醇回收塔（11）的底部出口与所述硝酸浓缩塔（12）的中部进料口经管线连接；所述硝酸浓缩塔（12）的顶部出口为废液排出口；所述硝酸浓缩塔（12）的底部出口与所述 NO 回收塔（13）的中部进料口经管线连接；所述 NO 回收塔（13）的顶部出口与所述 MN 回收塔（15）的下部进料口经管线连接；所述 NO 回收塔（13）的底部出口与所述甲醇回收塔（11）的中下部进料口经管线连接；所述 MN 回收塔（15）的顶部出口与所述变压吸附罐（16）的进料口经管线连接；所述 MN 回收塔（15）的底部出口与所述酯化反应塔（9）的上部进料口经管线连接；所述变压吸附罐（16）的回收气出口与所述羰化板式反应器（1）的顶部进料口经管线连接；所述变压吸附罐（16）的排放气出口为 CO_2 产品出口；所述加氢循环压缩机（14）的进口与工业氢气原料管道经管线连接，所述加氢循环压缩机（14）的出口与所述加氢板式反应器（17）的顶部进料口经管线连接；所述加氢板式反应塔的底部出料口与所述第二气液分离器的进料口经管线连接；所述第二气液分离器的气体出口设有分支出口 G 和分支出口 H，分支出口 G 与所述加氢循环压缩机（14）的进口经管线连接，分支出口 H 与所述膜分离器（28）的进料口经管线连接；所述第二气液分离器的液体出口与所述甲醇分离塔（22）的下部进料口经管线连接；所述甲醇分离塔（22）的顶部不凝气出口与所述膜分离器（28）的进料口经管线连接；所述甲醇分离塔（22）的顶部液相轻组分出口设有分支出口 I 和分支出口 J，分支出口 I 与所述甲醇洗涤塔（7）的上部进料口经管线连接，分支出口 J 与所述NO 回收塔（13）的顶部进料口经管线连接；所述甲醇分离塔（22）的底部液相重组分出口与所述轻组分精馏塔（23）的下部进料口经管线连接；所述轻组分精馏塔（23）的顶部轻组分出口与界外醇回收装置经管线连接；所述轻组分精馏塔（23）的底部重组分出口与所述乙二醇产品塔（24）的下部进料口经管线连接；所述乙二醇产品塔（24）的顶部出口与界外 BDO 回收处理装置经管线连接；所述乙二醇产品塔（24）的底部出口与界外高聚物回收处理装置经管线连接；所述乙二醇产品塔（24）的上部出口为乙二醇产品出口；所述膜分离器（28）的排放气出口与界外回收装置经管线连接，所述膜分离器（28）的回收气出口与所述加氢板式反应器（17）的顶部进料口经管线连接。

法律状态：授权

（6）一种 DMC 柴油发动机油组合物

成果简介：本发明公开了一种 DMC 柴油发动机油组合物，采用 Ⅲ 类基础油和油溶性聚醚作为基础油，配合多种复合添加剂，包括抗氧防腐剂、抗泡剂、黏度指数改进剂、金属减活剂、清净剂、分散剂、抗氧剂、防锈剂、助剂。本发明的发动机油组合物具有优良的清净分散性、黏-温特性、碱值保持性、防止活塞环黏结并保持发动机清洁，能抑制油泥等极性物质的生成；具有良好的高温氧化安定性、增溶烟炱能力、抗磨、抗剪切和有效控制油品黏度增加，低温启动性好、灰分低，能减少发动机在高温条件下积炭、漆膜的生成，对运动部件无腐蚀和锈蚀，延长发动机的使用寿命和换油期。

专利类型：发明专利

申请（专利）号：CN201410333100.6

申请日期：2014 年 7 月 14 日

公开（公告）日：2014 年 10 月 8 日

公开（公告）号：CN104087374A

申请（专利权）人：广西大学

主权项：一种 DMC 柴油发动机油组合物，其特征在于，采用 Ⅲ 类基础油和油溶性聚醚作为基础油，配合多种复合添加剂，各组分的质量分数为：基础油余量，清净剂5.0%～7.0%，分散剂 8.0%～10.0%，抗氧防腐剂 1.5%～2.0%，抗氧剂 1.5%～2.0%，金属减活剂 1.5%～2.0%，助剂 1.0%～2.0%，防锈剂 1.0%～1.5%，抗泡剂 0.005%～0.01%，黏度指数改进剂 3.0%～5.0%，以上各组分的质量分数总和为 100%。

法律状态：公开，实质审查的生效

22.4 产品的分级

（1）铜陵有色金属集团控股有限公司

根据产品主含量将产品划分为一级品、优级品和电池级（高纯级）三种品级。其中一级品主要用于特种环保油漆、油墨、涂料、添加剂等行业；优级品主要用于制药行业；电池级主要在电池工业中，用作锂电池电解液的溶剂，高纯级（电池级）DMC 中杂质甲醇含量和水分含量直接影响锂电池电解液的性能，在 DMC 行业中只考虑甲醇和水分含量对锂电池电解液性能的影响。

外观：三种型号产品应为无色透明液体，无可见杂质。

含量：一级品应≥99.5%，优级品应≥99.8%，高纯级（电池级）应≥99.9%。

水分含量：三种型号产品水分含量均应≤0.1%，其中优级品水分含量应≤0.050%，高纯级（电池级）水分含量应≤0.0020%。

杂质甲醇含量：三种型号产品甲醇含量均应≤0.20%，其中优级品甲醇含量应≤0.050%，高纯级（电池级）甲醇含量应≤0.0020%。

色度：本产品色度值均应≤10（Pt-Co），其中优级品和电池级的色度值均应≤5（Pt-Co）。

相对密度：本产品的相对密度应达到$(1.071\pm0.005)g/cm^3$。

表 22.6 为华东理工大学和铜陵有色金属集团控股有限公司的产品技术指标比较。

表 22.6　华东理工大学和铜陵有色金属集团控股有限公司的产品技术指标比较

项目		指标	
		华东理工大学	铜陵有色金属集团控股有限公司
外观		透明液体，无可见杂质	透明液体，无可见杂质
色度（Pt-Co）/号		10	10
DMC 含量/%	≥	99.5	99.5
水分含量/%	≤	0.10	0.10
甲醇含量/%	≤	0.5	0.2
相对密度 d_{20}^{25}		1.071 ± 0.005	1.071 ± 0.005

注：本标准格式按照 GB/T 1.1—2009 标准要求编写。

（2）榆林市云化绿能有限公司

表 22.7 为榆林市云化绿能有限公司企业标准。

表 22.7　榆林市云化绿能有限公司企业标准（Q/YH 01—2011）

项目		指标	
		优级品	一级品
DMC 含量/%	≥	99.7	99.5
水分含量/%	≤	0.05	0.10
甲醇含量（外标法）/%	≤	0.02	0.05

注：本标准由河北新朝阳化工股份有限公司提出并起草。

22.5　危险性与防护

22.5.1　健康危害

侵入途径：吸入、食入、经皮吸收。

健康危害：吸入、经口或经皮吸收对身体有害。本品对皮肤有刺激性。其蒸气或雾对眼睛、黏膜和上呼吸道有刺激性。大鼠在 $29.7g/m^3$ 浓度下很快发生喘息，共济失调，口、鼻出现泡沫，肺水肿，在 2h 内死亡。

22.5.2　应急处理方法

（1）泄漏应急处理

迅速撤离泄漏污染区人员至安全区，并进行隔离，严格限制人员出入。切断火源。建议应急处理人员戴自给正压式呼吸器，穿消防防护服。不要直接接触泄漏物。尽可能切断泄漏源，防止进入下水道、排洪沟等限制性空间。

小量泄漏：用砂土、蛭石或其他惰性材料吸收。收集，运至空旷的地方掩埋、蒸发或焚烧。

大量泄漏：构筑围堤或挖坑收容；用泡沫覆盖，降低蒸气灾害。用防爆泵转移至槽车或专用收集器内，回收或运至废物处理场所处置。

（2）防护措施

呼吸系统防护：空气中浓度超标时，佩戴自吸过滤式防毒面具（半面罩）。

眼睛防护：必要时，戴化学安全防护眼镜。

身体防护：穿防静电工作服。

手防护：戴防苯耐油手套。

其他：工作现场严禁吸烟。工作完毕，淋浴更衣。特别注意眼和呼吸道的防护。

（3）急救措施

皮肤接触：脱去被污染的衣着，用肥皂水和清水彻底冲洗皮肤。

眼睛接触：提起眼睑，用流动清水或生理盐水冲洗。就医。

吸入：迅速脱离现场至空气新鲜处。保持呼吸道通畅。如呼吸困难，给输氧；如呼吸停止，立即进行人工呼吸。就医。

食入：饮足量温水，催吐，就医。

灭火方法：采用灭火剂，如二氧化碳、干粉、砂土、泡沫。

22.6　储运

储存注意事项：储存于阴凉、干燥、通风良好的不燃库房。远离火种、热源。库温不宜超过37℃，保持容器密封。防止包装容器损坏渗漏。按易燃、有毒危险化品规定储运。本品易燃，与氧化剂接触能引起燃烧，应与氧化剂、还原剂、酸类等分开存放，切忌混储。采用防爆型照明、通风设施。禁止使用易产生火花的机械设备和工具。储区应备有泄漏应急处理设备和合适的收容材料。

22.7 经济概况

全球的 DMC 需求量多年来一直不断增长，2015 年全球 DMC 的产能达到 93.2 万吨/年，2015 年全球 DMC 产能分布概况，见图 22.2。中国现已发展成最大的 DMC 生产国和消费国。

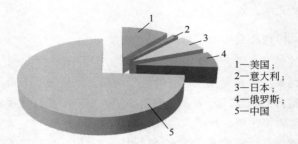

1—美国；
2—意大利；
3—日本；
4—俄罗斯；
5—中国

图 22.2　全球 DMC 产能分布概况

全球大公司 DMC 产能分布概况，见表 22.8。

表 22.8　全球大公司 DMC 产能分布概况

公司	产能/(万吨/年)	所占比例/%	生产工艺
中国台湾奇美公司	15.0	16.09	CO_2 与环氧化物加成法
俄罗斯 OAO Kazanorgsintez of Tatarstan 公司	6.5	6.97	CO_2 与环氧化物加成法
美国通用电气公司（GE）	6.0	6.44	气相氧化羰基化法
山东石大胜华化工股份有限公司	6.0	6.44	酯交换碳酸丙烯酯法
江苏姜堰化肥厂	6.0	6.44	酯交换碳酸丙烯酯法
陕西榆林云化绿能有限公司	5.5	5.90	酯交换法
山东兖矿国宏化工有限公司	5.0	5.36	酯交换碳酸丙烯酯法
日本宇部兴产株式会社	4.5	4.83	气相氧化羰基化法
铜陵金泰化工股份有限公司	4.0	4.29	酯交换法
山东海科新源化工有限公司	4.0	4.29	酯交换碳酸丙烯酯法
浙铁大风化工有限公司	4.0	4.29	酯交换法
河北唐山朝阳化工有限公司	3.2	3.43	酯交换碳酸丙烯酯法
河北新朝阳化工股份有限公司	3.0	3.22	酯交换法
东营新顺化工有限公司	3.0	3.22	酯交换法
山东维尔斯化工有限公司	2.5	2.68	酯交换碳酸丙烯酯法
Dow	2.0	2.15	气相氧化羰基化法
Texaco	2.0	2.15	酯交换法

DMC 生产工艺的分布概况，见表 22.9。

表 22.9 DMC 生产工艺的分布概况

生产工艺	产能/(万吨/年)	所占比例/%
酯交换碳酸丙烯酯法	50.0	53.65
酯交换法	32.2	34.55
液相氧化羰基化法	7.0	7.51
气相氧化羰基化法	3.0	3.22
CO_2 与环氧化物加成法	1.0	1.07

目前，国外除了 Texaco 公司的酯交换法工业化装置外，尚未见有采用酯交换法工艺的其他大型生产装置的报道。华东理工大学等多家单位在酯交换法方面做了深入研究，分别在唐山朝阳化工公司、东营胜利工业园等地区建立了几套生产装置。其中，唐山朝阳化工公司已成为目前我国最大的 DMC 生产厂家之一，生产能力 3.2 万吨/年。酯交换法工艺的优点在于设备的耐腐蚀要求不高。酯交换法工艺相对于甲醇氧化羰基化合成法来说，比较简单，总投资较低。酯交换法工艺的缺点在于酯交换反应可逆，转化率较低，由于反应中所使用的催化剂体系不同而导致反应产物中的副产物组分也相差很大，从而给分离系统带来问题，影响到产品的质量水平；并且由于生产过程中副产乙二醇或丙二醇，酯交换法的经济性对原料环氧乙烷（或环氧丙烷）和副产品乙二醇（或丙二醇）的价格因素的依赖性比较强，比较适合于生产环氧乙烷或环氧丙烷的厂家搞联合装置。酯交换法的先进性还依赖于生产装置的规模，一般要达到 5.5 万吨/年以上才能具有竞争力。

我国 DMC 的工业生产始于 20 世纪 90 年代初，产量连年翻番。到 2009 年，我国 DMC 产量达到高峰，约 30 多万吨。近年来，由于我国 DMC 市场出现相对过剩的状况，导致 DMC 生产线只有四成在正常生产。寻找 DMC 下游产业是重中之重，是刺激我国 DMC 行业发展的关键所在。

22.8 用途

22.8.1 DMC 代替光气作羰基化剂的应用

（1）聚碳酸酯（PC）

PC 是综合性能十分优越的工程塑料，其具有的高透明性和高抗冲击强度兼备的性能目前尚无材料可比。聚碳酸酯广泛应用于电子、建筑、交通、纺织等工业领域。目前，全球 PC 产量已达 400 多万吨。工业生产 PC 的方法主要是采用双酚-A 在碱（烧碱、吡啶等）存在的情况下，以氯甲烷为溶剂与光气反应。此工艺的缺点是光气的毒性较大，会对环境造成严重污染。新的工艺方法是采用 DMC 取代有毒性的光气生产 PC，首先 DMC 与苯酚进行酯交换反应生成碳酸二苯酯（DPC），在熔融状态下与双酚-A 进行酯交换，经脱酚而得到 PC。由于 DMC 工艺替代了有毒的光气，生产清洁环保，生产出的

PC 质量较高，可广泛用于制造磁盘、磁带等光电子产品。DMC 在 PC 生产方面有着广阔的市场前景。

（2）碳酸丙二酯（ADC）

ADC 是一种具有密度低、耐磨性能高、耐化学品性能优良、光学性能优异等特点的新型热固性树脂，可广泛用于眼镜镜片（即树脂眼镜片）、光电子材料等其他领域。其传统生产工艺的原料为丙烯醇、二甘醇、光气，DMC 的加入可解决光气污染环境的问题，同时得到的产品质量很高且不含卤素。以 DMC 为原料生产出的树脂眼镜片已投放市场。

（3）农药杀虫剂西维因（carbaryl）、呋喃丹等

氨基甲酸酯类杀虫剂是全球范围内广泛使用的一类农药品种，尤以西维因（carbaryl）、呋喃丹最为普遍，其他以 DMC 为原料生产的农药还有卡巴氧等。其传统生产工艺均以光气或异氰酸甲酯为原料，由于生产过程毒性较大，存在严重的安全问题，如光气泄露引发的"印度帕墨尔大惨案"。新工艺采用 DMC 与碳酚进行醇解反应得到甲基碳酸萘酯，最后与一甲胺反应得到产品。新工艺安全卫生，目前正在积极推广使用中。

（4）异氰酸酯

异氰酸酯类化合物是一类重要的化工原料，尤其在聚氨酯生产方面消费量很大，主要包括甲苯二异氰酸酯（TDI）和 4,4'-二苯基甲烷二异氰酸酯（MDI）以及 HDI 等。异氰酸酯的传统生产方法是将胺类化合物与光气反应。新工艺以 DMC 为原料，在碱或盐催化剂存在下，与胺类化合物反应，先合成氨基甲酸酯，再经热分解制得异氰酸酯。这一方法不用光气，因而设备较简单，"三废"治理费用少。但目前在工艺技术及经济性等方面还存在问题，预计在不久的将来有望实现工业化。

22.8.2 DMC 代替 DMS 作甲基化剂的应用

（1）苯甲醚（茴香醚）

苯甲醚（茴香醚）是生产香料和杀虫剂的原料，也是重要的农药、医药中间体。其传统生产方法是以苯酚和 DMS 为原料，工艺缺点是 DMS 毒性大，而且副产物难处理。用 DMC 代替 DMS 不仅可以克服这些问题，而且产品的收率有很大的提高。

（2）氢氧化四甲铵（MH）

TMAH 是 P 型光阻显像液，在大规模高集成电路光刻工艺中用作不致控蚀剂的显像液。此工艺的传统生产方法的原料为一氯甲烷和三甲胺，由于极微量的氯化物沉淀就会影响到精密图形的清晰度，所以用 DMC 来代替一氯甲烷作为原料可避免氯化物的产生，提高产品质量。

22.8.3 **新产品的开发应用**

（1）聚碳酸二醇酯（PCD）

PCD 是一种特种聚醚，具有优良的耐热性和耐水性能。其传统生产方法是用 1,6-己二醇与碳酸二苯酯、碳酸二乙酯或碳酸亚乙酯反应。新工艺则是用 1,6-己二醇与 DMC 反应。

（2）长链烷基碳酸酯

以 DMC 和高碳醇（C$_{12}$～C$_{15}$）为原料，可生产含羰基的长链烷基碳酸酯。长链烷基碳酸酯是具有良好的耐磨性、自清洁性、润滑性和耐腐蚀性的合成润滑油组分，而且与其他组分的相溶性、密封材料等均有良好的适应性，普遍用于金属加工油、液压油、压缩机油、发动机油等，其市场正在不断扩大。

（3）对称二氨基脲

利用 DMC 与肼制成的对称二氨基脲，可用于锅炉清洗剂，从而替代易爆、易燃、剧毒的水合肼。其安全系数远高于肼类清洗剂，目前欧美正在广泛推广使用。

（4）呋喃唑酮

DMC 在医药方面是一种重要的中间体，主要用于生产治疗肠道感染用药呋喃唑酮（痢特灵），还用于抗生素药头孢曲松（ceffriaxone）的合成。这些是 DMC 目前在医药方面的主消费市场。

22.8.4 非反应性用途

（1）汽油添加剂

DMC 分子中氧含量高达 53%，远远高于汽油添加剂 MTBE 的氧含量，所以在汽油中添加 DMC，就可以提高尾气中氧含量的效果。另外，DMC 在汽油中具有良好的溶解性，作为汽油添加剂，其蒸气压和混合分配系数非常适合，所以可以代替 MTBE 而广泛使用。研究发现，MTBE 的使用会阻碍臭氧的生成和对地下水造成严重污染，甚至会威胁人类的健康。

据悉，中国石油化工集团已经初步完成了在我国汽油中添加 5%的 DMC 评价研究，将出台汽油中添加 DMC 的标准，这将极大地刺激国内 DMC 市场的需求。

2002 年，美国有一些州已明确禁止使用 MTBE，由此 MTBE 在全球范围内的禁用，已只是时间早晚的问题，这就为 DMC 的广泛应用提供了很好的发展空间。

（2）电池电解液

DMC 具有良好的溶解性和稳定性，可作为锂离子电池电解液中的溶剂。利用 DMC 改进后的锂离子电池，其电池电解液具有高的电流密度和良好的抗氧化还原性能，这不仅提高了电池的导电性能，同时还延长了电池的寿命。DMC 已经成为锂离子电池中主要采用的电解液。

（3）溶剂

DMC 具有很强的溶解能力和较好的相容性，在胶黏剂、涂料、鞣革等领域具有广阔的应用前景。

综上所述，DMC 在各个领域都有极其广泛的应用前景，潜在市场巨大。

参 考 文 献

[1] 陈冠荣. 化工百科全书：第 15 卷. 北京：化学工业出版社，1995：859.

[2] 马召辉，等. DMC 的生产和市场分析. 河南化工，2010，（2）.

[3] 李波，等. DMC 发展现状及前景. 精细石油化工进展，2011，（6）.

[4] 王延良. 创新"1+1+1>3"管理模式质量向"9999"零缺陷迈进. 中国石油和化工，2012，（11）：44-45.

[5] 张丽平. 二氧化碳合成 DMC 的研究进展. 第十届长三角能源论坛——推进能源生产和革命，2013.

[6] 5 万吨/年 DMC 项目初步设计和技术经济分析，郑州大学，工程硕士学位论文，2013.

[7] 尿素醇解法合成 DMC 工艺研究，河北科技大学，工程硕士学位论文，2015.

[8] DMC 科技成果和专利. 国家图书馆，2017.

[9] 李峰. 甲醇及下游产品. 北京：化学工业出版社，2008.

第23章
甲醇蛋白

李峰　北京苏佳惠丰化工技术咨询有限公司　总经理

23.1　概述

甲醇蛋白是一种单细胞蛋白（single cell protein，SCP），是以甲醇、氨、硫酸和磷酸等作为培养基，经过生物发酵生成单细胞菌体，再精制提取为单细胞蛋白。甲醇蛋白中，粗蛋白含量在 70%以上，还含有脂肪、赖氨酸、蛋氨酸、胱氨酸及丰富的矿物质和维生素，是理想的畜禽饲料营养添加剂。相对于其他方法生产的单细胞蛋白来讲，甲醇蛋白具有资源丰富、生产不受气候条件影响、合成速度快、质量稳定等特点。

20 世纪 60 年代开始，就有不少国家开展了甲醇蛋白的研究，并发展成为世界性的热门研究课题。1980 年，英国 ICI 公司建成 10 万吨/年规模的装置并投产，生产的甲醇蛋白商品名为"Pnuteen"，产品中含有 72%的粗蛋白，蛋氨酸和赖氨酸含量与鱼粉非常相近，作为富含热量、维生素、矿物质及高蛋白的饲料在市场上销售。1983 年，美国 Phillips 石油公司又开发出甲醇蛋白生产新工艺，改进发酵罐热交换和氧传递条件，可生产高密度甲醇蛋白，菌体收率达 120～150mg/L，而其他工艺仅 30～40mg/L，使用该技术在 75t/a 中试基础上建成了 1360～2270t/a 的工业示范装置。随后，德国 Hoechst-Uhde、日本三菱瓦斯化学（MGC）、瑞典 Norprotein 和法国 IFP 等公司相继建立了中试装置。

20 世纪 70 年代以来，我国开始甲醇蛋白的研究。到目前为止，甲醇蛋白的产业化在我国仍处于起步阶段，国内还没有工业化的甲醇蛋白生产装置，一些单位也停止了对甲醇蛋白的研究开发。仅有河南煤化集团所属研究院与南京工业大学仍在做相关研究，河南煤化集团所属研究院与郑州大学河南省离子束生物工程重点实验室合作，进行离子注入诱变选育甲醇蛋白高产菌株及其生产工艺研究。南京工业大学生物化工技术中心优选与培植了生产甲醇蛋白的菌种，并通过实验室小试，完成了 1t/a 及 5t/a 的生产模式，目前，正在进行 50t/a 的放大试验，同时筹建 250t/a 的工业示范装置。

23.2 特征与营养评价

23.2.1 特征

甲醇蛋白与传统蛋白相比，具有厂区占地面积少、不受环境和气候的影响、可连续生产、易于控制、污染小等优势。同时具有如下典型特征：

（1）具有较高的蛋白产率和营养价值

甲醇蛋白与各种蛋白源（如大豆、鱼粉、肉骨粉等）相比，具有较高的营养性，它富含 80%的粗蛋白和丰富的维生素，且极易消化。大豆含蛋白 45%，鱼粉含蛋白 61%，大豆粕含蛋白 40%，菜籽粕含蛋白 32%，肉骨粉含蛋白 45%。国外大量试验表明，在饲料中添加 20%～30%的甲醇蛋白，其效果比单纯使用鱼粉的饲料要好得多。甲醇蛋白富含 17 种氨基酸，其中还有动物体内无法合成的氨基酸，其组成见表 23.1。

表 23.1 甲醇蛋白氨基酸组成

氨基酸	质量分数/%	氨基酸	质量分数/%	氨基酸	质量分数/%
丙氨酸	5.40	丝氨酸	2.7	苯丙氨酸	3.2
精氨酸	2.5	苯氨酸	3.5	脯氨酸	3.1
天门冬氨酸	7	色氨酸	1.6	维生素 b_1	11.5×10^6
谷氨酸	6.8	酪氨酸	2.5	维生素 b_2	80×10^6
甘氨酸	4.2	蛋氨酸	2.1	维生素 b_6	22×10^6
组氨酸	1.4	赖氨酸	4.9	维生素 b_{12}	0.26×10^6
异亮氨酸	3.5	亮氨酸	5.6		

（2）繁殖速度快

甲醇蛋白在发酵罐中的繁殖速度可达 2.5～3.7g/(L·h)，而烷烃蛋白只有 0.15～2.3g/(L·h)。

（3）原料来源丰富

当前大型甲醇装置的建成，使甲醇成本大大降低，从而也大大降低了甲醇蛋白的成本。甲醇在常温下为液态，并能与水完全混合，故在培养基中易于分散，菌体也易于洗涤且吸收好，比以天然气为原料的单细胞蛋白耗氧量少，发酵热少，可大大节约能耗。甲醇沸点低，在产品干燥过程中易从菌体中分离和脱除。以烃类蒸气转化或部分氧化制得的合成气生产的甲醇为原料时，原料中不含多环芳烃致癌物。

（4）无毒、安全可靠

英国 ICI 公司曾用 8 年时间对甲醇蛋白进行毒性理学试验，用了近 500t 甲醇蛋白（商品名"Pnuteen"）产品喂养了约 30 万只动物（包括鼠类、猪、牛、羊等），试验内容包括身体形状、繁殖功能、遗传、致癌作用等，同时对其死后的组织、器官、内分泌物做了选择性解剖分析，一切正常。最终试验结果表明：甲醇蛋白无毒，是一种安全的动物饲料添加剂。

德国 Hoechst-Uhde 公司生产的甲醇蛋白还主要用于人类食用。

美国菲利浦公司也宣布制成可供人类的 SCP（甲醇蛋白）。

以美国农业部为首的世界各国研究机构进行反复试验后认定，SCP 无毒，可供人类食用，是安全的。

23.2.2 营养评价

甲醇蛋白的营养价值评价，主要评价其营养成分、氨基酸、维生素、核酸含量以及口味、口感、肠胃影响等因素，且长期使用甲醇蛋白还应考虑其毒性和致癌作用。甲醇蛋白与鱼粉、大豆等饲料相比，其营养价值见表 23.2。

表 23.2 SCP 与鱼粉、大豆的营养成分比较

名称	粗蛋白/%	脂肪/%	赖氨酸+蛋氨酸/%
SCP	74	8.5	7.4
鱼粉	61.2	8.1	7.5
大豆	4.5	17.7	4.6

甲醇蛋白可替代鱼粉、大豆、骨粉和脱脂奶粉等喂养家禽、家畜，具有较高的营养价值。

23.3 生产方法

甲醇蛋白生产工艺的主要原料是甲醇、氨水和硫酸，其工艺流程示意图如图 23.1 所示。

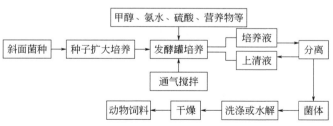

图 23.1 甲醇蛋白生产工艺流程示意图

23.3.1 甲醇蛋白生产工艺技术

甲醇蛋白生产工艺技术经过多年的研究取得了较大进展，国外以甲醇为碳源、采用选择性微生物生产单细胞蛋白的技术主要有：①微生物采用嗜甲醇营养菌法，如英国的 ICI 法、瑞典的 Norprotein 法、德国 Hoechst-Uhde 法；②微生物采用酵母法，如美国的 Provesteen 法、日本的三菱瓦斯化学（MGC）法、法国石油协会（IFP）法。

（1）英国的 ICI 法

甲醇蛋白生产技术中，以英国的 ICI 法居领先地位，1980 年已有 10 万吨级的甲醇蛋白装置投产，其工艺流程示意图如图 23.2 所示。预先被灭菌的培养液和含氨空气从发酵罐底部加入，在高静压下利用空气搅拌促进氧溶解于溶液，增大上升溶液中的空隙率。由此产生的空气搅拌作用使发酵罐内的溶液自然循环。发酵过程中产生的 CO_2 和过剩空气从发酵罐顶部排出，密度增大后的溶液顺发酵罐的一边下流，在底部由冷却器完成热交换。培养液和空气在发酵罐另一边上升循环，粗产品从塔底连续取出。调节 pH 值使细菌凝集，经离心分离、闪蒸脱水、干燥得到产品。粒状产品可用作家畜、家禽、鱼等的饲料蛋白，粉状颗粒可用来替代奶粉。

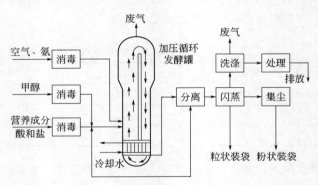

图 23.2　ICI 法 SCP 工艺流程

英国 ICI 公司拥有世界上最大的连续发酵器，生产的甲醇蛋白商品名为"Pnuteen"，产品中含有 72% 的粗蛋白，蛋氨酸和赖氨酸含量与白鱼粉非常相近，作为富含热量、维生素、矿物质及高蛋白的饲料在市场上销售。

该发酵罐的特点：①氧的传递速度快；②搅拌效率高，培养基循环好；③内部无活动部件，主动轴周围不会产生微生物污染；④由于冷却循环迅速，易于控制温度；⑤能迅速除去 CO_2；⑥菌体的分离、浓缩、干燥过程操作方便；⑦单位产品耗电量少。

（2）MGC 法

日本三菱瓦斯化学公司以 500t/a 的实验装置，用以确定 10 万～60 万吨/年的生产技术。原料经过灭菌、过滤后加入发酵罐。发酵罐内设置多层多孔隔板，以空气搅拌促进氧的迁移。罐中菌体密度为 $35kg/m^3$，生产效率达 $5kg/(m^3 \cdot h)$。从发酵罐出来的培养液经离心机分离，清液返回发酵罐；离心后的物料经预处理、混合、粒化、干燥后得粒状产品。为了节能，此法可用透平的废气进行菌体干燥。MGC 法 SCP 装置流程，见图 23.3。

（3）Hoechst-Uhde 法

该法工艺过程是以磷酸、盐、水和微量元素按比例组合，经过加热和冷却消毒后泵入发酵罐；甲醇经加热、冷却消毒后单独送入发酵罐。发酵罐内事先装有培养液生成的细胞悬浮液。发酵过程中加入氨水，使 pH 值保持在 7 左右。发酵罐出来的物料经浓缩、

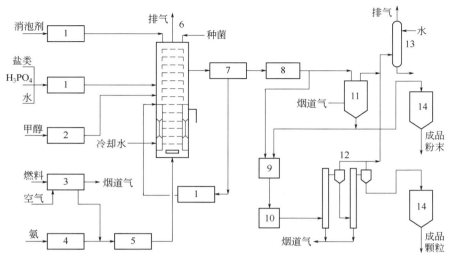

图 23.3　MGC 法 SCP 装置流程

1—过滤机；2，5—灭菌过滤器；3—离心过滤机；4—汽化器；6—发酵罐；7—离心机；8—预处理槽；
9—混合机；10—颗粒化机；11—喷雾干燥机；12—瞬间干燥机；13—洗涤器；14—筒仓

离心、干燥得到产品。

该公司的产品主要供人食用，并可供家禽、家畜作饲料蛋白。发酵罐中的细菌细胞分成蛋白质和核酸，当蛋白中含核酸<1%，就可供人食用，如加入面包中作强化剂。

HU 空气提升内循环式发酵罐如图 23.4 所示。该发酵罐的优点有：①细长结构，加大毒气扩散强度；②内循环获得一定流动模型，对压力、加料量的变化敏感性小；③循环间隔时间与培养液生长的动力学一致，效率明显提高；④罐内无死角，供料均匀；⑤无机械传动，混合和通风的能耗仅为搅拌式的 50%，能量散失少；⑥如增大罐顶横截面，环形区向下流动可将附在罐壁的泡沫冲刷下来，可以解决发酵过程中难以控制的泡沫问题。

（4）IFP 法

培养基液体经喷管系统吸入需要的空气，然后进入一段（或两段）发酵罐，由发酵罐来的物料经离心分离、过滤、溶解、干燥后得到产品。

IFP 升气式发酵罐如图 23.5 所示。该发酵罐有一特殊的双相泵使罐中心所有物料高速循环，并由回路中的换热器移走热量，然后将有活性的液体返回罐中。其优点有：①适宜于酵母产生凝絮作用；②系统内有不同相的混合，可迅速除去通风和生产过程中产生的热量。

（5）Norprotein 法

该工艺所采用的菌种为专性嗜甲基细菌。发酵的甲醇通过多点流入发酵罐或同压缩空气一起供入。与其他工艺相比，Norprotein 法更加注重对发酵后的发酵液的处理工艺的研究，开发了不同的凝絮、干燥工艺。从发酵罐流出的发酵液中，其细胞浓度约为 25g/L。在凝聚工段，将悬浮液加热，然后加酸降低 pH 值，从发酵液获得有效的细胞凝聚，经过

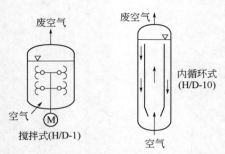

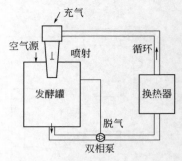

图 23.4　HU 空气提升内循环式发酵罐　　　　图 23.5　IFP 升气式发酵罐

滤，将细胞浓缩物进一步脱水至 25%～30%。在凝聚过程中，干物质和蛋白质的回收可达 95%～100%。在干燥工段，采用特殊的喷雾干燥器，得到大于 200μm 的颗粒产品。Norprotein 法工艺对灭菌操作控制更严格，以生产能满足食品工业卫生要求的 SCP 产品。

23.3.2　生产工艺评述

（1）生产工艺条件

国外 SCP 主要生产工艺条件，见表 23.3。

表 23.3　国外 SCP 主要生产工艺条件

生产方法	产能 /[g/(L·h)]	微生物	pH 值	温度/℃	平均甲醇含量 /(mg/L)	稀释率 /h^{-1}	细胞密度 /(g/L)
英国 ICI 法	5	细菌	6.7	35～40	1～10		30
德国 Hoechst-Uhde 法	5	细菌	6.5～7.5	40	100	0.33	15
日本 MGC 法	5	酵母	3	28～29	100g/L		
法国 IFP 法	3.4	酵母	3～3.5	35～36		0.2～0.25	
美国 Provesteen 法		酵母	4.5	30			
瑞典 Norprotein 法		细菌					

国外 SCP 生产工艺技术比较，见表 23.4。

表 23.4　国外 SCP 生产工艺技术比较

生产方法	蛋白含量/%	微生物	发酵罐形式	技术程度	投产时间
英国 ICI 法	78.9	细菌	空气提升加压外循环	工业化 6 万吨/年	1980 年
德国 Hoechst-Uhde 法	79～90	细菌	空气提升内循环	中试 1000t/a	1978 年
瑞典 Norprotein 法	81	细菌		中试	
日本 MGC 法	50～60	酵母	空气提升式	中试 1000t/a	1974 年
法国 IFP 法	60～62	酵母	升气式	小试	
美国 Provesteen 法	60	酵母	搅拌式	中试 1360～2268t/a	1985 年

从表 23.3 和表 23.4 可以看出，ICI 法和 Hoechst-Uhde 法在采用细菌菌种上享有较高的声誉，MGC 法在采用酵母菌菌种上具有代表性，这三种方法在生产能力、发酵温度上基本相近，但发酵液的 pH 值、甲醇含量和细胞密度差别较大，ICI 法明显占有优势，蛋白含量与 Hoechst-Uhde 法相当，高于 MGC 法。从发酵设备上看，ICI 法循环状态好，能保证空气和能量的良好利用，有利于长期稳定运行，适于大规模生产。

（2）制约甲醇蛋白大规模发展的因素

① 技术因素。虽然国内也有一些单位在甲醇蛋白的研究上取得了一定的成绩，比如北京市营养源研究所基本掌握了甲醇蛋白的生产技术；中国石油克拉玛依石化公司研究院引进一株铜绿假单胞菌 Sx，使甲醇转化率达 40%以上，蛋白质含量达 80%以上，居国内领先水平。但这些技术均离大规模产业化尚远，尤其不能满足万吨级以上大规模甲醇蛋白生产的技术要求。目前国内也有一些拟上甲醇蛋白项目的企业通过比较，倾向采用英国 ICI 法，但甲醇蛋白技术引进还存在障碍。这些国外持有的技术要么不转让，要么要价太高难以接受，技术障碍成了制约我国甲醇蛋白大规模工业化发展的首要因素。

② 市场因素。近几年，甲醇蛋白的原料甲醇价格波动大，导致甲醇蛋白的原料成本不稳定，甲醇蛋白若按目前价格生产，总成本达到 8600 元/吨以上，同等粗蛋白含量的甲醇蛋白和豆粕的比价关系为 1.5∶1，甲醇蛋白目前根本没有价格优势，由于成本比大豆高，代替大豆用于饲料经济上无竞争力；而代替鱼粉，由于甲醇蛋白成本与鱼粉销售价格相当，甲醇蛋白也没有什么价格优势，与鱼粉竞争市场的难度很大，只有在鱼粉日益紧缺、价扬的情况下替代鱼粉的潜在市场才能拓展开来。所以，发展甲醇蛋白还必须依托国内技术的发展，大幅度降低生产成本，使之有强劲的市场竞争力。

③ 消费者心理因素。虽然英国 ICI 公司曾进行了 8 年的毒性理学试验，结果表明甲醇蛋白无毒，是一种十分安全的动物饲料添加剂，而且德国赫斯德公司生产的甲醇蛋白主要用于人类食用，但我国消费者在接受甲醇蛋白方面仍存有疑虑。尤其是在经历了"三鹿奶粉""瘦肉精""牛奶黄曲霉素"等一系列食品安全事件之后，人们对食品、饲料中的添加剂和染色剂更加敏感。当人们面对由工业甲醇生产出来的甲醇蛋白的时候，心中难免疑虑，由工业甲醇到甲醇蛋白，然后添加到动物饲料中，最后得到的肉制品，能保证安全吗？会不会存在对人身体有害的成分？基于安全的担心，在短时间内，我国的消费者很难从心理上接受甲醇蛋白，这将严重阻碍市场的开拓。

23.3.3 专利

（1）一种甲醇蛋白综合废水的处理方法

本发明涉及甲醇蛋白综合废水的处理方法，该方法能有效解决废水处理不达标、设备使用效率低、无法实现循环利用的问题。步骤如下：将甲醇蛋白生产过程中产生的冲洗废水 A 进行离心，分别获得重相沉渣 C 和轻相液体 D；轻相液体 D 超滤浓缩，分离得浓缩液 E 和清液 F；重相沉渣 C 及浓缩液 E 混合，作为制作有机肥的原料；清液 F 和甲醇蛋白提取后与处理过程中产生的废水 B 合并，进行反渗透处理，浓缩，分别获得脱盐水 G 和高盐高氨氮水 H。本发明实现了废水的循环利用和零排放，大大减少了无机盐的投入，降低了企业的生产成本，且不影响酵母细胞的生长和甲醇蛋白的产率，提高了生产效率和企业的经济效益。

专利类型：发明专利

申请（专利）号：CN201610751799.7

申请日期：2016 年 8 月 30 日

公开（公告）日：2017 年 1 月 4 日

公开（公告）号：CN106277399A

申请（专利权）人：义马煤业集团煤生化高科技工程有限公司

主权项：一种甲醇蛋白综合废水的处理方法，其工艺步骤，①将甲醇蛋白生产过程中产生的冲洗废水 A 进行离心，分别获得重相沉渣 C 和轻相液体 D；②将步骤①得到的轻相液体 D 超滤浓缩至轻相液体 D 体积的 1/10，分离获得浓缩液 E 和清液 F；③将步骤①得到的重相沉渣 C 及步骤②得到的浓缩液 E 混合，作为制作有机肥的原料；④将步骤②得到的清液 F 和甲醇蛋白提取后与处理过程中产生的废水 B 合并，进行反渗透处理，浓缩至清液 F 和废水 B 总体积的 1/3，分别获得脱盐水 G 和高盐高氨氮水 H，其中，80%为氨氮含量低于 20mg/L、电导率小于 10S/cm 的脱盐水 G，用于中水回用，有利于节约水资源，实现水资源的循环利用；余量为高盐高氨氮水 H，作为甲醇蛋白生产中发酵配料用水，在发酵生产过程中进行回收利用。

法律状态：公开，实质审查的生效

（2）一种甲醇蛋白废水处理工艺

成果简介：本发明公开了一种甲醇蛋白废水处理工艺，包括以下步骤：①将甲醇蛋白废水排进调节池；②曝气使甲醇蛋白废水混合均匀；③采用超滤设备处理；④采用电渗析设备进行脱盐处理；⑤采用纳滤设备处理；⑥进行生化处理；⑦将生化处理后的滤液输送到超滤设备中，除去生化处理中混入的有机分解物和颗粒杂质；⑧将滤液进行消毒处理。总之，本发明具有路线短、处理效率高、系统能耗低、设备运行费用低、操作简单、劳动强度小、可有效降低生产成本并提高企业的经济效益、实现资源化回收利用等优点。

专利类型：发明专利

申请（专利）号：CN201510638638.2

申请日期：2015 年 9 月 23 日

公开（公告）日：2016 年 2 月 24 日

公开（公告）号：CN105347606A

申请（专利权）人：郑州大学综合设计研究院有限公司

主权项：一种甲醇蛋白废水处理工艺，其工艺步骤，①将甲醇蛋白废水排进调节池，废水中大颗粒杂质初步沉淀，上层液体排进另一个调节池，采用曝气装置使甲醇蛋白废水混合均匀；②将步骤①中的甲醇蛋白废水输送到超滤设备中，经过膜过滤，废水分为浓缩液、滤液，浓缩液循环回流，其中含有的大分子蛋白（分子量在 5000 以上）被回收，滤液等待下一步处理；③将步骤②中的废水滤液输送到电渗析设备中，进行脱盐处理，滤液分为浓盐水、脱盐蛋白水，浓盐水循环回流，脱盐蛋白水等待下一步处理；④将步骤③中的脱盐蛋白水输送到纳滤设备中，进行脱盐处理和小分子有机物的截留，脱盐蛋白水分为浓缩液、滤液，浓缩液循环回流，滤液等待下一步处理；⑤将步骤④中的滤液进行生化处理，首先输送到厌氧生物处理设备中进行处理，再将上一步处理过的产物输送到好氧生物处理设备中进一步浓缩，滤液等待下一步处理；⑥将生化处理后的滤液输送到超滤设备中，除去生化处理中混入的有机分解物和颗粒杂质，滤液等待下一步处理；⑦将滤液进行消毒处理。

法律状态：公开，实质审查的生效

（3）一株同时生产甲醇蛋白和木聚糖酶的毕赤酵母及其应用

成果简介：本发明涉及一株同时生产甲醇蛋白和木聚糖酶的毕赤酵母及其应用，有效解决了现有甲醇蛋白生产中存在的产品单一、发酵工艺陈旧、成本高而效益低的难题。一株同时生产甲醇蛋白和木聚糖酶的毕赤酵母，分类命名为巴斯德毕赤酵母 hgd-xm-301 菌株，已保藏于中国典型培养物保藏中心，保藏日期为 2013 年 10 月 30 日，保藏地址为中国武汉市武汉大学中国典型培养物保藏中心。本发明实现了木聚糖酶与甲醇蛋白的共发酵生产，使装置多用，降低生产成本，提高生产效益，简化生产工艺，降低原料消耗，节约能源，减轻环境污染。

专利类型：发明专利

申请（专利）号：CN201510667645.5

申请日期：2015 年 10 月 16 日

公开（公告）日：2015 年 12 月 23 日

公开（公告）号：CN105176853A

申请（专利权）人：义马煤业集团煤生化高科技工程有限公司

主权项：一株同时生产甲醇蛋白和木聚糖酶的毕赤酵母，其特征在于，分类命名为巴斯德毕赤酵母 hgd-xm-301 菌株，已保藏于中国典型培养物保藏中心，保藏日期为 2013 年 10 月 30 日，保藏地址为中国武汉市武汉大学中国典型培养物保藏中心。

法律状态：公开

（4）一种单细胞甲醇蛋白的工业化生产方法

成果简介：本发明涉及一种单细胞甲醇蛋白的工业化生产方法，该方法有效解决了单产低、甲醇转化率不高的技术难题。步骤如下：将巴斯德毕赤酵母 hgd-xm-301 的菌株接种至 YPD 试管斜面培养基上，培养得到斜面种子，斜面种子接入 YPD 液体培养基中，培养得到摇瓶种子；将摇瓶种子接种到另取的 YPD 液体培养基中，培养一级种子；将一级种子接种到 BSM 液体培养基中，培养得到二级种子；将二级种子接种到发酵培养基中开始发酵，得到发酵液；发酵液导入发酵液储罐中，静置，沉降，然后离心得到菌泥，加清水，搅拌均匀，喷雾干燥。本发明所生产的单细胞蛋白粗蛋白含量达 55%以上，氨基酸总量达 50%以上，发酵菌种对发酵条件适应性强，生产的饲料安全无毒。

专利类型：发明专利

申请（专利）号：CN2013100017366

申请日期：2013 年 1 月 5 日

公开（公告）日：2013 年 4 月 24 日

公开（公告）号：CN103060198A

申请（专利权）人：义马煤业集团煤生化高科技工程有限公司

主权项：一种单细胞甲醇蛋白的工业化生产方法，其工艺步骤，①分类命名为巴斯德毕赤酵母 hgd-xm-301 菌株，已保藏于中国典型培养物保藏中心，将甘油管保藏的巴斯德毕赤酵母 hgd-xm-301 菌株 0.5mL 接种至 YPD 试管斜面培养基上，30℃培养48h，即得到斜面种子，所述的 YPD 试管斜面培养基是由质量分数计的1%酵母提取物、2%胰蛋白胨、2%葡萄糖、2%琼脂和水混合在一起组成的；用无菌水将斜面种子全部冲洗下来，以 YPD 液体培养基体积 1%～5%的接种量接入 YPD 液体培养基中，摇床振荡培养，培养温度 30℃，摇床转速 220r/min，培养 24～30h，菌体 OD600 达到 3～5，获得摇瓶种子，所述的 YPD 液体培养基是由质量分数计的 1%酵母提取物、2%胰蛋白胨、2%葡萄糖和水混合在一起组成。②一级种子培养。a. 一级种子培养在 50L 的发酵罐中进行，步骤如下：按步骤①所述方法在 50L 罐中配制 30L 的 YPD 液体培养基，打开蒸气阀，使蒸气进发酵罐夹套层，对 YPD 液体培养基进行灭菌，灭菌温度 121℃，灭菌时间 30min，对 YPD 液体培养基灭菌的同时，对空气过滤器和取样口进行灭菌，灭菌 10min 即可，灭菌结束后，打开进气阀，向发酵罐中通入无菌空气，使罐体内空气压力一直高于罐体外大气压，打开冷却水阀门，使冷却水进发酵罐夹套层，对 YPD 液体培养基进行降温，当 YPD 液体培养基温度降至 25～35℃时，开始接种；b. 摇瓶种子 1000mL 从 50L 发酵罐接种口倒入，随后控制发酵温度在 28～30℃，转速 150r/min，溶氧 40%～50%，培养 20～24h 后，得到一级种子。③二级种子培养。二级种子培养在 5m³ 发酵罐中进行，二级种子培养基采用 BSM 液体培养基，步骤如下：5m³ 发酵罐中装 BSM 液体培养基，体积为 3m³；所述的 BSM 液体培养基为由质量浓度 85%磷酸 15L/m³、二水硫酸钙 0.4kg/m³、硫酸钾 8kg/m³、七水硫酸镁 6kg/m³、甘油 36kg/m³ 和微量元素溶液 3L/m³ 加水制成。也就是说，BSM 液体培养基由质量浓度 85%磷酸 15L、二水硫酸钙 0.4kg、硫酸钾 8kg、七水硫酸镁 6kg、甘油 36kg 和微量元素溶液 3L 加水至 1m³ 制成；所述的微量元素溶液为由五水硫酸铜 14g/L、碘化钾 0.08g/L、一水硫酸锰 4g/L、二水钼酸钠 0.1g/L、硼酸 0.1g/L、六水合氯化钴 1g/L、氯化锌 36g/L、七水合硫酸亚铁 65g/L 和质量浓度为 98%的浓硫酸 5mL/L 加水制成，也就是说，微量元素溶液由五水硫酸铜 14g、碘化钾 0.08g、一水硫酸锰 4g、二水钼酸钠 0.1g、硼酸 0.1g、六水合氯化钴 1g、氯化锌 36g、七水合硫酸亚铁 65g 和质量浓度为 98%的浓硫酸 5mL 加水至 1L 制成；用②a 步骤中对 YPD 液体培养基相同的灭菌方法对 BSM 液体培养基进行灭菌，灭菌完成后，用质量浓度为 35%的氨水调 BSM 液体培养基的 pH 值至 4.8～5.0，然后将培养好的一级种子 30L 接种到 3m³ 的 BSM 液体培养基中，接种量为 1%，接种时二级种子罐罐压在 0.01～0.03MPa，一级种子罐罐压在 0.05～0.1MPa，通过空气压力将一级种子从一级种子罐压到二级种子罐中，接种完成后，保持二级种子罐温度 30～32℃，通风比 1∶(1～1.5)vvm，罐压 0.05MPa，pH 值 5.0～5.5，培养 24～30h，得到二级种子。④发酵罐甲醇蛋白生产发酵培养基为与③步骤中的二级种子的 BSM 液体培养基相同的培养基，开启进料泵，调节进料阀门大小，以控制发酵培养基的进料速度为 3～4m³/h，同时打开蒸汽阀门，将蒸汽与发酵培养基混合，使发酵培养基温度达到 121～125℃，进入层流罐维持 20min 后，进入 50m³ 发酵罐中，进料完毕后，关闭进料阀，并将 50m³ 发酵罐温度维持在 121℃，保持 30min，此时，用蒸气对与 50m³ 发酵罐相连的空气过滤器、发酵罐取样口、出料口、排气口管道进行灭菌，保证 50m³ 发酵罐及与之相连管道呈无菌状态，灭菌结束后，将 50m³ 发酵罐内的发酵培养基降温到 30～35℃；用质量浓度为 35%的氨水调发酵培养基至 pH 5.0，然后将二级种子以发酵培养基体积 10%的接种量接种到 50m³ 发酵罐内 pH 值为 5.0 的发酵培养基中开始发酵，发酵温度 30～32℃，通风比 1∶(1.5～2)vvm，罐压 0.04MPa，pH 值为 5.0～5.5，培养 16～20h，罐内料液中的甘油消耗完，溶氧开始持续上升，罐内菌体 OD600 达到 36～40，湿重达到 100～120g/L，向 50m³ 发酵罐内流加甲醇，甲醇流加量为 5～6g/(L·h)，当溶氧高于 60%以上时，加大甲醇流加量，最大流加量达到 10～15g/(L·h)，发酵过程中，每 12h 补加一次微量元素溶液，每次流加 20L，直至发酵结束，发酵 72～84h 后，取样测定菌体湿重达 350～400g/L，发酵结束，得到发酵液。⑤出料发酵结束后，利用罐压将发酵液从出料管道导入发酵液储罐中，静置，沉降 4～8h，沉降液经卧螺离心机离心，得菌泥，收集到储存罐中，加入菌泥体积 1/5 的清水，搅拌均匀，进入喷雾干燥机，喷雾干燥，收集蛋白干粉。

法律状态：公开，实质审查的生效

23.4　分类标准

SCP 的规格，见表 23.5。

表 23.5　SCP 的规格

名称	粗蛋白/%	脂肪/%	灰分/%	水分/%	赖氨酸/%	蛋氨酸/%	胱氨酸/%
指标	>70	约 7	约 8	约 5	>6	>6	>6

23.5　经济概况

我国以占世界 7%的耕地面积养活了占世界 22%的人口，粮食供需矛盾十分突出。而以甲醇为原料合成甲醇蛋白用作高能量的精饲料，每 1 万吨可节省粮食 2.5 万吨，可配制 10 万吨饲料，社会效益和经济效益均十分可观。甲醇蛋白在国外已使用 20 余年，证明它是一种安全的动物饲料添加剂。

甲醇蛋白是通过单细胞生物发酵而得到的菌体蛋白质,主要用作猪、鸡、牛和鱼等畜禽饲料蛋白。与其他饲料蛋白如鱼粉、大豆等天然动植物蛋白质相比，优势明显。甲醇蛋白在国内具有较大的市场潜力和广阔的发展前景。2015年我国饲料总产量2.18亿吨，大豆和鱼粉进口总量分别为8174万吨和102.5万吨，对外依存度高达86.3%和69.8%，且供求关系日趋紧张。每1t甲醇蛋白可节省粮食2.5t，对解决我国养殖业及食品工业蛋白质短缺问题和粮食问题具有重大的战略意义。

2012年5月，义煤集团利用自有技术建成的甲醇蛋白中试装置，成功产出合格产品，不仅开辟了甲醇研究与开发的新领域，还填补了我国大规模甲醇蛋白生产的技术空白，也使我国成为继俄罗斯、英国之后第三个拥有该项技术的国家。随后建成世界首条1000t甲醇蛋白→脂肪酶→木聚糖酶→蛋白纤维完整的高附加值产业链，2014年1月成功投产。为扩大产业规模，义煤集团一期2万吨/年甲醇蛋白联产酶制剂项目已于2014年10月在青海正式开工建设，2016年投产。

所以，发展甲醇蛋白是解决我国养殖业及食品工业蛋白质短缺问题的重要途径之一，对解决我国的粮食问题具有重大的战略意义。

参 考 文 献

[1] 龙沛沛. 甲醇蛋白行业发展的制约因素和发展建议. 河南化工，2012，（1）：21-23.

[2] 谷小虎，等. 甲醇蛋白的技术与市场. 煤化工，2011，39（5）：5-8.

[3] 李峰. 甲醇及下游产品. 北京：化学工业出版社，2008.

[4] 甲醇蛋白的专利. 国家图书馆，2017.

[5] 薛金召，等. 我国甲醇新兴应用领域前景分析. 化工进展，2016，1（增刊）.

第24章
甲醇制氢

李仕宇　北京苏佳惠丰化工技术咨询有限公司　项目经理

24.1　概述

氢（hydrogen，CAS号：1333-74-0）是重要的工业原料。氢在进行化学反应形成化合物时其价键具有特征。16世纪，瑞典人Paracelsus发现铁与酸作用所产生的"空气"是可燃烧的。

1766年，由英国化学家H. Cavandish第一次分离得到纯净的氢气，1784年他的实验证明氢气在氧气中燃烧生成水，后又用电解方法将水分解成氢气和氧气。随后，法国化学家Lavoisier通过用水蒸气对赤热的铁作用制得氢气，并将它命名为hydrogen。

据报道，全球拥有甲醇转化制氢技术的公司主要有：Haldor Topsoe A/B公司、Air Liquide公司、Catalysts and Chemicals Europe公司、IHI公司、CESA公司和Technipetrol公司。采用该技术约建有15套甲醇转化制氢装置，装置能力为100~4500m³/h。

西南化工研究设计院研究开发的甲醇蒸气转化配变压吸附分离制氢技术为中小用户提供了一条经济实用的新工艺路线。第一套600标准立方米/小时（m³/h）制氢装置于1993年7月在广州金珠江化学有限公司首先投产开车，在得到纯度99.99%氢气的同时还得到食品级CO_2，该技术属国内首创，取得良好的经济效益。此项目于1993年获得化工部优秀设计二等奖，1994年获得广东省科技进步二等奖。

24.2　性能

24.2.1　结构

结构式：H—H

分子式：H_2

24.2.2 物理性质

氢是非极性分子，氢分子由两个原子构成，高温（2500～5000K）下生成原子氢。常温下，分子氢无色、无臭、无毒、易着火，燃烧时呈微弱的白色火焰，氢气及其同位素的一般物理性质如表24.1所示。

表 24.1 氢气及其同位素的物理性质

名称	数值	名称	数值
分子量	2.016	临界点	
摩尔体积（标准状态）/(L/mol)	22.43	压力/MPa	1.315
气体常数 R/[J·(mol/K)]	8.31594	密度/(kg/cm³)	29.88
密度（标准状态）/(kg/m³)	0.08988	温度/K	33.18
沸点		三相点	
温度/K	20.38	温度/K	13.947
气体密度/(kg/cm³)	1.333	压力/MPa	7.042
液体密度/(kg/cm³)	71.021	密度/(kg/cm³)	
汽化热/(kJ/kg)	446.65	气体	0.126
熔点		液体	77.09
温度/K	13.947	固体	86.79
熔解热/(kJ/kg)	58.2	声速（气体 101.32 kPa，0℃）/(m/s)	1246
气/液体积比	788	热导率/[mW/(m·K)]	
比热容（101.3kPa，15.6℃）/[kJ/(kg·K)]		气体（101.3 kPa，0℃）	166.3
c_p	14.428	液体（20.0K）	117.9
c_V	10.228	黏度/10^{-6}Pa·s	
液体表面张力（20.0K）/(N/m)	2.008×10^{-3}	气体（101.3 kPa，0℃）	13.54
低燃烧热值/(kJ/m³)	10785	液体（21.0K）	12.84

24.2.3 化学性质

氢分子有很高的稳定性，仅在很高的温度下才会有较大的离解，成为原子氢，令氢气以低气压通入高电压放电管时，也能产生原子氢。原子氢是氢的一种最有反应活性的形式，它的半寿命约为0.3s，它有极强的还原性。

（1）与金属反应

由于氢原子核外只有一个电子，它与活泼金属如钠、锂、钙、镁、钡等作用，生成氢化物。氢气与金属钠、锂、钙反应的反应式为：

$$H_2 + 2Na \rightleftharpoons 2NaH$$

$$H_2 + Ca = CaH_2$$

$$H_2 + 2Li = 2LiH$$

在高温时，氢气可以与许多金属氧化物中的氧反应，使金属还原，如与氧化铜、氧化钼、四氧化三铁、氧化钨反应的反应式为：

$$H_2 + CuO = Cu + H_2O$$

$$H_2 + MoO = Mo + H_2O$$

$$4H_2 + Fe_3O_4 = 3Fe + 4H_2O$$

$$H_2 + WO = W + H_2O$$

作为还原剂，氢气可以与许多金属氧化物在高温下发生还原反应，生成金属与 H_2O，例如：

$$Cr_2O_3 + 3H_2 = 2Cr + 3H_2O$$

$$NiO + H_2 = Ni + H_2O$$

① 与钠反应。氢气（H_2）在室温下不与钠反应，但在 200～350℃时与钠生成氢化钠（NaH）。氢气与块状钠反应很慢，反应受可利用表面的限制。但对分散在碳氢化合物中和比表面高的钠反应很快，如有蒽-9-羧酸钠和菲-9-羧酸钠等表面活性剂存在时可进一步加快反应。

② 与铌反应。铌在 250℃时开始吸收氢气，300℃时吸收氮气，同时生成间隙固溶体。铌的吸氢作用是可逆的，高温时所吸收的氢在真空条件下又析出来。

（2）与非金属反应

氢气几乎可以与所有的元素都能形成化合物，且在许多情况下可以直接反应。

氢气与卤素（X_2）直接化合生成卤化氢，此反应为放热反应。

$$H_2 + X_2 = 2HX$$

氢气与氟气在低温或黑暗环境中就可自发发生爆炸反应，该反应有可能应用于火箭推进剂系统；氢气与氯气、溴的反应需在加热或光照下进行；氢气与碘的反应也需在加热或在催化剂作用下进行。

氢气与氧气在加热或在催化剂存在条件下可直接发生反应。

$$H_2 + \frac{1}{2}O_2 = H_2O \qquad \Delta H = -285.83 \text{kJ/mol}$$

氢气与硫或硒在 250℃下可直接反应化合，但氢气不与ⅥA族其他非金属或半金属单质在高温下直接反应。

氢气与氮气只在有催化剂或放电条件下才能直接化合为氨；石墨电极在氢气中发生电弧时能生成烃类化合物：

$$3H_2 + N_2 \Longrightarrow 2NH_3$$

$$2H_2 + C(石墨) \Longrightarrow CH_4$$

氢气与碘反应生成碘化氢（HI），碘化氢水溶液称为氢碘酸，纯度较高时为无色液体，具有强腐蚀性，高浓度氢碘酸于潮湿空气中发烟，有强烈的刺激性气味。一般工业品含 47% HI，相对密度 1.5，由于含有单质碘，外观呈褐色。

碘化氢可用碘蒸气与氢气在 500℃下，以铂石棉为催化剂直接合成，少量制备，可以水谨慎地与红磷和碘的混合物反应，反应式为：

$$2P + 5I_2 + 8H_2O \Longrightarrow 2H_3PO_4 + 10HI$$

（3）原子氢反应

原子氢是强还原剂。有多种方法可产生原子氢，通过电弧或低压放电，可使部分氢分子离解为原子氢，压力为 0.1MPa、高温（4000K）下，约有 62%的氢分子离解为原子氢；在烃基催化热裂解过程中，催化剂表面也会有原子氢聚集。

$$CH_3CH_2— \longrightarrow CH_2{=}CH_2 + H\cdot$$

原子氢非常活跃，但只存在 0.5s，原子氢重新结合为氢分子时要释放出很高的能量，锗、砷、锑、锡等不能与氢气化合，但可以与原子氢反应生成氢化物，如原子氢与砷反应：

$$3H + As \Longrightarrow AsH_3$$

原子氢对包括烃的热裂解在内的许多反应有着十分重要的阶段性作用。如：

$$H\cdot + C_4H_8 \longrightarrow CH_3\cdot + C_3H_6$$

$$H\cdot + C_3H_6 \longrightarrow C_3H_7\cdot$$

$$H\cdot + C_2H_6 \longrightarrow C_2H_5\cdot + H_2$$

再如：

$$H\cdot + 2Cl \longrightarrow HCl + Cl\cdot$$

$$H\cdot + O_2 \longrightarrow O\cdot + OH\cdot$$

$$H\cdot + O_3 \longrightarrow HO\cdot + O_2$$

$$H\cdot + NO_2 \longrightarrow HO\cdot + NO$$

此外，高温下氢原子可以在石墨表面反应生成甲烷和乙炔。

（4）加氢/合成气反应

合成气主要由不同比例的 H_2 和 CO 组成，在不同条件下选用不同的催化剂，氢与 CO 反应可合成多种有机化合物，重要的反应有：甲醇和乙二醇的合成、费托法合成烃、甲烷化、合成聚乙烯等。合成气生产甲醇是在温度为 230～270℃、压力为 5～10MPa 下进行。在铜-锌-铬催化剂作用下，H_2 和 CO 反应生成甲醇，反应式为：

$$2H_2 + CO \Longrightarrow CH_3OH$$

费托法合成烃的反应是非均相催化反应，反应生成物为以直链烷烃和烯烃为主的混合物，费托法合成烃一般采用铁钴催化剂，反应式为：

$$2nH_2 + nCO \Longrightarrow (CH_2)_n + nH_2O$$

甲烷化是费托法合成烃的特例，在镍催化剂作用下，当 H_2 与 CO 之比等于或大于 3 时，反应式为：

$$3H_2 + CO \Longrightarrow CH_4 + H_2O$$

合成气参与的另一类反应是加氢反应，如生产合成洗涤剂所有的高级醇可由醛加氢制取；采用选择加氢，可由炔烃制烯烃等。

① 与丁烯酸反应。在铂、钯或镍催化剂存在下，丁烯酸加氢生成丁酸，反应式为：

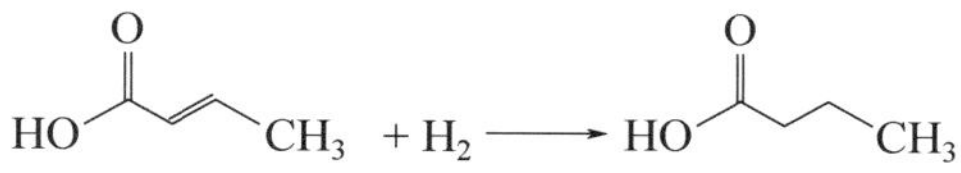

② 与丁烯反应。丁烯加氢生成相应的烷烃有重要的实用价值。如炼油过程中所得粗汽油，常含有少量活泼的烯烃，容易发生氧化、聚合反应而生成杂质，影响油品质量。加氢处理可将丁烯转变为丁烷而提高油品质量。

依据精确测定，不同丁烯异构体化合物的氢化热并不完全相同。

$$CH_3CH_2CH{=\!=\!}CH_2 + H_2 \longrightarrow CH_3CH_2CH_2CH_3 \qquad \Delta H = 126.7kJ/mol$$

$$CH_3CH{=\!=\!}CHCH_3 + H_2 \longrightarrow CH_3CH_2CH_2CH_3 \qquad \Delta H = 115.4kJ/mol$$

③ 与硫反应。氢可以用于脱硫和脱除有害杂质。石油、煤中含有硫等有害杂质，一般硫可能以无机硫和有机硫的形态存在，在高温下，通过下列有代表性的反应可同时脱除无机硫和有机硫。

$$FeS_2 + H_2 \Longrightarrow FeS + H_2S$$

$$FeS + H_2 \Longrightarrow Fe + H_2S$$

有机化合物也可用氢气还原，例如：

$$RCOOH + H_2 \longrightarrow RCHO + H_2O$$

$$RCHO + H_2 \longrightarrow RCH_2OH$$

④ 与 CS_2 反应。CS_2 在酸性水溶液中进行氯化，得到全氯甲基硫醇 CCl_3SH。

CS_2 与氯气在 12%的盐酸溶液中反应得三氯甲次磺酰氯，在以铁催化剂时，CS_2 与氯气迅速反应生成四氯化碳，反应式为：

$$CS_2 + 5Cl_2 + 4H_2O \Longrightarrow ClSCCl_3 + H_2SO_4 + 6HCl$$

$$CS_2 + 3Cl_2 \Longrightarrow CCl_4 + S_2Cl_2$$

在不同条件下氢化 CS_2，可获得不同化合物，CS_2 在高温时氢化可发生下列反应：

$$CS_2 + 2H_2 \Longrightarrow 2H_2S + C$$

$$CS_2 + 4H_2 \Longrightarrow 2H_2S + CH_4$$

在 180℃时，以镍作催化剂氢化 CS_2，可获得甲基二硫醇：

$$CS_2 + 2H_2 \Longrightarrow CH_2(SH)_2$$

⑤ 与 CO_2 反应。CO_2 还可以用其他方法还原，常用的还原剂为氢气：

$$CO_2 + H_2 \Longrightarrow CO + H_2O$$

⑥ 与碳化钙（CaC_2）反应生成乙炔。将纯碳化钙在干燥的氢气流中加热至 2200℃ 以上，产生相当量的乙炔反应：

$$CaC_2 + H_2 \Longrightarrow Ca + C_2H_2$$

⑦ 与 CO 反应。合成甲醇是 CO 加氢反应中应用最广的反应。选用铜-锌-铬催化剂，在温度 230~270℃、压力 5~10MPa、空速 20000~60000/h 的条件下，CO 和氢气反应生成甲醇。

$$2H_2 + CO \Longrightarrow CH_3OH \qquad \Delta H = -90.79kJ/mol$$

⑧ 与 CO 反应生成乙二醇。由合成气为原料均相催化合成乙二醇是一种最为简单和有效的方法。预计，在将来的化学工业中将占据重要的地位。

$$3H_2 + 2CO \Longrightarrow HOCH_2CH_2OH$$

该工艺的技术关键是催化剂的选择。

⑨ 与乙炔反应生成乙烯或乙烷。乙炔加氢生成乙烯或乙烷，反应式为：

$$CH \equiv CH + H_2 \xrightarrow{Ni或Pd} CH_2 = CH_2 \xrightarrow{H_2,Pd} CH_3 - CH_3$$

⑩ 与油脂进行氢化反应。在适当的催化剂如镍、铂或钯的存在下，氢加成到不饱和脂肪酸的双键上，使之转变成相应的饱和酸或不饱和程度较低的酸，从而改变了油脂的性质。这种催化氢化已经成为油脂工业中的一个重要单元操作，反应过程很复杂。

24.3 生产方法

甲醇制取氢气的方法主要有四种：①甲醇分解制氢（methanol decomposition，MD）；②甲醇部分氧化制氢（partial oxidation of methanol，POM）；③甲醇自热重整制氢（auto-thermal reforming，ATR）；④甲醇蒸气重整制氢（steam reforming of methan01，SRM）。

24.3.1　甲醇制氢的方法及化学反应原理

（1）甲醇水蒸气重整制氢

反应式：$CH_3OH + H_2O \longrightarrow CO_2 + 3H_2$　　　ΔH=+40.5kJ/mol

甲醇水蒸气重整制氢是近年来发展较快的制氢方法，具有操作方便、原料易得、反应条件温和、副产物少等优点。由于水的加入，反应副产物含量有所降低。不少学者对甲醇水蒸气重整机理进行了大量的研究，早在 20 世纪 70 年代，Johnson-Matthey 就已采用甲醇水蒸气重整的方法制氢。

（2）甲醇裂解制氢

反应式：$CH_3OH \longrightarrow CO + 2H_2$　　　ΔH=+90.6kJ/mol

甲醇直接分解产生的氢气和一氧化碳是比甲醇和汽油燃料更为洁净有效的燃料，可以直接用于内燃机。可在空气过剩的情况下（即贫油燃烧）使用，其效率比液体甲醇高 34%，比汽油高 60%。因其燃烧充分，可以进一步降低 CO 和烃类等污染物的排放。但是在燃料电池电动车上，该制氢方法存在明显的不足：分解气中 CO 含量太高（30%以上）。因为太高的 CO 浓度容易使燃料电池的阳极 Pt 电极中毒，故其含量必须控制在 20mg/kg 以下。另外，由于甲醇分解是一个吸热反应，用于车载制氢还需要额外的加热装置，使得制氢系统显得很笨重，而且启动速度也相对较慢。

（3）甲醇部分氧化制氢

反应式：$CH_3OH + 1/2O_2 \longrightarrow 2H_2 + CO_2$　　　ΔH=−192.3kJ/mol

与甲醇水蒸气重整反应相比，甲醇部分氧化是一个强放热反应，在温度接近 500K 时，反应以很快的速率进行，且用氧气代替水蒸气作为氧化剂，使其具有更高的能量效应。

虽然甲醇部分氧化的反应速率快，但反应气中氢的含量不高，且由于通入空气氧化时，其中氮气的含量降低了混合气中氢气的含量，使其低于 40%，不利于燃料电池正常的连续工作，降低了燃料电池的效率。出口尾气的温度也比较高，如果不进行废热回收，则部分氧化重整的热力学效率较低，造成能源的浪费。

（4）甲醇电解制氢

电解反应式：

阳极：$CH_3OH + H_2O \longrightarrow 6H^+ + CO_2 + 6e^-$

阴极：$2H^+ + 2e^- \longrightarrow H_2$

总反应：$CH_3OH + H_2O =\!=\!= CO_2 + 3H_2$

甲醇电解制氢的主要优势是电解甲醇仅需很低的电压，电解甲醇不仅可以利用甲醇本身的氢，还可以从水中获得氢，因此，氢的利用率非常高。

（5）超声波分解甲醇水溶液制氢

随着氢能源的迫切需求，文献介绍了一种新的制氢方法，即在甲醇水溶液中施加超声波制取氢气。该制氢方法以超声波为诱发因子，在不附加其他外界条件下就可以引发甲醇制氢的化学反应，避免了传统甲醇制氢技术所需的高温环境，在常温下就可以制氢。

超声波实质上是一种机械振动，通常在弹性介质内以纵波的方式传播，是一种能量和动量的传播形式。超声空化是指液体中的微小泡核在超声波的强烈振动下被激活，空化气泡表现出的振荡、生长、收缩、振荡至崩溃等一系列动力学过程。空化气泡主要由气相区和气液过渡区组成。气泡形成过程中气相区会混入甲醇分子和水分子，因此在温度高达 5200K 的气相区足以使这些分子发生分解，甚至彻底分裂。例如：

$$H_2O \longrightarrow H\cdot + \cdot OH$$

$$CH_3OH \longrightarrow CH_3\cdot + \cdot OH$$

当空化效应消失时，自由基相互结合，这样液体中就会发生一系列的化学反应。例如：

$$H\cdot + H\cdot \longrightarrow H_2$$

$$CH_3OH + \cdot OH \longrightarrow \cdot CH_2OH + H_2O$$

式 $H\cdot + H\cdot \longrightarrow H_2$ 为氢原子结合生成氢气；式 $CH_3OH + \cdot OH \longrightarrow \cdot CH_2OH + H_2O$ 为甲醇分子和羟基自由基反应生成羟烷基和水分子，降低了 $\cdot OH$ 的含量，降低了 $\cdot H$ 与 $\cdot OH$ 结合的概率，提高了 H_2 生成率，这里的甲醇分子主要起自由基清除剂的作用。

24.3.2 甲醇制氢的工艺流程

甲醇制氢的工艺流程相比传统的化石燃料制氢工艺流程较为简单。

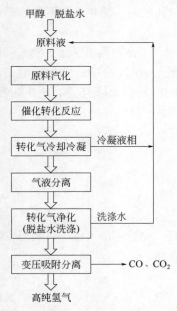

图 24.1 甲醇水蒸气制氢工艺流程图

（1）甲醇水蒸气重整制氢

甲醇水蒸气制氢工艺流程图见图 24.1。

从外界来的原料甲醇和脱盐水（用离子交换法去除水中钙镁离子的水）分别进入甲醇高位槽和脱盐水储槽。脱盐水通过脱盐水泵送到净化塔，作为吸收溶剂回收转化气中的未反应的甲醇，再进入原料液储槽，与来自甲醇高位槽的甲醇一起通过原料液计量泵加压至反应压力（1.1～1.3MPa）后送至换热器预热，再进入汽化过热器将原料甲醇水溶液汽化并过热至所需温度，原料气在转化器中的催化剂作用下生成含 CO_2、H_2、CO 的转化气。转化气经换热器和冷凝器降温至 40℃ 左右后进净化塔，回收未反应的甲醇，气体进变压吸附工段提氢，洗涤液返回原料液罐再利用。

（2）甲醇裂解制氢

甲醇裂解制氢工艺流程见图 24.2。自甲醇罐来的原料甲醇经过计量泵送至原料甲醇缓冲罐，在缓冲罐中，甲醇与同样经过计量泵送入系统的脱盐水按一定比例混合，然后再经进料泵加压至 2.0MPa，进入换热器与反应产物换热升温，升温后的甲醇/水溶液再进入汽化过热器，用高温导热油加热汽化并过热，甲醇/水蒸气进入列管反应器。

在催化剂的作用下，进行裂解和变换，生成二氧化碳和氢气。从反应器出来的 CO_2 和 H_2 的混合气在与甲醇/水原料液换热冷却后，再进一步冷却至室温，然后经过气液分离罐分离回收冷凝下来的甲醇/水，然后进入水洗塔洗掉转化气中夹带的未反应的甲醇，使混合气进一步净化。此时混合气组成为 H_2：73%～74%；CO_2：23%～24%；CO：< 2%；CH_3OH：≤100×10^{-6}。净化后的混合气再将残留的水分分离掉，然后送至变压吸附提纯工段。

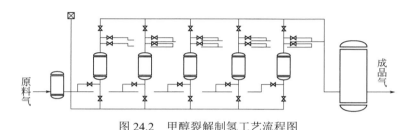

图 24.2　甲醇裂解制氢工艺流程图

（3）甲醇部分氧化反应

早在 1986 年就有人发现，向甲醇水蒸气重整制氢体系中引入少量的氧，产氢速率会显著提高。接着日本专利利用铜基催化剂对甲醇氧化重整反应进行了有益的尝试，获得的产品气（不含 N_2、H_2O）中约含摩尔分数 69%的 H_2。Edwards 等利用"HotSpot"专利反应器对甲醇氧化重整反应进行了较为深入的研究，获得了许多有重要价值的研究成果。甲醇氧化重整工艺流程图见图 24.3。

（4）甲醇电解制氢

将 MEA 膜电极固定在两块带平行流场的镀金铜板之间，组装成电解装置，如图 24.4 所示。用 1 M6e 电化学工作站采用电势线性扫描进行电解，电解溶液通过蠕动泵泵入阳极室，阴极先通入 1min 的氩气作为保护气体，然后通过排水法收集电解产生的氢气。

（5）超声波分解甲醇水溶液制氢

甲醇水溶液超声波制氢的方法还处于实验研究阶段。实验装置如图 24.5 所示，该制氢反应在 90mL 的双层有机玻璃圆柱体反应器内进行，反应溶液的量为 60mL。实验前向液体中提前通入 2h 的氩气，流速 60mL/min，水浴温度由恒温槽控制，并且提前开启 0.5h，使反应溶液的温度与水浴温度达到平衡。超声波发生器每隔 20～25min 开启一次，每次运行 3min。

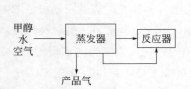

图 24.3 甲醇氧化重整工艺流程图

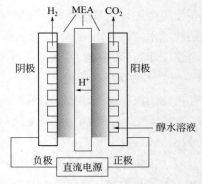

图 24.4 电解装置示意图

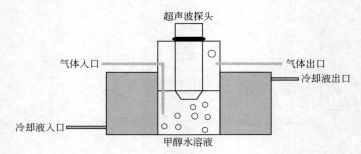

图 24.5 超声波甲醇水溶液制氢方法的实验装置图

24.3.3 甲醇重整器

基于甲醇重整制氢具有众多的优点，加拿大、美国、德国、日本等国都投入了大量的财力和物力开展了这方面的研究，并已取得了一定的进展。韩国的 Taedok Institute of Technology，SK 研制了 3kW 的电动车用甲醇重整器，它包括一个金属膜净化器。日本的 Toyota 公司研制的 25kW 的电动汽车用电池甲醇水蒸气重整器，长 600mm，直径 300mm，重整器的启动时间 10～20min。目前我国对燃料电池电动车用甲醇重整制氢的研究仍处于起步阶段，主要集中在甲醇重整催化剂的开发，而对甲醇重整器的研究报道却很少。

典型的甲醇重整器是由原料供应单元、甲醇重整单元、热量循环单元和气体净化单元组成。作为燃料电池电动车电源装置，车载甲醇重整器具备以下特点：①启动快速、动态响应性能良好；②重整器体积和质量比能量高；③燃料转化率高，废气排放率低。

甲醇可储存在油罐中，燃料电池产生的水可直接用于甲醇重整。水和甲醇通过泵传递到加热系统中，加热、蒸发至形成甲醇和水的混合气体；热的混合气体进入重整区，发生重整反应，产生富氢气体；蒸发过程中所需要的热量一般由电池和净化系统排出的废气催化燃烧提供；重整器所需氧气可直接从空气中获得；甲醇重整反应是流体在固体催化剂上的反应，所以一般选择固定床反应器。

传统的甲醇催化重整制氢装置有板式反应器和板翅式反应器，它们具有换热面积较大且传热特快的特点，但重整反应的催化剂涂覆表面积较小，限制了催化剂效能的发挥，低温重整性能不好，为了尽可能提高催化剂的涂覆面积和重整反应面积，纪常伟等研究采用整体式蜂窝状的陶瓷载体作为甲醇的重整反应腔，从而提高低温产氢率。

24.3.4 甲醇裂解工艺技术改进

通过对甲醇裂解工艺技术特点进行分析可知，甲醇原料的成本问题是制约甲醇裂解工艺技术发展的重要问题，因此在甲醇裂解工艺技术改进的过程中，应当以降低甲醇原料的消耗为目的。

（1）采用变压吸附真空解析流程

在甲醇裂解制氢的过程中，通常采用冲洗流程来提取氢气，但这种方式的氢收率并不高，这就导致需要消耗较多的甲醇原料。针对这个问题，可以采用变压吸附真空解析流程来代替冲洗流程进行氢气的提取，这虽然会增加电能的消耗，但产生的氢气较多，增加 $1m^3$ 的氢气会多消耗 1kW 的电能，而 $1m^3$ 的氢气价值是 1kW 电的 3 倍，因此可以采用变压吸附真空解析流程来改进甲醇裂解制氢工艺技术。

（2）回收解吸气

变压吸附真空解析流程的解吸可以分为两个过程，分别是逆放过程和抽真空过程。在逆放过程中，解吸气中的大部分气体为 H_2 和 CO，这些气体在压缩之后能够循环到甲醇原料的入口处，之后进行变换提纯的过程，这就有效降低了甲醇的消耗。

（3）增加脱 CO_2 回收装置

在一些氢气市场缺口严重的地区和一些需要二氧化碳的地区，一些制氢企业在甲醇裂解气进入变压吸附流程之前会设置脱碳装置，从脱碳装置中能够得到98%以上的 CO_2，这些 CO_2 可以直接作为食品级的 CO_2 来使用，脱碳之后，气体会进入变压吸附流程中，从而提取产品氢气。

24.3.5 生产工艺评述

（1）不同制氢方式的比较

表 24.2 是不同制氢方式的比较。

表 24.2　不同制氢方式的比较

项目	天然气制氢	甲醇制氢	水电解制氢
技术特点	a. 工艺复杂； b. 操作条件严格； c. 设备设计制造要求高； d. 技术成熟	a. 工艺流程简单； b. 相对易操作、维护； c. 主体设备为常见化工设备，技术也较为成熟	a. 流程简单； b. 操作简便； c. 甚至可实现无人值守全自动操作
制氢纯度/%	99.999（杂质一般含 CO_2、CO、CH_4）	99.999（杂质一般含 CO_2、CO 等）	99.9999（杂质一般含 O_2、H_2O 等）

项目	天然气制氢	甲醇制氢	水电解制氢
场地要求	考虑管道天然气或槽车CNG的供应方便与否	运输及储存都很方便	条件更加宽松
	制氢设备占地面积从大到小依次为：天然气制氢、水电解制氢、甲醇制氢		
投资及规模	一次性投资高，一般适合1000m³/h以上的规模	投资较低，适用于2500m³/h以下的规模	投资较高，单槽适合300m³/h以下的规模
制氢成本	不同原料制氢的成本决定因素也不同，天然气及甲醇制氢主要取决于天然气、甲醇的价格，水电解制氢则主要取决于电价的高低		

（2）制氢经济分析

表 24.3 是制氢经济分析。

表 24.3　制氢经济分析

项目	天然气制氢	甲醇制氢	水电解制氢
设备投资	按照生产 1m³ 氢气需要消耗 0.6m³ 天然气来计算，天然气价格取 3.2 元/立方米。其中设备按 10 年折旧，土建按 20 年折旧，按总投资 70%贷款，年利率 6%，等额本息法 10 年还贷进行估算，设备年运行时间按照 8000h 来计算，设备安装按照设备价格的 4%计算，土建工程及其他按照设备购置及安装费的 13%来计算，维修费用按照设备购置及安装费的 2%来计算，工作人员按照 9 人考虑，暂未考虑土地、气体增压运输等费用，以及设备自身运行耗电费用	按照生产 1m³ 氢气需要消耗 0.72kg 甲醇来计算，甲醇价格取 2200 元/吨，工作人员按照 9 人考虑，其他同上。以甲醇裂解制氢（制氢规模 1000m³/h）为例	按照生产 1m³ 氢气需要消耗 5 千瓦时电来计算，用电价格取 0.8 元/（千瓦·时），工作人员按照 5 人考虑，其他同上。以水电解制氢（制氢规模 1000m³/h）为例，制氢装置采用电解槽技术及三塔流程纯化工艺
成本估算	天然气制氢设备、安装、土建及其他总投资 1528 万元，以华南某区域天然气气价为 3.2 元/立方米时为例，每年天然气等费用为 1536 万元，每年成本合计 1863 万元，对应氢气成本 2.33 元/立方米	甲醇制氢设备、安装、土建及其他总投资 1058 万元，以华南某区域甲醇价格为 2200 元/吨时为例，每年甲醇等费用为 1267 万元，每年成本合计 1531 万元，对应氢气成本 1.91 元/立方米	水电解制氢设备、安装、土建及其他总投资 1410 万元，以华南某区域用电价格为 0.8 元/（千瓦·时）为例，每年用电等费用为 3200 万元，每年成本合计 3451 万元，对应氢气成本 4.31 元/立方米

注：氢气成本与用电价格成正比关系，如果要求氢气成本低于 2 元/立方米，则用电价格要低于 0.34 元/(千瓦·时)。

（3）主要技术难点

① 甲醇蒸汽转化反应产生一定量的残液，残液中含有少量未发生转化的甲醇，若直接排放将造成甲醇损失和环境污染。针对甲醇蒸汽转化残液的处理进行试验研究，可解决残液掉放问题，提高甲醇蒸汽转化制氢技术水平和市场竞争力。

② 随着制氢技术的不断发展，如何降低制氢成本将是主要研究方向，利用价廉易得的制氢原料，如焦化干气、催化裂化干气、加氢干气和重整干气等，对现有制氢装置

扩能改造、优化制氢工艺条件、开发高效廉价催化剂等，均是降低制氢成本的有效途径。

24.3.6 专利和科研成果

24.3.6.1 专利

（1）一种醇氢电动公共汽车

本发明阐述了一种醇氢电动公共汽车，所述公共汽车包括：公共汽车车身、甲醇制氢系统、氢气发电系统、电动发动机。甲醇制氢系统、氢气发电系统、电动发动机依次连接；所述甲醇制氢系统利用甲醇水蒸气重整制备氢气，通过镀有钯银合金的膜分离装置获得高纯度的氢气，获取的氢气通过氢气发电系统发电，发出的电能供电动发动机工作。本发明提出的醇氢电动公共汽车，可利用甲醇作为汽车的能源，解决能源危机，减少车辆尾气排放。本发明制氢装置体积小，利用特有的催化剂配方及钯膜提纯，制备的氢气快速、稳定、纯度高，可以为汽车提供稳定的输入能源。

专利类型：发明专利

申请（专利）号：CN201510741196.4

申请日期：2015 年 11 月 3 日

公开（公告）日：2016 年 1 月 20 日

公开（公告）号：CN105261776A

申请（专利权）人：上海合既得动氢机器有限公司

主权项：一种醇氢电动公共汽车，其特征在于，所述公共汽车包括：公共汽车车身、甲醇制氢系统、氢气发电系统、电动发动机。甲醇制氢系统、氢气发电系统、电动发动机设置于公共汽车车身内，甲醇制氢系统、氢气发电系统、电动发动机依次连接；所述甲醇制氢系统包括制氢子系统、气压调节子系统、收集利用子系统，制氢子系统、气压调节子系统、氢气发电系统、收集利用子系统依次连接；所述制氢子系统利用甲醇水制备氢气，所述制氢子系统包括固态氢气储存容器、储存容器、原料输送装置、快速启动装置、制氢设备、膜分离装置；所述储存容器设置于车身的后部，储存容器内设有隔板，隔板的一侧设置反应液体，另一侧设置氢气发电系统释放而后被压缩的液态或固态二氧化碳；隔板连接有推动机构，在储存容器内的液体减少或二氧化碳增加达到设定条件时，推动机构驱动隔板动作，减少反应液体的容积，增加二氧化碳的容积；所述制氢设备包括换热器、汽化室、重整室；膜分离装置设置于分离室内，分离室设置于重整室的里面；所述固态氢气储存容器、储存容器分别与制氢设备连接；储存容器中储存有液态的甲醇和水；所述快速启动装置为制氢设备提供启动能源；所述快速启动装置包括第一启动装置、第二启动装置；所述第一启动装置包括第一加热机构、第一汽化管路，第一汽化管路的内径为 1~2mm，第一汽化管路紧密地缠绕于第一加热机构上；所述第一汽化管路的一端连接储存容器，通过原料输送装置将甲醇送入第一汽化管路中；第一汽化管路的另一端输出被汽化的甲醇，而后通过点火机构点火燃烧；或者，第一汽化管路的另一端输出被汽化的甲醇，且输出的甲醇温度达到自燃点，甲醇从第一汽化管路输出后直接自燃；所述第二启动装置包括第二汽化管路，第二汽化管路的主体设置于所述重整室内，第一汽化管路或/和第二汽化管路输出的甲醇为重整室加热的同时加热第二汽化管路，将第二汽化管路中的甲醇汽化；所述重整室内壁设有加热管路，加热管路内放有催化剂；所述快速启动装置通过加热所述加热管路为重整室加热；所述制氢系统启动后，制氢系统通过制氢设备制得的氢气提供运行所需的能源；所述快速启动装置的初始启动能源为若干太阳能启动模块，太阳能启动模块包括依次连接的太阳能电池板、太阳能电能转换电路、太阳能电池；太阳能启动模块为第一加热机构提供电能；或者，所述快速启动装置的初始启动能源为手动发电机，手动发电机将发出的电能存储于电池中；所述催化剂包括 Pt 的氧化物、Pd 的氧化物、Cu 的氧化物、Fe 的氧化物、Zn 的氧化物、稀土金属氧化物、过渡金属氧化物；其中，贵金属 Pt 含量占催化剂总质量的 0.6%～1.8%，Pd 含量占催化剂总质量的 1.1%～4%，Cu 的氧化物占催化剂总质量的 6%～12%，Fe 的氧化物占催化剂总质量的 3%～8%，Zn 的氧化物占催化剂总质量的 8%～20%，稀土金属氧化物占催化剂总质量的 6%～40%，其余为过渡金属氧化物；或者，所述催化剂为铜基催化剂，包括物质及其质量份数为：3～17 份的 CuO，3～18 份的 ZnO，0.5～3 份的 ZrO，55～80 份的 Al_2O_3，1～3 份的 CeO_2，1～3 份的 La_2O_3；所述固态氢气储存容器中储存固态氢气，当制氢系统启动时，通过汽化模块将固态氢气转换为气态氢气，气态氢气通过燃烧放热，为制氢设备提供启动热能，作为制氢设备的启动能源；所述储存容器中的甲醇和水通过原料输送装置输送至换热器换热，换热后进入汽化室汽化；汽化后的甲醇蒸气及水蒸气进入重整室，重整室内设有催化剂，重整室下部及中部温度为 300～420℃；所述重整室上部的温度为 400～570℃；重整室与分离室通过连接管路连接，连接管路的全部或部分设置于重整室的上部，能通过重整室上部的高温继续加热从重整室输出的气体；所述连接管路作为重整室与分离室之间的缓冲，使得从重整室输出的气体的温度与分离室的温度相同或接近；所述分离室内的温度设定为 350～570℃；分离室内设有膜分离器，从膜分离器的产气端得到氢气；所述原料输送装置提供动力，将储存容器中的原料输送至制氢设备；所述原料输送装置向原料提供 0.15～5MPa 的压力，使得制氢设备制得的氢气具有足够的压力；所述制氢设备启动制氢后，制氢设备制得的部分氢气或/和余气通过燃烧维持制氢设备运行；所述制氢设备制得的氢气输送至膜分离装置进行分离，用于分离氢气的膜分离装置的内外压力之差≥0.7MPa；所述膜分离装置为在多孔陶瓷表面真空镀钯银合金的膜分离装置，镀膜层为钯银合金，钯银合金的质量分数为：钯占 75%～78%，银占 22%～25%；所述制氢子系统将制得的氢气通过传输管路实时传输至氢气发电系统；所述传输管路设有气压调节子系统，用于调整传输管路中的气压；所述氢气发电系统利用制氢子系统制得的氢气发电；所述气压调节子系统包括微处理器、气体压力传感器、阀门控制器、出气阀、出气管路；所述气体压力传感器设置于传输管路中，用以感应传输管路中的气压数据，并将感应的气压数据发送至微处理器；所述微处理器将从气体压力传感器接收的该气压数据与设定阈值区间进行比对，当接收到的压力数据高于设定阈值区间的最大值时，微处理器控制阀门控制器打开出气阀设定时间，使得传输管路中气压处于设定范围，同时出气管路的一端连接出气阀，另一端连接所述制氢子系统，通过燃烧为制氢子系统的需加热设备进行加热；当接收到的压力数据低于设定阈值区间的最小值时，微处理器控制所述制氢子系统加快原料的输送速度；所述收集利用子系统连接氢气发电系统的排气通道出口，从排出的气体中分别收集氢气、氧气、水，利用收集到的氢气、氧气供制氢子系统或/和氢气发电系统使用，收集到的水作为制氢子系统的原料，从而循环使用；所述收集利用子系统包括氢氧分离器、氢水分离器、氢气止回阀、氧水分离器、氧气止回阀，此系统将氢气与氧气分离，而后分别将氢气与水分离、氧气与水分离；所述氢气发电系统包括燃料电池，燃料电池包括若干子燃料电池模块，各子燃料电池模块包括至少一个超级电容；所述汽车还包括第二电动发动机、能量存储单元、动能转换单元，动能转换单元、能量存储单元、第二电动发动机依次连接；所述动能转换单元将汽车刹车制动的能量转换为电能，存储于能量存储单元内，为第二电动发动机提供电能；所述第二电动发动机还连接氢气发电系统，由氢气发电系统为第二电动发动机提供能源；所述汽车还包括道路环境感应模块、分配数据库、氢气分配模块；氢气分配模块分别与道路环境感应模块、分配数据库连接，根据道路环境感应模块感应的数据以及分配数据库中的数据为各电动发动机分配对应的氢气；所述道路环境感应模块用以感应道路拥堵信息、地面平整度信息；道路拥堵信息根据汽车实时速度、加速、减速频率以及停车时间确定；地面平整度信息根据汽车底盘上设置的倾角传感器确定；所述分配数据库中存储若干数据表，数据表中记录各个道路拥堵信息、地面平整度信息，对应地为电动发动机、第二电动发动机分配氢气的数据；电动发动机、第二电动发动机中的一个用于驱动后轮，另一个用于驱动前轮；所述制氢设备还包括电能估算模块、氢气制备检测模块、电能存储模块；所述电能估算模块用以估算氢气发电装置实时发出的电能能否满足重整、分离时需要消耗的电能；如果满足，则关闭快速启动装置；氢气制备检测模块用来检测制氢设备实时制备的氢气是否稳定；若制氢设备制备的氢气不稳定，则控制快速启动装置再次启动，并将得到的电能部分存储于电能存储模块，当电能不足以提供制氢设备的消耗时使用；所述氢气发电装置为燃料电池系统，燃料电池系统包括：气体供给装置、电堆；所述气体供给装置利用压缩的气体作为动力，自动输送至电堆中；所述燃料电池系统还包括空气进气管路、出气管路；所述压缩气体主要为氧气；空气与氧气在混合容器混合后进入电堆；所述燃料电池系统还包括气体调节系统；所述气体调节系统包括阀门调节控制装置，以及氧气含量传感器或/和压缩气体压缩比传感器；所述氧气含量传感器用以感应混合容器中混合的空气与氧气中氧气的含量，并将感应到的数据发送至阀门调节控制装置；所述压缩气体压缩比传感器用以感应压缩氧气的压缩比，并将感应到的数据发送至阀门调节控制装置；所述阀门调节控制装置根据氧气含量传感器或/和压缩气体压缩比传感器的感应结果调节氧气输送阀门、空气输送阀门，控制压缩氧气、空气的输送比例；压缩氧气进入混合容器后产生的动力将混合气体推送至电堆反应；所述燃料电池系统还包括湿化系统，湿化系统包括湿度交换容器、湿度交换管路，湿度交换管路为空气进气管路的一部分；所述反应后气体从出气管路输送至湿度交换容器，所述湿度交换管路的材料只透水不透气，使得反应后气体与自然空气进行湿度交换，而气体之间无法流通。

法律状态：公开，实质审查的生效

（2）一种快速冷启动甲醇制氢机系统

本发明提供了一种甲醇制氢机系统①，包括燃料模块②，有燃料储存装置和燃料输送装置；甲醇制氢模块③，包括用于处理燃料并制取氢气的燃料处理器④和用于提纯氢气的氢气提纯器⑤，甲醇制氢模块③与燃料模块连通且与客户端⑥连通。其特征在于，甲醇制氢机系统①还包括快速冷启动驱动单元⑪，其是用于加速甲醇制氢机系统①的冷启动的装置。本发明还提供了一种甲醇燃料电池系统，本发明所述的甲醇制氢机系统①中的快速冷启动驱动单元⑪被作为该甲醇燃料电池系统的冷启动驱动装置。

专利类型：发明专利

申请（专利）号：CN201510707749.4

申请日期：2015 年 10 月 27 日

公开（公告）日：2016 年 2 月 24 日

公开（公告）号：CN105347300A

申请（专利权）人：北京氢璞创能科技有限公司

主权项：一种甲醇制氢机系统①，其特征在于，包括燃料模块②，有燃料储存装置和燃料输送装置；甲醇制氢模块③包括用于处理燃料并制取氢气的燃料处理器④和用于提纯氢气的氢气提纯器⑤，所述甲醇制氢模块③与所述燃料模块连通且与客户端⑥连通。其特征在于，所述甲醇制氢机系统①还包括快速冷启动驱动单元⑪，其是用于加速所述甲醇制氢机系统①的冷启动的装置。

法律状态：公开，实质审查的生效

（3）一种水氢动力工业生产设备

本发明揭示了一种水氢动力工业生产设备，所述工业生产设备包括：生产设备本体、甲醇制氢系统、氢气发电系统。甲醇制氢系统、氢气发电系统、生产设备本体依次连接；所述生产设备本体包括机械执行部件、电动驱动部件、控制部件；控制部件、电动驱动部件、机械执行部件依次连接；所述甲醇制氢系统利用甲醇水蒸气重整制备氢气，氢气通过镀有钯银合金的膜分离装置获得高纯度的氢气，获取的氢气通过氢气发电系统发电，发出的电能供生产设备本体工作。本发明提出的水氢动力工业生产设备可利用甲醇制得氢气发电，作为工业生产设备的能源，可以将工业生产设备用于没有交流电的场所。

专利类型：发明专利

申请（专利）号：CN201510690810.9

申请日期：2015 年 10 月 22 日

公开（公告）日：2016 年 1 月 27 日

公开（公告）号：CN105280938A

申请（专利权）人：上海合既得动氢机器有限公司

主权项：一种水氢动力工业生产设备，其特征在于，所述工业生产设备包括：生产设备本体、甲醇制氢系统、氢气发电系统。甲醇制氢系统、氢气发电系统、生产设备本体依次连接；所述生产设备本体包括机械执行部件、电动驱动部件、控制部件；控制部件、电动驱动部件、机械执行部件依次连接；生产设备本体设有连接线缆，连接线缆与氢气发电系统连接，电器部分、控制部分通过氢气发电系统发出的电能运作；所述甲醇制氢系统包括制氢子系统、气压调节子系统、收集利用子系统，制氢子系统、气压调节子系统、氢气发电系统、收集利用子系统依次连接；所述制氢子系统利用甲醇水制备氢气，所述制氢子系统包括固态氢气储存容器、液体储存容器、原料输送装置、快速启动装置、制氢设备、膜分离装置；所述制氢设备包括换热器、汽化室、重整室；膜分离装置设置于分离室内，分离室设置于重整室的里面；所述固态氢气储存容器、液体储存容器分别与制氢设备连接；液体储存容器中储存有液态的甲醇和水；所述快速启动装置为制氢设备提供启动能源；所述快速启动装置包括第一启动装置、第二启动装置；所述第一启动装置包括第一加热机构、第一汽化管路，第一汽化管路的内径为 1~2mm，第一汽化管路紧密地缠绕于第一加热机构上；所述第一汽化管路的一端连接液体储存容器，通过原料输送装置将甲醇送入第一汽化管路中；第一汽化管路的另一端输出被汽化的甲醇，而后通过点火机构点火燃烧；或者，第一汽化管路的另一端输出被汽化的甲醇，且输出的甲醇温度达到自燃点，甲醇从第一汽化管路输出后直接自燃；所述第二启动装置包括第二汽化管路，第二汽化管路的主体设置于所述重整室内，第一汽化管路或/和第二汽化管路输出的甲醇为重整室加热的同时加热第二汽化管路，将第二汽化管路中的甲醇汽化；所述重整室内壁设有加热管路，加热管路内放有催化剂；所述快速启动装置通过加热所述加热管路为重整室加热；所述制氢系统启动后，制氢系统通过制氢设备制得的氢气提供运行所需的能源；所述快速启动装置的初始启动能源为若干太阳能启动模块，太阳能启动模块包括依次连接的太阳能电池板、太阳能电能转换电路、太阳能电池；太阳能启动模块为第一加热机构提供电能；或者，所述快速启动装置的初始启动能源为手动发电机，手动发电机将发出的电能存储于电池中；所述催化剂包括 Pt 的氧化物、Pd 的氧化物、Cu 的氧化物、Fe 的氧化物、Zn 的氧化物、稀土金属氧化物、过渡金属氧化物；其中，贵金属 Pt 含量占催化剂总质量的 0.6%~1.8%，Pd 含量占催化剂总质量的1.1%~4%，Cu 的氧化物占催化剂总质量的 6%~12%，Fe 的氧化物占催化剂总质量的3%~8%，Zn 的氧化物占催化剂总质量的 8%~20%，稀土金属氧化物占催化剂总质量的6%~40%，其余为过渡金属氧化物；或者，所述催化剂为铜基催化剂，包括物质及其质量份数为：3~17 份的 CuO，3~18 份的 ZnO，0.5~3 份的 ZrO，55~80 份的 Al_2O_3，1~3 份的 CeO_2，1~3 份的 La_2O_3；所述固态氢气储存容器中储存固态氢气，当制氢系统启动时，通过汽化模块将固态氢气转换为气态氢气，气态氢气通过燃烧放热，为制氢设备提供启动热能，作为制氢设备的启动能源；所述液体储存容器中的甲醇和水通过原料输送装置输送至换热器换热，换热后进入汽化室汽化；汽化后的甲醇蒸气及水蒸气进入重整室，重整室内设有催化剂，重整室下部及中部温度为 300~420℃；所述重整室上部的温度为 400～570℃；重整室与分离室通过连接管路连接，连接管路的全部或部分设置于重整室的上部，能通过重整室上部的高温继续加热从重整室输出的气体；所述连接管路作为重整室与分离室之间的缓冲，使得从重整室输出的气体的温度与分离室的温度相同或接近；所述分离室内的温度设定为 350～570℃；分离室内设有膜分离器，从膜分离器的产气端得到氢气；所述原料输送装置提供动力，将液体储存容器中的原料输送至制氢设备；所述原料输送装置向原料提供 0.15～5MPa 的压力，使得制氢设备制得的氢气具有足够的压力；所述制氢设备启动制氢后，制氢设备制得的部分氢气或/和余气通过燃烧维持制氢设备运行；所述制氢设备制得的氢气输送至膜分离装置进行分离，用于分离氢气的膜分离装置的内外压力之差≥0.7MPa；所述膜分离装置为在多孔陶瓷表面真空镀钯银合金的膜分离装置，镀膜层为钯银合金，钯银合金的质量分数为：钯占 75%～78%，银占 22%～25%；所述制氢子系统将制得的氢气通过传输管路实时传输至氢气发电系统；所述传输管路设有气压调节子系统，用于调整传输管路中的气压；所述氢气发电系统利用制氢子系统制得的氢气发电；所述气压调节子系统包括微处理器、气体压力传感器、阀门控制器、出气阀、出气管路；所述气体压力传感器设置于传输管路中，用以感应传输管路中的气压数据，并将感应的气压数据发送至微处理器；所述微处理器将从气体压力传感器接收的该气压数据与设定阈值区间进行比对，当接收到的压力数据高于设定阈值区间的最大值时，微处理器控制阀门控制器打开出气阀设定时间，使得传输管路中气压处于设定范围，同时出气管路的一端连接出气阀，另一端连接所述制氢子系统，通过燃烧为制氢子系统的需加热设备进行加热；当接收到的压力数据低于设定阈值区间的最小值时，微处理器控制所述制氢子系统加快原料的输送速度；所述收集利用子系统连接氢气发电系统的排气通道出口，从排出的气体中分别收集氢气、氧气、水，利用收集到的氢气、氧气供制氢子系统或/和氢气发电系统使用，收集到的水作为制氢子系统的原料，从而循环使用；所述收集利用子系统包括氢氧分离器、氢水分离器、氢气止回阀、氧水分离器、氧气止回阀，将氢气与氧气分离，而后分别将氢气与水分离、氧气与水分离；所述制氢设备还包括电能估算模块、氢气制备检测模块、电能存储模块；所述电能估算模块用以估算氢气发电装置实时发出的电能能否满足重整、分离时需要消耗的电能，如果满足，则关闭快速启动装置；氢气制备检测模块用来检测制氢设备实时制备的氢气是否稳定，若制氢设备制备的氢气不稳定，则控制快速启动装置再次启动，并将得到的电能部分存储于电能存储模块，当电能不足以提供制氢设备的消耗时使用；所述氢气发电系统为燃料电池系统，燃料电池系统包括：气体供给装置、电堆；所述气体供给装置利用压缩气体作为动力，自动输送至电堆中；所述电堆包括若干子燃料电池模块，各个子燃料电池模块包括至少一个超级电容；所述燃料电池系统还包括空气进气管路、出气管路；所述压缩气体主要为氧气；空气与氧气在混合容器混合后进入电堆；所述燃料电池系统还包括气体调节系统；所述气体调节系统包括阀门调节控制装置以及氧气含量传感器或/和压缩气体压缩比传感器；所述氧气含量传感器用以感应混合容器中混合的空气与氧气中氧气的含量，并将感应到的数据发送至阀门调节控制装置；所述压缩气体压缩比传感器用以感应压缩氧气的压缩比，并将感应到的数据发送至阀门调节控制装置；所述阀门调节控制装置根据氧气含量传感器或/和压缩气体压缩比传感器的感应结果调节氧气输送阀门、空气输送阀门，控制压缩氧气、空气的输送比例；压缩氧气进入混合容器后产生的动力将混合气体推送至电堆反应；所述燃料电池系统还包括湿化系统，湿化系统包括湿度交换容器、湿度交换管路，湿度交换管路为空气进气管路的一部分；所述反应后气体从出气管路输送至湿度交换容器，所述湿度交换管路的材料只透水不透气，使得反应后气体与自然空气进行湿度交换，而气体之间无法流通。

法律状态：公开，实质审查的生效

24.3.6.2 科研成果

（1）甲醇制氢-柴油加氢精制联合工艺的开发应用

项目年度编号：1600380119

限制使用：国内

成果类别：应用技术

中图分类号：TE624.431　TE626.24　TQ116.29

成果公布年份：2016 年

成果简介：该项目通过催化剂筛选、催化剂湿法硫化和密相装填、变压吸附提氢尾气回收利用和分馏塔顶富气回收装置等工艺及装置研究,使柴油品质符合国家标准要求,甲醇单耗 0.50～0.52t/1000Nm³ 氢气，柴油收率达到 98.5%以上。本项目将变压吸附装置尾气压缩机系统出口管线改至脱碳吸附塔，回收利用尾气中的氢气，降低了甲醇单耗，提高了氢气利用率；改进了氢气压缩机轴封装置，杜绝了氢气泄漏，延长了压缩机寿命。本项目共申请 8 项专利，其中发明专利 6 项，实用新型专利 2 项，有 1 项实用新型专利已授权。

完成单位：宁夏宝塔石化科技实业发展有限公司

（2）环保节能型甲醇水蒸气重整制氢工艺及配套催化剂的开发

项目年度编号：0900230186

限制使用：国内

成果类别：应用技术

中图分类号：TQ116.2

成果公布年份：2009 年

成果简介：该项目对甲醇制氢工艺进行了改进，同时研究开发了新型的催化剂。新工艺成功应用到精细化工、医药化工、航空航天、特种钢铁、特种玻璃等行业，给这些行业带来很好的经济效益。要实现燃料电池的商业化，主要是解决氢源问题和降低成本，而氢源问题已成为燃料电池商业化的技术瓶颈。甲醇水蒸气重整制氢技术拥有氢气成本低、工艺简单、投资少、无污染、可实现移动式供氢等优点，因此受到广泛的关注，带来了很好的发展前景。

完成单位：西南化工研究设计院

（3）低消耗的甲醇裂解制氢新工艺

项目年度编号：1300291041

限制使用：国内

成果类别：应用技术

中图分类号：TQ116.29

成果公布年份：2011 年

成果简介：中国氢气来源主要有三类，一是传统的电解水法；二是利用一些工业废气经过提纯制取氢气；三是采用化石燃料。基于技术水平及原料、能源供应状况，甲醇裂解制氢在中小规模制氢中仍占据主要份额，主要原因在于运行费用比水电解低、装置投资比天然气制氢和煤制氢低、流程短、操作非常简单、原料稳定易得、原料有可存储性（对于要求供氢稳定的工厂很重要）、产品氢气纯度高。甲醇裂解制氢的运行成本主要是原料甲醇，占 80%以上，所以评价装置的先进与否的关键指标就是甲醇的制氢单耗。降低甲醇单耗的主要措施有：①使用高活性、高选择性的催化剂；②提高变压吸附分离的氢气收率；③变压吸附尾气的有效利用。四川亚连科技有限责任公司在这方面做了长期、深入的研究，并陆续将最新的科技成果应用于工程装置中，获得了良好的经济效益和社会效益。基于这些技术，自 2008 年到现在，国内 3000Nm^3/h 及以上的甲醇制氢装置全部由亚连科技承担设计和提供工程服务。

成果简介：甲醇水蒸气催化转化制取含氢混合气，经过分离提纯获得纯氢的技术，在国外于 20 世纪 80 年代初期用于工业生产，在日本、美国、西欧等地的多家公司有成套装置出售。主要工艺过程为：甲醇、水经过汽化、过热进入反应器，在催化剂作用下，反应生成 75%左右的氢气、25%左右的二氧化碳及少量其余杂质，经过 PSA 分离净化处理，可以得到纯度为 99%~99.999%的纯氢，装置规模在 20~3000Nm^3/h 氢气或者更大的范围。该技术符合当今节能减排和企业长远发展的要求，是所有甲醇裂解制氢生产高纯度氢气技术中，在投资、公用工程消耗相同条件下原料消耗最低的。单套装置每年可为用户节约百万元生产成本、减少数千吨温室气体排放，这对中国制氢工业有重大贡献。由于氢气及氢产品不仅可广泛用于石油、化工、冶金等行业，作为重要的原料气，具有良好的经济效益，而且可作为能源的替代品，成为一种新型材料，有利于人类社会的可持续发展，因此不论从经济效益还是从社会效益来看，发展制氢工业都是利国利民、造福子孙后代的大事，前景可观。

完成单位：四川亚连科技有限责任公司

（4）高回收率甲醇制氢新技术

项目年度编号：0800320415

限制使用：国内

成果类别：应用技术

中图分类号：TQ116.29

成果公布年份：2007 年

成果简介：氢气是化工生产中加氢反应的必要气源，由于原料来源的不同、氢气纯度要求不同，制氢装置的投资规模及氢气生产成本相差很大。工业上的制氢方法有烃类蒸汽转化法、电解水法等。烃类蒸汽转化制氢适用于氢气用量大、装置规模大的场合，其能耗及单位氢气的生产成本较低；电解水法则适用于氢气用量较小的场合，其装置规模小，但能耗及氢气的生产成本较高，对于中等规模氢气用量的场合，人们一直致力于寻求新的制氢原料。南京工业大学吸附技术研究所最近开发出了新型节能型工艺，大大降低了甲醇制氢过程的能量消耗，具有显著的经济效益，已被多家生产单位采用。

完成单位：南京工业大学

（5）甲醇制氢技术及装置

项目年度编号：0701670039

限制使用：国内

成果类别：应用技术

中图分类号：TQ 116.29　TM 911.4

成果公布年份：2006 年

成果简介：以甲醇为原料制氢，可为燃料电池及其他需要氢气供给的场合提供不同规格的含氢气体，同时解决能源与环保两大问题，是一种绿色能源技术，属后续能源领域相关技术研究。该项目以工业甲醇为原料，以铜系、铁系催化剂为基础，提供多种供氢技术及装置，如甲醇水重整制氢、甲醇氧重整制氢、甲醇部分氧化制氢等；通过选择性氧化等手段将一氧化碳含量降低到一定程度，氢气含量大于 65%，保证不同规格气体成分。在上述制氢技术中，部分氧化制氢可实现反应自热，具有甲醇转化率高，氢气选择性高，能量利用合理等优点。适合用作固定氢源和可移动氢源，用于固体燃料电池、车载燃料电池或其他用氢场合。生产工艺条件：反应温度 200～400℃，水醇比 1.1～1.7，氧醇比 0.2～0.8。主要设备：管式炉、汽化器、冷凝器和泵。市场与经济效益预测甲醇制氢原料成本约 1.4 元/立方米气体，成本低，设备投资省，具有很好的经济效益及应用前景。

完成单位：沈阳化工学院

24.4　分类标准

24.4.1　产品规格

表 24.4 为我国甲醇制氢的产品规格。

表 24.4　我国甲醇制氢的产品规格

项目	H₂	CO₂	CO	CH₃OH	H₂O	压力	温度
指标	73%～74.5%	23%～24.5%	<0.8%	300μL/L	饱和	1.1MPa	<40℃

注：西南化工研究设计院的产品规格。

24.4.2 分类标准

（1）天然气一、二段转化催化剂试验方法

从表 24.5 可以看出天然气一、二段转化催化剂试验方法。

表 24.5 天然气一、二段转化催化剂试验方法

标准编号	发布单位	发布日期	状态	实施日期	中图分类号	国际标准分类号	国别
HG/T 2273.4—2014	CN-HG	2014 年 1 月 1 日	现行	2015 年 1 月 1 日	TQ426	71.100.99	中国

注：本标准规定了天然气一、二段转化催化剂的活性和耐热性能试验方法。本标准适用于合成氨厂、甲醇厂及制氢装置中使用的天然气加水蒸气制氢的天然气一、二段转化催化剂。

（2）天然气一段转化催化剂

从表 24.6 可以看出天然气一段转化催化剂。

表 24.6 天然气一段转化催化剂

标准编号	发布单位	发布日期	状态	实施日期	中图分类号	国际标准分类号	国别
HG/T 2273.1—2013	CN-HG	2013 年 1 月 1 日	现行	2014 年 1 月 1 日	TQ426	71.100.99	中国

注：本标准规定了 Z102、Z107、Z108、Z109-1Y、Z109-2Y、Z110Y、Z111 型天然气一段转化催化剂的要求，试验方法，检验规则及标志、包装、储存、运输。本标准适用于合成氨、甲醇及制氢工业中以天然气、水蒸气为原料制取合成气（CO + H_2）和氢气装置使用的 Z102、Z107、Z108、Z109-1Y、Z109-2Y、Z110Y、Z111 型天然气一段转化催化剂及其同类型产品。

24.4.3 标准规范

国家标准《氢气站设计规范》（GB 50177—2005）

国家标准《建筑设计防火规范》（GB 50016—2014）

国家标准《爆炸危险环境电力装置设计规范》（GB 50058—2014）

国家标准《建筑物防雷设计规范》（GB 50057—2010）

国家标准《水电解制氢技术要求》（GB/T 19774—2005）

国家标准《变压吸附提纯氢气技术要求》（GB/T 19773—2005）

国家法规《氢气安全技术规程》（GB 4962—2008）

国家法规《特种设备安全监察条例》

国家法规《压力容器安全技术监察规程》

国家法规《气瓶安全监察规程》

国家法规《危险化学品安全管理条例》

24.5 环保与安全

24.5.1 废气

甲醇制氢技术采用物料内部自循环工艺流程，故正常开车时基本上无"三废"排放，仅在原料液储罐有少量含 CO_2 和 CH_3OCH_3 释放气排出，以 1000m³/h 制氢装置为例，其量为 1.0～1.7m³/h，气体组成见表 24.7。

表 24.7 1000m³/h 制氢装置的气体组成

组分	CO_2	CH_3OCH_3	H_2	CH_3OH	H_2O
组成/%	84.03	2.66	约 1.00	3.24	11.38

因甲醇制氢技术的气量小，基本上无毒，故可直接排入大气。变压吸附工艺驰放气经阻火器后排入大气，其中含大量的二氧化碳和少量的氢气及微量的一氧化碳和水汽，对环境不造成污染。

24.5.2 废液

甲醇制氢工艺仅汽化塔塔底不定期排出少量废水，其中含甲醇 0.5% 以下，经稀释后可达到 GB 8978—1996 中第二类污染物排放标准，直接排入下水。

24.5.3 废渣

导热油锅炉房有一定量的燃烧煤渣，可集中处理（只有以煤为燃料的导热油系统有废渣）。

24.5.4 运行管理

① 氢气设施运行中，应定期检测氢气泄漏报警装置的灵敏性、可靠性，一般检测时间不得超过一个月。

② 在设有氢气设施的房间均应按相关标准规范的要求设置泄压面积，并在工程验收时检查合格；运行中不得将泄压面积改作它用或改变用途。

③ 在设有氢气设施的房间或通风不良的场所，均应设有自然通风和机械通风，自然通风的换气次数不得少于 3 次，机械通风的换气次数不得少于 12 次，并与氢气泄漏报警装置连锁，即一旦氢气泄漏检测超标时应连锁启动机械排风机排风，机械排风机应为防爆型风机。

④ 所有设有氢气设施的场所，均应按相关标准规范的要求采用各种等级的防爆电气装置，包括电气设备、附件和线缆。

24.5.5 氢气的排放

① 氢气制取、纯化、压缩和充装过程中的正常排放均应经设有阻火器的氢气放空管排放，不得随意设氢气放空管排放氢气。在氢气运行中，应定期检查阻火器的性能和

可靠性。

② 由于氢气的可燃易爆性和密度小的特点，氢气排放时应控制流速，并不宜在低气压时排放。

24.6 充装与储运

24.6.1 充装

① 气态氢的充装，充装气瓶（包括长管气瓶）应符合国家标准《气瓶安全监察规程》的规定，所有瓶阀应符合 CGA 的 350 阀门接头（左旋外螺纹配圆形奶嘴）。

② 液态氢的小型储存、运输采用专用液氢杜瓦瓶。液态氢储槽规格一般有 5t、10t、50t 等，运输可用液态氢汽车槽罐或铁路液态氢槽车，各种液态氢储罐（槽）（包括杜瓦瓶）均应符合相关标准的要求。

24.6.2 储运

气态氢、液态氢均属于危险化学品，为 2 类，运输者应办理相应的许可证。

危险货物编号：压缩气态氢为 21028，液态氢为 21029。

UN 编号：1049。

包装标志：Ⅱ。

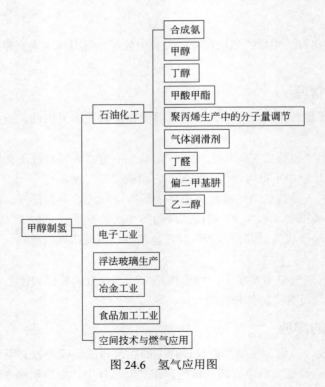

图 24.6 氢气应用图

24.7　经济概况

随着工业不断发展和日益严格的环保法规要求，车辆燃油标准要求越来越高，使得加氢成为油品质量升级的重要手段，为此，氢气需求量不断增长，同时带动了制氢技术的不断发展。

24.8　用途

图 24.6 表示出了氢气应用图。

参 考 文 献

[1] 陈冠荣. 化工百科全书：第 3~13 卷. 北京：化学工业出版社，1995.

[2] 中国工业气体工业协会. 中国工业气体大全：第 3 卷. 大连理工大学出版社，2008：1578-1687.

[3] 王东军，等. 国内外制氢技术的研究进展. 石油化工，2012，41（增刊）.

[4] 李峰. 甲醇及下游产品. 北京：化学工业出版社，2008.

[5] 王小美. 甲醇重整制氢的研究进展. 江苏省工程热物理学会第六届学术会，2011.

[6] 时春莲. 甲醇裂解制氢工艺技术改进. 广东化工，2015，16：298-299.

[7] 《甲醇转化制氢分析手册》，齐鲁石化公司研究院，1995.

[8] 王周. 天然气制氢、甲醇制氢与水电解制氢的经济性对比探讨. 天然气技术与经济，2016，10（6）：47-49.

[9] 甲醇制氢的专利和成果. 国家图书馆，2017.

[10] 甲醇制氢的标准. 国家图书馆，2017.

[11] 姜薇，张桂林. 甲醇装置改制氢燃料系统安全运行的优化措施. 广州化工，2016，44（24）：112-114.

第25章
二甲基亚砜

孟晓红　国家图书馆古籍馆　馆员

25.1　概述

二甲基亚砜（dimethyl sulfoxide，DMSO）是一种非质子极性溶剂。由于它在化学反应中具有特殊溶媒效应和对许多物质的溶解特性，一向被称为"万能溶媒"。

DMSO 由俄国医生 Alexander M. Saytzeff 发现于 1866 年。20 世纪 50 年代，英国科学家发现它可作抗冻剂，储存骨髓和红细胞。这独特的木制纸浆工业的副产品，还可作为工业用溶剂和油漆稀释剂。20 世纪 50 年代末，世界大造纸厂 Crown Zellerbach Corporation 要求企业的化学工程师寻找 DMSO 的新用途。

2006 年，西南化工研究设计院的李正清教授在《甲醇与甲醛》2006 年第二期首次发表了题为"甲醇衍生产品二甲基亚砜"的文章。

目前，全球 DMSO 的产能达到 14 万吨。其中，我国 DMSO 的产能已达 9.6 万吨/年，成为世界上 DMSO 的最大生产国，并已从进口国转变为了主要出口国。

全球主要 DMSO 生产商、生产技术和产能如表 25.1 所示。

表 25.1　全球主要 DMSO 生产商的情况

国家	生产商	产能/(万吨/年)	生产技术	备注
美国	Gaylord 公司	2.2		用外购的硫酸盐纸浆黑液中存在的二甲基硫醚生产 DMSO
法国	Altochem	0.6	硫化氢法	
日本	昭和工业公司	1.6	硫化氢法	在中国台湾省建有 DMSO 回收装置，利用回收的 DMSO。回收装置生产能力 6000 吨/年
中国	新疆兴发化工有限公司	2.0	硫化氢-二硫化碳法	天然气

国家	生产商	产能/(万吨/年)	生产技术	备注
中国	重庆兴发金冠化工有限公司	2.0	硫化氢-甲醇法	
中国	中石化沧州分公司	1.0	硫化氢-甲醇法	
中国	贵州兴发化工有限公司	1.0	硫化氢-甲醇法	
中国	山东鲁南化工科技有限公司	1.0	硫化氢-甲醇法	
中国	盘锦新兴化工厂	0.8	二硫化碳-甲醇法	
中国	湖北兴发化工有限公司	1.0	二硫化碳-甲醇法	
中国	本溪成德化工有限公司	0.4	二硫化碳-甲醇法	
中国	山西中龙环宇科技有限公司	0.4	二硫化碳-甲醇法	

25.2 性能

25.2.1 结构

结构式：

$$\begin{array}{c} H_3C \\ \diagdown \\ S{=}O \\ \diagup \\ CH_3 \end{array}$$

分子式：$(CH_3)_2SO$

25.2.2 物理性质

DMSO 的物理性质见表 25.2。

25.2.3 化学性质

（1）热分解反应

DMSO 在高温（180℃）下，会慢慢分解为甲硫醇、甲醛、水、双（甲硫代）甲烷、二甲基二硫醚、二甲基砜及二甲基硫醚的混合物。

$$CH_3SOCH_3 \xrightarrow{189℃} CH_3SCH_2OH \rightleftharpoons CH_3SH + HCHO$$
$$2CH_3SH + HCHO \rightleftharpoons CH_3SCH_2SCH_3 + H_2O$$
$$2CH_3SH + (CH_3)_2SO \rightleftharpoons CH_3SSCH_3 + CH_3SCH_3 + H_2O$$
$$2(CH_3)_2SO \longrightarrow CH_3SO_2CH_3 + CH_3SCH_3$$

酸、二元醇或酰胺，均可使 DMSO 加速分解。

（2）氧化反应

DMSO 可被 $KMnO_4$、H_2O_2、O_3、SeO_2、发烟硝酸或热硝酸等强氧化剂迅速氧化为二甲基砜，并且收率很高。使用硝酸氧化时，常副产磺酸。当 DMSO 用次卤（氯或溴）

表 25.2　DMSO 的物理性质

项目	数据	项目	数据
熔点/℃	18.55	自燃温度（在空气中）/℃	300～302
沸点/℃		空气中爆炸极限/%（体积分数）	
101.3kPa（760mmHg）	189.0	下限	3～3.5
1.6kPa（12mmHg）	72.5	上限	42～63
折射率		介电常数	
20℃	1.4783	20℃	48.9
25℃	1.4768	25℃	46.4
30℃	1.4742	偶极矩（20℃）/D	4.3
体积膨胀系数/(cm^3/C)	0.00088	电导率（20℃）/(S/m)	3×10^{-6}
表面张力/(10^3N/m)		密度/(g/cm^3)	
20℃	43.99	20℃	1.1014
40℃	41.45	25℃	1.0946
60℃	38.94	50℃	1.0721
80℃	36.45	电离热/eV	8.85
100℃	34.00	生成热/[kJ/mol](kcal/mol)	
临界温度/℃	434	25℃，液体	−203.9（−48.73）
临界压力/MPa	5.85	25℃，气体	−151.0（−36.09）
临界密度/(g/cm^3)	0.283	燃烧热（25℃）/[kJ/mol](kcal/mol)	1978.6（−472.9）
临界压缩因子	0.274	熔化热（18.4℃）/[kJ/mol](kcal/mol)	6.53（1.56）
黏度/mPa·s		蒸发热/[kJ/mol](kcal/mol)	
20℃	2.20	25℃	52.89（12.64）
40℃	1.51	189℃	43.18（10.32）
60℃	1.09	比热容/[kJ/(kg·℃)][kcal/(kg·℃)]	
80℃	0.810	3.78℃	1.87（0.4462）
100℃	0.623	13.53℃	1.88（0.4499）
闪点（开口）/℃	95	与水的混合热（50%摩尔分数）/[kJ/mol](kcal/mol)	2.67（0.637）

注：1mmHg=133.322Pa；1D=3.33564×10^{-30}C·m。

酸处理时，在氧化过程中，常伴随着卤化作用，最终以高收率制得六卤代二甲砜（CX$_3$SO$_2$CX$_3$）。使用 H$_2$O$_2$ 氧化亚砜宜在冰醋酸中进行。

$$CH_3SOCH_3 + [O] \longrightarrow CH_3SO_2CH_3$$

（3）还原反应

DMSO 可被新生态的氢以及氢化铝、氢碘酸、二硼烷、锌、硫化氢、磷化氢衍生物等强还原剂还原成二甲硫醚。

DMSO 还能与其他有机硫化物发生硫与氧的交换反应，二甲基亚砜变为二甲硫醚，有机硫化物则被氧化为亚砜。

$$(CH_3)_2SO + 2[H] \longrightarrow (CH_3)_2S + H_2O$$

$$(C_3H_7)_2S + (CH_3)_2SO \longrightarrow (C_3H_7)_2SO + (CH_3)_2S$$

（4）普梅雷尔反应（Pummerer 反应）

乙酐在 70℃时，可将苯基亚磺基乙酸乙酯转化为 α-乙酰氧基硫醚。

$$C_6H_5S-CH_2-\overset{O}{\overset{\|}{C}}OC_2H_5 + (CH_3CO)_2O \longrightarrow C_6H_5S-\underset{\underset{OCOCH_3}{|}}{CH}-\overset{O}{\overset{\|}{C}}OC_2H_5$$

上述反应是非常普遍的，通常收率为 75%～90%。在所有包括亚砜的反应中，至少有一个 α-氢被还原成硫醚，同时也在 α-碳上氧化。

（5）卤化反应

DMSO 能与卤素发生反应，生成卤代物，反应激烈。

$$(CH_3)_2SO + Cl_2 \longrightarrow CH_3SOCH_2Cl$$

$$(CH_3)_2SO + Cl_2 \longrightarrow CH_3SOCl + CH_3Cl$$

25.2.4 溶剂特性

DMSO 在化学反应中起到反应溶剂和反应试剂的双重作用，对有些在普通溶剂中难以进行的反应，在 DMSO 中能顺利进行；对有些反应具有加速、催化作用，能提高反应收率，改变产品性能。

（1）亲核取代反应

DMSO 作为卤代烷及磺酸酯的亲核离解溶剂生成加成产物，反应速率比一般的非质子溶剂快 10^5 倍，因此 DMSO 在烷基化反应中占有重要地位。

$$(CH_3)_2SO + RX \xrightarrow{DMSO} [(CH_3)_2SOR]X \xrightarrow{DMSO} [(CH_3)_2S\underset{\underset{R}{|}}{-}O]X$$

卤代烷与无机氰化物反应制备腈，不容易反应，但在 DMSO 中反应速率快、收率高。DMSO 对亚硝酸钠与卤代烷或 α-卤代酯转变为硝基物的反应，也有类似效果。

$$CH_3CH_2Cl + NaCN \xrightarrow{DMSO} CH_3CH_2CN + NaCl$$

在 SWarts 反应中不易制备芳烃氟化物，但在 DMSO 中氟化钾与氯代芳烃等容易发生置换反应制得产率很高的氟代芳烃。氯代环己烷与氯化锂在 DMSO 中发生氯交换，溴苯与叔丁醇钾在 DMSO 中不用加热即可生成苯叔丁醚。

（2）消除反应

苄醇和脂肪族叔醇在 DMSO 中可生成烯烃，磺酸酯和卤代烷在 DMSO 中加热可生成烯烃。Cope 消除反应在 DMSO 中室温下即可顺利进行，且反应速率比在水中快 10^5 倍。

（3）亲电取代反应

DMSO 可促进一些饱和碳原子上的亲电取代反应，如烯醇钠盐在苯中用卤代烷进行烷基化反应时，加入 0.65mol/L 的 DMSO 溶液，可使反应速率增加 5 倍。烷基汞在盐酸作用下生成烷烃的反应，在 DMSO 中比在二氧六环中快 20 倍。有机物中氢-重氢在碱催化下的交换速率在 DMSO 中比在叔丁醇中高 10^9 倍。使不对称 α-碳消旋速率在 DMSO 中比在叔丁醇中高 10^6 倍。

（4）双键重排反应

在 DMSO 中经叔丁醇钾催化可发生双键重排反应，反应可以在低温下均相进行。

（5）其他反应

用 DMSO 作为反应溶剂的研究报道除以上外还有很多，如三乙胺与碘乙烷的季胺化、高级脂肪酸与甘油脂的酯交换，以及醇钠存在下非还原糖酯化、醇类氰乙基化、异氰酸苯酯与硫醇反应等，这些反应在 DMSO 中都具有加速效果。同时，DMSO 还可以在酯缩合、高分子多聚物的反应中作为溶剂。

25.3　生产方法

工业生产 DMSO 通常由二甲基硫醚（DMS）再氧化制得，二甲基硫醚的生产方法有硫酸二甲酯-硫化钠法、二硫化碳-甲醇法、硫化氢-甲醇法以及造纸黑液硫化法。将二甲基硫醚在一定条件下氧化即可制得粗 DMSO。氧化过程有硝酸氧化法、双氧水氧化法、二氧化氮氧化法、臭氧氧化法和阳极电化学氧化法等。

25.3.1　硫酸二甲酯-硫化钠法

以硫化钠和硫酸二甲酯为原料合成二甲基硫醚，然后用 NO_2 进行氧化合成 DMSO，其合成和氧化反应方程式如下：

合成反应：$(CH_3)_2SO_4 + Na_2S \xrightarrow{95℃} (CH_3)_2S + Na_2SO_4$

氧化反应：$(CH_3)_2S + NO + O_2 \Longrightarrow (CH_3)_2SO + NO_2$

合成反应：固体硫化钠预先加热熔化，然后泵入反应器中，硫酸二甲酯由高位槽缓慢滴入进行反应。反应温度控制在 95℃左右，最后 2h 反应温度控制在 110℃左右。反应生成二甲基硫醚，经冷却和静置分离出水和硫醚。

氧化反应：二甲基硫醚由中部加入反应器，氧与二氧化氮由塔底加入，底部温度控制在 30～35℃，中部温度 35～45℃，顶部温度不大于 35℃。将氧化生成的粗二甲基亚砜加热，除去多余的二氧化氮，然后进入中和釜，用 30%苛性钠中和至 pH=8～9，再将中和后的粗 DMSO 送入蒸发器进行蒸发除盐，然后送入精馏塔进行精馏，得到纯度为99%以上的精制 DMSO。

硫酸二甲酯可由气相的二甲醚和气相的三氧化二硫制得，反应方程式为：

$$(CH_3)_2O + SO_3 \longrightarrow (CH_3)_2SO_4$$

硫酸二甲酯-硫化钠法生产二甲基硫醚，再经氧化生成 DMSO，流程简单，设备占地面积小，但生产成本高，不宜大规模生产。

25.3.2　二硫化碳-甲醇法

以二硫化碳和甲醇为原料，以 γ-Al_2O_3 为催化剂，先合成二甲基硫醚，再与二氧化氮（或硝酸）氧化得到 DMSO，经精馏得成品 DMSO。主要反应有：

$$4CH_3OH + CS_2 \longrightarrow 2(CH_3)_2S + CO_2 + 2H_2O$$

$$(CH_3)_2S + NO_2 \longrightarrow (CH_3)_2SO + NO$$

$$NO + 1/2O_2 \longrightarrow NO_2$$

或

$$3(CH_3)_2S + 2HNO_3 \longrightarrow 3(CH_3)_2SO + 2NO\uparrow + H_2O$$

二硫化碳和甲醇经计量后按摩尔比 1∶4 的配料进预热器预热至 350℃后，进入固定床反应器，在 390℃下，经 γ-Al_2O_3 催化反应生成二甲基硫醚、水、二氧化碳及副产物硫化物等。经冷却分水后进入脱硫塔脱硫除去其中的硫化物，再经碱洗和精馏后得到精二甲基硫醚。将精二甲基硫醚送入氧化塔氧化。氧化塔内二甲基硫醚与氧气和二氧化氮在 30～70℃下反应生成粗品 DMSO，粗品 DMSO 经中和、减压蒸发、减压精馏除去硫醚、二氧化氮、一氧化氮、酸和水等杂质后，得到纯品 DMSO。

本溪市成德化工有限公司采用此工艺，以前国内大部分生产厂家采用此方法。该法具有工艺流程简单、厂房占地面积小、工艺指标易于控制、产品质量优良稳定等优点。但近年来随着原料二硫化碳的涨价、生产成本过高而导致多家设备闲置。其生产工艺流程图见图 25.1。

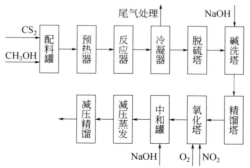

图 25.1　二硫化碳-甲醇法生产 DMSO 的工艺流程图

25.3.3　硫化氢-甲醇法

以甲醇和硫化氢在 γ-Al_2O_3 催化剂作用下生成二甲基硫醚，硫酸与亚硝酸钠反应生成二氧化氮；二甲基硫醚再与二氧化氮在 60～80℃下进行液相氧化反应生成粗 DMSO，然后减压蒸馏，精制得纯品 DMSO。其反应式为：

$$2CH_3OH + H_2S \longrightarrow (CH_3)_2S + 2H_2O$$

$$2NaNO_2 + H_2SO_4 \longrightarrow Na_2SO_4 + NO_2 \uparrow + NO \uparrow + H_2O$$

$$(CH_3)_2S + NO_2 \longrightarrow (CH_3)_2SO + NO$$

$$NO + 0.5O_2 \longrightarrow NO_2$$

或

$$(CH_3)_2S + 0.5O_2 \longrightarrow (CH_3)_2SO$$

以甲醇和硫化氢为原料，γ-Al_2O_3 为催化剂，在 400℃左右的催化剂床中，通过气相脱水反应制得二甲基硫醚。用硫酸和亚硝酸钠反应制得 NO_2；用变压吸附法（PSA）从空气制得富氧空气或氧气。然后，按一定的物料配比，将二甲基硫醚从氧化塔中部加入，氧气和 NO_2 从氧化塔底部加入，进行液相氧化反应，尾气经氧化塔上部排出，塔釜得 DMSO 粗品。氧化塔中部的内部用蛇形管冷却，外部用夹套冷却。釜底温度控制在 30～35℃，中部温度控制在 35～45℃，顶部温度不高于 45℃。粗品 DMSO 溶液经脱气后，再经中和除酸、蒸发脱水、脱盐、减压蒸馏等精制处理后，便可制得含量达 99% 以上的精品 DMSO。

以甲醇和硫化氢为原料合成 DMSO 是最廉价可行的工艺路线。硫化氢是其他工业加工的副产物，原料易得，成本较低，经催化反应一步合成 DMS 后，采用富氧空气或氧气为氧化剂，NO_2 为催化剂，将 DMS 氧化制成 DMSO 产品。其生产工艺流程见图 25.2。

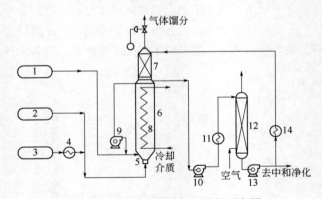

图 25.2　DMSO 生产工艺流程示意图

1—二甲基硫醚储罐；2—氧气储罐；3—液体二氧化氮储罐；4—蒸发器；5—细孔板；6—氧化塔；
7—洗涤器；8—冷却器；9,10,13—泵；11,14—过热器；12—脱气塔

25.3.4　造纸黑液法

硫酸盐纸浆和亚硫酸盐纸浆生产过程中会产生大量黑液，黑液中含有磺化木质素和碱性木质素，在高温下，木质素的甲氧基和硫化钠反应生成二甲基硫醚，再以二氧化氮

为氧化剂，在氧化塔中氧化生成 DMSO。我国 20 世纪 60 年代进行过黑液的回收利用研究并取得了成熟工艺，当时吉林造纸厂、鸭绿江造纸厂和天津造纸厂进行小试回收 DMS、合作试制 DMSO，取得最佳工艺条件，并制得了合格的 DMSO 产品。但由于当时处于计划经济时代，跨行业的项目未能有效实施。目前，美国 Gaylord 化工公司采用造纸黑液中的二甲基硫醚制取 DMSO。

由田锡义先生设计的 1 万吨/年的造纸黑液生产 DMSO 的硫醚工艺流程如下：将硫酸盐纸浆黑液用螺杆黑液泵加入配料器，将计量好的硫化碱用螺旋加料器加入配料罐，再用废水泵收回的废水调整浓度确保 50%，加热搅拌溶解后放入储罐中备用。配好的含硫黑液用高压柱塞隔膜泵加压至 4.5MPa，进反应器，用重柴油在热风炉中燃烧，保持烟道气温在 300～350℃，控制反应器物料温度在 230～250℃，含硫黑液在管式反应器中用高压柱塞隔膜泵循环，在 250℃、4.5 MPa 压力下反应，保持不低于 3 倍的循环量和 3 m/s 的流速，反应时间 30～40min。在管式反应器的上部，经泄压阀和双螺杆除渣器排入分离器，降压至 0.05 MPa，经夹套冷却器和回流冷凝器控制温度 50～60℃，此时，硫醚和水经回流冷凝器上部排除，进入第一冷凝器。黑液被分离到分离器底部，用黑液返回泵送去碱回收。分离器上部经冷凝器排出的硫醚和水经连续冷凝后再用-15℃冷冻盐水冷凝，得到的硫醚和水进入分水器。分水器下部分出废水进入废水槽，从上部分出硫醚经碱洗、除去废水后得到纯硫醚，进入成品储槽。

利用造纸黑液生产 DMSO，原料成本低，如果系统依托硫酸盐制浆系统建造，黑液和硫化钠反应生成硫醚后剩余黑液可返回造纸厂进行碱回收，不改变制浆工艺流程，且生产硫醚产生的废水可回用于制浆系统，没有废水排放，对环境友好。

综合利用造纸黑液生产 DMSO，降低 DMSO 的生产成本，提高造纸黑液的利用价值，是造纸行业和 DMSO 行业的重要举措，可有效降低纸浆和 DMSO 的生产成本，提高产品的市场竞争力。

25.3.5　DMSO 作反应物的研究进展

二甲基亚砜（DMSO）因具有廉价、低毒性、良好的溶解性能和相对的稳定性等优点，一直被广泛用作化学反应的溶剂。同时，DMSO 还是一种温和的氧化剂和氧源。DMSO 被认为是一种安全、绿色、实用的碳源，在有机合成领域受到越来越多的关注。近年来，以 DMSO 为碳源用于有机合成的报道逐渐增加，但 DMSO 在有机合成方面的价值远远没有得到充分利用，研究以 DMSO 作碳源用于有机合成的工作仍然是今后化学家们不可忽视的内容。

（1）DMSO 作氧化剂或提供氧源的研究进展

早在 20 世纪中旬，DMSO 作氧化剂的报道已经出现并被广泛研究。DMSO 作氧化剂大体可以分为两大类，其中一种是作氧化剂参与脱氢反应，如 Swem Oxidation 和 Pwtizner-Moffatt Oxidation。在 Swem Oxidation 反应中，DMSO 被用作氧化剂将伯醇或仲醇氧化成醛或酮类化合物。DMSO 首先与草酰氯反应生成活性中间体，中间体与醇类结合，在碱（如 Et₃N）的作用下使醇类化合物脱氢生成醛或酮，与其他氧化剂参与的醇类氧化方法相比，DMSO 作氧化剂具有反应条件温和、官能团兼容性好以及醛类无过渡氧化等特点。另一种是 DMSO 同时作为氧化剂和氧源，如著名的 Komblum Oxidation 反应，一级卤代烃在碱（如 Et₃N）和 DMSO 作用下被氧化为醛类化合物。后续对 Komblum Oxidation 反应进行了不断改善，其中一类是利用微波使反应混合液迅速达到沸点，将反应中产生的硫醚蒸出，减少了原料与硫醚的反应，可使 Komblum Oxidation 反应有更高的产率以及更短的反应时间，同时，原本反应产率较低的脂肪族卤代烃也能达到较好的产率。

DMSO 作为一种温和的氧化剂和氧源一直受到众多科研工作者的亲睐。Pan 课题组在 2010 年报道了以 CuI 作催化剂，简单的硫酚和卤代芳烃为底物，DMSO 为氧源，合成 2-(苯硫基)苯酚类化合物的方法。

2013 年，Yoshida 课题组以 DMSO 为氧源，采用电化学方法实现了烯烃向溴醇类化合物的转化。两年后，Jiao 课题组报道了在无过渡金属催化作用下，有机溴化物或烯烃在 60℃、氮气或空气氛围下被 DMSO 氧化生成溴醇类化合物的方法。与传统的合成溴醇类化合物的方法相比，上述两种方法在反应过程中不使用会产生大量有机废弃物的 NBS 作溴源，对环境污染小，条件温和，操作简单等。

2014 年，Vishwakarma 课题组报道了一种以 DMSO 为促进剂和氧源，合成 α-羰基酰胺的方法。在加入 I₂ 的条件下，还可以实现甲基酮和胺类形成 α-羰基酰胺产物。该方法不使用任何金属催化剂，具有操作简单，条件温和，反应产率高（62%～92%），底物兼容性好的特点。

传统的三级 C(sp³)—H 键的羟基化方法通常需要用到化学计量的氧化剂，如：PIDA、PIFA、TBHP、Oxone 和 H₂O₂ 等，因为三级 C(sp³)—H 键具有一定的惰性，这些方法通常会面临较窄的底物范围和较差的反应选择性，而且，对二级 C(sp³)—H 键的羟基化时，因生成的羟基化产物在氧化环境下更容易反应生成酮而出现较难控制的过渡氧化的问题。2014 年，Jiao 课题组报道了以 DMSO 为氧化剂和氧源，I₂ 或 NBS 为催化剂的酮类的羟基化反应。该方法不仅可以实现对三级 C(sp³)—H 键的羟基化，而且对二级 C(sp³)—H 键同样适用，且不存在过渡氧化的问题。

（2）DMSO 提供氰基的研究进展

以 DMSO 作碳源提供氰基的文献很少。2011 年，Cheng 课题组首先报道了以 DMSO 为碳源，吲哚的氰基化反应。该方法以 PdCl₂ 作催化剂，NH₄HCO₃ 为氮源，DMSO 为碳源，在 140℃条件下实现了无氰化物的吲哚化合物的氰化反应。与传统的氰化反应相比，该反应最突出的特点是没有直接用到剧毒的氰化物作氰基源，是一种绿色环保的氰化方法。

（3）DMSO 提供甲酰基的研究进展

在 2000 年，Suzuki 课题组在研究带有强吸电子基团的苯胺类化合物的 Friedel-Crafts 反应时发现，在强碱（如 KOtBu 或 Nan）的 DMSO 溶液中，含强吸电子基团的硝基苯胺类化合物（如 2,4-二硝基苯胺）可以发生 3 位上的酰化反应，得到对应的 20%～40% 甲酰化或乙酰化产物，同时还有少量甲基取代产物生成。该报道在一定程度上为后续研究以 DMSO 作甲酰基供体的工作起到了指导作用。

近 10 年来，以 DMSO 作甲酰基供体的研究得到了越来越多的科研工作者的关注，关于这方面的报道也开始涌现。2013 年，继 DMSO 作氰基碳源的报道后，Cheng 课题组又报道了以 DMSO 为碳源，吲哚类化合物的甲酰化反应方法。该方法以 NH_4OAc 为促进剂，DMSO 为碳源，H_2O 为氧源，在 150℃的 N_2 氛围中实现吲哚的甲酰化。与经典的 Vilsmeier-Haack 反应相比，Cheng 的方法没有用到对环境不友好的 $POCl_3$ 等物质；而其他经典的形成甲酰化产物的方法，如 Duff 反应，Reimer-Tiemann 反应和 Gattermann-Koch 反应，大多存在对吲哚类化合物兼容性不好的缺点。

2014 年，Cao 课题组以 $Cu(OAc)_2$ 为催化剂，O_2 为氧化剂和氧源，AcOH 为添加剂，在 120℃条件下，实现了以 DMSO 为碳源的咪唑并吡啶类化后物的甲酰化。与传统的合成 3-甲酰基咪唑并吡啶类化合物的方法相比，该方法具有操作简单、环境友好等特点。存在的缺陷是，该方法对其他亚砜，如四丁基亚砜和苄基亚砜是不兼容的。

同年，Zhang 课题组报道了在 $FeCl_3$ 或 CuI 催化下，以 DMSO 为碳源和溶剂，一锅法合成 α-甲酰基吡咯的方法。经典的合成 α-甲酰基吡咯的方法如 Vilsmeier-Haack 反应和 Reimer-Tiemann 反应，一般都存在对环境不友好和底物的兼容性差的问题；其他合成甲酰基吡咯的方法如对吡咯的反位上的甲基（或羟甲基）进行氧化或对酯基进行还原的方法，通常需要预先制备 α 位上有官能团的吡咯，且会因为反应步骤较多而导致反应效率差。

（4）DMSO 提供甲硫基的研究进展

最近，以 DMSO 作为甲硫基源的研究吸引了众多化学家的关注，关于此的报道也层出不穷。2006 年，在 Wu 等报道的甲基酮类化合物的自组装串联反应中，DMSO 作为甲硫基源参与反应形成含甲硫基的化合物。

2010 年，Qing 课题组发现，在以 CuF_2 为媒介，$K_2S_2O_8$ 为氧化剂，125℃条件下可实现 DMSO 对芳氢的甲硫基化反应。该方法存在的缺点是需要氮原子的定位作用才能实现芳环的甲硫基化，对不含氮原子的其他芳烃不兼容。

随后，Cheng 课题组发展了以 ZnF_2 为添加剂，铜盐为催化剂，在 150℃条件下，实现对卤化芳烃的甲硫基化方法。该方法对碘代芳烃和溴代芳烃都能得到很好的产率（68%～93%），对芳环上的其他取代基也有很好的兼容性。

紧接着，在 2012 年，Cao 等报道了路易斯酸催化的、以 DMSO 为甲硫基供体，合成甲硫基取代的杂环化合物的方法。相比使用甲基硫醇的方法，DMSO 作为甲硫基源则具有更易操作、廉价、无毒等优点。

2014 年，Wu 课题组连续报道了 DMSO 作为甲硫基源参与的串联反应。甲基酮类在 I_2 作用下，与乙酰胺化合物或乙腈反应直接生成甲硫基取代的马来酰亚胺类化合物。

同年，Das 等发现，在 $PPh_3 \cdot HBr$-DMSO 体系中，控制温度为 50℃，可顺利实现 α, β-

不饱和甲基酮的氧化和甲硫基化。

（5）DMSO 提供甲基硫甲基的研究进展

早在 1909 年，Pummerer 等报道了亚砜类化合物可以在酸或酸酐的作用下还原并生成 α 位取代的硫醚，该反应后来被称为 Pummerer 重排反应。最近，DMSO 仍以甲基硫甲基供体活跃于有机合成领域。2012 年，Huang 课题组在 NH_4OAc、$CuBr(PPh_3)_3$ 和 CH_3ONa 体系中，以吲哚为底物，合成了 3-甲基硫甲基吲哚化合物，该方法对氮原子上无保护基团的吲哚有良好的反应效果与兼容性（40%～90%）。

2014 年，Li 等报道了一种对二取代或三取代烯烃的烯丙基 C—H 键进行甲基硫甲基化的方法。具体过程为：先将烯烃、1.3mol/L 的 DMSO 和 1.2mol/L 的 Tf_2O 在 −80℃ 的 CH_2Cl_2 中反应 5h，然后加入 2.7mol/L 的 KO^tBu 在 −40℃ 的四氢呋喃/叔丁醇（10∶1）溶剂中反应过夜。该方法对环烯烃和烯烃链的烯丙基 C—H 键都能兼容，反应产率可达 32%～91%。

2015 年，Jiao 课题组开发了一种以 $Cu(acac)_2$ 为催化剂，DMSO 为硫源，叠氮磷酸二苯基酯为氮源，烯烃或炔烃为底物合成甲基硫甲基取代的三唑化合物的方法。该方法对烯烃、烃炔和 α,β-不饱和酮类都适用，产率可达到 90% 左右，是一种由廉价底物合成含硫和含氮的高附加值产物的新方法。

（6）DMSO 提供甲磺酰基的研究进展

DMSO 作甲磺酰基供体的报道并不多。2012 年，Yuan 课题组首次报道了用 DMSO 为甲磺酰基供体与卤代芳烃反应制备芳基甲基砜类化合物的方法，该方法以 Cu_2O 为催化剂，空气为氧化剂，没有用到有毒和昂贵的试剂，且对—F、—Cl、—OCH_3 和—NO_2 等基团都有很好的兼容性并得到较好的产率，是一种在药物合成中具有潜在应用价值的方法。

2014 年，Lop 课题组以 CuBr 作催化剂，通过 O_2 和亚磷酸二乙酯 $[HPO(OEt)_2]$ 反应产生的羟基自由基使 DMSO 分解生成甲磺酰自由基，实现了烯烃和炔烃的甲磺酰化反应。在 90℃ 的 O_2 氛围中，烯烃与 DMSO 反应生成 β-羰基甲基砜类化合物；当温度升高到 120℃ 并加入 10mol/L 的 H_2O 时，该条件下可以实现炔烃的甲磺酰化，生成反式的甲磺酰基取代的烯烃。

2015 年，Yuan 课题组报道了一种在 130℃ 条件下，利用 NH_4I 作引发剂，H_2O 作氧源，无过渡金属催化的烯烃的甲磺酰化方法。后续的机理实验表明，DMSO 在反应过程中产生了甲硫基自由基。与传统的（如通过烯基硫化物氧化或 Heck 反应）方法相比，该方法具有更好的立体选择性和官能团的兼容性。

（7）DMSO 提供甲基的研究进展

DMSO 在羟基自由基作用下分解产生甲基自由基的报道并不少见，但利用 DMSO 作甲基源进行有机合成的报道却不多。早在 1966 年，Russell 课题组在碱的作用下使 DMSO 生成类似于硫叶立德形式的碳负离子，实现了对芳烃碳氢键的甲基化反应。

1995 年，Bansal 等以 DMSO 为甲基化试剂，在无水 $CuSO_4$ 催化下，实现了对 1,4-

萘醌类化合物的选择性甲基化。当取代基 R^1 不为氢原子时，仅生成 3 位取代的甲基化产物；当取代基 R^1 为氢原子时，可同时实现对 2,3 位进行甲基化。

2012 年，Li 课题组报道了钯催化下的异喹啉氮氧化合物的甲基化方法。该方法可选择性地对异喹啉氮氧化合物的 α 位进行甲基化，同时这也是第一个以 DMSO 为甲基源构建及烷基取代的异喹啉类化合物的方法。

2014 年，Xiao 课题组报道了无金属催化下，以 DMSO 为甲基源的胺类的氮甲基化方法。该方法在 HCOOH 和 Et$_3$N 的作用下，可实现对芳胺和脂肪胺的甲基化反应；当底物为伯胺时，可生成二甲基化产物。

25.3.6 生产工艺评述

（1）消耗定额

除造纸黑液法，其他三种 DMSO 合成工艺的消耗定额见表 25.3。

表 25.3 三种工艺的主要原材料消耗定额　　　　　　　　　　单位：kg/t

原料	硫化氢-甲醇法	二硫化碳-甲醇法	硫酸二甲酯法
甲醇（98%）	965	1370	—
硫化氢	510	—	—
二硫化碳（工业品）	—	881	—
硝酸（工业品）	—	1880	—
纯碱（工业品）	—	1.140	—
γ-Al$_2$O$_3$	—	3	—
硫酸二甲酯（98%）	—	—	1800
硫化钠（工业品）	—	—	2300
亚硝酸钠（工业品）	—	—	500

（2）DMSO 质量比较

表 25.4 为 DMSO 质量比较。

表 25.4 DMSO 质量比较

项目指标		中国盘锦新兴化工厂	法国 Atochem 公司	日本昭和工业株式会社
标准		Q/P XH001—1995	企业标准	企业标准
含量/%	≥	99.8	99.5	99.5
凝固点/℃	≥	18.2	18.0	—
水分/%	≤	0.1	—	0.5
透光度（400nm）/%	≥	96	95	—
酸值/(mg/g)	≤	0.03	0.04	pH 6～8

（3）主要技术难点

DMSO 生产中"三废"俱全，污染比较严重。

25.3.7　专利

（1）一种二甲基亚砜提纯方法和设备

本发明提供了一种二甲基亚砜提纯方法，包括步骤：将含二甲基亚砜的原料输入第一蒸发器加热并部分蒸发后气液分离，所得气相输入精馏塔，所得液相输入第二蒸发器加热并部分蒸发后气液分离，所得气相输入精馏塔，所得液相输入刮膜蒸发器；在所述精馏塔塔釜采出二甲基亚砜粗产品，将其输入第三蒸发器加热并部分蒸发后气液分离，所得液相输入刮膜蒸发器，所得气相回输至精馏塔作为进料；将第三蒸发器加热并部分蒸发后气液分离所得气相回输至第一蒸发器作为加热介质，同时自身冷凝得到提纯后的二甲基亚砜。本发明能够大大降低二甲基亚砜回收过程中的能耗，同时避免精馏塔中的固体物料堵塞问题，并得到高品质、高回收率的二甲基亚砜产品。

专利类型：发明专利

申请（专利）号：CN201410362761.1

申请日期：2014 年 7 月 28 日

公开（公告）日：2014 年 10 月 29 日

公开（公告）号：CN104119256A

申请（专利权）人：福州福大辉翔化工科技有限公司

主权项：一种二甲基亚砜提纯方法和设备，其工艺步骤，将含二甲基亚砜的原料输入第一蒸发器加热并部分蒸发后气液分离，所得气相输入精馏塔；所得液相输入第二蒸发器加热并部分蒸发后气液分离，所得气相输入精馏塔，所得液相输入刮膜蒸发器；在所述精馏塔塔釜采出二甲基亚砜粗产品，将其输入第三蒸发器加热并部分蒸发后气液分离，所得液相输入刮膜蒸发器，所得气相回输至精馏塔作为进料；将第三蒸发器加热并部分蒸发后气液分离，所得气相回输至第一蒸发器作为加热介质，同时自身冷凝得到提纯后的二甲基亚砜。

法律状态：公开

（2）一种同时生产二甲基亚砜和丙酮的方法

本发明公开了一种同时生产二甲基亚砜和丙酮的方法，该方法在氧气存在下，将二甲基硫醚和异丙醇与钛硅分子筛接触，得到含有二甲基亚砜和丙酮的混合物。采用本发明的方法，能够获得较高的二甲基硫醚转化率和较高的二甲基亚砜选择性，同时还能副产丙酮。根据本发明的方法所使用的原料环保，产生的环境污染物少，更有利于环境保护。根据本发明的方法可以不使用溶剂，同时各种原料可以直接使用，而不必配制成溶液，不会降低装置的有效处理量。本发明的方法工艺流程简便，易于操作，适于大规模实施。

专利类型：发明专利

申请（专利）号：CN201410424650.9

申请日期：2014 年 8 月 26 日

公开（公告）日：2016 年 3 月 30 日

公开（公告）号：CN105439920A

申请（专利权）人：中国石油化工股份有限公司石油化工科学研究院

主权项：一种同时生产二甲基亚砜和丙酮的方法，该方法为在氧气存在下，将二甲基硫醚和异丙醇与钛硅分子筛接触，得到含有二甲基亚砜和丙酮的混合物。

法律状态：公开

25.4 产品的分级和质量规格

25.4.1 产品的分级

从表 25.5 可以看出我国企业 DMSO 的产品质量标准。

表 25.5 我国企业 DMSO 产品质量标准

指标名称		药用级	优级	特级	工业一级
外观		无色透明液体			
含量/%		99.8	99.5	99.5	99.0
凝固点/℃	≥	18.2	18.0	17.8	16.45～18.45
酸值/(mgKOH/g)	≤	0.025	0.04	0.04	0.1
透光度（400μm）/%		95	5	5	80
水分/%	≤	0.5	0.5	0.5	1.0

25.4.2 标准类型

本标准规定了二甲基亚砜的符号和缩略语、要求、试验方法、检验规则及标志、标签、包装、运输和储存等。 本标准适用于由甲醇与二硫化碳（或甲醇与硫化氢）合成二甲基硫醚,再经纯氧氧化精制而得的二甲基亚砜。

从表 25.6 中可以看出全球 DMSO 的标准类型。

表 25.6 全球 DMSO 的标准类型

项目	标准编号	发布单位	实施日期	中图分类号
二甲基亚砜	GB/T 21395—2008	CN-GB	2008 年 1 月 1 日	TQ314

注：由质检出版社提供服务。

25.5 毒性与环境影响

25.5.1 毒性

（1）在人体中的生物转化和毒性

DMSO 是一种相对稳定的低毒性化合物，它在人体中的代谢产物是二甲基砜（$DMSO_2$）和二甲基硫醚（DMS），存在于尿液和粪便中。DMS 具有大蒜味或牡蛎味，主要经肾脏排泄，由尿中排出，无肾脏蓄积。这两种代谢产物都容易从人体排出。

DMSO 极易渗透进皮肤，关于皮肤接触 DMSO 的毒性研究在人类及动物身上都做过大量的试验。试验表明，人类皮肤长期接触大剂量 DMSO 仅表现出较小的局部刺激反应，如局部的瘙痒、烧灼感，但大量接触也会出现头痛、眩晕、恶心等副反应。DMSO 本身并不具备皮肤毒性，但它是一种优良溶剂，可加大其他有毒物质进入皮肤的浓度和渗入深度。因此接触 DMSO 时可按有毒物品规定采取防护措施，如配戴防护眼镜和手套等。丁基橡胶手套可有效防护 DMSO 溶液的渗透。

（2）急性毒性

世界各地实验室对 DMSO 的急性毒性进行了大量的实验研究，通过选取标准实验动物，如大白鼠、小鼠和狗等，按一定的实验方法使受试动物通过经口、经皮肤和吸入一定剂量的 DMSO，研究受试动物单次剂量的半数致死量（LD_{50}），以此来评价 DMSO 的急性毒性。

实验研究表明，大白鼠经一次口服，LD_{50} 为 17400～28300mg/kg，小鼠 LD_{50} 为 16500～24600mg/kg。根据我国卫生部 2005 年出版的《化学品毒性鉴定技术规范》，DMSO 的急性经口 $LD_{50}>5000$mg/kg，经口急性毒性分级属低毒级。

大白鼠经皮肤染毒后，皮肤可见略微红斑。48h 后红斑褪去，观察期结束无动物死亡。经解剖，大白鼠的肺、气管、肝、肾、脾胃、心脏等未见明显异常。DMSO 的急性经皮 $LD_{50}>2000$ mg/kg，经皮肤急性毒性属于低毒级。

大白鼠的急性吸入毒性实验表明，在 DMSO 浓度为 10000mg/m³，连续吸入 4h 的条件下，无大白鼠死亡。对大白鼠进行解剖，肺、气管、肝、肾、脾胃、心脏等未见明显异常。DMSO 的急性吸入毒性也属于低毒级。

（3）亚急性和慢性毒性

以狗、猪和兔子等动物为研究对象的实验显示：当以 5g/kg 的剂量给予受试动物 DMSO 时，数月后动物会出现晶状体屈光度的改变，而且这种改变和 DMSO 的剂量呈依赖关系，动物晶状体的改变程度随 DMSO 给予剂量的降低而减小。但研究也发现，晶状体和玻璃体屈光度的改变具有种属特异性，对于灵长类动物包括人在内至今未发现这种变化。

（4）生殖发育毒性

致畸学的研究显示：除非给予高剂量的 DMSO 至引起母源性损伤，或给予最大可耐受剂量，孕小鼠、大白鼠、兔、豚鼠口服 DMSO 并无致畸性。DMSO 被认为不具有直接的胚胎毒性，如今已作为冷冻保护剂广泛用于保存哺乳动物的精子及肝细胞。

25.5.2 环境影响

（1）"三废"处理

DMSO 生产中"三废"俱全，污染比较严重。必须配备完备的"三废"处理措施，否则不能生产。生产中甲硫醇和二甲基硫醚气味难闻，氮的氧化性气体毒性较大，所以生产控制应力求自动化，系统应高度密闭。

合成各工序和氧化各工序产生的废水、废液要先用石灰进行中和，调节 pH 值到 6～9 时进行过滤，去除残渣，对剩余废液可打入二氧化氯混合气进行充分氧化，然后进行空气瀑气处理，达标后排放。硫醚合成尾气、精制尾气和亚砜精制尾气以及废水、废液处理中产生的尾气送入焚烧炉进行高温焚烧，有机废气分解生成二氧化碳、二氧化硫和水。焚烧后的废气再经过硫吸收、碱洗中和步骤，达到环保标准可排放。

（2）成分回收

据分析检测，4000 吨/年 DMSO 的生产过程中，每年将有约 700t 废液排出。其中，DMSO 约占 20%，二甲基砜约占 20%，硝酸盐约占 10%，水约占 50%。废液虽然经过充分的二氧化氯氧化处理达到了国家的排放标准，但二甲基亚砜和二甲基砜都是附加值较高的化工产品，如果能回收利用，不仅能进一步降低废液的排放量，减轻环境负担，还可变废为宝，降低生产成本，取得较好的经济收益。本溪创科医药化工有限公司对废液进行收集后送入废液罐，加入水后依次送入再沸器、精馏塔进行加热精馏，温度控制在50～80℃；然后对气相产物进行冷凝得到粗品亚砜。再沸器中釜残主要成分为二甲基砜和少量亚砜，将再沸器中的残液送入氧化结晶釜，滴加双氧水，温度控制在 90～100℃，少量的 DMSO 即被氧化为二甲基砜。冷却降温后二甲基砜形成结晶析出，结晶混合液经离心分离即可得粗品二甲基砜，经精制可得成品 DMSO。

硫醚合成工段产生的废水中含有甲醇、硫醇和硫化氢。可以采用蒸馏的方法回收废水中的甲醇，回收的甲醇返回原料罐继续使用，其余废水再去污水处理；在亚砜氧化环节，反应液从氧化塔出来经脱气后进入中和釜，此过程废液中含有钠盐，可通过蒸发、浓缩来去除其中的钠盐；亚砜精制后的废液可再次进行间歇精馏处理，回收其中的亚砜。

生产中各中和工段产生的废渣，主要组成为硝酸钠、亚硝酸钠以及少量的氢氧化钠和有机碳，其余为水。可将废渣经过脱碳、氧化、合成、浓缩结晶和重结晶等过程制取肥料级硝酸钾。专利 CN 104843744 A 的方法不仅去除了废渣中含有的有害物质亚硝酸钠，解决了环保污染问题，同时还充分利用了废渣中的氮资源生产肥料级硝酸钾，产品纯度可达 98%以上，可获得不错的经济收益。

25.6 安全生产与防护

在 DMSO 生产中必须注意安全和劳动保护。

DMSO 的生产主要分成合成二甲硫醚和将二甲硫醚氧化最终生成 DMSO 两个工段。后者氧化工段因其危险性被国家安监总局列为重点监管的化工工艺。

在氧化工段，DMSO 作为反应介质，原料二甲基硫醚和一氧化氮及氧气都溶解在其中。氧气在 DMSO 中的溶解度低，主要靠氧化塔中的填料将其分散开，与一氧化氮发生反应生成二氧化氮。二氧化氮能很好地溶解在 DMSO 中，与二甲基硫醚反应生成 DMSO。二甲基硫醚的沸点为 37.5℃，容易汽化，它在氧气中的爆炸范围又很大，所以氧化工段操作稍有不慎就会发生爆炸事故。

DMSO 和二甲基硫醚都是易燃液体，能与空气混合形成爆炸性混合气体，在爆炸范围内如遇到明火、高热、静电火花、摩擦、撞击和雷击等就可能引起燃烧爆炸。一氧化氮和氧气为助燃气体，与易燃物接触容易引起燃烧。

一氧化氮、二甲基硫醚、DMSO 均具有一定的毒性，在生产过程中如果发生泄漏等意外事故，可能会引起人员中毒。

因此，在 DMSO 生产的氧化工段，要严格控制各反应物加入的物料量，防止水分进入氧化塔内，降低二甲基硫醚在 DMSO 中的溶解度，从而引起二甲基硫醚不能及时转化而大量汽化形成爆炸性混合物。在反应中，还要严格控制塔内的反应温度，及时移走反应热，并对氧化塔内的液位和压力等工艺指标严格监控。冬季，DMSO 容易凝固导致管道堵塞。如果氧化塔尾气管道堵塞则会引起堵塔甚至爆炸事故。所以冬季还要防止 DMSO 的结晶凝固。

25.7　包装与储运

DMSO 工业品应储存于阴凉通风干燥处，储存的库房应配备专人管理，建立专库专帐，严格出入库检查登记手续。库房管理员应接受过消防安全培训，懂得岗位火灾的危险性，会正确使用消防器材和及时报警。储存仓库应和生产区以及生活区保持一定距离。在储存区，尤其是库房内要严禁烟火，严禁擅自动用明火作业。

DMSO 可采用铝桶、塑料桶或玻璃瓶包装。工业包装通常采用 200L 塑料包装桶、1000L 中型塑料集装桶以及国际标准集装罐。运输时按易燃有毒物品规定储运。

此外，由于 DMSO 熔点较高，18℃以下结晶，在冬季有冻结期的地区，在储运中应附带保温装置；且由于 DMSO 吸湿性强，储运时应密封以防吸湿。

25.8　经济概况

DMSO 产品附加值高，生产工艺成熟，具有广阔的开发前景。

DMSO 是一种含硫有机化合物，它无色无臭，有高沸点、高吸湿性，是一种既溶于水又溶于有机溶剂的极为重要的非质子强极性惰性溶剂，人们称其为"万能溶剂"。DMSO 也是重要的甲醇下游产品。DMSO 用作抽提溶剂、医药中间体、农药添加剂、防冻剂、金属脱漆剂、脱脂剂、电容介质、稀有金属提取剂和化妆品助剂、合成纤维的染色剂和改性剂等，被广泛应用于石油、化工、医药、电子、合成纤维、塑料、印染等行业。

全球的 DMSO 需求量多年来一直不断增长。目前，全球 DMSO 的产能达到 14 万吨。全球 DMSO 产能分布概况，见图 25.3。然而这种增长在各地区分布不均，中国现已发展成最大的 DMSO 生产国，产能达到 9.6 万吨/年，占全球 DMSO 产能的 68.57%。同时，中国也成为最大的 DMSO 消费国，并已从进口国转变为了主要出口国。

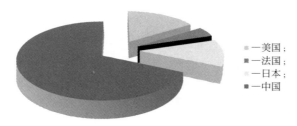

一美国；
一法国；
一日本；
一中国

图 25.3 全球 DMSO 产能分布概况

25.8.1 我国

我国 DMSO 的价格变化较大，总体来说是不断上升的。20 世纪 80 年代初期，我国 DMSO 的价格为 8500 元/吨；20 世纪 90 年代初期，我国 DMSO 的价格上升到 1.3 万元/吨，最高价格达到 1.45 万元/吨；20 世纪 90 年代末期，我国 DMSO 的价格稳中有降，在 1.3 万元/吨左右。2000 年前，因我国 DMSO 产能过剩和出口政策的变化，导致价格大战，价格波动较大；2000 年后，我国 DMSO 新建的 DMSO 装置较多，业内竞争非常激烈。2012 年前后，我国 DMSO 的行业竞争进一步加剧，再加上二硫化碳的涨价，很多以二硫化碳法生产 DMSO 的企业都难以继续生产。2015 年，我国 DMSO 的价格大约为 1 万～1.2 万元/吨。

25.8.2 国外

截至 2009 年，全球只有美国、法国、日本和我国拥有 DMSO 生产装置。国外的分别是美国 Gaylord 公司、法国 Altochem 公司、日本昭和工业公司。美国 Gaylord 公司利用外购的硫酸盐纸浆黑液中存在的二甲基硫醚生产 DMSO，1997 年产能 1.1 万吨/年，1998 年底产能翻番，达到 2.2 万吨/年。法国 Altochem 公司采用硫化氢法，年产能从 2000t/a 提高到 4000t/a，最后提高到 6000t/a。日本昭和工业公司在本土采用硫化氢法生产 DMSO，并在中国台湾省建有 DMSO 回收装置，利用回收的 DMSO 生产。昭和工业公司在本土的产能 2000 年前为 2000t/a，2009 年达到 1.0 万吨/年，其在台湾的回收装置生产能力也达到 6000t/a。

25.9 用途

DMSO 是一种重要的有机溶剂，主要用作有机合成反应中的选择性溶剂，以及医药、农药、涂料、染料制备和石油、天然气加工中的溶剂、助溶剂、渗透剂和防冻剂、稀有金属提取剂等。

25.9.1　在石油加工中的应用

DMSO 在芳烃抽提中作为萃取溶剂，它的优点是：①对芳烃的选择性高；②常温下对芳烃无限制混溶；③萃取温度低，且不与烷烃、烯烃、水反应；④无腐蚀、无毒；⑤萃取工艺简单、设备少、节能；⑥烯烃不溶，适合含烯高的油料；⑦可用反萃取法进行溶剂回收。我国北京、辽阳石化公司在引进装置中已使用。

DMSO 对烷烃不溶，可用于食品蜡、食用油的精制和致癌物的检测中；DMSO 对乙炔易溶；DMSO 沸点高，回收、再生容易，所以常用于石油气乙炔回收和溶解乙炔生产；DMSO 对有机硫化物、芳烃、炔烃易溶，常用于润滑油、柴油精制；DMSO 在燃料油添加剂二茂铁生产中用作反应溶剂，使二聚环戊二烯钠与三氯化铁的反应加速，提高收率；在硝基烷烃生产中使亚硝酸钠与氯代烷在 DMSO 中直接反应，具有很高收率。国外 DMSO 用于柴油精制，已投入了工业化生产。

25.9.2　在有机合成中的应用

在化学反应中，由于 DMSO 沸点为 189.0℃，而其 60%的水溶液的冰点只有−80℃，所以 DMSO 既适用于高温反应，也可用作一些低温反应的溶剂。某些不能实现的反应在 DMSO 中能顺利进行，DMSO 对某些化学反应具有加速、催化作用，能提高产品收率，改善产品性能。

DMSO 也可作为丙烯酸树脂及聚砜树脂的聚合或缩合溶剂、聚丙烯腈及乙酸纤维的抽丝溶剂、烷烃分离的抽提溶剂等。DMSO 还可用作聚氨酯合成及抽丝溶剂，作为聚酰胺、氟氯苯胺、聚酰亚胺的合成溶剂。

DMSO 可作为聚乙烯醇和正丁醛缩合生成聚乙烯醇缩丁醛（PVB）的溶剂。PVB 无毒无臭，具有很高的透明性，良好的绝缘性、成膜性和抗冲击性，耐紫外线、耐水、耐老化和耐低温，性能优良，在国防和国民经济中都有广泛应用。PVB 目前的工业生产方法存在缩醛基含量低且分布不均匀、杂质含量高、生产条件难控制等缺陷。而使用 DMSO 作为缩合反应的溶剂，以硫酸为催化剂，在均相中以较低的反应温度即可得到高纯度的 PVB。

除此以外，DMSO 作为一种强极性非质子型溶剂和一种很弱的氧化剂，在亲核取代反应、亲电取代反应、双键重排、酯缩合反应中都有十分广泛的应用，由于其能使阳离子或带正电荷的基团发生强烈的溶剂化，而不能使负离子很好的溶剂化，所以能大大提高反应速率，特别是作为伯醇、仲醇的氧化剂具有良好的反应效果。例如，在乙酸合成双乙烯酮的反应中，用 DMSO 作反应溶剂，可以大大提高其反应的转化率；在烷基化反应中用 DMSO 作反应溶剂，可使其反应速率比普通溶剂（如水）要快 100 倍以上等。

25.9.3　在合成纤维中的应用

DMSO 在腈纶纺丝中的应用：丙烯腈在 DMSO 溶液中聚合，不用分离，直接在水溶液中喷丝，得到膨松、柔软、容易染色的人造羊毛。该工艺操作简单，生产成本低，产品性能好，且 DMSO 溶剂易于回收再利用。我国山西榆次、大连、北京部分腈纶厂用此工艺生产。最近在用聚丙腈生产碳纤维中也有应用。国外在涤纶树脂生产中将 DMSO 用于对苯二甲酸酯的精制。此外在氯纶生产中，DMSO 在纺丝、丙烯腈共聚中都有使用。

25.9.4 在医药生产中的应用

DMSO 作为反应溶剂，在医药中间体合成中应用很多。如用氟化钾与 3,4-二氯硝基苯在 DMSO 中反应制得氟氯苯胺，被广泛用于氟哌酸、氧氟沙星、三氟硝基甲苯等含氟药品原料的生产；在合成蒎酸肌醇酯、黄连素、蔗糖脂肪酸多酯和中药萃取生产中都得到了广泛应用；DMSO 还是制取第三代喹诺酮类抗菌药物的重要原料。

DMSO 经氧化生成二甲基砜。二甲基砜是高附加值的精细化工产品，是药物合成、染料中间体和食品添加剂的高温溶剂和高纯试剂、色谱固定液和分析试剂。二甲基砜是人体胶原蛋白质合成的必需物质，是维护人体生物硫元素平衡的主要药物，能调节胃肠功能，促进营养吸收，治疗关节炎、皮肤病、胃肠疾病，还有护肤养颜及保健功能。因此，发达国家将二甲基砜作为保健药品大量应用，近年来需求量迅速增加。

25.9.5 在医疗中的直接应用

DMSO 对许多药物具有溶解性、渗透性，本身具有消炎、止痛、促进血液循环和伤口愈合的功能，并有利尿、镇静作用，能增加药物吸收和提高疗效，因此在国外叫作"万能药"。各种药物溶解在 DMSO 中，不用经口和注射，涂在皮肤上就能渗入体内，从而开辟了新的给药途径，更重要的是提高了病区局部药物含量，降低身体其他器官的药物危害。

不同浓度的 DMSO 溶液对部分真菌和球菌的生长有一定抑制作用，特别是对真菌孢子和芽管萌发的抑制作用明显。DMSO 与抗菌药物联合使用可降低药物剂量，提高治疗效果，减少药物的毒副作用。

国外对 DMSO 在医疗上的研究报道以及我国沈阳药学院、北京药物研究所、中国药物检测中心等机构的全面毒理检验及病理解剖数据证明：DMSO 无毒，与病理解剖所见相符。

国外研究认为癌细胞有一层角质保护膜，妨碍药物进入，DMSO 具有对角质的溶解渗透能力，所以能提高疗效。有关研究证明，使用 DMSO 加入治疗药物会取得很好的疗效，能明显抑制肿瘤生长，在进行动物实验时，经过解剖检测，局部药物浓度比其他器官药物浓度高出 2～8 倍。

细胞体外增殖反应是检测细胞免疫功能的常用方法，DMSO 在细胞增殖实验中也有重要应用。细胞体外增殖实验目前常用 MTT 比色法，其中甲䐶溶剂是一种重要的影响因素。DMSO 溶解甲䐶颗粒时间短，较传统甲䐶溶剂——酸化异丙醇等溶剂的溶解能力强，有很好的应用前景。

通过对 DMSO 在心脏和中枢神经系统的药理作用研究发现，二甲基亚砜可抑制 TNF-a 的作用。TNF-a 为肿瘤坏死因子，当 TNF-a 达到一定浓度时可诱导急性冠脉综合征和心肌梗死。另外，二甲基亚砜还可防止动脉血管平滑肌细胞的增生，对于临床治疗冠脉血栓和心肌梗死有重要作用。研究还表明，二甲基亚砜也是治疗创伤性脑损伤和中风的有效药物。

DMSO 对神经性皮炎、牛皮癣、关节炎、滑囊炎、毛囊炎、类风湿、中耳炎、鼻炎、附件炎、牙疼、带状泡疹、痔疮、扭伤、腰肌劳损、烧伤、外伤等都具有疗效。目前生产的骨友灵、脚气药、肤氢松软膏等外用药及各大医院的外用制剂中已广泛使用 DMSO。中国科学院兽医研究所用 DMSO 溶解"帕斯"治疗马传染性贫血病和寄生虫病。用低浓度 DMSO 冻存外周血造血干细胞（PBSC）也有研究成果报告。

DMSO 在生命科学中被广泛用作组织和细胞的冷冻保存剂和药物溶媒。毒理学研究显示，DMSO 具有皮肤暴露毒性、代谢酶毒性、发育和遗传毒性及诱导癌细胞凋亡等作用，近年来 DMSO 在临床上用作血小板、胚胎细胞的冷冻保护剂。现代分子生物学研究发现，DMSO 通过阻滞细胞周期、抑制癌细胞增殖、诱导癌细胞分化和凋亡发挥抗癌作用。

25.9.6　在农药、化肥中的应用

DMSO 是农药、化肥的溶剂、渗透剂和增效剂。用抗菌素溶入 DMSO 治疗果树腐烂病，将杀虫剂溶入 DMSO 杀灭树木及果实中的食心虫，用 0.05% 的 DMSO 溶液在大豆开花期喷洒可增产 10%～15%。将甲醛溶于 DMSO 中制成杀菌剂，不仅可大大减少甲醛的刺激性，而且可提高甲醛熏蒸的灭菌能力；在合成农药除草剂三氟羧草醚和氟磺胺草醚时，选用 DMSO 作为反应溶剂，可使缩合反应具有很高的转化率和得率；在各种肥料水溶液中加 5%DMSO 可进行叶面施肥。但也有报道在农药中加入 DMSO 后更容易引起人身中毒。

DMSO 在我国果树霉菌病中已有应用。在植物实验中，将非渗透药物、染料配成 DMSO 的水溶液，涂抹于树干，12h 后发现枝叶、根茎果实都有含量或着色，再经过 24h 后检测结果消失。说明溶解在 DMSO 中的药物、色素可以渗透、流通进入植物，也能通过新陈代谢排出，这种特性显示出 DMSO 在农业上的应用前景，有待于今后的研究。

25.9.7　在染料中的应用

DMSO 作为染料、颜料的溶剂，能增加颜料、染料的稳定性，增加有机色素的着色量。吉林染料厂在仁丹士林兰生产中使用 DMSO 后，使生产能力、收率大幅度提高，四川染料厂目前仍在使用。据报道，在印染中加入 DMSO 可使染色均匀、消除色差。

25.9.8　在涂料中的应用

DMSO 在水乳漆中作为溶剂、助溶剂和防冻剂使用，而且 DMSO 对各种树脂溶解性好，因而在某些漆中用作增溶剂。DMSO 还被用作去漆剂，在 DMSO 中加入碱或硝

酸，可以除去包括环氧树脂在内的各种漆膜。

25.9.9　在防冻剂中的应用

纯 DMSO 的冰点是 18.45℃，含水 60%的 DMSO 在-80℃不冻，而且与水、雪混合时放热。这种性质使 DMSO 可作为汽车防冻液、刹车油、液压油等组分。传统的乙二醇防冻液在超过-40℃低温时已不适用，并且具有易产生气阻、有毒的缺点。DMSO 防冻液在我国北部严寒地区可用于除冰剂，各种涂料、各种乳胶的防冻剂，汽油、航油的防冻剂，骨髓、血液、器官低温保存的防冻剂等。

25.9.10　在气体分离中的应用

在石油加工、化工尾气回收、气体分离中利用 DMSO 对芳烃、炔烃、硫化物、二氧化氮、二氧化硫易溶的特性，可作为气体分离溶剂。

25.9.11　在合成树脂中的应用

DMSO 对许多天然树脂、合成树脂具有溶解性，可溶解尼龙、涤纶、聚氯乙烯树脂，可用于人造革加工，还可用作聚氨酯反应釜清洗剂、丙烯腈共聚反应的溶剂等。

25.9.12　在焦化副产中的应用

在蒽醌生产中，DMSO 用于精制蒽。在蒽油中加入 DMSO，一次萃取含量可达到98%以上，且还可用水反萃取回收 DMSO，工艺简单。国外也将 DMSO 用于萘的精制，在焦炉气分离中用于回收有机硫化物。

25.9.13　在稀有金属湿法冶炼中的应用

用 DMSO 作金、铂、铌、钽、铼和放射性元素的萃取添加剂，可提高萃取的选择性和溶解性。

25.9.14　在电子工业中的应用

DMSO 用作法拉级、超大容量电容器——液体双电层电容器的电解质，这种电容器容量可达到 1～100F，目前的电容器容量仅为微法拉。如日本 3～5V 10F 电容器、美国1.6V 100F 电容器，这种电容器被用作太阳能供电系统的能量储存元件、电子计算机和机器人的信息保护电源和记忆元件。DMSO 还在电子元件、集成线路清洗中大量使用，它具有对有机物、无机物、聚合物一次清除的功能，而且无毒、无味，容易回收。

25.9.15　在金属锂二次电池中的应用

金属锂的理论比容量是锂离子电池负极的 10 倍，因此金属锂成为锂二次电池最有前景的负极材料，但这种应用受制于金属锂的表面形貌。金属锂的表面形貌如果不规整，出现枝晶等瑕疵，会产生电池容量降低、引起电池内部短路等问题，还可能引起严重的安全问题。

研究发现，锂在 DMSO 中沉积得到的金属锂表面光滑且致密均匀，综合循环效率比较高。随着我国电子工业和电动汽车工业的发展，溶剂 DMSO 有望应用于金属锂二次电池中。

目前，DMSO 尚有许多新用途在开发中。全球 DMSO 的总产量正以每年平均 17% 左右的速度递增，其中，开发新抗菌药物是国外市场对 DMSO 需求量逐年增加的重要因素之一。随着我国经济的快速发展，DMSO 市场的发展潜力较大。

参 考 文 献

[1] 陈冠荣. 化工百科全书：第 18 卷. 北京：化学工业出版社，1998：307-312.

[2] 李正清. 甲醇衍生产品二甲基亚砜. 甲醇与甲醛，2006，2：24-28.

[3] 化工产品手册——有机化工原料. 上册. 北京：化学工业出版社，1985：600-602.

[4] 方建朝，王崇，等. 硫化氢的综合利用技术. 低温与特气，2015，33（5）：45-49.

[5] 欧洲专利. EP 1024136（2000），A process for producing dimethyl sulphoxide.

[6] 王建祥，于水军，等. 液相乳化氧化法生产二甲基亚砜. 上海化工，1999，224（17）：18-19.

[7] 国家专利. CN 1217326（1999），二甲基硫醚及甲硫醇的制备方法.

[8] 盛为友. 二甲基亚砜项目的技术经济论证. 石油化工技术经济，2000，16（6）：11-14、47.

[9] 韩常梅，韩建多. 二甲基亚砜生产技术. 辽宁化工，2002，31（2）：75-77.

[10] 郭成林，邹春萍，等. 二甲基亚砜的生产与应用. 广东化工，2014，41（18）：124、128.

[11] 卢红波，田文慧，等. 二甲基亚砜的工业氧化生产方法. 化肥设计，2015，53（2）：24-26.

[12] 常桂兰，荀钰航，杨本庆. 二甲基亚砜合成生产的技术改进. 辽宁化工，2015，44（5）：536-538.

[13] 田锡义. 利用硫酸盐法纸浆黑液生产二甲基亚砜技术概要. 中华纸业，2016，37（6）：53-55.

[14] 化工部标准化研究所编. 世界精细化工厂产品质量标准汇编. 1989.

[15] 国家专利. CN104119256A（2014），一种二甲基亚砜提纯方法和设备.

[16] 国家专利. CN105439920A（2016），一种同时生产二甲基亚砜和丙酮的方法.

[17] 二甲亚砜为碳源的氧、氮甲基化反应研究. 湖南大学硕士学位论文，2016.

[18] 李正西. 二甲基亚砜的国内外市场分析. 石油化工技术经济，1999，15（2）：39-43.

[19] 洪雅青，顾刘金，等. 二甲基亚砜的急性毒性评价. 毒理学杂志，2010，24（6）：499-500.

[20] 贾国荣，谢波. 二甲基亚砜临床应用的安全性国内外研究现状. 国际检验医学杂志，2010，31（11）：1284-1286.

[21] 江中发，张海，等. 二甲基亚砜的毒性作用进展. 公共卫生与预防医学，2016，27（3）：66-68.

[22] 刘作斌，徐亦晴，等. 冷冻保护剂二甲基亚砜的毒副作用及应用剂量研究. 中国人民解放军军医进修学院学报，1999，11（1）：31-33.

[23] 吴方宁，张全英，等. 重要的精细化工原料——二甲基亚砜. 精细化工原料及中间体，2005，10：34-39.

[24] 石建明，张绍军，等. 粗二甲基亚砜除盐新工艺研究. 无机盐工业，2006，38（12）：37、38、50.

[25] 常桂兰，荀库. 二甲基亚砜精馏废液的综合利用. 辽宁化工，2015，44（1）：7-9.

[26] 国家专利. CN 104843744 A（2015），一种利用二甲基亚砜废渣制备肥料级硝酸钾的方法.

[27] 和进伟，王枫. 二甲基亚砜生产中低污染控制模型设计与仿真. 沈阳工业大学学报，2016，38（5）：597-600.

[28] 罗圣红. 二甲基亚砜生产装置中氧化工段安全设计分析. 中国石油和化工标准与质量，2013，13：108、210.

[29] 彭中全，罗东，等. 某二甲基亚砜扩建项目职业病危害控制效果评价. 中国卫生工程学，2013，12（3）：190-193.

[30] 彭桂敏. 生产二甲基亚砜（DMSO）装置工艺危险性分析. 广东化工，2016，43（9）：210-211.

[31] 孟祥杰，李云川，等. 二甲基亚砜的应用与市场分析. 河南化工，1999，12：10-11.

[32] 梁铁. 二甲基亚砜的生产与消费. 广州化工，2002，30（3）：21-23、13.

[33] 谢艳丽，何祚云. 二甲基亚砜生产及市场分析. 当代石油石化，2009，17（5）：24-26.

[34] 陈秀仁，张怀有，等. 二甲基亚砜的性质和应用. 辽宁化工，2000，29（1）：31-35.

[35] 薛佳佳，周红敏，等. 二甲基亚砜在心脏和中枢神经系统药理作用概述. 承德医学院学报，2010，27（1）：100-103.

[36] 甘露，王晓青，等. 二甲基亚砜在细胞增殖实验中的应用.卫生职业教育，2008，24：27.

[37] 国家专利. CN 101732291 A（2010），二甲基亚砜在制备延缓衰老产品中的应用.

[38] 丁丽，秦娟妮. 二甲基亚砜法生产聚乙烯醇缩丁醛. 当代化工，2008，37（5）：453-455.

[39] 刘瑞琪，崔光富，等. 二甲基亚砜抗菌作用研究进展.新乡医学院学报，2012，29（11）：878-880.

[40] 乐玮，唐道润，等. 二甲基亚砜有机溶剂体系电镀金工艺.材料保护，2013，46（3）：22-25.

[41] 袁振善，徐强，等. 二甲基亚砜在锂二次电池中的应用.高等学校化学学报，2014，35（9）：1994-1998.

[42] 赵岩，赵斐然，等. 二甲基亚砜（DMSO）对人肝癌 HepG2 细胞的诱导分化作用的实验研究. 现代肿瘤医学，2016，24（16）：2525-2527.

第26章
甲醇制芳烃

龚华俊　石油和化学工业规划院　高级工程师

26.1　概述

　　芳烃化合物广义上指含有苯环结构的一大类衍生产品，在总数约 800 万种的已知有机化合物中，芳烃化合物占了约 30%。其中 BTX 芳烃（苯、甲苯、二甲苯）被称为一级基本有机原料。工业上所称的芳烃行业是指三苯（苯、甲苯、二甲苯）等基本有机原料的生产，其中二甲苯有 3 种异构体：邻二甲苯、间二甲苯和对二甲苯。二甲苯一般是3 种异构体的混合物，称为混合二甲苯，工业用二甲苯中还含有甲苯和乙苯，是无色透明、易挥发的液体，有芳香气味，有毒，不溶于水，溶于乙醇和乙醚。二甲苯可以分离为 3 种二甲苯，也可不分离用作溶剂。

　　芳烃产品分类如图 26.1 所示。

　　生产芳烃的资源主要有三个方面：炼焦工业的副产粗苯和煤焦油，石油炼制工业中的重整油，烯烃制造工业的联产品裂解汽油。后两者都是以石油烃为原料的石油芳烃，石油芳烃已成为芳烃的主要来源。近年来，随着芳烃的消费需求不断增加，国内外在开拓更宽的芳烃资源方面，开展了许多研究工作，开发了甲醇制芳烃等新技术。甲醇制芳烃技术又包括甲醇

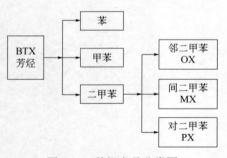

图 26.1　芳烃产品分类图

芳构化技术和甲苯甲醇烷基化技术，其目标产品均定位于生产对二甲苯产品。对二甲苯（para-xylene 或 1,4-dimethylbenzene，PX），是联合芳烃装置生产的最重要的产品。

　　2016 年，全球 PX 生产能力达到 4851 万吨/年。

　　世界主要 PX 生产商见表 26.1。

表 26.1 世界主要 PX 生产商

序号	企业名称	产能/(万吨/年)	占比/%	序号	企业名称	产能/(万吨/年)	占比/%
1	中国石化集团	512	10.6	6	BP	225	4.7
2	Exxon Mobil Corp	338	7.0	7	Reliance Industries	209	4.3
3	JX Nippon Oil &Energy	297	6.2	8	Formosa Group	171	3.6
4	韩国 SK	255	5.3	9	沙特阿拉伯芳烃	163	3.4
5	中国石油集团	235	4.9	10	中国福建腾龙芳烃	160	3.3

26.2 性能

26.2.1 结构

结构式：

分子式：C_8H_{10}

26.2.2 物理性质

PX 的物理性质如表 26.2 所示。

表 26.2 PX 的物理性质

项目	数据	项目	数据
主要成分	含量≥99.2%	饱和蒸气压（25℃）/kPa	1.16
熔点/℃	13.3	沸点/℃	138.4
辛醇/水分配系数的对数值	3.15	临界温度/℃	343.1
闪点/℃	25	引燃温度/℃	525
自燃温度/℃	525	燃烧性	易燃
相对蒸气密度（空气=1）	3.66	相对密度（水=1）	0.86
燃烧热/(kJ/mol)	—	临界压力/MPa	3.51
爆炸上限（体积分数）/%	7.0	爆炸下限（体积分数）/%	1.1
外观与性状	无色透明液体，有类似甲苯的气味		
溶解性	不溶于水，可混溶于乙醇、乙醚、氯仿等多数有机溶剂		
主要用途	作为合成聚酯纤维、树脂、涂料、染料和农药等的原料		
其他理化性质	—		

26.2.3　化学性质

① 对金属无腐蚀性，用稀硝酸氧化生成对甲基苯甲酸，继续氧化生成对苯二甲酸。与其他氧化剂的作用和邻二甲苯类似。对二甲苯在碳酸钠水溶液和空气存在下，于250℃、6MPa下生成对甲基苯甲酸、对苯二甲酸、乙醛。用钴盐作催化剂，120℃经空气液相氧化生成对甲基苯甲酸。氯化反应与其他二甲苯类似。对二甲苯热解生成甲烷、氢、甲苯、对联甲苯、2,6-二甲基蒽。

② 稳定性：稳定。

③ 禁配物：强氧化剂、酸类、卤素等。

④ 聚合危害：不聚合。

⑤ 常见化学反应：甲基能被常见氧化剂氧化。如用稀硝酸氧化生成对甲基苯甲酸，继续氧化生成对苯二甲酸；用酸性高锰酸钾也能将甲基氧化成羧基。甲基上的氢原子能被卤素原子取代。

26.2.4　生化性质

RTECS 号：ZE2625000。PX 的液体及蒸气易燃。进入消化道可导致中枢神经系统抑制，症状为兴奋，随后头痛、眩晕、困倦和恶心，严重者失去知觉、昏迷，并由于呼吸中断而致死。可能造成肝、肾损伤。吸入时可能造成呼吸困难等和吞入类似的后果，以及化学性肺炎和肺水肿、黏膜损伤、血液异常。

PX 蒸气对眼部及上呼吸道有刺激，高浓度时会麻醉中枢神经。短期吸入高浓度 PX 会出现明显的刺激症状、眼结膜及咽充血、头晕、头痛、恶心呕吐、胸闷、四肢无力、意识模糊、步态蹒跚。重者甚至会躁动、抽搐或昏迷。长时间或重复性接触或吸入以及短期吸入高浓度 PX 会使皮肤脱脂，可造成皮肤干裂或刺激以及产生神经衰弱综合征（如呼吸困难、混乱、眩晕、恐惧、失忆、头痛、颤抖、虚弱、厌食、恶心、耳鸣、暴躁、口渴、肝功能减弱、肾损伤、贫血症、骨髓增生等）。此物质曾造成动物的繁殖损害和致命性结果。

人体危险上限：900×10^{-6}（$3.9g/m^3$）。

长期暴露上限（以一天工作 8h）：100×10^{-6}（$435mg/m^3$），短暂暴露上限 150×10^{-6}（$655mg/m^3$）。

26.3　生产方法

目前芳烃的大规模工业生产是通过芳烃联合装置实现的，可根据加工深度的不同分为简单的 BTX 流程和复杂的芳烃联合装置（BPO）流程，前者指目前大部分炼油厂采用的重整-抽提流程，以生产苯、甲苯和混合二甲苯为目的产品；后者指以生产 PX 为目的产品的深度加工的芳烃联合装置流程，涉及的关键技术有：催化重整、芳烃抽提、甲苯歧化及烷基转移、二甲苯异构化及吸附分离等。

近年来，随着现代煤化工技术的突破，以煤为原料的 PX 生产也快速迈入产业化轨道，主要包括：甲醇芳构化技术和甲苯甲基化技术。

26.3.1　石脑油路线

全球 95%以上芳烃是通过炼化企业的芳烃联合装置获得的，芳烃联合装置主要包括石脑油预加氢、连续重整、芳烃抽提、二甲苯分馏、歧化与烷基转移等单元。

目前，世界上只有美国 UOP、法国 Axens 和中国石化拥有全套芳烃生产技术。石脑油路线 PX 工艺流程如图 26.2 所示。

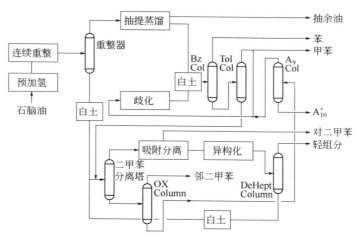

图 26.2　石脑油路线 PX 工艺流程示意图

（1）预加氢单元

石脑油原料首先通过预加氢装置，脱除对于催化剂有害的杂质，同时将原料切割成适合重整装置的馏程范围。

（2）连续重整单元

原料进入催化重整装置，通过石脑油中环烷烃的脱氢和直链烷烃的环化脱氢等反应生成芳烃，并副产含氢气体。重整装置中设有脱戊烷塔脱去重整生成油中的 C_5^- 馏分；脱丁烷塔将液化气和戊烷分离；重整油分离塔把重整生成油分为 C_6/C_7 馏分和 C_8^+ 芳烃。重整装置产出的氢气除供本联合装置内的预加氢、歧化、异构化等装置补充氢气外，多余部分供其他加氢装置使用或外售。

（3）抽提精馏单元

催化重整装置产出的 C_6/C_7 馏分进入下游芳烃抽提装置，通过抽提蒸馏作用，把重整产物中 C_6、C_7 馏分中的苯、甲苯和非芳烃分开，非芳烃抽余油直接出装置作化工原料。

催化重整装置产出的 C_8^+ 芳烃进入下游二甲苯分馏装置，采用分馏工艺将 C_8 芳烃、C_9 及部分 C_{10} 芳烃和重芳烃从 C_8^+ 芳烃中分离出来。C_8 芳烃送至吸附分离装置，C_9 及部

分 C_{10} 芳烃送至歧化反应装置作原料，重芳烃直接送出装置。

（4）歧化单元

来自芳烃抽提装置的甲苯（C_7 馏分）与来自二甲苯分馏装置的 C_9 及部分 C_{10} 芳烃进入歧化反应装置，通过歧化及烷基转移的方法转换成苯和 C_8 芳烃；歧化反应生成物和抽提混合芳烃一起先后经过苯塔和甲苯塔分别分离出苯和甲苯，苯作为产品出装置，甲苯返回歧化装置作原料，而甲苯塔底物则送至二甲苯塔作原料。多余部分甲苯送出装置。

（5）吸附分离单元

来自二甲苯分馏装置的 C_8 芳烃进入下游吸附分离装置，采用吸附的方法，利用模拟移动床工艺，把对二甲苯从 C_8 芳烃中分离出来，对二甲苯送出装置，而抽余液则去下游异构化装置作原料。

（6）异构化单元

异构化装置的作用是把 C_8 芳烃中的邻、间二甲苯和乙基苯转化为同分异构体的对二甲苯。由于原料中对二甲苯的浓度很小，在异构化反应中，对二甲苯达到新的平衡。异构化脱出庚烷塔底物去二甲苯分馏装置，用于分出、吸附、分离进料。

26.3.2　甲醇芳构化路线

甲醇芳构化制芳烃（methanol to aromatics，MTA）为甲醇制汽油（methanol to gasoline，MTG）技术的延伸，其研究起源于 MTG 工艺。20 世纪 70 年代由美国 Mobil 石油公司开发成功的 MTG 技术，最早实现工业化的工艺路线。该技术采用 ZSM-5 沸石分子筛择形催化剂，使甲醇全部转化，对高辛烷值汽油具有优良的选择性，同时可获得 40%～60% 的芳烃产物。随后（20 世纪 80 年代）Mobil 公司在研究中发现，对 ZSM-5 分子筛催化剂进行改性，可获得更高的芳烃选择性。但该研究停留在实验阶段，未进行工业化。

甲醇转化生成芳烃的反应相当复杂，可能的机理众说不一，虽多达 20 多种，但主要包括 3 个关键步骤：

$$2CH_3OH \longrightarrow CH_3OCH_3 + H_2O$$

$$CH_3OH(或\ CH_3OCH_3) \longrightarrow 烯烃 + H_2O$$

$$烯烃 \longrightarrow 芳烃 + 烷烃$$

甲醇生成 BTX 芳烃的综合反应式：

$$6CH_3OH \longrightarrow C_6H_6 + 3H_2 + 6H_2O$$

$$7CH_3OH \longrightarrow C_7H_8 + 3H_2 + 7H_2O$$

$$8CH_3OH \longrightarrow C_8H_{10} + 3H_2 + 8H_2O$$

据上述关键步骤和综合反应式可知，理论上甲醇若完全转化为芳烃：每生产 1t 苯、甲苯或二甲苯分别需要消耗甲醇 2.46t、2.43t、2.42t。由于实际过程中伴有其他副反应发生，芳烃的总选择性会降低，BTX 芳烃的实际原料消耗高于理论值将不可避免，FMTA

工业试验装置的甲醇消耗为 3.07t/t 芳烃。

与国外的研究相比，我国对于甲醇制芳烃的研究进展也很迅速。

（1）中国科学院山西煤炭化学研究所技术

中国科学院山西煤炭化学研究所（简称中科院山西煤化所）和赛鼎工程公司合作的固定床甲醇制芳烃技术，以甲醇为原料，以改性 ZSM-5 分子筛为催化剂，在操作压力为 0.1～5.0MPa，操作温度为 300～460℃，原料液体空速为 0.1～6.0/h 的条件下催化转化为以芳烃为主的产物；经冷却分离将气相产物低碳烃与液相产物 C_5^+ 烃分离；液相产物 C_5^+ 烃经萃取分离，得到芳烃和非芳烃。

该技术属于大规模甲醇下游转化技术，目标产物是以 BTX（苯、甲苯、二甲苯）为主的芳烃。以 MoHZSM-5（离子交换）分子筛为催化剂，以甲醇为原料，在 T=380～420℃、常压、原料液体空速 1/h 的条件下，甲醇转化率大于 99%，液相产物选择性大于 33%（甲醇质量计），气相产物选择性小于 10%，液相产物中芳烃含量大于 60%。已完成实验室催化剂筛选评价和反复再生试验，催化剂单程寿命大于 20d，总寿命预计大于 8000h。该技术的合作开发已经进入工业示范阶段，工业示范试验装置的工程设计和建设已经完成。

2012 年 2 月底，由赛鼎公司设计的内蒙古庆华集团 10 万吨/年甲醇制芳烃装置一次试车成功，项目顺利投产。这是赛鼎运用与中科院山西煤化所合作开发的"一种甲醇一步法制取烃类产品的工艺"专利技术设计的我国第一套甲醇制芳烃装置。

总体上看，中科院山西煤化所固定床 MTA 技术与 MTG 技术有很大的相似之处，MTG 工艺产品中的芳烃大部分被甲基化，如果催化剂和操作条件适当改变，芳烃产率会更高。换句话说，山西煤化所固定床 MTA 技术具有较大的灵活性，既可以生产油品，也可以生产芳烃，实现甲醇衍生能源和材料产品的转换。

（2）清华大学的循环流化床甲醇制芳烃技术

清华大学和华电集团联合开发的 FMTA 工艺采用 ZSM-5 催化剂体系，芳构化反应器采用流化床连续反应和再生系统，包括甲醇芳构化反应器、轻烃芳构化反应器、再生器和汽提器，其中甲醇芳构化反应器与轻烃芳构化反应器共用一个催化剂再生器。轻烃、甲苯、苯均返回 FMTA 系统，其液相产品中芳烃（BTX 与三甲苯）可达 95%。

2012 年 9 月，陕西华电榆横煤化工有限公司采用 FMTA 技术，投资 1.58 亿元，建成世界首套万吨级 FMTA 全流程工业试验装置。试验装置于 2012 年 12 月 26 日完成联动试车，2013 年 1 月 13 日一次点火成功，连续运行 443h，完成各项工况标定与技术指标考核，并于 2013 年 3 月 18 日通过国家能源局委托中国石油和化学工业联合会组织的技术鉴定。

相对于固定床 MTA 工艺的运用而言，FMTA 工艺对于大型化生产极为适用，能够充分提升其产量和效率；借助于较为理想合理的设备体系，进而也就能够实现甲醇的催化反应，最终提升芳烃的制备效率。比如 2013 年陕西华电榆横煤化工有限公司中试试验实现了较为理想的全流程管控，得到很好的鉴定成果。FMTA 成套技术鉴定结果见表 26.3。

表 26.3　FMTA 成套技术鉴定结果

序号	项目	指标
1	甲醇转化率	99.99%
2	甲醇芳构化单程芳烃收率（烃基）	49.67%
3	轻烃芳构化过程原料单程转化率	37.50%
4	芳烃选择性	57.61%
5	甲醇到芳烃的烃基总收率	74.47%（折 3.07t 甲醇/t 芳烃）
6	工业废水	未检出甲醇和催化剂粉尘
7	再生烟气	未检出 SO_x 和 NO_x
8	催化剂消耗	0.20kg/t 甲醇

注：1. 在年处理甲醇 3 万吨的 FMTA 全流程工业化试验装置上进行了 72h 运行考核，结果表明以上数据。
2. 数据来源：FMTA 技术鉴定意见。

　　清华大学开发的 FlOMTA-1 催化剂在万吨/年甲醇进料的工业试验装置上完成了 443h 的评价，具有甲醇芳构化、轻烃芳构化、苯/甲苯与甲醇烷基化的三种功能，具有良好的抗金属迁移、抗积炭和抗水热失活性能，可跨不同温域操作，进行了百公斤级、吨级与 50 吨级催化剂的放大制备，性能重复性好。

26.3.3　甲苯甲醇烷基化路线

　　甲苯与甲醇烷基化（简称甲苯甲基化）是一项生产二甲苯的新技术，其主要优势在于能最大限度地将甲苯原料转化为二甲苯产品，相对于传统利用甲苯增产二甲苯的甲苯歧化技术，具有甲苯利用率高，采用廉价且易得的甲醇作为烷基化原料的优势。为了使该生产路线的经济效益最大化，研究热点集中在甲苯甲醇择形甲基化技术，通过该工艺技术极大地提高了石脑油生产芳烃的效率和二甲苯的收率，其生产的二甲苯中 PX 质量分数高达 80%以上，使得后续的 PX 分离费用大幅降低。近年来，重芳烃已成为生产轻芳烃的重要资源。

　　甲苯甲基化工艺流程示意图见图 26.3。

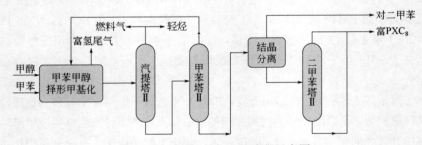

图 26.3　甲苯甲基化工艺流程示意图

甲苯甲基化工艺的主要技术来源包括中石化上海石化研究院开发的固定床工艺，中科院大连化物所（大连化学物理研究所）与陕西煤化工技术工程中心、中国石化洛阳工程公司等联合开发的流化床工艺。

两种工艺的主要技术指标情况见表 26.4。

表 26.4　两种工艺的主要技术指标

项目	中石化上海石化研究院	大连化物所与陕西煤化工技术 工程中心合作技术
催化剂	稀土、钙和镁等氧化物改性 ZSM-5 分子筛催化剂	改性沸石分子筛催化剂
反应器	固定床反应器	流化床反应器
进料	甲苯、甲醇进料摩尔比为 2 : 1	甲苯、甲醇进料摩尔比为 4 : 1
技术指标	甲苯转化率可达 27.3%，混合二甲苯选择性达 65.9%，混合二甲苯中 PX 选择性达 94.1%	甲苯平均转化率约 50%，PX 在混合二甲苯中平均选择性约 85%（质量分数），乙烯和丙烯在 $C_1 \sim C_5$ 中平均选择性约 55%（质量分数）
其他	催化剂活性逐渐衰减，产品分布不断变化	催化剂活性略低

2012 年，扬子石化采用中石化上海石化研究院技术，在原有的甲苯择形歧化装置基础上改造建成一套 20 万吨/年甲苯甲基化制二甲苯工业示范装置，验证了甲苯甲基化技术的可行性。该工业示范装置采用负载金属/非金属氧化物的 ZSM-5 复合分子筛，并通过水蒸气钝化处理后的催化，以甲苯和甲醇为原料生产 PX，规模为年加工甲苯 20 万吨、C_8^+ 芳烃产量 23.97 万吨。该装置于 2011 年 3 月开始实施，2012 年 10 月中旬交付中石化扬子石化公司；2012 年 12 月 5 日，该装置投料开车一次成功，各项工艺技术参数指标均达到了工艺要求。但由于经济性等问题，该装置建设投产不久即处于停车状态，目前该示范装置已经拆除。

大连化物所等开发的流化床甲苯甲基化技术（TMTA）百吨级中试于 2012 年 10 月 23 日通过中国石油和化学工业联合会组织的鉴定。目前，仅有中海油/开氏集团拟利用 TMTA 技术对石脑油芳烃联合装置进行改建，新建 20 万吨/年 TMTA 装置，现已完成设计工作，尚未进一步推进。

26.3.4　生产工艺评述

（1）MTA 工艺对比

除清华大学和山西煤化所外，中科院大连化物所、北京化工大学等在甲醇制芳烃领域相继取得突破。与国内已经有的大量汽油、石油液化气的芳构化技术相比，各家甲醇芳构化的共同特点是甲烷的生成量比较低。但由于催化剂和反应器技术，以及流程技术各有侧重，还是在原料转化率与产品选择性方面具有很大不同，从而导致配套的分离技术有差异。

已经完成工业化试验的清华大学和山西煤化所 MTA 技术指标情况见表 26.5。

表 26.5　不同技术方甲醇芳构化主要技术指标

项目	清华大学	山西煤化所
催化剂	ZN/ZSM-5，细粉（直径为 50～300μm），制备工艺简单，成本低，酸性强，强度高	多金属改性 ZSM-5 催化剂，颗粒（直径为 3～8mm）制备工艺简单，成本低，强度不详
反应器	连续反应再生流化床	双固定床反应器
反应条件	450～500℃； 0.1～0.4MPa； 空速 0.5～2/h	300～460℃； 0.1～5MPa； 空速：0.1～6/h
技术指标	一次通过时，甲醇/二甲醚转化率 100%，液相产品的碳基收率在 60%～65% 以上，其中液相产品中芳烃（BTX 与三甲苯）达 95% 以上，CO 与 CO_2 含量小于 2%，H_2 为 2%，其他为轻烃	液相产品中芳烃含量占 70% 左右，其余为非芳烃。CO 与 CO_2 含量达 4%～10%，液相烃分离复杂，可能需要芳烃抽提技术，成本较高
其他反应技术特征	设有专门的轻烃继续转化装置（特别是丙烷），催化剂要求高，最后只排放 H_2 与甲烷及少量 C_2 组分	两段反应接力，实现最大限度生产液相烃类，不转化烷烃
配套技术	轻烃加压吸收-解吸技术； 将苯与甲苯回炼生成 PX 工艺； 专设轻烃芳构化流化床反应器	不详

（2）主要技术难点

MTA 作为一项新型的甲醇利用技术，其反应机理仍在不断研究中，为设计和优化催化剂结构、性能及反应工艺提供理论依据和指导。烃池机理中，"烃池"物种及其反应路线与分子筛孔道结构、酸性的相互关系也尚不清楚，有待进一步研究。

该技术虽然在国内外取得了较大的研究进展，但是未能全面实现工业化生产，许多问题还没有解决，如反应过程的取热、催化剂再生问题和如何提高 BTX 的选择性。设计出高性能的催化剂以及完善的生产工艺路线也是今后的研究重点。

虽然对催化剂的改性已经取得了较大的成果，但是要实现全面工业化生产，还需要通过对 MTA 催化剂进行深入、系统、全面地研究，以开发出适合工业生产需要的催化剂。

对于催化剂失活问题，后续的研究重点可以放在催化剂的再生及循环使用，在工业生产过程中实现连续化及可控制失活速率等。

26.4　产品的分级和质量规格

全国化学标委会石油化学分技术委员会规定了对二甲苯的行业标准"SH/T 1486.1—2008 石油对二甲苯"，由中国石化扬子石油化工股份有限公司起草，2008 年 10 月起执行。表 26.6 为"SH/T 1486.1—2008 石油对二甲苯"质量标准。

表 26.6 "SH/T 1486.1—2008 石油对二甲苯"质量标准

项目		指标		试验方法
		优等品	一等品	
外观		清澈透明, 无机械杂质, 无游离水		目测[①]
纯度[②]/%(m/m)	≥	99.7		SH/T 1489、SH/T 1486.2
非芳烃含量[②]/%(m/m)	≤	0.10		SH/T 1489、SH/T 1486.2
甲苯含量[②]/%(m/m)	≤	0.10		SH/T 1489、SH/T 1486.2
乙苯含量[②]/%(m/m)	≤	0.20	0.30	SH/T 1489、SH/T 1486.2
间二甲苯含量[②]/%(m/m)	≤	0.20	0.30	SH/T 1489、SH/T 1486.2
邻二甲苯含量[②]/%(m/m)	≤	0.10		SH/T 1489、SH/T 1486.2
总硫含量/(mg/kg)	≤	1.0	2.0	SH/T 1147
颜色(铂-钴色号)/号	≤	10		GB/T 3143
酸洗比色		酸层颜色应不深于重铬酸钾含量 为 0.10g/L 标准比色液的颜色		GB/T 2012
溴指数[③]/(mgBr/100g)	≤	200		SH/T 1551、SH/T1767
馏程在(101.3kPa 下, 包括 138.3℃)/℃	≤	1.0		GB/T 3146

① 在 18.3～25.6℃进行目测。

② 在有异议时, 以 SH/T 1489 方法为测定结果标准。

③ 在有异议时, 以 SH/T 1551 方法为测定结果标准。

26.5 危险性与防护

PX 危险性类别属第 3.3 类高闪点易燃液体, 易燃, 具有刺激性。

26.5.1 健康危害

二甲苯对眼及上呼吸道有刺激作用, 高浓度时对中枢神经系统有麻醉作用。急性中毒: 短期内吸入较高浓度二甲苯可出现眼及上呼吸道明显的刺激症状、眼结膜及咽充血、头晕、头痛、恶心、呕吐、胸闷、四肢无力、意识模糊、步态蹒跚。重者可有躁动、抽搐或昏迷。慢性影响: 长期接触有神经衰弱综合征, 女性有月经异常, 工人常发生皮肤干燥、皲裂、皮炎。

26.5.2 应急措施

吸入: 将人员转移到新鲜空气处, 如果呼吸衰弱, 用氧气救生器, 以实施人工呼吸, 并立刻送医治疗。

皮肤接触: 用肥皂或中性清洁剂清洗感染处, 并且用大量水冲洗 20min, 直至没有化学品残留。若有需要, 则送往医院治疗。

眼睛接触: 立刻用流水冲洗眼睛 15min 以上。如需要, 则送至眼科医生处治疗。

食入：大量饮用可导致昏迷，昏迷发生时不要催吐，以免堵塞呼吸，当呕吐发生时，保持头部低于臀部。使头部转向一边，立即送医治疗，洗胃或用活性炭浆治疗。

最重要症状及危害效应：无此有效资料。

26.6 毒性与防护

26.6.1 毒性

根据《全球化学品统一分类和标签制度》和《危险化学品名录》，PX 属于危险化学品，但它是易燃低毒类危险化学品，与汽油属于同一等级。无论是危险标记、健康危害性、毒理学资料，还是在职业灾害防护等标准下，PX 都不属高危高毒产品。

大型的 PX 项目一般安全性很高，其排放物由于可以循环利用，因此污染也很小，正因为如此，发达国家或地区的很多 PX 项目被批准建设在市区附近，比如美国休斯敦 PX 工厂距城区 1.2km；荷兰鹿特丹 PX 工厂距市中心 8km；韩国釜山 PX 工厂距市中心 4km；新加坡裕廊岛埃克森美孚炼厂 PX 工厂距居民区 0.9km；日本横滨 NPRC 炼厂 PX 生产基地与居民区仅隔一条高速公路；中国台湾中油的 PX 工厂在高雄市区附近。

26.6.2 防护

工程控制：生产过程密闭，加强通风。

呼吸系统防护：空气中浓度超标时，佩戴过滤式防毒面具（半面罩）。紧急事态抢救或撤离时，建议佩戴自给式呼吸器。

眼睛防护：戴化学安全防护眼镜。

身体防护：穿防毒物渗透工作服。

手防护：戴橡胶耐油手套。

其他防护：工作现场禁止吸烟、进食和饮水。工作完毕，淋浴更衣。

对急救人员防护：穿防护衣服（包含防溶剂手套），以免接触污染物；戴化学护目镜。

26.7 包装与储运

PX 存于阴凉、通风的库房。远离火种、热源。库温不宜超过 37℃。保持容器密封。应与氧化剂分开存放，切忌混储。采用防爆型照明、通风设施。禁止使用易产生火花的机械设备和工具。储区应备有泄漏应急处理设备和合适的收容材料。PX 运输信息见表 26.7。

表 26.7　PX 运输信息

危险货物编号	33535
UN 编号	1307
IMDG 规则页码	3394
包装标志	7

包装类别	O53
包装方法	无资料
运输注意事项	本品铁路运输时，限使用钢制企业自备罐车装运，装运前需报有关部门批准。运输时运输车辆应配备相应品种和数量的消防器材及泄漏应急处理设备。夏季最好早晚运输。运输时所用的槽（罐）车应有接地链，槽内可设孔隔板，以减少振荡产生静电。严禁与氧化剂、食用化学品等混装混运。运输途中应防曝晒、雨淋，防高温。中途停留时应远离火种、热源、高温区。装运该物品的车辆排气管必须配备阻火装置，禁止使用易产生火花的机械设备和工具装卸。公路运输时要按规定路线行驶，勿在居民区和人口稠密区停留。铁路运输时要禁止溜放。严禁用木船、水泥船散装运输

26.8　市场与经济概况

26.8.1　市场情况

26.8.1.1　国际市场

（1）生产现状及预测

2015 年，全球 PX 产能达到 4818 万吨/年，产量约 3755 万吨，开工率 77.9%。估计 2016 年，世界 PX 产能达到 5100 万吨/年，产量约 3960 万吨，平均开工率约 77.6%。

2015 年，受新建装置投产及资产出售交割等影响，世界前十位的 PX 供应商排名发生了较大变化。亚洲及中东的供应商仍占据 8 席，其中，中国石化 PX 产能位居首位，产能达到 511.5 万吨/年，占全球总产能的 10.6%。近年来，沙特阿拉伯阿美公司投资多套 PX 生产装置，未来将成为世界 PX 的主要供应商之一。

未来几年，世界 PX 产能仍保持快速增长，新增产能主要来自亚洲及中东地区，少数装置位于中欧地区。其中，中东地区的 PX 装置主要建设在沙特阿拉伯和阿联酋，新增产能以出口为主；亚洲地区新建/改扩建的 PX 装置主要集中在中国，其次为印度、韩国、文莱及越南，其中，中国新增的 PX 将全部用于国内需求，韩国和文莱的 PX 将主要用于出口。随着亚洲及中东地区大型 PX 装置的陆续投产，全球 PX 供应量将持续增长，将对目前缺口较大且供应还在持续增长的东北亚地区产生较大的冲击。

预计 2015～2020 年期间，世界 PX 生产能力增速将有所加快，年均增长速度为 6.5%。2020～2025 年，世界 PX 生产能力年均增速降低至约 3.4%。预计 2020 年世界 PX 产能将达到 6600 万吨/年左右，2025 年产能将达到 7800 万吨/年左右。随着亚洲及中东地区新建装置陆续投产，尤其是中国 PX 产能的快速增长，将极大地加剧国际市场的竞争，部分 PX 项目建设进度或将推迟，全球 PX 开工率将受到影响，缺乏竞争力的装置将被迫关闭，未来装置大型化率将进一步提高。

（2）消费现状及预测

2015 年，世界 PX 消费量约 3755 万吨，消费地区分布相对较为集中。东北亚地区是全球 PX 最主要的消费地区，2015 年消费量达到 2603 万吨，占世界总消费量的 69.0%，其中仅中国消费量就占到东北亚地区消费总量的约 79.5%；北美、东南亚和印巴地区为 PX 消费第二大地区，消费量分别为 308 万吨、290 万吨和 285 万吨，约占世界总消费量的 8.2%、7.7% 和 7.6%，其中印巴地区近年来消费增速较快；西欧和中东都是 PX 净出口地区，当地消费量较少，消费量分别为 106 万吨和 77 万吨，占比仅为全球的 2.8% 和 2.1%。表 26.8 为 2015 年世界主要地区 PX 供应情况。

表 26.8　2015 年世界主要地区 PX 供应情况

地区	产能/(万吨/年)	产量/万吨	进口/万吨	出口/万吨	实际消费量/万吨
中东欧	135	69	6	13	62
印巴	337	298	95	108	285
中东	441	328	7	258	77
北美	466	289	142	123	308
东北亚	2743	2296	1195	888	2603
南美	21	14	14	4	24
东南亚	466	321	123	154	290
非洲	10	4	0	4	0
西欧	200	136	8	38	106
合计	4818	3755	1590	1590	3755

PX 主要用于生产精对苯二甲酸（PTA）与对苯二甲酸二甲酯（DMT）。

2015 年，全球 PX 总消费量为 3755 万吨，其中用于生产 PTA 的量为 3687 万吨，约占总消费量的 98.2%，较上年提高 0.3 个百分点。DMT 装置消耗 PX 的量减少至 68 万吨，所占比例仅 1.8%，较上年下降 0.3 个百分点。表 26.9 为 2015 年世界分地区 PX 消费结构。

表 26.9　2015 年世界分地区 PX 消费结构

地区	消费于 PTA/万吨	消费于 DMT/万吨	消费量合计/万吨
中东欧	53	8	62
印巴	285		285
中东	61	16	77
北美	290	22	312
东北亚	2585	8	2592
南美	25		25
东南亚	297		297
非洲	0		0
西欧	91	14	105
合计	3687	68	3755

预计 2020 年，世界 PX 需求量将达到 4750 万吨，2015～2020 年间年均需求增长率 4.8%；2025 年需求量将达到 5600 万吨，2020～2025 年间年均需求增长率 3.3%。其需求结构没有太大的变化，仍主要用于生产 PTA，而 PTA 产量的增长仍将是拉动 PX 需求增长的主要动力。

（3）供需平衡

根据世界 PX 需求和供给情况，世界 PX 供需平衡情况及预测见表 26.10。

表 26.10　2015 年世界 PX 供需平衡情况及预测

项目	实际	估计	预测		对应年段的年均增长率	
	2015 年	2016 年	2020 年	2025 年	2015～2020 年	2020～2025 年
产能/(万吨/年)	4818	5100	6600	7800	6.5%	3.4%
开工率/%	77.9	77.6	72.0	71.8	—	—
产量/万吨	3755	3960	4750	5600	4.8%	3.3%
消费量/万吨	3755	3960	4750	5600	4.8%	3.3%

26.8.1.2　国内市场

（1）生产现状及预测

2016 年，国内 PX 生产企业达到 17 家，产能 1360.5 万吨/年，产量约 978.7 万吨，装置平均开工率 71.9%。受环保因素制约和公共舆论影响，近年来国内石化路线的 PX 产能增速较为缓慢，2016 年全年无 PX 新增产能投产。此外，因福建腾龙芳烃 160 万吨装置爆炸事故处于停车状态，故实际有效产能仅为 1200.5 万吨。2016 年国内 PX 生产企业的生产情况见表 26.11。

表 26.11　2016 年国内 PX 生产企业的生产情况

序号	企业名称	产能/(万吨/年)	备注
一	中国石化	511.5	
1	中石化上海石化公司	83.5	UOP 技术
2	中石化扬子石油公司	80	UOP 技术
3	中石化齐鲁石化公司	8.5	UOP 技术
4	中石化天津石化公司	38	UOP 技术
5	中石化镇海炼化公司	60	IFP 技术
6	中石化洛阳石化公司	21.5	UOP 技术
7	中石化金陵石化公司	70	UOP 技术
8	中石化福建炼化公司	70	UOP 技术
9	中石化海南石化公司	80	中石化技术
二	中国石油	235	
10	中石油辽阳石化公司	70	UOP 技术

序号	企业名称	产能/(万吨/年)	备注
11	中石油乌鲁木齐石化公司	100	UOP 技术
12	中石油四川石化公司	65	UOP 技术
三	其他	644	
13	青岛丽东化工有限公司	70	UOP 技术
14	大连福佳大化石油化工有限公司	140	IFP 技术
15	中国海油惠州炼油分公司	84	IFP 技术
16	福建腾龙芳烃有限公司	160	IFP 技术，2015 年 4 月发生事故停产
17	宁波中金石化有限公司	160	2015 年 8 月投产
四	合计	2751	有效产能 1200.5 万吨/年（不含腾龙芳烃）

目前，国内有多套 PX 在建和拟建项目，见表 26.12。

表 26.12　国内 PX 在建和拟建项目

序号	企业名称	新增产能/(万吨/年)	进度情况
1	中石化海南炼化公司	60	二期，拟 2019 年投产
2	恒力石化大连炼化一体化	450	已核准
3	荣盛石化舟山炼化一体化	400	已核准
4	盛虹石化（江苏连云港）	280	前期工作
5	广西钦州芳烃项目	100	前期工作
6	河北玖瑞化工（任丘）	80	前期工作
7	中石化岳阳地区炼油改造	100	方案研究
8	中石化镇海炼化	100	前期工作
9	中化泉州石化公司	80	前期工作
10	中海油惠州炼化	100	前期工作
11	中石化九江石化公司	60	前期工作
12	中海油大榭石化	160	方案研究
13	中国兵器盘锦	140	已核准，投资伙伴选择
14	中石化安庆石化公司	60	方案研究
15	中石化齐鲁石化公司	60	前期工作
16	中石化茂名石化公司	60	前期工作
17	河北曹妃甸石化基地	100	规划招商
18	中俄东方（天津南港）	140	可研究
19	中石化高桥石化公司	100	拟搬至上海化工区，暂停
20	合计	2630	

在上述项目中，中石化、中石油、中化集团和中国兵器现有和拟建的 PX 装置大多没有下游 PTA 装置配套，其装置利用状况不仅取决于下游 PTA 需求，同时也受上游炼油装置开工负荷及成品油市场的影响；而上游没有炼油配套的福佳大化、青岛丽东等项目，其装置利用状况将取决于原料供应的稳定性。

近年来，国内 PX 项目建设引发了多起群体事件，导致部分 PX 项目的实施遇到了较大的阻力。东部人口密集地区新建 PX 项目面临较大的社会风险。受此因素影响，上述部分项目的实施存在着较大的不确定性因素。

目前，我国炼油能力已达到 7.48 亿吨/年，炼油产能结构性过剩明显，成品油大量过剩与化工原料产量严重不足的矛盾突出。然而 PX 项目的建设需要大型炼油项目的支撑，以提供充足的石脑油资源，将难免加剧国内成品油的过剩压力，对 PX 项目的建设造成了一定的阻力。同时，汽油与 PX 生产争夺芳烃原料的矛盾长期存在，PX 原料供应受到汽油等产品市场盈利状况的影响，也会对 PX 项目的开工负荷和新建项目的推进造成一定的影响。

根据现阶段各项目的实施进度，预计到 2020 年国内 PX 将新增产能 990 万吨，总产能将达到 2350 万吨/年；预计 2020~2025 年，国内将新增 PX 产能 1160 万吨/年，总产能将达到 3510 万吨/年。

（2）消费现状及预测

近年来，国内 PTA 产量快速增长，拉动了 PX 消费的快速增长。2016 年，国内 PX 产量约 978.7 万吨，进口量达到 1236.1 万吨，出口量降至 5.7 万吨，表观消费量达到 2209.1 万吨，自给率仅为 44.3%。2010~2016 年，我国 PX 产量和消费年均增长率分别为 7.9% 和 15.1%，产量增速远低于同期消费增速，以致自给率由 2010 年的 65.1%大幅度降低到 2016 年的 44.3%。2000~2016 年国内 PX 供需情况，见表 26.13。

表 26.13　2000~2016 年国内 PX 供需情况

年份	产量/万吨	进口量/万吨	出口量/万吨	表观消费量/万吨	自给率/%
2000 年	130.1	20.4	2.1	148.4	87.7
2001 年	145.4	17.4	6.4	156.4	93.0
2002 年	147.4	27.5	3.5	171.4	86.0
2003 年	163.2	101.9	8.9	256.2	63.7
2004 年	188.0	113.7	3.2	298.5	63.0
2005 年	223.7	160.8	6.3	378.2	59.1
2006 年	278.8	184.0	9.8	453.0	61.5
2007 年	374.2	290.3	25.2	639.3	58.5
2008 年	334.1	340.4	44.8	629.7	53.1
2009 年	486.0	370.5	33.3	823.2	59.0
2010 年	619.9	352.7	21.0	951.6	65.1

年份	产量/万吨	进口量/万吨	出口量/万吨	表观消费量/万吨	自给率/%
2011 年	669.05	498.2	34.8	1132.5	59.1
2012 年	775.28	628.6	19.2	1384.7	56.0
2013 年	786.0	905.3	18.1	1673.2	47.0
2014 年	900.4	997.3	10.3	1887.3	47.7
2015 年	915.2	1164.9	12.0	2068.1	44.3
2016 年	978.7	1236.1	5.7	2209.1	44.3

2016 年，国内 PX 表观消费量约 2209.1 万吨，几乎全部用于生产 PTA，约占国内 PX 总消费量的 97.6%。此外，少量作为除草剂、香料、油墨等溶剂。

2010 年以来，国内 PTA 市场竞争格局发生了变化，合资企业和民营企业的产能均已超越中国石化，形成三分天下的市场竞争格局，而中国石油的产能仍较小。大连逸盛石化有限公司、恒力石化（大连）有限公司、绍兴远东石化有限公司、翔鹭石化股份有限公司、浙江逸盛石化有限公司、江苏三房巷集团有限公司、海南逸盛石化有限公司、珠海碧阳化工有限公司、浙江桐昆集团嘉兴石化有限公司等是国内 PTA 最主要的生产企业，产能均在 150 万吨/年以上。

根据国内 PX 下游 PTA 产业的分析和预测，预计 2020 年我国 PX 需求量将达到 2680 万吨，2015～2020 年间年均需求增长率 5.3%；2025 年需求量将达到 3216 万吨，2020～2025 年间年均需求增长率 3.7%。

（3）供需平衡

预计在未来较长的一段时间内，我国 PX 供应仍不能满足国内需求。2016 年国内 PX 供需平衡及预测见表 26.14。

表 26.14　2016 年国内 PX 供需平衡及预测

项目	实际	预测			年均增长率		
	2016 年	2020 年	2025 年	2030 年	2016～2020 年	2020～2025 年	2025～2030 年
产能/(万吨/年)	1360.5	2350	3510	4000	14.6%	8.4%	2.6%
产量/万吨	978.7	1880	2984	3520	17.7%	9.7%	3.4%
需求/万吨	2209.1	2680	3216	3550	4.9%	3.7%	2.0%
平衡/万吨	−1230.4	−800	−233	−30	—	—	—
开工率/%	71.9	80.0	85.0	88.0	—	—	—

26.8.2　经济情况

26.8.2.1　PX 行业总体盈利情况

国内 PX 生产主要以石脑油为原料，经连续重整-芳烃联合装置加工生产，同时也有少数企业外购部分混合二甲苯作为补充原料。总体上讲，PX 生产装置的盈利程度主要受到上游石脑油原料和下游芳烃等产品价格波动的影响，一般认为 PX-石脑油价差为1800 元/吨是利用石脑油生产 PX 的盈亏平衡点。由于现有 PX 装置的生产规模及操作条件不同，导致装置能耗水平略有差异，但总体上 PX 装置盈利状况在很大程度上取决于PX 与石脑油的价差，同时也受到该装置副产的液化气、苯、抽余油、戊烷油、重芳烃等副产品的市场价格影响。

2012 年以来国内石脑油制 PX 行业平均盈利水平如图 26.4 所示。

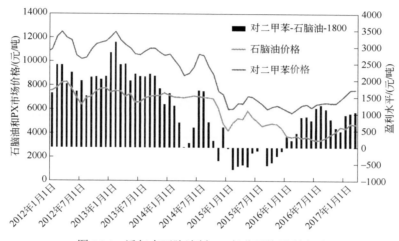

图 26.4　近年来石脑油制 PX 行业平均盈利水平

从图 26.4 中可以看出，2012 年到 2014 年上半年，国际原油价格持续高位小幅振荡，PX 与石脑油价差相对稳定，基本维持在 4000 元/吨左右，PX 行业保持了良好的盈利能力，每吨 PX 盈利空间平均达到 1500 元以上。2014 年下半年后，受到国际原油价格大幅度下跌的影响，PX 价格也快速下降，与石脑油之间的价差持续收紧，最低降至 1000元/吨左右，行业盈利能力明显恶化。国际原油价格在 2016 年初触底反弹后，PX 价格逐步回升，PX 与石脑油产品价差逐渐拉大，行业盈利能力明显好转，2016 年下半年至今，国际原油价格维持低位小幅振荡走势，PX 装置盈利能力较好，每吨 PX 盈利空间在 500元以上，且基本维持稳定。

26.8.2.2　甲醇制芳烃盈利情况分析预测

（1）MTA 路线盈利情况

煤经甲醇制芳烃项目（CTA 项目）工艺流程包括：煤制甲醇、甲醇制芳烃、芳烃联合等主要生产过程。甲醇制芳烃技术是煤制芳烃的关键技术核心。本节以清华大学开发的流化床甲醇制芳烃（FMTA）工艺为基准进行成本分析。由于 FMTA 工艺副产大量的甲烷、乙烷和氢气，本节将乙烷用于全厂燃料气系统、氢气直接用于调节氢碳比，甲烷经一段蒸汽转化后进入甲醇合成系统。

煤制芳烃总工艺流程示意图见图 26.5。

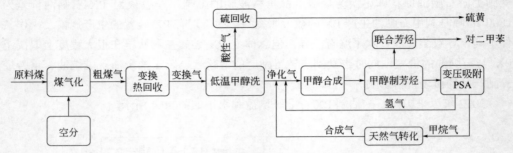

图 26.5　煤制芳烃总工艺流程示意图

不同煤炭价格下，CTA 项目 PX 生产成本见表 26.15。

表 26.15　不同煤价下 CTA 项目 PX 生产成本

序号	项目	煤炭价格/(元/吨)				
		200	250	300	350	400
1	净原材料	883	1061	1240	1419	1597
2	公用工程	996	996	996	996	996
3	直接固定成本	1009	1009	1009	1009	1009
4	分摊固定成本	444	444	444	444	444
5	折旧	1742	1742	1742	1742	1742
6	生产成本	5074	5252	5431	5610	5788
	生产成本（扣除副产）	4997	5176	5354	5533	5711

注：副产品按布伦特原油 60 美元/桶扣减。

我国 PX 市场价格受到原油价格与市场供需关系的共同影响。PX 生产企业中的原料成本在 PX 生产成本中占据较大比重。无论石脑油还是混合二甲苯，都与原油价格密切关联，PX 的生产成本在很大程度上受到原油价格的影响。绝大部分 PX 用于生产 PTA，因此 PTA 价格和开工情况也会对 PX 价格产生一定的影响。2010～2017 年国内 PX 市场价格与布伦特原油价格变化趋势，见图 26.6。

2014 年 6 月以来，国际原油价格发生大幅下降，对整个石化产业产生了巨大影响，国内 PX 市场价格发生较大幅度变化，从超过 10000 元/吨下降到 6000 元/吨左右。2014 年上半年，国际原油价格处于上一轮高位运行末期，国内 PX 价格也整体处于高位。受到国内 PTA 价格下降的影响，2014 年 4～5 月国内 PX 价格发生一定程度的下跌。2014 年 6～7 月，由于 PTA 企业间的联产保价，国内 PTA 价格发生较大幅度的上涨，也带动 PX 价格上涨，一度达到 10700 元/吨。

图 26.6 2010～2017 年国内 PX 市场价格与布伦特原油价格变化趋势

2014 年 9 月后，国际原油价格开始下降，整个石化产业链上的产品价格都受到影响，PX 价格一路下降，2015 年初跌破 6000 元/吨。2015 年上半年，随着原油价格的回升，PX 价格发生小幅度上涨，短时间内突破 7000 元/吨。2015 年 6 月后国际原油价格又出现新一轮下跌，PX 价格也一直保持小幅下降趋势，同时在供需关系的影响下有一定的波动。进入 2016 年后，国际原油价格整体呈现逐步回升趋势，国内 PX 价格也随之上涨，2017 年一季度均价在 7200～7600 元/吨左右。

2010 年以来国际原油价格与国内市场 PX 价格关系见图 26.7。

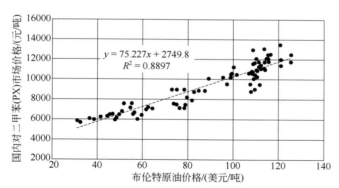

图 26.7 国内 PX 市场价格与国际原油价格相关性分析

在进行回归分析的基础上，综合考虑未来国内 PX 市场的供需变化情况，对不同原油价格体系下的 PX 市场价格预测结果如表 26.16 所示。

表 26.16　不同原油价格下 PX 市场价格预测及建议测算价格

布伦特原油价格/(美元/桶)	PX 预测价格/(元/吨)	PX 建议测算价格/(元/吨)
40	5759	5700
50	6511	6400
60	7263	7000

　　根据上述成本和 PX 建议测算价格,当煤价为 300 元/吨时,当国际原油价格达到 50 美元/桶左右,CTA 项目即可实现盈利。

　　(2)甲苯甲基化路线盈利情况

　　甲苯甲基化路线的主要原料为甲苯和甲醇,主要产品为混合二甲苯,副产少量干气、液化气和 C_9^+ 芳烃等。典型工况下,甲苯甲基化的投入产出情况见表 26.17。

表 26.17　20 万吨/年甲苯甲基化装置投入产出情况

序号	名称	数量/(万吨/年)	备注
一	投入原料		
1	甲苯	20.00	
2	甲醇	28.33	
3	合计	48.33	
二	产出产品		
1	干气	3.90	含乙烯 79.64%(质量分数),含乙烷 5.68%(质量分数)
2	液化气	3.84	含丙烯 35.72%(质量分数),丙烷 25.05%(质量分数),碳四 23.10%(质量分数),碳五 16.13%(质量分数)
3	混合二甲苯	21.74	混合芳烃中 PX 浓度 84.5%(质量分数)
4	C_9 芳烃	2.47	
5	其他	0.75	
6	水	15.63	
7	合计	48.33	

　　根据历史数据回归,不同原油价格体系下,投入产出物料的价格情况如表 26.18 所示。

表 26.18　投入产出物料价格情况　　　　　　单位:元/吨

序号	物料名称	布伦特原油现货价格				
		40 美元/桶	50 美元/桶	60 美元/桶	70 美元/桶	80 美元/桶
一	投入物料					
1	甲苯	3711	4225	4777	5374	5974
2	甲醇	1905	2033	2161	2289	2417

序号	物料名称	布伦特原油现货价格				
		40 美元/桶	50 美元/桶	60 美元/桶	70 美元/桶	80 美元/桶
二	产出物料					
1	干气	1941	2339	2691	3043	3403
2	液化气	2426	2924	3364	3804	4254
3	混二甲苯	4248	4762	5314	5911	7011
4	C_9^+ 芳烃	4415	4979	5547	6111	6675

根据甲苯甲基化路线物料平衡和回归不同油价的投入产出物料价格可以看出，该路线的投入产出物料价格倒挂，实际生产运行中亏损的概率很大。因此，尽管扬子石化 20 万吨/年甲苯甲基化工业化试验装置各项工艺技术参数指标均达到了工艺要求，但由于经济性等问题，该装置建设投产不久后即处于停车状态，目前该示范装置已经拆除。图 26.8 为甲苯甲基化路线投入产出示意图。

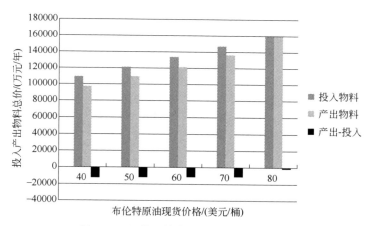

图 26.8　甲苯甲基化路线投入产出示意图

26.9　用途

PX 是重要的大宗化学基础原料。在现代石化体系中，以 PX 为代表的芳烃产业和以乙烯为代表的烯烃产业，并称为石油化工"两大家族"。现代经济社会发展已离不开 PX。我们身边的涤纶、聚酯纤维、电话、手机壳、矿泉水瓶、电脑外壳、胶囊、窗帘、照相机等，用材无一不与 PX 关联。我国已成为世界最大的 PX 生产国和消费国，产能约占全球 30%，消费量约占全球 55%。

在石油化工厂，芳烃联合装置通常以 PX 为目的产品，作为下游精对苯二甲酸（PTA）产品的原料。2016 年，国内 PX 表观消费量约 2209.1 万吨，几乎全部用于生产 PTA，约占国内 PX 总消费量的 97.6%，其他少量 PX 在除草剂和联对二甲苯中用作溶剂，作为医药、涂料、燃料、油墨等产品的生产原料。

在 PX-PTA-聚酯产业链中，98%左右的 PX 被生产为 PTA，而近 98%的 PTA 被转化成为聚酯，少量用于生产 PBT、PTT 等特种聚酯。聚酯的下游产品包括涤纶纤维、饮料瓶及各种绝缘材料、包装材料、工业组件等，其中最熟悉的莫过于花色各异、质地不同的衣服，还有矿泉水瓶、可乐瓶等。

参 考 文 献

[1] 戴厚良. 芳烃生产技术展望. 石油炼制与化工，2013，44（1）：1-10.

[2] 孔德金，等. 芳烃生产技术进展. 化工进展，2011，30（1）：16-25.

[3] 王秀玲. 二甲苯毒理学研究进展. 国外医学卫生学册，1997，24（2）：77-79.

[4] 王琪，等. 苯_甲苯_二甲苯的生殖及遗传毒性的研究进展. 职业医学，1993，20（3）：167-168.

[5] 张一成，等. 甲醇制芳烃反应的催化研究进展. 化工进展，2016，35（3）：227-228.

[6] 刘艳，等. 甲醇制芳烃工艺研究进展. 化学工程，2015，43（9）：74-78.

[7] 屠庆华，等. 我国对二甲苯竞争力分析. 化学工业，2016，34（6）：16-20.

[8] 屠庆华，等. 油价波动背景下煤制芳烃项目经济性分析. 化学工业，2015，33（4）：26-31.

[9] 张金贵，等. 甲醇芳构化中催化剂酸性对脱烷基、烷基化和异构化反应的影响. 物理化学学报，2013，29（6）：1281-1288.

[10] 罗腾发，等. 甲醇制芳烃工艺研究进展简述. 当代化工研究，2016，12.

[11] 李木金，等. 甲苯甲醇择形甲基化工艺在芳烃联合装置中的应用. 炼油技术与工程，2015，45（5）：6-9.

[12] 钱伯章. 煤经甲醇制芳烃技术与应用. 炼化世界，2014，（3）：18-19.

[13] 葛志颖，等. 煤基甲醇制芳烃及其工业化相关问题浅议. 化工设计 2014，（6）.

[14] 骆红静. 中国对二甲苯市场 2015 年回顾与展望. 当代石油化工，2016，24（5）：25-28.

[15] 赵仁殿，等. 芳烃工学. 北京：化学工业出版社，2001.

[16] 中国石油化工总公司. 石油对二甲苯，SH 1486—1998.

第27章
甲醇制烯烃

郑宝山　石油和化学工业规划院　高级工程师

27.1　概述

　　甲醇制烯烃是指以甲醇为原料生产乙烯和丙烯产品的过程。甲醇制烯烃（MTO、MTP）技术的工业化，开辟了非石油生产基础有机化工原料的新工艺路线，改变了传统煤化工、天然气化工及盐化工的产品格局，是实现非石油化工向石油化工延伸发展的有效途径。

27.1.1　乙烯（ethylene）

　　乙烯是最简单的烯烃，分子式为 C_2H_4。乙烯是由两个碳原子和四个氢原子组成的化合物，两个碳原子之间以双键连接。

　　自然界中，乙烯少量存在于植物体内的某些组织、器官中，是由蛋氨酸在供氧充足的条件下转化而成的，是植物的一种代谢产物，能使植物生长减慢，促进叶落和果实成熟。

　　工业上，乙烯是极为重要的基础化工原料，是合成纤维、合成橡胶、合成塑料、合成乙醇（酒精）的基本化工原料，用于制造聚乙烯、氯乙烯/聚氯乙烯、苯乙烯/聚苯乙烯、环氧乙烷/乙二醇、乙酸、乙酸乙烯、乙醛、乙醇和炸药等重要的有机原料及合成材料。此外，也可用作水果和蔬菜的催熟剂，是一种已证实的植物激素。

　　乙烯是最重要的基础化工原料之一，其生产水平标志着一个国家石化工业的发达程度。同时，乙烯也是世界上产量最大的化学产品之一，乙烯工业是石油化工产业的核心，在国民经济中占有重要的地位。世界上已将乙烯产量作为衡量一个国家石油化工发展水平的重要标志之一。

　　2015年世界主要乙烯生产企业情况见表27.1。

　　由于原料成本和市场优势将继续主导市场，预计世界乙烯生产能力将持续向中东、北美和中国大陆集中，而日本、中国台湾省和西欧则将继续缩减高成本产能。此外，受

表 27.1 2015 年世界主要乙烯生产企业情况

序号	生产商	产能/(万吨/年)	占比/%
1	陶氏化学	1086	6.8
2	SABIC	1074	6.7
3	埃克森美孚	855	5.4
4	中石化	834	5.2
5	利安德巴塞尔	705	4.4
6	阿布扎比	702	4.4
7	壳牌	668	4.2
8	中石油	591	3.7
9	伊朗国家石化	550	3.5
10	英力士	487	3.1
11	其他	8380	52.6
12	合计	15932	100.0

到北美和中东大量低成本产能增长的影响，亚洲地区的投资计划将趋于谨慎。未来世界新建大型裂解装置主要集中在美国和中东地区，其中美国新增能力几乎全部为乙烷进料，而中东则以混合进料为主。此外，印度等地区将新建一批以进口乙烷为原料的裂解装置，而中国以煤/甲醇为原料的 MTO 路线乙烯产能仍将有较大增长。

（1）乙烯的结构

结构式：H$_2$C=CH$_2$

分子式：C$_2$H$_4$

（2）乙烯的物理性质

乙烯在常温常压下为无色可燃性气体，具有烃类特有的臭味，微溶于水。其物理性质如表 27.2 所示。

表 27.2 乙烯的物理性质

性质	数值	性质	数值
分子量	28.0536	临界压缩因子	0.2813
常压下沸点/℃	−103.71	气体燃烧热（25℃）/(MJ/mol)	1.411
蒸发潜热/(kJ/mol)	13.540	常压、25℃下燃烧极限	
液体相对密度 d_4^{-104}	0.566	空气中上限（摩尔分数）/%	2.7
三相点温度/℃	−169.19	空气中下限（摩尔分数）/%	36.0
三相点压力/kPa	0.11	常压下空气中自燃温度/℃	490
三相点熔化潜热/(kJ/mol)	3.350	气体比热容（25℃）/[J/(mol·K)]	42.84
临界温度/℃	9.2	生成热 ΔH_{298}/(kJ/mol)	52.32
临界压力/MPa	5.042	生成自由能 ΔF_{298}/(kJ/mol)	68.17
临界密度/(g/mL)	0.2142	熵 ΔS_{298}/(kJ/mol)	0.22

（3）乙烯的化学性质

乙烯分子里含有碳碳双键，碳碳双键的键能比两倍碳碳单键的键能略小，所以其中的一个键较易断裂，这就决定了乙烯的化学性质比较活泼。干净的乙烯在空气中燃烧，有明亮的火焰，同时发出黑烟。乙烯不仅能和溴、氢气、氯气、卤化氢以及水等在适宜的反应条件下发生加成反应，还能被氧化剂氧化，如被高锰酸钾（$KMnO_4$）氧化。乙烯能在催化剂的作用下发生聚合反应，生成聚乙烯，聚乙烯是一种重要的塑料。

乙烯主要的下游产品有聚乙烯、二氯乙烷、氯乙烯、环氧乙烷、乙二醇、苯乙烯、乙醛、酒精、高级醇等。

27.1.2 丙烯（propylene）

丙烯是含三个碳原子的烯烃，分子式为 $CH_2{=}CHCH_3$。常温下丙烯为无色、无臭、稍带有甜味的气体。丙烯是继乙烯之后的第二大石化原料，也是极为重要的基础化工原料，可用于生产多种重要有机化工原料，如丙烯腈、环氧丙烷、异丙苯、环氧氯丙烷、异丙醇、丙三醇、丙酮、丁醇、辛醇、丙烯醛、丙烯酸、丙烯醇、丙酮、甘油和聚丙烯等。在炼油工业上是制取叠合汽油的原料，还可以生产合成树脂、合成纤维、合成橡胶及多种精细化学品等。此外，丙烯也用于环保、医学和基础研究等领域。

通常丙烯有三个级别，即炼厂级丙烯（丙烯含量为 50%～70%）、化学级丙烯（丙烯含量为 92%～96%）和聚合级丙烯（丙烯含量≥99.5%）。炼厂级丙烯通常用于生产异丙苯、异丙醇和丙烯低聚物；化学级丙烯通常用于生产丙烯腈、羰基合成醇、丙烯氧化物、异丙苯、异丙醇和丙烯酸；聚合级丙烯通常用于生产聚丙烯、氯丙烯、乙烯和丙烯共聚弹性体。

世界丙烯产能也较为集中，前 10 位生产商产能占世界总产能的 38.1%。其中中国石化是世界丙烯产能最大的企业，产能达到 1023 万吨/年，占世界总产能的 8.4%，其次是中国石油和埃克森美孚，产能分别达到 620 万吨/年和 498 万吨/年，占世界总产能的 5.1% 和 4.1%。2015 年世界丙烯主要生产企业情况见表 27.3。

表 27.3 2015 年世界丙烯主要生产企业情况

序号	生产商	产能/(万吨/年)	占比/%
1	中国石化	1023	8.4
2	中国石油	620	5.1
3	埃克森美孚	498	4.1
4	壳牌	490	4.0
5	利安德巴塞尔	467	3.8
6	陶氏化学	331	2.7
7	道达尔	322	2.6
8	SABIC	311	2.5

序号	生产商	产能/(万吨/年)	占比/%
9	台塑集团	304	2.5
10	信诚工业	287	2.4
11	其他	7556	61.9
12	合计	12409	100.0

预计，未来世界丙烯产能将稳步增长，到 2020 年世界丙烯产能将达到 1.48 亿吨/年，新增能力将集中在亚洲和中东地区；预计 2025 年世界丙烯产能将达到 1.66 亿吨/年。

（1）丙烯的结构

结构式：$CH_3—CH=CH_2$

分子式：C_3H_6

（2）丙烯的物理性质

丙烯在常压条件下为无色可燃性气体，比空气重，具有烃类的特殊香味。其主要物理性质如表 27.4 所示。

表 27.4　丙烯的物理性质

性质	数值	性质	数值
熔点/℃	−185	熔化潜热/(kJ/mol)	3.004
沸点/℃	−47.7	汽化潜热（−47.7℃）/(J/g)	249.9
三相点/℃	−185.25	生成热 ΔH_{298}/(kJ/mol)	20.43
相对密度		生成自由能 ΔF_{298}/(kJ/mol)	26.76
d_4^{47}	0.6095	气体燃烧热/(kJ/mol)	1927.72
d_4^{20}	0.5139	热容 c_{p298}/[J/(mol・℃)]	63.93
d_4^{25}	0.5053	在空气中燃烧极限	
蒸气相对密度（空气=1）	1.49	下限/%（体积分数）	2.0
黏度/mPa・s		上限/%（体积分数）	11.1
−185℃	15	热值（以水蒸气饱和，15.6℃）/(kJ/m³)	85600
−110℃	0.44	溶解度（常压，20℃）	
临界温度/℃	91.9	水中/(mL 气体/100mL 溶液)	44.6
临界压力/MPa	4.54	乙醇中/(mL 气体/100mL 溶液)	1250
临界密度/(g/mL)	0.233	乙酸中/(mL 气体/100mL 溶液)	524.5

（3）丙烯的化学性质

丙烯除了在双键上发生反应外，还可在甲基上发生反应，这决定了丙烯能够发生许多化学反应。丙烯在不同催化剂的催化下发生各类聚合反应，如生成聚丙烯等聚合物，还可与硫酸、氯气和水等发生加成反应，也能在催化剂存在下与氨气和空气中的氧气发生氨氧化反应，生成丙烯腈，它是合成塑料、橡胶、纤维等高聚物的原料，等等。

丙烯主要的下游产物是聚丙烯，另外，丙烯可制丙烯腈、异丙醇、苯酚和丙酮、丁醇和辛醇、丙烯酸及其酯类以及环氧丙烷和丙二醇、环氧氯丙烷和合成甘油等。

27.2 生产方法

目前，世界上低碳烯烃（乙、丙烯）生产的主要技术路线是管式炉蒸气裂解。裂解炉是该工艺的核心装置之一，现今的主要炉型有：Lummus 公司的 SRT 型裂解炉、Linde 公司的 LSCC 型裂解炉和 S&W 公司的 USC 超选择性裂解炉等。

分离流程主要有 Lummus 公司的顺序分离流程、Linde 公司的前脱乙烷前加氢流程和 S&W 公司的前脱丙烷前加氢流程等，原料从轻烃到减压柴油均适宜采用以上技术路线。

20 世纪 70 年代，两次石油危机给世界各国敲响了警钟，包括美国、日本在内的发达国家纷纷寻求开拓非石油资源的新途径，这种形势极大地推动了煤化工和天然气化工的发展。在大量的研究中，甲醇制取石油（MTG）和甲醇制取低碳烯烃（MTO/MTP）成为两个主要方向。

经过长期的探索和努力，以煤或者天然气为源头大规模合成甲醇首先取得突破，逐步成为成熟技术。随后，甲醇制取烯烃的成功工业化，打通了非石油路线制取低碳烯烃的技术瓶颈。

我国较早投产的低碳烯烃生产装置主要为石脑油蒸气裂解制乙、丙烯装置，裂解技术以引进国外技术为主，之后我国技术经过不断的发展（以 CBL 北方炉为代表）也有相当数量的应用。我国裂解技术与其他公司的裂解技术相差甚微，均是采用以石油为基础原料的、采用管式炉蒸气裂解技术的乙、丙烯生产装置。此外，还有以 FCC 技术为基础开发的催化裂解技术和近年发展起来的、以丙烷为原料制取丙烯的丙烷脱氢技术。

随着前几年国际油价不断走高，煤制甲醇制烯烃工艺（MTO/MTP）在中国得到了广泛的关注并迅速发展。该技术主要由煤气化制合成气、合成气制甲醇和甲醇制烯烃三项技术组成。

目前，低碳烯烃生产的主要原料路线和工艺技术见图 27.1。

27.2.1 蒸气热裂解

蒸气热裂解是传统的烯烃生产技术，也是目前最主要的生产技术。各种烃类原料在高温条件下，在管式裂解炉内进行蒸气热裂解，联产乙烯和丙烯。北美、中东地区以乙烷、丙烷等轻烃为主要裂解原料，我国、欧洲、日本、韩国以石脑油等化工轻油为主要裂解原料。石脑油裂解产出的乙、丙烯总收率一般为 45%～50%，乙烯与丙烯比例约为 2：1，同时副产混合 C_4、裂解汽油等产品，混合 C_4、裂解汽油经进一步处理后可以得到丁二烯、芳烃等高价值产品。

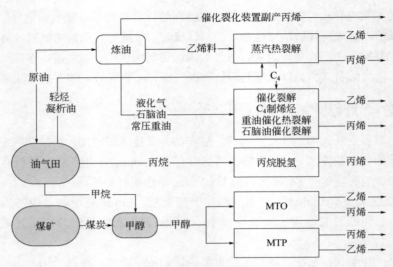

图 27.1　低碳烯烃生产的主要原料路线和工艺技术

蒸气热裂解技术已经非常成熟，国外主要专利商有 Lummus 公司、S&W 公司、KBR 公司、Linde 公司和 Technip 公司。我国中石化公司也已开发出自主知识产权的裂解技术及相应的分离技术。

27.2.2　催化裂解

催化裂解制低碳烯烃是在传统的炼油催化裂化（FCC）技术基础上发展起来的。除蒸气热裂解外，FCC 装置副产的丙烯是世界上丙烯的另一重要来源。为了提高丙烯的收率，已开发了多种增产丙烯的催化裂化技术，如中石化石油化工科学研究院的 DCC 工艺、MIP 工艺，洛阳石化工程公司的 FDFCC 工艺，UOP 公司的 PetroFCC 工艺等，丙烯收率可从传统 FCC 的 10%以下提高到 20%左右。但是，这些技术本质上仍以生产油品为主，丙烯作为副产。随着乙烯、丙烯等低碳烯烃需求的不断增长，在 FCC 技术基础上，国内外又开发了多种烃类的催化裂解技术，以低碳烯烃作为主要目标产品，主要包括 C$_4$ 制烯烃技术、重油催化热裂解技术和石脑油催化裂解技术。

27.2.3　C$_4$ 制烯烃技术

C$_4$ 制烯烃是以炼油 C$_4$ 或蒸气裂解 C$_4$ 为主要原料（原料中可包含 C$_4$～C$_8$ 组分），生产丙烯的同时联产部分乙烯。目前开发的 C$_4$ 制烯烃主要工艺技术有 KBR 公司的 Superflex 工艺（现整合为 K-COT 技术）、ATOFINA/UOP 的 OCP 工艺、Lurgi 公司的 Propylur 工艺、EXXON-Mobil 公司的 MOI 工艺，其中 KBR 公司的 Superflex 工艺已实现了工业化，2006 年南非 Sasol 公司采用 Superflex 工艺技术建设了年产 25 万吨丙烯、15 万吨乙烯的装置。

C$_4$ 制烯烃技术对原料中的烯烃含量有一定的要求，Superflex 技术要求原料中的烯烃含量要达到 40% 以上。Superflex 技术的乙、丙烯总收率可达到 60%，乙烯：丙烯约为 (2～2.5)：1。Sasol 公司的 Superflex 装置与其他装置进行了结合，因此乙烯比例相对高一些。

27.2.4　重油催化热裂解技术

原油劣质化和重质化是全球性趋势，重质油的优化利用已经成为世界石化工业的重要课题，国内外开发了多种原油重质组分的利用技术，包括各种用于增产丙烯的改进催化裂化技术、洛阳石化工程公司的重油直接裂化制乙烯（HCC）技术、石油化工科学研究院的重油催化热裂解（CPP）技术。其中 CPP 技术作为以生产烯烃为主的技术，已经实现了工业化。2009 年，中国蓝星集团公司所属沈阳石蜡化工有限公司建成投产了世界上第一套 CPP 工业化装置，进料规模为 50 万吨/年。

最适合 CPP 技术的原料为石蜡基原油的常压渣油，理想的乙、丙烯收率可接近 40%，根据反应条件的不同，乙烯：丙烯可在 (0.65：1)～(1.2：1) 进行调节。

27.2.5　石脑油催化裂解技术

为提高石脑油原料的低碳烯烃收率，KBR 公司和 SK 公司共同开发了先进的催化裂解制烯烃（ACO）技术（现整合为 K-COT 技术），该工艺以利用 SK 研发的专利催化剂，以石脑油为主要原料（可使用部分轻质原料），生产乙烯和丙烯。

2010 年，SK 公司采用 ACO 工艺在韩国蔚山建成了世界上第一套 ACO 商业示范装置，烯烃产能为 4 万吨/年。实验和示范装置数据表明，ACO 工艺乙、丙烯收率比传统的蒸气热裂解可提高 15%～20%，乙烯：丙烯约为 1：1，可以在 (0.7：1)～(1.1：1) 范围内调整。我国延长石油集团于 2011 年引进了 ACO 技术，建设一套进料规模 40 万吨/年的装置，目前正在进行基础设计。

27.2.6　丙烷脱氢

丙烷脱氢是以丙烷为原料生产丙烯，同时副产氢气资源。丙烷脱氢技术主要有：催化脱氢、氧化脱氢、膜反应器脱氢等，但真正投入工业化使用的只有催化脱氢技术，其他技术尚处于开发试验阶段。目前工业化的丙烷脱氢技术主要有 UOP 公司的 Oleflex 工艺、Lummus 公司的 Catofin 工艺和 Uhde 的蒸气活化重整（STAR）工艺。此外，还有 Snamprogetti 公司的流化床（FBD）工艺和林德公司的 PDH 工艺，但尚未工业化。

我国有多家企业在建或拟建丙烷脱氢项目，未来两年我国在建项目将进入集中投产阶段，2016 年我国丙烷脱氢产能达到近 500 万吨/年。

27.2.7　甲醇制烯烃

甲醇制烯烃是以甲醇为原料生产乙烯和丙烯的技术，包括同时生产乙烯、丙烯的 MTO 技术和以生产丙烯为主的 MTP 技术。

27.2.7.1 MTO 技术

MTO 技术乙烯：丙烯约为 1:1，在不包含副产 C_4 回炼的情况下，生产 1t 烯烃消耗甲醇约 3t。国内外开发的主要 MTO 技术包括大连化学物理研究所的 DMTO 技术、中石化的 SMTO 技术、UOP 的 MTO 技术、神华集团的 SHMTO 技术。其中，大连化学物理研究所的 DMTO 技术在神华包头煤制烯烃示范项目中实现了工业化和稳定运行，规模为 60 万吨/年，现已建成多套装置。采用中石化 SMTO 技术的装置在中原石化建成投产，规模为 20 万吨/年；采用该技术的中天合创 134 万吨 SMTO 装置，已于 2017 年全面投产。

27.2.7.2 MTP 技术

MTP 技术以生产丙烯为主，副产少量乙烯，根据需要，可以精制为聚合级乙烯或者混合在干气中进行利用。生产 1t 烯烃消耗甲醇约 3.3～3.5t。国内外开发的主要 MTP 技术包括 Lurgi 公司的 MTP 技术和中国化学工程集团公司-清华大学-淮化集团联合开发的 FMTP 技术。

2011 年神华宁煤集团和大唐集团分别在宁夏和内蒙古建成了采用 Lurgi 公司 MTP 技术的 MTP 装置，规模均为 50 万吨/年。中国化学工程集团公司于 2009 年在安徽淮化集团建设了 1 万吨/年 FMTP 工业试验装置，2009 年 9 月通过了中国石油和化学工业联合会组织的 FMTP 科技成果鉴定。采用该技术的华亭煤业 20 万吨 FMTP 装置正在建设中。

27.2.8 低碳烯烃生产技术对比

传统的蒸气热裂解技术最为成熟，世界上建有多套装置。但是在建设条件方面要求最高，国家产业政策要求新建装置规模应达到 80 万吨/年以上。由于我国轻烃资源较少，蒸气热裂解装置还需配套建设炼油装置，形成炼化一体化发展，项目总投资巨大。

Superflex 技术的烯烃收率较高，但是要求原料中需要有一定量的烯烃，主要是炼厂生产的不饱和液化气，而油气田副产液化气不能满足要求，目前已建工业化装置较少。

CPP 技术可利用原油重质馏分，但是对于原油品种的要求较为苛刻。该技术理想的原料为石蜡基原油的常压渣油，乙、丙烯收率可接近 40%。如果采用其他品种原油的常压渣油为原料，乙、丙烯收率将大幅降低，仅能达到 30% 左右。

ACO 技术可利用一般的石脑油为原料，在装置规模上进入门槛较低，乙、丙烯收率高于蒸气热裂解技术。由于是新开发的技术，目前尚无已建成的工业化装置。

除了传统的蒸气热裂解和炼油催化裂化外，丙烷脱氢制丙烯是世界上丙烯的第三大来源。该技术产品比较简单，只有丙烯和氢气，不需配套副产品处理装置，技术成熟，世界上已建成多套装置，近年来在我国发展较快。由于我国丙烷资源较少，我国在建装置均将从国外进口丙烷，存在着原料供应不足的风险。

甲醇制烯烃技术（MTO 和 MTP）以甲醇为原料，甲醇的来源可以是自建甲醇装置或是从市场采购。如果以煤为原料，经生产甲醇制烯烃，需要经过国家相关部门的核准，准入门槛较高，还将面临着节能减排的压力。因此，我国部分企业考虑外购甲醇建设甲醇制烯烃装置，特别是沿海企业拟利用进口的甲醇资源。目前我国已建成多套 MTO 和 MTP 工业化装置。

以上烯烃生产的工艺技术各有特点，也各有优缺点。总的来说，这些技术的发展使烯烃生产的路线更加丰富，具体采用哪种技术取决于投资者的资源获取能力、资金实力、下游产品发展方向、风险承受能力等综合因素。

煤制烯烃技术的核心在于甲醇制烯烃技术，目前，甲醇制烯烃主要有两类技术：目标产品为乙、丙烯的 MTO 技术（methanol to olefin）和目标产品为丙烯的 MTP 技术（methanol to propylene）。表 27.5 为甲醇制烯烃技术分类情况。

表 27.5　甲醇制烯烃技术分类情况

技术类别	技术来源	说明
MTO 技术	UOP 公司 MTO 技术	流化床+SAPO-34 催化剂体系
	大连化学物理研究所 DMTO 技术	流化床+SAPO-34 催化剂体系
	中国石化 SMTO 技术	流化床+SAPO-34 催化剂体系
	神华集团 SHMTO 技术	流化床+SMC-1 催化剂体系
MTP 技术	Lurgi 公司 MTP 技术	固定床+ZSM-5 催化剂体系
	中国化学/清华 FMTP 技术	流化床+SAPO-18/34 催化剂体系

27.2.9　UOP 公司 MTO 技术

MTO 技术是由美国 UOP 公司和挪威 Norsk Hydro 公司（现称 INEOS 公司）合作开发的，于 1995 年在挪威建成甲醇加工能力为 0.75t/d 的 MTO 中试装置。

MTO 技术采用 SAPO-34 分子筛作为甲醇制烯烃反应催化剂活性组分，反应器为循环流化床。MTO 工艺在反应温度为 400～500℃、压力为 0.1～0.3MPa 下，乙烯和丙烯比例可以在 0.75～1.50 调节，C_2～C_3 烯烃选择率可达 80%以上。图 27.2 为 UPO 公司 MTO 工艺反应器示意图。

为进一步增强 MTO 技术的综合竞争力，UOP 公司和 Total 公司合作，利用 Total 公司的烯烃催化热裂解技术（OCP）将 MTO 工艺副产的 C_4^+ 组分裂解为乙烯和丙烯（主要为丙烯）。在比利时，Feluy 启动 MTO + OCP

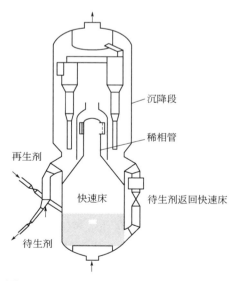

沉降段

稀相管

再生剂

快速床　待生剂返回快速床

待生剂

图 27.2　UOP 公司 MTO 工艺反应器示意图

一体化示范项目建设，将单位烯烃（乙烯+丙烯）消耗降低为 2.6t 甲醇，甚至更低水平。

2011 年，惠生（南京）清洁能源股份有限公司取得 UOP 公司授权，建设年产 29.5 万吨烯烃的甲醇制烯烃工业化装置。2013 年 9 月 26 日，装置首次成功开车，并产出合格产品。该装置的开车成功，标志着 UOP 公司的 MTO 工艺首次得到工业化应用。2013 年，UOP 公司相继授权山东阳煤恒通化工股份有限公司、久泰能源公司和江苏斯尔邦石化有限公司等建设甲醇制烯烃项目，如表 27.6 所示。山东阳煤恒通与江苏斯尔邦分别于 2015 年 6 月和 2016 年 12 月建成投产。

表 27.6　UOP 公司相继授权各公司建设甲醇制烯烃项目

项目名称	烯烃产能/(万吨/年)	技术	项目进展
南京惠生	29.5	MTO + OCP	2013 年 9 月投产
山东阳煤恒通	30	MTO + OCP	2015 年 6 月投产
江苏斯尔邦	83	MTO	2016 年 12 月试产
久泰能源	60	MTO	在建
吉林康乃尔	60	MTO	在建

27.2.10　大连化学物理研究所 DMTO 技术

中科院大连化学物理研究所在 20 世纪 80 年代初开始开展 MTO 研究工作。2005 年 12 月，大连化学物理研究所联合陕西新兴煤化工有限责任公司和中国石化洛阳工程公司在陕西省华县建成甲醇加工能力为 1.6 万吨/年的 DMTO 中试装置。

DMTO 工艺采用 SAPO-34 分子筛为催化剂，反应器为循环流化床。反应-再生工艺的操作条件为：预热器出口温度为 450℃，反应温度为 450～600℃，反应压力为 0.1MPa，甲醇单程转化率为 98%，产物中 C_2～C_3 烯烃选择率可达 80%。图 27.3 为 DMTO 工艺流程图。

2007 年 9 月，中科院大连化学物理研究所与神华集团签订 180 万吨/年甲醇制 60 万吨/年烯烃技术许可合同。2010 年 5 月，甲醇制烯烃国家示范工程项目建设完成，同年 8 月 8 日，该装置一次投料试车成功，使得 DMTO 技术成为世界范围内第一个实现大规模工业化应用的甲醇制烯烃技术。

2013 年 1 月 28 号，宁波禾元能源有限公司 60 万吨/年 DMTO 装置投料试车成功，是我国第二套采用 DMTO 工艺的大规模工业化装置。此外，陕西延长中煤榆林能源化工有限公司 60 万吨/年 DMTO 项目于 2008 年开工建设，2014 年 6 月 27 日顺利打通全流程，实现一次投料成功。中煤集团一期 60 万吨/年甲醇制烯烃装置已于 2014 年 6 月投产。2014 年 10 月 31 日，宁夏宝丰能源集团有限公司 60 万吨/年 DMTO 装置一次投料成功，11 月 5 日生产出合格丙烯，11 月 6 日生产出合格乙烯，投料试车取得圆满成功。2014 年底，山东神达化工 33 万吨/年 DMTO 项目投料试车成功，12 月 1 日产出合格乙烯产品，12 月 5 日，产出合格丙烯产品。2015 年年底，神华榆林 60 万吨/年甲醇制烯烃项目一次投料成功。

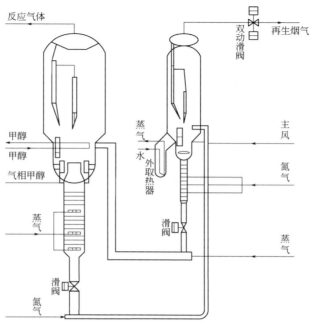

图 27.3　DMTO 工艺流程图

为进一步提高 DMTO 技术竞争力和烯烃产品的成本竞争力，新兴能源科技有限公司在第一代 DMTO 技术的基础上，耦合了 C_4 裂解反应器（简称 DMTO-Ⅱ），将生产/每吨烯烃的甲醇消耗降至 2.67t，更具有经济性。目前，大连化学物理研究所的 DMTO 工艺已成为我国运行与在建项目最多的工艺。表 27.7 列出大连化学物理研究所的 DMTO 工艺在建项目。

表 27.7　大连化学物理研究所的 DMTO 工艺在建项目

项目名称	烯烃产能/(万吨/年)	技术	项目进展
神华包头	60	DMTO	2010 年 8 月投产
宁波禾元（宁波富德）	70	DMTO+OCU	2013 年 1 月投产
延长中煤榆林能源化工	60	DMTO	2014 年 6 月投产
中煤陕西榆林能源化工	60	DMTO	2014 年 6 月投产
宝丰能源	60	DMTO	2014 年 10 月投产
山东神达化工	33	DMTO	2014 年 12 月投产
陕煤蒲城清洁能源化工	68	DMTO-Ⅱ	2014 年 12 月投产
浙江新兴新能源	66	DMTO+OCU	2015 年 4 月投产
神华榆林	60	DMTO	2015 年 12 月投产
中煤蒙大	60	DMTO	2016 年 4 月投产

项目名称	烯烃产能/(万吨/年)	技术	项目进展
青海盐湖	33	DMTO	2016 年 11 月投产
常州富德	40	DMTO	2016 年 12 月试产
山西焦化	60	DMTO	在建
青海大美	67	DMTO+OCU	在建

DMTO 工艺工业化运行效果：产品气中乙烯质量选择性为 39.84%，丙烯质量选择性为 39.40%，$C_2 \sim C_4$ 质量选择性为 90.93%，甲醇转化率为 99.98%，生焦率为 2.00%。

27.2.11　中国石化 SMTO 技术

SMTO 工艺是由中国石化上海石油化工研究院（SRIPT）、中国石化工程建设公司（SEI）和北京燕山分公司三家单位联合开发的技术，2007 年在北京燕山分公司建设一套 100t/d SMTO 中试装置。

SMTO 技术催化剂活性组分为 SAPO-34 分子筛，反应温度为 400～500℃，反应压力为 0.1～0.3MPa，甲醇转化率大于 98.8%，乙烯和丙烯选择率之和大于 81%。SMTO 工艺反应器采用双快速流化床，入料甲醇气体从第一快速流化床反应器底部进入后，与催化剂反应生成产品物流 I。反应器上部设置稀相管，产品气夹带部分催化剂快速通过稀相管，并进入反应器沉降器。反应器设置催化剂外循环管，沉降器内催化剂通过外循环返回反应器底部。待催化剂经过汽提段汽提后进入再生器底部进行烧焦再生，再生催化剂进入提升管与包含 C_4 以上烃的原料接触，生成的产品气和催化剂进入第二快速流化床反应区，与从再生器来的第二股催化剂接触，生成产品物流 II，产品物流 II 经气固分离后与产品物流 I 汇合，同时实现再生催化剂积炭。反应器、再生器两器均设置外取热器取走过剩热量。再生器亦设置催化剂外循环管。

2009 年 12 月，采用 SMTO 工艺的中原石化甲醇制烯烃示范项目落户河南濮阳，于 2011 年 10 月一次开车成功。中原石化 SMTO 装置规模为年加工甲醇 60 万吨，并生产 10 万吨/年聚乙烯、10 万吨/年聚丙烯，其开车成功使 SMTO 工艺成为继 DMTO 工艺后，第二种实现成功商业化运行的甲醇制烯烃技术。图 27.4 为 SMTO 工艺流程图。

为进一步提高目标产品乙烯、丙烯的收率，SMTO 技术已集成了 C_4 烯烃催化裂解技术（OCC），每吨烯烃消耗甲醇 2.67t。除 OCC 技术外，SRIPT 与 SEI 共同开发的与 MTO 反应再生系统相结合的 C_4 以上重组分耦合转化技术，使用与 SMTO 技术类似的催化剂，在流态化的反应条件下，实现重组分转化成乙烯、丙烯产品的技术。

2016 年 10 月 28 日，中天合创煤炭深加工示范项目打通全流程，产出合格聚乙烯、聚丙烯，标志着我国最大规模的煤制烯烃项目投产。此外，采用 SMTO 工艺的还有安徽中安联合煤化工、河南鹤壁煤化一体化项目、贵州织金等。表 27.8 为中天合创煤炭深加工示范项目。

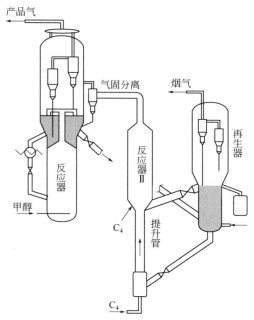

图 27.4　SMTO 工艺流程图

表 27.8　中天合创煤炭深加工示范项目

项目名称	烯烃产能/(万吨/年)	技术	项目进展
中原石化	20	SMTO	2011 年 10 月投产
中天合创	132	SMTO	2016 年 10 月试产
中安联合	70	SMTO	在建
中国石化织金	60	SMTO	环评

27.2.12　神华 SHMTO 技术

2010 年，世界首套大型工业化甲醇制烯烃装置在神华包头一次投料试车成功。通过甲醇制烯烃示范装置的工业化运营，神华集团积累了大量的生产经验，并进行了大量新工艺与技术的开发，包括 MTO 新型催化剂的开发、MTO 新工艺的开发。2012 年，神华集团自主研发了新型甲醇制烯烃催化剂 SMC-1，并将其用于包头 MTO 装置，获得成功。同年，神华集团申请了甲醇转化为低碳烯烃的装置及方法的专利，并完成了 60 万吨/年新型甲醇制烯烃（SHMTO）工艺包的开发，标志着神华集团成为我国第三家完成 MTO 催化剂及工艺开发、实现 MTO 大型工业化应用、具有自主知识产权的企业。

SHMTO 反应器采用流化床反应器，其底部设网状格栅，有效改善了反应器催化剂床层内的气固接触效果。反应器内设一级、二级旋风分离器，回收反应器携带的催化剂细粉。反应器设置两台反应器外取热器，产生中压饱和蒸汽，取走反应器内的过剩热量。待催化剂经过汽提后进入再生器烧焦再生。再生器采用湍流床，设置两台外取热器取走再生器内的过剩热量。再生器设置一台再生器冷循环外取热器，再生催化剂通过冷循环外取热器降温后返回反应器，从而降低进入反应器的催化剂温度，避免副反应的发生，提高低碳烯烃的选择性。反应器、再生器采用同轴布置，反应器在下，再生器在上。通过调整两器位置、两器内压力，使再生器中的再生催化剂在重力作用下流入反应器中，降低了再生器的磨损率和跑损率。图 27.5 为 SHMTO 工艺流程图。

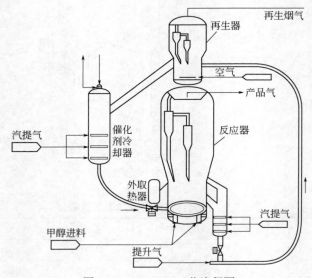

图 27.5　SHMTO 工艺流程图

神华新疆化工有限公司是神华集团全资子公司——中国神华煤制油化工有限公司直属分公司，2012 年 6 月 6 日，在新疆甘泉堡工业区正式挂牌。神华新疆项目采用神华具有自主知识产权的 SHMTO 工艺，项目规模为 180 万吨/年甲醇制 68 万吨/年烯烃产品。项目采用 MTO 级甲醇进料，于 2016 年 9 月 23 日投料试车成功，SHMTO 工艺工业化运行效果：乙烯选择性为 40.98%，丙烯选择性为 39.38%，$C_2 \sim C_4$ 选择性为 90.58%，甲醇转化率为 99.70%，生焦率为 2.15%。

27.2.13　Lurgi 公司 MTP 技术

MTP 技术是 Lurgi 公司于 20 世纪 90 年代末开发成功的，于 2001 年夏季在挪威 Tjldbergolden 的 Statoil 工厂建设了一套示范装置。

MTP 工艺采用改进的 ZSM-5 催化剂，该催化剂由德国南方化学公司（Süd-Chemie）开发，在 100%甲醇转化率下，对乙烯的选择性不小于 5%（质量分数），对丙烯的选择性不小于 35%。由于 C_2 和 C_4 馏分循环回反应系统，MTP 基于碳的丙烯收率可以达到或超过70%。MTP反应器属于固定床绝热反应器，其温度控制较流化床复杂，控制其温度上升幅度的方法包括在催化剂之间注入冷甲醇或循环每一床层的部分反应物料。MTP反应器中催化剂积炭率较流化床低，每600~700h对催化剂进行再生，再生后用氮气保护，催化剂寿命为2~3年。

采用MTP技术建成的工业装置见表27.9。

表27.9　采用MTP技术建成的工业装置

项目名称	烯烃产能/(万吨/年)	技术	项目进展
大唐多伦	50	MTP	2012年1月投产
神华宁煤	50	MTP	2011年5月投产
神华宁煤Ⅱ期	50	MTP	2014年8月投产

27.2.14　中国化学/清华大学FMTP技术

FMTP技术由中国化学工程集团、清华大学、淮化集团联合开发，2009年在安徽淮南建成甲醇处理量3万吨/年的流化床甲醇制丙烯工业试验装置，经过21d的连续试车，已打通全流程，通过了科学技术成果鉴定。

FMTP工艺采用SAPO-18/34催化剂及流化床反应器制丙烯，其显著特点是可以灵活地将反应产物中的乙烯或丁烯、乙烯和丁烯选择性地导入另一个流化床反应器中，进一步转化生产丙烯。甲醇的转化率达到100%，乙烯和丙烯的双烯选择性≥80%。当以丙烯为目标产物时，每吨丙烯产品消耗甲醇3.1t，催化剂消耗<2.4kg/t烯烃产品；当以双烯为目标产物时，每吨双烯产品的甲醇消耗约为2.7t，催化剂消耗<1.0kg/t烯烃产品，通过调节反应工艺参数，丙烯与乙烯的产出比可达2:1。华亭煤业采用该技术建设的20万吨/年FMTP装置正在建设中。

以丙烯为目标产品的MTP技术不利于体现产品方案的多元化，并且丙烯产能未来有过剩的趋势。因此近年来我国新建煤（甲醇）制烯烃项目均采用以乙烯、丙烯为目标产品的MTO技术。

27.3　产品的分级和质量规格

27.3.1　乙烯的分级和质量规格

按照GB/T 7715—2014，工业用乙烯分为优等品和一等品，质量规格和试验方法见表27.10。

27.3.2　丙烯的分级和质量规格

按照GB/T 7716—2014，聚合级丙烯分为优等品、一等品和合格品，质量规格和试验方法见表27.11。

表 27.10　工业用乙烯标准 GB/T 7715—2014

序号	项目		指标		试验方法
			优等品	一等品	
1	乙烯含量 φ/%	≥	99.95	99.90	GB/T 3391—2002
2	甲烷和乙烷含量/(mL/m³)	≤	500	1000	GB/T 3391—2002
3	C_3 和 C_3 以上含量/(mL/m³)	≤	10	50	GB/T 3391—2002
4	一氧化碳含量/(mL/m³)	≤	1	3	GB/T 3394—2009
5	二氧化碳含量/(mL/m³)	≤	5	10	GB/T 3394—2009
6	氢含量/(mL/m³)	≤	5	10	GB/T 3393—2009
7	氧含量/(mL/m³)	≤	2	5	GB/T 3396—2002
8	乙炔含量/(mL/m³)	≤	3	6	GB/T 3391—2002[1] GB/T 3394—2009[1]
9	硫含量/(mg/kg)	≤	1	1	GB/T 11141—2014[2]
10	水含量/(mL/m³)	≤	5	10	GB/T 3727—2003
11	甲醇含量/(mg/kg)	≤	5	5	GB/T 12701—2014
12	二甲醚含量[3]/(mg/kg)	≤	1	2	GB/T 12701—2014

[1] 在有异议时，以 GB/T 3394—2009 测定结果为准。

[2] 在有异议时，以 GB/T 11141—2014 中的紫外荧光法测定结果为准。

[3] 蒸气裂解工艺对该项目不做要求。

表 27.11　聚合级丙烯质量规格和试验方法

序号	项目		指标			试验方法
			优等品	一等品	合格品	
1	丙烯含量 φ/%	≥	99.6	99.2	98.6	GB/T 3392—2003
2	烷烃含量 φ/%		报告	报告	报告	GB/T 3392—2003
3	乙烯含量/(mL/m³)	≤	20	50	100	GB/T 3392—2003
4	乙炔含量/(mL/m³)	≤	2	5	5	GB/T 3394—2009
5	甲基乙炔+丙二烯含量/(mL/m³)	≤	5	10	20	GB/T 3392—2003
6	氧含量/(mL/m³)	≤	5	10	10	GB/T 3396—2002
7	一氧化碳含量/(mL/m³)	≤	2	5	5	GB/T 3394—2009
8	二氧化碳含量/(mL/m³)	≤	5	10	10	GB/T 3394—2009
9	丁烯+丁二烯含量/(mL/m³)	≤	5	20	20	GB/T 3392—2003
10	硫含量/(mg/kg)	≤	1	5	8	GB/T 11141—2014[1]
11	水含量/(mg/kg)	≤	10[2]		双方商定	GB/T 3727—2003
12	甲醇含量/(mg/kg)	≤	10		10	GB/T 12701—2014
13	二甲醚含量/(mg/kg)[3]	≤	2	5	报告	GB/T 12701—2014

[1] 在有异议时，以 GB/T 11141—2014 中的紫外荧光法测定结果为准。

[2] 该指标也可以由供需双方协商确定。

[3] 该项目仅适用于甲醇制烯烃、甲醇制丙烯工艺。

27.4　危险性与防护

在甲醇制烯烃生产中必须注意安全和劳动保护。

27.4.1　乙烯的危险性与防护

乙烯易燃，其闪点-136℃，自燃点425℃。火险分级：甲。爆炸下限 $\varphi=2.7\%$；爆炸上限 $\varphi=36.0\%$。与空气混合能形成爆炸混合物，遇明火、高热能引起燃烧爆炸。与氟、氯等能发生剧烈的化学反应。燃烧（分解）产物为 CO、CO_2。禁忌物：强氧化物、卤素。

灭火方法：切断气源。若不能立即切断，则不允许熄灭正在燃烧的气体。喷水冷却容器，可能的话，将容器从火场移至空旷处。发生燃爆事故，要采用雾状水、泡沫、CO_2等灭火剂处理。

27.4.2　丙烯的危险性与防护

丙烯易燃，其闪点-108℃，自燃点455℃。火险分级：甲。爆炸下限 $\varphi=1.0\%$；爆炸上限 $\varphi=15.0\%$。与空气混合能形成爆炸混合物，遇明火、高热能引起燃烧爆炸。蒸气比空气重，可沿地面扩散到相当远的地方，遇火源引着回燃，要严禁明火、火花及吸烟。若遇高热，容器内压力增大，有开裂和爆炸的危险。燃烧（分解）产物为 CO、CO_2。禁忌物：强氧化物、强酸。

灭火方法：切断气源。若不能立即切断，则不允许熄灭正在燃烧的气体。喷水冷却容器，可能的话，将容器从火场移至空旷处。发生燃爆事故，要采用雾状水、泡沫、CO_2等灭火剂处理。

27.5　毒性与防护

乙烯属低毒类物质，经呼吸道吸入后，大部分分布于红细胞，迅速引起麻醉，具有较强的麻醉作用，绝大部分经肺排出，很快在体内消失，故苏醒亦快。作用于中枢神经系统，人吸入80%～90%的乙烯和10%～20%氧气的混合气体5～10min，可引起深度麻醉。中毒表现为对眼和呼吸道黏膜有轻微刺激作用。吸入高浓度乙烯可立即引起意识丧失，长期接触低浓度乙烯可有头昏、乏力等症状。工作场所空气中的乙烯职业接触限值我国尚未制订。

接触高浓度乙烯时，需佩戴自给式呼吸器。一般不需特殊防护，高浓度接触时可戴化学安全防护眼镜和防护手套。

丙烯毒性属像素类，动物实验有麻醉作用，其特点是麻醉作用的产生和消失都很迅速。人在15%浓度时吸入30min，能引起意识丧失。中毒表现主要为头昏、乏力，甚至意识丧失。工作场所空气中丙烯职业接触限值我国尚未制订。

接触高浓度丙烯时，需佩戴自给式呼吸器。一般不需特殊防护，高浓度接触时可戴化学安全防护眼镜和防护手套。

27.6　包装与储运

安全而又经济的乙烯储存方式主要有三种，第一种方式是在加压（约 2.0MPa、−30℃左右）条件下用球罐储存液态乙烯，其单台储存容积大多在 1000～2000m³（储存量约 500～1000t），简称为加压法。第二种方式是在常压低温条件下用圆柱形储罐储存液态乙烯（约−103℃），其单台储存容积可达数千至数万立方米（储存量可达数千至上万吨），简称为低温法。第三种方式是在常温高压下用地下盐洞储存乙烯，单个储井的储存容积可由数万至数十万立方米。

乙烯的储存方式与其运输方式相关。当乙烯装置生产的乙烯就地由下游加工装置利用时，均以管线输送气态乙烯至下游加工装置，多采用压力球罐储存液态乙烯。此时，如需少量购入或销售乙烯时，则采用汽车槽车或钢瓶运输。当乙烯生产厂需要大量销售或购入乙烯时，则需设置储存容积较大的常压低温储罐储存液态乙烯，此时，可采用火车槽车进行乙烯的运输，但更多采用船运。当建有地区性管网将各乙烯生产厂和下游加工厂连接时（如美国的德克萨斯州和路易斯安那地区），除各乙烯装置设置少量球罐以调节生产外，主要采用地下盐洞储存乙烯。

27.7　经济概况

2015 年，世界乙烯产能达 15932 万吨/年，产量达 14181 万吨，开工率为 89.0%。东北亚和北美一直是世界最大的乙烯生产地区，两者产能分别占世界总量的 26%和 22%。中东对石化行业的大规模投资也使其超越西欧成为世界第三大乙烯生产地，占比约 19%，高出西欧近 4 个百分点。

2015 年，世界乙烯生产较为集中，近 50%的产能集中于前 10 位的生产商手中，这些企业主要集中在中东、美国和中国。其中陶氏化学是世界上最大的乙烯生产企业，2015 年其乙烯产能达到 1086 万吨/年，占世界总产能的 6.8%；其次是 SABIC，产能约 1074 万吨/年，其产能 75%集中在沙特阿拉伯，约 20%在欧洲，其余则分散于美国和中国，在其世界乙烯产能中，全气态轻烃进料占比高达 70%，全石脑油进料占比仅 6%，其余为混合进料。

2015 年世界乙烯消费量 14182 万吨，亚洲、北美、中东、西欧既是世界上主要的乙烯生产集中地，也是最主要的乙烯消费地区，占世界总消费量的 90%以上，其中亚洲地区乙烯消费量居世界各地区之首。2015 年世界乙烯分地区供需情况见表 27.12。

表 27.12　2015 年世界乙烯分地区供需情况

地区	产能/(万吨/年)	产量/万吨	进口量/万吨	出口量/万吨	消费量/万吨
非洲	142.8	92.5	7.0	0.0	99.5
中东欧	639.1	498.4	10.0	1.8	506.6
印巴	408.0	400.0	9.8	0.5	409.3

地区	产能/(万吨/年)	产量/万吨	进口量/万吨	出口量/万吨	消费量/万吨
中东	3102.1	2652.7	16.6	56.2	2613.2
北美	3534.6	3205.4	0.9	19.6	3186.6
东北亚	4131.3	3878.8	194.0	188.4	3884.3
南美	542.2	443.5	4.0	7.6	439.8
东南亚	1153.2	1056.4	94.6	58.0	1092.9
西欧	2278.9	1953.0	12.2	15.5	1949.7
合计	15932.2	14180.7	349.1	347.6	14181.9

从世界范围看，乙烯下游衍生物主要是聚乙烯树脂和环氧乙烷，二氯乙烷、乙苯、α-烯烃等也是乙烯消费量较大的领域。2010～2015 年，LLDPE、环氧乙烷、HDPE 需求增速远高于其他乙烯下游产品，其中 LLDPE、HDPE 需求主要受到来自发展中国家包装材料使用量增加的推动，而环氧乙烷消费的高速增长则与东北亚地区原料门槛的降低和巨大的纺织及日化用品消费市场拉动有密切关系。其他领域如乙苯、乙酸乙烯、α-烯烃和二氯乙烷等受下游市场容量、成熟度及非乙烯原料路线变化等因素影响，消费增速较为缓慢，占比有所下降。2015 年世界乙烯消费结构见图 27.6。

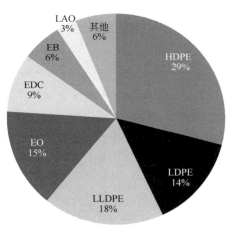

图 27.6　2015 年世界乙烯消费结构

未来，世界乙烯消费增长仍主要受聚乙烯生产驱动，聚乙烯消费占比也将进一步提高。一方面，未来北美地区乙烯装置下游多配套聚乙烯，直接有力支持了聚乙烯在乙烯消费结构中的占比提升。另一方面，发展中国家更为注重培育国家消费，人均包装消费量和耐用品渗透率的大幅提高将继续推动世界聚乙烯生产和消费增长。而环氧乙烷/乙二醇的消费增长在经历前一阶段的大幅增长后将出现放缓，消费占比也将略有下降。根据乙烯下游产品的需求预测，预计 2020 年世界乙烯需求量将达到 1.68 亿吨，2025 年将达到 2.00 亿吨。总体来看，未来世界乙烯开工率维持在接近 90% 的较高水平，供需基本平衡。

近年来，由于经济增速下滑导致下游需求不旺，我国乙烯需求增速明显放缓，2016 年我国乙烯表观消费量约 2335 万吨，考虑到下游聚乙烯、乙二醇、苯乙烯等产品的净进口，乙烯当量消费量（我国产量+进口量−出口量+下游产品净进口的折合）约 4135 万吨。2000～2016 年我国乙烯供需情况见表 27.13。

表 27.13　2000~2016 年我国乙烯供需情况

年份	产量/万吨	进口量/万吨	出口量/万吨	表观消费量/万吨	当量消费量/万吨	自给率/%
2000 年	470.7	8.9	0.0	479.6	1047.5	44.9
2001 年	479.0	7.4	0.0	486.5	1258.3	38.1
2002 年	541.3	8.5	2.6	547.3	1394.3	38.8
2003 年	611.8	4.7	3.2	613.3	1536.7	39.8
2004 年	626.6	6.8	2.2	631.2	1628.0	38.5
2005 年	754.1	11.1	8.2	757.0	1876.0	40.2
2006 年	922.6	11.7	12.9	921.4	1959.0	47.1
2007 年	1027.8	51.0	5.0	1073.8	2112.0	48.7
2008 年	999.8	72.1	1.4	1070.5	2104.0	47.5
2009 年	1073.6	97.5	1.5	1169.5	2594.0	41.4
2010 年	1427.2	81.5	3.4	1505.4	2960.0	48.2
2011 年	1549.8	106.0	1.0	1654.9	3130.0	49.5
2012 年	1522.6	142.2	0.0	1664.8	3241.2	47.0
2013 年	1629.6	170.4	0.0	1799.9	3491.8	46.7
2014 年	1830.0	149.7	0.0	1979.7	3720.0	49.2
2015 年	1999.0	151.6	0.0	2150.0	4030.0	49.6
2016 年	2171.0	165.7	0.8	2335.0	4135.0	52.5

　　我国乙烯消费结构大体上与世界相同，聚乙烯（含 EVA 树脂）是最大的下游消费领域，其次是环氧乙烷/乙二醇。由于我国聚酯产业规模很大，使得乙烯消费结构中 EO/EG 所占比例远高于世界平均水平。此外，由于我国的资源结构，PVC 和乙酸乙烯产业以依托煤炭资源的电石法为主，消耗乙烯比例较小。2016 年我国乙烯表观消费构成及需求预测见表 27.14。

表 27.14　2016 年我国乙烯表观消费构成及需求预测

消费领域	2016 年		2020 年		2016~2020 年年均需求增长率/%
	消费量/万吨	比例/%	需求量/万吨	比例/%	
聚乙烯	1471	63.0	1876	61.7	6.3
环氧乙烷/乙二醇	452	19.3	584	19.2	6.6
聚氯乙烯	86	3.7	95	3.1	2.5
苯乙烯	171	7.3	199	6.5	3.9
EVA 树脂	37	1.6	98	3.2	27.6
其他[①]	118	5.0	187	6.2	12.2
合计	2335	100.0	3039	100.0	6.8

① 包括乙酸乙烯、乙丙橡胶、共聚聚丙烯、丙酸、超高分子量聚乙烯、α-烯烃等。

目前，我国乙烯当量需求缺口以聚乙烯（含 EVA 树脂）和乙二醇为主，两者净当量进口量占我国乙烯当量消费量的 35%。目前进口聚乙烯占据我国聚乙烯专用料市场主导地位，主要为满足沿海经济发达地区高端用户的需求。同时大宗通用料产品也占据较大市场份额，与我国同类产品形成有力竞争；乙二醇主要用于华东沿海地区的聚酯行业。虽然我国乙烯下游衍生物中以聚乙烯和乙二醇产品供需缺口最为巨大，但这两种产品也将直接面对国外产品的竞争，尤其是中东地区低成本产品对我国的大量倾销。同时，我国蓬勃发展的煤制乙二醇产业也将对我国乙烯路线造成较大冲击。预计未来我国乙烯下游大宗产品发展的重点是聚乙烯专用料牌号，并延伸环氧乙烷、苯乙烯下游产业链，避免与中东产品的同质化竞争。此外，市场总规模相对较小，但产品附加值和行业进入壁垒较高的高性能材料（如乙丙橡胶、聚烯烃弹性体）和精细化原料（如 α-烯烃）等将迎来更多发展机会。具体内容见表 27.15。

表 27.15　2016 年我国乙烯当量消费构成及需求预测

消费领域	2016 年		2020 年		2016～2020 年年均需求增长率/%
	消费量/万吨	比例/%	需求量/万吨	比例/%	
聚乙烯	2432	58.8	2842	59.2	4.0
环氧乙烷/乙二醇	936	22.6	1033	21.5	2.5
氯乙烯系列	142	3.4	190	4.0	7.6
苯乙烯系列	279	6.7	286	5.9	0.6
EVA 树脂	109	2.6	123	2.6	3.1
其他[①]	237	5.8	327	6.8	8.4
合计	4135	100.0	4801	100.0	3.8

① 包括乙酸乙烯、乙丙橡胶、共聚聚丙烯、丙酸、超高分子量聚乙烯、α-烯烃、POE 弹性体等。

2015 年，世界丙烯产能达到 12209 万吨/年，产量达 9879 万吨，开工率约为 80.9%。产能主要分布在东北亚、北美、西欧和中东地区，其中东北亚地区丙烯产能占世界的 37.4%，比例继续上升。其次是北美和西欧，分别占世界总产能的 19.1% 和 14.2%。中东地区居世界第四位，占世界总产能的 9.3%。

2015 年世界丙烯消费量为 9879 万吨，亚洲、北美、西欧、中东既是世界上主要的丙烯生产集中地，也是最主要的丙烯消费地区，占世界总消费量的 90% 以上。其中亚洲地区丙烯消费量居世界各地区之首，占到世界总消费量的一半。2015 年世界丙烯各地区供需情况见表 27.16。

表 27.16　2015 年世界丙烯各地区供需情况

地区	产能/(万吨/年)	产量/万吨	进口量/万吨	出口量/万吨	消费量/万吨
非洲	160.3	113.6	1	0	114.6
中东欧	444.1	376.1	32.5	28.8	379.8
印巴	582.2	438.4	0	0	438.4
中东	1136.3	849.3	0	34.6	814.7

地区	产能/(万吨/年)	产量/万吨	进口量/万吨	出口量/万吨	消费量/万吨
北美	2326.8	1688.5	72.7	89.1	1672.1
东北亚	4568.9	3983.3	327.9	278.5	4032.7
南美	397.1	310.8	34.3	32.9	312.2
东南亚	859.3	678.2	43.9	55.3	666.8
西欧	1733.7	1440.8	22	15	1447.8
合计	12208.7	9879.0	534.3	534.2	9879.1

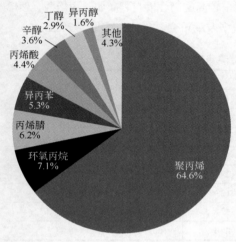

图 27.7　2015 年世界丙烯消费结构

从世界范围看，丙烯下游衍生物主要是聚丙烯、环氧丙烷和丙烯腈，异丙苯、丁辛醇、丙烯酸、异丙醇等也是丙烯消费量较大的领域。2015 年世界丙烯消费结构见图 27.7。

根据丙烯下游产品的需求预测，预计 2020 年世界丙烯需求量将达到 1.20 亿吨，2025 年将达到 1.38 万吨，消费增长主要受聚丙烯、丙烯酸等发展驱动。总体来看，未来世界丙烯开工率将回升至 80%以上水平，供需基本平衡。

2016 年我国丙烯表观消费量约 2832 万吨，同比增长 9.5%。近年来，由于我国丙烯衍生物的需求旺盛，使得每年还需大量进口丙烯下游衍生物，如聚丙烯、丙烯腈、丁辛醇、苯酚丙酮、环氧丙烷、乙丙橡胶等，丙烯当量消费量远高于表观消费量，2016 年我国丙烯当量消费量约 3380 万吨，同比增长 6.3%，当量自给率约 75.2%，同比提升 2.6 个百分点。2000～2016 年我国丙烯供需情况见表 27.17。

表 27.17　2000～2016 年我国丙烯供需情况

年份	产量/万吨	进口量/万吨	出口量/万吨	表观消费量/万吨	当量消费量/万吨	当量自给率/%
2000 年	447.7	16.9	0.6	464.0	750.0	59.7
2001 年	477.9	27.1	0.2	505.0	871.0	54.9
2002 年	532.1	29.7	0.0	562.0	978.0	54.4
2003 年	593.2	22.7	0.1	616.0	1115.0	53.2
2004 年	675.0	21.0	0.0	696.0	1207.0	55.9
2005 年	802.7	18.9	0.9	821.0	1346.0	59.6
2006 年	935.0	32.1	0.2	967.0	1443.0	64.8
2007 年	1045.1	72.8	0.0	1118.0	1612.0	64.8
2008 年	1074.0	91.7	0.0	1266.0	1594.0	67.4
2009 年	1150.0	154.8	0.0	1305.0	1975.0	58.2

年份	产量/万吨	进口量/万吨	出口量/万吨	表观消费量/万吨	当量消费量/万吨	当量自给率/%
2010 年	1350.0	152.4	0.0	1502.0	2150.0	62.8
2011 年	1490.0	175.5	0.0	1666.0	2300.0	64.8
2012 年	1540.0	214.7	0.0	1755.0	2430.0	63.4
2013 年	1660.0	264.1	0.0	1924.0	2536.0	65.5
2014 年	1875.0	304.8	0.0	2180.0	2780.0	67.4
2015 年	2310.0	277.1	0.0	2587.0	3180.0	72.6
2016 年	2542.0	290.3	0.0	2832.3	3380.0	75.2

从消费结构看，近年来丙烯消费结构中聚丙烯所占比重有所下降，而有机原料型产品所占比重有较大幅度上升。但总体来看，聚丙烯仍是丙烯下游最大的消费市场，2016年分别占到我国丙烯表观消费量的 65% 和当量消费量的 66%。2016 年我国丙烯消费结构及需求预测见表 27.18 和表 27.19。

表 27.18 2016 年我国丙烯表观消费构成及需求预测

消费领域	2016 年		2020 年		2016～2020 年年均需求增长率/%
	消费量/万吨	比例/%	需求量/万吨	比例/%	
聚丙烯	1832	64.7	2354	63.6	6.5
丁辛醇	230	8.1	318	8.6	8.4
环氧丙烷	202	7.1	243	6.6	4.7
丙烯酸及酯	111	3.9	181	4.9	13.0
丙烯腈	189	6.7	259	7.0	8.1
苯酚丙酮	85	3.0	150	4.1	15.3
环氧氯丙烷	40	1.4	48	1.3	4.7
其他	143	5.0	147	4.0	0.7
合计	2832	100.0	3700	100.0	6.9

表 27.19 2016 年我国丙烯当量消费构成及需求预测

消费领域	2016 年		2020 年		2016～2020 年年均需求增长率/%
	消费量/万吨	比例/%	需求量/万吨	比例/%	
聚丙烯	2225	65.8	2566	64.2	3.6
丁辛醇	268	7.9	314	7.8	4.1
环氧丙烷	224	6.6	264	6.6	4.2
丙烯酸及酯	111	3.3	170	4.3	11.3
丙烯腈	223	6.6	264	6.6	4.4
苯酚丙酮	125	3.7	162	4.0	6.7
环氧氯丙烷	42	1.2	56	1.4	7.8
其他	164	4.9	204	5.1	5.6
合计	3382	100.0	4000	100.0	4.3

未来几年，我国将迎来新原料/工艺路线丙烯产能的大规模集中释放，对我国丙烯下游产业的发展将形成有力的原料支撑，下游产业也将迎来一个新的发展高峰期。但经历了近十来年的快速发展，中国丙烯下游衍生物基本已进入全面竞争阶段，预计未来几年我国丙烯下游衍生物行业竞争将明显加剧。未来行业发展重点主要是专用料牌号的聚丙烯产品，并延伸至环氧丙烷、苯酚/丙酮、丙烯腈、丙烯酸等下游产业链，提高竞争力。

2016 年，我国甲醇制烯烃产能达到 1251 万吨/年，产量达到 863.1 万吨，其中乙烯产量 341.4 万吨（占乙烯总产量的 15.7%），丙烯产量 521.8 万吨（占丙烯总产量的 20.5%）。2016 年我国甲醇制烯烃企业情况见表 27.20。

表 27.20　2016 年我国甲醇制烯烃企业情况

序号	生产企业	烯烃规模/(万吨/年)	工艺	2016 年平均开工率/%
1	神华包头	60	CTO	101
2	中原石化	20	MTO	108
3	宁波富德	70	MTO+OCU	98
4	南京惠生	30	MTO+OCP	103
5	延长中煤榆林能源化工	60	MTO	101
6	中煤陕西榆林能源化工	60	CTO	116
7	宝丰能源	60	CTO	100
8	蒲城清洁能源化工	68	CTO	85
9	神达化工	37	MTO	107
10	神华榆林 MTO	60	MTO	107
11	阳煤恒通 MTO	30	MTO	100
12	浙江新兴新能源	60	MTO	103
13	中煤蒙大	60	MTO	77
14	神华新疆	68	CTO	17
15	中天合创	132	CTO	7
16	青海盐湖	33	CTO	10
17	常州富德	40	MTO	
18	斯尔邦	83	MTO	
19	大唐多伦	50	CTP	16
20	神华宁煤	50	CTP	94
		50	MTP	
21	山东华滨	20	MTP	
22	鲁深发	20	MTP	
23	鲁清石化	20	MTP	
24	山东玉皇	10	MTP	
25	合计	1251		

27.8 用途

27.8.1 乙烯的用途

乙烯是重要的基础有机化工原料,主要用于生产聚乙烯、氯乙烯及聚氯乙烯、乙苯、苯乙烯、聚苯乙烯以及乙丙橡胶等。在有机合成方面,广泛用于合成乙醇、环氧乙烷及乙二醇、乙醛、乙酸、丙醛、丙酸及其衍生物等多种基本有机合成原料。经卤化,可制氯乙烯、聚氯乙烯。经齐聚可制 α-烯烃,进而生产高级醇、烷基苯等。乙烯产品链见图 27.8。

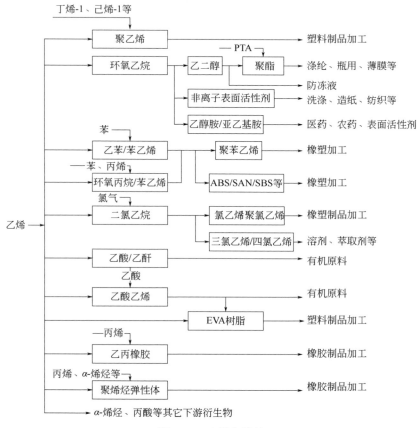

图 27.8 乙烯产品链

27.8.2 丙烯的用途

丙烯是仅次于乙烯的一种重要的基本石油化工原料,主要用于生产聚丙烯、丙烯腈、环氧丙烷、异丙苯(苯酚/丙酮)、羰基合成醇(丁/辛醇)、丙烯酸以及异丙醇等,其他用途还包括烷基化油、催化叠合和二聚等。丙烯产品链见图 27.9。

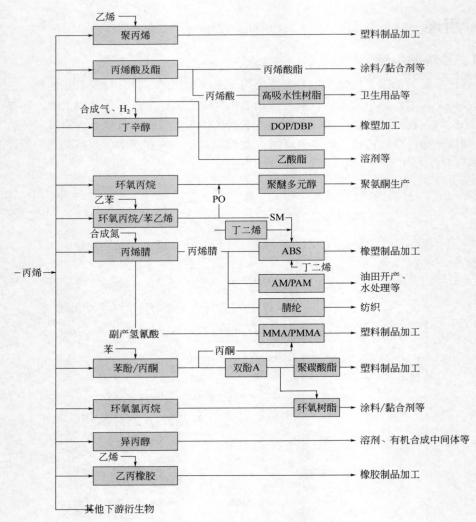

图 27.9　丙烯产品链

参 考 文 献

[1] 王松汉，等. 乙烯工艺与技术. 北京：中国石化出版社，2000.

[2] 张旭之，等. 乙烯衍生物工学. 北京：化学工业出版社，1995.

[3] 张旭之，等. 丙烯衍生物工学. 北京：化学工业出版社，1995.

[4] 金羽豪，等. 甲醇制烯烃将成我国未来烯烃市场主流. 中国石化，2017（1）：31-33.

[5] 朱青，等. 外购甲醇制烯烃的经济性分析. 当代石油石化，2017，25（6）：33-38.

[6] 张世杰，等. 甲醇制烯烃工艺及工业化最新进展. 现代化工，2017，（8）.

[7] 刘弓，等. 甲醇制烯烃技术产业化进展. 洁净煤技术，2016，22（5）：100-102.

[8] 张汝有，等. 国内甲醇制烯烃技术最新进展. 化工管理，2016，（28）：169.

[9] 杨春胜. 甲醇制烯烃技术研发及中试研究. 华东理工大学，硕士论文. 2015.

[10] 刘中民. 甲醇制烯烃基础研究及工业化进展. 第十七届全国分子筛学术大会会议论文集（上），2015.

[11] 钟志技. 甲醇制烯烃及页岩气革命对乙烯工业的影响. 乙烯工业，2014.

[12] 吴德荣，等. MTO 与 MTP 工艺技术和工业应用的进展. 石油化工，2015，44（1）：1-10.

[13] 应卫勇，等. 碳一化工主要产品生产技术. 北京：化学工业出版社，2004.

[14] 杜凤. MTP 与 MTO 技术在石油化工领域的应用进展. 石化技术，2017，24（5）：205.

[15] 陈丽. 我国 MTO/MTP 生产技术的研究进展. 石油化工，2015，44（8）：1024-1027.

[16] GB/T 7715—2014.

[17] GB/T 7716—2014.

[18] 郑宝山，等. 我国石化行业分析——炼油、乙烯、芳烃现状和展望. 化学工业，2013，31（5）：8-16.

[19] 赵文明. 我国乙烯行业发展现状分析. 化学工业，2015，33（6）：12-20.

[20] 赵文明，等. 油价波动背景下我国乙烯行业发展分析. 化学工业，2015，33（4）：15-25.

[21] 张维凡，等. 常用化学危险物品安全手册. 北京：中国医药科技出版社，1992.